Handbibliothek für Bauingenieure

Ein Hand- und Nachschlagebuch für Studium und Praxis

Herausgegeben

von

Robert Otzen

Geh. Regierungsrat, Professor an der Technischen Hochschule
zu Hannover

III. Teil. Wasserbau. 7. Band:

Kulturtechnischer Wasserbau

von

E. Krüger

Berlin
Verlag von Julius Springer
1921

Kulturtechnischer Wasserbau

Von

E. Krüger

Geh. Regierungsrat, ord. Professor der Kulturtechnik an der
Landwirtschaftlichen Hochschule zu Berlin

Mit 197 Textabbildungen

Springer-Verlag Berlin Heidelberg GmbH
1921

ISBN 978-3-642-89106-9   ISBN 978-3-642-90962-7 (eBook)
DOI 10.1007/978-3-642-90962-7

Vorwort.

Die „Handbibliothek für Bauingenieure", der dieser Band „Der kulturtechnische Wasserbau" angehört, soll nach der Absicht des Herausgebers die von dem Bauingenieur zu bearbeitenden Fachgebiete in knapper, streng wissenschaftlicher Form derart behandeln, daß sie dem in der Praxis stehenden Fachmann und älteren Studierenden als Hilfs- und Nachschlagewerk dienen kann. Die Erwägung, daß in der Preußischen Meliorationsverwaltung mehr Meliorationstechniker mit einer Ausbildung auf niederen Fachschulen beschäftigt werden als Bauingenieure mit voller Ausbildung auf einer technischen Hochschule, ließ es ratsam erscheinen, das Buch, ohne von den obigen Grundsätzen abzuweichen, so zu verfassen, daß es auch von jenen mit Vorteil benutzt werden kann.

Die Einteilung und Behandlung des Stoffes ist aus meinen Vorlesungen an der landwirtschaftlichen Hochschule zu Berlin über Kulturtechnik und die fachverwandten Gebiete entstanden, wie sie für Geodäten gehalten werden. Dazu boten meine in nahezu 30 jähriger Tätigkeit in der Meliorationsbauverwaltung gesammelten Erfahrungen die Grundlage. Als Lücke in dem Inhalte empfinde ich das Fehlen eines Abschnittes über Bauwerke bei Landesmeliorationen, und zwar um so mehr, als über derartige Bauwerke überhaupt nur sehr spärliche Veröffentlichungen erschienen und erscheinen. Eine regere Tätigkeit in der Beziehung würde ohne Frage wertvolle Erfahrungen zum Allgemeingut machen und einer Zeitvergeudung beim Entwerfen wirksam begegnen. Hier mußte dies Kapitel ausfallen, weil es einen breiteren Raum erfordert, als die Handbibliothek gestattet.

Zu den in dem Buche enthaltenen Wertangaben ist zu bemerken, daß sie sämtlich sich auf die vor dem Weltkriege herrschenden Preisverhältnisse beziehen.

Berlin, im Herbst 1920.

E. Krüger.

Inhalt.

I. Bedeutung und Entwickelung der Boden-meliorationen.

Unter Bodenmeliorationen im weitesten Sinne des Wortes sind alle diejenigen Maßregeln zu verstehen, die dauernd zur Sicherung und Erhöhung der Erträge aus der Landwirtschaft beitragen. Dahin gehören:

1. Die Aufschließung der landwirtschaftlich zu nutzenden Gebiete durch Verkehrsmittel.
2. Der zweckmäßige Ausbau der zum landwirtschaftlichen Betriebe nötigen Gebäude.
3. Die Beschaffung von Maschinen.
4. Die wirtschaftliche Zusammenlegung der Grundstücke. (General-Kommissionen.)
5. Die Einführung zweckmäßigen Saatgutes und ebensolcher Düngung sowie die Bodenbearbeitung.
6. Die Beherrschung des Wassers, d. h. Abwendung seiner Schäden und seine nutzbringende Verwendung durch Ent- und Bewässerungen.

Nur der letzte Punkt soll hier näher behandelt werden. Die zur Erreichung dieses Zieles erforderlichen Arbeiten werden unter dem Namen „Kulturtechnik" oder „Der kulturtechnische Wasserbau" zusammengefaßt.

Die Kulturtechnik umfaßt alle die Maßregeln, die geeignet sind, die von der Natur gegebenen, also dauernden Verhältnisse (Boden, Wasser, Klima) zur Steigerung der Bodenreinerträge auszunutzen bzw. zu verbessern. Die Form, in der die Wirksamkeit der Kulturtechnik in die Erscheinung tritt, bezeichnet man als Bodenmelioration oder schlechtweg als Melioration. Durch sie erfährt der Boden eine dauernde Wertsteigerung, die in den Ertragssteigerungen zum Ausdruck kommt. Letztere müssen die durch Verzinsung der Anlagekosten und durch Unterhaltung der Anlagen neu entstehenden Lasten übertreffen, um von den für die Melioration aufgewandten Kosten eine angemessene Verzinsung zu erzielen. Die angemessene Verzinsung durch den Reinertrag ist Vorbedingung für die Melioration im privatwirtschaftlichen Sinne. In volkswirtschaftlicher Hinsicht dagegen ist allein schon die Steigerung des Rohertrages ein Gewinn, weil dadurch die Volksernährung verbessert wird. Die Tilgung der Anlagekosten ist nur für diejenigen Teile der Melioration nötig, die trotz ordnungsmäßiger Unterhaltung mit der Zeit verfallen. (Bauwerke aller Art.)

Das Streben nach Verbesserung der Lebensverhältnisse ist so alt wie das Menschengeschlecht, daher sind die Uranfänge der Landesmeliorationen uralt, und man begegnet ihnen zuerst da, wo die Siedelungen der alten Kulturvölker eine gewisse Anhäufung von Menschen verursachten, und damit das Bedürfnis nach Nahrung gesteigert wurde.

Die ältesten Meliorationen in der Form von Bewässerungen entstanden in den Landstrichen mit trockenem und heißem Klima (China, Mesopotamien, Ägypten, Italien, Spanien usw.), weil diese zuerst von Kulturvölkern besiedelt waren. Der von diesen Punkten ausgehenden Ausbreitung der Erdbevölkerung mußten die Meliorationen folgen; man ging dazu über, auch die Sümpfe nutzbar zu machen, und so entstanden die Entwässerungen.

Die Entwickelung der Meliorationen vollzog sich nicht nach einem starren Schema. Aus neuen Erfahrungen und Erfindungen und aus neuen, gesteigerten Bedürfnissen entstanden neue Meliorationsformen. Von der Entwässerung durch offene Wasserzüge gelangte man zur Dränung, von der Ent- und Bewässerung mit natürlichem Gefälle zur Melioration mit künstlicher Wasserhebung vermittels Dampfkraft; man ging über zur Nutzbarmachung der Moore und gelangte von der Berieselung der Wiesen zur Beregnung der Äcker und Gärten. Immer wieder beobachten wir den Vorgang: Steigerung des Nahrungsbedürfnisses verlangt Steigerung des Landwirtschaftsbetriebes, und die Technik und Kulturtechnik fanden die Mittel, dem gerecht zu werden.

In der Erkenntnis der wirtschaftlichen Bedeutung der Meliorationen waren die Regierungen und Volksvertretungen auf deren Förderung stets bedacht. Das kommt zum Ausdruck in der Gründung von Schulen zur Ausbildung von Kulturtechnikern, in der stetigen Fortentwicklung der staatlichen Behörden zur Beaufsichtigung und Förderung des Meliorationswesens, in der Gesetzgebung, betreffend die Benutzung des Wassers und die Bildung von Meliorationsgenossenschaften usw. Ferner wurden zur Förderung der Meliorationen Darlehenskassen begründet, auch öffentliche Mittel bereit gestellt, aus denen die Meliorationen sowie die dazu nötigen Vorarbeiten durch verzinsliche oder unverzinsliche Beihilfen unterstützt wurden.

Erst 1856 hatten in Preußen die Meliorationen so an Bedeutung gewonnen, daß man die Notwendigkeit erkannte, für deren Förderung und Beaufsichtigung im öffentlichen Interesse eine besondere Beamtenschaft zu schaffen. Es wurden 4 Stellen für Orts-Baubeamte eingerichtet, die zur Förderung der Landesmeliorationen dem Minister für Landwirtschaft unterstellt wurden. Der Geschäftsumfang nahm nun so zu, daß diesen, für den höheren Wasserbaudienst geprüften Beamten bald mittlere, auf den Wiesenbauschulen ausgebildete Beamte beigegeben werden mußten. So wurden Ämter aus den einzelnen Beamten, und auch deren Zahl mußte stetig vermehrt werden, um den immer mehr zunehmenden Dienstgeschäften gerecht werden zu können. Schon 1900 war die Zahl der im Meliorationsdienste angestellten technischen Beamten in Preußen auf 71 höhere und 89 mittlere gestiegen und erreichte 1914 die Höhe von 112 höheren und 263 mittleren, im ganzen 375 etatsmäßigen technischen Beamten, wozu noch gegen 300 privatdienstlich beschäftigte Meliorationstechniker treten (52). Diese sind meistens Zöglinge der Wiesenbauschulen nach abgelegter erster Prüfung. Die Zahl der Meliorationsbauämter hat sich in derselben Zeit von 4 auf 54 vermehrt; es kommen also 3 Bauämter mit durchschnittlich 10 Landkreisen auf 2 Regierungbezirke im Durchschnitt.

Die Meliorationsbaubeamten, als Vorsteher der Bauämter, haben die Meliorationspläne für fiskalische, genossenschaftliche und kommunale Meliorationen aufzustellen bzw. verantwortlich zu prüfen, wenn sie von anderer Seite bearbeitet wurden. Ferner liegt ihnen die Aufsicht über die Ausführung der fiskalischen Meliorationen ob und der übrigen dann, wenn sie aus öffentlichen Mitteln unterstützt werden, sowie die Aufsicht über die ordnungsmäßige Unterhaltung dieser Meliorationen. Dazu kommt die amtliche Mitwirkung bei allen sonstigen kulturtechnischen Fragen. Der Umfang

der Tätigkeit der Meliorationsbaubeamten kommt am besten in dem Umfange
der Meliorationen zum Ausdruck. Nach der Schrift von Mierau „Die Entwickelung der Meliorationen in Preußen" (**53**) umfaßten die bis 1912 ausgeführten 6023 kommunalen und genossenschaftlichen Meliorationen 3 659 000 ha,
deren Anlage rund 472 000 000 Mark oder rund 130 Mark/ha Kostenaufwand
erforderte. Da von Preußens Gesamtgröße von 34 870 000 ha rund 23 000 000 ha
landwirtschaftlich genutzt werden, so waren von der letzteren Fläche rund
16 % durch kommunale oder genossenschaftliche Meliorationen verbessert.
Dazu kommen noch die nicht bekannten, aber in sehr großer Ausdehnung
vorhandenen Privatmeliorationen. Von den Gemeinschaftsmeliorationen entfallen auf:

	Zahl der Ge- nossenschaften	Fläche ha	Anlagekosten Mark
Ent- und Bewässerungen und Flußregelungen .	3511	1 614 000	153 256 000
Dränungen	1791	438 000	83 960 000
Bedeichungen	721	1 607 000	235 064 000
Zusammen	6023	3 659 000	472 280 000

Der Löwenanteil an der Entwickelung der Meliorationen gehört der
neuesten Zeit an. Unter der kulturtechnisch so regsamen Regierung Friedrichs
des Großen stiegen die Aufwendungen für Gemeinschaftsmeliorationen von
10 auf 120, danach bis 1878 nur auf 159 Millionen Mark, um dann nach
Einführung des Wassergenossenschafts-Gesetzes vom 1. April 1879 und einer
geordneten staatlichen Meliorationsbauverwaltung bis 1907 auf 319 000 000 Mark
anzuwachsen. Es waren an genossenschaftlichen und kommunalen Meliorationen vorhanden:

	1878	1912	Zuwachs gegen 1878	%
Zahl	1616	6031	4415	273
Fläche ha	1 963 000	3 654 000	1 691 000	86
Anlagekosten Mark	203 000 000	472 000 000	269 000 000	133

Bezüglich des Verfahrens bei Anlage von Meliorationen muß man wohl beachten, daß die Ausführung sich früher auf die allgemeinen Anlagen, auf
das Gerippe, beschränkte, durch welche die Möglichkeit zur eigentlichen
Melioration gegeben wurde, die Ausführung der sogenannten Folgeeinrichtungen dem einzelnen Besitzer überlassend. Man rechnet zu diesen die
Einzelentwässerung durch Grippen oder Dräns, die erste vorbereitende Bodenbearbeitung, Düngung und Pflege, den inneren Ausbau zur Bewässerung usw.
Das hat sich nicht bewährt; denn uneinsichtige Landwirte unterlassen die
Herstellung der Folgeeinrichtungen erfahrungsmäßig oft ganz. Ohne diese
werden die Erträge von den Meliorationsflächen nicht selten geringer als
vor der Melioration, so daß durch solche Unterlassung der Teilnehmer geschädigt und das ganze Meliorationswesen in Verruf geraten kann. Daher
werden neuerdings die Folgeeinrichtungen in der Regel als Teile der gemeinsamen Anlagen betrachtet, veranschlagt und ausgeführt.

Auch in anderen Bundesstaaten sind ähnliche Fortschritte im Meliorationswesen zu verzeichnen. Eine hervorragende Rolle nimmt darin Oldenburg
ein. 1866 waren noch 45 % des ganzen Landes oder 242 000 ha, die aus
Heide und Moor bestanden, noch unkultiviert (**33**. 1914. 348). Durch eine
geradezu vorbildliche Besiedelung und Kultivierung wurden seitdem folgende
Flächen melioriert:

$$1866 \div 1889 = 33\,000 \text{ ha oder } 1400 \text{ ha jährlich,}$$
$$1890 \div 1903 = 79\,000 \text{ „ } \quad \text{„ } 3430 \text{ „ } \quad \text{„}$$

Seitdem hat die Besiedelung immer mehr zugenommen, so daß jährlich 6000 ÷ 7000 ha Ödland in Kulturland umgewandelt wurden.

In welcher Weise derartige Meliorationen, insbesondere Dränungen, die Erträge zu steigern vermögen, ist in Kapitel V Abschnitt *S* näher dargelegt.

Die kulturtechnischen Meliorationen geben die Unterlage, rein landwirtschaftliche Meliorationen, wie sie eingangs gedacht wurden, bestehend in zweckmäßiger Bodenbearbeitung und Düngung, Wahl besten Saatgutes usw. zu fördern. Denn ohne jene können diese nicht zur vollen Wirkung kommen. Wir finden daher beide Meliorationsformen, stets Hand in Hand gehend, sich weiter entwickeln. So ist es gelungen, in Deutschland die Gesamternte an Getreide in den 25 Jahren 1885 ÷ 1910 von 18\,298\,000 t auf 25\,819\,769 t, also um $40^0/_0$ zu steigern. In demselben Zeitraume stieg die Kartoffelernte von 25\,706\,645 t auf 45\,969\,466 t, also um $55^0/_0$, wogegen die Bevölkerung von 47\,925\,000 auf 62\,536\,000, d. h. um $30^0/_0$ zunahm (54. 1914. 560).

Trotz dieses achtunggebietenden Umfanges der in Preußen meliorierten Flächen läßt der Verlauf der Entwickelung bis auf den heutigen Tag nicht erkennen, daß die Meliorationstätigkeit bald einen Wendepunkt erreichen sollte. Einerseits treiben die bisherigen Erfolge der Meliorationen zu immer weiterer Ausdehnung, andererseits ist verbesserungsfähiges Land noch in ungeheurer Ausdehnung vorhanden. Nach einer im Jahre 1912 aufgenommenen Erhebung befanden sich damals bei den Meliorationsbauämtern Meliorationen im Umfange von 695\,000 ha in Bearbeitung, deren Anschlagssumme sich auf 146\,000\,000 Mark belief. In dieser Fläche sind 287\,000 ha Grünlandsmoore und 30\,000 ha Hochmoore enthalten, wie denn im Moore die hauptsächlichsten Flächen liegen, deren Kultivierung reichen Lohn verspricht, nachdem die Moor-Versuchsstation in Bremen die zweckmäßigsten Wege dafür erforschte. Die Bedeutung der Meliorationen hat Fleischer in seiner Denkschrift über „Die Versorgung Deutschlands mit Fleisch und die Kultivierung unserer Moor- und Heideböden" (17) so überzeugend nachgewiesen, daß es lohnt, die Hauptsätze hier zu wiederholen.

Das kulturfähige Moor hat in den einzelnen Provinzen folgende Ausdehnung:

Hannover	580\,000 ha	$= 14,6^0/_0$ der Fläche
Brandenburg . .	358\,000 „	$= 18,7$ „ „ „
Pommern	315\,000 „	$= 10,2$ „ „ „
Posen	209\,000 „	$= 7,0$ „ „ „
Ostpreußen . . .	197\,000 „	$= 5,1$ „ „ „
Schleswig-Holstein	181\,000 „	$= 9,3$ „ „ „
Schlesien	90\,000 „	$= 2,2$ „ „ „
Westfalen	90\,000 „	$= 4,3$ „ „ „
Westpreußen . .	88\,000 „	$= 3,4$ „ „ „
Sachsen	86\,000 „	$= 3,3$ „ „ „
Rheinland . . .	47\,000 „	$= 1,7$ „ „ „
Hessen	1\,000 „	$= 0,1$ „ „ „

$$2\,242\,000 \text{ ha} = 6,4^0/_0 \text{ durchschnittlich.}$$

Fleischer glaubt indes, diese von Meitzen gegebenen Zahlen auf $90^0/_0$ ermäßigen zu müssen, so daß der Moorbestand in Preußen auf 2\,000\,000 ha zu schätzen ist und im Deutschen Reiche auf 2\,294\,000 ha. Davon entfällt eine Hälfte auf Hochmoor, die andere auf Grünlandsmoor, wovon bis jetzt nur $10^0/_0$ kultiviert wurden. Dazu kommen noch 2 000 000 ha Ödland auf Mineralboden, wovon 1 500 000 ha als kulturfähig geschätzt werden können. Im ganzen harren also in Deutschland noch der Kultur:

$$
\begin{aligned}
1\,147\,000 \cdot 0,9 &= 1\,032\,000 \text{ ha Hochmoor} \\
1\,147\,000 \cdot 0,9 &= \underline{1\,032\,000 \text{ „ Grünlandsmoor}} \\
&\ \ \, 2\,064\,000 \text{ ha} \\
&\ \ \, \underline{1\,500\,000 \text{ „ Ödland auf Mineralboden}} \\
&\ \ \, \overline{3\,564\,000 \text{ ha.}}
\end{aligned}
$$

Danach bleibt für den Kulturtechniker noch mehr Arbeit übrig, als in dem jüngst verflossenen Halbjahrhundert geleistet wurde.

Auf Grund vorsichtiger Schätzung nach den von Heide- und Moorboden erzielten Erträgnissen berechnet Fleischer, daß auf diesem Ödlande 73 000 Familien im Landwirtschaftsbetriebe auf Stellen von 10 bis 80 ha Größe seßhaft gemacht werden könnten. Diese Betriebe würden in der Lage sein, 8 140 000 dz Lebendgewicht im Schlachtvieh auf den Markt zu bringen und damit den Fleischbedarf Deutschlands, bei gleichbleibender Bevölkerungszunahme, noch über Jahrzehnte hinaus zu decken. Durch Meliorationen, besonders durch die Kultur des Ödlandes lassen sich also mit Faust noch „vielen Millionen Räume eröffnen".

II. Der Wasserhaushalt auf der Erde.

A. Der Kreislauf des Wassers.

Die Menge des auf der Erde vorhandenen Wassers kann man in folgender Weise überschlagen. Die mittlere Höhe der Erdkugel liegt $+\,200$ m. Formt man den festen, nicht wässerigen Teil der Erde zu einer Kugel, so würde deren Oberfläche auf $-\,2300$ m liegen, also unter einer 2,5 km mächtigen Wasserschicht. Der Erddurchmesser ist $D = 12\,734$ km. Also mißt die im ganzen $2 \cdot 2,5 = 5,0$ km starke Wasserschicht $W = \dfrac{D}{2547}$ oder nur 0,0004 des Erddurchmessers.

Der Rauminhalt der Erde mit dem Wasser umfaßt 1081,17 Milliarden ckm,
„ „ „ „ ohne „ „ 1079,90 „ „
„ „ des Wassers 1,27 „ „

Die Bevölkerung der Erde wird gegenwärtig auf 1600 Millionen Menschen geschätzt. Auf jeden Menschen entfällt also zur Zeit ein Wasservorrat von 0,8 ckm oder 800 000 cbm.

Die Wassermenge von 1,27 Milliarden ckm steht der Tier- und Pflanzenwelt dauernd zur Verfügung. Diese gebraucht sie nur, ein Verbrauch findet nicht statt. Mögen wir uns den Gebrauch des Wassers unter einer Form vorstellen, wie wir wollen, es kommt nach Verdunstung, Versickerung oder Ausscheidung auf mancherlei Umwegen immer wieder zum Gesamtvorrat zurück. Für die Praxis kann man daher genügend genau annehmen, daß der auf der Erde vorhandene Wasservorrat eine unveränderliche Größe ist.

Indes sind Einflüsse denkbar, die auf eine gewisse, wenn auch ihrer Größe nach praktisch bedeutungslose Verminderung des Wasservorrats wirken.

1. Die Arbeit der Sonnenwärme bewirkt den Umlauf des Wassers, schafft aus dem salzigen Meerwasser erquickendes Süßwasser für Tier und Pflanze. Wenn die Sonnenwärme unvermindert bleibt, so muß die dadurch bewirkte Verdunstung und also auch der Wasserumlauf gleich bleiben. Wenn aber die Sonnenenergie durch Ausstrahlung von Wärme ins Weltall abnehmen sollte, so müßte auch der Wasserumlauf auf der Erde abnehmen, nicht aber seine Menge. Seit Beginn der genauen Forschung ist aber eine Abnahme der Sonnenenergie nicht nachweisbar.

2. Diese Anschauung stimmt nur dann, wenn der Salzgehalt der Meere unverändert bleibt. Das trifft nicht zu. Durch Grund- und Flußwasser werden dem Gestein der Erde, mit dem das fließende Wasser in Berührung kommt, ständig Salze ent- und den Meeren zugeführt und ihnen dauernd einverleibt, da die Salze mit der Verdunstung nicht wieder entweichen. Nun aber ist die Verdunstung von Reinwasser größer als von einer Salzlösung, und sie nimmt ab mit zunehmendem Salzgehalte. Also muß auch mit zunehmendem Salzgehalt der Meere die Verdunstung, d. h. der Umlauf des Wassers abnehmen, nicht aber seine Menge auf der Erde.

3. Ein Teil des in die Erde eindringenden Wassers wird zur Oxydation der berührten Mineralien verbraucht. Es wird dabei in Sauerstoff und Wasserstoff zerlegt und hört auf, Wasser zu sein. Nach Haas (**24.** 79) gingen auf diese Weise bereits $5\,^0/_0$ der gesamten Wassermenge verloren und wurden dem Wasservorrate der Erde dauernd entzogen.

Wenn somit in der Tat Kräfte denkbar sind, welche den Wasservorrat der Erde und dessen Umlauf beeinflussen, so ist ihre Wirkung jedenfalls doch so gering, daß sie bei kulturtechnischen Maßnahmen nicht weiter berücksichtigt zu werden braucht.

Für die Kulturtechnik kommt weit mehr der Umlauf des Wassers als sein Vorrat in Betracht. Unsere meisten Halmfrüchte müssen z. B. für jedes kg Trockenmasse in der Ernte gegen 400 kg Wasser aufnehmen. Das Wasser dient aber nur zum Transport der Nährstoffe aus dem Boden in die Pflanze. Nachdem diese in der Pflanze verarbeitet sind, entweicht es wieder vermittels Verdunstung (Transpiration) durch die Spaltöffnungen der Blätter als Wasserdampf in die Luft. Bei einer Entwickelungszeit von 100 Tagen gebraucht die Pflanze also nur durchschnittlich im Tage 4 kg Wasser für je 1 kg Trockenmasse in der Ernte. Danach wird diese Wassermenge für andere Pflanzen wieder verfügbar. Nur ein kleiner Teil des aufgenommenen Wassers dient zur Umwandlung der von den Pflanzen aus der Luft aufgenommenen Kohlensäure in Kohlenstoff und wird also der Pflanze dauernd einverleibt.

Bei der Pflanzenerzeugung gleicht das Wasser also einem Kapital, das weniger durch seine Höhe als durch die Häufigkeit seines Umsatzes seine wirtschaftliche Bedeutung gewinnt. Wir nennen diese Erscheinung den Kreislauf des Wassers.

Zwei Kräfte sind wirksam, unter deren Einflusse das Wasser immer in Bewegung, in ewigem Kreislaufe erhalten wird: Verdunstung und Schwere.

Das flüssige Wasser wird durch Verdunstung in Wasserdampf umgewandelt und durch Luftströmung oder Diffusion in die Luft entführt. Auch das Bodenwasser wird von diesen Wandlungen betroffen, indem es kapillar an die Oberfläche steigt und dann verdunstet. Danach kommt das Wasser unter dem Einflusse der Schwere in Gestalt von flüssigen Niederschlägen wieder zu uns herab zur Tränkung aller Lebewesen auf der Erde. Aber auch von dem in festen Formen vorkommenden Wasser (Eis, Schnee) findet unmittelbare Verdunstung, d. h. Übergang in Dampfform statt. Bei diesem ewigen Kreislaufe begegnet uns das Wasser in den verschiedensten Formen als: Meer, See, Fluß, Quelle, Bodenwasser, Grundwasssr, Pflanzenwasser, Regen, Schnee, Eis, Graupeln, Wasserdampf, d. h. in allen drei Aggregatzuständen.

Nach Fritsche (91. VII. 354) beträgt die jährlich auf der Erde verdunstende und als Regen wieder herabkommende Wassermenge 465 300 ckm $= \dfrac{1}{2400}$ oder $0{,}04\,^0/_0$ des Wasservorrates. Also erst in 2400 Jahren findet ein einmaliger Umsatz von Wasser zu Wasserdampf und umgekehrt statt.

Auf die 145 000 000 qkm großen Kontinente der Erde fallen nach Haas (24. 19) jährlich 122 500 ckm Niederschläge. Davon fließen nur 27 200 ckm den Meeren zu, während der Rest von 95 300 ckm verdunstet. Danach betragen die Niederschläge durchschnittlich 0,85 m. Bezeichnen V und R die jährliche Verdunstung bzw. Regen vom Meere, V_1 und R_1 die jährliche Verdunstung bzw. Regen vom Lande, F gleich

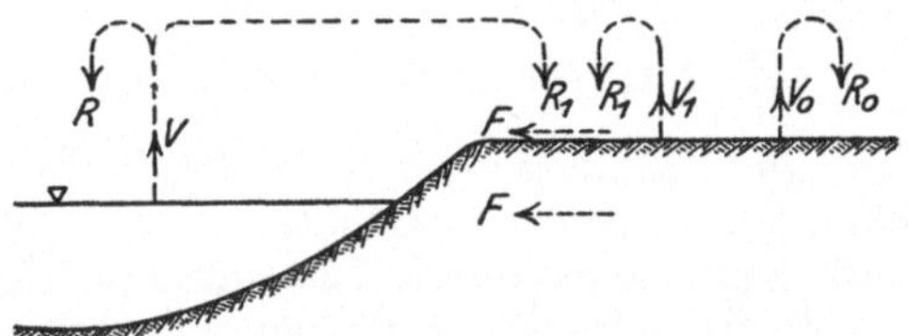

Abb. 1. Beziehungen zwischen Verdunstung, Niederschlag und Abfluß.

dem jährlichen Abfluß vom Lande zum Meere, so bestehen nach Brückner folgende Umlaufsgleichungen:

$$V + V_1 = R + R_1, \quad \ldots \ldots \ldots \ldots \quad (1)$$
$$V - R = R_1 - V_1 = F \quad \ldots \ldots \ldots \ldots \quad (2)$$

Unter F ist der ober- und unterirdische Abfluß (Grundwasser) zu verstehen. Abb. 1 gibt das Gesetz bildlich wieder. Daraus folgt ferner;

$$V = F + R, \quad \text{also} \quad V > R.$$
$$V_1 = R_1 - F, \quad \text{''} \quad V_1 < R_1.$$

V_0 und R_0 der abflußlosen Gebiete (Wüsten) spielen dabei wegen ihrer nur örtlichen Bedeutung und wegen ihrer geringen Menge keine Rolle.

Man unterscheidet bezüglich der Größen R_1, V und F drei große Gebiete:

1. Das Weltmeer. 361 000 000 qkm $= 70\,^0/_0$ der Erdoberfläche. Da der Wasserraum des Meeres unveränderlich ist, so muß $V = R + F$ sein. Dieser Abschnitt ist also durch die Ungleichung $V > R$ gekennzeichnet, da F immer positiv ist. Da ferner auf dem Weltmeere die Luft ständig mit Wasser in Berührung ist, muß hier großes V entstehen. Wegen der Beziehung $V > R$ kommt ein Teil der Meeresverdunstung dem Festlande als Niederschlag zu (s. Abb. 1).

2. Die peripherischen Landflächen, die in der Nachbarschaft der Meere liegen. von diesen Regen erhalten und Abflußwasser an sie abgeben, umfassen 117 000 000 qkm $= 23\,^0/_0$ der Erdoberfläche. Das peripherische Gebiet kommt einstweilen allein für die Kulturtechnik in Frage. Hier ist $V_1 = R_1 - F$, d. h. $V_1 < R_1$ oder: weniger Verlust durch Verdunstung als Gewinn an Regen. Der Regenüberschuß entstammt der Meeresverdunstung V Dieser Überschuß ist F, d. h. $R_1 = V_1 + F$.

3. Das abflußlose Gebiet. 32 000 000 qkm $= 7\,^0/_0$ der Erdoberfläche ist gekennzeichnet durch die Gleichung $V_0 = R_0$.

Nach Fritsche (91. VII. VIII) haben die Werte V, R und F auf dem Erdballe folgende Größen im Jahre:

Gebiet	Oberfläche qkm	V mm	R mm	F mm
Ganze Erde	510 000 000	910	910	—
Weltmeer	361 000 000	1060	980	—
Ganzes Festland . . .	149 000 000	550	750	200
Peripherisches Festland	117 000 000	610	870	260
Abflußloses Gebiet . .	32 000 000	330	330	—

Mithin beträgt der mittlere jährliche Abfluß vom ganzen Festlande $27\,^0/_0$ und vom peripherischen Gebiete $30\,^0/_0$ der Regenmenge.

B. Entstehung und Verteilung der Niederschläge.

Luft kann Wasser in Dampfform aufnehmen und schwebend erhalten. Wasserdampf ist unsichtbar, sein Vorhandensein und seine Menge in der Luft kann aber durch Instrumente (Hygrometer, Trocknung der Luft über Chlorkalzium usw.) nachgewiesen werden. Was im gewöhnlichen Leben als Wasserdampf angesprochen wird (sichtbar über einer Dampfmaschine, Wolken), ist nicht solcher in physikalischem Sinne; es sind vielmehr feine Wassertropfen, die vermöge ihrer im Verhältnisse zu ihrer Masse sehr großen Oberfläche schwebend in der Luft gehalten werden. Diese Wassertropfen bilden sich aus der Wasserdampf haltenden Luft an Stellen örtlicher Abkühlung, wie sie z. B. durch schwebende Staubteilchen mit großer Wärmeausstrahlung entstehen. Daher wird in der staubreichen Luft über Großstädten besondere Neigung zur Nebelbildung beobachtet. Sogar die kleinsten bekannten materiellen Teilchen, die Elektronen, geben Anlaß zu derartigen Tropfenbildungen. Ballen sich mehrere solcher kleinsten Tropfen zusammen, so wird bald ihr Gewicht im Verhältnis zu ihrer Oberfläche so groß, daß sie von der Luft nicht mehr schwebend erhalten werden, vielmehr als Regentropfen herabfallen.

Der Übergang von Wasser in Wasserdampf, d. i. Verdunstung, findet statt, solange noch nicht gesättigte Luft mit Wasser in Berührung steht.

Die von der Luft aufnehmbare Wassermenge ist unter sonst gleichen Verhältnissen (Luftdruck) von deren Temperatur derart abhängig, daß die Aufnahmefähigkeit mit der Temperatur zunimmt. Jeder Temperatur entspricht eine gewisse Wassermenge, die in Dampfform von der Luft getragen werden kann. Ist diese erreicht, so ist die Luft mit Wasserdampf gesättigt. Der verschiedenen Temperaturen t entsprechende Sättigungs-Dampfgehalt w in g auf 1 cbm Luftraum ist in folgender Tafel angegeben:

$t^0 =$	-20	-18	-10	-5	0	5	10	15	20	25	30
$w =$	1,1	1,6	2,3	3,4	4,8	6,8	9,4	12,8	17,2	22,9	30,2

Tau- oder Sättigungspunkt nennt man die Temperatur, bei der die Luft mit dem vorhandenen w gerade gesättigt ist, z. B. liegt der Taupunkt für $w = 12,8$ g auf $t = 15^0$. Man bestimmt den Taupunkt mit Hilfe von zwei sonst gleichen Thermometern. Die Quecksilberkugel des einen ist frei, die des anderen mit Stoff umhüllt, der unten in Wasser taucht und durch kapillaren Aufstieg dauernd feucht erhalten wird. Die Umhüllung verdunstet Wasser und zwar um so mehr, je geringer die relative Feuchtigkeit der Luft ist. Entsprechend der Verdunstung wird Wärme gebunden und Kälte frei, wodurch die Quecksilbersäule des umhüllten Thermometers sinkt. Aus dem Unterschiede im Stande beider Thermometer wird die Lage des Taupunktes berechnet. Man benutzt die Lage des Taupunktes, um Nachtfröste vorherzusagen. In der Nacht, besonders bei wolkenlosem Himmel, sinkt die

Temperatur durch Ausstrahlung. Sinkt sie bis auf den Taupunkt, so wird Wasserdampf der Luft kondensiert. Dadurch wird Wärme frei. Der Taupunkt bildet also eine Grenze für die sinkende Temperatur, die wegen der frei werdenden Wärme nicht leicht oder nur wenig unterschritten wird. Stellt man am Abend die Lage des Taupunktes fest, so kann man daraus schließen, ob Nachtfrost wahrscheinlich ist oder nicht. Liegt er in der Nähe von 0^0, so ist Nachtfrost wahrscheinlich, doch nimmt die Wahrscheinlichkeit um so mehr ab, je mehr der Taupunkt über Null liegt.

Relative Luftfeuchtigkeit ist das Verhältnis der vorhandenen Luftfeuchtigkeit zu der nach dem vorhandenen t möglichen und wird gewöhnlich in $^0/_0$ ausgedrückt, wenn z. B.

$$t = 30, \quad w = 19{,}3, \quad \text{so ist die relative Luftfeuchtigkeit} \quad \frac{19{,}3 \cdot 100}{30{,}2} = 63{,}9^0/_0.$$

Die absolute Luftfeuchtigkeit ist im Sommer größer als im Winter, umgekehrt verhält sich die relative.

Sättigungs-Defizit ist die Wassermenge, die bei gegebener Temperatur der Luft an der Sättigung fehlt. Ist z. B. $w = 10$ und $t = 20$, so ist das Sättigungsdefizit $= 17{,}2 - 10 = 7{,}2$ g. Die Verdunstung ist unter sonst gleichen Verhältnissen verhältnisgleich dem Sättigungsdefizit.

Die absolute Luftfeuchtigkeit wird durch den jeweiligen Wassergehalt in g in 1 cbm Luft ausgedrückt.

Wird gesättigte Luft weiter erwärmt, so kann sie neue Wassermengen aufnehmen. Steigt z. B. die Erwärmung von 10^0 mit $w = 9{,}4$ g auf 20^0, so kann 1 cbm dieser Luft $17{,}2 - 9{,}4 = 7{,}8$ g neuen Wasserdampf aufnehmen.

Umgekehrt werden 7,8 g Wasser aus 1 cbm gesättigter Luft ausgeschieden, wenn dessen Temperatur von 20^0 auf 10^0 ermäßigt wird. Diese in der Natur vor sich gehende Ausscheidung tritt als Tau, Nebel, Reif, Wolken, Regen, Schnee oder Hagel in die Erscheinung.

Wir sehen aus den Sättigungszahlen, daß die Sättigungsmenge bei höheren Temperaturen weit schneller zunimmt als bei niedrigeren. Daraus folgt, daß derselbe Sturz von einer höheren Temperatur eine stärkere Wasserausscheidung bewirken muß wie von einer niedrigeren Temperaturstufe. Es erklärt sich daraus die Erscheinung, daß in der warmen Jahreszeit stärkere Niederschläge einzutreten pflegen als in der kälteren.

Abkühlung der Luft tritt in der Natur ein, wenn:

1. die Luft durch Strömungen irgendwelcher Art gehoben wird. Damit gelangt sie unter geringeren Luftdruck, dehnt sich aus, und mit jeder Ausdehnung ist Abkühlung verbunden;

2. warme Luft mit kalter gemischt wird.

Daraus sind alle Niederschlagserscheinungen zu erklären.

a) Einem barometrischen Tief strömt von allen Seiten Luft zu. Da sie nach unten den Erdwiderstand findet, muß der Überschuß nach oben ausweichen. Dann entsteht Ausdehnung — Abkühlung — Niederschlag. Die Lage der „Tiefs" ist regellos, weshalb auch die durch sie verursachten Niederschläge bestimmten Gegenden nicht eigentümlich sind, im Gegensatz zu der folgenden Regenursache.

b) Ein von Luftströmungen (Winden) getroffenes Gebirge zwingt die Luft zum Aufsteigen und nötigt sie damit, sich des infolge Abkühlung überschüssig werdenden Wasserdampfs in Form von Niederschlägen zu entledigen. Hinter dem Gebirgskamme sinkt die abgekühlte Luft, gelangt unter höheren Druck, und durch die damit verbundene Erwärmung wird ihr Sättigungspunkt erhöht und die relative Feuchtigkeit ermäßigt. Daher ist die von den herrschenden Winden getroffene Vorderseite der Gebirge reich, die Rückseite arm an Niederschlägen. Diese wird daher Regenschattenseite genannt.

Diesen Vorgang der Regenbildung kann man rechnerisch verfolgen, wie an folgendem Beispiele gezeigt werden soll. Ein Luftstrom mit $t = 25^0$, mit $80^0/_0$ rl (relative Luftfeuchtigkeit) und $w = 22,9 \cdot 0,8 = 18,3$ g/cbm werde durch ein Gebirge zum Aufstieg um 800 m genötigt. Dies w entspricht der Sättigung s bei $t = 21^0$. Aufsteigende Luft wird bei je 100 m Steighöhe um 1^0 abgekühlt, also wird die Sättigung bei der Höhe $h = 400$ m erreicht. In dieser Höhe muß also Wolkenbildung eintreten, aus der bei noch weiterem Steigen Niederschläge entstehen. Dieser Vorgang könnte sich bei weiterem Steigen nur fortsetzen, wenn der Wärmezustand der Luftmassen unverändert bliebe. Das ist aber nicht der Fall, vielmehr tritt durch die Kondensation des Wasserdampfes Erwärmung der Luft ein, indem durch die Kondensation von 1 g Wasser gegen 600 Wärmeeinheiten frei werden, die früher bei der Umwandlung in Wasserdampf gebunden wurden. Diese Erwärmung wirkt der Abkühlung derart entgegen, daß je 100 m weiterer Steighöhe, je nach der Anfangstemperatur der Luft und dem Barometerstande, nur eine Abkühlung von 0,4 bis $0,6^0$ bei Temperaturen über Null entspricht (**49.** I. 115). Wird nun die Luft durch das Gebirge zum Aufstieg bis 800 m genötigt, so kommt sie über den Gipfel mit $25 - 4 - 4 \cdot 0,5 = 19^0$ an und kann dabei nur noch 16,2 g/cbm Wasserdampf halten, muß also an der Windseite $18,3 - 16,2 = 2,1$ g/cbm Wasser abgeben.

Nachdem beginnt der Abstieg der Luft auf der anderen Bergseite, wobei ihre Temperatur mit je 100 m Abstieg um 1^0 zunimmt. Sie kommt also am Gebirgsfuße mit $19 + 8 \cdot 1 = 27^0$ an, wobei sie 25,6 g Wasser tragen kann. Damit ist ihre rl auf $\dfrac{16,2 \cdot 100}{25,6} = 64^0/_0$ gegen $80^0/_0$ beim Beginn des Aufstieges gesunken. Sie ist also durch den Gebirgsübergang absolut und relativ trockener geworden.

c) **Meereswinde** sind meistens mit Wasserdampf gesättigt. Die geringste Abkühlung muß also Niederschläge auslösen. Daher sind die Küstenstriche besonders reich an Niederschlägen.

d) **Wechsel der Windrichtung** verursacht meistens dann Regen, wenn die warme, mit Wasserdampf reich beladene Luftströmung mit einer kalten zusammentrifft. Der Umgang des Windes in die nördliche Richtung pflegt daher Regen zu bringen.

Die große Bedeutung der Kenntnis über die Niederschlagsverhältnisse für die Landeskultur wurde leider erst spät erkannt. Die ersten regelmäßigen **Regenaufzeichnungen** begannen 1715 in Süddeutschland, 1719 folgte Preußen. Es bedurfte langer Zeit, bis die Bedeutung solcher Beobachtungen in der Dichte der Beobachtungsstellen gebührend zum Ausdruck kam. Erst Ende 1800 verfügte Norddeutschland über 2400 Beobachtungsstellen; es kam auf je 163 qkm Landfläche durchschnittlich 1 Stelle. Nur wenige der an diesen Stellen gewonnenen Beobachtungsreihen sind bisher lang genug, um aus ihnen zuverlässige Mittelwerte herzuleiten und Änderungen in den Niederschlagsverhältnissen usw. zu erklären.

Die Stärke der Niederschläge wird dadurch von der Flächengröße, auf die sie fallen, unabhängig gemacht, daß sie nach der Niederschlagshöhe in mm angegeben werden. Man versteht darunter die Wasserhöhe, die infolge der Niederschläge in einer bestimmten Zeit (Tag, Monat, Jahr) entstehen würde, wenn sie sich restlos sammeln könnte und keine Verluste (Verdunstung, Versickerung, Abfluß) erlitte. Schnee wird geschmolzen, auf Wasserwert umgerechnet und angeschrieben. Dieser beträgt gegen $^1/_{12}$ bei frisch gefallenem Schnee, nimmt aber bei abgelagertem und bereits zusammengeschmolzenem Schnee außerordentlich zu bis zu $^1/_2$. Zur Messung der Niederschläge dienen die Regenmesser. Sie bestehen aus dem Auffang-, Sammel- und Meßgefäß. Die Auffangfläche ist kreisförmig mit meistens 200 qcm Größe. Diese Größe ist durch einen zu scharfer Schneide abgedrehten Messingring hergestellt. Daran schließt sich unten ein Trichter, der das Regenwasser in das Sammelgefäß leitet. Man unterscheidet 2 Hauptarten von Regenmessern.

1. Der gewöhnliche Regenmesser. (Abb. 2.) Aus dem Auffanggefäße a ergießt sich der Niederschlag in das Sammelgefäß b. Um an dies zu gelangen, wird a abgehoben. Der Inhalt des Sammelgefäßes wird in den Meßzylinder übergegossen und hier gemessen. Man braucht in der Regel zu jedem Regenmesser 2 Sammelgefäße, um sie sofort gegeneinander auswechseln und die Messung mit Muße besorgen zu können. Mit diesem Regenmesser erfolgt die Messung der in einer bestimmten Zeit (meistens 24 Stunden) gefallenen Regenhöhe. Bei den amtlichen Regenmessern in Deutschland wird die Regenhöhe an jedem Morgen 7ª gemessen und für jeden Tag angeschrieben, an dem sie gemessen wurde.

2. Der selbstschreibende Regenmesser (Abb. 3) zeichnet die Niederschlagshöhe als Ordinate zu der Zeitabszisse. Das Sammelgefäß S dient hier gleichzeitig als Meßgefäß, indem

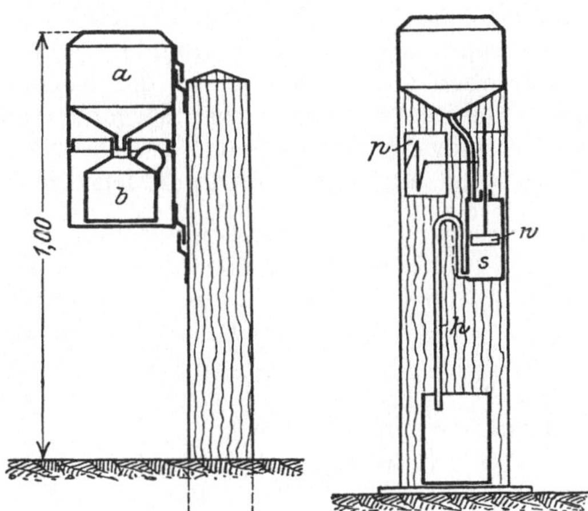

Abb. 2. Hellmanns Regenmesser.

Abb. 3. Selbstschreibender Regenmesser.

bei 10 mal kleinerem Querschnitt als das Auffangsgefäß durch einen Schwimmer w die Regenhöhe 10 mal vergrößert auf dem durch Uhrwerk umlaufenden Papierstreifen p gezeichnet wird. Nach je 10 mm Regenhöhe wird der Inhalt des Sammelgefäßes durch den Heber h selbsttätig abgehebert und das Spiel beginnt von neuem. Der Vorteil des Selbstschreibers liegt darin, daß Irrtümer beim Messen ausgeschlossen und daß die Stärke kurzer Sturzregen angegeben wird, deren Kenntnis für die Wasserwirtschaft, besonders für städtische Entwässerungen, von großer Bedeutung ist. Indes versagen die Selbstschreiber bei Frostwetter, sobald Schnee fällt oder der Schwimmer einfriert. Ihre Heizung mit einer kleinen Lampe bringt Fehler durch Verdunstung mit sich.

Regeln für die Aufstellung der Regenmesser.

1. Niedrig stehende Regenmesser fangen meistens mehr Niederschläge auf als höher belegene. Die kalten Regentropfen kondensieren auf dem ganzen Fallwege weiteren Wasserdampf. Daher müssen alle Regenmesser in derselben Höhe über dem umgebenden Erdboden (1,0 m) aufgestellt werden, um vergleichbare Zahlen zu erhalten.

2. Bezüglich der Stellung des Regenmessers zu seiner Umgebung ist vorzuschreiben, daß die Mantelfläche eines geraden Kegels mit senkrechter Achse, dessen Spitze in der Auffangfläche liegt und dessen Seiten um 45° gegen die

Wagerechte geneigt sind, keinen festen Gegenstand (Baum, Haus usw.) schneidet. Die Ergebnisse der Niederschlagsbeobachtungen werden in Preußen von dem Meteorologischen Institut zu Berlin gesammelt, verarbeitet und regelmäßig veröffentlicht. In umfassendster Weise sind alle bis 1890 gesammelten Beobachtungen von Hellmann in seinem Werke: „Die Niederschläge in den norddeutschen Stromgebieten" (27) bearbeitet.

Um sich über die Niederschlagsverhältnisse einer Gegend (Meliorationsgebiet) zunächst allgemein zu unterrichten, bedient man sich am besten der von Hellmann herausgegebenen Regenkarten, die für einzelne Provinzen (mit Monatskarten) und ganz Deutschland erschienen sind. Neben erläuterndem Texte enthalten sie ein Kartenbild, auf dem in gewissen Abstufungen alle Gebiete mit der gleichen mittleren Regenhöhe durch bestimmte Farbentönung gekennzeichnet sind. Die Grenzlinien zwischen diesen Farbentönen sind also als Schichtlinien (Isohyetten) von bestimmter Regenhöhe aufzufassen. In diesen Farbentönungen kommen alle die Wirkungen zum Ausdruck, die weiter oben als wesentlich für die Regenbildung begründet wurden (Meereswind, Gebirge). Nach diesen Regenkarten schwanken die mittleren Jahresniederschläge in Deutschland zwischen 410 und 2120 mm. Durch Flächenausmessung auf dieser Karte finden wir, daß

$$
\begin{array}{llll}
3\,428\,000 \text{ ha} & \text{weniger als } 500 \text{ mm} = & 6\,{}^0/_0 \\
15\,113\,000 \text{ „} & \text{. . } 500\text{—}600 \text{ „} = & 28\,{}^0/_0 \\
16\,676\,000 \text{ „} & \text{. . } 600\text{—}700 \text{ „} = & 31\,{}^0/_0 \\
18\,861\,000 \text{ „} & \text{mehr als } 600 \text{ „} = & 35\,{}^0/_0 \\
\hline
54\,078\,000 \text{ ha} & & 100\,{}^0/_0
\end{array}
$$

Jahresniederschlag haben.

Das größte Trockengebiet mit weniger als 500 mm Niederschlag liegt im Osten Deutschlands, erstreckt sich in seiner größten Ausdehnung von Elbing über Bromberg bis Lissa und umfaßt 2 500 000 ha. Kleinere Gebiete mit der gleichen Regenarmut liegen um Schwedt a. O. (300 000 ha), Halle-Magdeburg (300 000 ha) und Mainz (200 000 ha), ferner bei Lübben, Fürstenberg und Neusalz. Der mittlere Jahresniederschlag in Deutschland beträgt 660 mm. Davon entfallen auf den

$$
\begin{array}{lll}
\text{Frühling} & . \; . \; . \; . \; . & 22{,}4\,{}^0/_0 = 147{,}8 \text{ mm} \\
\text{Sommer} & . \; . \; . \; . \; . & 36{,}0\,{}^0/_0 = 237{,}6 \text{ „} \\
\text{Herbst} & . \; . \; . \; . \; . & 23{,}5\,{}^0/_0 = 155{,}1 \text{ „} \\
\text{Winter} & . \; . \; . \; . \; . & 18{,}1\,{}^0/_0 = 119{,}5 \text{ „} \\
\hline
& \text{zusammen } 100{,}0\,{}^0/_0 & 660{,}0 \text{ mm}
\end{array}
$$

Die bekannte geringste und größte mittlere Jahreshöhe auf der Erde wurde beobachtet in Copiapo (Chile) mit 8 mm gegen 12 500 mm in Bengalen.

Nach Hellmann (27) unterliegt die Regenverteilung in Deutschland folgenden Gesetzen:

1. Die Regenhöhe nimmt für Küste und Binnenland von Westen nach Osten ab.

2. Selbst geringe Bodenerhebungen, wie sie in Norddeutschland vorhanden sind, beeinflussen die Regenbildung in dem oben besprochenen Sinne ganz erheblich. (Regenseite — Regenschatten.)

3. Die Flußtäler sind im Mittellaufe besonders da, wo sie von Höhen begleitet werden, regenärmer als ihre Umgebung.

4. Die Meereshöhe (H) übt nach van Bebber folgenden Einfluß auf die mittleren Jahresniederschläge (R) aus:

$$H = 100/200 \quad 200/300 \quad 300/400 \quad 400/500 \quad 500/700 \quad 700/1000 \quad 1000/1300 \text{ m}$$
$$R = \quad 580 \qquad 650 \qquad 700 \qquad 780 \qquad 850 \qquad 1000 \qquad 1310 \text{ mm}$$

In Westpreußen und Posen wurde für je 100 m Meereshöhe eine Zunahme der Niederschläge um 65 mm festgestellt (51. 444). Da indes der Einfluß des Windes zu geringe Angabe des Regenmessers verursacht und der Wind mit der Höhe zuzunehmen pflegt, so ist der Einfluß der Meereshöhe wahrscheinlich noch größer.

Bei der besonderen Bearbeitung der Regenverhältnisse für kultur-technische Zwecke ist folgendes zu beachten.

Die mittleren Jahresniederschläge geben in einer Zahl die Eigenart des Ortes bezüglich seiner Niederschlagsverhältnisse nur roh wieder. Für die Bildung eines einigermaßen zuverlässigen Mittelwertes müssen mindestens 10 Beobachtungsjahre vorliegen. Zum Vergleiche der Niederschlagsverhältnisse verschiedener Orte dürfen nur gleichzeitige Beobachtungen benutzt werden. Zeiten der Nässe und Dürre wechseln so oft, daß man anderenfalls zu gefährlichen Trugschlüssen gelangen kann. Sind gleichzeitige Beobachtungen nicht erhältlich, so muß man zur Herleitung der Beziehung der Mittel für 2 Orte das Reduktionsverfahren anwenden. Das besteht in folgendem: Man fand, daß die Jahresmengen in 2 verschiedenen Orten in ziemlich konstantem Verhältnisse stehen. Die Konstanz ist um so größer, je näher beide Orte benachbart sind und je gleichartiger die klimatischen und orographischen Verhältnisse beider Orte sind. Um nun aus einer längeren Beobachtungsreihe A eine kürzere B für die fehlenden Jahre zu ergänzen, bildet man

das Verhältnis $\dfrac{A}{B}$ aus den gleichzeitig beobachteten Jahresmengen, nimmt

deren Mittel und multipliziert damit die Werte von A, denen gleichzeitige Beobachtungen bei B nicht gegenüberstehen. Das so erhaltene Produkt gibt angenähert den fehlenden Jahreswert für Punkt B. Er steht der Wirklichkeit um so näher, je gleichwertiger die gleichzeitigen Beobachtungen der beiden zu vergleichenden Stationen sind. Eingetretene Änderungen in der

Beobachtungsweise werden oft durch sprunghafte Änderung des Wertes $\dfrac{A}{B}$

verraten. Derart erhaltene Ergänzungswerte ergeben bei Entfernungen von 100—600 km zwischen beiden Stationen Abweichungen von 10—19 $^0/_0$ vom wahren Werte (27. 49), sind also beim Mangel unmittelbarer Beobachtungen immerhin brauchbar.

Die geringste Übereinstimmung erhält man auf diese Weise bei Jahren mit extremen Niederschlagsverhältnissen, besonders bei Trockenjahren, wegen des dann großen Einflusses starker Einzelniederschläge.

Auf die Bildung von Monatsmitteln ist das Reduktionsverfahren nur dann anwendbar, wenn mehrere Jahrzehnte gleichzeitiger Beobachtungen vorliegen. Die Genauigkeit der Monatsmittel ist geringer als die der Jahresmittel, weil bei diesen die Zeiteinheit 12 mal länger ist und daher mehr ausgleichende Umstände umfaßt.

Die Regenhöhe nimmt in allen Monaten vom Kamm eines Mittelgebirges nach der Ebene hin ab, im Sommer aber weniger als im Winter. Der Anteil der Monate am Jahresniederschlage ist daher im Gebirge gleichmäßiger als in der Ebene. Das Hochland hat zu allen Jahreszeiten erhebliche Wasserdampfzufuhr vom Meere. Im Flachlande überwiegt die Eigenverdunstung, die im Sommer stärker ist. Daher fallen im Flachlande während der warmen Jahreszeit stärkere Niederschläge als im Winter.

Größte Niederschlagsmenge eines Tages.

Bedeuten:

h die mittlere Monatshöhe,
H „ „ Jahreshöhe,
m den mittleren Tages-Größtwert,
M „ absoluten „

so finden nach Hellmann (**27**. 112) folgende Beziehungen statt.

1. $\dfrac{h}{m} = 3,5 - 4,0.$

Die Verhältniszahl nimmt für sehr trockene Orte auf 3,1 ab und für sehr regenreiche auf 4,6 zu.

2. $\dfrac{h}{M} = 1,2$ (Sommer) bis 1,5 (Winter).

Das Gesetz ändert sich für trockene und nasse Stationen im ähnlichen Sinne wie bei 1.

3. $\dfrac{M}{m} = 2,75.$

4. $\dfrac{H}{m}$ und $\dfrac{H}{M}$ nehmen zu mit H.

In trockenen Orten ist M im Verhältnisse zu H größer als in regenreichen, nach der Beziehung:

5. $M = 21,38 + 0,0211\,H$ in mm.

M fällt meistens in die Sommermonate.

Die größten Tagesmengen treten in den kontinentalen Trockengebieten auf und steigen hier bis 150 mm, während im feuchten Nordwestdeutschland 120 mm noch nicht erreicht wurden. Dagegen wurden im Sammelgebiete der Elbe in 780 m Meereshöhe im Juli 1897 Tagesmengen bis zu 345 mm beobachtet. Von den größten Tagesmengen fallen in Norddeutschland in den Sommermonaten April bis Oktober

$$2 + 13 + 22 + 32 + 17 + 13 + 1 = 100\,^0/_0$$

Platzregen.

Eine bestimmte Kennzeichnung für Platzregen gibt es nicht. Nach Hellmann (**27**. 149) ist die Bezeichnung „Platzregen" dann angezeigt, wenn die Dauer (d) und Stärke (i) in folgendem Verhältnisse stehen:

d	i mm	d	i mm
1—5 Min.	1,0	1—2 ^{h}	0,3
5—15 „	0,8	2—3 ^{h}	0,2
15—30 „	0,6	$> 3\,^{\mathrm{h}}$	0,1
30—45 „	0,5		
45—60 „	0,4		

Aus zahlreichen Beobachtungen leitet Hellmann folgende Beziehung zwischen d, i und der Regenhöhe h her:

$$i = \frac{3,522}{\sqrt[3]{d}} - 0,311 \quad \dots \dots \dots \dots \quad (1)$$

und da $i = \dfrac{h}{d}$

$$h = 3{,}522 \sqrt[3]{d^2} - 0{,}311 \ldots \ldots \ldots \ldots \quad (2)$$

Über tatsächlich beobachtete Platzregen gibt Hellmann (27. 149) umfang-reiche Tafeln.

Die räumliche Ausdehnung der Platzregen ist gering. Man weiß darüber nichts Näheres wegen der meistens immer noch zu großen Entfernung der Regenmesser.

Häufigkeit der Niederschläge.

In den Aufzeichnungen der Wetterwarten werden die Tage als Regen-tage bezeichnet, die mehr als 0,2 mm bringen. Die kleinen Regenhöhen (etwa unter 1—2 mm) sind für die Landwirtschaft meistens belanglos, da sie durch Verdunstung verloren gehen, ohne den Boden zu durchfeuchten und so für die Pflanzen nutzbar zu werden. Die Zahl der Regentage schwankt in Norddeutschland zwischen 133 (Hubertusburg) und 185 (Oberwiesenthal) im Jahre. Die Regenhäufigkeit nimmt zu mit der Regenmenge, schwankt indes nicht so sehr wie diese.

Die Niederschlagsschwankungen.

In den Trockengebieten ging die Jahresmenge bis 226 mm (Argenau in Posen 1900) herab und stieg (im Flachlande) bis 1169 mm (Jever 1877). 1857 war in Norddeutschland ein ausgesprochenes Trockenjahr (auch 1911), während 1882 den größten Überschuß brachte.

Die monatlichen Schwankungen gehen bis über das 100 fache des Kleinstwertes, der bis 1 mm sinkt. Der höchste Monatswert bringt in der norddeutschen Ebene 210—310 mm, in den Mittelgebirgen 450—510 mm.

Der Jahres-Größtwert ist durchschnittlich 2,4 mal so groß wie der Kleinstwert. Dies Verhältnis ist im kontinentalen Klima etwas größer als im regenreichen Nordwestdeutschland.

Je größer die Abweichungen vom Mittel nach oben und besonders nach unten, um so ungünstiger sind die Regenverhältnisse für die Landwirtschaft. Denn je mehr ausgeglichen die Niederschläge sind, um so eher läßt sich mit den landwirtschaftlichen Maßnahmen Rücksicht auf sie nehmen.

Das Verhältnis der Monats-Grenzwerte folgt denselben Gesetzen.

Niederschlagsperioden.

Die beobachtete ununterbrochene längste Reihe von Regentagen betrug in Deutschland 33, die der regenlosen Tagen 45. Längere Reihen von Tagen ohne Regen sind häufiger als solche mit Regen, besonders in den Trocken-gebieten. Regen- bzw. Trockenzeiten von 20 Tagen und mehr sind in 100 Jahren mit folgender Häufigkeit zu erwarten (27. 301).

	I—III	IV—VI	VII—IX	X—XII	Jahr
Regen	2,2	—	0,2	1,8	4,2
Dürre	3,2	4,4	4,6	4,4	16,6

Für die Landwirtschaft sind nicht allein Zeiten von gänzlicher Regen-losigkeit verderblich, sondern auch solche mit praktisch belangloser Regen-menge. Diese sind natürlich häufiger, als vorstehend angegeben.

Es scheint, als wenn die Schwankungen der Niederschläge mit denen der Sonnenflecken zusammenhängen (27. 343). Ferner scheint nach Verlauf von etwa 35 Jahren ein Niederschlags-Größtwert mit dazwischen liegendem Kleinstwert einzutreten. Die vorliegenden Beobachtungsreihen sind indes zu kurz, um daraus eine Gesetzmäßigkeit mit Sicherheit herleiten zu können.

Der Einfluß des Waldes. Die über dem Walde entstehende Luftabkühlung wirkt Regen bildend. Dazu schlagen sich Nebel und Reif an Baumblättern reichlicher nieder als auf dem freien Felde und vermehren die sonstigen Niederschläge (26. 193). Doch werden diese Einflüsse meistens überschätzt. Nach Beobachtungen an großen Aufforstungen in der Lüneburger Heide fielen über Nadelwald $9,4\%$ und über Laubwald $4,2\%$ mehr Niederschlag als auf dem benachbarten freien Felde.

Nach Fautrat (7. 1876. II. 321) fielen über Kiefernwald 10% Niederschläge mehr als in der unbewaldeten Nachbarschaft, während bei Laubwald der Überschuß nur 5% betrug. Im Jahresdurchschnitt betrug die relative Luftfeuchtigkeit über dem Kiefernwalde 65% gegen 53% bei Laubwald. Dabei muß man indes wieder beachten, daß Regenmesser, die im Windschutz, also auf Waldlichtungen stehen, mehr Regen auffangen, als solche, die dem Winde ausgesetzt sind. Ein Teil des Regenüberschusses in Wäldern mag also noch diesem Umstande zugeschrieben werden. Nach Schuberts (64) Beobachtungen würde in Westpreußen und Posen die mögliche Vermehrung des vorhandenen Waldbestandes von 21% auf 31% der Gesamtfläche die Niederschlagsmenge um 12 mm oder $2,3\%$ vermehren.

Ein großer Teil des Regens bleibt in den Baumkronen hängen und verdunstet von hier aus. Auf den Waldboden gelangen einschließlich des an den Stämmen auf den Boden herabrieselnden Wassers 12% Regen weniger als auf das freie Feld. Fautrat (7. 1876. II. 321) beobachtete sogar, daß von 840 mm Gesamtniederschlag nur 471 mm oder 56% auf den Waldboden gelangen, also 44% von den Baumkronen zurückgehalten werden. Wenn also über dem Walde auch mehr Regen fällt als über dem freien Felde. so erfährt doch der Waldboden geringere Durchfeuchtung als das Feld (25. III. 1. 20).

C. Der Abfluß.

Unter Abfluß versteht man den von den Niederschlägen herrührenden Anteil, der durch die Wasserläufe wieder zu den Meeren gelangt. Die Faustregel, daß von den Niederschlägen je $1/3$ abfließt, verdunstet und versickert, ist nur mit großer Einschränkung gültig. Zwar beträgt der Abfluß auf der ganzen Erde angenähert $1/3$ der Niederschläge (s. S. 8); doch trifft das im besonderen Falle nicht zu. Der Anteil des Abflusses ist in hohem Maße von der Beschaffenheit, dem Gefäll des Bodens und dem Bestande auf ihm abhängig. Ein undurchlassendes, steiles und kahles Niederschlagsgebiet liefert natürlich mehr Abfluß als ein durchlassendes, flaches, mit Kulturpflanzen bestandenes. Je geringer der Abfluß, um so größer ist Verdunstung und Versickerung und umgekehrt.

Oberirdischer Abfluß vom Niederschlagsgebiet findet im Flachlande nur bei Platzregen oder bei plötzlicher Schneeschmelze statt, besonders stark, wenn der Schnee auf gefrorenem und daher undurchlassendem Boden ruht. Häufiger kommt oberirdischer Abfluß im Gebirge vor. In der Hauptsache gelangt das Niederschlagswasser erst nach voraufgegangener Versickerung als Grundwasser in die Flüsse (Über Abflußverhältnisse s. a. Kapitel III Abschnitt F.)

D. Verdunstung.

Verdunstung findet statt, solange nicht gesättigte Luft mit Wasser in Berührung steht, nicht allein von der freien Wasserfläche, sondern auch vom feuchten Boden. Aus den auf dem Festlande angestellten Beobachtungen berechnete man (**51.** 1911. 576)

$$\begin{aligned}
\text{den Niederschlag} \quad N_l &= 112\,000 \text{ ckm}\\
\text{die Verdunstung} \quad V_l &= \underline{81\,360 \ \text{\textquotedbl}}\\
\text{der Abfluß} \quad F &= 30\,640 \ \text{\textquotedbl}
\end{aligned}$$

(s. a. S. 7).

Verdunstung und Niederschlag auf dem Meere V_m und N_m entziehen sich der genauen Erforschung. Indes hat man aus allen bisher angestellten Versuchen für V_m folgende, allerdings nur recht rohen Werte hergeleitet. In der

Geogr. Breite ist V_m	täglich	im Jahr:
60°—50°	1,4 mm	450 mm
50°—40°	2,8 ″	1000 ″
40°— Passat	4,4 ″	1600 ″
Passat	6,2 ″	2250 ″
Das Äquatorialgebiet	3,1 ″	1150 ″

Bei der Verdunstung aus feuchtem Boden wird der verlorene Wassergehalt der oberen Schichten durch kapillaren Aufstieg (s. II. F) aus den unteren wieder versetzt. Auch aus den unteren Bodenschichten findet unmittelbare Verdunstung statt durch Ausgleich der Dampfspannung (Diffusion). Lebende Pflanzen verdunsten große, aus dem Boden aufgenommene Wassermengen durch die Spaltöffnungen (s. Abschnitt II. E. S. 20).

Auf die Stärke der Verdunstung sind von Einfluß:

1. Der Zustand der Luft.

Bewegung, relative Feuchtigkeit (r) Wärme (t). Wind entführt die über der Wasserfläche gesättigte Luft und führt neue, von geringerer Feuchtigkeit dafür zu.

Ist m die absolute Luftfeuchtigkeit (s. S. 9) in g/cbm, M die Sättigungsmenge, so ist $r = \dfrac{m}{M}$. Dann ist die Verdunstung V verhältnisgleich dem Sättigungsdefizit $M - m$. Je kleiner r, um so größer ist das Spannungsgefäll und der Ausgleich, d. h. die Verdunstung. Aus Versuchen (**73.** Nr. 285. 65) wurden gefunden

$$\frac{V(\text{mm})}{M - m} = \frac{1}{12,3}$$

Verdunstung findet bei jeder Temperatur statt, steigt aber mit dieser. Setzt man V bei 25° $= 100$, so wurde folgende Beziehung ermittelt

$t =$	25	20	15	10	5	0	— 5	— 10	— 15	— 20° C
$V =$	100	74	54	39	28	20	13	9	6	4

Die Verdunstung nimmt bei hoher Temperatur also mehr zu als bei niedriger. Nach Versuchen in Triest (25. III. 1. 53) nahm die Verdunstung für jeden Grad Temperatursteigerung in folgenden Verhältnissen zu:

Temperatur:	1/5	5/9	9/13	13/17	17/21	21/25	25/29°
Zunahme:	0,01	0,02	0,05	0,08	0,13	0,19	0,24

Auf Grund eingehender in Indien angestellter Versuche fand Leather (7. 1914. 433) für die Verdunstung von der freien Wasserfläche

$$V = 2,0\,(\ln t - 1,74) + 0,33\,(\ln D - 1,00) + 0,36\,(\ln w - 0,125),$$

worin bedeuten:

V die Verdunstung binnen 24 Stunden in mm
$D = 100$ vermindert um die um 8^a bestimmte relative Feuchtigkeit der Luft.
$w =$ mittlere tägliche Windstärke.

Leather fügt hinzu, daß die hiernach berechneten Werte nur um 2 bis $7^0/_0$ von der beobachteten abweichen.

2. Die Dichtigkeit der Niederschläge.

Im allgemeinen steigt und fällt die Verdunstungshöhe mit der Regenhöhe. Dieselbe Regenmenge erleidet aber um so größere Verdunstungsverluste, je kleiner die einzelnen Niederschläge sind, aus denen die Gesamtmenge sich zusammensetzt, weil von jedem einzelnen Regen nahezu dieselbe Menge an der Oberfläche des Bodens oder der Pflanzen verbleibt und von dieser verdunstet. Stärkere Niederschläge sickern zum Teil ein, wodurch die Verdunstung verlangsamt und ermäßigt wird.

3. Beschaffenheit des Bodens.

Der Einfluß der Oberflächengestalt auf die Verdunstung wird durch folgende Verhältniszahlen gekennzeichnet:

$$
\begin{array}{lll}
\text{Bodenoberfläche} & \text{glatt} & V = 100 \\
\text{\textquotedbl} & \text{gewellt} & \text{\textquotedbl} = 121 \\
\text{\textquotedbl} & \text{gewölbt} & \text{\textquotedbl} = 114 \\
\text{\textquotedbl} & \text{rauh} & \text{\textquotedbl} = 106.
\end{array}
$$

Je kleiner das Bodenkorn (53. 147) der Oberfläche, um so größer ist dessen verdunstende Flächengröße und daher auch V. Man fand für verschiedene Korndurchmesser d folgende Verhältnisse für V:

d (mm) $=$	0/0,07	0,07/0,11	0,11/0,17	0,17/0,25	0,25/0,5	0,5/1,0	1,0/2,0
$V =$	100	100,6	96,6	95,7	86,1	69,9	22,2

Je dunkler die Bodenfarbe, um so stärker ist die Verdunstung nach folgendem Verhältnisse:

Farbe $=$	weiß	gelb	braun	grau	schwarz
$V =$	100	107	119	125	132

Daher findet vom unbedeckten Moore — oder an moorigem Boden — sehr starke Verdunstung statt.

Mit dem Wassergehalt (53. 147) des Bodens steigt seine Verdunstung. Bezeichnet w den Wassergehalt in $^0/_0$ der vollen Wasserkapazität (s. S. 33), so verhielt sich die Verdunstung bei Quarzsand:

$W =$	100	90	80	70	60	50	40	30	20	10
$V =$	100	88	81	71	60	50	41	30	20	10

war also ganz verhältnisgleich dem Wassergehalte. Die Abnahme des V ist um so geringer, je größer die Kapillarität (s. S. 34). Diese leistet Nachschub, sobald in den obersten Schichten Verdunstungsverlust entsteht.

4. Höhe des Grundwasserstandes (53. 149).

Im allgemeinen nimmt V mit der Tiefe des Grundwasserstandes ab. Die Bodenschicht über dem Grundwasser gewährt Schutz gegen den Einfluß von Wind und Wärme (s. oben). Indes tritt die größte Verdunstung erst dann ein, wenn der Grundwasserstand etwas unter die Oberfläche der Bodenschicht gefallen ist (Abb. 4). Anfangs war nur die glatte Wasseroberfläche der Verdunstung ausgesetzt, danach die durch Bodenkörner vergrößerte Oberfläche.

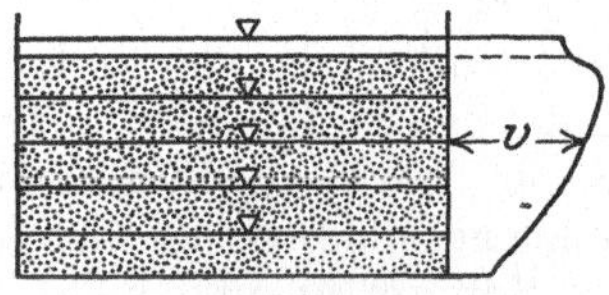

Abb. 4. Beziehung zwischen Grundwasserstand und Bodenverdunstung.

5. Je größer die Wasserkapazität (s. S. 33) der Bodenfläche ist, um so größer ist die Verdunstung, weil mehr Wasser an der Oberfläche festgehalten wird. Daher die starke Verdunstung der Sümpfe. Damit verbundene Abkühlung und Nebelbildung. Lehmboden hat stärkere Verdunstung als Sand.

Gedränter Boden verdunstet weniger als ungedränter, weil durch die Dränung die Wasserkapazität ermäßigt (s. S. 9), auch mehr Sickerwasser abgeleitet wird. Es entsteht weniger Verdunstungskälte. Daher ist gedränter Boden wärmer.

6. Bodenbedeckung.

Im allgemeinen ist auch unter natürlichen Verhältnissen die Verdunstung bei lebendem Pflanzenbestande größer als von der freien Wasserfläche und diese wieder größer als von nacktem Boden. 13 jährige Versuche in England (46. 1906. 101) ergaben bei 653 mm durchschnittlichen Niederschlag

	Sickerwasser	Verdunstung
Boden mit Grasnarbe	193 mm $= 29\,^0/_0$	460 mm $= 71\,^0/_0$
Nackter Boden	574 ″ $= 84$ ″	79 ″ $= 16$ ″

Nach Versuchen von v. Seelhorst (35. 1906. 313) verdunsteten bei 724 mm Niederschlag im Jahre von nacktem Sandboden 329 mm und von ebensolchem Lehmboden 339 mm. Abweichungen von diesem Gesetze treten ein, wenn die Pflanzen unter Wassermangel leiden, oder der nackte Boden mit Wasser gesättigt ist.

Tote Bodenbedeckung (Laub, Streu) vermindert die Verdunstung, denn sie gewährt Schutz gegen Wind und Wärme und unterbricht den kapillaren Aufstieg bis zur Oberfläche. Nach Versuchen der Moorversuchsstation verdunsteten von der jährlichen Regenmenge:

$29\,^0/_0$, wenn das Moor unbedeckt blieb,
$11\,^0/_0$ ″ ″ ″ mit Sanddecke versehen war.

In derselben Weise wirkt jede oben aufliegende trockene und lockere Bodenschicht wassersparend (s. Abschnitt H).

Andere Bedeckungen erzeugten folgende Verdunstungsverhältnisse (53. 150):

Unbehackt	100
Behackt	78—85
Brache ohne Streudecke . . .	100
″ mit ″ . . .	26
″ ″ Buchenlaub . . .	55
″ ″ Fichtennadeln . .	41
″ ″ Kiefernnadeln . .	33
″ ″ Strohdecke 5 cm .	10
″ ″ ″ 2,5 ″ .	18
″ ″ ″ 0,5 ″ .	42

7. Größe der verdunstenden Fläche.

Je kleiner die verdunstende Fläche ist, um so größer ist die Verdunstungshöhe, weil die mit Wasserdampf angereicherte Luft von der Wasseroberfläche schnell entführt und durch andere, noch trockene ersetzt wird. Daher begegnet man oft Angaben über Verdunstungshöhen, welche die Wirklichkeit übertreffen, da sie in kleinen Gefäßen ermittelt wurden. Neúerdings stellt man daher die Verdunstung in Gefäßen fest, die auf einer größeren Wasserfläche (See) schwimmen (**25.** III. 1. 49). Die mittlere Tagesverdunstung vom Züricher See wurde in der heißesten Zeit des Jahres 1911 (16. 7. bis 15. 9.) zu 4,8 mm ermittelt (**51.** 1911. 545).

Für den deutschen Mittellandkanal wurde der tägliche Verdunstungsverlust zu 11 mm angenommen. Auf größerer Wasserfläche dürfte die Verdunstung selbst an den heißesten Tagen die Größe von 10 mm nicht übersteigen. Mittlere Verdunstungszahlen für das Elbegebiet teilt Jasmund mit (**25.** III. 1. 274).

Ort	Zeitraum	Verdunstungshöhe in mm in												Jahr
---	---	XI	XII	I	II	III	IV	V	VI	VII	VIII	IX	X	
Dresden	1883/93	15,4	13,2	10,7	14,4	28,1	48,6	55,5	47,9	44,1	47,9	33,6	21,2	381
Chemnitz	„	16,5	15,2	13,0	15,7	25,0	38,6	50,6	43,1	44,1	43,7	35,0	26,3	367
Magdeburg	1881/92	14,4	9,2	9,7	11,0	24,2	48,4	71,5	82,1	82,6	70,0	55,6	24,1	503

Der Einfluß des Klimas springt in die Augen, sobald man die Verdunstung in extrem klimatischen Lagen miteinander vergleicht. So beträgt die Verdunstungshöhe 209 mm in Kopenhagen, 1825 mm in Ober-Ägypten.

8. Beimengungen zum Wasser.

Salzwasser verliert weniger durch Verdunstung als Süßwasser. Mit steigender Verdunstung steigt der Unterschied immer mehr. Nach Versuchen, die in Triest angestellt wurden, entsprachen folgende Verdunstungshöhen einander:

Süßwasser	.	1,03	1,60	2,04	2,80 mm
Meerwasser	.	0,78	1,28	1,69	2,40 „
Unterschied	.	0,25	0,32	0,35	0.40 „

E. Der Wasserbedarf der Pflanzen.

Die Kenntnis von der durch die Pflanzen gebrauchten Wassermenge ist in der Kulturtechnik so wichtig, daß diesem Gegenstande ein besonderer Abschnitt gewidmet werden darf. Pflanzenerzeugung ohne Mitwirkung des Wassers ist undenkbar. Pflanzen können feste Nährstoffe nicht aufnehmen, diese müssen vielmehr in Wasser gelöst sein. Die Lösung tritt durch Endosmose in die Pflanzenwurzeln ein und wandert in derselben Weise von Zelle zu Zelle, um schließlich zum Aufbau der Pflanzen verwendet (assimiliert) zu werden. Wasser entweicht durch Verdunstung (Transpiration), durch die Spaltöffnungen an der Unterseite der Blätter. Wasseraufnahme durch diese Spaltöffnungen findet nicht statt.

Man nennt den Wasseranteil, der wieder entweicht, nachdem er den Transport der Nährstoffe besorgte, wohl das Betriebswasser. Ein Teil des aufgenommenen Wassers verbleibt aber in der Pflanze und dient zum Aufbau derselben. Man nennt diesen Teil das Konstitutionswasser. Die Wanderung des Wassers bei der Osmose ist stets nach der gesättigteren

Lösung hin gerichtet. Sobald also die Lösung zu konzentriert wird, kann kein Wasser mehr aus dem Boden in die Pflanzenzellen gelangen, vielmehr findet ein Wasseraustausch in umgekehrter Richtung (Exosmose) statt. So entsteht die Erscheinung des Welkens und Verdorrens. Daraus folgt, daß die Nährstofflösung eine gewisse Wässerigkeit nicht unterschreiten darf, wenn sie von der Pflanze aufgenommen werden soll, und es muß daher der Boden um so reicher mit Wasser versorgt werden, je reicher sein Gehalt an Nährsalzen ist. Denn wenn man den hohen Gehalt an Nährstoffen im Boden zur Erzeugung von Erntemasse ausnutzen will, so muß die zur Erzeugung dieser hohen Ernte erforderliche Menge Wasser verfügbar sein; erst dadurch wird die Harmonie der Nährstoffe hergestellt (**53**. 157). In älterer Zeit, als man mit kleinen Erntemengen zufrieden sein durfte, war der Wasserverbrauch durch die Ernte geringer, und das Wasser spielte nicht eine so bedeutende Rolle. Heute· dagegen, wo die Landwirtschaft immer mehr gesteigert wird, um größere Ernten zu erzielen, wird naturgemäß auch der Wasserbedarf gesteigert. Daher ist der Erforschung des Wasserbedarfs immer größere Aufmerksamkeit zugewandt. Um den Wasserverbrauch richtig würdigen zu können, muß man sich zunächst Rechenschaft darüber ablegen, aus welchen Einzelteilen er sich zusammensetzt. Um vergleichbare Werte zu erhalten, muß man sich auch über die Art und Weise einigen, nach welcher die Verbrauchsermittelung erfolgt; denn nicht selten findet man deshalb stark voneinander abweichende Angaben, weil unter Wasserverbrauch verschiedene Größen verstanden, oder zu seiner Ermittelung verschiedene Verfahren angewandt wurden.

Der beim Pflanzenbau entstehende Wasserverbrauch durch Verdunstung zerfällt in zwei Teile:

1. Die zwischen den Pflanzen stattfindende Verdunstung vom Boden. Sie ist geringer als auf freiem, unbestelltem Felde, weil die Pflanzen Schutz gegen Wind und Sonne gewähren.

2. Die Blattverdunstung ist sehr groß, weil die Blattoberfläche ein Vielfaches des Pflanzenstandortes ausmacht und die Pflanzen in grünem Zustande sehr wasserreich sind. So ermittelte R i s l e r (**60**. 10) für 1 qm Boden folgende Oberfläche der darauf stehenden Pflanzen.

Roggen	am 2. 5. . . .	7,4 qm
Weizen	„ 30. 5. . . .	11,0 „
Hafer	„ 30. 7. . . .	9,1 „
Mais, dicht gesät	„ „ . . .	22,0 „
Wiese desgl.	„ 31. 5. . . .	12,4 „
Luzerne	„ 3. 5. . . .	12,4 „
Kartoffeln	„ 30. 7. . . .	6,9 „
Tannen, 30—40 jährig	. . .	11,8 „
Eiche am Stammende 40 cm stark		
für jedes Meter Höhe	. . . . . .	9,0 „

Zu der aus dem Innern dieser großen Blattfläche entstehenden Verdunstung kommt die äußerlich auf ihr haftende Regenmenge, die durch schnelle und völlige Verdunstung für die Tränkung der Pflanze ebenfalls verloren geht. Für den W a s s e r g e h a l t der lebenden Pflanzen gibt Hellriegel (**28**. 542. 60. 8) folgende Zahlen:

Bäume	60 %	des Gewichts
Halmfrüchte	75 %	„ „
Leguminosen	90 %	„ „
Melonen, Obst, Salat . .	95 %	„ „

Durch die große Blattverdunstung wird die vorhin gedachte Ersparnis an Bodenverdunstung zwischen den Pflanzen weit übertroffen, so daß die Gesamtverdunstung von einer mit Pflanzen bestandenen Fläche größer ist als von Brachfeld oder einer freien Wasserfläche. Zur Ermittelung dieser Pflanzenverdunstung verwendet man wägbare Gefäße. Hat durch Regen oder Begießen zwischen zwei Wägungen Wasserzufuhr stattgefunden, so ist diese durch entsprechenden Abzug gebührend zu berücksichtigen, ebenso das etwa entstandene Sickerwasser. Man erhält auf diese Weise die wahre Verdunstung. Man bedient sich zu solchen Versuchen am besten der wägbaren Lysimeter. Um der Natur entsprechende Werte zu erhalten, müssen sie so eingerichtet sein, daß sie unter dem ungestörten Einflusse des natürlichen Sonnenlichtes und der natürlichen Bodentemperatur stehen. In Amerika benutzt man deshalb Zylinder aus Eisenblech, die gewöhnlich in einem in den Boden eingelassenen Zementrohre und also unter der natürlichen Bodentemperetur stehen und nur zu den Wägungen mit einem mit Wage versehenen Krahn angehoben werden. Zuverlässigere Ergebnisse liefern die wägbaren Lysimeter von v. Seelhorst (**55. II. 151**).

Mit Hilfe dieser Vorrichtungen kann man nun entweder die Gesamtverdunstung vom Boden und von den Pflanzen in der vorhin angedeuteten Weise bestimmen, und diese Zahlen haben die größte Bedeutung für die Praxis, oder man bestimmt auch, zu wissenschaftlichen Zwecken, die Pflanzenverdunstung allein. Hierfür sind verschiedene Verfahren im Gebrauch.

1. Das Vegetationsgefäß wird mit einem Deckel dicht verschlossen, so daß keine Bodenverdunstung eintreten kann. Der Deckel ist mit Löchern versehen, eins für jeden Pflanzenstengel, und der ringförmige Zwischenraum zwischen Lochrand und Pflanzenstengel wird mit Wachs verschlossen (**73. Nr. 284**). Das Versuchsgefäß kann also nur durch Pflanzenverdunstung Wasser abgeben. Die Wasserzufuhr erfolgt durch eine luftdicht verschließbare Öffnung im Deckel.

2. Man benutzt zwei Reihen von Gefäßen nebeneinander. In der einen bestellten Reihe wird die Gesamtverdunstung ermittelt, in der anderen, aus unbestellten Gefäßen bestehenden, die Bodenverdunstung. Der Unterschied zwischen beiden Verdunstungsgrößen gibt die Pflanzenverdunstung. Man muß nur die Vorsicht begehen, daß man den Boden in den Brachgefäßen in derselben Weise gegen Wind und Sonne schützt, wie dies die Pflanzen besorgen würden. Man erreicht dies, indem man über die Gefäße nach und nach immer mehr Gitter aus Drahtgewebe legt, welche dem Schutze entsprechen, den die wachsenden Pflanzen der bestellten Fläche gewähren.

In manchen Fällen, bei nicht wägbaren Lysimetern oder Gefäßen anderer Art, hat man sich damit begnügt, den Unterschied zwischen Wasserzufuhr und der Sickerwassermenge festzustellen und hat diesen als die Gesamtverdunstung betrachtet. Bei diesem Verfahren bleibt aber der jeweilig im Boden vorhandene Wassergehalt unberücksichtigt, der bei der Wägung zum Ausdrucke kommt. Das Verfahren ist weniger genau, und im Gegensatze zu der wahren, nennt man die so erhaltene Verdunstung die scheinbare.

Es ist üblich, den Wasserbedarf der Pflanzen entweder in Millmetern Wasserhöhe oder in der Zahl von Kilogrammen anzugeben, die für die Erzeugung von 1 kg Erntemasse benötigt werden. Auf diese und ähnliche Weise wurden folgende Ergebnisse über den Wasserverbrauch ermittelt.

Wiesen, Weiden und bestellte Felder verdunsten mehr Wasser als Wald und dieser wieder mehr als nackter Boden (94). Nach König verhielt sich die Verdunstung bei 14,5^0 mittlerer Temperatur und 71$^0/_0$ mittlerer relativer Luftfeuchtigkeit von nacktem Boden zu freier Wasserfläche, zu

Grasland wie 65 : 100 : 202. Die Verdunstung im Walde wird zwar gefördert durch die große verdunstende Blattoberfläche der Bäume, aber gemäßigt durch den im Walde gewährten Schutz vor Wind und Sonne, niedrige Temperatur und hohe Luftfeuchtigkeit.

Nach Wohltmann (3. 7) verbrauchen während des Wachstums:

Erbsen	224 mm	in 100 Tagen	= 2,2 mm	täglich	
Gerste	246 „	„ 107 „	= 2,3 „	„	
Hafer	249 „	„ 107 „	= 2,3 „	„	
Sommerweizen	252 „	„ 107 „	= 2,4 „	„	

Dabei betrug der Niederschlag in der Versuchzeit 173 mm, sodaß 50—80 mm zugegeben werden mußten. Nach derselben Quelle beträgt „das ideale Regenbedürfnis" bei lehmigem Boden:

	im Jahr	in V—VII
Wintergetreide	600 mm	200 mm
Gerste	520 „	170 „
Hafer	630 „	220 „
Hackfrüchte	600 „	180 „
Wiese	670 „	210 „
Weide	770 „	230 „

Auf Sandboden wird der Verbrauch etwas größer. Das kann man nur daraus erklären, daß bei diesem die Versickerung größer und der kapillare Nachschub aus dem Untergrunde geringer sind als bei Lehmboden. Daher kommt auf Sandboden nur ein kleineerr Teil der Niederschlage den Pflanzen zugute und insofern ist der Gesamtverbrauch hier größer (s. a. S. 27).

Dabei ist unter Wasserbedarf der Gesamtbedarf verstanden, der durch Transpiration der Pflanzen und Verdunstung von der Bodenoberfläche entsteht.

Nach zahlreichen Ermittelungen kann man bei einem für Größternten ausreichenden Düngungszustande und ebensolcher Wasserversorgung folgenden Wasserbedarf für 1 kg Trockenmasse in der Gesamternte (ohne Wurzeln) annehmen:

Hafer	500 — 600 kg	
Roggen	400 — 500 „	
Kartoffeln	200 — 300 „	

Gerhardt (83. I. 2. 324) gibt den Wasserbedarf, der täglich im Durchschnitt während der Wachstumszeit entsteht, wie folgt an:

Wiese	5 mm	
Weizen	3 „	
Roggen	2 „	
Kartoffeln	1 „	
Wald	0,5 — 1 „	

Weiden verbrauchen für die Flächeneinheit weniger Wasser als Wiesen, doch nur deshalb, weil sie weniger Erntemasse erzeugen als diese. Dagegen verbraucht 1 kg auf der Weide erzeugte Trockenmasse mehr Wasser als auf der Wiese. Diese entwickelt eine weit größere verdunstende Blattoberfläche als Weide, wogegen die Bodenverdunstung bei der Weide überwiegen muß, weil das kurze Gras geringeren Schutz gegen Sonne und Wind bietet. Vergleichende Versuche in Holland (46. 1914. 21) auf Kleiboden bei 40—80 cm

Grundwasserstand angestellt, ergaben folgende Zahlen: Im Mittel der Jahre 1910/11 wurden in der Zeit von Mitte April bis Ende Oktober verbraucht

von Weide 3970 cbm/ha
„ Wiese 5790 „

an Blatt- und Bodenverdunstung. Die durchschnittliche tägliche Verdunstung betrug von

	Weide	Wiese
1909	2,3	2,7 mm
1910	2,2	3,0 „
1911	2,2	3,0 „

Den größten Tagesverbrauch hatte die Weide mit 5,8 mm. Der Wasserverbrauch zur Erzeugung von 1 kg Trockenmasse betrug für:

Weide 468 kg Wasser
Wiese 464 „   „

Durch v. Seelhorst (**46.** 1914. 34) wurden in den Jahren 1908/09 in Göttingen folgende Zahlen ermittelt:

Wasserverbrauch von Wiese 458 mm
„   „ Weide 334 „

Der stärkste Tagesverbrauch erreichte hier 5,7 mm. An lufttrockenem Heu wurden geerntet von der

Wiese 8590 kg/ha
Weide 5200 „

Der Wasserverbrauch für 1 kg lufttrockener Erntemenge betrug also bei

Wiese 533 kg und bei Weide 643 kg.

Bei all diesen Versuchen wurde der Biß der Weidetiere durch sehr häufiges Abschneiden des Grases ersetzt. Nach anderen Versuchen von v. Seelhorst stellte sich der Wasserverbrauch für Weide und Wiese wie folgt:

1908			Weide		Wiese	
			Ernte g	w	Ernte g	w
1. 4.—16. 5.	= 46	Tage	150,6	248	—	—
1. 4.—13. 6.	= 74	„	—	—	512,5	370
16. 5.—20. 6.	= 34	„	156,0	715	—	—
13. 6.—29. 7.	= 46	„	—	—	253,7	733
20. 6.—29. 7.	= 39	„	100,5	1130	—	—
29. 7.—16. 9.	= 49	„	135,0	546	206,3	513
	169 Tage		542,1	620	972,5	495

w bedeutet darin den Wasserverbrauch als Vielfaches der Ernte.

Da bei mäßigen Ernten, also dürftiger Düngung, der Wasserverbrauch für die Gewichtseinheit der Ernte größer ist als bei stärkerer Düngung, so ist es ratsam, den Wasserverbrauch stets für die nach Maßgabe der Düngung zu erwartende Ernte zu veranschlagen. Ergibt sich dabei ein Fehlbetrag der Niederschlagsmengen gegenüber dem Bedarfe, so kann ersterer aus dem Vorrate an Boden- oder Grundwasser entnommen werden, oder es muß Bewässerung eingerichtet werden, um Größternten zu erzeugen.

In hohem Maße ist die Pflanzenverdunstung von dem Wachstumszustande derart abhängig, daß sie um die Zeit des Schossens am stärksten ist. So verdunstete bei einem Lysimeterversuche (**55**. II. 156) im Jahre 1909 von der mit Hafer bestellten Fläche (v_1) und von der unbestellten Fläche (v_2) in den Monaten

	v_1	v_2	v_1-v_2
IV	16,8 mm	24,2 mm	— 7,4 mm
V	72,6 „	20,7 „	+ 51,9 „
VI	205,8 „	38,6 „	+ 167,2 „
VII	161,9 „	39,7 „	+ 122,2 „
	457,1	123,2	333,9 mm

Die tägliche Verdunstung betrug bei dem

bestellten	unbestellten Gefäße
im Mittel 3,5 mm	1,3 mm
höchstens 9,7 „	2,0 „

Zur Erzeugung von 1 kg Trockenmasse in der Ernte wurden 626 kg Wasser gebraucht, wovon gegen 400 kg auf Blattverdunstung entfielen. Unter Winterroggen wurde die größte Tagesverdunstung 1910 zu 19,4 mm beobachtet (**55**. III. 174).

v. Seelhorst (**35**. 1906. 313) fand in seinen 1 qm großen Lysimetern die in Abb. 5 dargestellte Beziehung zwischen Jahreszeit und täglicher Verdunstung. Nach Versuchen von Hellriegel (Dahme)

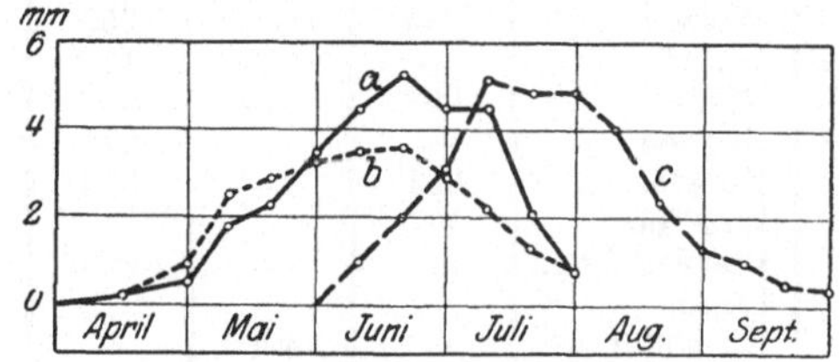

Abb. 5. Wasserverbrauch von Weizen (a), Roggen (b) und Kartoffeln (c).

und Risler (Schweiz) wurden folgende Wassermengen zur Erzeugung von 1 kg Trockenmasse verbraucht:

	Hellriegel	Risler
Sommerweizen	383 kg	—
Sommerroggen	353 „	—
Hafer	376 „	250 kg
Rotklee	310 „	263 „
Mais	—	216 „
Heu	—	438 „

In Rothamstead wurde der mittlere Wasserverbrauch zu dem 300fachen der Trockenmasse im Mittel unserer Feldfrüchte bestimmt.

Die Blattverdunstung betrug nach Versuchen von Risler aus den Jahren 1867/76 im Mittel für 1 Stunde von 1 qdm Blattfläche bei

Luzerne	0,46 g
Kohl	0,25 „
Weizen	0,18 „
Mais	0,16 „
Hafer	0,14 „
Kartoffel . . .	0,09 „
Eiche	0,06 „
Tanne . . . : .	0,05 „

Der tägliche Wasserverbrauch durch Pflanzen und Boden beträgt nach Risler für:

Luzerne	3,4—7,0 mm
Wiese	3,1—7,3 „

Hafer	2,9—4,9	mm
Mais	2,8—4,0	„
Weizen	2,7—2,8	,.
Klee	2,9	„
Roggen	2,3	„
Kartoffel	0,7—1,4	„
Tanne	0,5—1,1	„
Eiche	0,5—0,8	„

Wie weit die von verschiedenen Forschern ermittelten Zahlen auseinander-
liegen, zeigt folgende Zusammenstellung, welche die für 1 kg Erntemasse verbrauchte Wassermenge in kg angibt (73. Nr. 285).

Nr.	Frucht	Lawes Rotham-stead	Wollny	Hell-riegel	King Wisc.	v. Seel-horst	Widtsoe Utah	Leather Indien	Briggs Colo.
1	Weizen	235	—	359	—	333	546	554	507
2	Hafer	—	665	401	541	—	—	469	614
3	Gerste	258	774	322	388	365	—	468	539
4	Roggen	—	—	377	—	386	—	—	724
5	Rotklee	251	—	330	481	—	—	—	—
6	Luzerne	—	—	—	—	—	—	—	1068
7	Pferdebohnen	—	—	263	—	—	—	—	—
8	Lupine	—	—	373	—	—	—	—	—
9	Kartoffel	—	490	—	—	—	—	—	—
10	Zuckerrübe	—	—	—	—	—	497	—	377

Zum Teil sind die verschiedenen Zahlen jedenfalls aus den verschiedenen
klimatischen Verhältnissen zu erklären, unter denen die Versuche angestellt
wurden. Ferner sind von Einfluß auf den Wasserverbrauch: Bodenfeuchtigkeit,
Bodenbeschaffenheit, Düngung, Luftfeuchtigkeit usw.

1. Bodenfeuchtigkeit.

Fittbogen erhielt aus Versuchen mit je vier Versuchsgefäßen folgende
Mittelwerte für den Wasserverbrauch w als Vielfaches der geernteten Trockenmasse E von Hafer:

Wassergehalt des Bodens in % der Kapazität	E g	w
10—20	1,6	405
20—30	7,6	414
30—40	12,8	444
40—60	12,2	457
60—80	13,7	534

Zu verhältnismäßig ähnlichen Ergebnissen gelangte Hellriegel für Gerste:

Bodenfeuchtigkeit in % der Kapazität	1869 E g	1869 w	1870 E g	1870 w
5	—	—	0,1	940
10	—	—	0,3	180
20	17,9	254	14,6	168
30	—	—	19,8	223
40	23,9	258	21,8	216
60	25,4	281	22,8	240
80	24,5	293	19,7	277

Bei beiden Versuchen von **Fittbogen** und **Hellriegel** war Bodenverdunstung ausgeschlossen, so daß vorstehende Zahlen nur die Blattverdunstung angeben.

Wilms stellte das Verhalten der Kartoffel fest und fand bei:

$$\text{Bodenfeuchtigkeit} = 33 \quad 58 \quad 80\,^0/_0 \text{ der Kapazität}$$
$$w = 39 \quad 50 \quad 62$$

für die Ernte in grünem Zustande.

Nach allem kann man folgern, daß der Wasserbedarf wächst, je mehr der Wassergehalt sich den Grenzwerten nähert, bei denen Pflanzenwachstum überhaupt möglich ist. In beiden Fällen leidet die Ernte, das eine Mal unter Wassermangel, das andere Mal unter Wasserüberfluß und damit in Verbindung stehendem Mangel an Bodenluft. Sowohl bei kümmernden Pflanzen wie auch bei starker Bodenfeuchtigkeit tritt die Bodenverdunstung in den Vordergrund, weshalb der Wasserverbrauch für die Einheit der Erntemenge in beiden Fällen hoch ausfallen muß.

2. Bodenbeschaffenheit.

Liebscher fand, daß unter sonst gleichen Verhältnissen Lehmboden einen etwas größeren Wasserverbrauch erzeugt als Sandboden. Das wird darauf zurückzuführen sein, daß bei Lehmboden ein lebhafterer kapillarer Wassernachschub und also stärkere Bodenverdunstung stattfindet. Die Pflanzenverdunstung selbst muß bei angemessener Wasserzufuhr für Lehmboden für die Ernteeinheit geringer sein, weil dieser die günstigeren Wachstumsbedingungen bietet. Das Gesetz ist übrigens auch nicht eindeutig, denn nachstehende, von **Seelhorst** ermittelte Zahlen sprechen teilweise (für Roggen) das Gegenteil aus.

	Sand		Lehm	
	Ernte g	w	Ernte g	w
Roggen	306	486	700	375
Kartoffeln	103	60	4737	66

3. Düngungszustand.

Der Düngungszustand spielt eine wichtige Rolle derart, daß der Wasserverbrauch für die Gewichtseinheit der Ernte um so mehr zunimmt, je schlechter der Düngungszustand ist. Trotz des Überflusses an Wasser kann nicht mehr Erntemasse erzeugt werden, als der Nährstoffvorrat im Boden gestattet. Es fehlt in solchem Falle die Harmonie zwischen den Wachstumsbedingungen. Dies Verhältnis kommt in dem von **Liebig** zuerst ausgesprochenen Gesetze zum Ausdruck: Die Erzeugung von Pflanzenmasse ist von der Vegetationsbedingung abhängig, die verhältnismäßig (d. h. nach seiner Bedeutung für den Aufbau der Pflanzen) im Minimum zur Verfügung steht.

Hellriegel fand, daß gegenüber der Volldüngung das Fehlen des Kalis den Wasserverbrauch verdoppele und das Fehlen des Stickstoffes ihn verdreifache. **Liebscher** untersuchte den Einfluß von Voll- und Teildüngung und gelangte dabei für Hafer zu folgenden Zahlen für w bei der Düngung mit Kali (K.), Phosphorsäure (P.) und Stickstoff (N.):

Bodenart	Werte für w bei Düngung mit:							
	—	K	P	N	K P	P N	K N	K N P	Mittel
Tonboden mit $25\,^0/_0$ Wasser	349	344	270	311	264	177	319	173	278
Sandboden „ $10\,^0/_0$ „	332	313	307	194	299	192	192	178	251

Natürlich muß der Einfluß der lückenhaften Düngung bei armen Böden mehr in die Erscheinung treten als bei reichen.

Gerlach (54. 1906. Nr. 40) fand bei Bewässerungsversuchen in gemauerten Parzellen von 1 qm Größe folgende Ertragssteigerungen an Trockenmasse:

	Wassergabe l	Ertrags- steigerung g	1 kg Steigerung erforderte Wasser l	1000 l Wasser brachten g
Ungedüngt	750	672	1116	896
„	1500	725	2069	484
Volldüngung	750	1316	570	1755
„	1500	3223	465	2149

4. Luftfeuchtigkeit.

Heinrich fand den Wert für w bei gesättigter Luft zu 120, und bei Luft, die über Chlorkalzium getrocknet war, zu 618. Sehr interessante Versuche über diesen Gegenstand wurden von Montgomery und Kieselbach in zwei Gewächshäusern angestellt, von denen das eine fortwährend gelüftet, während in dem anderen eine wassergesättigte Luft hergestellt wurde. Dem Versuche dienten je acht Maispflanzen in Gefäßen:

	Gewächshaus	
	trocken	feucht
Mittlere Temperatur nachts	27	24^0
„ „ tags	33	31^0
Relative Luftfeuchtigkeit nachts	48	$72^0/_0$
„ „ tags	37	$58^0/_0$
Gewicht der acht Pflanzen	670	862 g
Blattoberfläche	6744	6688 qcm
Verbrauchte Wassermenge	227,8	184,2 kg
w für Gewichtseinheit	340	191
w für 1 qcm Blattoberfläche	34	28 g
Verdunstung von der freien Wasserfläche	3,891	2,187 kg

Schaltet man die Zahlen für die Nacht aus, weil dann nur unbedeutende Blattverdunstung vor sich geht, so sieht man, daß der Wasserverbrauch der Pflanze für die Gewichtseinheit und die Verdunstung von der freien Wasserfläche der relativen Luftfeuchtigkeit nahezu umgekehrt verhältnisgleich war. Das Sättigungsdefizit betrug $31,67 (1 - 0,37) = 19,95$ mm im Trockenhause und $31,11 (1 - 0,54) = 13,15$ mm im Feuchthause. Beide verhalten sich wie $\frac{19,95}{13,05} = \frac{1,53}{1}$. Der Wasserverbrauch verhält sich wie $\frac{340}{191} = \frac{1,78}{1}$. Wir sehen also, wie der Versuch angenähert bestätigt, daß die Blattverdunstung dem Sättigungsdefizit nahezu verhältnisgleich ist. In den Vereinigten Staaten von Nordamerika rechnet man den Wasserbedarf für 1 kg Erntemasse unter dem halbtrockenen Klima zu 325 bis 550 kg, im trockenen Klima dagegen 750 kg (13).

5. Belichtung. Bei mangelhafter Belichtung wird zur Erzeugung der Erntemasse mehr Wasser verbraucht als bei voller Belichtung. Nach Versuchen von Hellriegel (28. 452) betrug die Transpiration bei vollem Licht $89^0/_0$ mehr als in gedämpftem.

F. Versickerung.

Der Regen, der weder abfließt noch verdunstet, sickert in den Boden. Das Versickerungswasser dient den Pflanzen in erster Reihe zur Ernährung; denn sie können nur durch die Wurzeln Wasser aufnehmen, nicht durch die Spaltöffnungen, die nur zur Ausatmung des verbrauchten Wassers dienen. Die Ausatmung wächst mit dem Spannungsunterschiede im Wassergehalt inner- und außerhalb der Pflanze. Das auf den Pflanzen haftende Regenwasser setzt, indem es verdunstet, diesen Spannungsunterschied herab; es dient also nur mittelbar zur Pflanzenernährung, indem es die Blattverdunstung mindert, nicht unmittelbar zur Tränkung. Die Abhängigkeit der Sickerwassermenge von der Verdunstungsgröße kommt darin zum Ausdrucke, daß im November die stärkste, im Mai die geringste Versickerung stattzufinden pflegt. Mit der Regenmenge und der damit verbundenen Durchfeuchtung des Bodens wächst zwar, wie wir gesehen haben (Abschnitt D) die Verdunstung, in stärkerem Maße aber noch die Versickerung. Langjährige Versuche in Rothamstead (**54**. 1916. Nr. 28. S. 195) ergaben:

Regenhöhe im Mittel mm	Sickerwasser mm	%	Verdunstung mm
596	246	41,3	350
722	318	44,1	404
847	435	51,3	412

Das Sickerwasser wurde 1,5 m unter der Erdoberfläche gemessen.

Auch der Wachstumszustand und der damit in Zusammenhang stehende Wasserverbrauch der Pflanzen ist von maßgebendem Einflusse auf die Sickerwassermenge, wie die nachfolgenden Versuchsergebnisse von v. Seelhorst zeigen:

Jahr	Monat	Regen l	Sickerwassermenge von: Kartoffel l	%	Gerste l	%	Roggen l	%	Brache l	%
1904	XI	86	22	26	1	1	33	38	74	86
	XII	63	32	51	27	43	34	54	35	56
1905	I	48	36	75	36	75	37	77	44	92
	II	41	57	139	52	127	59	144	66	161
	III	54	24	44	25	46	23	43	25	46
	IV	67	42	62	41	61	41	61	39	58
	V	46	4	9	3	7	1	2	5	11
	VI	105	10	10	1	1			32	31
	VII	113	5	4	—	—	—	—	40	36
	VIII	43	1	2	—	—	4	9	13	30
	IX	67	4	6	—	—	4	6	41	61
	X	111	42	38	16	14	44	40	82	74
		744	279	37	202	27	280	38	496	67

Man sieht, daß in der Wachstumszeit oft gar kein Wasser versickert, weil alles von den Pflanzen gebraucht wird. So brachte Brache nahezu die doppelte Sickerwassermenge wie bestelltes Feld. Manche Monate bringen mehr Sickerwasser als Niederschlag, wenn Vorräte aus der vorhergehenden Zeit zur Versickerung gelangten.

Das Sickerwasser dient auch zur Durchlüftung des Bodens, indem es die verbrauchte Bodenluft austreibt und neue Luft nachsaugt. Dazu kommt der Vorrat des in ihm gelösten Sauerstoffs, mit dem es sich bei dem langen Fallwege durch die Luft anreichert.

Auch **Stickstoff (N)** wird dem Boden durch Regenwasser einverleibt, woran es im Sommer, infolge luftelektrischer Entladungen, besonders reich ist. Auf dieser Erscheinung beruht die Gewinnung des Norge-Salpeters aus dem Stickstoff der Luft. Nach **Gerlach** wurden im Durchschnitt der Jahre 1906/09 durch das Regenwasser folgende Stickstoffmengen einem Hektar zugeführt:

$$
\begin{array}{ll}
0{,}6 \text{ kg} & \text{Salpeter-N} \\
5{,}2 \;\text{\textquotedbl} & \text{Ammoniak-N} \\
\underline{4{,}1 \;\text{\textquotedbl}} & \underline{\text{organischer N (Staubbeimengungen)}} \\
9{,}9 \text{ kg} & \text{im ganzen.}
\end{array}
$$

Auf das einsickernde Wasser wirken zwei Kräfte: die **Schwere** treibt es hinab und die **Reibung** des Wassers an den Bodenkörnern wirkt dieser Bewegung entgegen. Die Reibungsgröße ist abhängig von der Größe und Querschnittsform der zwischen den Bodenkörnern vorhandenen Kanäle, welche das Wasser durchlaufen muß, d. h. von deren Querschnitt (F) und deren benetztem Umfange (p).

Aus diesen Verhältnissen können selbst aus demselben **Porenraum** (P), worunter wir den von Luft und Wasser erfüllten Raum zwischen den Bodenkörnern verstehen, also bei demselben F, verschiedene Versickerungsgeschwindigkeiten (S) eintreten, wenn das p verschieden ist. Je enger die Poren, je kleiner also die einzelnen Kanäle im Boden sind, um so größer wird p und daher um so kleiner S.

Die Größe von p ist abhängig von der Feinheit des Bodenkorns, und diese kommt in der **Gesamtoberfläche** (53. 58) des Bodens zum Ausdruck. Darunter verstehen wir die Summe der Oberfläche aller einzelnen Bodenkörner.

Zur mathematischen Herleitung dieser·Beziehungen muß man einen Raum (Würfel) betrachten, der mit gleich großen Bodenkörnern von Kugelgestalt bei gleicher Lagerung angefüllt wird. Hat der Würfel die Kante 1 und beträgt der Durchmesser der Bodenkörner $d = \dfrac{1}{n}$, so können $z = n^3$ kugelförmige Körner in dem Würfel gelagert werden (Abb. 6). Wir erhalten folgende Reihe:

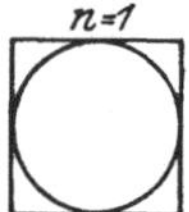

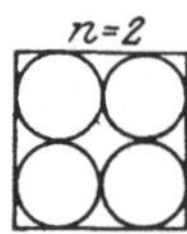

Abb. 6. Raumfüllung durch Bodenkörner.

$$
\begin{array}{lccccc}
n = & 1 & 2 & 5 & 10 & 100 \\[4pt]
d = \dfrac{1}{n} = & 1 & 0{,}5 & 0{,}2 & 0{,}1 & 0{,}01 \\[4pt]
z = & 1 & 8 & 125 & 1000 & 100\,000
\end{array}
$$

Der Inhalt einer Kugel vom Durchmesser d ist $V = \dfrac{\pi\,d^3}{6}$.

Für $d = \dfrac{1}{n}$ ist $V_{\frac{1}{n}} = \dfrac{\pi}{6}\left(\dfrac{1}{n}\right)^3$.

Die Gesamtheit aller Bodenkörner erfüllt den Raum

$$
\Sigma V_{\frac{1}{n}} = z \cdot \frac{\pi}{6}\left(\frac{1}{n}\right)^3,
$$

und da $z = n^3$, so wird

$$\Sigma V_{\frac{1}{n}} = \frac{\pi}{6} = 0{,}524\,,$$

d. h. wird ein Gefäß mit gleich großen Kugeln gefüllt, so ist ΣV aller Kugeln unabhängig von der Zahl der Kugeln = konstant. Die feste Masse erfüllt den Raum zu $52{,}4\,^0/_0$, während $47{,}6\,^0/_0$ auf den Porenraum entfallen.

Die Kugeloberfläche ist $f = d^2\,\pi$

$$\Sigma f_{\frac{1}{n}} = z \cdot \pi \left(\frac{1}{n}\right)^2 = \pi\,n\,,$$

d. h. Σf wächst verhältnisgleich der Zahl der Kugeln und es ist

$$\frac{\Sigma f}{\Sigma V} = 6\,n\,.$$

Diese Beziehungen sind nur dann gültig, wenn die Bodenkörner so gelagert sind, daß die Verbindungslinien ihrer Mittelpunkte Würfel bilden. So entsteht die weiteste Lagerung. Die engste Lagerung gleich großer Kugeln mit $24{,}5\,^0/_0$ Hohlraum entsteht bei Lagerung der Kugelmittelpunkte im Dodekaederverbande. In der Natur liegen die Verhältnisse insofern anders, als hier der Bodenraum von einem Gemisch verschiedenster Korngrößen erfüllt ist.

Nach Untersuchungen von Mitscherlich (53. 70) auf Grund des Hygroskopizitätsverfahrens beträgt die Bodenoberfläche für:

$$1 \text{ g feiner Tertiärsand} \quad . \quad . \quad 1{,}4 \text{ qm}$$
$$1 \text{ g strenger Ton von Java} \quad 967 \quad \text{„ } [1]).$$

Kennt man die Größe Σf eines Bodens und das spezifische Gewicht s der Bodenkörner und geht von der Voraussetzung aus, daß alle Bodenkörner Kugeln von gleicher Größe sind, so kann man daraus die Körnerzahl z einer bestimmten Gewichtsmenge g berechnen.

Es lautet die Oberflächengleichung:

$$\Sigma f = d^2\,\pi\,z \quad . \quad . \quad . \quad . \quad . \quad . \quad . \quad . \quad . \quad . \quad . \quad (1)$$

und die Raumgleichung:

$$\left.\begin{aligned}\Sigma V &= \frac{g}{s} = \frac{d^3\,\pi\,z}{6} \\[2mm] \frac{\Sigma V}{\Sigma f} &= \frac{g}{s\,\Sigma f} = \frac{d}{6}\end{aligned}\right\} \quad . \quad . \quad . \quad . \quad . \quad . \quad . \quad . \quad (2)$$

und

$$d = \frac{6\,g}{s\,\Sigma f}\,. \quad . \quad . \quad . \quad . \quad . \quad . \quad . \quad . \quad . \quad (3)$$

Hat man hieraus d berechnet, so folgt aus Gleichung 1

$$z = \frac{\Sigma f}{d^2\,\pi}\,. \quad . \quad . \quad . \quad . \quad . \quad . \quad . \quad . \quad . \quad (4)$$

Angenähert berechnet man die Gesamtfläche (Σf) eines Bodens, indem man durch Schlämmanalyse den Anteil der einzelnen Korngrößen an dem

---

[1]) Dabei geht M. von der Annahme aus, daß das hygroskopisch gebundene Wasser die festen Bodenkörner mit nur einer Molekülschicht umhüllt.

Bodengemisch ermittelt, daraus den Anteil der Gesamtoberfläche und schließlich die Summe dieser Teile bildet.

Umhüllt das hygroskopisch gebundene Wasser die Bodenkörner in der Stärke nur einer Molekülschicht, die 0,25 $\mu\mu$ stark ist, so beträgt bei den vorhin betrachteten zwei Böden die Menge des hygroskopischen Wassers in 1 g Boden bei feinem tertiären Sande $1,4 \cdot 10^6 \cdot 0,25 \cdot 10^{-6} = 0,35$ cmm und bei strengem Tone $967 \cdot 10^6 \cdot 0,25 \cdot 10^{-6} = 241,8$ cmm.

Man entnimmt daraus, wie große Wassermengen durch einen feinkörnigen Boden hygroskopisch gebunden werden können; denn 1 g Boden vom spezifischen Gewicht 2,6 enthält $\dfrac{1 \cdot 1000}{2,6} = 385$ cmm feste Masse. Durch die Umhüllung der feinen Bodenteilchen mit hygroskopischem Wasser kann man gewisse Quellungserscheinungen erklären, die dadurch entstehen, daß zwischen die in trockenem Boden sich unmittelbar berührenden Bodenkörner sich zwei Schichten hygroskopisches Wasser einlagern.

Bezeichnet man mit t die Stärke der das Bodenkorn umhüllenden hygroskopischen Wasserschicht und mit w den Wassergehalt des Bodens, so ist:

$$w = \frac{(d + 2\,t)^3 - d^3}{s \cdot d^3},$$

woraus man eine der drei Größen w, d oder t berechnen kann, wenn die anderen beiden bekannt sind (37. 176).

Das hygroskopisch gebundene Wasser ist für die Pflanzen nicht benutzbar, weil es von den Bodenkörnern durch Flächenanziehung zu fest gehalten wird. Dennoch wird die Hygroskopizität der Böden immer mehr als bedeutungsvoll für deren Fruchtbarkeit erkannt, und man hat vorgeschlagen, sie als Maßstab für die Bonitierung der Böden zu benutzen (**47**. 1912. 255). Die Hygroskopizität wächst proportional der Gesamtoberfläche des Bodens, und je größer diese ist, um so größere Angriffsflächen bieten sich den Pflanzenwurzeln, an denen sie die Nährstoffe des Bodens aufnehmen können.

Die Versickerungsgeschwindigkeit folgt dem Gesetze von Darcy (**53**. 35, 46. 1909) $v = k \cdot \dfrac{h}{l}$. Darin bedeuten k einen der Bodenart eigenen Beiwert, h die wirksame Wasserdruckhöhe, l die Länge der durchsickerten Bodensäule (Abb. 7). Unter h ist stets die ganze Druckhöhe von der freien Wasseroberfläche bis zur Unterkante des Sickerwassers zu verstehen. Man schreibt daher die Formel auch: $v = k \dfrac{h + l}{l}$.

Je länger die Bodensäule l, durch die das Wasser sickert, um so größer werden natürlich die Reibungswiderstände. Daher muß v mit wachsendem l abnehmen. Ein nach Trockenzeit gefüllter Graben verschluckt in der ersten Zeit ungleich mehr Wasser als später, nachdem bereits eine größere Bodenschicht l mit Wasser durchtränkt ist.

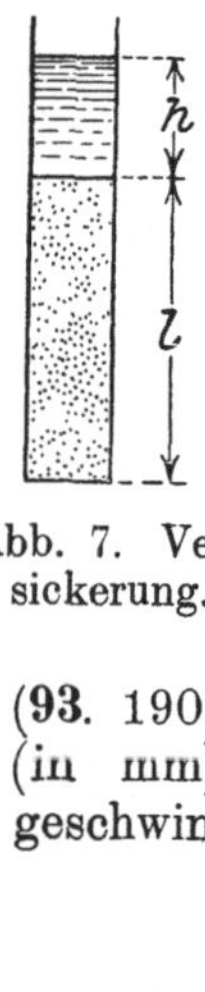

Abb. 7. Versickerung.

Der Ermittelung von k sind viele Arbeiten gewidmet und danach ebenso viele Formeln für v hergeleitet. Seelheim (**93**. 1901. Heft 49/50) gibt für Quarzsand von d_m mittlerem Durchmesser (in mm), der auf Kugelform umgerechneten Quarzkörner, die Sickergeschwindigkeit in Metern während 24 Stunden

$$v = 325\, d_m^2 \cdot \frac{h}{l},$$

gültig für Wasser von 10^0 C. Hazen fand dafür $v = 1000\, d_w^2 \cdot \dfrac{h}{l}$ für Wasser von 10^0 C. Dabei ist d_w der wirksame Durchmesser in mm. d_w entspricht der Sieblochweite, durch die 10% des Bodengemisches fallen. Da nach der allgemeinen Formel von Darcy $v = \dfrac{k\,h}{l}$ ist, so ist hier $k = 1000\, d_w^2$ (siehe Abschnitt G). Slichter gibt an:

$$v = \frac{6714 \cdot d^2\, h}{C\, l}\ (\text{m/Tag})$$

für Wasser von 10^0. Dabei ändert sich C in folgender Weise mit dem Porenraum P:

$P =$	26	28	30	32	34	36	38	40	45	47%
$C =$	84,3	65,9	52,5	42,4	34,7	28,8	24,1	20,3	13,7	11,8.

Man kann also durch Messung von v, h und l das d nach diesen Formeln bestimmen. Der so erhaltene Wert entspricht dem d_w Hazens in einem Körnergemisch. Kröber fand, daß bei größeren Poren v langsamer wächst als $\dfrac{h}{l}$ und gelangte zu der Formel:

$$v = 149\,300\, d_m \left(\frac{h}{900\, l}\right)^{\frac{8+d_m}{8+2\,d_m}} (\text{m/Tag}).$$

Die meisten Formeln leiden an dem Mangel, daß sie aus Versuchen im Laboratorium hergeleitet wurden, mit Böden, die sich nicht mehr in der in der Natur vorkommenden Lagerung befanden. Die Formeln können überhaupt nur für durchaus gleichmäßigen Boden Gültigkeit haben. Sind Bodenschichten von verschieden grober Körnung übereinander gelagert, so ist die mit dem kleinsten Korndurchmesser für v maßgebend, auch wenn sie nur schwach ist. Auch bei Kornmischungen ist das kleinste Korn angenähert bestimmend für v. In dieser Erkenntnis gelangte Hazen zu dem Begriffe des „wirksamen" Korndurchmessers. Befinden sich quellende (kolloidale) Massen (Humus, Eisenoxyd usw.) zwischen den Bodenkörnern, so vermindern diese die sonst vorhandene Durchlässigkeit ganz bedeutend. Alle Formeln können nur für Böden ohne kolloidale Beimengungen Gültigkeit haben.

Eingehende Untersuchungen über die Durchlässigkeit des Bodens gibt Seelheim in der „Zeitschrift für analytische Chemie" 1880, S. 387 (siehe auch Abschnitt G).

Durch versickerndes Wasser wird fast nur die Bodensäule senkrecht unter der freien versickernden Wasserfläche durchfeuchtet. Nur wenig Wasser dient zur Benetzung der Umgebung, und zwar um so mehr, je größer die Kapillarität des Bodens ist (46. 1909. 123). Daher kommt die überaus zweifelhafte Wirkung der Bewässerung mit Grabeneinstau. Sie kann nur dann wirksam sein, wenn damit der ganze Grundwasserstand zu angemessener Höhe gehoben werden kann (55. I. 315). Die Versickerung S steht mit der Verdunstung V derart in Wechselbeziehung, daß aus naheliegenden Gründen stets die eine Größe wächst, wenn die andere abnimmt (s. d. Tafel von Rothamstead S. 29).

Ein Teil des versickerten Wassers wird durch die Bodenkörner angezogen und in den Poren festgehalten. Diese Eigenschaft des Bodens, Wasser festzuhalten, nennt man seine Wasserkapazität (Wc). Sie bildet eine wichtige

Größe zur Kennzeichnung eines Bodens. Man mißt und drückt die Wc aus in Prozenten des Raumes oder Gewichtes des Bodens, in dem die gefundene Wassermenge enthalten ist. In der Agrikulturphysik ist es rätlich, die Wc nach Raum-$^0/_0$ anzugeben, weil man damit den Einfluß verschiedenen spezifischen Gewichtes des Bodenkornes ausschaltet, das keine unmittelbare Bedeutung als Wachstumsbedingung hat. Wc ist nicht verhältnisgleich dem Porenraume. Weite Poren können wegen geringerer Anziehung das Wasser nicht festhalten. Die Schwere wird größer als Anziehung, und das Wasser sinkt in die Tiefe. Darauf beruht zum großen Teile die Wirkung der Dränung. Sand und Kies haben daher nur geringe, Ton und humose Böden eine hohe Wasserkapazität. Wc ist ein sehr schwankender Begriff. Sie ist abhängig von der Höhe der Bodensäule und der Bodenlagerung in ihr. Eine Bodensäule hat unten die maximale, oben die absolute Wasserkapazität. Letztere ist konstant, erstere von unten nach oben abnehmend. Die Konstanz beginnt über der Stelle, wo die kapillare Steighöhe aufhört (46. 1909. 122). (Abb. 8.) Die kapillare Steighöhe ist an verschiedenen Bodenpunkten verschieden, weil die in der Bodensäule vorhandenen Kapillarröhren nicht gleich weit sind, also verschiedene Steighöhe haben.

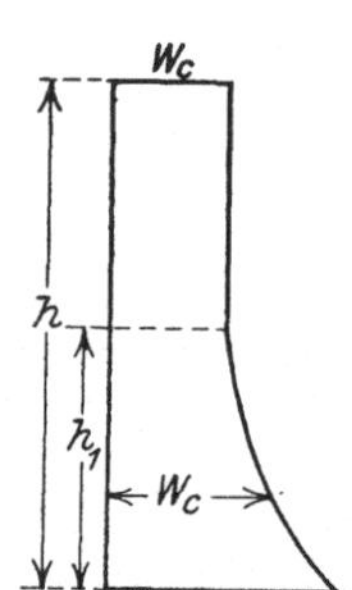

Abb. 8. Änderung der Wasserkapazität in der Bodensäule h mit der kapillaren Steighöhe h_1.

Also muß die Wc allmählich auf den konstanten, absoluten Wert abnehmen.

Die max Wc, bei der sämtliche Poren mit Wasser gefüllt sind, hat keine praktische Bedeutung, da bei ihrem Vorhandensein Kulturpflanzen nicht gedeihen können. Dagegen ist die absolute Wc von der größten Bedeutung, weil sie in der Bodenoberschicht nach jedem ausgiebigen Regen entsteht.

Von der Korngröße ist die Wc insofern abhängig, als sie mit abnehmendem Korn zunimmt, auch der Höhe nach um so gleichmäßiger verteilt ist, je feiner das Korn ist. Je feinkörniger ein Boden ist, um so fester wird das Wasser gehalten wegen der innigeren Flächenanziehung. Besonders tritt das bei Kolloiden in die Erscheinung. Um so schwieriger gestaltet sich denn auch die Wasseraufnahme durch die Pflanzenwurzeln. So beobachtete Heinrich (7. 1877. 16), daß Pflanzen welken, wenn der Wassergehalt folgende Grenzen unterschritt, bei

$$\text{Kalkboden } 10{,}5 \ ^0/_0$$
$$\text{Moorboden } 51{,}8 \ ^0/_0$$
$$\text{Gartenerde } 16 \quad ^0/_0$$

(nach Hellriegel) (28. 542 ff.).

Es ist sehr erwünscht, daß für die Deutung der Wc einheitliche Begriffe vereinbart werden. Kopecky (41. 11) hat ein zu diesem Ziele führendes, beachtenswertes Verfahren angegeben.

Der Porenraum, vermindert um die Wasserkapazität, liefert das Maß für die Luftkapazität $Lc = P - Wc$. Sie darf ein gewisses Maß nicht unterschreiten, um den Pflanzenwurzeln die nötige Luft zum Atmen zu gewähren und soll nach Kopecky (41. 43) betragen:

$$\text{bei Ackerland} \geqq 10\,^0/_0 \text{ besser } 14\,^0/_0$$
$$\text{Wiese . .} \geqq 6\,^0/_0 \quad \text{,,} \quad 8\,^0/_0.$$

Kapillarität nennt man die Eigenschaft benetzbarer Körper, durch Massenanziehung Wasser über dessen freier Oberfläche zu erheben. Benetzbar ist ein Körper, wenn seine Anziehung auf eine Flüssigkeit größer ist als die Kohäsion der letzteren (Glas und Wasser). Wenn die Kohäsion größer ist als die Anziehung, so ist der Körper nicht benetzbar (Glas und Quecksilber).

In letzterem Falle findet anstatt der Hebung eine kapillare Depression statt
(Abb. 9). Die Flüssigkeitssäule h wird infolge der Oberflächenspannung
(82. 575ff.) in dem Meniskus, d. i. die mit der Luft
in Berührung stehende Endfläche der kapillar ge-
haltenen Wassersäule, getragen. Wird die mit
Wasser gefüllte Kapillarröhre aus dem Wasser
gehoben, so trägt noch der unten sich bildende
Meniskus. Beide zusammen tragen eine Wassersäule h. Je größer der Umfang des Meniskus im
Verhältnis zu seiner Flächengröße, um so größer
ist seine Tragkraft, um so größer auch h. Diese
der Oberfläche eigene Spannung ist wie ein Häut-

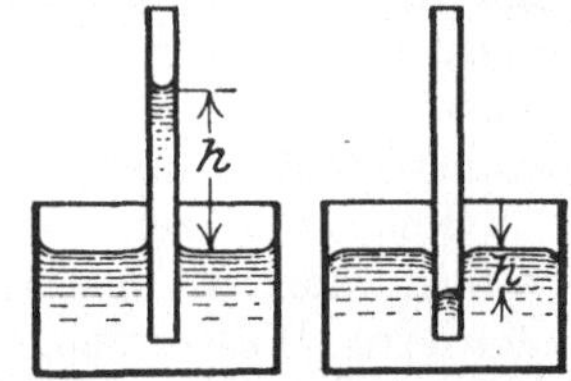
Abb. 9. Kapillaritätserschei-
nungen.

chen zu betrachten, das die Last der Säule h aufnimmt und auf die Glas-
wandungen überträgt.

Je größer die Oberflächenspannung, um so höher wird Wasser kapillar
gehoben. Die Oberflächenspannung nimmt ab mit dem Salzgehalte des Wassers
(47. 1877. 83) und besonders mit dessen steigender Temperatur. Mit zunehmender Temperatur muß also das kapillar im Boden festgehaltene Wasser
sinken, wodurch der Grundwasserspiegel eine Steigerung erfährt. Umgekehrt
spielt sich der Vorgang ab bei fallender Temperatur.

Bezeichnet r den Halbmesser der Haarröhrchen zwischen den Bodenkörnern, so besteht die Beziehung:

$$h = \frac{k}{r} \,(\text{mm}) \quad \text{oder} \quad rh = k.$$

Für Wasser von 15^0 ist $k = 15$. Die Änderung von k mit der Temperatur
ist durch folgende Reihe ausgedrückt:

$$t = \quad 0 \qquad 15 \qquad 30^0$$
$$k = \quad 15{,}4 \quad 15{,}0 \quad 14{,}6 \;(\text{mm}).$$

Die Beziehung zwischen kapillarer Steighöhe und Temperatur des Wassers
gibt die Formel

$$h = \frac{15}{r}(1 - 0{,}002\,t),$$

worin t die Wassertemperatur in Graden Celsius angibt. Wenn man mit r
und r_1 verschiedene Korndurchmesser bezeichnet, so hat man auch die Beziehung $hr = h_1 r_1$. Die Weite der kapillaren Hohlräume steigt und fällt mit
der Größe des Bodenkorns. Bei der Ernährung der Pflanzen durch Bodenwasser spielt die Kapillarität eine wichtige Rolle, weil durch sie bei eintretendem Wassermangel im Bereiche der Pflanzenwurzeln Nachschuß aus dem
Untergrunde herbeigeholt werden kann. Dabei sind maßgebend: die kapillare
Steighöhe h und die Geschwindigkeit, mit der das Steigen stattfindet. Während
h zunimmt mit der Enge der Röhrchen, nimmt die Steiggeschwindigkeit v
damit ab; denn enge Röhren setzen der Wasserbewegung größeren Widerstand
entgegen. In feuchtem Boden vollzieht sich der kapillare Aufstieg schneller
als in trockenem. Das liegt darin, daß bei feuchtem Boden der Wasserbedarf
zur erstmaligen Benetzung der Bodenteilchen und zur Füllung der Poren geringer ist. Die kapillare Wasserbewegung dauert so lange, bis alle kapillar
wirkenden Hohlräume im Boden mit Wasser gefüllt sind. Bei Krümelgefüge
hat der Boden geringere Kapillarkraft als in Einzelkorngefüge. Das liegt an
den bei Krümelgefüge vorhandenen nicht kapillaren Hohlräumen. Das aufsteigende Wasser muß Umwege machen, nur an den Berührungspunkten kann
es von einem in den andern Krümel übergehen.

3*

Wollny kommt auf Grund seiner Versuche zu dem Schlusse, daß das kapillare v bei einem bestimmten d, das wahrscheinlich bei $d = 0{,}05 - 0{,}10$ mm liegt, den Größtwert erreiche. Bei engeren Röhren wirkt der Reibungswiderstand, bei weiteren das Gewicht der zu hebenden Wassersäule verzögernd. Wegen der quellenden Eigenschaften gewisser Böden nimmt unter sonst gleichen Bedingungen v ab in der Reihenfolge: Quarz — Humus — Ton.

Sollen Pflanzen aus dem Grundwasser gespeist werden, so muß nicht nur h, sondern auch v bzw. die in den Wurzelbereich in der Zeiteinheit hinaufbeförderte Wassermenge genügend sein. Nach Versuchen von King (**46.** 1909. 121) wurden in feinem Sandboden bei verschiedenem Grundwasserstand folgende Wassermengen in 24 Stunden kapillar gehoben:

Grundwassertiefe

30 cm	1,12 mm
60 „	1,04 „
90 „	0,61 „
120 „	0,45 „

Mitscherlich (**53.** 123) formt die Kapillaritätsgleichung in folgende Gestalt um:

$$h = \frac{k \Sigma f}{2 w},$$

worin w die kapillar gehobene Wassermenge bedeutet und Σf die von diesem Wasser benetzte Bodenoberfläche. Er befreit damit die Steigehöhe von dem Einflusse der Weite der Kapillarröhren im Boden. Diese Gleichung hat indes nur dann Gültigkeit, wenn Boden vorliegt, der keine Körner mit wasseraufsaugenden Innenhohlräumen enthält (Moor, Ton).

Bei feinkörnigem Boden ist der Porenraum ganz mit Kapillarwasser gefüllt, wenn die Menisken Spannung genug haben, die ganze Wassersäule zu tragen. Bei gröberem Korne wird nur an den Berührungspunkten Wasser zwischen den Körnern festgehalten, weil nur diese Punkte kapillar wirken. Sind dem Boden Teile mit inneren Hohlräumen beigemengt, so füllen diese bei Berührung mit Wasser sich ganz mit diesem und vermehren damit das w unabhängig von dessen äußerer Korngröße.

Sind h und D bzw. H und d die zusammengehörigen Steighöhen und Durchmesser von Kapillarröhren, so kann niemals Wasser von d zu einer

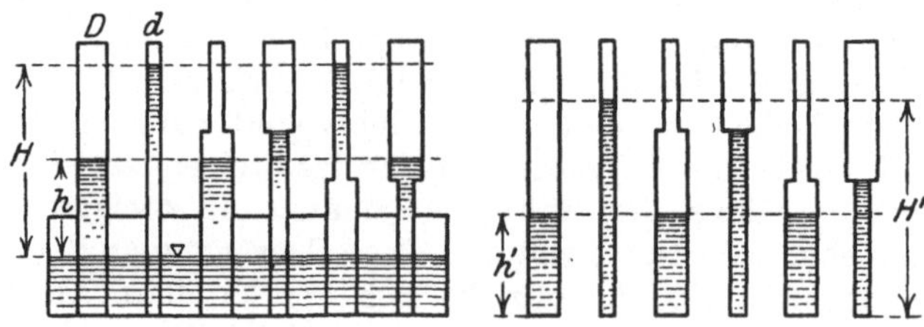

Abb. 10. Erscheinungen der Kapillarität und Wasserkapazität.

größeren Steighöhe als h in D übergehen. Umgekehrt kann auch niemals Wasser aus d nach D austreten, solange nicht H überschritten wird. Daher gibt Humusboden kein Wasser an unter ihm liegenden Sandboden ab. Diese wechselseitigen Beziehungen werden durch Abb. 10 veranschaulicht (**53.** 127). In einer mit Wasser gesättigten, homogenen Bodensäule bleiben in den unteren

Schichten auch die weiteren Hohlräume kapillar mit Wasser gefüllt, in den oberen nur noch die engeren. Daher ist in den unteren Schichten höhere Wasserkapazität (die maximale) vorhanden, die allmählich nach oben in die geringere (absolute) übergeht. Aus allem folgt, daß Kapillarität und Wasserkapazität in sehr enger Beziehung zueinander stehen.

G. Das Grundwasser.

Das nicht kapillar vom Boden festgehaltene Sickerwasser sinkt weiter bis auf eine undurchlassende Bodenschicht und wird zu Grundwasser. Im Gegensatze zu dem Bodenwasser, das durch Anziehung im Boden festgehalten wird, hat das Grundwasser einen freien Wasserspiegel, es ist schöpfbar. Im Ruhezustande unterliegt es allein dem Einflusse der Schwere und bildet einen wagerechten Spiegel. Liegt die undurchlassende Bodenschicht nicht wagerecht, sondern geneigt, so fließt das Grundwasser auf dieser schiefen Ebene abwärts und gelangt als Quelle an solchen Stellen an die Erdoberfläche, wo die undurchlassende Schicht zutage tritt. Fließendes Grundwasser bewegt sich nach den Gesetzen der Schwere und unter dem hemmenden Einflusse der in den zu durchströmenden Bodenteilen entstehenden Reibung. Das Gefälle und die Geschwindigkeit stehen unter ähnlicher Abhängigkeit von dem durchflossenen Querschnitte und dessen benetztem Umfange wie oberirdisch fließendes Wasser. Je größer die Bodenporen, um so geringer ist die Reibung, um so größer die Geschwindigkeit bei gegebenem Gefäll und um so kleiner das Gefäll bei gegebener Wassermenge.

Alle Erscheinungsformen, die wir bei oberirdischen Gewässern kennen, finden wir wieder beim Grundwasser: Seen (b), Flüsse (a), mit Steigen und Fallen, Wasserfall (c), Rückstau, Verdunstung. Sie sind bedingt durch die Form der undurchlassenden Bodenschicht unter dem Grundwasser. (Abb. 11.)

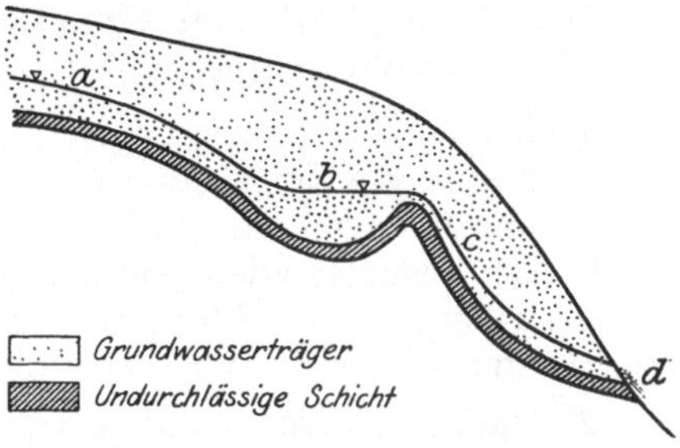

Abb. 11. Grundwasserformen.

Eine neue Form, in der das Grundwasser auftritt, ist das artesische Wasser. Es entsteht, wenn ein Grundwasserstrom sich derart zwischen zwei undurchlassenden Schichten bewegt, daß die obere Schicht unter Druck steht. Dann steht das Grundwasser im wesentlichen unter denselben Gesetzen wie das Wasser in Röhren. Man nennt das artesische Wasser auch „gespanntes" Wasser.

Die das Grundwasser haltende Bodenschicht nennt man Grundwasserträger. Oft finden sich mehrere, durch undurchlassende Schichten getrennte Grundwasserschichten übereinander. Auch ohne trennende, undurchlassende Schicht begegnen wir manchmal einer Schichtung im Wasser selbst. So findet man auf den Nordseeinseln süßes Grundwasser, obwohl man nach dem stark durchlassenden Untergrunde Salzwasser erwarten sollte. Diese Schichtung entstand dadurch, daß das versickerte Regenwasser, weil leichter als das Salzwasser, auf dem schweren Salzwasser in getrennter Schicht schwimmt.

Eine hervorragende Eigenschaft des Grundwassers ist seine große Reinheit von Bakterien, weil diese durch die beim Einsickern des Oberflächenwassers, in dem sie allermeist vorhanden sind, durch Filtration zurückgehalten werden. Daher ist das Grundwasser meistens rein von Krankheitskeimen und gut geeignet zu einer Gebrauchswasserversorgung. Dazu kommt noch der große Vorzug für Gebrauchswasser, daß Grundwasser eine ziemlich gleichbleibende, niedrige Temperatur, hat.

In chemischer Beziehung ist das Grundwasser in der Regel nicht rein; es zeigt vielmehr meistens Beimengungen aus dem Gebirge, dem es entstammt.

Die Entstehung des Grundwassers aus dem Sickerwasser der Niederschläge wird viel umstritten. Volger und seine Anhänger schließen aus den Erscheinungen, daß selbst starker Regen nur eine schwache Oberschicht des Bodens durchdringe und daß die Verdunstung eines Ortes oft größer ist als die Niederschlagshöhe, daß Grundwasser aus den Niederschlägen nicht entstehen könne. Es wird dabei aber vergessen, daß die Verdunstung nur unter solchen Verhältnissen größer wird als die Niederschläge, wenn die Oberfläche dauernd durchfeuchtet ist, oder das Wasser der tieferen Schichten durch lebende Pflanzen an die Oberfläche gehoben und verdunstet wird (s. Abschn. E, S. 20). Diese Verhältnisse liegen aber nur in beschränktem Umfange vor. Nach Verneinung der Versickerungstheorie gelangte Volger (**93**) zu folgender Erklärung für die Grundwasserbildung:

Warme Luft mit hohem Wasserdampfgehalt dringt in den Boden, wird hier in kühleren Schichten bis unter den Taupunkt abgekühlt und muß daher Wasser ausscheiden. Dazu ist einschränkend zu bemerken, daß dieser Vorgang sich nur in den Sommermonaten abspielen kann, solange der Boden kühler ist als die Luft. Daß kleinere Grundwassermengen so entstehen können, darf nicht bestritten werden und wurde auch durch Versuch nachgewiesen (**22**. 1909. 469).

Der Bildung größerer Grundwassermengen in dieser Weise stehen aber folgende Umstände entgegen:

1. Lebhafte Luftströmungen im Boden sind wegen der entgegenstehenden großen Reibungswiderstände nicht möglich, also können auch nicht größere Wasserdampfmengen mit Luftströmungen in den Boden eindringen und hier als Wasser ausgeschieden werden. Wasserausscheidung im Boden kann also im wesentlichen nur durch Diffusion, d. h. durch Dampfausgleich von der höheren zur niederen Dampfspannung geschehen.

2. Durch das so gebildete, zunächst vom Boden kapillar aufgehaltene Wasser werden die Poren im Boden verstopft, wodurch der fernere Dampfausgleich erschwert, wenn nicht unmöglich gemacht wird.

3. Durch die Kondensation des Wasserdampfs zu Wasser wird Wärme frei, die zur Erwärmung des Bodens führt, wodurch ein Gleichgewichtszustand herbeigeführt wird, bei dem weitere Kondensation nicht mehr stattfinden kann. Hann gibt eine eingehende Widerlegung der Volgerschen Theorie auf mathematischer Grundlage (**29**. 45).

4. Die Rechnung aus den Beobachtungen der Temperatur in Luft und Boden und der Dampfspannung ergibt, daß nur selten solche Bedingungen eintreten, unter denen Wasserdampf der Luft im Boden kondensiert werden kann (**22**. 1909. 469).

5. Auch praktische Erfahrungen sprechen gegen die Theorie. Man beobachtet fast ausnahmslos, daß im Sommer der Grundwasservorrat ab-, in der kalten Jahreszeit dagegen zunimmt. Nach den herrschenden Temperaturverhältnissen in Boden und Luft könnte aber die Grundwasseransammlung nach Volgers Theorie nur in der warmen Jahreszeit vor sich gehen.

Übrigens ergeben Beobachtungen deutlichen Zusammenhang zwischen Niederschlägen und Grundwasserstand. Nur tritt die Grundwasserhebung wegen der langsamen Versickerung wesentlich später ein als der Niederschlag. Auch sind die Sammelgebiete zwischen Oberflächen- und Grundwasser oft verschieden, so daß die Einwirkung eines Niederschlages außerhalb seines oberflächlichen Sammelgebietes in die Erscheinung treten kann. Die während der Wachstumsruhe fallenden Niederschläge haben auf den Grundwasserstand natürlich den stärksten Einfluß, weil dann die Pflanzen kein Wasser verbrauchen, während in der Wachstumszeit durch die lebenden Pflanzen so bedeutende Wassermengen verbraucht werden, daß der Zusammenhang zwischen Niederschlag und Grundwasserstand verwischt wird.

Nach allem muß man der Überzeugung sein, daß das Grundwasser in der Hauptsache den Niederschlägen seine Entstehung verdankt, daß aber auch gemäß der Volgerschen Anschauung einiges Grundwasser durch Kondensation von Wasserdampf der Luft entstehen mag. Beide Vorgänge schließen einander nicht aus, sondern wirken, sich unterstützend, in demselben Sinne.

Wenn trotz zunehmender Niederschläge in den letzten Jahrzehnten eine Abnahme des Grundwassers festgestellt werden konnte, so führt Grohmann (35. 1914. 121) diese Erscheinung darauf zurück, daß die Summe der Jahresniederschläge sich immer mehr auf große Einzelniederschläge konzentriert und von diesen natürlich mehr oberirdischer Abfluß und weniger Grundwasser bildende Versickerung entstehen, als wenn die Niederschläge mehr verteilt wären. Im übrigen verlaufen nach den Untersuchungen von Grohmann die Schwankungen des Grundwasserstandes denen der Niederschläge fast parallel.

Wenn auch darüber kein Zweifel besteht, daß lebende Pflanzen den Grundwasserstand erniedrigen, so begegnet man doch oft der Ansicht, daß Wald eine Ausnahmestellung einnehme und bei stärkeren Niederschlägen und geringerer Verdunstung als auf freiem Felde höheren Grundwasserstand haben müsse. Dagegen fanden Ramann und Ototzky (90. 1913), daß der Boden innerhalb des Waldes trockener ist als außerhalb bzw. das Grundwasser tiefer liegt. Ralph S. Pearson (90. 1913) bestätigt diese Erscheinung und fügt hinzu, daß die Grundwassertiefe vom Rande des Waldes nach dessen Mitte hin zunehme und nicht so stark schwanke wie im freien Lande, auch die Wirkung der Niederschläge auf ihn sich langsamer vollziehe. Auch Guses Beobachtungen führen zu demselben Ergebnis. Ein Unterschied von Nadel- gegen Laubwald in dieser Beziehung ist nicht festgestellt worden, wahrscheinlich deshalb nicht, weil Nadelholz das ganze Jahr hindurch belaubt ist, wodurch der zeitweise zweifellos stärkere Wasserverbrauch des Laubwaldes wieder ausgeglichen wird. Nach Versuchen von Ebermayer und Hartmann (91. VI. 364) soll unter deutschem Klima der Wald ohne Einfluß auf den Grundwasserstand sein.

Höhere Temperatur im Winter hat ein Steigen des Grundwassers zur Folge, weil Schnee sofort schmilzt und versickert. Die Zeit der Frühlings- und Schneeschmelze kommt im Steigen des Grundwassers deutlich zum Ausdruck.

Neuerdings wird die hervorragende Bedeutung des Grundwassers für den Wasserhaushalt immer mehr erkannt, weshalb umfangreiche Grundwasserbeobachtungen eingerichtet wurden. Bei der meistens nur langsamen Schwankung des Grundwasserstandes dürfen die Messungen in längeren Zwischenräumen ausgeführt werden. (Wöchentlich.)

Zur Beobachtung des Grundwasserstandes werden Röhren in ein Bohrloch in den Boden versenkt, die unten dem Wasser Zutritt gestatten. Man muß dafür sorgen, daß kein Tagewasser von oben eindringen kann, also das Rohr entsprechend aus dem Boden hervorragen lassen und darum einen kleinen Erdhügel anwölben. Diese Röhren werden bei mäßiger Lochtiefe aus einfachen Dränröhren gebildet (Abb. 12), die unten und oben mit Holzdeckel geschlossen werden. Das Loch zur Aufnahme der Dränröhren

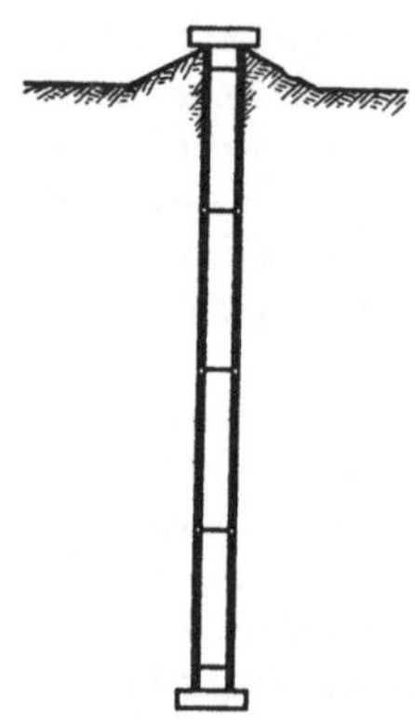

Abb. 12. Grundwasserrohr aus Dränröhren.

wird mit einem Erdbohrer hergestellt. Der Deckel trägt die Nummer des Beobachtungspunktes. Bei größeren Tiefen sind Eisenröhren zu verwenden, die zwar unten geschlossen, in den Wandungen aber 50 bis 100 cm hoch durchlocht sind. Die Durchlochung wird noch durch übergelötete Brunnengaze gesichert. Solche Röhren können in den Boden eingerammt werden. Die Oberkante aller Grundwasserröhren muß nivellitisch festgelegt werden.

Der Grundwasserstand wird von der Rohroberkante aus gemessen, bei weiteren Röhren mit einem Meterstock. Man mißt am zweckmäßigsten derart, daß man den Meterstock mit dem Nullpunkte nach oben in das Rohr so weit eintaucht, bis der Nullpunkt mit der Rohroberkante übereinstimmt. Zieht man dann den Stock heraus, so gibt die Benetzungsgrenze den Grundwasserstand unter der Rohroberkante an. Weite Eisenrohre sind teuer. Der Kunathsche Grundwassermesser ermöglicht eine sehr genaue Messung, auch

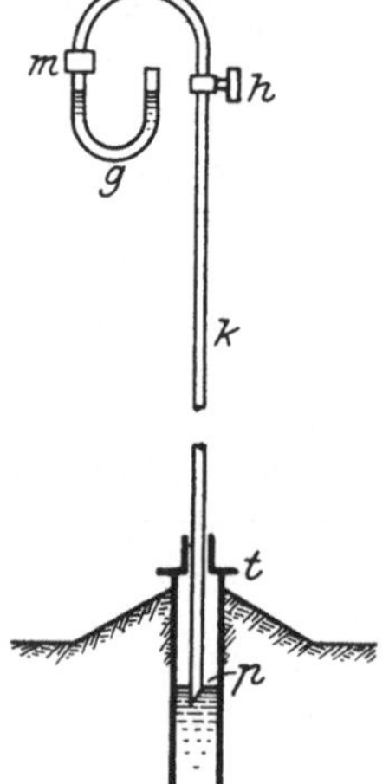

Abb. 13. Kunaths Grundwassermesser.

noch in ganz engen (20 mm) Röhren (Abb. 13). Er besteht aus dem 5—8 mm weiten Kupferrohr k, das unten schräg abgeschnitten, oben halbkreisförmig umgebogen ist und bis m reicht.

Daran setzt sich mit Verschraubung m das U-förmig umgebogene Glasrohr g. Unten trägt das Rohr k einen Teller t, der mit einer Schleiffeder auf k gleitet. Man füllt das Glasrohr mit gefärbtem Wasser, setzt den Teller oben auf das Rohr und schiebt k langsam abwärts. Sobald der höchste Punkt p des schräg abgeschnittenen Rohres den Wasserspiegel erreicht, wird das Rohrinnere abgeschlossen und die dadurch entstehende Luftkompression erzeugt einen Ausschlag in dem Spiegel des gefärbten Wassers. An einer auf k eingeschlagenen Teilung, deren Nullpunkt in p liegt, liest man den Abstand des Wasserspiegels im Grundwasserrohre von dessen Oberkante ab. Bei dem Transporte des Messers nach einer anderen Stelle wird der Hahn h geschlossen, damit die Flüssigkeit nicht verschüttet wird.

Die Bewegung des Grundwassers unterliegt denselben Gesetzen wie das Sickerwasser (S. 32), so daß auch hier die Formel von Darcy grundlegend ist:

$$v = k\,\frac{h}{l}, \quad \ldots \ldots \ldots \ldots \ldots \ldots \quad (1)$$

worin h die Druckhöhe und l die Länge der durchflossenen Bodenschicht bedeuten. k ist ein von der Gestalt der Bodenteilchen abhängiger Beiwert, der für jeden Boden durch Versuch bestimmt werden muß. Man macht das in der Weise, daß man h und l mißt, ferner die in der Zeiteinheit durch den Querschnitt F fließende Wassermenge Q und dann $v = \dfrac{Q}{F}$ berechnet.

Mit zunehmender Temperatur des Wassers wächst auch dessen Beweglichkeit und damit v. Hazen (74) fand aus zahlreichen Versuchen

$$v = c\,d^2\,\frac{h}{l}\,(0{,}7 + 0{,}03\,t) \quad \ldots \ldots \ldots \ldots \quad (2)$$

Hierin bedeuten:

v die Geschwindigkeit in Meter für den Tag,
c einen Beiwert, der angenähert gleich 1 ist,
d den „effektiven" oder „wirksamen" Durchmesser der Bodenkörner in mm,
t die Temperatur in ^{0} C,
h und l die bereits oben angegebenen Größen.

Wenn ein Boden, aus verschiedenen Korngrößen bestehend, dieselbe Durchlässigkeit hat wie ein Boden mit einheitlicher Korngröße, so nennt Slichter die letztere „die effektive Korngröße". Nach Hazen ist der effektive Korndurchmesser durch die Maschenweite eines Siebes gegeben, das $10^0/_0$ der Körnermischung durchläßt und $90^0/_0$ zurückhält.

Bestimmt man ferner aus dem Gemisch die Korngröße, welche von $40^0/_0$ des Gemisches übertroffen werden, während $60^0/_0$ kleiner sind — immer nach Gewicht gerechnet — und teilt diese Zahl durch die effektive Größe, so erhält man den „Gleichförmigkeitskoeffizienten" von Hazen. Sind z. B. $60^0/_0$ eines Gemisches kleiner als 0,5 mm und $10^0/_0$ kleiner als 0,25 mm, so ist der Gleichförmigkeitskoeffizient $u = \dfrac{0,5}{0,25} = 2,0$. Hazen fand, daß das Gesetz vom effektiven Korndurchmesser so lange gelte, als $u \leqq 5$ sei. Das angegebene Verfahren hat den Vorteil, daß man aus dem Ergebnisse der mechanischen Bodenanalyse sofort auf die Durchlässigkeit des Bodens schließen kann. Slichter hat aus Versuchen folgende Ergiebigkeitsformel hergeleitet, welche die durchfließende Wassermenge in Kubikfuß in der Minute ergibt (1 cbf $= 27$ l)

$$Q = 0,2012 \frac{h\,d^2\,f}{\mu\,k\,l} \cdot \quad\dots\dots\dots\dots\dots \quad (3)$$

μ ist ein Beiwert, der die Zähigkeit des Wassers berücksichtigt. Drückt man ihn unmittelbar durch den Einfluß der Temperatur aus, so erhält man

$$Q = 11,3 \frac{h\,d^2\,f}{l\,k} [1 + 0,0187\,(t - 32)] \quad\dots\dots\dots \quad (4)$$

f bedeutet den Querschnitt der Bodensäule, t die Wassertemperatur in ^{0} C. Alle Maße sind in amerikanischem Fußmaß einzuführen (1' $= 0,30$ m), nur d in mm.

Die Temperatur hat also erheblichen Einfluß. Multipliziert man Formel 1 auf beiden Seiten mit f, so erhält man

$$Q = k \frac{h\,f}{l} \cdot \quad\dots\dots\dots\dots\dots\dots \quad (5)$$

Die Konstante k ist darin die Ergiebigkeitseinheit, d. h. die Wassermenge, die unter dem Druck 1 durch den Querschnitt 1 in der Zeiteinheit den Weg 1 zurücklegt. Alle diese Formeln versagen in der Praxis, sobald gänzliche Gleichförmigkeit der durchflossenen Bodenschichten nicht vorhanden ist, was die Regel bildet. Alsdann ist die Ergiebigkeitseinheit eine unbestimmbare Größe. Übrigens sollte in der Formel für die Grundwasserbewegung der Umstand Berücksichtigung finden, daß in dem Hohlraume zwischen den Bodenkörnern nicht nur Wasser, sondern auch Luft enthalten ist, wodurch eine Verengung des für den Wasserdurchfluß verfügbaren Querschnitts entsteht. Die Größe dieses Luftraumes ist veränderlich mit der Temperatur und dem Luftdruck. Smrecker (67. 31) bemängelt die Brauchbarkeit der Formel von Darcy überhaupt und bedient sich folgender Mittel zur Bestimmung des Q. Durch Grundwasserstandsbeobachtungen ermittelt man zunächst Richtung und Größe des Grundwassergefälls. An den Punkten 1, 2, 3 (Abb. 14), die am besten in der Form eines gleichseitigen Dreiecks gewählt werden, senkt man Bohrröhren und bestimmt den Grundwasserstand.

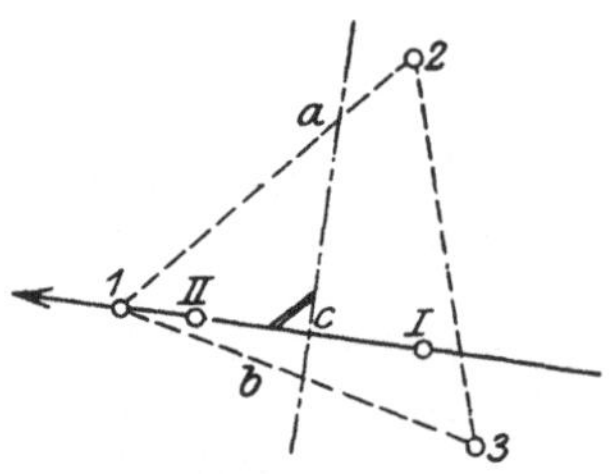

Abb. 14. Bestimmung des Grundwassergefälls.

Auf 2 Seiten, z. B. 1/2 und 1/3, bestimmt man durch Einschaltung der Punkte gleicher Grundwasserhöhe ab. Liegt das Grundwasser bei 1 tiefer als bei ab, so geht die Stromrichtung durch 1 und steht senkrecht auf ab, ist also bestimmt. Aus der Höhe $c\,1$ und dem Höhenunterschiede zwischen beiden Punkten folgt J.

Sodann senkt man in der Stromrichtung $1\,c$ zwei eiserne, unten durchlochte Eisenröhren I, II bis in den Grundwasserstrom, von denen die Röhre I in der Stromrichtung oberhalb II liege. Die Entfernung beider Röhren wird gemessen. Nun wird Röhre I mit einem Färbemittel (Fluorescein) beschickt und man beobachtet die Zeit, in der es in II erscheint. In humusreichen Böden versagen die Färbemittel, weil von dem Humus der Farbstoff absorbiert und das Wasser entfärbt wird, und man wendet dann Kochsalz als Anzeiger an. Der Salzgehalt im Rohr II wird fortlaufend durch Titrieren mit Silberlösung festgestellt. Man muß dabei beachten, daß die Fortbewegung des Salzes im Grundwasser auf zweierlei Weise gefördert wird: durch Diffusion und durch Grundwasserströmung. Erstere wirkt nach allen Seiten gleichmäßig und wird nur durch die Stromgeschwindigkeit verschoben. Sie schaltet man dadurch aus, daß man den Zeitpunkt als maßgebend für die Zurücklegung der Strecke betrachtet, in dem der größte Salzgehalt bei II erscheint. (**59.** Bericht über die 48. Sitzung S. 239.)

Zuerst in Amerika (**74**) wurde auch ein elektrisches Verfahren angewandt, um die Zeit für die Salzbewegung zu bestimmen. Dabei ist I ein gewöhnliches Rohr, wie oben beschrieben. In II ist eine unten durch Kautschuk isolierte Kupferstange eingelassen. Solange dies Rohr in reinem Wasser steht, ist das so gebildete galvanische Element ohne Strom. Dieser entsteht, sobald das in I eingegebene Salz bis in II vorgedrungen ist. Der Strom wird durch ein in den Stromkreis zwischen Kupfer und Eisen eingeschaltetes Galvanometer gemessen, an dessen Ausschlag man den maßgebenden Zeitpunkt erkennen kann, wenn der Größtwert des Salzes bei II anlangte. Das Galvanometer kann auch als Selbstschreiber eingerichtet werden.

Hat man v auf diese Weise ermittelt, so ist durch Bohrungen nur noch der Querschnitt f des Grundwasserträgers senkrecht zur Stromrichtung zu bestimmen, um wie beim Wasser in Flüssen $Q = v\,f$ zu berechnen. Als f darf natürlich nur der Porenquerschnitt gerechnet werden.

Am sichersten führt immer noch das Probepumpen bei der Ermittelung einer Grundwasserergiebigkeit zum Ziele. Man fördert die verlangte Wassermenge aus einem Probebrunnen und beobachtet dabei an ringsum angeordneten Grundwasserröhren, ob in dem durch das Pumpen erzeugten Senkungsbereiche Beharrlichkeit des Grundwasserstandes eintritt. Ist dies der Fall, so genügt die Ergiebigkeit. Man muß nur dafür Sorge tragen, daß nicht das geförderte Wasser nach Versickerung wieder zur Speisung des Grundwassers gelangt. Ist die erforderliche Gebrauchswassermenge zu groß, als daß sie durch Probepumpen ganz gefördert werden könnte, so beschränkt man den Versuch auf einen gewissen Teil des Grundwasserträgers und beobachtet, ob dieser den auf ihn entfallenden Wasseranteil zu liefern vermag (**67.** 64, **71.** 22, **29.** 75).

In der Kulturtechnik ist die Kenntnis über den Einfluß einer Entwässerung auf den Grundwasserstand von Bedeutung (67. 15, 29. 54). Wird der Wasserspiegel durch einen Graben bis h über einer undurchlassenden Schichtgesenkt (Abb. 15), so ist in dem Punkte x nach der Formel von Darcy

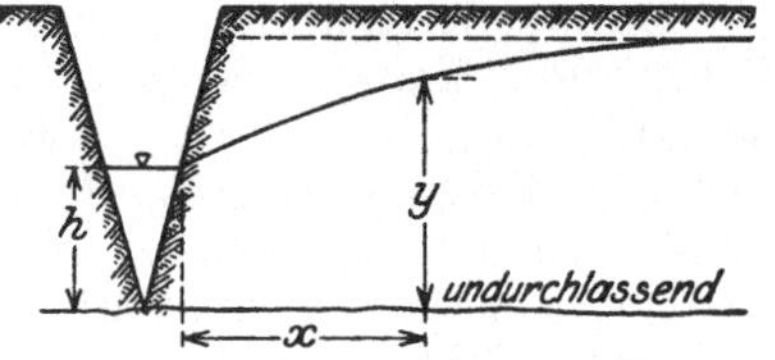

Abb. 15. Gesenkter Grundwasserspiegel.

$$v_x = k\frac{dy}{dx} \quad \dots \dots \dots \dots \dots \quad (1)$$

Ist b die Breite des Grundwasserstromes und k_1 der Porositätsbeiwert, so ist in x

$$F_x = k_1\, by \quad \dots \dots \dots \dots \dots \quad (2)$$

$$Q = F_x\, v_x = k_1\, by \cdot k\frac{dy}{dx}$$

und wenn man

$$k \cdot k_1 = k_0$$

einführt,

$$Q\, dx = k_0\, by \cdot dy$$

oder

$$Q_x = k_0\frac{by^2}{2} + C \quad \dots \dots \dots \dots \quad (3)$$

Da $x = 0$ für $y = h$, ist

$$C = -\, k_0\frac{bh^2}{2}$$

und

$$Q_x = \frac{k_0\, b}{2}(y^2 - h^2)$$

und endlich

$$y^2 = \frac{2\, Q_x}{k_0\, b} + h^2 \quad \dots \dots \dots \dots \quad (4)$$

Die Formel ist anwendbar, sofern gleichförmiger Boden mit bekanntem k, k_1 und k_0 vorliegt.

H. Mittel zur Beeinflussung des Wasserhaushalts.

Da die Niederschlagsverhältnisse für einen Ort eine gegebene Größe sind, so ist es die Aufgabe der Kulturtechnik, die von der Natur gegebenen Verhältnisse so zu beeinflussen, daß für die Erzeugung von Kulturpflanzen ein Bestwert der Wasserverhältnisse entsteht. Als Mittel dazu dienen die Bodenbearbeitung, Ent- und Bewässerung (s. Kapitel IV—VII), vielfach alle drei Mittel zusammen.

Beim Ackerboden unterscheidet man bezüglich seiner Lagerung zwei Hauptzustände: das Einzelkorn- und das Krümelgefüge. Bei dem Einzelkorngefüge bildet der Boden eine gleichförmige Masse, in der nur die Poren zwischen den einzelnen Körnern vorhanden sind. Sie ist ausgezeichnet durch dichte Lagerung, hohe Wasserkapazität (daher geringe Luftkapazität) und hohe Kapillarität. Die Niederschläge vermögen nur schwer einzudringen.

Durch Bearbeitung solchen Bodens mit Pflug und Egge entsteht das Krümelgefüge. In ihr sind die Bodenkörner nicht mehr gleichwertig neben, einander gelagert, sondern zu Krümeln verschiedener Größe zusammengeballt. Zwischen diesen sind größere Hohlräume vorhanden, die Wasser nicht mehr kapillar zu halten vermögen und daher mit Luft gefüllt sind. Die Eigentümlichkeiten des Krümelgefüges bestehen also in hoher Luft- und geringer Wasserkapazität, geringer Kapillarität und großer Durchlässigkeit für das Regenwasser.

Diese Bodenzustände geben uns mancherlei Mittel an die Hand, den Wasserhaushalt zu beeinflussen. Wird die Oberfläche gelockert (durch Egge), so wird der kapillare Aufstieg des Bodenwassers bis an die Oberfläche unmöglich gemacht oder erschwert; überdies bildet die Lockerschicht einen Schutz gegen Wind und Sonne für die darunter stehende Bodenfeuchtigkeit, so daß durch diese Maßregel die Verdunstung vermindert wird. Umgekehrt kann man die Verdunstung fördern, indem man die Bodenoberfläche festmacht (Walze), und dadurch den kapillaren Wasseraufstieg bis an die hauptsächlich verdunstende Oberfläche begünstigt. Man walzt die Saat und eggt sie danach leicht auf, um den kapillaren Aufstieg des Wassers bis zum Saatkorn sicher zu stellen, dessen Verdunstung aber zu mäßigen. Man pflügt den Boden vor Winter, um die Winterfeuchtigkeit voll in den Boden aufzunehmen und zur nächsten Ernte aufzubewahren.

Der Aufspeicheruung von Bodenwasser wird heute mit Recht große Bedeutung beigemessen. Aus dem Grunde schält man gleich nach der Ernte die Stoppel, um die Oberflächenkapillarität und die Wasser gebrauchenden Unkräuter zu zerstören. Bei einem Versuche wurde in der Zeit vom 10. 8. bis zum 1. 9. 1909, also in 21 Tagen, der Verdunstungsverlust durch Oberflächenlockerung um 7,6 mm ermäßigt (**55. II. 164**). Auf dieselbe Weise konnte die Verdunstungshöhe in der Zeit vom 20. 7. bis 31. 10. 1910 um 41,3 mm ermäßigt werden (**55. III. 173**). Richter (**34. 1913. 43. 46.**) fand im Herbste 1913 in der geschälten Ackerkrume einen um $2,1\,^0/_0$ höheren Feuchtigkeitsgehalt als in der ungeschälten.

Besonders wirkungsvoll ist die Oberflächenlockerung (Eggen) nach größeren Niederschlägen. In Koppenhof wurde 1912 durch zweimaliges derartiges Eggen eine Ertragssteigerung um 4 dz/ha Roggenkorn erzielt (**55. V. 192**), und zwar in einem Jahre, das reich an Niederschlägen war. Auf dieselbe Weise wurde 1913 in Bromberg der Roggenertrag um 3,3 dz/ha, in Koppenhof um 3,0 dz/ha gesteigert (**34. 1913. 45**).

In den Vereinigten Staaten von Nordamerika wendet man in den halbtrockenen Gebieten derartige Verfahren zur Aufspeicherung des Wassers im Boden in großem Umfange an. Diese Wirtschaftsweise hat unter der Bezeichnung dry farming (Trockenfarmerei) weite Verbreitung gefunden. Dabei wird nicht alle Jahre eine Ernte gemacht, wenn das Niederschlagswasser dazu nicht ausreicht, sondern alle zwei Jahre eine Ernte oder auch zwei Ernten in drei Jahren, je nach den Niederschlagsverhältnissen. Die sehr sorgsame und unablässige Bodenbearbeitung ist darauf gerichtet, alle inzwischen fallenden Niederschläge unvermindert bis zur nächsten Ernte im Boden verfügbar zu halten.

Vielfach wird noch die Ansicht vertreten, daß die Wasserhaltung eines Bodens durch Zufuhr hygroskopischer Salze vorteilhaft vermehrt werden könne. Das ist an sich richtig, indes für die Tränkung der Pflanzen ohne Belang; denn wie die Verdunstung durch den Salzgehalt vermindert wird, ebenso die Endosmose durch die Pflanzenzellen (**10. 1909. 751**).

Die Überdeckung einer Bodenoberfläche (Moor) mit Sand zerstört die Oberflächenkapillarität gleich einer Bodenauflockerung und ermäßigt damit die Verdunstung (S. 19).

Es wird auch vorgeschlagen, die Feuchtigkeitsverhältnisse eines zu trockenen Bodens durch Beimengung von Moorerde zu verbessern. Dabei ist zu bedenken, daß Moor das Wasser sehr energisch festhält. In Moorboden beginnt das Welken der Pflanzen bereits, wenn der Wassergehalt $50-60\%$ unterschreitet, während bei Sandboden diese Erscheinung erst dann eintritt, wenn der Wassergehalt unter 2% abnimmt. Daher ist zu vermuten, daß Moorbeimengungen im Sandboden zwar alle erreichbare Feuchtigkeit aus weitem Umkreise sich aneignen, sie aber so festhalten, daß sie für Pflanzentränkung nicht mehr in Frage kommen kann. Zahlreiche Versuche haben eine Verbessung durch Moorbeimengung jedenfalls nicht erkennen lassen (**56**. 1911. 498, **55**. V. 235). Indes ist die Sache noch nicht endgültig geklärt und verdient, weiter erforscht zu werden.

Von hohem Einflusse auf den Wasserhaushalt ist auch die **Vertiefungs-Saatmethode**, die zuerst von **Demtschinsky** angeregt, dann aber von **Zehetmayr** und anderen weiter ausgebaut und umgeformt wurde. Die Vertiefung findet in der Weise statt, daß die jungen Pflanzen zu Beginn der Wachstumszeit mit Boden umhäufelt werden, derart, daß der unterste Blattknoten $4-5$ cm tief mit Boden bedeckt wird. Infolge dieser Vertiefung wird das Wurzelsystem außerordentlich verstärkt und vertieft und damit für starke Wasseraufnahme aus dem Boden geeignet gemacht.

III. Eigenschaften der fließenden Gewässer.

A. Begriffsbestimmung.

Alle auf der Erde vorhandenen größeren Wasseransammlungen faßt man zusammen unter dem Namen **Gewässer**. Diese zerfallen bezüglich ihrer Lage zur Erdoberfläche in ober- und unterirdische Gewässer. Letztere nennt man Grundwasser (s. II. G). Die durch Flächenanziehung fester Bodenbestandteile festgehaltene Wassermenge wie Kapillarwasser und Pflanzenwasser rechnet man ebensowenig zu den Gewässern wie das in Dampfform im Luftmeere enthaltene Wasser.

Sämtliche Gewässer werden in Rücksicht auf ihren Bewegungszustand in zwei große Klassen geteilt, nämlich in **stehende** und **fließende**. Zu den ersteren gehören als natürliche die Meere und Seen und als künstliche die Teiche und Sammelbecken. Zwar finden auch in den Meeren Strömungen statt, verursacht durch Winde, Ebbe und Flut, Temperaturunterschiede, Verschiedenheit des Gewichtes, doch sind diese Strömungen nicht eindeutig, vielmehr umkehrbar je nach dem Wechsel in den Ursachen. Auch die Seen rechnet man meistens zu den stehenden Gewässern, nicht nur die ohne Zu- und Abfluß, sondern auch die mit solchem. Bei letzteren ist jedoch die Wassergeschwindigkeit so unerheblich, daß sie praktisch vernachlässigt werden kann und nicht die Erscheinungen hervorruft, welche mit der Eigenart der fließenden Gewässer unzertrennlich verbunden sind.

Alle fließenden Gewässer faßt man auch unter der Bezeichnung **Wasserläufe** zusammen und trennt sie wieder in natürliche und künstliche. Für die natürlichen Wasserläufe entstand das Bett durch die Einwirkung von

Naturkräften auf die feste Erdrinde, für die künstlichen wurde das Bett von Menschenhand hergestellt.   Zu den natürlichen Wasserläufen gehören die Ströme, Flüsse, Bäche, Rinnen, zu den künstlichen Kanäle und Gräben.

Sämtliche Formen der natürlichen oberirdischen Gewässer kommen auch im Grundwasser vor (s. II. G).

B. Flußsystem und Sammelgebiet.

Abgesehen von ganz kleinen Wasserläufen, die unmittelbar ins Meer münden, bilden alle Flüsse mit ihren Nebenflüssen ein weitverzweigtes, durch den Hauptfluß zu einem zusammengehörigen Ganzen verbundenes Netz, das an einer Stelle, der Mündung, sein Wasser ins Meer ergießt.   Sehr treffend vergleicht Gravelius (23. 4) so ein Flußnetz oder Flußsystem mit einem Baume.   Der Hauptfluß bildet den Stamm, während die Äste und Zweige des Baumes durch die Nebenflüsse und Bäche vertreten sind. Etwa von den Flüssen durchströmte Seen bilden ein Zubehör zu dem Flußsysteme.

Für die Bezeichnung der verschiedenen Teile des Flußnetzes hat sich noch kein einheitlicher Sprachgebrauch herausgebildet.   Vielfach nennt man den unmittelbar ins Meer mündenden Wasserlauf einen Strom.   Mit der Bezeichnung „Strom" ist aber immer noch der Begriff des Großen, Gewaltigen verbunden.   Deshalb nennt man kleinere, ins Meer mündende Wasserläufe auch nicht Ströme, sondern Küstenflüsse.   Die den Strom speisenden Wasserläufe werden Flüsse genannt und diese wieder entstehen aus Nebenflüssen, Bächen und Rinnen.

Am zweckmäßigsten scheint die Bezeichnung zu sein, nach welcher die Flüsse eines Netzes nach Ordnungsnummern bewertet werden derart, daß ein Nebenfluß erster Ordnung den Strom, ein solcher zweiter Ordnung den erster Ordnung usw. speist, wie das in Abb. 16 angedeutet ist.

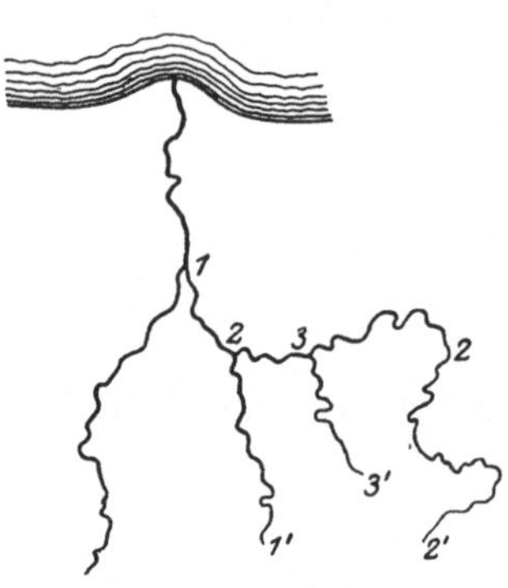

Abb. 16.   Das Flußnetz.

Gewöhnlich entscheidet die Namengebung über diese Frage, welches der Gewässer als Haupt-, welche als Nebenflüsse anzusehen sind. Der Name des Stammflusses geht durch, während die Nebenflüsse neue Namen tragen.   In hydraulischer Beziehung wäre es erwünscht, wenn an einer Gabelung stets der Wasserlauf als der Stammfluß angesehen und benannt würde, der das meiste Wasser führt, das größte Sammelgebiet oder sonstwie die größte Bedeutung hat.

Die Wasserläufe eines Stromgebietes bilden meistens ein in sich geschlossenes System, d. h. sie haben keinerlei natürliche Verbindung mit benachbarten Stromgebieten.   Ausnahmen davon kommen nur in gefällarmen Gebieten vor.

Die Gruppierung der Nebenflüsse um einen Strom oder Hauptfluß ist selten symmetrisch.   Vielfach liegt der Hauptfluß hart an seiner Wasserscheide, so daß erheblichere Nebenflüsse nur an der andern Seite entstehen und zukommen können.   Auch der Länge des Hauptflusses nach ist der durch Nebenflüsse entstehende Zuwachs sehr verschieden.

Ihrer Wasserführung nach unterscheidet man:

1. Regen- oder Wildbäche,
2. Gletscherbäche,
3. Quellbäche.

Die Regen- oder Wildbäche sind dadurch ausgezeichnet, daß sie nur nach Regengüssen Wasser führen, sonst aber trocken liegen. Gletscherbäche führen im Winter kein, im Sommer dagegen viel Wasser. Ihre Wasserführung hat dann einen täglichen Größt- und Kleinstwert, die ihren Ursprung dem Einflusse der Sonnenwärme auf die Eismassen des Gletschers verdanken. Die Quellbäche sind solche, die durch Quellen gespeist werden und daher durch reichliche und ausgeglichene Wasserführung ausgezeichnet sind. In bezug auf Gefällverhältnisse und Wechsel in der Wasserführung unterscheidet man noch Gebirgs-, Hügellands- und Niederungsflüsse. Bei größeren Flüssen findet man die Dreiteilung in demselben Flußlaufe vereinigt. Man bezeichnet sie dann mit Ober-, Mittel- und Unterlauf. Nach ihrer Benutzung unterscheidet man schiffbare und nicht schiffbare Flüsse. Endlich hat man das Temperament gewisser Flüsse dadurch zum Ausdruck gebracht, daß man sie als hochwassergefährlich bezeichnete. Für Flüsse dieser Art sind durch das Hochwasserschutzgesetz von 1906 in Preußen ganz besondere Beschränkungen bezüglich Bauten im Überschwemmungsgebiete vorgeschrieben.

Das Gebiet, aus dem die Speisung eines Wasserlaufs oder Flußsystems erfolgt, nennt man das Niederschlags- oder Sammelgebiet. Die Speisung erfolgt entweder durch oberirdischen Zufluß oder durch Zufluß aus dem Grundwasser. Man unterscheidet daher ein oberirdisches und unterirdisches Sammelgebiet.

Das oberirdische Sammelgebiet heißt auch das orographische, weil seine Form und Ausdehnung lediglich von der gewellten Oberflächengestalt der Erde abhängt. Das unterirdische Sammelgebiet fällt nicht immer mit dem ersteren zusammen; es ist nicht von der Oberflächengestalt der Erde, vielmehr von der Gestalt der undurchlassenden geologischen Schichten abhängig und wird deshalb auch geologisches Sammelgebiet genannt. So liegt z. B. zwischen den Flüssen a und b (Abb. 17) die oro-

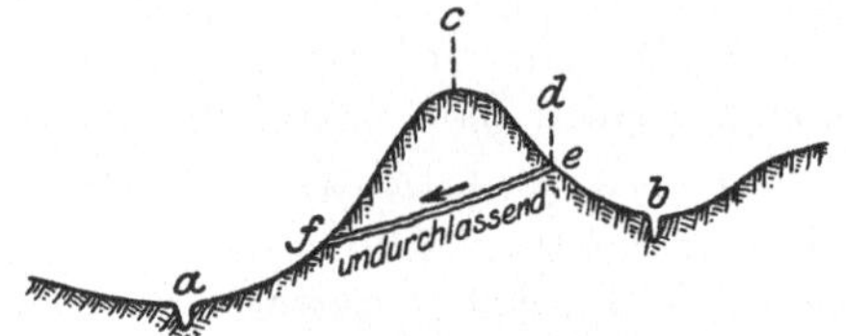

Abb. 17. Orographische und geologische Wasserscheide.

graphische Wasserscheide bei c, die geologische bei d, wenn ef eine das Gebirge mit Gefäll nach a durchsetzende, undurchlassende Schicht bedeutet. Indes ist die Strecke cd offenbar beiden Flüssen gemeinsam; denn sie gibt bei starkem Regen oberflächlich abfließendes Wasser nach b, und nur das auf ihr entstehende Sickerwasser gelangt nach a. Während die Ermittelung des orographischen Sammelgebietes auf Grund von Nivellements leicht erfolgen kann, sind die Grenzen des geologischen aus eingehenden Bohrungen zu bestimmen; seine Ermittelung ist daher sehr schwierig und zeitraubend. Man begnügt sich daher allermeist mit der Bestimmung des orographischen Sammelgebietes und versteht unter „Sammelgebiet" nur dies, wenn nicht ein einschränkender Zusatz gemacht wird.

Das Sammelgebiet wird von der Wasserscheide begrenzt. Diese liegt stets auf der höchsten Linie eines Geländerückens, d. h. von der Wasserscheide aus dacht das Gelände stets nach zwei verschiedenen Seiten, nach zwei verschiedenen Wasserläufen ab. Man kann die Wasserscheide auch als den geometrischen Ort aller der Punkte kennzeichnen, an denen wagerechte Tangenten sich an die Geländeoberfläche legen lassen.

Das von der Wasserscheide eingeschlossene Gebiet nennt man auch das Flußbecken. Dies ergießt sein Wasser, abgesehen von einzelnen Mulden, ohne oberirdischen Abfluß, nur nach einer Richtung, nämlich nach der Mündung des Wasserlaufs oder des Flußsystems. Je nach der Bedeutung des

Flusses, zu dem das Sammelgebiet gehört, unterscheidet man das Hauptsammelgebiet des Stromes und Sammelgebiete 1., 2. usw. Ordnung. Die Wasserscheiden tragen dieselbe Stufenbezeichnung wie die Wasserläufe. Hauptwasserscheiden trennen Ströme voneinander, die sich in verschiedene Meere ergießen.

Die Eigenart des Flusses bezüglich seiner Querschnittsausbildung und seiner Wasserführung ist in hohem Maße von der seines Sammelgebietes abhängig, und zwar in folgender Beziehung:

1. Die Größe des Sammelgebietes bestimmt die Menge des Abflusses und dessen Grenzwerte. In einem kleinen Sammelgebiete geht die Abflußmenge wohl auf Null herab, wogegen die Abflußeinheiten bei Hochwasser einen höheren Wert anzunehmen pflegen, weil ein Wolkenbruch ein kleines Sammelgebiet ganz treffen kann, ein größeres aber nur teilweise, ferner weil das Zusammentreffen des Hochwassers aus allen Teilen eines großen Sammelgebietes unwahrscheinlicher ist als aus einem kleinen.

2. Die geologischen Verhältnisse. Lagern undurchlassende Schichten an der Oberfläche, so entsteht mehr Oberflächenabfluß und weniger Versickerung und Grundwasserspeisung als bei durchlassendem Gebiete. Da Speisung aus dem Grundwasser sich wesentlich langsamer abspielt, so wirkt ein durchlassendes Sammelgebiet ausgleichend auf den Wasserabfluß, d. h. die Abflußgrenzwerte nähern sich einander. Wegen des größeren oberirdischen Abflusses aus undurchlassendem Sammelgebiete ist hier meistens ein reicher ausgebildetes Flußnetz vorhanden als bei durchlassendem.

3. Die Höhenlage gegen den Meeresspiegel beeinflußt die Niederschlagsmenge derart, daß diese mit der Höhe zunimmt (s. II. B, S. 12).

4. Der Kulturzustand. Nackter Boden, besonders Fels bedingt immer einen verhältnismäßig großen Abfluß von den Niederschlagsmengen, weil geringe Verdunstung stattfindet. Kulturland, Wälder, Sümpfe und Seen verdunsten große Wassermengen, verzögern auch den oberirdischen Abfluß und vermindern daher die dem Flusse in der Zeiteinheit zukommende Wassermenge.

5. Die Orographie des Sammelgebietes beeinflußt den Wasserabfluß insofern, als aus steilen Gebietsteilen ein größerer Anteil der Niederschläge oberirdisch abfließt als aus flach geneigten. Ebene Sümpfe, Seen und sonstige abflußlose Mulden vermögen erhebliche Mengen von Niederschlägen aufzuspeichern und dem Abflusse zu entziehen.

6. Klimatische Verhältnisse. In Gegenden mit ungleich verteilten Niederschlägen gelangt eine größere Menge vom Niederschlage zum Abflusse, als wenn der Regen gleichmäßig über die Zeit verteilt ist. Dann gewinnt der Niederschlag mehr Zeit einzusickern und fließt als Grundwasser langsam und allmählich ab. Dem entspricht eine gleichmäßigere Verteilung der in dem Fluß geführten Abflußmengen. Gegenden mit langem Winter haben meistens einen plötzlich einsetzenden Frühling. Die im Winter angesammelten Eis- und Schneemengen kommen mit einem Male zum Abflusse, oft auf gefrorenem Boden, der keine Einsickerung gestattet, und haben die größten und gefährlichsten Hochwasser zur Folge.

7. Die Form des Sammelgebietes. Ein rundes Sammelgebiet wird eher ganz oder zu erheblicherem Teile von einem darüber hinziehendem Wolkenbruche betroffen, als ein lang gestrecktes, gibt also größere Abflußmengen als letzteres. In einem langgestreckten Sammelgebiete gelangen die in der Nähe der Mündung fallenden Regenmengen früher zum Abflusse als die in ent-

fernteren Gebietsteilen fallenden, was auf Ermäßigung der Hochwasserabflußmenge wirkt.

8. Die Lage des Flusses im Sammelgebiete. Liegt der Fluß hart an einer Wasserscheide, während das Sammelgebiet nach der andern Seite breite Ausdehnung, hat, so gelangen die Abflußmengen von der schmalen Seite schneller in den Fluß als von der breiten. Der Niederschlag von beiden Seiten gelangt also nacheinander in den Fluß und muß ein geringeres Hochwasser erzeugen, als wenn der Fluß das Sammelgebiet in der Mitte durchzieht.

9. Die Entwickelung des Sammelgebietes (23. 8) in bezug zur Lauflänge des Flusses. Unter Entwickelung des Sammelgebietes versteht man die Zunahme seiner Größe im Verhältnisse zur Zunahme der Flußlänge. Man erhält einen vergleichbaren Maßstab für die Entwickelung verschiedener Flüsse, indem man für eine Reihe von Punkten des Flusses sowohl seine Länge L, von der Quelle aus gerechnet und die Größe des Sammelgebietes F bestimmt und diese Größen in Prozenten der Gesamtlänge und Sammelgebietsgröße ausdrückt, z. B. ergibt sich für die Moldau folgende Beziehung:

L km	F qkm	L $^0/_0$	F $^0/_0$
189	1864	46	7
228	3588	52	13
261	8157	60	29
355	13319	82	48
360	17780	83	63
435	28064	100	100

Meistens eilt die Entwickelung der Lauflänge der des Sammelgebietes voran. Man kann auf diese Weise die eigentümliche Gestalt verschiedener Flüsse übersichtlich einander gegenüberstellen. Noch anschaulicher wird der Vergleich, wenn man die Ergebnisse zeichnerisch nebeneinander stellt wie in Abb. 18.

Hier ist die Entwickelung der Moldau regelmäßigen geometrischen Figuren gegenübergestellt, nämlich dem Rechtecke, Kreise und gleichseitigen Dreiecke. Man sieht, daß nur beim Rechtecke die Entwickelung der Lauflänge derjenigen der Länge gleich ist.

Will man noch die Lage des Flusses im Sammelgebiete (s. oben Nr. 8) ausdrücken, so hat man dies Verfahren für die linke und rechte Seite des Sammelgebietes getrennt durchzuführen. Man

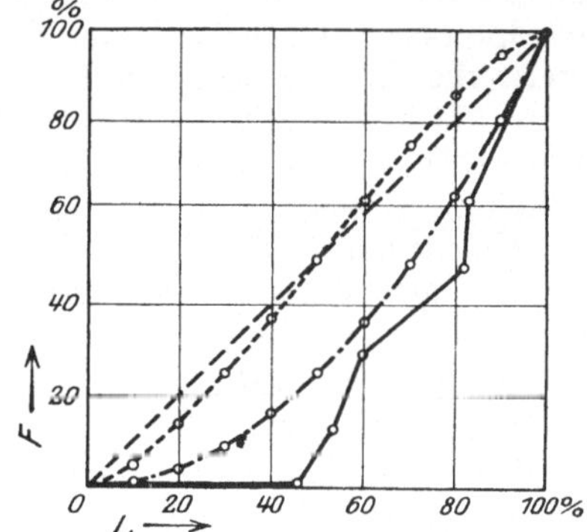

Abb. 18. Darstellung der Form des Sammelgebiets.

kann auch für die verschiedenen Flußabschnitte die mittlere Breite des Sammelgebietes $B = \dfrac{F}{L}$ bestimmen, um die unter Nummer 7 vorstehend gedachten Beziehungen zu untersuchen.

10. Die Entwickelung der Wasserscheiden (23. 14). Dieselbe Sammelgebietsgröße kann von einer kurzen, schlank verlaufenden Wasserscheide oder von einer langen, buchtenreichen umgrenzt werden, und es leuchtet ohne weiteres

ein, daß dies auf den Abflußvorgang aus dem Sammelgebiete von Einfluß sein muß. Die vollkommenste Form der ersten Art ist der Kreis, der eine gegebene Flächengröße f mit dem möglichst kleinen Umfange u umschließt. Aus $f = r^2 \pi$ und $u = 2 \pi r$ folgt $u = 2 \sqrt{\pi f}$. Aus gegebenem f kann man also das ideale u des Kreises finden. Ist nun U die wirkliche Länge der Wasserscheide, so ist $\dfrac{U}{u} = e$ die Entwickelung der Wasserscheide. Ein großes e drückt aus, daß die Teilsammelgebiete der Seitenflüsse schmal sind, läßt also auf einen schnellen Abfluß der Niederschläge schließen.

11. Die Flußdichte (23. 15). Bezeichnet man mit f die Größe des Sammelgebietes oder eines Teils davon und mit l die Länge aller in ihm enthaltenen Wasserläufe, so gibt $d = \dfrac{l}{f}$ ein Maß für die Flußdichte in dem Sammelgebiete. Je größer d, um so größer ist das Abflußbedürfnis; ein großes d ist also ein Kennzeichen für reiche Niederschläge und geringe Versickerung.

Das Auffinden der Wasserscheiden ist auf den mit Schichtlinien ausgestatteten Meßtischblättern eine sehr einfache Aufgabe. Man sucht zu beiden Seiten des Wasserlaufs die höchsten Geländeerhebungen und die diese verbindenden Rücken und legt über diese einen zusammenhängenden Linienzug. Die von diesem umschlossene Fläche ist das Sammelgebiet, dessen Größe durch Flächenausmessung zu ermitteln ist. Bei Karten in kleinerem Maßstabe ohne Schichtlinien ist diese Aufgabe weniger genau zu lösen. Hier hat man als Anhalt für die Lage der Wasserscheide nur den Verlauf der kleinsten Wasserläufe (Gräben) und die durch Bergstriche angedeuteten Höhenzüge.

Das im Sammelgebiete entstehende Wasser dient zur Speisung der Flüsse, soweit es nicht durch Verdunstung verloren geht, und zwar zum kleineren Teile durch oberflächlichen Abfluß, zum größeren, nachdem es zuvor nach Versickerung zu Grundwasser geworden war. Auf jedes als Niederschlag auf die Erde gefallene Wasserteilchen wirkt sein Gewicht G nach dem Erdmittelpunkte. Unter seinem Einflusse findet teilweise Versickerung statt. Sofern die Erdoberfläche, auf die das Wasserteilchen fiel, um den Winkel α gegen die Wagerechte geneigt ist, wirkt die Kraft $G \sin \alpha$ parallel zu der Erdoberfläche und ist bestrebt, das Wasserteilchen den Hang herabzurollen, abfließen zu lassen.

Nun trachtet das fließende Wasser seinen Fall auf dem kürzesten Wege mit dem geringsten Widerstande zu erledigen, verfolgt also die Richtung, für die $\sin \alpha$ den Größtwert hat. Das Zutalfließen geschieht daher in der Richtung senkrecht zu den Schichtlinien. Dadurch kommt das über eine breite Fläche abfließende Wasser in Geländefalten zusammen, um hier zu größerer Masse vereint den Talweg mit höherer Geschwindigkeit fortzusetzen.

Je nachdem die Versickerung oder die Parallelkraft überwiegt, steht die Grundwasserbildung oder der oberirdische Abfluß im Vordergrunde. Wir wissen nun, daß die Versickerungsgeschwindigkeit nachläßt, je tiefer der Boden bereits mit Wasser gesättigt wurde (s. II. S. 32). Also wird erst dann oberirdischer Abfluß eintreten, wenn größere Wassermengen vorher versickerten, also bei stärkeren oder längere Zeit dauernden Niederschlägen, besonders bei plötzlicher Schneeschmelze, die große Wassermengen erzeugt. Geringere Niederschläge versickern ganz, wenn nicht der Boden dem zu großen Widerstand entgegensetzt. So kommt es nur verhältnismäßig selten vor, daß Niederschläge, oberflächlich abfließend, in ein Gewässer gelangen.

Weit ausgiebiger ist die Speisung der Wasserläufe durch Grundwasser. Diese unterirdische Speisung findet natürlich nur so lange statt, wie das umgebende Grundwasser höher steht als das Wasser im Flusse (Abb. 19). Steigt das Flußwasser über diesen Stand, so findet ein Abfluß vom Flusse ins Grundwasser statt; es wird Grundwasser angesammelt, das dann wieder zum Abflusse gelangt, wenn der Flußwasserstand entsprechend gefallen ist. Die Wasserbewegung vom Flusse ins Grundwasser findet indes in geringerem Maße als umgekehrt statt, weil die in den Flußbetten meist vorhandene Schlammschicht den Wasseraustritt erschwert oder verhindert (67. 15, 29. 54).

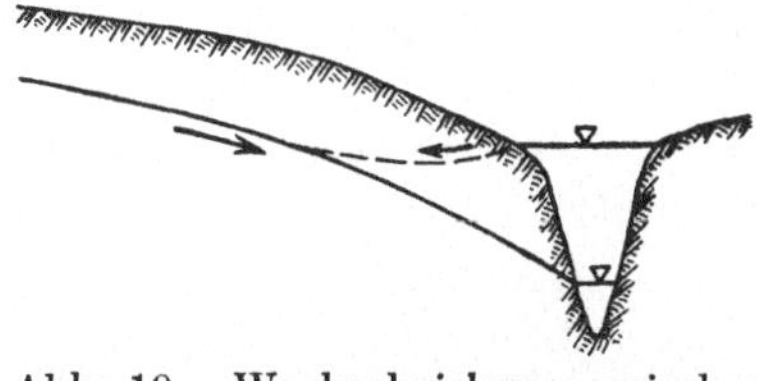

Abb. 19. Wechselwirkung zwischen Grund- und Flußwasser.

Nur ausnahmsweise kommen Flußstrecken vor, die dauernd Wasser an das umgebende Grundwasser abgeben, das dann in ein anderes Flußgebiet übertritt. So z. B. versinkt die Oder a./Harz beim Dorfe Pöhlde, um einige Kilometer westlich als die mächtige Rhumequelle wieder zutage zu treten. Auch die berühmte Donauversinkung gehört zu dieser Erscheinung. Durch Grundwasserstandsbeobachtungen am Grünfließ, einem Nebenflusse der Weichsel im, Kreise Hohensalza, wurde festgestellt, daß streckenweise der Grundwasserstrom sich quer zur Flußrichtung unter dem Flußbette fortbewegte und keinen Zusammenhang mit den Wasserständen im Flusse hatte. Das sind Verhältnisse, die bei dem Entwerfen von Meliorationen gebührende Würdigung verdienen. Um sich volle Gewißheit über derartige Verhältnisse, d. h. den Verbleib des Wassers, zu verschaffen, bietet die Färbung des Wassers mit Uraninkali (Fluorescein) ein sicheres Mittel (s. II. G S. 42).

Durch Grundwasser gespeiste Flüsse sind dadurch ausgezeichnet, daß sie nie oder fast nie versiegen und überhaupt mehr ausgeglichene Wasserführung haben, weil die Bewegung des Grundwassers überaus langsam vor sich geht und daher Grundwasser erst dann die Speisung besorgt, nachdem das oberflächlich in den Fluß gelangte Wasser abgeflossen ist. Nur bei Gebirgsflüssen mit felsigem, undurchlassendem Sammelgebiete tritt die Grundwasserspeisung ganz in den Hintergrund, weshalb solche Flüsse durch weit auseinander liegende Grenzwerte in der Wasserführung ausgezeichnet sind und die Betten nach heftigem Hochwasser sehr bald wieder trocken laufen. Da der Grundwasserspiegel nicht nur Quergefäll zum Flusse hat, sondern im allgemeinen auch dessen Längsgefälle folgt, so bildet sich unter dem Flußbette, oder seitwärts davon im Flußtale, diesem gleichlaufend noch ein Grundwasserstrom aus, so daß zwei Ströme mit sehr verschiedener Geschwindigkeit über- oder nebeneinander zum Meere fließen. Auf diese Weise gelangt ein großer Teil der im Sammelgebiete gefallenen Niederschläge als Grundwasser zum Meere, ohne in einem Flußlaufe das Tageslicht wieder erblickt zu haben.

C. Der Flußlauf, sein Gefäll und sein Querschnitt.

Jeder sich selbst überlassene Wasserlauf nimmt ein durch Naturkräfte entstandenes Flußbett ein. An diesem unterscheiden wir die Grundrißform oder den Flußlauf, das Gefälle und den Querschnitt.

Unter Flußlauf versteht man in der Regel die Laufrichtung, d. h. die Gestalt der in der Erdrinde vorhandenen Furche, in der sich das Wasser bewegt mit allen Krümmungen und Seitenarmen.

Spricht man vom Gefälle eines Flusses, so ist damit stets das Längengefäll gemeint, d. i. der Höhenunterschied zweier Punkte des Wasserspiegels, die um eine gewisse Länge hintereinander liegen. Da der Wasserspiegel im großen ganzen der Sohle des Flusses parallel gerichtet ist, so gilt dasselbe Gefälle für beide. Diesen Höhenunterschied zwischen zwei Flußpunkten nennt man das absolute Gefälle. Teilt man dies durch die Entfernung der beiden Punkte, so erhält man das relative Gefälle. Der Spiegel hat unter Umständen auch Quergefäll, und zwar in Krümmungsstrecken als Folge der Fliehkraft. Grashof (25. III. 1. 239) hat dafür die Formel abgeleitet:

$$h = \frac{v^2}{g} \ln\left(1 + \frac{b}{r}\right).$$

worin bedeuten:

h = Erhebung des Wasserspiegels am einbuchtenden Ufer über den am ausbuchtenden.

v = mittlere Geschwindigkeit im Querschnitt.

b = Spiegelbreite.

r = Krümmungshalbmesser des ausbuchtenden Ufers.

Der Querschnitt wird begrenzt von dem Wasserspiegel und dem benetzten Umfange des Flußquerschnittes. Er ist eine oft und in weiten Grenzen schwankende Größe, je nach der Menge des vom Flusse jeweilig zu führenden Wassers und der daraus sich ergebenden Füllhöhe.

Bei gewöhnlichem Wasser beschränkt sich der mit Wasser gefüllte Querschnitt auf das eigentliche Flußbett. Bei Hochwasser treten die in vielen Fällen sehr breiten überschwemmten Vorländer hinzu.

Die Grundlage zur Ausbildung eines Flußlaufes bildeten allermeist geologische Ursachen, indem bei den Faltungen der Erdrinde infolge Abkühlung der Erde die Richtung vorgezeichnet wurde, in der das Oberflächenwasser sich sammeln und abfließen mußte. Die weitere Ausgestaltung des Flußlaufes entsprang aber der eigensten Arbeit des fließenden Wassers selbst. Die Beschaffenheit des Bodens, in den das Flußbett eingeschnitten ist, die Wasserführung nach Menge und deren zeitliche Verteilung sind von bestimmendem Einflusse auf die Gestaltung des Flusses in bezug auf die Ausbildung des Laufes, seines Gefälls und seiner Querschnitte. Da nun die Wasserführung, wie im vorigen Abschnitte gezeigt wurde, von der Eigenart des Sammelgebietes abhängt, so kann man dies als maßgeblich für die Ausbildung des Flusses betrachten.

Die Kräfte, die dabei tätig sind, beruhen in der lebendigen Kraft des fließenden Wassers und den widerstehenden Kräften des Bodens, in den das Bett einzuschneiden ist. Je größer die fließende Wassermenge ist, je größer ihre Geschwindigkeit, um so größer ihre lebendige Kraft und um so größer der Abbruch von Bodenteilen aus dem Flußbette. Daher finden bei Hochwasser die gewaltigsten Umbildungen im Flußbette statt. Sobald aber mit abnehmender Wassermenge die Geschwindigkeit nachläßt, werden die mitgeführten Bodenteile ausgeschieden, sie fallen zu Boden. Unter diesem Wechselspiel nimmt ein anfänglich gerader Lauf durch Bildung von Krümmungen an Länge so lange zu, bis sie und damit das relative Gefäll und die Wassergeschwindigkeit sich soweit ermäßigt haben, daß weiterer Abbruch nicht mehr stattfindet. Diesen Zustand beobachten wir am Mittel- und Unterlauf der Flüsse. Sobald man eine der maßgebenden Größen, z. B. die Lauflänge eines bereits in den Beharrungszustand übergegangenen Flußlaufes durch künstlichen Einfluß ändert, nehmen die Naturkräfte ihre Tätigkeit wieder auf, um den alten Zustand wieder herzustellen. Selbst ein ganz gerader Wasserlauf nimmt seine Schlängelform wieder an, wenn durch irgendeinen Zufall der erste Anlaß dazu gegeben wurde. Gelangt z. B irgendein

Abflußhindernis h in Gestalt eines einstürzenden Ufers oder einer Sandbank, die von einem seitwärts einmündenden Wasserlaufe herrührt, in den völlig geraden Wasserlauf (Abb. 20), so wird der ursprünglich gerade, den Ufern gleichgerichtete Strom auf das gegenüber liegende Ufer abgelenkt, und unter seinem Anpralle entstehen Abbrüche. Die Wasserfäden werden nach dem anderen Ufer zurückgeworfen und erzeugen hier ebenfalls einen Abbruch, usw. Zwischen

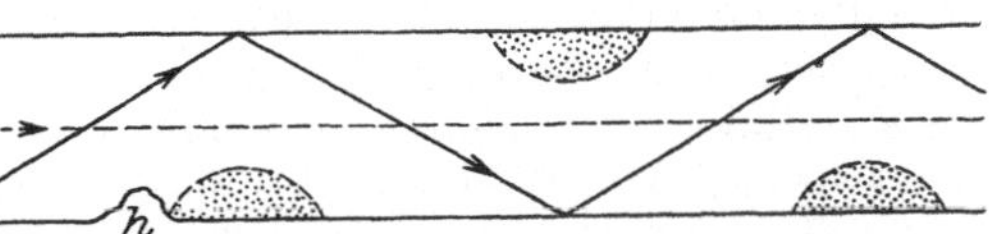

Abb. 20. Entstehung von Flußkrümmungen.

den Abbrüchen entstehen Zwickel mit geringer Wassergeschwindigkeit, und hier kommen die abgebrochenen Bodenteile (Sinkstoffe) zur Ruhe und Ablagerung. Dies Spiel setzt sich so lange fort und es entsteht wieder der geschlängelte Lauf, bis Gefäll und Wassergeschwindigkeit soweit abgenommen haben, daß die Festigkeit des angeschnittenen Bodens ihnen erfolgreich zu widerstehen vermag[1]). Oft aber werden bei fortdauernder Verschärfung der Krümmungen die die einzelnen Krümmungen trennenden Landzungen so schmal, daß sie durchbrechen und das Spiel der Umformung von neuem beginnt, auf diese Weise den ganzen Talboden wiederholt umlagernd. Uferabbrüche erscheinen in besonders großem Umfange bei schnell fallendem Wasser. Die Bedingungen sind dann insofern günstig, als der Gegendruck von der Wasserseite aufhört, daher das während des Hochwassers in das Ufergelände eingedrungene Bodenwasser, von diesem Gegendruck befreit, lebhaft aus den Ufern austritt, während gleichzeitig die Widerstandskraft des Bodens gegen Gleiten infolge der Durchfeuchtung vermindert wurde.

Als Maß für die Eigenart eines Flußlaufes hat man den Begriff der Laufentwickelung eingeführt. Man versteht darunter den Unterschied zwischen der Länge des Flußlaufes mit allen Krümmungen und der des Tales, in Prozenten der letzteren angegeben. Ist z. B. das Tal 137 km, der Fluß-lauf 188 km lang, so beträgt die Entwickelung $(188-137) \dfrac{100}{137} = 37{,}2\,^0/_0$.

Je größer die Laufentwickelung einer Flußstrecke ist, um so reicher ist sie also an Krümmungen. In der Regel pflegt die Laufentwickelung im Quell- und Mündungsgebiet eines Flusses am größten zu sein.

Die Form und Häufigkeit des Richtungswechsels eines Flußlaufes ist von hohem Einflusse auf die Ausbildung der Form der Flußquerschnitte. In einem gewundenen Flußlaufe sind niemals gleichmäßige Tiefen vorhanden, vielmehr findet ständiger Wechsel statt in der Längen- und Querrichtung. An den einbuchtenden Ufern findet naturgemäß der stärkste Wasserangriff statt, weil dies Ufer unter einem gewissen Winkel von dem strömenden Wasser getroffen wird. Hier finden Abspülungen nach Breite und Tiefe statt und als Folge davon abbrüchige steile Ufer und Auskolkungen der Sohle. Über diesen tiefsten Stellen findet das fließende Wasser den geringsten Widerstand, da dieser von der Sohlenreibung erzeugt wird, und es entsteht hier die größte Wassergeschwindigkeit; die Hauptwassermengen drängen sich an dem einbuchtenden Ufer zusammen, der Stromstrich, d. i. der geometrische Ort der größten Wassergeschwindigkeiten in den Querschnitten, nähert sich dem einbuchtenden Ufer. Die Länge des Stromstriches übertrifft also noch die des Laufes. Die dadurch gelösten und vom Wasser mitgeführten Sinkstoffe kommen an den Stellen mit geringerer Wasser-

---

[1]) Beyerhaus, Zentralblatt der Bauverwaltung 1914, S. 524.

geschwindigkeit zur Ablagerung und zwar an den ausbuchtenden Ufern (Abb. 21). Die hier sich bildenden Sinkstoffbänke fallen mit sanftem Quergefäll zum Flusse ab und enthalten in der Ufernähe die feinsten und nach dem Flusse hin die gröbsten Sinkstoffe, entsprechend der an diesen Stellen herrschenden verschiedenen Geschwindigkeiten.

Indem der Stromstrich die aufeinanderfolgenden einbuchtenden Uferstrecken links und rechts miteinander verbindet, muß zwischen jedem Krümmungswechsel ein Wendepunkt liegen. Bei diesem kreuzt auch der Stromstrich die Flußmitte, in der die Strömung nahezu symmetrisch über den Querschnitt verteilt ist. Die durchschnittliche Strömungsgeschwindigkeit ist daher hier geringer als an den einbuchtenden Ufern, weshalb nicht nur keine Ausspülung entstehen kann, vielmehr Ablagerung von Sinkstoffen stattfindet. Diese „Übergänge" genannten Flußstrecken bilden eine rückenartige Erhebung in der Flußsohle, die sich meistens von dem Ende des einen einbuchtenden Ufers schräg über den Fluß nach dem Anfange des nächst unterhalb belegenen erstrecken (Abb. 21). Auf ihnen ist eine über den Querschnitt ziemlich gleichmäßig verteilte Tiefe vorhanden. Die Wassertiefen

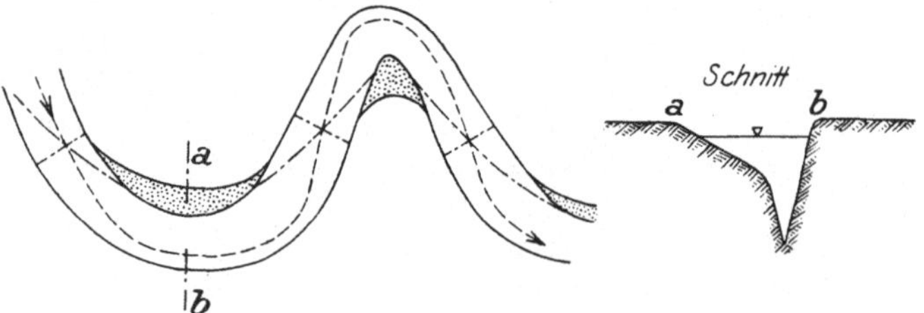

Abb. 21. Stromstrich ------ Übergänge ------ und Querschnitt
im gekrümmten Flußlauf.

unter dem Stromstriche zeigen also einen fortwährenden Wechsel derart, daß die einbuchtenden Strecken durch große, die Übergänge durch geringe Tiefen gekennzeichnet sind. Eine Vertiefung auf den Übergängen bildet sich erst wieder bei kleinerem Wasser aus, bei dem sich auf ihnen ein stärkeres Gefäll einstellt.

Die Flußkrümmungen sind in der Regel nicht nach einem Kreisbogen geformt, vielmehr nimmt der Krümmungshalbmesser von den Enden nach der Mitte ab. Die Tiefen stehen in einem umgekehrten Verhältnisse zu den Krümmungshalbmessern, weshalb sie von der Krümmungsmitte nach den Übergängen mit $r = \infty$ stetig abnehmen.

Das Hochwasser ist am meisten bestimmend für die Ausbildung der Querschnitte, weil es Abbruch erzeugt und so Stoff zu Ablagerungen liefert. Am wirksamsten sind schnell ansteigende Hochwasser, denn je schneller das Ansteigen stattfindet, um so steiler ist das Gefäll an der Vorderseite der Hochwasserschwelle und um so größer die dadurch bedingte Wassergeschwindigkeit.

Krautwuchs im Flusse verschiebt die Umbildung des Flußbettes durch die Wassergewalt in zweierlei Hinsicht, weil er einerseits die Wassergeschwindigkeit mäßigt und dadurch die Abbrüche vermindert, andererseits aber auch Ablagerungen begünstigt. Eine vernachlässigte Krautung hat daher eine frühzeitige Räumung zur notwendigen Folge.

Überall da, wo das fließende Wasser auf ein Hindernis trifft, entsteht die hydraulische Druckhöhe $h = \dfrac{v^2}{2g}$. Die Folge davon ist vermehrte Wassergeschwindigkeit, vermehrter Angriff auf die Sohle und endlich eine Sohlauskolkung. Die dadurch frei gewordenen Sinkstoffe werden unter der hinter dem Hindernis entstehenden verringerten Geschwindigkeit wieder abgelagert. Man nennt dies Gebiet der Ablagerung den Verlandungsschatten (25. III. 1. 189), die hinter Brückenpfeilern, Inseln und ähnlichen Abflußhindernissen meistens deutlich wahrgenommen werden können.

Verlandungen treten ferner immer an solchen Stellen ein, wo die Gestaltung des Flußlaufes eine Schwächung der Stromkraft bedingt. Solche Fälle liegen vor bei Stromspaltungen und in Strecken mit niedrigen Ufern, die bei steigendem Wasser ein frühzeitiges Entweichen der Wassermenge aus dem Flußbette gestatten. Während in dem eigentlichen Flußbette die Umformung der Querschnitte sich in endlosem Wechsel derart vollzieht, daß an derselben Stelle bald Auskolkungen, bald Anlandungen eintreten, verändert sich der Hochwasserquerschnitt auf den überschwemmten Vorländern stetig durch Auflandung. Die Wassergeschwindigkeit ist hier wesentlich geringer infolge der geringeren Tiefe und der größeren Reibungswiderstände, welche durch die auf den Vorländern wachsenden Pflanzen bedingt sind.

Die größte Verminderung der Wassergeschwindigkeit tritt dann ein, wenn der Wasserstand die Uferhöhe zu übersteigen beginnt und das austretende Wasser sich quer zur Stromrichtung über die Vorländer ergießt. In diesem Augenblicke gelangen die gröbsten und größten Sinkstoffmengen zur Ablagerung, weshalb bei häufig ausufernden Flüssen die Uferränder bald eine größere Höhe erreichen, als das dahinter liegende Vorland.

Bei der Beurteilung der Leistung einer Flußstrecke darf man nie von einzelnen Querschnitten ausgehen, weil ihre Größe zu sehr von der Gestalt des Flußlaufes an der Stelle abhängig sind, an der sie aufgenommen wurden. Man bedient sich daher des Mittelwertes für eine gewisse Flußstrecke. Die Einzelwerte weichen um so weiter von dem Mittelwerte ab, je stärker der Fluß gekrümmt ist. Bei solchen Ermittelungen, bei denen es sich darum handelt, das Abflußvermögen eines Flusses zu untersuchen, muß man nur den aktiven Teil der Querschnitte berücksichtigen, d. h. den Teil, in dem auch wirklich Wasserfluß stattfinden kann. Passive Querschnittsteile, in denen kein Fluß entstehen kann, kommen bei ausgedehnten Querschnitten nicht allzu selten vor, nämlich da, wo Buhnen im Flusse oder Geländeerhebungen, Bauwerke, Deiche im Vorlande, den Querschnitt teilweise sperren. Diese Teile müssen bei Berechnung der Durchflußquerschnitte ausgeschaltet werden. Doch ist dabei zu beachten, daß je nach dem Wasserstande derselbe Querschnittsteil bald aktiv, bald passiv sein kann. In ähnlicher Weise müssen die flachen Querschnittsteile der Vorländer besonders berücksichtigt werden, da in ihnen infolge der geringeren Tiefe und der größeren Rauhigkeit des benetzten Umfanges trotz desselben Gefälls sich geringere Wassergeschwindigkeit entwickelt als in dem eigentlichen Flußquerschnitte. Diesen Umstand pflegt man dadurch zu berücksichtigen, daß man die über dem Vorlande liegenden Querschnittsteile entweder nur zu einem Bruchteile ($^2/_3$) als voll wirksam annimmt, oder den ganzen Querschnitt einführt, dann aber in der Geschwindigkeitsformel einen größeren Rauhigkeitsbeiwert einführt als für das eigentliche Flußbett.

Trotz der sehr großen Mannigfaltigkeit in der Form der Querschnitte ist man doch bemüht gewesen, eine einheitliche Grundform aufzufinden. Besonders war es Sasse (88. 1890. 193), der aus theoretischen Erörterungen und praktischen Beobachtungen eine gemeine Parabel mit senkrechter Achse als diese Grundform herleitete. Wenn b die Spiegelbreite und T die größte Wassertiefe im Querschnitt bedeutet, so ist $F = \dfrac{2bT}{3}$ und die mittlere Tiefe

$t = \dfrac{F}{b} = \dfrac{2}{3}\,T$. Wenn auch Einzelwerte für t, die aus aufgenommenen Querschnitten gewonnen werden, von diesem theoretischen Werte bedeutend abweichen, so kommt doch der Mittelwert meistens dem Verhältnis $\dfrac{t}{T} = \dfrac{2}{3}$ sehr nahe, wenn man eine große Zahl von Querschnitten benutzt. Auch die Querschnittsänderung bei wechselndem Wasserstande vollzieht sich nach einem Gesetze, das der gemeinen Parabel mehr oder minder genau entspricht. Für die Leistungsfähigkeit, d. h. die Wasserführung eines Querschnittes ist neben dem Gefäll nicht nur die Größe sondern auch die Form des Querschnittes maßgebend. Es muß der Querschnitt F geteilt durch dessen benetzten Umfang p, also $\dfrac{F}{p} = R = \text{max.}$ werden, wenn die Geschwindigkeit zum max. werden soll.

Das Gefälle der Flüsse nimmt allgemein von der Quelle zur Mündung ab, doch nicht stetig, sofern besonders feste Stellen im Flußbette Gefällstufen verursachen. Oberhalb solcher Stufen ist durch Aufstau geringeres Gefäll vorhanden, das auf der Stufe und gleich unterhalb den Größtwert erreicht, um sodann allmählich wieder abzunehmen. Auch die vorhin besprochenen Übergänge bilden Gefällstufen, allerdings von nur engbegrenzter Bedeutung. Derartige Stufen werden durch die ausspülende Tätigkeit des Flusses immer mehr beseitigt, wodurch das Gefäll ebenso ausgeglichen wird. Unter Gefäll versteht man stets das Gefäll des Wasserspiegels, und zwar meistens das Durchschnittsgefäll einer längeren Strecke, das vom Gefäll einzelner Teilstrecken oft nicht unerheblich abweicht. Nach dem im allgemeinen von oben nach unten abnehmenden Gefäll teilt man jeden größeren Flußlauf in den Ober-, Mittel- und Unterlauf. Diese Teile kennzeichnet man auch als das Gebiet des Abbruchs, des Transports und der Ablagerung der Sinkstoffe. Die Nebenflüsse haben meistens stärkeres Gefäll als ihr Hauptfluß.

Gefällbruch nennt man den Punkt, wo zwei verschiedene Gefälle zusammenstoßen. Er liegt im Höhenplane entweder auf einem ein- oder ausbuchtenden Knicke der Gefällinie, je nachdem sich das Gefäll ermäßigt oder steigert. Die nie rastende Arbeit des fließenden Wassers sucht die ersteren durch Auflandung, die letzteren durch Abspülung auszugleichen.

Bei niedrigen Wasserständen ist die Gestalt der Sohle natürlich von größerem Einfluß auf die des Spiegels, als bei höherem Wasser, weshalb um so mehr Gefällbrüche im Spiegel wahrnehmbar sind, je niedriger das Wasser steht derart, daß die Spiegellinie ein fast genaues Abbild der Unregelmäßigkeiten in der Sohlenlinie wiedergibt. Mit steigendem Wasser werden diese Unregelmäßigkeiten im Spiegel immer mehr ausgeglichen, der Spiegel wird mehr gradlinig, nähert sich mehr dem Durchschnittsgefäll (Abb. 22). So ist es auch erklärlich, daß an derselben Stelle des Flusses bei verschiedenen Wasserständen verschiedene Gefälle herrschen können, bei steigendem Wasser an manchen Stellen zu-, an anderen abnehmend.

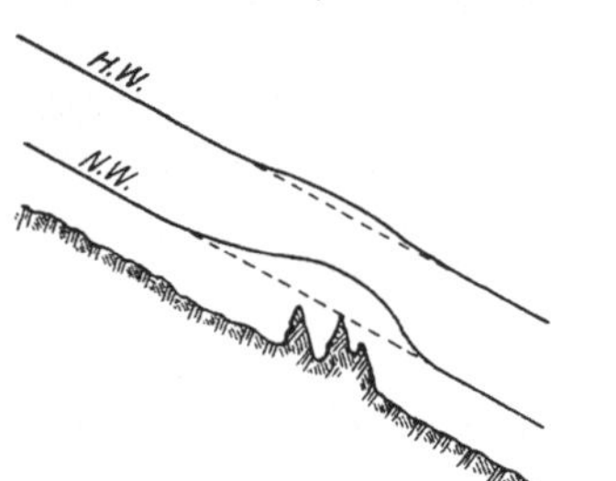

Abb. 22. Einfluß der Sohle auf das Spiegelgefälle.

Auch durch verschiedene Flußbreiten werden Gefällbrüche erzeugt, sofern zu diesen auch größere Querschnitte gehören, denn je größer die Breite bzw. der Querschnitt, um so geringer ist das zum Transport der abfließenden Wassermenge benötigte Gefäll. Auch diese Einflüsse treten bei Niedrigwasser mehr in die Erscheinung als bei Hochwasser. Demnach entspricht immer einer bestimmten Abflußmenge auch eine bestimmte Gefällverteilung, die nur durch Veränderung der Sohle verändert werden kann. Vorübergehende Gefällbrüche entstehen da, wo ein Nebenfluß erhebliche Wassermengen in das Niedrigwasser des Hauptflusses ergießt.

Auch eine Hochwasserwelle erzeugt vorübergehenden Gefällbruch und pflanzt diesen fort mit ihrem Fortschreiten. Sie entsteht an solchen Stellen, wo der Fluß größere Wassermengen aufnimmt. Nun ist es klar, daß die zufließende Wassermenge bald nach beendetem Niederschlage ihren Größtwert erreichen muß, solange Wasser aus dem Sammelgebiete dem Flusse oberirdisch zukommt. Nach dem Aufhören des oberflächlichen Zuflusses gelangt nur noch Sickerwasser zum Flusse, und dieser Vorgang vollzieht sich viel langsamer und hört nur ganz allmählich auf. Also muß die Vorderseite der Hochwasserwelle ein stärkeres Gefäll haben als die Rückseite. Infolge davon muß an der Vorderseite die Stromgeschwindigkeit der Hochwasserwelle größer sein als an der Rückseite und die Hochwasserwelle, unter stetigem Ausgleiche ihres Gefälles vorn und hinten, mit der Zeit auseinanderfließen, d. h. länger werden unter gleichzeitiger Ermäßigung ihrer Scheitelhöhe. Dieser Vorgang bewirkt, daß das Gefäll an derselben Stelle bei steigendem Wasser stärker ist als bei fallendem. Aus diesen Verhältnissen erklärt sich auch, daß die Hochwasserwelle mit der Geschwindigkeit $V = \dfrac{4\,v}{3}$ sich fortpflanzt, wenn v die mittlere Geschwindigkeit des fließenden Wassers ist (72. 128).

Übermäßige Flußbreiten erzeugen Versandungen und damit Hebung des Wasserspiegels und Gefällverminderung oberhalb, auf der Untiefe dagegen verstärktes Gefäll, das nötig ist, um durch den ungünstigeren Querschnitt dieselbe Wassermenge fortzubewegen. Aus ähnlichen Gründen muß das Gefäll in Krümmungen über den hier vorhandenen großen Tiefen und Querschnitten geringer sein als in der Geraden und auf den Übergängen. Umgekehrt verhält sich die Geschwindigkeit. Bei steigendem Wasser werden diese Unterschiede immer mehr ausgeglichen.

In klarer Weise stellt Jasmund (25. III. 1. 226) die Abhängigkeit des Gefälls von der Größe und Gestalt des Querschnittes dar. Unter Anwendung der gebräuchlichen Zeichen ist $Q = v\,F$ und $v = c\,\sqrt{R\,J}$, woraus folgt $J = \dfrac{v^2}{R\,c^2}$. Darin ist $R = \dfrac{F}{p}$ oder $R \neq \dfrac{F}{b}$, da $p \neq b$. Führt man diese Werte in die vorstehende Gleichung für J ein, so erhält man:

$$J = \frac{Q^2\,p}{F^3\,c^2} \neq \frac{Q^2\,p}{b^3\,t^3\,c^2} \doteqdot \frac{Q^2}{b^2\,t^3\,c^2}.$$

Bei gleicher Abflußmenge und gleicher Breite ändert sich also J umgekehrt verhältnisgleich F^3 bzw. t^3 und bei gleicher mittlerer Tiefe t umgekehrt verhältnisgleich b^2. Die mittlere Tiefe ist also aus nahe liegenden Gründen — geringere Reibung an der Sohle — von größerem Einflusse als die Breite des Wasserlaufs. Immerhin springt der große Einfluß der Breite auf die Gefällbildung aus diesen Formeln in die Augen. Der Zuwachs von b erzeugt zunächst eine Ermäßigung des J, verbunden mit Spiegelerhöhung. Dadurch wird v vermehrt, die Sohle ausgespült und das Niedrigwasser gesenkt, eine Erscheinung, die bei allen Stromregelungen beobachtet werden kann.

D. Die Wasserstände.

Die Speisung eines Flusses aus dem oberflächlich abfließenden und dem Grundwasser ist stetigem Wechsel unterworfon, also auch seine Wasserführung. Da die Wasserführung von der Querschnittsgröße und dem Gefäll abhängt und letzteres wesentlichen Schwankungen nicht unterworfen ist, so erfordert die größere Wasserführung einen größeren Querschnitt. Dieser kann nur durch Veränderung der Füllhöhe geschaffen werden, d. h. durch Steigen und Fallen des Wasserstandes im Querschnitte. Bei gleichbleibendem Gefäll bildet also die wechselnde Abflußmenge die Ursache für den Wechsel des Wasserstandes. Zwischen Abflußmenge und Wasserstand gilt folgende Beziehung (**72**. 70).

$$Q = v F \quad \ldots \ldots \ldots \ldots \ldots \quad (1)$$

Wenn z nun die Wasserstandshöhe und B die Querschnittsbreite ist, so bedingt die Steigerung von Q um dQ eine Steigerung des Wasserspiegels um dz. Dadurch erfährt F einen Zuwachs von

$$dF = B\,dz \quad \ldots \ldots \ldots \ldots \quad (2)$$

Nach Differenzierung der Grundgleichung (1) erhält man schließlich

$$dz = \frac{dQ - F\,dv}{v B}. \quad \ldots \ldots \ldots \ldots \quad (3)$$

dz ist also nicht verhältnisgleich dQ, vielmehr sind für das Verhältnis B und v und daher auch J mit bestimmend, da v sich mit J ändert, woraus folgt, daß eine und dieselbe Anschwellung an verschiedenen Punkten eines Flusses auch verschiedene Wasserstandsänderungen erzeugen muß.

Je stärker das Gefäll J ist, um so größer ist die Geschwindigkeitsänderung dv, welche der Wasserstandsänderung dz entspricht, um so schroffer muß sich also ein Wasserstandswechsel vollziehen. Flachlandsflüsse zeigen daher trägeren Wasserstandswechsel als solche, deren Sammelgebiet im Hügellande oder Gebirge liegen und der Wechsel nimmt vom Ober- zum Unterlaufe allmählich ab. Ebenso wirkt eine seitliche Ausuferung des Flusses ermäßigend auf den Wasserstandswechsel unterhalb der Ausuferungsstelle. Im Flußgebiete vorhandene Seen, die dank ihrer großen Oberfläche viel Wasser aufnehmen können, ohne daß ihr Spiegel wesentlich steigt, wirken ebenfalls ausgleichend auf den Wasserstandswechsel unterhalb.

In einem großen Sammelgebiete wechseln die Wasserstände mäßiger als in einem kleinen, weil ein großes Sammelgebiet niemals so gleichmäßig von Niederschlägen betroffen wird wie ein kleines. Ebenso wirken durchlassende Böden im Sammelgebiete. Überhaupt äußern alle die Eigenschaften des Sammelgebietes ihren Einfluß auf den Wasserstandswechsel, die bereits im Abschnitt B dieses Kapitels besprochen wurden.

Die Grenzwerte der Wasserstände bezeichnet man mit $nNW =$ niedrigstem Niedrigwasser und $hHW =$ höchstem Hochwasser. Dazwischen liegen alle anderen Werte. Es liegt in der Natur der Sache, daß die Wasserstände um so seltener eintreten, je näher sie den Grenzwerten liegen. In dem Begriffe „niedrigstes" und „höchstes" Wasser liegt ja bereits, daß diese nur einmal in der Zeit vorgekommen sind, aus der Wasserstandsbeobachtungen berücksichtigt wurden.

Die Veränderungen im Wasserstande vollziehen sich nicht plötzlich, sondern im allmählichem Übergange, entsprechend der Änderung bei der Speisung des Flusses. Stürmische Speisung durch Oberflächenabfluß, danach mäßigere aus dem Grundwasser. Zu einem gewissen Zeitpunkte wird die

Speisungsmenge von der Abflußmenge übertroffen. Dieser Zeitpunkt ist durch den Scheitel des Hochwassers und den Beginn des Fallens gekennzeichnet. Aus dieser Beziehung zwischen Speisung und Abfluß erklärt sich auch die Form der Wasserstandskurve für einen bestimmten Punkt, die man dadurch erhält, daß man zu den Zeiten als Abszissen die zugehörigen Wasserstandswerte als Ordinaten aufträgt. Diese Kurve ist auf der Seite des Steigens stets steiler als auf der Fallseite (Abb. 23).

Alle Angaben über Wasserstandshöhen können nur aus den bisher angestellten Wasserstandsbeobachtungen hergeleitet werden, haben also nur für die Vergangenheit einen unverrückbaren Wert. Aus ihnen darf man aber berechtigte Schlüsse auf die Zukunft ziehen.

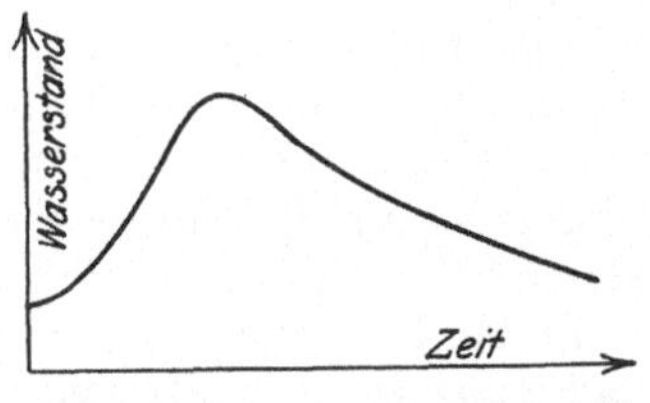

Abb. 23. Wasserstandsbewegung.

Veränderungen können nur durch Wandlungen der Zuflußverhältnisse im Flußbette verursacht werden. So wirken alle Vorrichtungen zur Aufspeicherung von Wasser im Sammelgebiete, wie Talsperren, ausgleichend auf den Wasserstandswechsel. Bedeichungen entfernen die Grenzwerte voneinander, denn sie steigern die Hochwasserhöhe, wogegen sie infolge Vermehrung der Stromkraft durch Zusammenhalten des Hochwassers auf Vertiefung der Sohle und Erniedrigung des Niedrigwassers wirken. Die Urbarmachung von bisherigem Ödland im Sammelgebiete pflegt durch die stärkere Verdunstung der Kulturpflanzen den Abfluß und also auch die Wasserstände im Vorfluter zu ermäßigen.

Das NW kommt hauptsächlich für die Schiffahrt in Betracht, wogegen das HW bei Anlage von Brücken und bei der Verteidigung von Kulturland oder bewohnten Ortschaften berücksichtigt werden muß.

Zwischen dem HW und NW sind noch besonders der Mittelwasserstand $= MW$ und der normale oder gewöhnliche Wasserstand $= gW$ bemerkenswert. Das MW für einen gewissen Zeitraum wird erhalten, indem man die Summe aller in gleichen Zeitabständen beobachteten Wasserstände durch die Zahl der Beobachtungen teilt. Der Normalwasserstand ist derjenige, der ebenso oft über- wie unterschritten wird.

NW, MW und HW faßt man zusammen unter dem Namen Hauptwasserstände. Diese Namen haben jedoch weiter keine Bedeutung als Klassenbezeichnungen, die für hydrotechnische Arbeiten ziemlich wertlos sind, wenn nicht gleichzeitig der Zeitraum angegeben wird, für den sie Gültigkeit haben. Selbst wenn es sich nur um die äußersten Grenzwerte nNW und hHW handelt, ist es von Wert zu wissen, aus welchem Zeitraume die Beobachtungen stammen, da ihre Zuverlässigkeit mit der Länge des Zeitraumes zunimmt. Oft muß man die Wasserstände unterscheiden, die im Sommer oder Winter zu erwarten sind; man bezeichnet sie durch Hinzufügen eines S bzw. W und schreibt z. B. $hSHW =$ höchstes Sommerhochwasser, WMW $=$ Wintermittelwasser usw. $hSHW$ bedeutet einen Grenzwert, nämlich das höchste Sommerhochwasser, das in der ganzen fraglichen Zeit beobachtet wurde. Von größerer Bedeutung sind vielfach die aus den Grenzwerten für die Monate, Jahreszeiten oder Jahre hergeleiteten Mittel. Man schreibt z. B.: $mjNW =$ mittleres jährliches Niedrigwasser, wenn die niedrigsten Jahreswasserstände gemittelt wurden; $mmSHW =$ mittleres, monatliches Sommerhochwasser, wenn die monatlich höchsten Wasserstände gemittelt wurden usw. Solche Werte sind aus den Wasserstandsbeobachtungen je nach dem Zwecke der vorliegenden Aufgabe herzuleiten.

Bei den meisten wasserbaulichen Aufgaben haben immer nur die Wasserstände Bedeutung, die sich im ungehemmten Flusse ausbildeten. Hemmungen kommen vor in Gestalt von Eisstopfungen und Stauwerken. Eine Eisstopfung erzeugt oberhalb einen außergewöhnlich hohen und unterhalb einen ebenso niedrigen Wasserstand. Bei Wasserständen, die unter solchen Verhältnissen beobachtet wurden, muß das stets vermerkt werden. Sie sind bei Bildung irgendwelcher Mittelwerte auszuschalten. Die Stauwerke, besonders die in kleinen Flüssen häufig für Wassertriebwerke angelegten, vermögen den Wasserstand ober- und unterhalb mit dem Wechsel im Betriebe so zu beeinflussen, daß sie die unter natürlichen Verhältnissen sich ausbildende Wasserstandsbewegung völlig verdunkeln. Die unter diesen Einflüssen gewonnenen Wasserstandsbeobachtungen sind daher bei ihrer Verarbeitung mit besonderer Vorsicht zu benutzen. Einigermaßen kann man sie dadurch brauchbar machen, daß man einen selbstschreibenden Pegel an einer Stelle aufstellt, die frei von Rückstau ist.

Bei allen Mittelbildungen darf man nur Beobachtungen aus solchen Zeiträumen zusammenfassen, in denen Veränderungen an dem Flußlaufe entweder durch Naturvorgänge oder durch menschlichen Eingriff nicht vorkamen.

Außer den täglichen Wasserstandsänderungen, die von kleinen, zufälligen Schwankungen in der Speisung abhängen, kennt man solche, die mit den Jahreszeiten einzutreten pflegen und von den diesen eigenen verschiedenartigen, meteorologischen Verhältnissen beeinflußt werden. Die Höhe der Niederschläge folgt meistens der Höhe der Temperatur, so daß im Sommer mehr Niederschläge fallen als im Winter. Trotzdem findet man im Winter meistens höhere Wasserstände als im Sommer, weil hier sehr große Mengen der Niederschläge durch Verdunstung verloren gehen. So entsteht allermeist ein hohes Frühjahrshochwasser beim Abgange der während des Winters in Eis und Schnee aufgespeicherten Wassermenge. Dagegen erreichen die Sommerhochwasser, von außergewöhnlichen Wolkenbrüchen abgesehen, trotz der erheblicheren Niederschläge, eine nur geringere Höhe.

Da die Ansammlung gefrorenen Wassers oft schon vor Neujahr beginnt und der Abfluß erst im Frühling stattfindet, so würden die Niederschlagsverhältnisse des Jahres in den Wasserständen nicht zum Ausdruck kommen, wenn man diese nach dem Kalenderjahre zusammenstellte. Besser wird dies erreicht, wenn man, wie jetzt allgemein üblich, das Wasserjahr vom 1. 11. bis zum 31. 10. rechnet. Es umfaßt darin der Winter die Monate November bis Januar, der Frühling Februar bis April, der Sommer Mai bis Juli und der Herbst die Monate August bis Oktober.

Die Wasserstände werden meistens an Pegeln abgelesen und in Listen eingetragen. Die Ablesung erfolgt in der Regel täglich einmal, und zwar stets um dieselbe Tagesstunde. Da der Verlauf von Hochwasserwellen besondere Beachtung verdient, muß bei jedem Entstehen und Verschwinden und während der Dauer einer Hochwasserwelle der Wasserstand häufiger angeschrieben werden. Nur so ist es möglich, den Scheitelwert und den Verlauf der Hochwasserwelle festzulegen. Bei Flüssen mit sehr trägem Wasserstandswechsel genügt es, an jedem zweiten Tage den Wasserstand anzuschreiben.

Man wählt dazu am besten die ungeraden Monatstage. Doch auch hier müssen bei Hochwasser Beobachtungen eingeschaltet werden. Bei den Monatslisten wird das Mittel aller Wasserstände gebildet, sowie der Größt- und Kleinstwert durch rote bzw. blaue Unterstreichung hervorgehoben. Jede Liste muß genaue Angaben über die Pegelstelle, die Höhe des Pegelnullpunktes zu NN und die über dem Pegel liegende Sammelgebietsgröße enthalten. Bei Flüssen mit sehr lebhaftem Wasserstandswechsel ist zur richtigen Verwertung der Wasserstände die Aufstellung von selbstschreibenden Pegeln unerläßlich. Sie haben besondere Bedeutung für das Ebbe- und Flutgebiet.

Da die Pegel nur die Wasserstandsänderungen angeben sollen, so ist es überflüssig, die Nullpunkte in gewisser Beziehung zueinander anzulegen. Man hat es früher wohl ab und an unternommen, alle Nullpunkte in bestimmter Höhe zu NW oder MW oder auch zur Sohle anzulegen, ist aber ganz davon zurückgekommen, da jede Veränderung am Flußlaufe, die auch eine Veränderung der Wasserstände bedingt, diese anfänglich feste Beziehung doch bald zerstört. Wichtig ist dagegen, den Nullpunkt so tief zu legen, daß er auch von den niedrigsten Wasserständen nicht unterschritten wird und stets positive Ablesungen entstehen, da Negativwerte im Gemenge zu Irrtümern leicht Anlaß geben. Außerdem muß der Nullpunkt gegen einen oder mehrere Festpunkte durch Nivellement festgelegt werden, auch müssen Vorkehrungen getroffen werden, daß nach Ausbesserungen am Pegel (Anstrich usw.), die zeitweilige Beseitigung des Pegels erfordern, dieser stets wieder mit genau derselben Nullpunktshöhe angebracht werden kann. Um die Beobachtungen ohne jede Unterbrechung durchführen zu können, empfiehlt es sich, Wechsellatten vorzuhalten, die bei Ausbesserungen eingesetzt werden.

Für die kleinste Unterteilung der Pegellatte genügt das Maß von 2 cm, da zwischen dieser Teilung der Wasserstand mit genügender Genauigkeit eingeschätzt werden kann. Diese Teilung wird auf Holzlatten meistens durch Ölfarbenanstrich hergestellt. Da dieser leicht vergänglich ist, verdient eine Teilung mit blanken, breitköpfigen Möbelnägeln den Vorzug, auch deshalb, weil man so eine Teilung ohne Inanspruchnahme von Handwerkern leicht und billig selbst herstellen kann. Die Zahlen werden mit einem Brennstempel, den man zur Zeichnung der Stationspfähle bei den Vorarbeiten doch nötig hat, in die Latte eingebrannt. Pegellatten, die längere Dauer haben müssen, werden aus Gußeisen oder starkem Eisenblech hergestellt. Die Teilung wird hier entweder erhaben aufgegossen oder durch farbige Emaille hergestellt.

Über die Einrichtung von Pegellatten und selbstschreibenden Pegeln wird auf die Arbeit von Jasmund im Handbuch der Ingenieur-Wissenschaften III 1, S. 391, verwiesen.

Die Eigenart eines Flusses kommt in dem Verhalten der Wasserstände zum Ausdruck. Die Hauptwasserstände (NW, MW, HW) reichen nicht hin, um die Eigenart zu kennzeichnen; man muß vielmehr die Gesamtheit der Wasserstände bzw. ihre Änderungen in Betracht ziehen. So ist ohne weiteres klar, daß dasselbe MW sowohl aus einem Flusse mit nur trägem, wie auch aus sehr lebhaftem Wasserstandswechsel entstehen kann. Auch die Grenzwerte bzw. das Flutintervall, d. i. der Unterschied zwischen NW und HW vermögen die Eigenart des Flusses nicht zu bestimmen; denn es kommt darin nicht zum Ausdrucke, ob die Grenzwerte vereinzelten Spitzen oben und unten entstammen oder ob sie häufiger eintraten.

Nun ist zwar die Gesamtheit der Wasserstände in den Pegellisten enthalten, indes ist es unmöglich, aus ihnen den Verlauf der Wasserstandsbewegungen klar zu erkennen. Einen klaren Überblick gewähren erst die zeichnerischen Darstellungen der Pegellisten, die in der Weise entstehen, daß man (auf Millimeterpapier) zu den Zeiten als Abszissen die Wasserstände als Ordinaten aufträgt. Verarbeitet man in dieser Weise die täglichen Wasserstände, so kann man allein schon durch Anschauung bezeichnende Eigentümlichkeiten des Flusses erkennen. Man pflegt das Bild in der Weise zu ergänzen, daß man die Monatsmittelwerte oder die Mittelwerte der Jahreszeiten oder des Jahres als wagerechte Linien einträgt und auf diese Weise die Abweichungen der Einzelwerte (Grenzwerte) von diesen Mittelwerten darstellt.

Den gründlichsten Einblick in die Wasserverhältnisse eines Flusses bietet indes die Bearbeitung der **Häufigkeitszahlen der Wasserstände**, welche auf die Frage Antwort gibt, wie oft ein gewisser Wasserstand in bestimmter Zeit erreicht, über- oder unterschritten wurde. Da der Wasserstand abhängig von der Abflußmenge ist, so ergibt sich daraus mittelbar auch die Häufigkeit, mit der gewisse Abflußmengen erwartet werden dürfen. Diese Unterlagen sind also überaus wichtig, nicht nur zur Beantwortung von Fragen, welche die Schiffahrt, sondern auch Ent- und Bewässerung, Triebwerke usw. betreffen.

Die Herleitung der Häufigkeitszahlen erfolgt aus den Pegellisten, indem man danach die Zahl der Tage auszählt, an denen der Wasserstand in einem gewissen Pegelzwischenraum lag. Die zweckmäßige Größe dieses Zwischenraumes ist abhängig von dem Unterschiede der Grenzwerte. Je weiter diese auseinander liegen, um so größer kann man den Zwischenraum wählen. Er pflegt zu 10, 20 oder 50 cm angenommen zu werden. Um die Übersichtlichkeit der Häufigkeitsliste nicht unnötig durch Hinzufügen des Komma zu erschweren, bezeichnet man die Pegelzwischenräume in Zentimetern und kleidet die Liste etwa in folgende Form:

Tafel I.

Jahr	Monat	Tage	Tage mit dem Pegelstande cm							Hauptwerte in cm		
			0/19	20/39	40/59	60/79	80/99	100/119	120/139	*NW*	*MW*	*HW*
1913	XI	30	—	2	5	10	7	6	1	32	81	**135**
„	XII	31	3	5	7	8	6	2	—	13	60	117
1914	I	31	1	2	6	6	12	4	—	**11**	75	115
—	—	—	—	—	—	—	—	—	—	—	—	—
—	—	—	—	—	—	—	—	—	—	—	—	—
Summe	—	365	27	53	64	103	85	24	9	225	796	1337
Mittel										19	66	111

Wenn es sich darum handelt, die Häufigkeit nicht für das ganze Jahr, sondern für gewisse Jahreszeiten kennen zu lernen, so bearbeitet man sie für diese Zeitabschnitte besonders oder schreibt sie aus der vorstehenden Jahresliste nieder. Doch hat ein einzelnes Jahr oder eine einzelne Jahreszeit keinen Wert für die Herleitung einer Gesetzmäßigkeit; man muß zu dem Behufe immer die Mittelwerte aus einer längeren Beobachtungsreihe bilden. Das geschieht nach dem Muster der Tafel II.

Sommer.   Tafel II.

Jahr	Monat	Tage	Tage mit dem Pegelstande cm							Mittelwerte			Grenz-werte	
			0/19	20/39	40/59	60/79	80/99	100/119	120/139	*NW*	*MW*	*HW*	*NW*	*HW*
1910	V/X	184	21	33	45	49	25	11	—	13	57	97	5	117
1911	„	184	37	53	55	23	12	3	1	9	43	86	2	129
1912	„	184	15	27	39	53	31	12	7	11	63	101	7	**135**
1913	„	184	19	37	50	43	25	10	—	17	55	77	5	107
1914	„	184	7	21	50	62	27	10	7	12	65	92	4	131
Summe	V/X	920	99	171	239	230	120	46	15	62	283	453	—	—
Mittel	V/X	184	29,8	34,2	47,8	46,0	24,0	9,2	3,0	12	57	91	—	—
			184,0	164,2	130,0	82,2	36,2	12,2	3,0				—	—

In der letzten wagerechten Zeile sind die Summen der Häufigkeitszahlen gebildet. Ihre Bedeutung ist ohne weiteres klar. So folgt aus Tafel II z. B., daß die Wasserstände durchschnittlich an 12,2 Tagen in jedem Sommer höher als 100 cm, an 130 Tagen höher als 40 cm am Pegel lagen. Die Ergänzungen dieser Zahlen zu 184 geben an, an wieviel Tagen diese Wasserstände nicht erreicht wurden. Diese Zahlen stellen also die Gesamtdauer gewisser Wasserstände dar, und man nennt sie daher die Wasserstandsdauerzahlen. Für jeden beliebigen anderen Wasserstand kann man Häufigkeit und Dauer mit genügender Genauigkeit durch geradlinige Einschaltung in die Stufenwerte für Häufigkeit und Dauer ermitteln. Diese Einschaltung gestaltet sich aber viel einfacher, und die Übersicht über Häufigkeit und Dauer gewinnt außerordentlich, wenn man die Werte zeichnerisch darstellt. In Abb. 24 sind die Endzahlen der Tafel II dargestellt. Den größten Häufigkeitswert nennt man den Scheitelwert (SW), der in unserm Falle bei 40 cm a. P. liegt. In derselben Höhe mit ihm liegt

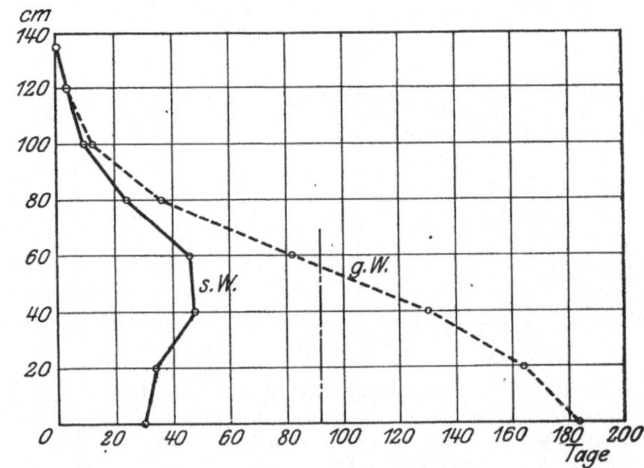

Abb. 24. Darstellung von Häufigkeit und Dauer der Wasserstände.

ein Wendepunkt der Dauerlinie (rechts). Das gewöhnliche Wasser (gW) soll nach der Begriffsbestimmung ebensooft über- wie unterschritten werden; seine Dauer muß daher bei $\frac{184}{2} = 92$ Tagen liegen, und sein Pegelwert beträgt 56 cm. Es weicht immer nur unerheblich vom MW ab, das in diesem Falle auf 57 cm liegt.

Man kommt manchmal in die Lage, an einer Flußstelle a hydrotechnische Arbeit irgendwelcher Art ausführen zu müssen, wo noch keine Pegelbeobachtungen vorliegen, während doch die Wasserstandsbewegungen an der betreffenden Stelle berücksichtigt werden müssen. Es ist ausgeschlossen, durch Beobachtung die maßgebenden Wasserstände zu ermitteln, weil das zu lange Zeit erfordert, wenn man zuverlässige Werte gewinnen will. In solchen Fällen empfiehlt es sich, die Beziehung der Wasserstände bei a zu denen an einem benachbarten Pegel b, von dem schon langjährige Wasserstandsbeobachtungen vorliegen, zu ermitteln. Darunter versteht man die Herleitung eines Gesetzes, aus dem man entnehmen kann, welcher Wasserstand bei a einem beliebigen Wasserstande bei b entspricht. Zu dem Behufe ist auch bei a ein Pegel zu setzen und regelmäßig, wenn auch nur eine kürzere Zeit lang, zu beobachten. Für die hier gewonnenen Pegelstände werden nun zu denen bei b die „gleichwertigen" Pegelstände hergeleitet.

Man darf aber im allgemeinen nicht gleichzeitige Pegelstände dazu benutzen, vielmehr nur die in Beziehung zueinander setzen, die derselben Welle oder demselben Tale in der Wasserstandsbewegung entsprechen. Zeitlich zusammenfallende Wasserstände entsprechen einander nur dann, wenn sie einem Beharrungswasserstande entstammen. Beharrung ist dann vorhanden. wenn der Wasserstand längere Zeit hindurch an beiden Pegeln ganz oder nahezu unverändert bleibt. Solche Beharrung tritt für kurze Zeit auch dann ein, wenn das Wasser nach beendetem Falle wieder zu steigen beginnt, oder umgekehrt das Fallen nach beendetem Steigen wieder einsetzt. Die Wasserstandslinien haben zur Zeit einer solchen Zustandsänderung wagerechte Tangenten, wodurch der Beharrungszustand angedeutet ist. Man erkennt die Wasserstände, die nach diesen Grundsätzen zur Herstellung von Beziehungen geeignet sind, dann am besten, wenn man die Wasserstandsbewegung an den beiden Pegeln a und b, wie oben angedeutet, untereinander zeichnerisch darstellt. Dabei muß allerdings vorausgesetzt werden, daß auf der Strecke ab kein Nebenfluß einmündet, der die Beziehung stören könnte. Ist das der Fall, so müssen die Wasserstände des Nebenflusses ebenfalls berücksichtigt werden.

Die aus solchen Vergleichen erhaltenen entsprechenden Wasserstände werden einander gegenübergestellt, wie z. B.

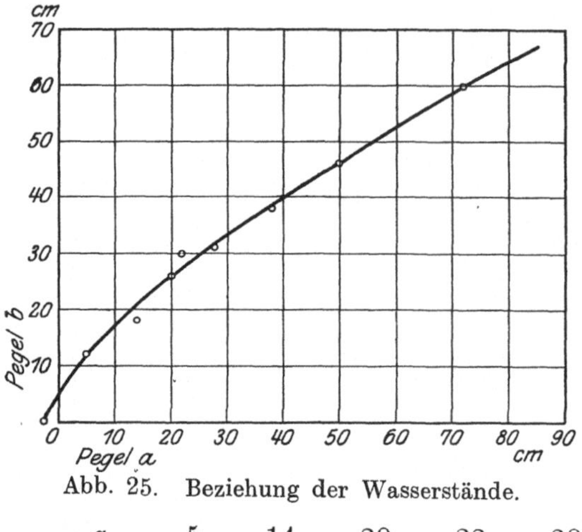

Abb. 25. Beziehung der Wasserstände.

| a | 5 | 14 | 20 | 22 | 28 | 38 | 50 | 72 cm |
| b | 12 | 18 | 26 | 30 | 31 | 38 | 46 | 60 „ |

Deutlicher und für alle beliebigen Wasserstände benutzbar wird die Beziehung, wenn man sie bildlich darstellt (Abb. 25). Man erhält für die den beobachteten entsprechenden Wasserstände eine Reihe von Punkten, durch die man einen ausgleichenden Linienzug legt.

Man muß Wert darauf legen, noch in der Nähe der NW und HW einige Beziehungspunkte durch Beobachtung festzulegen, damit der richtige Verlauf der Beziehungslinie tunlichst sicher gestellt wird. In Zeiten mit lebhaften Wasserstandsschwankungen gelingt es ziemlich schnell, diese Punkte zu gewinnen, während für die Festlegung der Beziehung bei mittleren Wasserständen der Beharrungszustand am besten geeignet ist. Aus dem Verlaufe der Beziehungslinie kann man manche Eigenschaften des Flußlaufes an den beiden fraglichen Stellen erkennen. Verläuft die Linie unter 45^0, so laufen die Wasserstände an beiden Pegeln parallel, oder gleiche Abflußmengenänderungen erzeugen gleiche Wasserstandsänderungen. Verläuft die Linie steiler, so ist die Wasserstandsänderung bei b größer als bei a, und das kann nur dadurch geschehen, daß das Gefäll bei b kleiner ist oder der Querschnitt enger als bei a. Umgekehrt, wenn die Tangente an die Beziehungslinie mit der Wagerechten einen Winkel kleiner als 45^0 bildet.

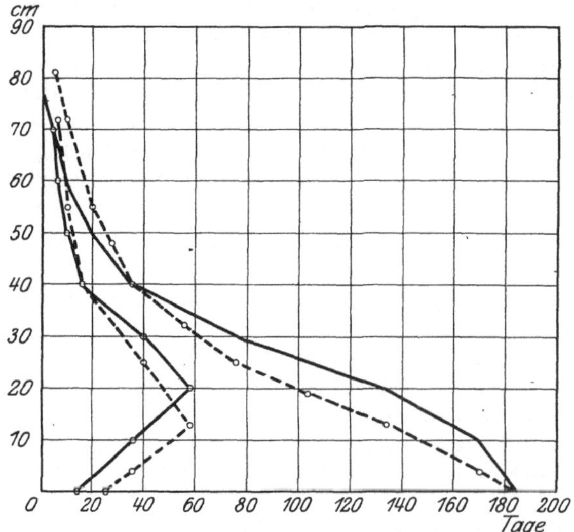

Abb. 26. Häufigkeit und Dauer für Pegel a aus der Beziehung zu Pegel b hergeleitet.

Ist in dem fraglichen Flusse ein Urpegel b nicht vorhanden, wohl aber in einem benachbarten Flusse mit gleichartigen Verhältnissen im Sammelgebiete und in meteorologischer Beziehung, so kann man in Ermangelung eines Bessern auch diesen zur Herstellung einer Beziehung benutzen. Indem man diese auf langjähriger Beobachtung beruhenden Wasserstände so auf einen benachbarten Fluß überträgt, wird man immer noch zuverlässigere Werte erhalten, als wenn man sich allein mit unmittelbaren Wasserstandsbeobachtungen von nur sehr kurzer Dauer behilft.

Hat man nun durch etwa ein Jahr lang dauernde gleichzeitige Pegelbeobachtungen die Beziehung festgestellt, so kann man alle, aus langjährigen Beobachtungen am Pegel b erhaltene, Werte wie für NW, MW, HW, Häufigkeit und Dauer der Wasserstände auf den Pegel a übertragen. Diese Übertragung ist in Abb. 26 durchgeführt. Die Dauerlinie für den Pegel b ist voll, die aus der in der Abb. 25 dargestellten Beziehung hergeleitete Dauerlinie a ist gestrichelt gezeichnet.

E. Die Wassergeschwindigkeit.

Unter Geschwindigkeit v versteht man den Wert von der Weglänge geteilt durch die Zahl der Sekunden, in der die Weglänge durchlaufen wurde. Man pflegt dies durch das Zeichen $v = x$ m/s auszudrücken, setzt auch wohl nur $v = x$ m, indem man die Sekunde als Zeiteinheit ein für alle Male voraussetzt.

Die Ursache für das Fließen des Wassers liegt in dem Gefäll des Wasserspiegels. Dem entgegen wirken die Widerstände. Der treibende Anteil der Schwerkraft ist gleich der Komponente T des Gewichtes G eines Wasserteilchens, die gleich zum Gefäll gerichtet ist. Dann ist $T = G \sin \alpha$ (Abb. 27). Da der Winkel α immer nur sehr klein ist, so kann man $\sin \alpha \doteq \operatorname{tg} \alpha = J$ setzen und erhält $T = G \cdot J$. Da diese Kraft dauernd auf das herabfließende Wasserteilchen wirkt, so sind die Vorbedingungen gegeben, unter denen gleichförmig beschleunigte Bewegung eintreten müßte. Das ist aber nicht der Fall, vielmehr fließt des Wasser in einem freien Flußbette in gleichförmiger Bewegung.

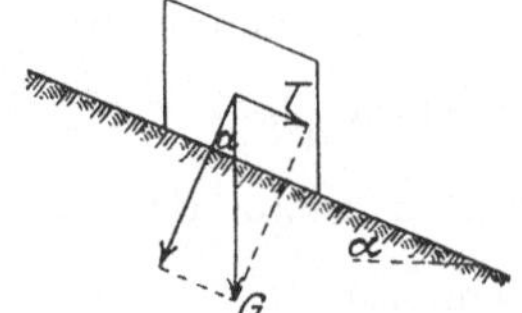

Abb. 27. Fließen des Wassers.

Das kommt daher, daß Widerstände gegen den Wasserfluß auftreten, welche die Beschleunigung ertöten. Solche Widerstände treten ein:

1. am benetzen Umfange des Flußbettes,

2. durch Wirbelbildung im Wasser und dadurch erzeugte innere Reibung.

Die Erfahrung aus Versuchen hat ergeben, daß dieser Reibungswiderstand im Quadrate der Geschwindigkeit zunimmt, weshalb der Beharrungszustand überall bald erreicht werden muß. Die durch Wirbelbildung verursachte Reibung kommt in der Erscheinung zum Ausdrucke, daß auf dem Wasserlaufe stromabwärts treibende, schwere Gegenstände (Holz, Schiffe usw.) schneller stromabwärts gelangen als das sie umgebende Wasser und daher steuerfähig bleiben. Dies ist damit zu erklären, daß der eintauchende Schiffskörper nur am Umfange mit dem Wasser in Berührung kommt, also auch nur an dem Umfange durch Wirbel gehemmt werden kann, während bei einem gleich großen Wasserkörper nebenher noch die Wirbel i n demselben als Hemmung hinzukommen (**92**, 1914. 275, **72**. 78).

Um einen mathematischen Ausdruck für die Geschwindigkeit in ihrer Abhängigkeit von den maßgebenden Größen zu finden, muß man verschiedene Voraussetzungen machen:

1. Die Flußsohle sei parallel dem Spiegel und von gleichbleibendem J.

2. F sei überall gleich, ebenso v im Quer- und Längsschnitt des Flusses.

3. Die Wasserteilchen bewegen sich in gleichlaufenden Bahnen und sind (bei überall gleichem v) reibungslos gegen ihre Nachbaren. Reibung entsteht nur am Umfange.

Gelangt nun ein Wasserkörper $abcd$ (Abb. 28), der zwischen zwei Querschnitten im Abstand 1 liegt und das Gewicht G hat, von $abcd$ nach $cdef$, so ist er damit um J gefallen und hat die Arbeit JG geleistet. Wenn p der Umfang des Querschnittes ist, so beträgt der benetzte Umfang des Wasserraumes $abcd = p \cdot 1$. Daher ist der Widerstand des bewegten Wassers $a v^2 p$, und dieser muß im Beharrungszustande gleich der geleisteten Arbeit sein, da diese ganz und allein auf Überwindung der Reibungswiderstände verwendet wurde; denn ein Gewinn an Geschwindigkeit fand nicht statt. Wir erhalten also $a \cdot v^2 p = GJ$, worin a einen Beiwert bedeutet. Wenn W das Gewicht für die Einheit des Wasserraumes und F den Flußquerschnitt bedeuten, so ist $G = w \cdot F \cdot 1$. Dies eingeführt, führt zu $wFJ = apv^2$ und $v^2 = \dfrac{w}{a} \cdot \dfrac{F}{p} \cdot J$, d. h.

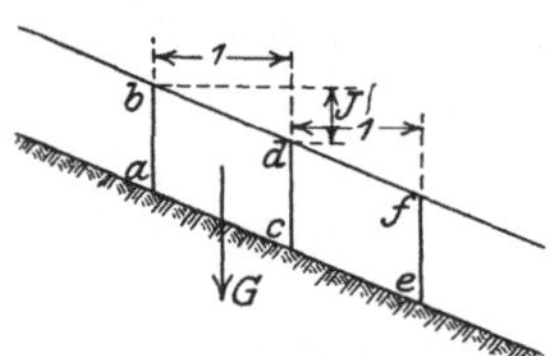

Abb. 28. Wasserbewegung auf geneigter Bahn.

$$v = k \sqrt{RJ}.$$

Man nennt die Größe $\dfrac{F}{p} = R$ den **Profilradius** oder die **hydraulische mittlere Tiefe**. Bei zunehmender Breite der Flüsse nähert sich der Wert immer mehr der wirklichen mittleren Tiefe $\dfrac{F}{B}$, wenn B die Spiegelbreite bedeutet.

Um die Formel für v brauchbar zu machen, mußte auf Grund von Messungen der Beiwert k so bestimmt werden, daß die Formel für die mannigfaltigsten Verhältnisse Gültigkeit behält. Der Wert für k wurde früher für gleichbleibend gehalten; bald aber erkannte man, daß er mit R und J sich ändere und außerdem noch mit der Rauhigkeit des Flußbettes. Diese Veränderlichkeit berücksichtigen insbesondere die Formeln von Ganguillet und Kutter und von Bazin die Werte für n, die den Rauhigkeitsgrad des Flusses ausdrücken, schwanken in ziemlich weiten Grenzen, und eine kleine Änderung an ihnen bedingt schon eine erhebliche Änderung des k (**23.** 108), das mit zunehmender Rauhigkeit abnimmt. Dazu kommt aber noch, daß die Rauhigkeit ohne einen festen Maßstab eingeschätzt werden muß, wodurch der Formelwert bedenklichen Beeinflussungen unterworfen wird. Mehrere Autoren sind daher neuerdings wieder bemüht gewesen, die Rauhigkeit des Flusses aus der Geschwindigkeitsformel auszusshalten (**23.** 109).

Alle Formeln dienen nun dazu, die **mittlere** Wassergeschwindigkeit in einem Querschnitte zu berechnen. Das ist nur ein mathematischer Begriff, keine physikalische Größe. In Wirklichkeit ist die mittlere Geschwindigkeit in allen hintereinander liegenden Querschnitten verschieden, und in diesen Querschnitten wiederum kommen die verschiedensten Geschwindigkeiten vor.

a) v-Änderung in der Länge des Laufes.

Da das Gefälle, wie wir gesehen haben (S. 56), in der Regel von oben nach unten abnimmt, so bildet auch die Abnahme der Geschwindigkeit in demselben Sinne die Regel; d. h. bei beharrlichem Wasserstande pflegt die mittlere Querschnittsgeschwindigkeit im Oberlaufe größer zu sein als im Mittellaufe und hier wieder größer als im Unterlaufe. Diese Regel ist indes deshalb nicht ohne Ausnahmen, weil das v von der jeweiligen Tiefe im Flusse abhängt, und zwar mit ihr zu- oder abnimmt. Die Erscheinung ist dadurch begründet, daß die Hauptwiderstände von der Sohle ausgehen. Auf ein Sohlenelement entfällt ein gewisser Widerstand, dessen Einfluß aber naturgemäß nach oben hin immer mehr abnehmen muß. In der Geschwindigkeitsformel kommt das darin zum Ausdrucke, daß mit der Tiefe t der Querschnitt F schneller wächst als der benetzte Umfang p, also auch $R = \dfrac{F}{p}$ mit der Tiefe zunimmt. Da nun im Oberlaufe meistens t kleiner ist, aber n größer als in den unteren Laufstrecken, so kann es vorkommen, daß davon der Einfluß des J überwogen wird und im Oberlaufe eine geringere mittlere Geschwindigkeit auftritt als weiter unten.

b) v-Änderungen im Querschnitte.

Die mittlere Querschnittsgeschwindigkeit setzt sich aus recht verschiedenen Einzelgeschwindigkeiten zusammen. Die rein theoretische Begründung über deren Verteilung ist noch nicht gelungen.

In einem Querschnitte unterscheiden wir folgende bemerkenswerte Geschwindigkeiten:

1. Oberflächengeschwindigkeit v^0, und zwar die größte, kleinste und mittlere $\max v^0$, $\min v^0$ und v_m^0.

2. die Sohlengeschwindigkeit v'.

3. die größte und mittlere Geschwindigkeit in einer gewissen Tiefenlinie.

4. die mittlere Geschwindigkeit im ganzen Querschnitte.

1. Die Oberflächengeschwindigkeit ist am einfachsten zu ermitteln durch Verwendung von Oberflächenschwimmern mit mäßiger Tauchtiefe. Sie ist an den Ufern gleich Null und nimmt von hier aus nach der Mitte hin, bzw. nach der größten Tiefe im Querschnitte allmählich zu. Die Ver-

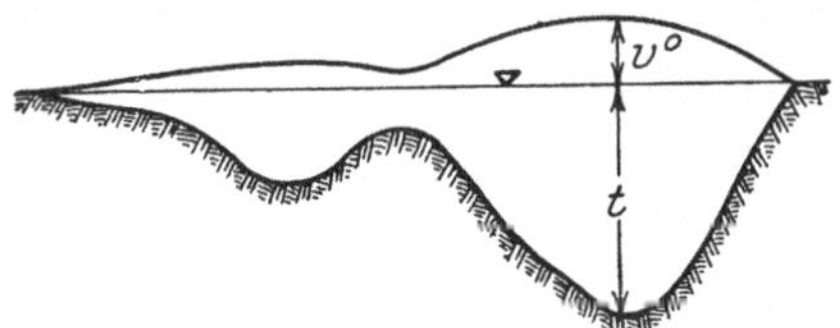

Abb. 29. Verteilung der Oberflächengeschwindigkeit im Querschnitt.

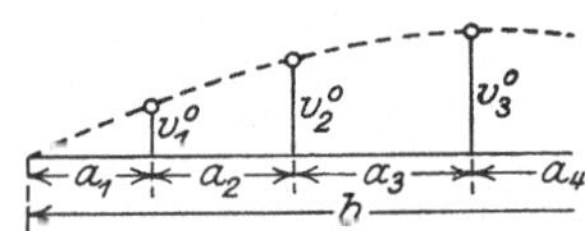

Abb. 30. Ermittelung von v_m^0 aus v^0.

bindungslinie aller Punkte mit $\max v^0$ bezeichnet den Stromstrich, der in Flußkrümmungen gewöhnlich in der Nähe des einbuchtenden Ufers liegt. Die Gründe für diese Änderung folgen unmittelbar aus den weiter oben besprochenen Gesetzen, welche die treibende Kraft und Hemmung regeln. Trägt man die gemessenen v^0 an den Meßstellen als Ordinaten über dem Spiegel auf, und verbindet die so erhaltenen Punkte durch einen Linienzug, so erhält man eine von dem Spiegel und der Geschwindigkeitslinie umschlossene Fläche, die meistens eine gewisse Ähnlichkeit mit der Querschnittsfläche zeigt (Abb. 29). Wenn man den Inhalt dieser Geschwindigkeitsfläche durch die Spiegelbreite teilt, so erhält man die mittlere Oberflächengeschwindigkeit v_m^0. Durch einfache arithmetische Mittelung darf man diese aus den Einzelwerten für v^0 nur dann berechnen, wenn diese in gleichen Abständen a (Abstand der ersten und letzten Messung von den Ufern $= \dfrac{a}{2}$) über die Spiegelbreite verteilt, gemessen wurden. Liegen die Einzelwerte in verschiedenen Abständen, so muß man für die Mittelung ihr Gewicht nach Verhältnis der von ihnen beherrschten Breite einführen. Man erhält dann (Abb. 30)

$$v_m^0 = \frac{v_1^0 \left(\dfrac{3\,a_1}{2} + a_2\right) + v_2^0 \cdot (a_2 + a_3) + \cdots}{2\,(a_1 + a_2 + a_3 + \ldots)}$$

Allgemein ist

$$v_m^0 = \frac{\Sigma\, v^0\, a}{B}.$$

Man würde einen unrichtigen Mittelwert erhalten, wenn man einfach die Einzelwerte für v^0 mitteln wollte.

Der Umstand, daß die Messung der mittleren Querschnittsgeschwindigkeit eine sehr zeitraubende Arbeit bedingt, während die Bestimmung der Oberflächengeschwindigkeit verhältnismäßig einfach ist, hat die Veranlassung dazu gegeben, daß man aus vorhandenen Messungen eine Beziehung zwischen der Oberflächengeschwindigkeit und der mittleren Querschnittgeschwindigkeit herzuleiten bemüht war. Danach ist in einer Tiefenlinie (Vertikalen) die mittlere Geschwindigkeit

$$v_m^i = 0{,}78\, v^0 \text{ bis } 0{,}93\, v^0 \text{ im Mittel} = 0{,}85\, v^0,$$

worin v^0 die Oberflächengeschwindigkeit über der betreffenden Tiefenlinie bedeutet. Der Beiwert nimmt zu mit der Tiefe.

Die mittlere Geschwindigkeit im ganzen Querschnitte ist

$$v_m = 0{,}68 \max v^0 \text{ bis } 0{,}82 \max v^0 \text{ im Mittel} = 0{,}75 \max v^0$$

Das Verhältnis wird auch wie folgt angegeben (**72**. 76, **23**. 100).
Nach **Wagner**:

$$v_m = \max v^0\,(0{,}70 + 0{,}01 \max v^0).$$

Nach de **Koning**:

$$v_m = \max v^0\,(0{,}82 - 0{,}04 \max v^0).$$

Nach **Bazin**:

$$v_m = \max v^0 - 14\,\sqrt{RJ}.$$

Schließlich hat sich auch

$$v_m = 0{,}90\, v_m^0 \text{ bis } 1{,}0\, v_m^0$$

ergeben.

2. Die **Sohlengeschwindigkeit**, richtiger die Geschwindigkeit am benetzten Umfange, ist nur in undurchlassenden, gänzlich festen Flußbetten gleich Null. Sie erreicht dagegen eine endliche Größe, wenn der Umfang durchlassend und aus beweglichen Stoffen (Boden) besteht. Dann bewegt sich auch im Gemenge mit dem Geschiebe unterhalb des Umfanges als Grundwasser eine gewisse Wassermenge talwärts, welche sich der Messung entzieht, weshalb die Wassergeschwindigkeit auf dem durch Peilung meßbaren Umfange noch eine endliche Größe haben muß. Diese Sohlengeschwindigkeit v' liegt zwischen 0,35 bis 0,7 der in der betreffenden Tiefenlinie vorhandenen v_j^0.

3. Die Tiefengeschwindigkeit.

Trägt man senkrecht zu der Tiefe die bei den betreffenden Tiefen gemessenen Punktgeschwindigkeiten auf und verbindet die so erhaltenen Punkte durch einen Linienzug, so erhält man die Tiefengeschwindigkeitskurve. Alle Versuche, die Gestalt dieser Kurve theoretisch festzulegen, haben zu einem befriedigenden Ergebnisse noch nicht geführt; indes sind aus Messungen gewisse Regeln hergeleitet, die bei allen im freien Flusse aufgenommenen Kurven mit einiger Zuverlässigkeit wiederkehren. Der Mittelwert v_m^t wird entweder allein durch Rechnung oder durch Zeichnung der Kurve in derselben Weise gefunden, wie bei der Oberflächengeschwindigkeit gezeigt wurde (Abb. 31).

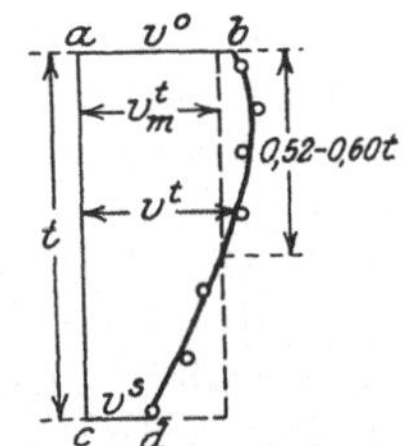

Abb. 31. Verteilung der Tiefengeschwindigkeit.

$$v_m^t = \frac{abcd}{t}.$$

Im allgemeinen nehmen die v^t von der Sohle, wo stets min v^t liegt, nach obenhin zu, und zwar nicht nach einem geradlinigen, sondern nach einem parabelähnlichen Gesetze. Indes liegt max v^t nicht an der Oberfläche, sondern etwas darunter wegen der hier vorhandenen Hemmung durch die Reibung des Wasser an der ruhenden Luft. Bewegte Luft beeinflußt diese Erscheinung derart, daß der Wert v^0 wächst oder fällt, je nachdem die Luft sich stromab oder stromauf bewegt. v_m^t pflegt in 0,52 bis 0,60 t zu liegen.

4. **Die mittlere Geschwindindigkeit im Querschnitt** ist gekennzeichnet durch die Gleichung $v_m = \dfrac{Q}{F}$. Denkt man sich den ganzen Querschnitt in Flächenteile $f_1 \, f_2 \ldots$ zerlegt, in denen die Geschwindigkeiten $v_1 \, v_2 \ldots$ herrschen, so ist die mittlere Geschwindigkeit

$$v_m = \frac{\Sigma f v}{\Sigma f} = \frac{\Sigma f v}{F}$$

Zu der Bestimmung v_m mißt man in den Punkten von verschiedenen Tiefenlinien die v und leitet daraus die v_m^t her. Aus dieser ermittelt man v_m wieder in ganz derselben Weise, wie bei der Besprechung von v^0 oben gezeigt wurde. Wie aus der Grundformel für v folgt, ist v_m abhängig von R, J und n. Das heißt, bei gleichbleibendem J nimmt v zu mit R, oder, was dasselbe sagen will, mit t. Dieselbe Beziehung gilt natürlich auch für Teile des Querschnittes, woraus schon ohne weiteres die verschiedene Größe der Geschwindigkeit in verschiedenen Querschnittsteilen folgt.

c) v-Änderung durch Wasserstandswechsel.

Wenn wir vorstehend wiederholt begründet haben, daß v in einzelnen Teilen des Querschnittes mit der Tiefe t zu- und abnimmt, so muß die mittlere Geschwindigkeit im ganzen Querschnitte demselben Gesetze folgen. Das heißt, bei höherem Wasserstande herrscht in demselben Querschnitte eine größere Geschwindigkeit als bei niedrigerem. Örtlich beschränkte Ausnahmen von dieser Regel können nur an solchen Stellen vorkommen, wo der Einfluß der bei steigendem Wasser eintretenden Abnahme des J (S. 57) größer ist als die Steigerung durch R bzw. t. Da man für einen Querschnittsabschnitt und auch für den ganzen Querschnitt angenähert $R = t$ bzw. $R = t_m$ setzen kann, so ist $v = k\sqrt{tJ}$. Da ferner (S. 56) bei hohem Wasser das Gefäll mehr ausgeglichen ist als bei niedrigem, so bewirkt Hochwasser auch einen

Ausgleich in den Geschwindigkeitsunterschieden. Der Wechsel der Wasserstände bewirkt also einen Wechsel der mittleren Geschwindigkeiten in allen Querschnitten des Flusses und an allen Punkten der Querschnitte; weil nun der Wasserstand ständig wechselt, so sind ebenso alle Geschwindigkeiten einem immerwährenden Wechsel unterworfen. Beschleunigte Bewegung kommt nur in ganz kurzen, niemals in längeren Flußstrecken vor. Mit wachsender Geschwindigkeit nehmen die Widerstände sehr schnell zu $(w = c\,v^2)$, so daß schon nach kurzer Beschleunigung wieder der Beharrungszustand hergestellt wird. Daher ist die Geschwindigkeit nur in geringem Maße von dem Gefäll oberhalb abhängig, hauptsächlich vielmehr von dem an der betreffenden Stelle selbst. Diese Tatsache nehmen wir deutlich an allen Stellen wahr, wo von Natur oder durch Einbauten Stromschnellen entstanden. Eine große Geschwindigkeit tritt nur an dem Absturze selbst ein, gleich unterhalb entsteht ruhiges Wasser. Die verlorene lebendige Kraft wurde durch Widerstände verbraucht, was in Auskolkungen unterhalb zum Ausdruck kommt.

Die mittlere Geschwindigkeit in einem Querschnitte wird entweder durch Rechnung nach Erfahrungsformeln oder durch Messung bestimmt.

Über die bei der Rechnung anzuwendenden Formeln s. Gravelius, Flußkunde I, S. 106 und Bubendey im Handbuch der Ingenieur-Wissenschaften III 1, S. 494.

Die Messung der Geschwindigkeit geschieht entweder an einzelnen Punkten des Querschnittes, oder man bestimmt die mittlere Geschwindigkeit in einer ganzen Tiefenlinie auf einmal. In beiden Fällen wird daraus die mittlere Geschwindigkeit im Querschnitte durch Rechnung oder Zeichnung bestimmt. Die Geschwindigkeit wird entweder unmittelbar durch Schwimmer gemessen oder mittelbar durch Umdrehungsgeräte, oder man mißt die der Geschwindigkeit entsprechende hydraulische Druckhöhe und bestimmt daraus durch Rechnung die Geschwindigkeit. Eine eingehende Beschreibung der dabei anzuwendenden Vorrichtungen und Methoden ist von Jasmund im Handbuche der Ingenieur-Wissenschaften III 1, S. 411 angegeben. (S. a. Kap. VI, S. 155.)

F. Die Abflußmengen.

Der Abfluß entsteht aus den im Sammelgebiete fallenden Niederschlägen und dem aus anderen Gebieten (geologisches Sammelgebiet) etwa noch zuströmenden Grundwasser. Da diese Speisung mit den meteorologischen Verhältnissen wechselt, so ist mit ihnen auch der Abfluß ständigen Schwankungen unterworfen. Diese Schwankungen sind um so geringer, je mehr die Speisung aus dem Grundwasser überwiegt.

Die Niederschläge gelangen nicht voll zum Abflusse, erleiden vielmehr Verluste durch Verdunstung und Versickerung. Abflußhöhe nennt man die Höhe h_a, welche die gleichmäßig über das Sammelgebiet ausgebreitete Abflußmenge einer bestimmten Zeit einnehmen würde. Die Abflußhöhe ist stets kleiner als die Niederschlagshöhe h_n. Das umgekehrte Verhältnis $h_a > h_n$ kann nur dann eintreten, wenn in dem betrachteten Zeitabschnitte solche Niederschlagsmengen abfließen, die in einem früheren Zeitraume gefallen und in Form von Grundwasser, Schnee oder Eis aufgespeichert waren. Die Aufspeicherung an gefrorenem Wasser kann im norddeutschen Flachlande $10-50^0/_0$, im Gebirge bis $80^0/_0$ der Jahres-Niederschlagsmenge betragen. Will man den Einfluß von gefrorenem Wasser auf das kommende Hochwasser überschlagen, so muß man es in Wasserwert ausdrücken und dabei beachten, daß in 10 mm lockerem, frisch gefallenem Schnee oder in 3 mm bereits lange lagerndem und zusammengesacktem Schnee etwa 1 mm Wasser steckt. Auch die zeitliche Verteilung der Niederschläge ist von Einfluß auf die Abflußverhältnisse; denn dieselbe Regenmenge erzeugt einen stärkeren Abfluß, wenn sie hintereinander, als wenn sie in viele Einzelregen über einen längeren Zeitraum verteilt, fällt. Die Verdunstung ist in unserm Klima in den Monaten Mai bis August am größten, teils wegen der höchsten Temperatur, teils wegen des in dieser Zeit stärksten Wasserverbrauchs durch das Pflanzenwachstum. So kommt es, daß in den Sommermonaten mit den stärksten Niederschlägen die Flüsse meistens am wenigsten Wasser führen. Hochwasser pflegt im März einzutreten, wenn die im Winter aufgespeicherten Niederschlagsmengen zum Abflusse gelangen. Die Versickerung wirkt auf die Abflußmengen mehr ausgleichend als mindernd; denn das versickerte Wasser gelangt, wenn auch langsam, so doch fast ungeschmälert in die Flüsse, vermindert nur um den Betrag, um den die Verdunstung durch Versickerung infolge der Boden-Durchtränkung gesteigert wird. Den Unterschied zwischen Niederschlags- und Abflußwert nennt man die Verlusthöhe: $h_v = h_n - h_a$. Man pflegt sie in Prozenten der Niederschlagshöhe auszudrücken. h_v wächst und fällt mit h_n, wenn auch in etwas schwächerem Maße, weshalb sie nicht so starken Schwankungen unterworfen ist wie diese. In den warmen Sommermonaten erreicht sie den Größtwert.

Unter der Abflußmenge Q versteht man die Raummenge von Wasser, die in der Zeiteinheit (Sekunde) durch einen bestimmten Flußquerschnitt F fließt. Man schreibt $Q = Fv$, wenn v die mittlere Geschwindigkeit im Querschnitt, senkrecht zu diesem gemessen, ist. Mit Q wachsen meistens auch F und v und dann auch die mittlere Tiefe t, da nur unter dieser Voraussetzung eine Zunahme von F denkbar ist. Da bei demselben J auch v sich mit F bzw. t ändert, so ist die Änderung von Q stärker als die von F oder v. Das findet Ausdruck in folgender Beziehung

$$v = \frac{Q}{F} = \frac{Q}{B\,t},$$

wenn $B = $ Spiegelbreite

$$v^2 = \frac{Q^2}{B^2\,t^2}.$$

Ferner ist nach der allgemeinen Formel für die Geschwindigkeit

$$v^2 = c^2\,R\,J = c^2\,t\,J$$

also

$$\frac{Q^2}{B^2\,t^2} = c^2\,t\,J,$$

woraus

$$Q = c\,b\,\sqrt{t^3\,J}.$$

Im allgemeinen ändert sich die Abflußmenge verhältnisgleich der Größe des Sammelgebietes, wenn dies nicht nach seiner Beschaffenheit verschiedene Abflußverhältnisse bedingt. An der Einmündung von Nebenflüssen entsteht sprunghafte Änderung der Abflußmenge. Diese hat immer nur für einen bestimmten Punkt des Flußlaufes Bedeutung, der stets mit ihr angegeben werden muß.

Um die Abflußmenge zu verallgemeinern und auf andere Punkte im Flusse umrechnen zu können, muß man die Abflußeinheit herleiten, das ist die Abflußmenge geteilt durch die Größe des zugehörigen Sammelgebietes. Man bezeichnet sie gewöhnlich mit q und drückt sie aus in 1 qkm. Mit Hilfe dieser Größe ist man in der Lage, die für einen Flußabschnitt ermittelten Abflußverhältnisse auf einen andern zu übertragen. Ganz genau ist das Verfahren nicht; denn mit zunehmendem Sammelgebiete nimmt in der Regel die Abflußmenge bei HW und MW etwas ab, bei NW dagegen ebenso zu. Der Fehler ist aber meistens unerheblich. In Ermangelung einer besseren Kenntnis kann man sogar die für einen Fluß ermittelten Abfluß-einheiten auf einen andern übertragen, dessen Sammelgebiet ähnliche Ver-hältnisse zeigt wie das des ersteren. Derartige Übertragungen auf einen anderen Flußort oder auf ein anderes Flußgebiet sind aber stets mit gebüh-render Vorsicht aufzunehmen.

Die Verhältnisgleichheit zwischen Abflußmenge und Sammelgebiet besteht in einem größeren Flußgebiete nur bei den kleineren Abflußmengen bis etwas über MW, weil dann der Fluß nur aus dem Grundwasser gespeist wird, also ungefähr verhältnisgleich der Sammelgebietsgröße. Bei HW wird dies grade Verhältnis dadurch gestört, daß entsprechend den über das Sammelgebiet verschieden verteilten Niederschlägen die Nebenflüsse in verschiedenem Maße und zu verschiedenen Zeiten zur Speisung des Hauptflusses beitragen. Ebenso störend wirken bei HW in dem Flußgebiete vorkommende Erweiterungen, Seen, Stauweiher, Überschwemmungsflächen, Sümpfe, kurz alle Gelegenheiten, die eine Aufspeicherung des Abflusses begünstigen. Eine herabkommende Hochwasserwelle breitet sich in einem See usw. aus und erzeugt hier eine geringere Spiegelsteigerung als im Flußlaufe oberhalb. Der aus dem See ausmündende Fluß kann natürlich nur die im See entstehenden, gemäßigten Spiegelschwankungen mitmachen. Oberhalb des Sees muß also ein viel leb-hafterer Wasserstandswechsel stattfinden als unterhalb, der Abfluß sich also viel gemäßigter vollziehen als der Zufluß (S. 101 ff.).

So kann es kommen, daß bei derselben Hochwasserwelle die Abfluß-menge oberhalb, bei kleinerem Sammelgebiete, größer ist als die derselben Hochwasserwelle entsprechende Abflußmenge weiter unten bei einem größeren. In demselben Sinne wirkt auch der Umstand, daß die fortschreitende Hoch-wasserwelle sich immer mehr verflacht (S. 59). Während die mit ihr ab-fließende Hochwassermenge oben und unten gleich groß ist, höchstens ent-sprechend der Sammelgebietsgröße verschieden, verteilt sich der Abfluß unten auf eine längere Zeit. Je mehr die dem Hochwasserscheitel entsprechende Abflußmenge ermäßigt wird, um so länger muß natürlich der Abfluß dauern. Umgekehrt wirkt das Zusammenhalten der Hochwasserwelle auf Steigerung der Scheitelabflußmenge und Verkürzung der Abflußdauer.

Da die wechselnde Abflußmenge einen wechselnden Wasserstand zur Folge haben muß, wie oben gezeigt wurde, so unterscheidet man Hoch-wasser, Niedrigwasser usw. nach der dem betreffenden Wasserstande ent-sprechenden Abflußmenge. Zu einem bestimmten Wasserstande gehört bei gleichbleibendem F und J auch eine ganz bestimmte Abflußmenge. So kann für alle die im Abschnitt D besprochenen Wasserstände auch die zugehörige Abflußmenge hergeleitet werden. Spricht man von einer gewissen Abfluß-menge, so muß man, um ihre Bedeutung festzulegen, ebenso wie bei den Wasserständen, die Zeit angeben, für die sie Gültigkeit hat.

Eine besondere Bedeutung hat die mittlere Abflußmenge. Das ist die der ganzen betrachteten Zeit entsprechende Abflußmenge geteilt durch die Zeit. Ihre Größe ist $Q_m = \dfrac{\Sigma Q t}{T}$, wenn Q die in dem Zeitabschnitt t abfließende Wassermenge, $T = \Sigma t$ den ganzen Zeitraum bedeuten, für den die mittlere Abflußmenge gesucht wird. Man erhält diese, indem man die den täglichen Pegelablesungen entsprechenden Q summiert und die Summe durch die Zahl der Tage teilt. Die mittlere ist also die Abflußmenge, die entstehen würde, wenn der Gesamtabfluß auf die betrachtete Zeit gleichmäßig verteilt würde. Sie ist nicht zu verwechseln mit der bei Mittelwasser abfließenden Wassermenge. Jene ist immer etwas größer als diese, und zwar um so mehr, je größer der Unterschied zwischen Hoch- und Niedrigwasser ist und je häufiger Hochwasser eintreten; denn die Abflußmenge wächst, wie wir oben gesehen haben, schneller als der Wasserstand.

Die mittlere Abflußmenge Q_m gibt ein geeignetes Mittel, um das Verhältnis a zwischen der Niederschlagsmenge N im Sammelgebiete S und der Abflußmenge A zu ermitteln. In einem Zeitraume t ist $A = Q_m t$. Für die Niederschlagshöhe h ist die im Sammelgebiete fallende Regenmenge $N = S \cdot h\, 1000 \cdot 1000$, wenn N in cbm, S in qkm und h in m ausgedrückt wird. Demnach ist:

$$a = \frac{A}{N} = \frac{Q_m \cdot t}{1\,000\,000\ S\,h}.$$

Für ein Jahr z. B. ist

$$t = 365 \cdot 24 \cdot 60 \cdot 60 \doteq 31\,500\,000 \text{ Sekunden,}$$

also

$$a = \frac{31,5\ Q_m}{S\,h}.$$

Man kann a aber auch für jeden beliebigen andern Zeitraum berechnen: Jahreszeit, Monat usw. Mit den Jahreszeiten und den ihnen entsprechenden Veränderungen im Pflanzenwachstum und den meteorologischen Verhältnissen schwanken die Verdunstung und h, also auch die Werte von a außerordentlich. Im allgemeinen ist a für die Sommermonate kleiner als für die kühlere, wachstumslose Jahreszeit. Besteht das Sammelgebiet aus Teilen, die ihrer Eigenart nach verschiedene Niederschlagshöhen und Abflußverhältnisse haben, so muß man das mittlere Verhältnis $a = \dfrac{\varSigma Q_m\, t}{\varSigma S\,h}$ bilden.

Keller (36) fand aus einer größeren Zahl von Beobachtungspunkten in Preußen die gesamte jährliche Verdunstungshöhe im ganzen Sammelgebiete zu:

380 mm im Rheingebiete,
450 „ „ Wesergebiete bis an die Elbe,
470 „ „ Gebiete östl. der Elbe.

Ferner bestimmte er die Abflußhöhe y, die nötig sein würde, um das ganze Jahr hindurch die Abflußmenge zu erzeugen, die in 9 Monaten des Jahres nicht überschritten wird, zu:

$y = 0,3\,(x - 380)$ für Rhein, Weser und linksseitiges Elbegebiet,
$y = 0,4\,(x - 470)$ für Ostelbien,

doch unter der Voraussetzung, daß die Regenhöhe $x \geq 600$ mm ist.

Auf die Änderung des Q mit dem t ist die Form des Querschnittes F von großem Einfluß (S. 57). Aber auch das Gefäll beeinflußt diese Beziehung. Wie bereits mehrfach begründet wurde, hat eine Hochwasserwelle an der Vorderseite stärkeres Gefäll als an der Rückseite, weshalb bei demselben Wasserstande vorn eine größere Abflußmenge entsteht als hinten[1] (Abb. 32). Nun unterliegen F und J in allen Flußstrecken, in

---

[1] Jasmund berichtet im Handbuch der Ingenieurwissenschaften III 1, S. 300 von einer gegenteiligen Beobachtung. Zwar sei v^0 an der Vorderseite größer, doch nicht v_m. Wegen der bedeutenden Geschiebeführung an der Vorderseite der Hochwasserwelle nehme die Geschwindigkeit, vom Spiegel nach der Sohle weit schneller ab, als unter gewöhnlichen Verhältnissen und daraus ergebe sich ein geringeres v_m.

denen der Beharrungszustand zwischen Flußangriff und Bettwiderstand noch nicht eingetreten ist, fortwährendem Wechsel, so daß die Beziehung zwischen Q und t, d. h. das Abflußgesetz, sich wandelt.

Bei den mannigfachen Einflüssen, von denen das Abflußgesetz abhängt, ist es nicht möglich, es mit Hilfe der Theorie abzuleiten, vielmehr muß es von Fall zu Fall durch Messungen ermittelt und von Zeit zu Zeit nachgeprüft werden. Es kommen auch Fälle vor, in denen für denselben Punkt mehrere Abflußgesetze hergestellt werden müssen, deren Gültigkeit von dem jeweiligen Flußzustande abhängt. So hat z. B. Krautwuchs auf den Abfluß und dessen Beziehung zu t sehr bedeutenden Einfluß, weil er F und R verkleinert und den Rauhigkeitsgrad n vergrößert. Bei zeitweilig starkem Krautwuchs bleibt also nichts weiter übrig, als verschiedene Abflußgesetze aufzustellen für den freien wie auch für den verkrauteten Fluß.

Das Abflußgesetz für einen Flußquerschnitt wird in der Weise hergeleitet, daß man für verschiedene Wasserstände t das F und v ermittelt und daraus $Q = Fv$ berechnet. Die für Q erhaltenen Werte trägt man in Beziehung zu t zusammen und kann dann für beliebige andere Wasserstände

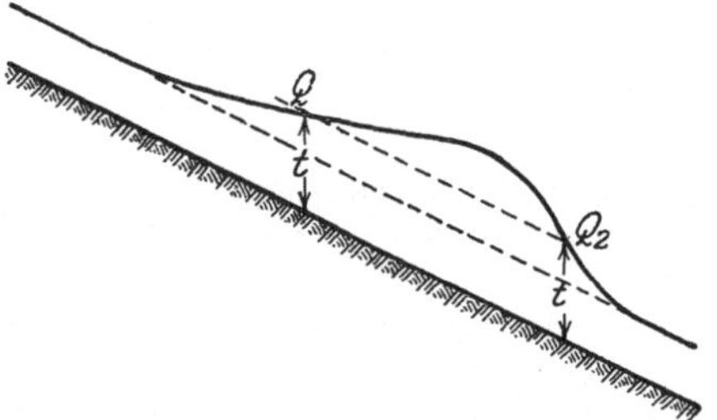

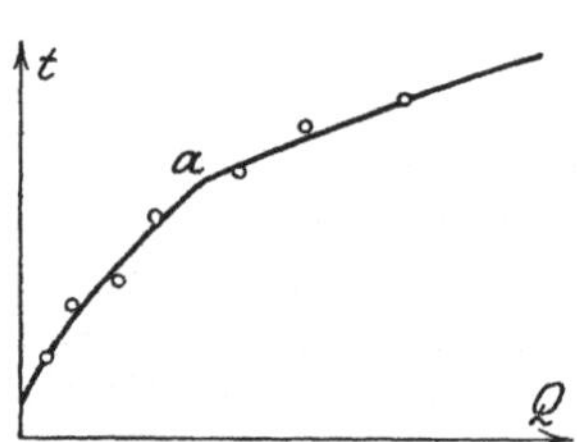

Abb. 32. Abfluß in einer Hochwasserwelle
$Q_2 > Q_1$.

Abb. 33. Abflußgesetz.

die zugehörige Abflußmenge durch geradlinige Einschaltung leicht finden, da zwischen den Q-Punkten stetige Änderung angenommen werden darf. Besonders muß man sein Augenmerk darauf richten, daß Q-Messungen auch in der Nähe des nNW und hHW gemacht werden, weil sonst die Grenzwerte des Abflußgesetzes mit erheblichen Ungenauigkeiten behaftet sind.

Die grundlegenden Geschwindigkeitsmessungen bieten dann große Schwierigkeit, wenn das Wasser weit ausgeufert ist. Können diese Schwierigkeiten nicht überwunden werden, so muß man zu der Aushilfe greifen, daß man für die ausufernden Wasserstände die Abflußmenge nach der Formel

$$Q = c F \sqrt{RJ}$$

berechnet. Die Geschwindigkeitmessungen dürfen nur bei beharrlichem Wasserstande ausgeführt werden, da die v für denselben Wasserstand recht verschieden sein können, je nachdem das Wasser steigt oder fällt. Beharrungszustand tritt bei lang anhaltenden, mittleren oder niedrigen Wasserständen ein, aber auch bei allen Übergängen vom Steigen zum Fallen und umgekehrt.

Bei kleinen Wasserläufen kann man die nicht zu große Abflußmenge unmittelbar durch Überfälle oder durch andere Eichungsvorgänge messen (**15**. 248).

Da das Abflußgesetz eine Änderung erleidet, wenn sich das Flußbett ändert, so sollte es nur an solchen Punkten des Flusses aufgestellt werden, an denen dessen Bett sich im Beharrungszustande befindet. Aber auch dann muß die Form des Flußbettes durch Aufnahme von Querschnitten und Höhenplänen in, sowie ober- und unterhalb der Meßstelle scharf aufgenommen werden, um bei etwaigen Änderungen des Abflußgesetzes untersuchen zu können, ob sie auf Veränderung der Abflußverhältnisse oder des Flußbettes zurückzuführen ist. Jenes wurde schon oft vermutet, während bei genauer Untersuchung dieses als die wahre Ursache erkannt wurde. So bewirkt z. B. die Austiefung des Flußbettes an der Meßstelle oder die Gefällvermehrung daselbst, daß alle derselben Abflußmenge entsprechenden Pegelstände gegen früher zurückgehen. Entnimmt man nun die Abflußmengen aus dem Abfluß-gesetze aus den Pegelständen, so gelangt man zu einer gegen früher schein-bar geringeren Abflußmenge Q_m. Die wahre Ursache wird erkannt, sobald man eine Veränderung des Flußbettes feststellt.

Weit bessere Übersichtlichkeit und Vergleichbarkeit als ein zahlenmäßig zusammengestelltes Abflußgesetz gestattet dessen zeichnerische Darstellung. Diese entsteht, indem man neben den Wasserständen als Ordinaten die Abflußmengen als Abszissen anträgt. Durch die so erhaltenen Punkte legt man einen schlanken, ausgleichenden Linienzug; denn kleine Abweichungen der Punkte von diesen Linien können auf Messungsfehler zurückgeführt werden (Abb. 33). Aus dem Vergleiche der Abflußgesetze für verschiedene

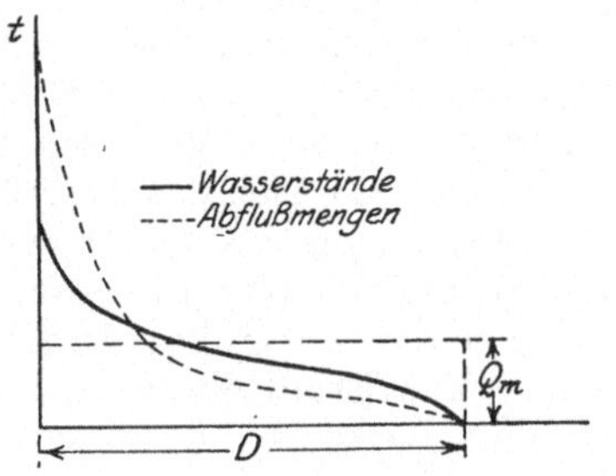

Abb. 34. Abflußmengen Dauerlinie.

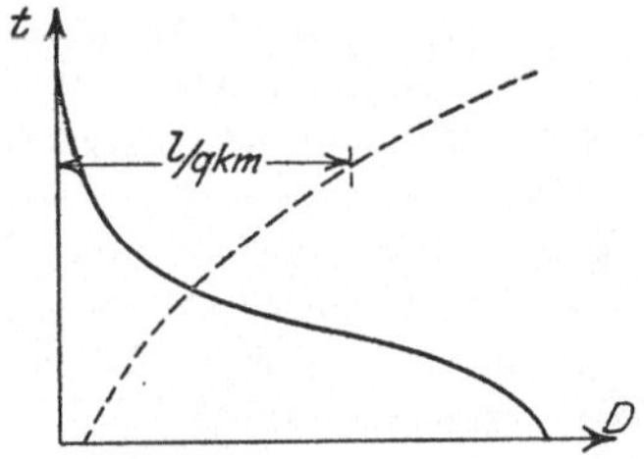

Abb. 35. Dauerlinie mit Abflußeinheiten.

Meßstellen kann man bereits Schlüsse auf die Gestalt der Querschnitte da-selbst ziehen. Je steiler die Linie verläuft, um so enger ist der Querschnitt; je flacher sie gegen die Wagerechte geneigt ist, um so breiter ist der Fluß, um so größer sein Querschnittszuwachs bei zunehmender Wassertiefe. Die Ausuferungshöhe ist meistens an einem Bruch (bei a) in dem Linienzuge er-kennbar.

Für alle hydrotechnischen Untersuchungen ist es von Vorteil, nicht nur die Gesamtabflußmengen in einem bestimmten Querschnitte, sondern auch die Abflußeinheiten in Beziehung zu den Pegelständen darzustellen. Man leitet diese aus der ersteren dadurch ab, daß man die Q durch die Sammel gebietsgröße teilt und die so erhaltene q in l/qkm in Beziehung zu t in gleicher Weise aufträgt, wie soeben erläutert wurde. Man kann aber auch die Abflußlinie für Q unmittelbar für q benutzen, indem man den Maßstab entsprechend ändert.

Trägt man in die Wasserstandsdauerlinie zu jedem Wasserstande die zugehörige Abflußmenge auf, so erhält man die Abflußmengendauer-linie (Abb. 34).

Aus ihr erhält man die mittlere Abflußmenge Q_m, indem man die von ihr und dem Achsenkreuz eingeschlossene Fläche in ein Rechteck mit der Grundlinie D verwandelt, dessen Höhe dann Q_m angibt. Die Kenntnis der Abflußmengendauerlinie ist von großer Wichtigkeit für die Bearbeitung aller wasserbaulichen und meliorationstechnischen Aufgaben.

Einen sehr guten Überblick über die Abflußverhältnisse gewinnt man, indem man die nach Abschnitt D gezeichnete Wasserstandsdauerlinie D_1 mit dem Gesetze über die Abflußeinheiten q_1 verbindet (Abb. 35). Aus dieser Darstellung kann man dann leicht die Abflußeinheitsdauerlinie herleiten. Diese behält für jeden Punkt einer längeren Flußstrecke unveränderte Gültigkeit, sofern das Sammelgebiet bzw. dessen Abflußverhältnisse unverändert bleiben, d. h. keine Nebenflüsse mit anderen Eigenschaften einmünden, keine Seen oder sonstige Sammelbecken vorhanden sind.

Die Herstellung eines Abflußgesetzes ist sehr zeitraubend. Wenn auch die Messungen bei mittleren Wasserständen bald gemacht werden können, so verstreicht manchmal lange Zeit, bis die geeigneten höheren und niedrigeren Wasserstände eintreten, bei denen aber ebenfalls Abflußmengen ermittelt werden müssen, wenn das Abflußgesetz zuverlässig und vollständig sein soll. Man hat daher schon lange das Bedürfnis empfunden nach einem überschläglichen Verfahren, das ein ausreichend genaues Bild von den zu erwartenden Abflußmengen gibt. Zu dem Ende hat man versucht, das Abflußverhältnis oder Abflußzahlen anzugeben.

Unter Abflußverhältnis versteht man den Anteil A, der nach Abzug der Verluste V von den Niederschlägen N in den Flüssen zum Abfluß gelangt: $A = N - V$. Den Einfluß der Verluste (Versickerung und Verdunstung) suchte man früher in der Form $A = kN$ zu berücksichtigen. Doch erkannte man bald, daß dann A niemals zu Null werden könne, was der Erfahrung widerspricht. Danach weiß man vielmehr, daß bei einer gewissen untern Grenze n für N Abflußlosigkeit eintritt. Daher läßt sich das Abflußgesetz besser in die Form $A = k(N - n)$ kleiden. Dabei sind die Werte k und n abhängig von der Eigenart des Sammelgebietes, müssen also für jedes Flußgebiet besonders bestimmt werden und können nur mit roher Annäherung auf ein anderes, ähnliches übertragen werden. Zur Ermittelung von k und n verfährt man wie folgt:

In ein Achsenkreuz trägt man die zusammengehörigen Werte von N und A als Koordinaten auf. Die durch diese Punkte gelegte Linie schneidet die N-Achse in einem Punkte c, und es ist dann $oc = n$. Die Größe $k = \dfrac{A}{N - n}$ ist meistens nicht gleichbleibend, nimmt vielmehr in der Regel mit N zu (Abb. 36), muß daher für verschiedene Abschnitte der Abflußkurve aus der Neigung der Tangente an diese bestimmt werden. An sich besteht keine Schwierigkeit, dies Abflußgesetz für beliebige Zeitabschnitte (Jahr, Jahreszeiten, Monate usw.) zu entwerfen. Man darf aber aus den bereits oben besprochenen Gründen nur solche Zeitabschnitte in Betracht ziehen, in denen weder Aufspeicherung der Niederschläge noch eine Erschöpfung des Wasservorrates im Sammelgebiet stattfindet. Das Gesetz entspricht also der Wirklichkeit am besten, wenn es für das ganze Wasserjahr (1. XI. bis 31. X.)

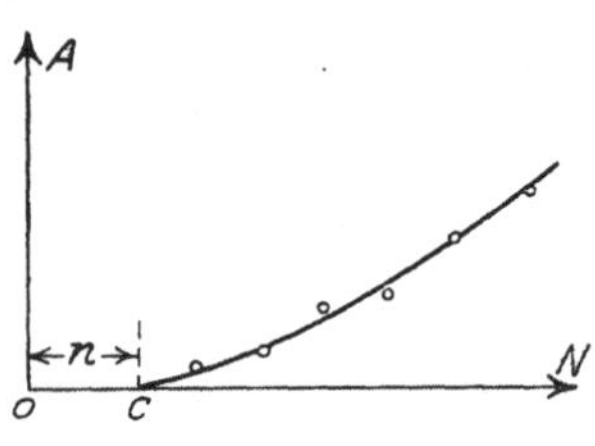
Abb. 36. Das Abflußverhältnis.

hergeleitet wird. Dies Verfahren setzt aber außer den Niederschlagsbeobachtungen auch Abflußmengenmessungen voraus, ist ferner von der Eigenart des Sammelgebietes abhängig, so daß es, wie bereits erwähnt, nur sehr beschränkte Verallgemeinerung verträgt. Das Abflußverhältnis $k = \dfrac{A}{N}$ geht bei HW bis $50^0/_0$ und sinkt bei NW bis $5^0/_0$ und kann nur dann über $100^0/_0$ steigen, wenn Aufspeicherungen aus einem früheren Zeitabschnitt in dem betrachteten zum Abfluß gelangen. k ist für das Gebirge größer als für das Hügelland, und hier wieder größer als für das Flachland, und beträgt

für die Ströme Deutschlands im Durchschnitt der Jahre etwa $30^0/_0$. Nach
Ermittelungen des Wasser-Ausschusses (25. III. 1. 280) hat k folgende Werte:

	Sommer	Winter
Memel bei Tilsit	$20,6^0/_0$	$56,2^0/_0$
Weser bei Verden	$21,1^0/_0$	$52,5^0/_0$
Ems an der Hase-Mündung	$16,3^0/_0$	$65,5^0/_0$
Weichsel an der Montauer Spitze	$16,1^0/_0$	$42,8^0/_0$
Brahe	$22,2^0/_0$	$50,7^0/_0$

Handelt es sich um allgemeine Erörterungen über den Wasservorrat
eines Flusses, so bedient man sich der Abflußzahlen, welche die Abflußeinheit q unter verschiedenen Verhältnissen und Zuständen im Sammelgebiete
angeben. Solche Zahlen wurden aus Beobachtungswerten hergeleitet. Bahn-
brechend waren die diesem Gegenstande gewidmeten Arbeiten von Michaelis
(89. 1886), die sich auf Beobachtungen im Westfälischen Becken gründeten,
also einer an Niederschlägen recht reichen Gegend. Michaelis berücksichtigt
folgende Unterschiede:

1. die Wasserstände, indem er Zahlen für NW, MW, HW und hHW
   angibt;
2. die Jahreszeit, indem er besondere Zahlen für den Sommer und
   Winter herleitet;
3. die Größe des Sammelgebietes;
4. die Eigenart des Sammelgebietes, indem er quell- und gefällreiche
   von quell- und gefällarmen Sammelgebieten unterscheidet.

Tolkmitt (72. 62) gibt folgende Abflußzahlen in l/qkm:

I. bei NW l/qkm

	l/qkm
von flachem oder hügeligem Gelände mit mäßig durchlassendem Boden	0,5—1,2
im Flachlande mit Wäldern und Seen	1,2—2,0
im bewaldeten Berglande und durchlassenden Hügellande	1,6—2,4
II. bei gew. SW	3—5

III. bei mittlerem HW und mindestens 500 qkm Sammelgebiet

	l/qkm
im Flachlande mit Seen und großen Überschwemmungsflächen	15— 40
in flacher oder hügeliger Gegend mit durchlassendem Boden	30— 80
desgl. bei wenig durchlassendem Boden	60—150
im Berglande ohne kahle Felsgebiete	80—200

Franzius empfiehlt folgende Abflußtafel für deutsche Flüsse:

Nr.		Abfluß in l/qkm/s bei		$\dfrac{nNW}{hHW} = 1:$	Bemerkungen
		nNW	hHW		
1	Nahe den Quellen in gebirgiger Gegend	2—4	350—600	150	Großer Niederschlag, schneller und voller Abfluß
2	In bergiger od. steiler, hügeliger Gegend	2	180—230	90	Mäßiger Niederschlag, rascher Abfluß
3	In hügeliger, nicht steiler Gegend	1,8	120—180	75	Mäßiger Niederschlag, langsamer, unvollkommener Abfluß
4	In flacher Gegend	1,6	60—120	50	Kleiner Niederschlag, desgl.
5	In flacher, sandiger, mooriger Gegend	1,2—1,5	35—60	35	Kleiner Niederschlag, zum großen Teile absorbiert

Die weiten Spielräume, mit denen die Werte angegeben sind, sollen die Berücksichtigung der Eigenart des Sammelgebietes ermöglichen; doch liegt eine große Unsicherheit darin. Ein Mangel dieser Zahlenreihe besteht ferner darin, daß weder der Einfluß der Größe des Sammelgebietes noch der Jahreszeit zum Ausdruck kommt.

Andere Ingenieure waren bemüht, aus der Eigenart des Sammelgebietes in bezug auf Gestalt, Gefälle und meteorologische Verhältnisse Formeln für die Abflußeinheit herzuleiten. (Vgl. Handbuch der Ingenieur-Wissenschaften III 1, S. 608.)

G. Die Sinkstoffe.

Flußwasser ist nie rein, sondern mit gelösten und schwebenden Stoffen vermengt. Diese Beimengungen entstammen in der Hauptsache dem von der Natur gegebenen Sammelgebiete, teils aber auch der menschlichen Arbeit in ihm. So gelangt ein großer Teil der den Feldern zugeführten Dungstoffe durch oberflächliche Abschwemmung oder nach Lösung und Versickerung mit dem Regenwasser in die Flüsse und verleiht deren Wasser den hohen Wert für Bewässerungszwecke. An gelösten Stoffen sind kulturtechnisch besonders wichtig: Stickstoff, Kalk, Kali und Phosphorsäure.

Die dem Wasser mechanisch beigemengten Sinkstoffe bestehen aus organischen und mineralischen Stoffen. Die ersteren entstehen durch Einspülung von Pflanzenresten in den Fluß, die letzteren durch Abbrüche aus dem Flußbette, durch Verwitterung oder die sprengende Einwirkung des Frostes auf das das Sammelgebiet bildende Gestein. Da die Zertrümmerung regellos vor sich geht, so finden sich in einem Flusse Geschiebe der verschiedensten Größe, vom Felsblock bis zum feinsten, mit bloßem Auge nicht mehr wahrnehmbaren Sandkorn. Man gebraucht für diese Beimengungen den Namen Geschiebe- oder Sinkstoffe und versteht unter jenen meistens die gröberen Bestandteile, unter diesen die feineren. Letztere nennt man auch Schwebestoffe in dem Zustande, wenn sie in dem bewegten Wasser schwebend erhalten werden, um bei entsprechend abnehmender Wassergeschwindigkeit zu Boden zu sinken. Die Geschiebe mineralischen Ursprungs sind in der Regel durch hohes Raumgewicht ausgezeichnet, so daß sie der Fortbewegung durch das fließende Wasser größeren Widerstand entgegensetzen.

Der Widerstand W, den ein Geschiebekorn dem Stoße des Wassers entgegensetzt, ist verhältnisgleich seinem Gewichte, also auch der dritten Potenz seiner den Inhalt bestimmenden Abmessung $W = k\,r^3$. Das Gewicht der auf 1 qm der Sohle ruhenden Wassersäule von der Tiefe T ist $G = 1000\,T$ in kg. Davon wirkt auf Bewegung stromab die Seitenkraft S gleichgerichtet zum

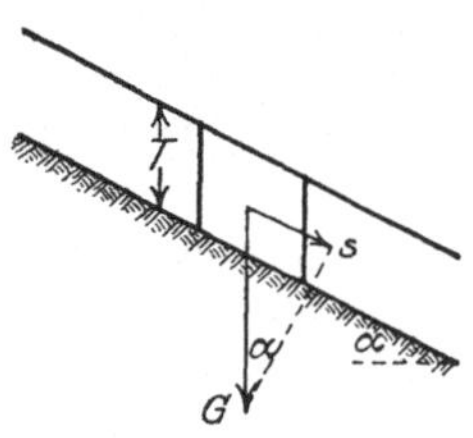

Abb. 37. Die Schleppkraft.

Wasserspiegel $S = G \sin \alpha$ (Abb. 37), wofür man bei dem stets nur sehr kleinen Winkel α auch setzen kann $S = G \operatorname{tg} \alpha = G \cdot J = 1000\,TJ$. Diese Größe nennt man Schleppkraft. Davon fällt auf ein Geschiebeteilchen mit der Angriffsfläche r^2 der Anteil $s = 1000\,T \cdot J \cdot r^2$. Im Zustande des Gleichgewichtes ist

$$W = s \text{ oder } k\,r^3 = 1000\,TJr^2, \text{ woraus } r = \frac{1000\,TJ}{k} = k_1\,TJ \text{ folgt.}$$

Ein Geschiebe mit dem Korndurchmesser r bleibt also bei bestimmten T und J noch gerade im Zustande der Ruhe, wird aber in Bewegung gesetzt, sobald TJ den Gleichgewichtswert überschreitet. Dabei ist wohl zu beachten, daß $T \cdot J$ verhältnisgleich dem Quadrate der mittleren Wassergeschwindigkeit v

ist. Es folgt daraus, daß die Geschiebe je nach ihrer Größe bei sehr verschiedener Geschwindigkeit in Bewegung gesetzt werden bzw. zur Ruhe gelangen. Da nun im allgemeinen v vom Ober- zum Unterlaufe des Flusses allmählich abnimmt, so muß auch in diesem Sinne eine geschiedene Ablagerung der Sinkstoffe sich ausbilden, d. h. im Oberlaufe müssen die gröbsten Geschiebe sich ablagern, und deren Durchmesser muß nach dem Unterlaufe zu immer mehr abnehmen. Die feinsten Teilchen bleiben selbst bei ganz geringer Wassergeschwindigkeit in der Schwebe, werden daher bis ins Meer hinausgespült und bilden an dessen Küsten den wertvollen Schlick-, Klei- oder Marschboden.

Auf Grund von Erfahrungen gibt Franzius für die mittlere Geschwindigkeit im Querschnitte, bei deren Überschreitung das Flußbett angegriffen wird, folgende Werte an:

0,5 m für feinen Sand und Schlamm,
1,0 „ . „ gewöhnlichen Sand und Moor,
1,5 „ „ groben, tonigen Sand und feinen Kies,
2,0 „ „ groben Kies und Kleierde.

Die Menge der bei verschiedenen Wasserständen von den Flüssen mitgeführten Geschiebe wechselt außerordentlich. Sie ist geringer bei den Flüssen, die bei ihrer Laufausbildung dem Beharrungszustande bereits nahe gekommen sind, als bei solchen, die noch in der Umbildung begriffen sind. Die Bestimmung der Geschiebemengen ist von Bedeutung für wasserbauliche und kulturtechnische Maßregeln (Kolmation). In 1 cbm Wasser fand man (72. 259) folgende Sinkstoffmengen:

Donau bei Wien bei	MW	. . . . .	0,11 kg
Mississippi	„ „	. . . . . .	0,67 „
Durance	„ „	. . . . .	1,45 „
„	„ HW	. . . . . .	3,63 „
Nil	„ „	. . . . .	1,68 „

IV. Entwässerung des Bodens.

Die Entwässerung des Bodens verfolgt den Zweck, den den Kulturpflanzen schädlichen Überfluß am Wasser (s. Kapitel II. E) auf den Bestwert des Wassergehaltes zu ermäßigen. Nach Gasparin (60. 70) soll der Wassergehalt des Bodens nicht unter $10\,^0/_0$ sinken und nicht über $23\,^0/_0$ steigen. Nach Hellriegel ist der günstigste Gehalt an Bodenwasser zu $50-60\,^0/_0$ der größten Wasserkapazität (s. II. F) anzunehmen, die angenähert gleich dem Porenraum gesetzt werden kann. Schätzt man diesen auf einen Mittelwert von $40\,^0/_0$, so liegt der beste Wassergehalt zwischen 20 und $25\,^0/_0$ des Gesamtbodenraumes.

Ferner aber ist es Aufgabe der Entwässerung, das Wasser im Boden in Bewegung zu erhalten; denn nur so vermag es die für das Pflanzenwachstum unerläßliche Zufuhr von frischer Bodenluft zu besorgen.

A. Die Nachteile zu großer Bodennässe.

Der Nachteil zu großer Bodennässe ist auf folgende Ursachen zurückzuführen:

1. Infolge der großen Nässe findet starke Bodenverdunstung statt, wodurch Bodenkälte entsteht. Dazu kommt noch, daß die warme Luft und der warme Regen in die mit Wasser gefüllten Bodenporen nicht eindringen und den Boden nicht erwärmen kann.

Die Wärmekapazität des Wassers ist etwa fünfmal so groß wie die des Bodens. Daraus folgt, daß nasser Boden sich viel später erwärmt als trockener.

Auf Grund eingehender Versuche kam Wollny (7. 1876. II. 83) zu folgenden Schlüssen:

Während der warmen Jahreszeit ist der nasse Boden kälter als der feuchte und trockene wegen der dann besonders wirksamen Verdunstung. Der Unterschied ist am größten während des Tages-Temperaturgrößtwertes, während beim Kleinstwert der nasse Boden meistens wärmer ist. Nasser Boden hat geringere Temperaturschwankungen als trockener, weil er die Wärme besser leitet und daher ausgleichend wirkt. Von allen Bodenarten hat Moor die geringsten Temperaturschwankungen, Sand die stärksten, zwischen beiden liegt der Ton.

Leclerc (60. 352) berechnet die Wärmemenge, die für 1 ha nötig ist, um den Anteil der Niederschläge zu verdunsten, der weder von der Luft noch von den Pflauzen aufgenommen wird, gleich der in 266000 kg Steinkohlen enthaltenen. Parkes fand im Durchschnitt der Jahre, daß gedränter Boden 5,5° wärmer war als ungedränter. Auch die durch Einfrieren und Auffrieren (Vergrößerung des Bodenraums) und damit verbundene Abreißen der Pflanzenwurzeln entstehenden Schäden sind bei nassem Boden größer als bei entwässertem.

2. Der schwere Boden ohne Entwässerung schlämmt fest in Einzelkorngefüge (II. H, S. 43) zusammen und wird nach dem oberflächlichen Abtrocknen sehr hart, so daß zum Pflügen große Zugkraft erforderlich ist. Der Boden bricht dabei in große Schollen, deren Zerkleinerung in den erstrebenswerten feinkrümeligen Zustand viele und schwierige Arbeit erfordert. Schwerer Boden, in zu nassem Zustande gepflügt, schlämmt so fest zusammen, daß die damit verbundenen üblen Folgen (mangelhafte Durchlüftung und schweres Eindringen des Regens) jahrelang wahrnehmbar bleiben.

3. In der mangelhaften Durchlüftung liegt einer der schwersten Nachteile des unentwässerten Bodens. Die Luft im Boden ist für das Atmen der Pflanzenwurzeln unentbehrlich, da alle nicht grünen Teile lebender Pflanzen, also deren Wurzeln, Sauerstoff einatmen. Auch zur Umformung der im Boden steckenden, schwer löslichen Nährstoffe in eine für die Pflanzen leicht aufnahmefähige Form ist der Luftsauerstoff unbedingt notwendig. Auch die reichliche Entwickelung der bei dieser Umformungsarbeit tätigen Bakterien erfordert einen gut durchlüfteten Boden. Der Sauerstoff der Bodenluft wird zur Oxydation der organischen Masse im Boden (Reste abgestorbener Pflanzen) ständig verbraucht, d. h. zu Kohlensäure gebunden.

4. Da die Pflanzenwurzeln in nassem Boden nur bis zu mäßiger Tiefe eindringen, steht ihnen ein nur beschränkter Bodenraum zur Entnahme von Nährstoffen, wozu auch Wasser gehört, zur Verfügung. Sie leiden daher auf einem zu nassen Boden bei zeitweiliger Dürre eher unter Hunger und Durst als auf einem angemessenen entwässerten.

Kopecky verlangt Luftkapazität, d. i. der Unterschied zwischen Porenraum und Wasserkapazität zu $8\,^0/_0$ bei Wiesen und $14\,^0/_0$ bei Acker (**41**. 37).

5. Die Kulturpflanzen kümmern wegen dieser ungünstigen Umstände auf nassem Boden und werden daher leichter von pflanzlichen und tierischen Schädlingen befallen als auf entwässertem. Dagegen wuchern die Unkräuter üppig auf solchem Boden, der für Kulturpflanzen zu naß ist und schädigen die letzteren durch Unterdrückung.

6. Auch auf den Gesundheitszustand von Menschen und Tieren (Weidevieh) wirkt übermäßige Bodennässe schädlich, weil sie eine Vermehrung von Ungeziefer (stechende Insekten und Schädlinge) zur Folge hat.

B. Merkmale für überschüssige Nässe im Boden.

An gewissen äußeren Merkmalen kann man schon ohne besondere Bodenuntersuchung erkennen, ob überschüssige Nässe vorhanden ist. Dahin gehören:

1. Nebelbildung infolge von Kälte im Boden, die das verdunstende Wasser, d. h. den Wasserdampf zu kleinen Wassertröpfchen (Nebel) verdichtet.

2. Das Auftreten gewisser Unkräuter. Auf Acker: Schachtelhalm, Huflattich, Windhalm. Auf Wiese: Binsen, Schilf, Sauergräser, scharfer Hahnenfuß, Sumpfdotterblume, Wiesenschaumkraut und Moose. Die Kulturpflanzen zeigen bei zu großer Nässe eine helle, gelblich grüne Färbung.

3. Dunklere Bodenfärbung im Frühling, wenn die trockenere Nachbarschaft bereits hellere Farbe angenommen hat.

4. Auf nassen und kalten Stellen bleibt der Schnee länger liegen, die Pflanzen wintern leicht aus, und die Ernte wird später reif.

5. In besonders schweren Fällen tritt die überschüssige Nässe als Versumpfung unmittelbar in die Erscheinung.

C. Entstehung zu großer Bodennässe.

Übermäßige Bodennässe entsteht:

1. Bei schwerem, undurchlassendem Boden mit hoher Wasserkapazität und ohne Gefäll.

2. Bei undurchlassendem Untergrunde, zumal wenn dessen Oberflächengestaltung zur Ansammlung von Wasser Anlaß gibt (unterirdische Becken).

3. Durch Quellen, die auf undurchlassendem Boden sich der Oberfläche nähern oder gar zutage treten.

4. Dauernde mangelnde Vorflut oder Überschwemmungen aus dem Vorfluter. Die Ursachen dafür können sehr mannigfacher Art sein: Verkrautung, Verschlammung, zu stark gewundener Lauf und daher zu schwaches Gefäll, Erhöhung der Sohle oder der Ufer durch Sinkstoffablagerung oder künstliche Hindernisse wie Stauwerke, zu enge Brücken usw.

Das Wasser, welches die Versumpfung verursacht, fällt entweder als Niederschlag auf das geschädigte Gebiet, oder es entstammt einem größeren, ferneren Sammelgebiete und gelangt durch ober- oder unterirdischen Zufluß auf das Schadengebiet. Die erstere Menge ist meistens so gering, daß sie während der Wachstumszeit von den Pflanzen ganz verbraucht wird. Entwässerungsanstalten sind hier eigentlich nur im Winter nötig, weil nur dann, während der Wachstumsruhe, Überschußwasser entsteht, das abgeleitet werden muß. Die zweite Art des Schadenwassers muß von dem Kulturlande abgehalten werden, durch Bedeichung, Umleitung um das Kulturland durch Regelung der Wasserläufe und durch Anlage von Gräben. Die Entwässerungsanstalten, welche die Vorflut des ganzen Gebietes sicherstellen, nennt man die **allgemeine Entwässerung**. Im Anschluß daran sind Vorkehrungen nötig, welche die Vorflut jedem Punkte des Gebietes mitteilen. Diese faßt man unter der Bezeichnung der **Einzelentwässerung** zusammen, die heute fast ausnahmslos nur noch durch Dräns besorgt wird (S. 112).

Als mittelbare Entwässerung ist schließlich noch die **Kolmation** zu bezeichnen, die darin besteht, daß man das tief liegende versumpfte Land durch Bewässerung mit sinkstoffreichem Wasser allmählich aufhöht, um seine jetzt mangelhafte Vorflut auf ein genügendes Maß zu bringen.

D. Die Wirkung der Entwässerung.

Angemessene Entwässerung bildet nach vorstehendem die unerläßliche Vorbedingung für jede hohe Bodenkultur. Sie kann darin bestehen, einen dauernd oder meistens zu hohen **Grundwasserstand** zu senken oder zeitweise **Überschwemmungen** zu verhüten. Ein zu hoher Grundwasserstand wirkt dauernd schädlich, eine Überschwemmung nur vorübergehend.

Zur Verhütung der Überschwemmungen dient hauptsächlich die Regelung der Vorfluter, die besonders in dem Kapitel VI behandelt ist.

Die Wirkung der Entwässerung, einerlei ob sie durch offene Gräben oder Dräns gegeben wird, besteht in folgendem:

1. Senkung des Grundwasserstandes.

Wenn wir an einem Punkte des mit Grundwasser erfüllten Bodens Wasser abziehen, so wird dadurch das Gleichgewicht des Wassers im Boden gestört, es gerät vom Zustande der Ruhe in Bewegung. Die Wasserteilchen im Boden sind bemüht, die neben der Entwässerung entstandene Leere wieder

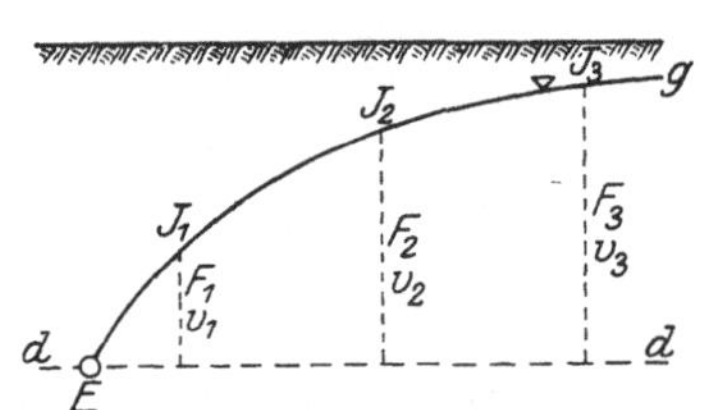

Abb. 38. Form des gesenkten Grundwasserspiegels.

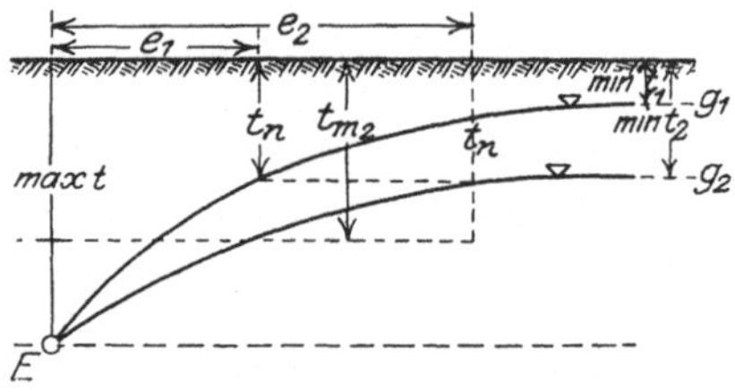

Abb. 39. Senkungskurve in schwerem (g_2) und leichtem (g_1) Boden.

auszufüllen, sie bewegen sich nach der Leere. Ihnen folgen andere, fernere. In der Hauptsache können nur die Wasserteilchen sich an dieser Bewegung beteiligen, die höher liegen als das Wasser in der Entwässerungsvorrichtung, doch wurde durch Penningk[1] nachgewiesen, daß die Entwässerung auch in den unter ihr liegenden Bodenschichten Wasserbewegung verursacht (siehe Abb. 43) Der Grundwasserspiegel muß nach der Entwässerung, dem Drän hin Gefäll annehmen und verbraucht um so mehr Gefäll, je feiner das Korn des zu durchfließenden Bodens ist; denn um so größer ist der der Bewegung entgegenstehende Reibungswiderstand. Also müssen die durchflossenen Bodenquerschnitte zwischen dem Grundwasserspiegel g und der Dränhöhe $d\,d$ (Abb. 38) nach dem Drän E hin abnehmen, da durch alle Querschnitte die-

---

[1] Journal für Gasbeleuchtung und Wasserversorgung 1907, Heft 4.

selbe, durch den Drän abgeleitete Wassermenge fließt. Dann ist $F_1 < F_2 < F_3$ und es muß, da die Abflußmenge $Q = $ const, in allen Querschnitten dessen mittlere Geschwindigkeit $v_1 > v_2 > v_3$ sein. Daraus wieder folgt, daß die Spiegelgefälle J in den Querschnitten dem Gesetze folgen müssen: $J_1 > J_2 > J_3$. Folglich muß das Spiegelgefäll des Grundwassers nach einer nach oben ausbuchtenden Linie verlaufen.

Den Anstieg dieser Linie von der Entwässerung aus ist um so steiler, je schwerer durchlassend der Boden ist, weshalb man, solange der Boden noch Wasser an die Entwässerung abgibt, eine gleichmäßige Grundwassersenkung nicht erreichen kann, sich vielmehr mit einer mittleren Entwässerungstiefe begnügen muß. Je schwerer der Boden ist (Abb. 39), um so geringer ist die Reichweite e der Entwässerung mit der Mindesttiefe t_m und um so größer ist die Spannung zwischen den Grenzwerten der größten und kleinsten Entwässerungstiefe, da über dem Drän immer die volle Tiefe $\max t$ erreicht wird.

Eine gleichmäßige, wagerechte Entwässerungstiefe kann erst dann sich ausbilden, wenn alles freie Grundwasser über den Dräns zum Abfluß gelangte, d. h. Abflußlosigkeit eintrat; denn bis dahin muß Gefäll zum Fließen verbraucht werden[1]).

Spöttle (25. III. 7. 104) stellt sich den Vorgang des Grundwasserabflusses nach einem Abzug in folgender Weise vor: Ein Wasserteilchen W (Abb. 40) kann sich günstigstenfalls in der geraden Richtung WE nach dem Abzug E hin bewegen. Die diese Bewegung erzeugende Kraft kann nur die Schwerkraft sein, die infolge des Wasserabzuges bei E Bewegung erzeugen muß.

Von der Schwerkraft wirkt nur die Komponente, die in die Richtung WE fällt. Ist nun für einen betrachteten Boden die senkrechte Versickerungsgeschwindigkeit v für die Zeiteinheit (Tag) bekannt, so gelangt das

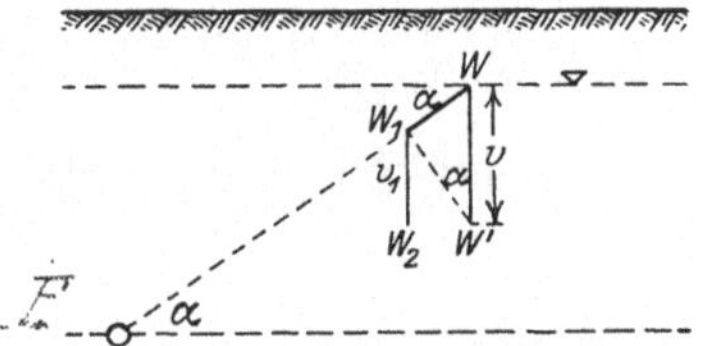

Abb. 40. Vorgang der Entwässerung nach Spöttle.

Wasserteilchen in dieser Zeiteinheit nicht nach W' sondern nach W_1, und es ist $WW_1 = v \cdot \sin \alpha$. Da das jedem Boden eigentümliche v durch Versuch ermittelt werden kann, so ist es möglich, die jeweilige Spiegelform für einen bestimmten Zeitpunkt durch Zeichnung darzustellen, indem man die Konstruktion für verschiedene Punkte W des Grundwasserspiegels wiederholt. An der Hand verschiedener Bodenwasserspiegel, die durch Grundwasserstandsbeobachtungen auf dem Versuchsgute der Bayerischen Moor-Kulturanstalt gewonnen wurde, weist Spöttle nach, daß die Form der letzteren der auf Grund dieses Verfahrens gezeichneten sehr ähnlich ist, worin eine gewisse Bestätigung der Theorie erblickt werden darf. Soll diese Theorie stimmen, so muß man allerdings noch die einschränkende Annahme machen, daß der Untergrund in der Wagerechten E völlig undurchlassend ist. Wenn dies nicht der Fall, vielmehr der ganze Grundwasserkörper noch senkrecht mit der Geschwindigkeit v_1 versinkt, so würde das Wasserteilchen W nach der Zeiteinheit nicht nach W_1 sondern nach W_2 gelangen, wenn $W_1 W_2 = v_1$ ist.

---

[1]) Risler und Wery, Irrigations et drainages S. 372 vertreten die Ansicht, daß das Fließen des Wassers nach Abzügen schon früher aufhören müsse, und zwar von dem Augenblicke an, wenn das Gefäll des Wassers nicht mehr ausreicht, die Kapillarkraft und die Reibung im Boden zu überwinden. Dagegen ist zu bemerken, daß nach dem Gesetze von Darcy (II. F) die Geschwindigkeit des Grundwassers zwar mit dem Gefäll abnimmt, aber erst mit diesem zu Null wird. Also kann ein wagerechter Grundwasserspiegel erst bei vollkommener Abflußlosigkeit eintreten.

Aber auch diese Verbesserung würde sich in der Zeichnung leicht anbringen lassen.

Ein Übelstand dieses zeichnerischen Verfahrens besteht darin, daß die Zeichnung in unverzerrtem Maßstabe aufgetragen werden muß, da die Gestalt des Spiegels von einer Winkelfunktion abhängt. Dann aber entstehen so ungünstige Schnitte, daß die Genauigkeit sehr beeinträchtigt wird.

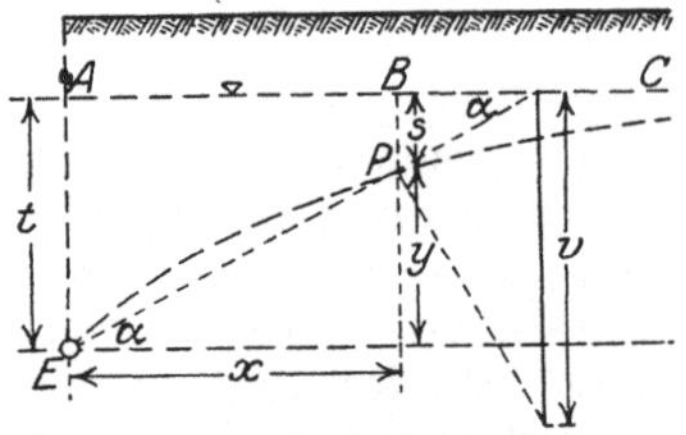

Will man den Entwässerungsvorgang genauer verfolgen, so muß man nachstehendes analytische Verfahren einschlagen.

In der Abb. 41 sei ABC der ursprünglich wagerechte Grundwasserspiegel, t die Tiefe der Entwässerungsanstalt E unter ihm und v die Versickerungsgeschwindigkeit in der Zeit, für die der Grundwasserspiegel ermittelt werden soll.

Abb. 41. Analytische Herleitung der Senkungskurven.

Dann ist nach der Anschauung von Spöttle P ein Punkt des in der v entsprechenden Zeit gesenkten Grundwasserspiegels mit den Koordinaten x und y. Es ist nun

$$EP = \sqrt{x^2 + y^2} \qquad \text{und} \qquad PB = v \sin^2\alpha,$$

also

$$y = t - v \sin^2\alpha \dots\dots\dots\dots\dots (1)$$

$$\sin\alpha = \frac{y}{\sqrt{x^2 + y^2}} \qquad \text{und} \qquad \sin^2\alpha = \frac{y^2}{x^2 + y^2} \dots\dots (2)$$

Aus Gleichung 2 und 1 folgt

$$y = t - \frac{v y^2}{x^2 + y^2}$$

und daraus

$$y^3 + y^2(v - t) + y x^2 - t x^2 = 0 \dots\dots\dots\dots (3)$$

und

$$x = y \sqrt{\frac{y - t + v}{t - y}} \dots\dots\dots\dots\dots (4)$$

Es handelt sich darum, für bestimmte x die zugehörigen y zu berechnen, daher muß die Gleichung 3 nach y aufgelöst werden. Setzt man:

$$y = z - \frac{v - t}{3} = z - a$$

$$p = x^2 - 3 a^2$$

$$q = 2 a^3 - x^2(a + t),$$

so erhält man:

$$z = \sqrt[3]{-\frac{q}{2} + \sqrt{\left(\frac{q}{2}\right)^2 + \left(\frac{p}{3}\right)^3}} + \sqrt[3]{-\frac{q}{2} - \sqrt{\left(\frac{q}{2}\right)^2 + \left(\frac{p}{3}\right)^3}}$$

und die Spiegelsenkung

$$s = t - y.$$

Setzt man nacheinander v gleich dem 1-, 2-, 3-…n-fachen der täglichen Versickerungsgeschwindigkeit, so erhält man in dem zugehörigen s die Spiegelsenkung am 1., 2., 3.,…,$n$ten Tage nach dem Beginne der Entwässerung für einen Boden mit der Versickerungsgeschwindigkeit v oder das s mit der n-fachen Versickerungsgeschwindigkeit in der Zeiteinheit (55. III. 150). Aus diesen für ein bestimmtes v gültigen s kann man angenähert die s für ein anderes v durch geradlinige Einschaltung herleiten.

In der Abb. 42 sind die hiernach berechneten Grundwasserspiegel für $v = 0,8$ m und $t = 0,5 - 1,0$ und $1,5$ m dargestellt. Man ersieht daraus ohne weiteres die Überlegenheit der tieferen Entwässerung gegenüber der flachen.

Penningk[1]) fand und wies durch geschickte Versuche nach, daß einem unter dem Grundwasser liegenden Abzuge von allen Seiten, also auch von unten Wasser zuströme. Die Punkte gleichen Druckes liegen auf Linien von konzentrischer (wenn auch nicht kreisförmiger) Krümmung zu dem Abzuge. Die Bewegungsrichtung steht stets senkrecht auf diesen Drucklinien (Abb. 43).

2. Durchlüftung des Bodens.

Die Durchlüftung des Bodens oder dessen Versorgung mit Sauerstoff wird in hohem Maße durch die Entwässerung besorgt, weil sie Bewegung des Wassers im Boden auslöst. Fällt ein Regen auf ein mit Wasser bereits gesättigtes Land,

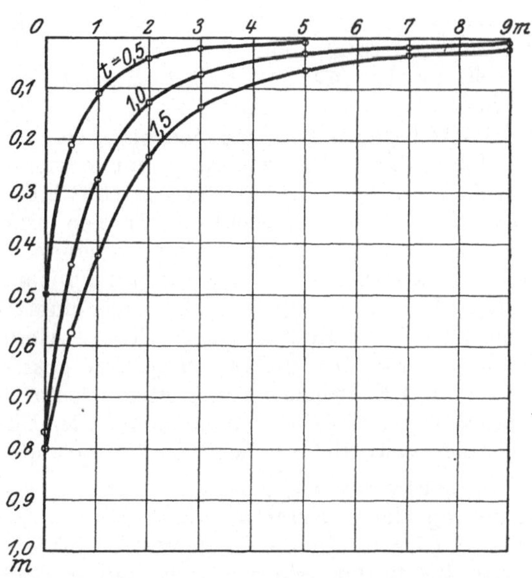

Abb. 42. Berechnete Senkungskurven für $v = 0,8$ m und $t = 0,5 - 1,0 - 1,5$ m, 10 mal überhöht.

so kann er nicht eindringen, muß vielmehr oberirdisch abfließen oder verdunsten. Wenn dagegen das Wasser infolge der Entwässerung in den Boden einsickern kann, so verdrängt es dabei die alte, an Sauerstoff verarmte Bodenluft und zieht frische Luft nach sich. Auf bessere Durchlüftung wirkt aber auch noch die

3. mechanische Umformung des schweren Bodens.

Es ist eine bekannte Erscheinung, daß Tonboden unter dem Einflusse der Austrocknung von Rissen durchfurcht wird, die bei eintretendem Regen wieder verschwinden. Diese Erscheinung

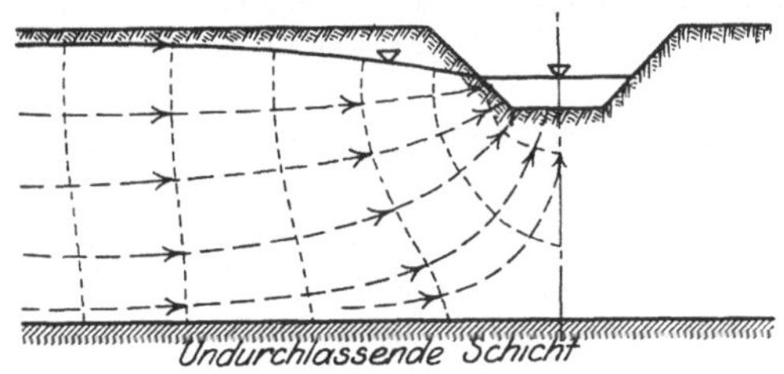

Abb. 43. Grundwasserströmung nach Penningks Versuchen.

beruht auf der Quellung der Bodenkolloide bei Berührung mit Wasser und dem Schwinden bei Beseitigung der Nässe. Wenn nun aber der Boden entwässert wurde, so ist er durch und durch von einem Netze derartiger Trockenrisse durchzogen, das auch Anschluß an die Entwässerungsanstalten hat; fällt dann ein Regen, so findet er durch die Risse schnell freien Abfluß und gewinnt keine Gelegenheit, um die Risse durch Quellung der Kolloide wieder zu schließen. Angelockt durch die vermehrte Erwärmung und Durchlüftung, dringen nun die Pflanzenwurzeln tiefer in den Boden und

---

[1]) Journal für Gasbeleuchtung und Wasserversorgung 1907, Heft 4.

erweitern und vermehren dadurch die Abzugskanäle in ihm. Durch sie werden wieder die Erdwürmer bewogen, tiefer in den Boden hinabzugehen, und sie vollenden das Werk zur Erhöhung der Durchlässigkeit. Der Boden wird also ohne unmittelbare Bearbeitung von dem Einzelkorn- zum Krümelgefüge umgewandelt. Da viele der Zwischenräume zwischen den Krümeln zu groß sind, um Wasser kapillar halten zu können (II.F), wird dadurch also auch die Wasserkapazität verringert. Bei kolloidfreien Sandböden kann man diese Wirkung der Entwässerung nicht erwarten.

Kopecky (42. 13) erklärt diese krümelnde Wirkung der Entwässerung in folgender Weise. Durch Frost- oder Feuchtigkeitsaufnahme erleidet der kolloidale Boden Raumvergrößerung. Da anderweitiger Raum nicht vorhanden ist, kann dieser Vergrößerung nur durch Hebung der Bodenoberfläche entsprochen werden. Sobald die Ursache dafür aufhört, sinkt der Boden wieder unter dem eigenen Gewichte zusammen und der Bodenzustand ist gegen denjenigen unverändert, der vorher vorhanden war. Wenn aber der Boden durch Dräns entwässert ist, so gestatten die mit nachgiebigem Boden gefüllten Drängräben der Raumvergrößerung auch eine Ausdehnung nach den Seiten, die nicht unter dem Einflusse der Schwere wieder verloren geht. Durch die Ausdehnung wird der Boden rissig und gekrümelt, und nun finden Pflanzenwurzeln und Erdwürmer Gelegenheit, dessen Kanalisierung zu vervollkommnen. Diese Wirkung der Bodenkrümelung in den tiefen Schichten vergleicht Kopecky mit einer ganz tief reichenden Untergrundslockerung.

4. Entwässerung erwärmt den Boden, und zwar, weil mit der Entwässerung die Verdunstung und damit eine erhebliche Kältequelle ermäßigt wird (S. 17, 80). In die vom Wasser befreiten Bodenporen vermögen sowohl warme Regen (sie sind in der kalten Jahreszeit meistens wärmer als der Boden) als auch warme Luft leicht einzudringen. Dadurch wird der Boden nicht nur früher frostfrei und die Frühjahrsbestellung früher ermöglicht, sondern auch das Wachstum der Pflanzen wird vertieft und deren Entwickelung verfrüht. Als Folge davon wird die Wachstumszeit verlängert. Das ist besonders wichtig für Gegenden mit kurzer Zeit der Sommerwärme, ja man kann hier die Verlängerung der Wachstumszeit als die Hauptaufgabe der Entwässerung (Dränung) ansehen.

Die erwärmende Wirkung der in den Boden dringenden warmen Luft besteht bei deren geringer Masse und spezifischen Wärme weniger in der mechanischen Wärmeabgabe, als in der Erzeugung chemischer Wärme infolge der durch die Luft begünstigten Oxydation der organischen Masse im Boden.

5. Entwässerung schützt in gewissem Grade vor den Schäden durch Dürre. Diese Behauptung klingt zunächst widersinnig; sie wird indes verständlich, wenn man bedenkt, wie durch die Entwässerung die Wurzeln sich besser entwickeln und tiefer in den Boden eindringen, wie wir oben gesehen haben. Sie vermögen also einen größeren Bodenraum für ihre Ernährung und Tränkung in Anspruch zu nehmen.

6. Entwässerung erleichtert die Bestellung. Erfahrungsmäßig gestaltet sich die Ackerbearbeitung bei mäßigem Feuchtigkeitsgehalt des Bodens am leichtesten, nicht nur weil dann die Ackergerätschaften weniger Zugkraft verbrauchen als bei ausgesprochener Nässe, sondern auch weil dann die Bodenschollen leichter zerfallen und weniger häufige Bodenbearbeitung genügt, um das nötige feinkrümelige Bodengefüge herzustellen. Dazu kommt noch, daß bei entwässertem Boden auch die Arbeit der Unkrautbekämpfung sich wesentlich einfacher gestaltet; denn einerseits sind die Unkräuter wasserliebend, werden also durch Entwässerung geschwächt, andererseits werden durch die angemessene Entwässerung die Kulturpflanzen so gestärkt, daß sie nicht so

sehr gegen Überwucherung durch Unkraut geschützt zu werden brauchen, vielmehr durch üppige Entwickelung selbst zu deren Unterdrückung beitragen.

7. Die Entwässerung schützt die Kulturpflanzen vor Krankheiten pflanzlicher oder tierischer Art. Viele Krankheitserreger lieben übermäßig nassen Boden. Dazu kommt noch, daß die auf zu nassem Boden stehenden und daher schwach entwickelten Nutzflanzen leichter von Schädlingen befallen und durch diese geschwächt werden als gesunde.

Nach allem kann man die Wirkung der Entwässerung dahin zusammenfassen, daß durch sie die Bestellung erleichtert und auch die Ernte nicht nur gesichert, sondern auch nach Menge und Güte vermehrt wird.

E. Allgemeine Erfordernisse für die Vorflutbeschaffung.

Vor Beginn von Entwässerungsanlagen muß die Ursache der überschüssigen Nässe und die Möglichkeit zu deren Beseitigung durch eingehende Vorarbeiten (Nivellements und Bodenuntersuchungen s. Kapitel VI, S. 155) festgestellt werden. Diese Untersuchungen müssen vom Großen zum Kleinen übergehen, d. h. zunächst ist zu ermitteln, ob Vorfluter überhaupt in genügender Zahl und Lage vorhanden sind und ob der Zustand der etwa vorhandenen Vorfluter den an sie zu stellenden Anforderungen genügt.

Unter Vorfluter verstehen wir die Wasserzüge, die das von dem zu verbessernden Gebiete entstehende Wasser ableiten, also Entwässerungszüge jeglicher Art.

Unter Vorflut versteht man nicht die Geländehöhe neben dem Vorfluter, sondern die mittlere Geländehöhe über dem Grundwasserspiegel. Da das Grundwasser noch Gefäll verbraucht, um zu dem Vorfluter zu gelangen, der das betreffende Gebiet entwässert und die Nebenableiter wieder Gefälle bis zur Einmündung in die Hauptvorfluter verbrauchen, so sind diese Gefällgrößen zu der nötigen Grundwassertiefe zu schlagen, wenn man die Vorflut nach der Erhebung des Geländes über den Grabenwasserstand bemessen will.

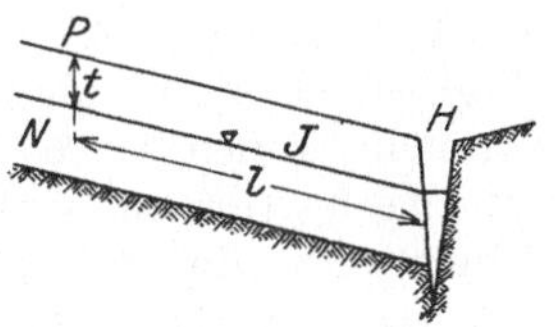

Abb. 44. Größe der Vorflut.

Ist z. B. für den Geländepunkt P neben dem Nebenableiter N (Abb. 44) die Vorflut t erforderlich, so muß der Wasserspiegel im Hauptableiter H um $t + lJ$ unter P liegen, wenn J das zur Ableitung der Wassermenge Q im Nebenableiter erforderliche Gefäll ist. Je größer man den Querschnitt des Nebenzuleiters N macht, um so geringer wird der Gefällverlust lJ. Die Abflußmenge Q ergibt sich aus der Größe des zu jedem Graben gehörigen Sammelgebietes, das vorgängig ermittelt werden muß und aus der Abflußeinheit. Für diese ist das MW oder HW maßgebend, je nachdem es sich um die Regelung des gewöhnlichen Wasserstandes oder um Beseitigung von Überschwemmungen handelt.

Es kommt ausnahmsweise auch wohl vor, daß ein fließendes Gewässer für Vorflutbeschaffung nicht zur Verfügung steht, auch wegen entgegenstehender Geländeschwierigkeiten nicht hergestellt werden kann und man genötigt ist, dann in eine abflußlose Mulde mit Tümpel zu entwässern. Solche Fälle sind mit der größten Vorsicht zu behandeln. Falls nicht sichere Angaben über den Wasserstand in diesem Tümpel und dessen Schwankungen vorliegen, fehlt jede sichere Unterlage zur Beurteilung, ob diese Vorflut ausreichen wird oder nicht. Aber selbst in dem Falle, daß die Vorflut auf den Tümpel unter gegenwärtigen Verhältnissen ausreichen sollte, ist sie noch unsicher; denn die drei dabei maßgebenden Größen: Zufluß aus der neuen Entwässerungsanlage, Verdunstung und Versickerung aus dem Tümpel lassen sich nur in ganz roher Annäherung überschlagen, so daß Fehlgriffe sehr leicht vorkommen, um so leichter und schwerer wiegend, je kleiner die Tümpeloberfläche ist. je größer also die einer gewissen Zuflußmenge entsprechende Spiegelsteigerung ist. Auf die Mitwirkung der Versickerung sollte man gar nicht rechnen; denn derartige Mulden sind meistens mit so undurchlassender Schlammschicht überzogen, daß sie in der Tat ganz ausfällt.

Im allgemeinen sieht man folgende mittlere Grundwassertiefe unter dem Gelände als angemessen an:

$$
\begin{array}{lll}
\text{bei Wiese} & 0,5\ \;-0,7\ \text{m} \\
\text{„ Weiden} & 0,7\ \;-0,9\ \text{„} \\
\text{„ Acker} & 0,75-1,25\ \text{„} \\
\text{„ Garten} & 1,1\ \;-1,3\ \text{„} \\
\end{array}
$$

Die kleinere Zahl gilt für leichten, die größere für schweren Boden. Bei letzterem muß der Grundwasserstand tiefer gesenkt werden, weil er vermöge seiner hohen Kapillarität (II. F) viel Wasser noch weit über den Grundwasserstand emporhebt. Bei Bemessung der Grundwassertiefe ist es nötig, die Gestalt des Grundwasserspiegels zu berücksichtigen. Zu den Böden mit steilem Verlaufe des Grundwasserspiegels gehören die mit großem Gehalt an Kolloiden, also Ton- und Moorböden, besonders die unzersetzten Moore (Hochmoor).

Es ist notwendig, den Grundwasserstand während der Wachstumszeit in ausreichender Tiefe zu halten, weil sonst Mißwuchs die unmittelbare Folge ist. Doch darf eine gewisse Tiefe nicht unterschritten werden, weil der in der Wachstumszeit erhebliche Wasserbedarf der Pflanzen ausreichend gedeckt werden muß. Dieser Wasserverbrauch schwankt mit der meteorologischen Verschiedenheit der Jahre: der jederzeit richtige Wasserstand läßt sich also durch Entwässerung allein nicht herstellen, vielmehr muß damit stets die Möglichkeit verbunden sein, das Wasser im Bedarfsfalle auch anstauen zu können. Indes ist es gut, den Grundwasserstand während der Wachstumsruhe recht tief zu senken, damit die Luft möglichst tief in den Boden eindringt und die im Boden ruhenden, schwer löslichen Pflanzennährstoffe bis zum beginnenden Wachstume der Pflanzen in aufnahmefähige Form überführt.

Das HW soll in solcher Tiefe unter der Geländehöhe abgeführt werden, daß keine Überschwemmungsschäden verursacht werden. Kürzere Steigerung des Grundwassers, wie sie ein HW meistens mit sich bringt, verursachen keinen Schaden für das Kulturland. Dabei ist zu beachten, daß für Acker und Garten Überschwemmungen unter allen Umständen und zu jeder Zeit schädlich und zu verhüten sind, weil sie während der Wachstumszeit unmittelbaren Schaden an den Feldfrüchten verursachen, während der Wachstumsruhe aber dadurch, daß der Boden durch die Überschwemmung in schädlicher Weise zusammengeschlämmt und von den Nährstoffen ausgelaugt wird. Auch bringen die Hochwasser Übersandungen mit sich, die dauernde Verschlechterung des Bodens im Gefolge haben. Den Wiesen schaden Überschwemmungen nur im Sommer, indem danach das Gras leicht fault, oder durch Verschlammung verdorben oder im Werte vermindert, das Heu ebenfalls verdorben oder fortgeschwemmt wird. Im Winter dagegen ist Überschwemmung der Wiesen von Nutzen, weil ihnen mit dem Überschwemmungs-. wasser Dungstoffe zugeführt werden. Daher müssen die Vorfluter für Äcker und Garten das WHW, für Wiesen das SHW bordvoll abführen.

Wollte man für diese HW die oberen Grenzwerte nehmen, so würde man zu so großen Querschnitten für die Vorfluter gelangen, daß in ihnen das MW und NW sich leicht so tief einstellen würde, um das Meliorationsgebiet durch zu große Wasserentziehung zu schädigen. Man muß sich also auf die Abführung eines mittleren Hochwassers (mHW) beschränken und sich damit begnügen, die Häufigkeit der Schadenüberschwemmungen zu mindern.

Die bordvolle Abführung des größten Hochwassers kann nur an solchen Stellen in Frage kommen, wo menschliche Wohnungen vor Überschwemmungen geschützt werden sollen und daher alle andern Rücksichten zurücktreten müssen. Das richtige Maß für eine angemessene Hochwasserführung gewinnt man durch sorgfältige Prüfung der Wasserstandsbeobachtungen und der zugehörigen Abflußmengen; oder, wo diese fehlen, muß man auf ähnliche, bewährte Fälle zurückgreifen (III. D und F). Die Prüfung hat sich auf die Beantwortung der Frage zu erstrecken, bei welcher Abflußeinheit (l/qkm) bisher Schadenüberschwemmungen eintraten. Diese Abflußmenge muß um das Maß vermehrt werden, das sich daraus ergibt, daß das bisherige Überschwemmungswasser zukünftig ebenfalls bordvoll abgeführt werden soll (VI. F).

Früher ging man in der Annahme dieser Abflußmengen oft viel zu weit und erreichte damit wohl eine gründliche Beseitigung der Überschwemmungen, schuf aber eine verderbliche Austrocknung zu gewöhnlichen Zeiten. Heute sind die Grundlagen durch die Arbeiten der Landesanstalt für Gewässerkunde und durch die von den Meliorationsbaubeamten bearbeiteten Wasserbücher wesentlich verbessert und danach sind die maßgebenden Abflußeinheiten immer mehr eingeschränkt (VI. F).

F. Mittel zur allgemeinen Bodenentwässerung.

Als Mittel für die allgemeine Bodenentwässerung stehen zur Verfügung:

1. Die natürliche Vorflut. Sie ist dann zu benutzen, wenn das zu entwässernde Gelände hoch genug liegt, um dessen Wasser bis zu genügender Tiefe nach einem natürlichem Vorfluter abzuleiten.

2. Die künstliche Vorflut muß dann Platz greifen, wenn das Meliorationsgebiet zu tief liegt, um mit natürlichem Gefäll angemessen entwässert zu werden. Dann ist die Vorflut durch künstliche Wasserhebung zu verbessern.

1. Die natürliche Vorflut.

a) Die Anlage neuer Gräben.

Bei den Vorarbeiten zu einer Entwässerung hat man sorgsam zu prüfen, ob die vorhandenen Vorfluter in genügender Zahl vorhanden sind und an geeigneter Stelle liegen und ob es einfacher ist, sie den vorliegenden Bedürfnissen gemäß auszubauen oder neue Vorfluter anzulegen. Das Entwässerungsnetz gliedert sich in folgende Bestandteile:

1. Hauptvorfluter,
2. Zuggräben,
3. Beetgräben, Grippen oder Dräns.

Die Nummern 1 und 2 sind dadurch gekennzeichnet, daß sie ein größeres, nicht unmittelbar neben ihnen belegenes Gebiet entwässern. Sie gehören also zu der allgemeinen Entwässerung. Die Beetgräben dagegen bilden die Einzelentwässerung (S. 114); sie haben nur das dem unmittelbar benachbarten Gelände entstammende Wasser aufzunehmen und den Zug- oder Hauptgräben zuzuleiten.

Diese haben den Zweck, den Abfluß aller Einzelentwässerungen zu sammeln und nach den Hauptvorflutern abzuführen. Zu dem Ende muß ihre Lage so gewählt werden, daß sie alle Gebietsteile erschließen und sie ein angemessenes Gefäll erhalten, bei dem weder Ausspülungen noch Ablagerungen zu erwarten sind. Im allgemeinen verfolgen sie die tiefsten Geländelinien, doch bietet es manchmal Vorteile in bezug auf Anlage und Unterhaltung (Verbilligung), wenn man kleine Höhen mit ihnen durchbricht und die tiefen Seitenlagen durch besondere Nebengräben anschließt. Infolge dieser Anpassung an das Gelände ist die Linienführung der Hauptgräben vielfach unregelmäßig. Sind erheblichere Höhenzüge mit einer Entwässerung zu durchbrechen, so können unterirdische Rohrleitungen in Frage kommen, wenn die Aufwendungen für ihre Anlage und Unterhaltung niedriger sind als die für die tief eingeschnittenen und schwer zu unterhaltenden, offenen Gräben. (Über ihre Anlage IV. F 1 f., S. 101.)

Sinngemäß sind auch die Rand- und Fanggräben zu den Haupt- oder Zuggräben zu rechnen. Sie haben die Aufgabe, einen Grundwasserstrom abzufangen, bevor er in das Meliorationsgebiet eintritt; sie müssen also mindestens bis in die Tiefe des Grundwasserstromes eingeschnitten werden. Dagegen ist die Tiefe der gewöhnlichen Zuggräben an sich beliebig. Haben sie nicht ständig Wasser zu führen, sondern nur zeitweilig eine Hochwasserwelle aufzunehmen, so hält man sie möglichst flach, um nicht das durchschnittene Land zu Dürrezeiten zu stark zu entwässern; manchmal genügt in solchen Fällen schon eine flache Abflußmulde, die von der landwirtschaftlichen Nutzung nicht unbedingt ausgeschlossen zu werden braucht, besonders nicht bei Entwässerung von Grünland.

Im übrigen hat man den erforderlichen Grabenquerschnitt nach seinem Gefäll und der ihm zukommenden Wassermenge zu bemessen und kann ihn der wirtschaftlich günstigsten Form tunlichst nahe bringen.

Legt man der Geschwindigkeitsberechnung die Formel von Ganguillet und Kutter zugrunde, so tut man gut, bei krautwüchsigen Gräben den Rauhigkeitsbeiwert $n = 0,03$ zu wählen und nur dann $n = 0,025$ anzunehmen, wenn eine saubere Instandhaltung durchaus sicher gestellt ist. Für norddeutsche Verhältnisse nimmt man folgende Abflußeinheiten für Entwässerungsgräben an bei:

$$
\begin{array}{llll}
NW & q = 0,5 - 1,0 & \text{l/s je qkm,} \\
SMW & q = 2 - 4 & \text{,,} & \text{,,} & \text{,,} \\
WMW & q = 5 - 7 & \text{,,} & \text{,,} & \text{,,} \\
mSHW & q = 12 - 20 & \text{,,} & \text{,,} & \text{,,} \\
hWHW & q = 30 - 60 & \text{,,} & \text{,,} & \text{,,}
\end{array}
$$

Die kleineren Zahlen gelten für Gebiete mit geringeren Niederschlägen und starker Versickerung, die größeren für regenreiche Gebiete. Wenn auch im allgemeinen die Abflußeinheit bei HW mit zunehmender Sammelgebietsgröße abnimmt, so ist das Gesetz bei Gräben mit immerhin nur kleinem Sammelgebiet ohne Belang. Je breiter die Sohle angelegt wird, um so geringer die Senkung des NW. Doch soll man nicht unter 0,3 m Sohlenbreite herabgehen, weil sonst jede kleinste Unregelmäßigkeit bereits eine Stockung des Abflusses zur Folge hat. Das Böschungsverhältnis richtet sich nach der physikalischen Beschaffenheit des angeschnittenen Bodens. Man rechnet für

Ton oder strenger Lehm	$1:1$ bis $1:1\frac{1}{4}$
sandiger Lehm und lehmiger Sand	$1:1\frac{1}{2}$
humoser Sand	$1:2$

lockerer Sand	$1:2^1/_2$ bis $1:3$
Grünlandsmoor	$1:{}^1/_2$ bis $1:1$
Hochmoor	$1:0,1$ bis $1:0,2$

Je faseriger das Moor, um so steiler darf die Böschung sein, ebenfalls je graswüchsiger der angeschnittene Boden ist. Ferner darf in solchen Gräben, die nur zeitweise Wasser zu führen haben, in denen also ein kräftiges Pflanzenwachstum sich entwickelt, unter sonst gleichen Verhältnissen die Böschung steiler angelegt werden. Auch stärkeres Gefäll oder größere Hochwassergeschwindigkeit darf in solchen Fällen zugelassen werden, weil sie durch den Pflanzenwuchs auf den Böschungen und in der Sohle gegen Beschädigungen besonders gut gesichert sind. Reicht die Festigkeit des Querschnittes ohne weiteres nicht aus, um dem Wasserangriff genügend zu widerstehen, so müssen die Böschungen oder auch die Sohle angemessen befestigt werden (VI. D 2).

Es ist streng darauf zu halten, daß der Ausschachtungsboden nicht wie ein Wall am Ufer liegen bleibt; denn dadurch wird der Zweck des Grabens als Entwässerungsanstalt für das Oberflächenwasser beeinträchtigt, und der Boden läuft Gefahr, durch Wind und Regen wieder in den Graben zurückzugelangen. Vielmehr muß der Boden gleich abgefahren oder zur Ausfüllung tiefer Landstellen in der Nachbarschaft verwendet werden. Diese Vorschrift sollte gleich in die Ausführungsbedingungen aufgenommen und die Abnahme der Arbeiten von deren Erfüllung unbedingt abhängig gemacht werden. Oft wünschen die Anlieger diese Arbeit selbst auszuführen; doch führt dies Verfahren meist zu unliebsamen Weiterungen, manchmal überhaupt nicht zum Ziele.

Um die Unterhaltung des Grabens in der planmäßigen Tiefe für alle Zukunft zu sichern, ist seine Sohlenlage durch Anbringung von Sohlpfählen oder Sohlschwellen (in Abständen von 100—200 m) festzulegen. Solche Sohlfestpunkte bestehen entweder aus einer auf 2 Grundpfählen ruhenden Schwelle, die seitwärts noch je 0,3 bis 0,5 m unter die Böschung greift, oder aus einem einfachen, fest eingerammten Pfahle, dessen Oberkante in der Höhe der planmäßigen Grabensohle liegt und durch Nivellement festzulegen ist. Zwischen je 2 Sohlschwellen kann dann die Sohle bei der Räumung nach dem Augenmaße in planmäßiger Lage dauernd erhalten werden.

b) Krautung und Räumung der Vorfluter.

Unter Krautung versteht man das regelmäßige Schneiden der in dem Wasserlaufe wachsenden Pflanzen, unter Räumung den Auswurf der in dem Bette sich ablagernden Sinkstoffe.

Die Wichtigkeit einer geordneten Krautung und Räumung wird meistens nicht genügend gewürdigt. Schon manche gute Anlage ist dadurch in Verruf gekommen, daß Krautung und Räumung vernachlässigt wurden.

Fast alle Vorfluter für Kulturland führen dungreiches Wasser, weshalb sich auf ihren Böschungen und in ihrem Bette ein üppiger Pflanzenwuchs entwickelt. Dieser beeinträchtigt den Wasserabfluß in mehrfacher Hinsicht:

1. Er verkleinert den Wasserquerschnitt F.

2. Er vergrößert den benetzten Umfang p und verkleinert damit die mittlere Wassergeschwindigkeit v.

3. Er vergrößert den Rauhigkeitsgrad n des Wasserquerschnittes, was ebenfalls Verminderung des v bedingt.

4. Infolge der verminderten Wassergeschwindigkeit werden Sinkstoffe zur Ablagerung zwischen den Pflanzenmassen veranlaßt, wodurch weiter in demselben Sinne die Leistung des Vorfluters ermäßigt wird.

Eine kräftige und regelmäßige Bekämpfung des Krautwuchses, womit man gleichzeitig die Räumungslast mindert, ist daher zur Erhaltung der Vorflut unerläßlich, zumal da die Wasserpflanzen, wie alle Unkräuter, sich sehr schnell vermehren.

Die Krautung und Räumung vermag nur dann durchgreifenden Nutzen zu schaffen, wenn sie gleichzeitig in dem ganzen Vorfluter besorgt wird. Daher ist es ratsam, eine solche Räumung durch Veranlassung einer Schauordnung sicherzustellen. Die danach festzusetzenden Schauungen müssen sachverständig und obrigkeitlich überwacht werden. Es muß ferner bestimmt werden, daß zu der Schau die Krautung und Räumung erledigt sein muß, wogegen die Pflichtigen oft zu der Annahme neigen, als wenn bei der Schau erst angegeben werden soll, was zu machen ist. Für Rückständige müssen Nachschauen, Strafen und im Wiederholungsfalle Nacharbeit auf Kosten der Säumigen festgesetzt werden.

Die Schauungen müssen zu solchen Zeiten angesetzt werden, daß die Reinigung leicht ausführbar ist, also zu Zeiten des NW und wenn das Wasser warm ist, weil viele Reinigungsarbeiten das Betreten des Wassers unvermeidlich machen. Daher empfiehlt sich, wenn nur eine einmalige Reinigung nötig ist, diese Ende Mai festzusetzen; jedenfalls muß sie vor vollendeter Samenreife der Wasserpflanzen stattfinden. Wenn noch eine zweite Reinigung erforderlich ist, so muß sie Ende September abgehalten werden.

Die Reinigung muß stets von unten beginnen, um die dadurch verbesserte Vorflut für die nächst obere Strecke auszunützen. Das geschnittene Kraut darf nicht in dem Wasserlaufe verbleiben, muß vielmehr auf das Land gezogen werden. Um das zu erleichtern, werden unterhalb der zu krautenden Strecke Krautfänge eingebaut. Sie bestehen aus verankerten, schwimmenden Stangen oder Balken oder aus Rechen, die, senkrecht im Wasser schwimmend, ebenfalls am Ufer befestigt werden.

Zur Erleichterung der Reinigung dient ferner die Abdämmung einzelner Flußabschnitte. Während der Nacht werden die Abdämmungen geöffnet, um das oberhalb angesammelte Wasser abfließen zu lassen. Vorhandene Stauwerke sind während der Reinigung zu ziehen.

Als Maßstab für die ordnungsmäßige Räumung dienen die vorhin gedachten Sohlschwellen und die planmäßigen Querschnitte. Die ausgeworfene Räumungserde darf unter keinen Umständen auf den Böschungen abgelagert werden, auch nicht am Ufer; denn dadurch würden allmählich geschlossene Seitenumwallungen entstehen, welche diese Entwässerung auf den Vorfluter unterbinden.

Von den Krautungsgeräten wirken die nachhaltiger, welche die Pflanzen nicht abschneiden, sondern ausreißen. Als bewährt sind folgende Geräte erwähnenswert:

1. Schleppkette. Eine schwere Kette wird schlaff im Bogen querüber in den Fluß gelegt und an den Ufern durch Zugtiere stromauf geschleppt. Sie ist nur bei solchen Wasserpflanzen wirksam, die mit langen Stielen wachsen. Diese werden ab- oder ausgerissen. Große Geschwindigkeit des Kettenvorzuges vermehrt die Wirkung.

2. Krautharke aus Eisen, 40—50 cm breit, mit 10 cm langen, etwas nach rückwärts gebogenen, eisernen Zinken in 3—4 cm Abstand, an langem Stiele in den Untergrund harkend, um Wurzeln auszuziehen.

3. **Krautsense.** Gewöhnliches Sensenblatt an langem Stiele, bei kleineren Vorflutern vom Ufer aus zu benutzen. Stündliche Leistung 20 qm.

4. **Freienwalder Krautmesser** (Abb. 45). Zwei Messer m mit Außenschärfe unter Winkel von 60° sind starr miteinander verbunden und mit schräg aufwärts gerichtetem Stiele versehen. Das Messer ist vom Kahne aus zu benutzen. Dieser wird von zwei Mann stromauf bewegt. Ein dritter, am Hinterteil des Kahnes stehend, zieht das Instrument ruckweise nach. Betriebskosten $^1/_5$—$^1/_4$ Pf./qm bei 3,5 Mark Tagelohn.

5. **Entkrautungsmaschine von Priester & Schulz** (48. 1910, **46**. 1910. 283). (Abb. 46.) Eine Anzahl gewöhnlicher Sensen mit Stiel werden durch Rahmen zu einem Ganzen vereinigt. Der Rahmen muß so lang sein,

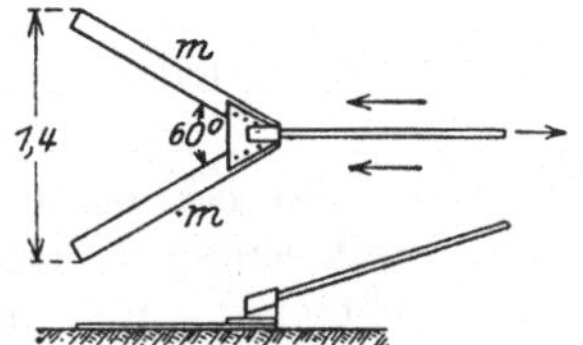

Abb. 45. Freienwalder Krautmesser.

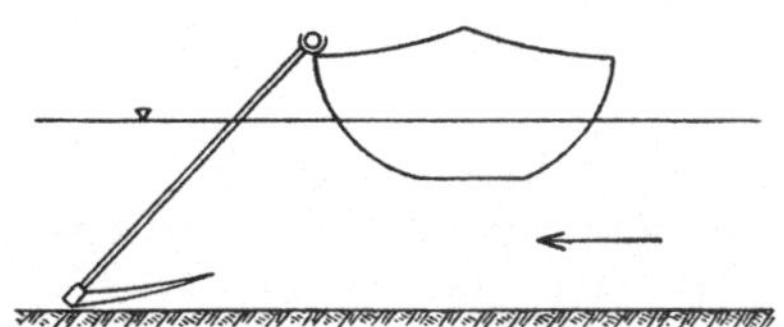

Abb. 46. Entkrautungsmaschine von Priester und Schulz.

daß er auf der Flußsohle stehend einen Winkel von etwa 45° gegen diese bildet, und trägt oben eine Achse, die auf dem Kahnbord pendelnd drehbar gelagert wird. Der Kahn wird durch die Insassen in Schaukeln versetzt. Bei dem Schaukeln stromab schieben die Sensen den Kahn gegen die Flußsohle stromauf, bei dem folgenden Schaukeln nach rechts (stromauf) schneiden die Sensen das Kraut ab.

6. **Belows Entkrautungsmesser** (Abb. 47). Ein breites, flach gekrümmtes Messer m wird durch ein mit Kette angehängtes Schleppgewicht g

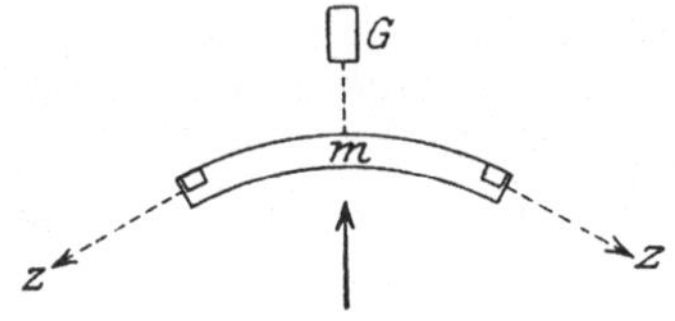

Abb. 47. Belows Entkrautungsmesser.

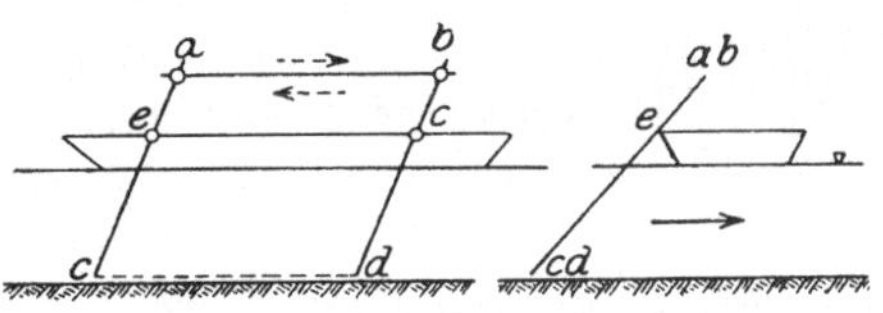

Abb. 48. Königs Krautleier.

auf der Flußsohle wagerecht aufliegend erhalten. Durch wechselweises Anziehen der Zugseile z von den Ufern aus wird das Messer ruckweise sägend stromauf bewegt. Länge des Messers 1,65 und 2,25 m.

7. **Van Luyks Krautmesser.** Ist wie Nr. 6 gebaut; doch ist zunächst dem Grundmesser als erste Glieder der Zugseile je ein Böschungsmesser eingeschaltet.

8. **Sensenkette.** Eine Anzahl Sensenblätter mit je 0,5—0,6 m Arbeitsbreite werden durch Bolzen gelenkartig miteinander verbunden. Jedes zweite Messer wird mit einem Schleppgewichte, wie das von Below, versehen, die Anwendung gestaltet sich wie bei Nr. 6.

Diese Sensenkette hat sich auch zur Krautung von Teichflächen gut bewährt. Hier werden zwei Kähne durch Stangen miteinander breitseits verbunden und in der Länge der Sensenkette gegeneinander abgespreizt. Die zwischen den Kähnen auf die Teichsohle herabgelassene Sensenkette wird von den Kähnen aus betätigt. Leistung: 1 ha in 4 Stunden.

9. **Königs Krautleier** (Abb. 48). In ein Parallelogramm, dessen Seiten *c a b d* aus leichten Holzstangen bestehen, ist als vierte Seite eine Sensenkette *c d* eingeschaltet. Das Parallelogramm ist in den Punkten *e e* drehbar an dem Kahnrande derart gelagert, daß die Stangen schräg auf die Flußsohle treffen. Die sägende Bewegung wird durch ruckweises Hin- und Herziehen an der Stange *a b* erzeugt.

10. **Wasserkrautschneider Simplex** (Abb. 49) besteht aus einer Doppelsense, die bei dem Drehpunkt *a* mit einer eisernen, über Wasser reichenden Führungsstange versehen ist, an der sie vor dem Bug eines

Abb. 49. Krautschneider Simplex.　　　Abb. 50. Ziemsens Krautsäge.

Kahnes aufgestellt, bis zur Schnittfläche dicht über der Gewässersohle herabgelassen werden kann. Die Führungsstange ist oben mit einem Händel versehen, an der das Messer, in der wagerechten Lage pendelnd, hin und her geschwungen wird.

1·1. **Ziemsens Krautsäge** (Abb. 50) besteht aus einem biegsamen, beiderseits gezahnten Sägeblatt, das alle 1—1,5 m durch aufgeschraubte flache, gußeiserne Körper beschwert wird, vermittels derer es sich den gröberen Unebenheiten der Gewässersohle anschmiegt. Die Säge wird (von den Ufern aus) ruckweise hin und her gezogen. Nach Abschrauben der Gußeisenkörper kann das Sägeblatt zusammengerollt und bequem transportiert werden.

12. **Schleppsäge** (Abb. 51). Zwei Sägeblätter *s* werden durch Spreizen *p* winkelförmig miteinander verbunden. Vorn sorgt ein Eisenkörper *g* als Beschwerungsgewicht für Grundschlüssigkeit. An dem Zugseile *z* wird die Säge hinter einem Kahne oder Motorboote stromauf gezogen. Arbeitsbreite: 1—3 m. Prüfungsleistung mit zwei Mann Bedienung 60 qm in 1 Minute.

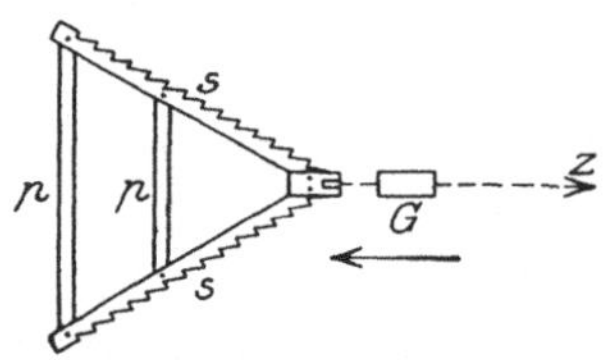

Abb. 51. Schleppsäge.

13. **Mähmaschinen.** An einem Rahmen, der quer über dem Kahne schräg stromauf, an dessen Rändern pendelnd hängend, bis auf die Gewässersohle reicht, ist unten eine Mähmaschine (bis zu 2 m Arbeitsbreite) angebracht, die durch Gestänge mit einer Kurbel vom Kahn aus betätigt wird, indem der Kahn langsam stromauf gefahren wird.

Alle diese Geräte lassen sich ihrer Wirkungsweise nach in zwei Klassen teilen:

a) mit sägender Bewegung, gekennzeichnet durch große Arbeitsbreite und langsamen Arbeitsfortschritt stromauf. Sie sind nur bei breiten Wasserläufen verwendbar, deren Ufer frei von Baumwuchs sind.

b) Schleppgeräte mit geringer Arbeitsbreite und schnellem Arbeitsfortschritt eignen sich für schmale Gewässer, auch wenn die Ufer Baumwuchs tragen.

Räumungsgerätschaften.

1. **Handschaufeln** sind nur in ganz flachem Wasser anwendbar, da der Arbeiter zu deren Gebrauche ins Wasser gehen muß. Ihre Anwendung verbietet sich bei flüssigem Boden.

2. **Baggerschaufel, Lot- oder Schlothacke** (Abb. 52) ist eine große Schaufel aus Eisenblech mit aufgebogenen Seitenrändern, die an dem 4 m langen Stiele unter spitzem Winkel (etwa 45°) befestigt ist. Sie gestattet die Räumung von den Uferrändern aus. Man schlägt die Hacke in den Boden, legt die Stange auf die Schulter, drückt sie mit den Händen in die zu baggernde Masse und zieht sie dabei ans Ufer.

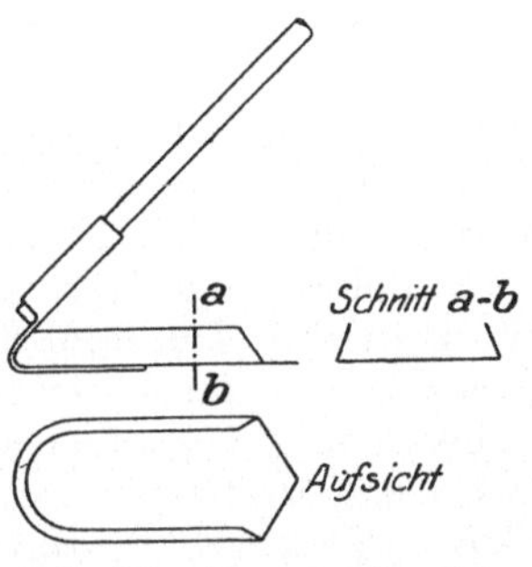

Abb. 52. Baggerschaufel.

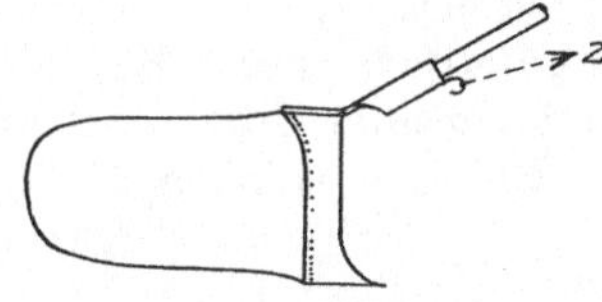

Abb. 53. Sackbagger.

3. **Sackbagger** (Abb. 53). Ein runder oder viereckiger Ring aus Eisen mit Schneide trägt einen Sack aus starker, möglichst Wasser durchlassender Leinwand. An einer langen Stange wird die Schneide in den Boden gedrückt, der Sack gefüllt und zur Entleerung mit Hilfe eines Zugseiles z aus dem Wasser gehoben. Der Sackbagger ist besonders für schlammigen, fließenden Boden geeignet.

4. **Baggerkasten oder Muldbrett** (Abb. 54). Ein vorn offener Kasten aus Holz mit eiserner Schneide oder ganz aus Eisenblech, die Wände durch-

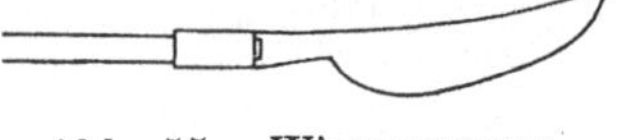

Abb. 55. Wiesenmesser.

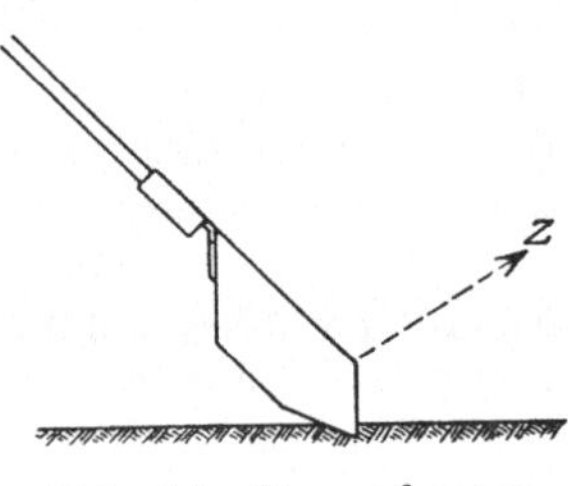

Abb. 54. Baggerkasten.

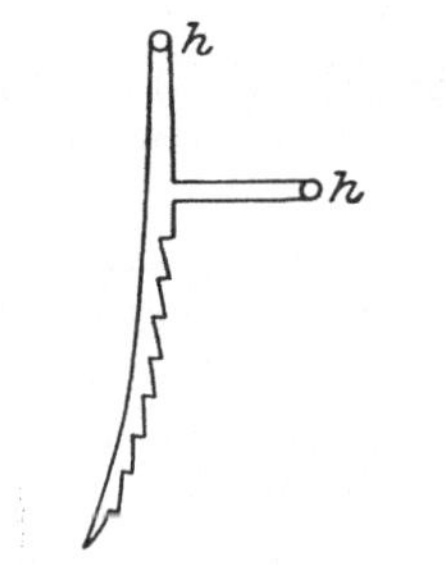

Abb. 56. Moorsäge.

löchert zum besseren Wasserabflusse, wird an einer Stange befestigt in den Boden gedrückt und von einem zweiten Arbeiter an einem Zugseile gefüllt an das gegenüberliegende Ufer gezogen und hier entleert.

5. **Bagger aller Art**, Eimer und Saugebagger, mit Hand- und maschinellem Antrieb kommen nur dann in Frage, wenn es sich um die Bewältigung größerer Massen handelt. Sie werden heute mit so geringem Tiefgange gebaut, daß sie auch auf kleineren Gewässern mit Vorteil Anwendung finden.

6. **Wiesenmesser und Moorsäge** (Abb. 55, 56) dienen dazu, stark verwachsene Böschungen vorzuschneiden, bevor die eigentlichen Räumungsarbeiten beginnen. Sie erleichtern die nachfolgenden Erdarbeiten ungemein, wenn es gilt, eine zäh verwachsene Rasennarbe zu durchschneiden und sichern sehr saubere Böschungskanten. Die Moorsäge wird an den beiden Handhaben $h\,h$ betätigt.

c) Instandsetzung vorhandener Vorfluter.

Durch Vernachlässigung der im vorigen Abschnitte behandelten Unterhaltung gelangen die sich selbst überlassenen Vorfluter in so verwilderten Zustand, daß sie selbst den bescheidensten Ansprüchen auf Entwässerung nicht genügen. Dann müssen gründliche Instandsetzungsarbeiten voraufgehen, um danach im Wege der laufenden Unterhaltung sie in angemessenem Zustande erhalten zu können. Diese Instandsetzung erfordert in der Regel umfangreiche Arbeiten, die in der Erweiterung und Vertiefung der Querschnitte sowie in der Ausgrabung der Sohle nach einheitlichem Querschnitte und Gefäll bestehen. Sie berühren mit ihren Folgen meistens ein großes Gebiet und erfordern hohe Kosten, so daß dann ihre Durchführung durch einen Gemeindeverband oder eine zu dem Zwecke zu bildende Genossenschaft geraten ist. Bei den solchen Meliorationen notwendig voraufgehenden Vorarbeiten (VI. A, S. 155) ist sorgsam zu untersuchen und zu erwägen, ob es wirtschaftlich vorteilhafter ist, den vorhandenen Vorfluter auszubauen oder einen Nebenvorfluter neu anzulegen. Man wird zu diesem Mittel dann greifen müssen, wenn durch Ablagerung von Sinkstoffen, entstanden durch Überschwemmungen, das Gelände neben dem vorhandenen Vorfluter zu sehr erhöht ist, um die Vorflut des auf ihn angewiesenen Geländes dorthin leiten zu können (Abb. 57). Dieser Nebenvorfluter ou steht entweder nur unten

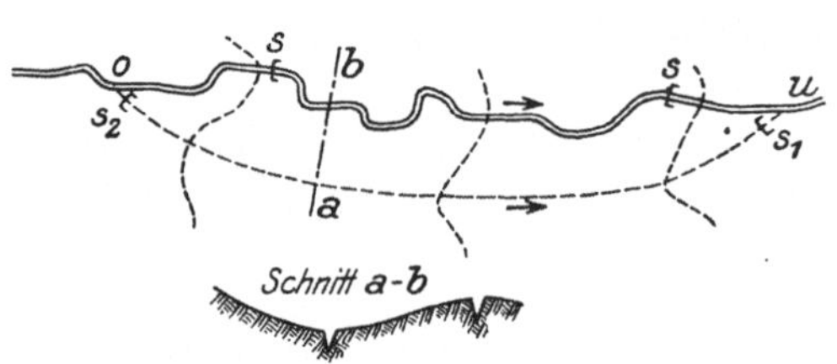

Abb. 57. Entwässerung durch Nebenableiter.

mit dem Hauptvorfluter in Verbindung und ist dann in geeigneten Fällen an dieser Stelle mit einem Stauwerke s_1 zu versehen, um in trockenen Zeiten das Wasser zurückzuhalten, oder auch am oberen Ende, wenn er zeitweilig zur Entlastung des Hauptvorfluters dienen soll. In diesem Falle muß er oben mit einer Sperrschleuse s_2 versehen werden, um das Maß der Entlastung in der Hand zu behalten. Solche Entlastungskanäle kommen häufig neben solchen Wasserläufen vor, die mit Stauwerken ss zur Krafterzeugung ausgenutzt werden, weil durch das fast unablässige Stauen und die damit in Verbindung stehende Verminderung der Wassergeschwindigkeit Sinkstoffablagerungen im Flußbette veranlaßt werden, die wieder zu Ausuferungen und Ablagerungen neben dem Wasserlaufe führen.

Sind erhebliche Sandablagerungen unvermeidlich zu erwarten, so verweist man sie gern auf bestimmte Stellen, um deren Forträumung zu erleichtern. Das geschieht durch die Anlage von Sandfängen. Das sind beckenartige Erweiterungen und Vertiefungen im Laufe des Vorfluters, in denen durch Geschwindigkeitsverminderung der von oben zukommende Sand zur Ablagerung veranlaßt wird.

Oft aber bestehen die Ursachen für die ungenügende Leistung eines Vorfluters nicht in dem mangelhaften Zustande seines Bettes, sondern in einzelnen Hindernissen, deren Rückstau eine um so größere Fläche des anliegenden Landes in Mitleidenschaft zieht, je schwächer das Gefäll ist. Dahin gehören Tränkstellen, Durchfahrten, zu enge Durchlässe und Brücken und Stauwerke aller Art.

Wenn die Ufergrundstücke beweidet werden, so wäre es für den Besitzer am einfachsten, dem Weidevieh an allen Punkten das Tränken zu gestatten. Das ist aber mit dem guten Bestande des Vorfluters unvereinbar; denn durch den Tritt schwerer Weidetiere wird der Querschnitt auf Kosten seiner Leistungsfähigkeit beschädigt. Daher muß vorgeschrieben werden, daß das Ufer neben der Weide befriedet wird und besondere Tränken anzulegen sind. Diese bestehen aus ganz flach abgeböschten, gegrabenen Seitenbecken, die mit dem Wasserlaufe zwar in offener Verbindung stehen; doch muß durch eine Einfriedigung bb über dieser Verbindung in der Flucht der Uferlinie dem Weidevieh das Betreten des Flußbettes verwehrt sein (Abb. 58). In keinem Falle dürfen quer über den Vorfluter reichende Einfriedigungen (Entenzäune) geduldet werden, weil sie Treibsel auffangen und festhalten und daher zur Verstopfung und Auskolkung des Vorfluters Anlaß geben.

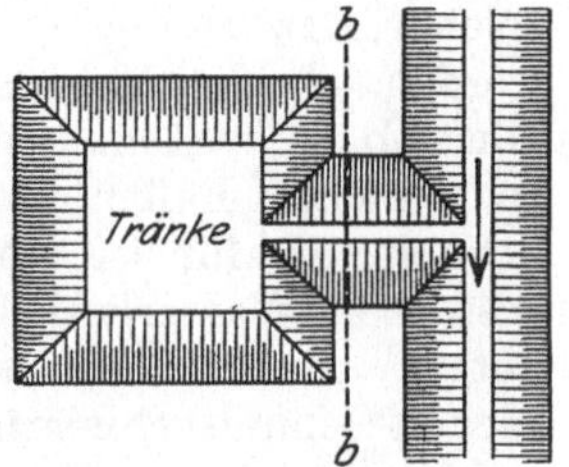

Abb. 58. Tränkestelle.

Durchfahrten (Furten) werden an Stelle von Brücken dann gern angelegt, wenn es sich um tunlichste Ermäßigung der Anlagekosten handelt. Sie erfordern sehr flach angelegte Durchfahrtsrampen und bilden schon dadurch den Anfang zu Verwilderungen. Weit schlimmer ist aber noch, daß zur Erleichterung des Durchfahrens, wenn auch unerlaubterweise, gern Steine in die Durchfahrt geworfen werden, wodurch unmittelbar ein Abflußhindernis geschaffen wird. Durch Ersatz einer Furt durch eine Brücke ist daher oft ein erheblicher Gewinn an Vorflut erreichbar. In früherer Zeit, als die Landeskultur noch nicht auf der heutigen Höhe stand und daher die Anforderungen an Vorflut geringer waren als heute, entstanden, um Kosten zu sparen, Durchlässe und Brücken von zu geringer Lichtweite und zu hoher Sohlenlage. Diese Tatsache ist auch darauf zurückzuführen, daß die Kenntnis über die zu erwartenden Abflußmengen noch geringer war als heute. Ergeben die Vorarbeiten solchen Fall, so muß die Leistung der Brücke unbedingt vermehrt werden.

In erster Reihe kommt dabei die Querschnittsvergrößerung durch Vertiefung der Sohle in Frage. Sind die Brückenfundamente tief genug herabgeführt, so stehen der Tieferlegung der Sohle unter der Brücke keine Be-

Abb. 59. Vertiefung einer
Brückensohle.

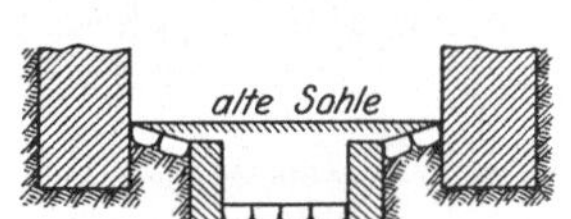

Abb. 60. Vertiefte NW-Rinne
unter einer Brücke.

denken oder Schwierigkeiten entgegen. Die Untersuchung der Brückenfundamente durch Sondierung, Bohrung oder Aufgrabung bildet in solchen Fällen einen wichtigen Teil der Vorarbeiten. Erweist sich die Gründung als zu schwach, so kann man eine gewisse Sohlenvertiefung und damit Querschnittsvergrößerung durch muldenförmige Auspflasterung der Sohle erreichen (Abb. 59). Durch die sorgfältig zwischen Pfahlreihen auszupflasternde Sohle erhalten auch die jetzt flacher unter der Sohle liegenden Fundamente hinlänglichen Schutz gegen Unterspülung. Erfordert aber die Wasserführung die Vertiefung in der ganzen Sohlenbreite, so bleibt weiter nichts übrig, als das Fundament durch Unterfangen zu vertiefen. Diese Arbeit erfordert große Vorsicht, um das Bauwerk vor Sackungen und Schaden zu bewahren. Man untergräbt daher die Fundamentmasse zurzeit in nur kurzer Länge (0,5—1 m) und unterstampft diese sofort mit Beton, bevor man, nachdem der Beton gehärtet ist, zum nächsten Abschnitte übergeht.

In solchen Fällen, wo die Brücke wohl für die Abführung des HW noch reicht, weil ein vorübergehender Aufstau vor der Brücke unbedenklich ist, nicht aber zur genügenden Absenkung des gewöhnlichen Wassers, genügt die Anlage eines offenen, gemauerten Schlitzes in der Mitte der Brückensohle (Abb. 60).

Sehr schwierig ist es, ein für die Landeskultur zu hoch liegendes Stauwerk zu beseitigen oder doch seinen Stau zu ermäßigen, weil in den meisten Fällen die Stauwerke ein älteres Recht besitzen, für dessen Aufgabe gewöhnlich recht hohe Entschädigungen gefordert werden. Bevor man sich zu solcher Erwerbung entschließt, müssen sorgfältige Berechnungen angestellt werden, ob die Melioration die dadurch entstehende Belastung tragen kann oder ob es vorteilhafter ist, für die Vorflut einen andern Ausweg zu suchen. In manchen Fällen bieten Umleitungen und Unterleitungen solche Möglichkeit. Dafür ist Vorbedingung, daß man für die Entwässerung nicht den gestauten Wasserlauf benutzt, sondern einen seitwärts davon liegenden Vorfluter. Umleitungen sichern auf kürzestem Wege Vorflut ins Unterwasser. Liegen Geländeschwierigkeiten vor, z. B. hohes Gelände neben dem Stauwerke auf der Seite des Vorfluters, so sucht man nach Kreuzung des Oberwassers mit einer Unterleitung im Zuge des Vorfluters auf der anderen Seite des gestauten Wasserzuges das Unterwasser zu gewinnen. Natürlich darf dem Stauberechtigten auf diese Weise kein Wasser entzogen werden, auf das er Anspruch hat, oder er muß dafür entschädigt werden.

d) Wasserversenkung.

Wenn in keiner Weise oberflächliche Vorflut zu gewinnen ist und künstliche Wasserhebung nicht lohnt, so ist durch Bohrungen zu untersuchen, ob der Untergrund geeignet ist, das Wasser in ihn zu versenken. Vorbedingung ist, daß der Untergrund genügend durchlassend ist, um die ihm zuzuleitende Wassermenge schnell durch Versickerung aufzunehmen und wegzuführen. Die Versenkungsvorrichtungen — Schlucker — müssen so eingerichtet sein, daß die von dem Vorfluter geführten Sinkstoffe oberirdisch abgefangen werden und nicht mit in den Untergrund gelangen, weil sonst ihre Leistungsfähigkeit bald nachlassen oder ganz vernichtet würde. Ein Schlucker besteht daher aus einem geräumigen Schlammbecken s, in dem die gröberen Sinkstoffe abgelagert werden (Abb. 61). Aus dem Schlammbecken werden die oberen Wasserschichten durch

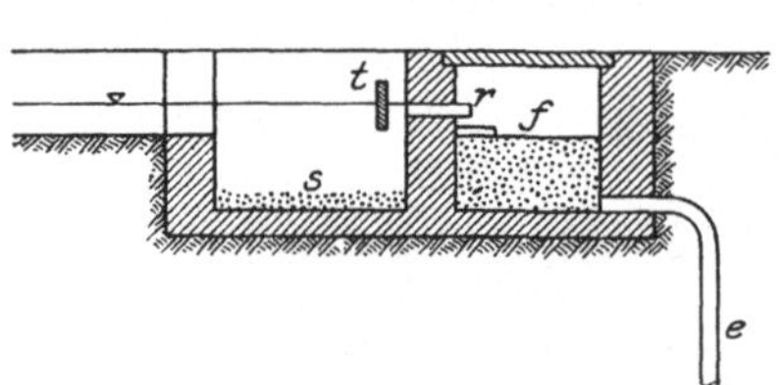

Abb. 61. Wasserversenkung.

ein Rohr r in das Filterbecken f geleitet, in dem das Wasser ein künstlich hergestelltes Sand-Filterbett, von oben nach unten durchfließend, auch von den feinsten Schwebestoffen gereinigt wird. Vor dem Verbindungsrohr ist ein Tauchbrett t anzuordnen, das alle Schwimmkörper zurückhält. Vom tiefsten Punkte des Filterbeckens führt ein Eisenrohr e in den Untergund, das in diesem durchlöchert ist. Schlamm- und Filterbecken müssen zugänglich sein, um nach Bedarf gereinigt werden zu können.

Es liegt auf der Hand, daß nur für kleine Wassermengen auf diese Weise Vorflut beschafft werden kann. Die Versenkung ist überhaupt nur dann zu empfehlen, wenn der Schlucker auf das sorgfältigste hergestellt und eine peinliche Wartung gesichert ist. In einfacheren Fällen, in denen es sich darum handelt, sehr kleine und verhältnismäßig reine Wassermengen (bei Dränungen) zu beseitigen, hebt man eine Grube bis in den durchlasssenden Untergrund aus, füllt diese mit Lesesteinen und führt darin das Wasser ein.

Natürlich ist eine Versenkung nur dann wirksam, wenn das in den Untergrund versenkte Wasser frei abfließen kann und nicht etwa zur Speisung eines Grundwassersees dient, dessen Ränder so hoch liegen, daß nach seiner Füllung Versumpfung eintreten kann. Bei größeren Wassermengen sollte man daher durch Bohrungen stets vorgängig untersuchen, ob diese Voraussetzung zutrifft.

e) Abhaltung von Fremdwasser.

Das Wesen der Vorflutsverbesserung besteht in der Senkung des Wasserstandes in dem Vorfluter. Das kann nicht nur durch die weiter oben besprochenen Mittel zur Verstärkung der Leistungsfähigkeit der Vorfluter geschehen, sondern auch durch Verminderung der ihnen zukommenden Abflußmenge. Man kann dies in geeigneten Fällen in der Weise erreichen, daß man nicht erst alles dem Sammelgebiete eines Vorfluters entstammende Wasser in die schwierig zu entwässernde Niederung gelangen läßt, sondern einen Teil davon am Rande der Niederung durch besondere Randgräben in solcher Höhe abfängt und mit so geringem Gefäll ableitet, daß es noch mit natürlicher Vorflut auf den Hauptvorfluter (Fluß) entwässern kann. In dem in der Abb. 62 schematisch dargestellten Falle werde die Niederung N von dem Hauptflusse a berührt und von dem Nebenflusse b, als Hauptvorfluter, mit erheblichem Sammelgebiete durchflossen. Die Niederung wird durch b häufig überschwemmt, und der hohe Wasserstand in a gewährt nicht ge-

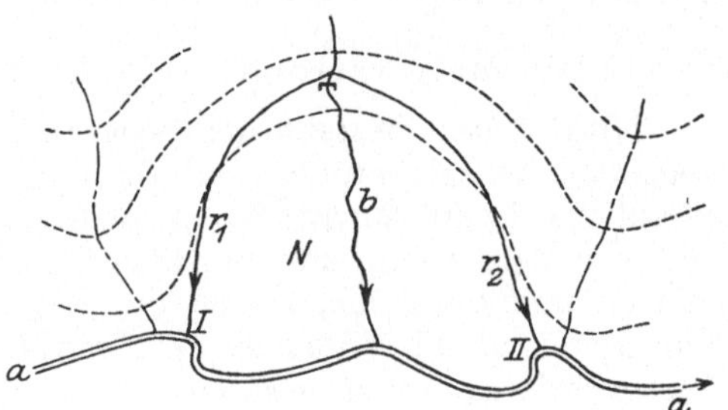

Abb. 62. Abhalten von Fremdwasser durch Randkanale.

nügende Vorflut für so große Wassermengen, die natürlich auch erhebliches Gefäll in b verlangen. Zur Entlastung von b werden nun die beiden Randgräben r_1 und r_2 angelegt und mit schwachem Gefäll, um genügende Vorflut auf a zu behalten, bei I und II in diesen eingeleitet. r_2 nimmt den Oberlauf von b auf, so daß für b nur die Wassermenge übrig bleibt, die in dem Umfange der Niederung N selbst entsteht. Daher verbraucht b weniger Gefäll und gewährt bessere Vorflut für die Niederung.

Die Abhaltung von Fremdwasser gewinnt dann außerordentlich an Bedeutung, wenn eine Niederuug durch künstliche Wasserhebung entwässert werden muß, weil dadurch die Menge des mit erheblichen Kosten künstlich zu hebenden Wassers vermindert wird.

Unter kleineren Verhältnissen finden Randgräben dann mit Vorteil Anwendung, wenn Grundstücke, die am Fuße eines viel Grundwasser führenden Steilhanges liegen (Randwiesen an einem tief eingeschnittenen Flusse), entwässert werden sollen. Gräben, quer zum Flusse gerichtet, sind meist wirkungslos, weil das Grundwasser zwischen ihnen seinen Weg zum Flusse fortsetzt. Es ist daher ratsam, längs dem Fuße des Steilhanges einen tiefen Fanggraben einzuschneiden, durch diesen das Grundwasser, auch das von den Steilhängen herabkommende Tageswasser von den Wiesen abzuhalten und durch einzelne Stichgräben den Fanggraben mit dem Flusse zu verbinden.

Zu den Entwässerungen vermittels Abhaltung von Fremdwasser sind auch Bedeichungen zu rechnen (VI. E).

f) Seesenkungen.

Seesenkungen werden vorgenommen, um an Stelle wenig ertragreicher Wasserfläche neues Kulturland zu gewinnen. Man beschränkt sich entweder darauf, den Spiegel des Sees zu senken, um dadurch für die den See umgebenden Uferränder genügende Vorflut zu gewinnen, oder man läßt den See bis auf den Grund ab und erschließt damit das ganze Seebecken der Bodenkultur.

Schon manche Seesenkung hat den an sie geknüpften Erwartungen nicht entsprochen, weil:

1. die Beschaffenheit des Seebodens für Kulturland nicht oder nur mäßig geeignet war;

2. die anfänglich für ausreichend erachtete Vorflut sich später wegen Senkung des Seebodens als ungenügend erwies;

3. ungeahnte Ersatzansprüche der An- und Unterlieger infolge der Seesenkung entstanden.

Die der meistens sehr kostspieligen Anlage voraufgehenden Vorerhebungen sollten daher mit besonderer Sorgfalt ausgeführt werden und müssen sich auf folgende Punkte erstrecken:

1. Die Meliorationswürdigkeit des Seegrundes.

Nicht selten besteht der Seegrund aus nicht kulturwürdigem Sande, oder wegen des langdauernden Luftabschlusses vom Seegrunde sind den Pflanzen schädliche Reduktionsstoffe in dem sonst guten Boden entstanden. Daher sind von dem Seegrunde durch geeignete Bohrer (56. 1896. 1) Proben zu entnehmen und durch chemische und mechanische Analyse auf ihre Eignung zu Kulturland zu untersuchen. Wo die Vorbereitungen, wie in der Regel, lange Zeit erfordern, ist es geraten, die Eignung des Bodens durch Vegetationsversuche zu ermitteln.

2. Vorflut.

Besteht der Seeboden aus Pflanzenmoder, so ist nach dessen Trockenlegung erhebliche Sackung zu erwarten, die bei Bemessung der Vorflut berücksichtigt werden muß. Die Sackung entsteht einmal infolge der Entwässerung. In der entwässerten Schicht wird der Auftrieb des Wassers beseitigt und dadurch der Druck auf die untern Schichten vermehrt. Ferner aber ist nicht zu vergessen, daß jeder aus Pflanzenmoder bestehende Boden unter dem Einflusse der Luft zersetzt, also auch in seiner Raumgröße vermindert wird, was ebenfalls eine Sackung der Oberfläche zur Folge hat. Wir besitzen heute noch kein zuverlässiges Verfahren, die Sackung im voraus genau zu bestimmen. Einen Anhalt gewinnt man dadurch, daß man den Seeboden in ein Gefäß füllt und ihn durch Verdunstung entwässern läßt, um die eingetretene Sackung in dem Zustande festzustellen, in dem der Wassergehalt auf ein kulturfähiges Maß abgenommen hat. Indes ist dies Mittel ebenfalls unsicher, um so mehr, je wässeriger der Urzustand des Moders und je mächtiger die Moderschicht ist, die unter der zukünftigen Kulturhöhe unentwässert bleibt. Denn auch diese unentwässerte Schicht wird durch die Auflast der entwässerten Schicht zusammengedrückt. Bei dieser Unsicherheit ist es ratsam, nur dann der Entwässerung näherzutreten, wenn Vorflut überreichlich vorhanden ist.

Für die Vorflutbeschaffung sind drei verschiedene Wege möglich:

α) Vertiefung des bereits vorhandenen Seeausflusses oder Anlage eines den erhöhten Seerand durchschneidenden neuen Vorfluters. In beiden

Fällen sind in der Regel recht tiefe Einschnitte herzustellen. Das führt dann wohl zu der Anlage einer

β) Rohrleitung als Vorfluter, die nach Durchschneidung des hohen Seerandes mit Anwendung von geringem Gefälle recht bald wieder in die Sohlenhöhe des natürlichen Vorfluters übergeht. Diese meistens langen Rohrleitungen müssen gegen Verstopfungen sorgfältig gesichert werden; daher sollte ihr Gefäll niemals unter $0{,}5\,^0/_{00}$, besser nicht unter $1{,}0\,^0/_{00}$ herabgehen. Der Einlauf muß durch Gitter gegen das Eindringen von Treibsel gesichert werden. Außerdem soll vor dem Rohranfange ein geräumiger Sandfang in Gestalt einer beckenartigen Erweiterung des Grabens angelegt werden. Um Verschlammungen im Innern der Rohrleitung zu erkennen und beseitigen zu können, muß die Leitung mit zahlreichen Reinigungsschächten versehen sein. Das sind aus Röhren hergestellte, besteigbare Schächte, die vor der Rohroberkante bis an die Oberfläche reichen. Man ordnet sie je nach der Schwierigkeit des Falles in Entfernungen von 100 bis 200 m an, vor allen Dingen aber da, wo ein scharfer Richtungswechsel in der Rohrleitung liegt. Da die Rohrleitung meistens tief unter der Erdoberfläche sich befindet, ist sie erheblichem Drucke ausgesetzt. Es dürfen daher nur sehr widerstandsfähige Röhren verwendet werden, die bei unsicherem Untergrunde auf Pfählen gegründet werden müssen, um die Leitung in unverrückbarer Lage zu erhalten. Außerdem ist die Rohrleitung oder deren Vorgraben mit einem Stauwerk auszustatten, nicht nur um das Wasser zu Zeiten der Dürre zurückhalten zu können, vielmehr auch um das Wasser behufs kräftiger Spülung der Rohrleitung nach Bedarf anzusammeln.

Wenn natürliche Vorflut überhaupt nicht zu schaffen ist, so muß

γ) künstliche Wasserhebung Platz greifen. Dann aber muß man die Kraft des Schöpfwerkes reichlich groß bemessen, weil die zu fördernden Abflußmengen durch die Seesenkung in nicht zu übersehendem Maße beeinflußt bzw. gegen den Urzustand verändert, meistens vergrößert, werden.

Die sicherste Vorflut gewährt die Anlage eines offenen Vorfluters; denn falls nur sein Gesamtgefäll bis zum Hauptvorfluter reicht, so kann durch seine Vertiefung die Vorflut gegen die ursprüngliche Annahme bei sich einstellendem Bedarfe (Sackung des Meliorationsgebietes) immer noch verstärkt werden. Dagegen versagt eine Rohrleitung vollkommen, wenn der Vorflutsbedarf anfangs zu niedrig eingeschätzt wurde; dann kann die Vorflut nur durch Neubau der Rohrleitung nachträglich verbessert werden. Das ist sehr teuer, und daher kann die Anlage eines kleinen Schöpfwerkes (Windmotor) vorteilhafter werden. In diesem Falle würde die Rohrleitung unverändert liegen bleiben, nur am Haupte würde ein kleiner Mahlbusen m (Abb. 63) anzulegen sein, in den das Schöpfwerk pumpt.

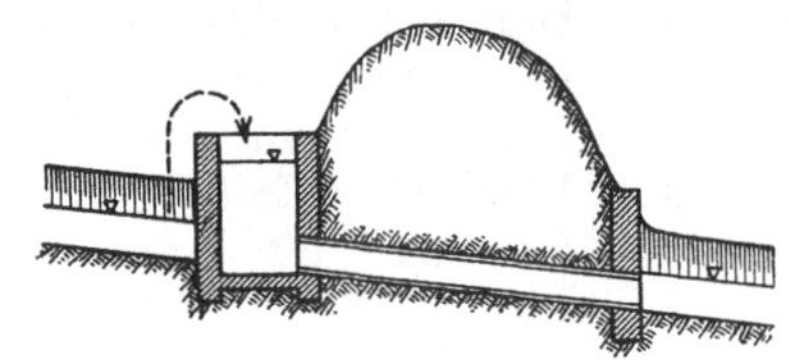

Abb. 63. Rohrleitung mit Schöpfwerk.

3. Ermittelung der Abflußmengen.

Die Abflußmengen aus dem Meliorationsgebiete werden in zweifacher Weise beeinflußt. Erstens wird durch Ermäßigung des Wasserdruckes auf das Seebett die Speisung des Seebeckens aus dem Untergrunde gesteigert. Es gibt kein Mittel, die Größe dieses Einflusses festzustellen. Zweitens wird der Abfluß aus dem See dadurch beschleunigt, daß das Aufspeicherungsvermögen des Sees durch seine Senkung ermäßigt wird. Jedes Seebecken hat auf eine Hochwasserwelle des ihn durchziehenden Flusses einen ausgleichenden Einfluß. Die Abflußeinheit wird dadurch gemildert. Diese ausgleichende Wirkung eines Seebeckens wird durch dessen Verkleinerung beeinträchtigt. Daher muß vor jeder Ausführung einer Seesenkung eingehend geprüft werden, in welchem Maße die Abflußverhältnisse dadurch verschärft werden, ob der Unterlauf des Vorfluters imstande ist, den verstärkten Abfluß ohne Schaden für die Anlieger zu tragen, oder wie groß der für die Unterlieger zu erwartende Schaden ist. Bevor nicht diese Vorfragen untersucht wurden, ist die Einträglichkeit der Melioration ungewiß.

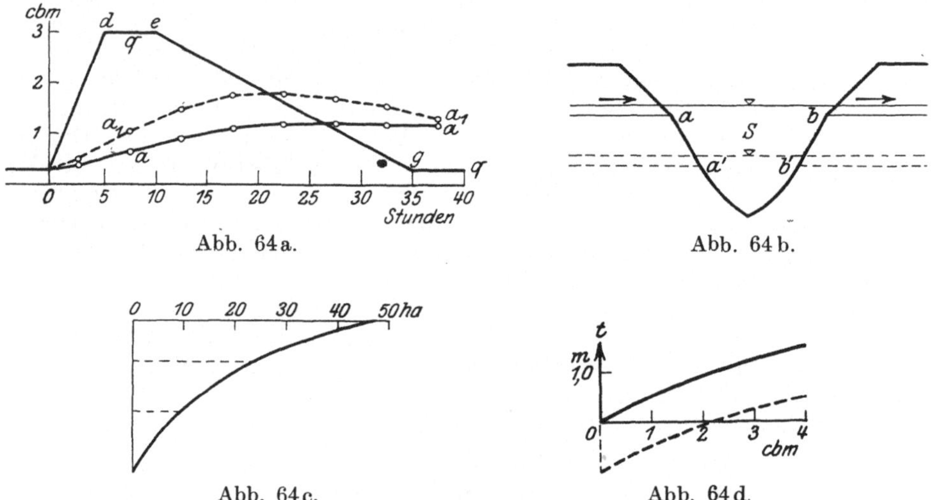

Abb. 64a.

Abb. 64b.

Abb. 64c.

Abb. 64d.

Abb. 64a—d. Einfluß einer Seesenkung auf den Wasserabfluß.

Eine derartige Untersuchung kann in folgender Weise durchgeführt werden. Bezeichnen:

$q =$ Zufluß zum See
$a =$ Abfluß aus dem See $\Big\}$ in der Zeiteinheit,
$f =$ Aufspeicherungsfläche des Sees.
$z =$ Länge der Zeit
$h =$ Hebung oder Senkung des Seespiegels in der Zeit z, so ist:

$$f_m\, h = (q_m - a_m)\, z \quad \ldots \ldots \ldots \ldots \quad (1)$$

Da q, a und f immerfort schwanken, so ist mit dem Index m der Mittelwert dieser Größen für die Zeit z bezeichnet. Es ist also:

$$h = (q_m - a_m)\frac{z}{f_m} \quad \ldots \ldots \ldots \ldots \quad (2)$$

h kann nicht unmittelbar berechnet werden, weil a_m und f_m von h abhängige Werte sind; man muß es also durch Probewerte und Näherung ermitteln. Sobald $h = neg$ wird, ist der Höchststand des Sees überschritten.

Mit Hilfe der vorstehenden Gleichung kann man aus einer bestimmten Hochwasserwelle an der Mündung in den See, deren Beziehung zur Abflußmenge bekannt ist, die Gestalt der Hochwasserwelle unterhalb des Sees entwickeln, wie an folgendem Beispiel gezeigt werden soll.

Ein Bach möge bei a (Abb. 64b) einen See S speisen und bei b ihn wieder verlassen. Nach Peilungen des Sees sei dessen Oberflächengesetz für den ursprünglichen Zustand hergeleitet und in Abb. 64c dargestellt; das Abflußgesetz bei b, das durch Beobachtung oder Rechnung ermittelt werden muß, in Abb. 64d dem Beharrungszustande mit $q = 0{,}3$ cbm, folge die in Abb. 64a gezeichnete Hochwassermengenwelle $cdeg$, die ebenfalls durch Beobachtung oder Rechnung bekannt ist. Diese Hochwassermengenwelle ist in eine Anzahl Zeitabschnitte geteilt (hier von je fünf Stunden Dauer), die aber nicht untereinander gleich zu sein brauchen. Im Beharrungszustande ist die Seefläche 24 ha groß.

Nun ist zunächst zu ermitteln, wie groß im ersten Zeitabschnitt h_0 und a_0 sind. In dieser Zeit ist $q_m = \frac{1}{2}(0{,}3 + 3{,}0) = 1{,}65$ cbm.

Schätzt man nun zunächst die Steigerung des Seespiegels in den ersten fünf Stunden $h_0 = 0{,}10$ m, so folgt aus Abb. 64c, daß dann $f_m = \frac{1}{2}(24 + 26) = 25$ ha groß ist. Aus Abb. 64d folgt ferner:

$$a_m = \frac{1}{2}(0{,}3 + 0{,}5) = 0{,}40 \text{ cbm},$$

also ist

$$h_0 = (1{,}65 - 0{,}40)\frac{5 \cdot 60 \cdot 60}{25 \cdot 10000} = 0{,}09 \text{ m}.$$

Die Annahme von $h_0 = 0{,}10$ m stimmte also recht gut; man kann sie aber durch Wiederholung der Rechnung auch noch genauer bestimmen, wenn es darauf ankommt. Die Abflußgröße $a_m = 0{,}40$ cbm wird in der Mitte des Zeitraumes 0—5 in Abb. 64a als Ordinate aufgetragen.

In derselben Weise verfährt man für die folgenden Zeitabschnitte und findet so das in Abb. 64a gezeichnete Abflußmengengesetz aa, gültig für den Urzustand des Sees.

Bemerkenswert für die q-Linie ist, daß sie die a-Linie in deren Scheitel schneidet. Für diesen Punkt wird $a = q$ und von hier an überwiegt der Ab- den Zufluß, d. h. es beginnt die Spiegelsenkung im See. Die größte Abflußmenge beträgt 1,2 cbm und tritt 26,5 Stunden nach Beginn des Hochwassers ein. Nun möge angenommen werden, daß der Ein- und Ausfluß des Sees von ab nach $a'b'$ gesenkt werde (Abb. 64b). Dann wird natürlich die Aufspeicherungsfläche des Sees wesentlich verkleinert. Für den Beharrungszustand, d. h. für $a = q = 0{,}3$ cbm ist nun $f_0 = 9$ ha (Abb. 64c).

Nun soll untersucht werden, welche Gestalt die Abflußmengenlinie für dieselbe Zuflußmengenlinie wie vorhin annimmt. Der Gang der Herleitung ist genau derselbe wie für den ursprünglichen Zustand. Als Ergebnis kommt die $a_1 a_1$-Linie heraus. Man sieht daraus, daß am Seeausfluß der Hochwasserscheitel 21 Stunden nach Beginn des Hochwassers eintritt, also 5,5 Stunden früher, als im Urzustande und daß die größte Abflußmenge 1,8 cbm erreicht oder 0,60 cbm $= 50^0/_0$ mehr als ursprünglich.

Es braucht kaum erwähnt zu werden, daß man aus dem Abflußgesetze beim Seeauslaufe, d. h. aus der Beziehung zwischen der Ausflußmenge und dem Wasserstande leicht auf den zeitlichen Höhenverlauf der Hochwasserwelle daselbst aus der a-Linie herleiten kann.

In der Regel wird die obere Bachstrecke mit der Seesenkung geregelt und dadurch die Form der Zuflußwelle verschärft, während sie hier unverändert aufgenommen wurde. Es liegt auf der Hand, daß im ersteren Falle die Abflußsteigerung noch weiter vermehrt wird. Man kann nun nach Feststellung der Abflußsteigerung untersuchen, ob die Bachstrecke unterhalb des Sees diese vertragen kann, oder ob sie und in welchem Maße geregelt werden muß, um die das Hochwasser steigernde Wirkung der Seesenkung wieder auszugleichen.

Die ziemlich umständliche Berechnung der a-Linie kann man wesentlich dadurch erleichtern, daß man die Größen der Formel 2 tabellarisch niederschreibt (s. a. 88. 1914. 107).

Man kann auch noch ein anderes zeichnerisches Verfahren anwenden, das in manchen Fällen noch einfacher zum Ziele führt. Dazu braucht man die Inhaltssummenkurve J für das Seebecken, die für jeden Pegelstand den Rauminhalt des Sees angibt und aus der vorhin benutzten Oberflächenkurve dadurch leicht abgeleitet werden kann, daß man die Mittel aus je zwei Oberflächen mit deren Höhenabstand multipliziert, die erhaltenen Werte fortlaufend summiert und die Summe von J neben den Seewasserständen als Abszissen (auf Millimeterpapier) aufträgt. Daneben zeichnet man, bezogen auf denselben Horizont, das Abfluß-

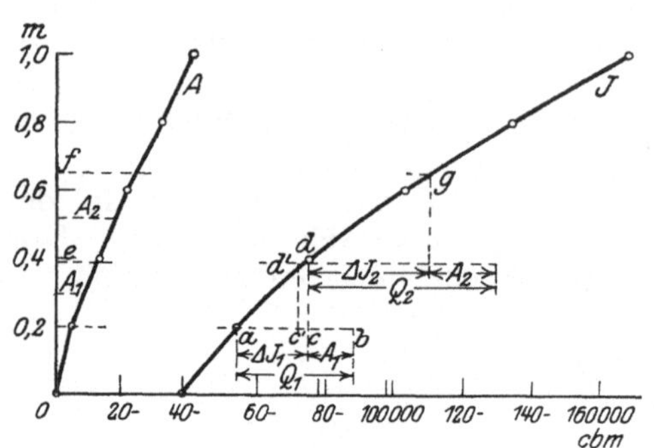

Abb. 65. Einfluß eines Sees auf den Abfluß-
· vorgang. .

gesetz $A = az$. Darin bedeuten a die Abflußmenge in der Sekunde und z den betrachteten Zeitabschnitt, hier fünf Stunden. In Abb. 65 sind diese beiden Linien aus dem vorigen Beispiel hergeleitet. Für den Zufluß q möge dasselbe Gesetz gelten wie vorhin; es ist hier nur nicht wiederholt. Der Beharrungswasserstand, von dem aus die Hochwasserwelle beginnt, sei wiederum 0,2 m a. P., dem $q = 0,3$ cbm entspricht mit $J_0 = 54\,000$ cbm. Bedeuten nun in einem gewissen Zeitabschnitte

Q die Zuflußmenge,

A „ Abflußmenge,

$\varDelta J$ „ Änderung des Seeinhaltes, so ist offenbar:

$$\varDelta J = Q - A \qquad \text{oder} \qquad A = Q - \varDelta J.$$

Dieser Ausdruck kann leicht zeichnerisch ermittelt werden, jedoch nur nach dem Probierverfahren, da A vom Seewasserstande, also auch von $\varDelta J$, nach einem im allgemeinen unstetigen Gesetze abhängig ist. Man schlägt dabei folgendes Verfahren ein:

Im ersten Zeitabschnitte ist

$$q = \frac{0,3 + 3,0}{2} = 1,65 \text{ cbm}$$

und

$$Q = 5 \cdot 60 \cdot 60 \cdot 1,65 = 29\,700, \text{ rund } 30\,000 \text{ cbm.}$$

Mache $ab = Q$. Auf ab muß nun der Punkt c so bestimmt werden, daß $ac = \varDelta J$ und $cb = A_m$ wird, wobei A_m der mittlere Abfluß in der Zeit z ist, in dem hier behandelten Falle für den gesenkten Seespiegel. Das wird sehr schnell und genau durch Probieren bestimmt. Schätzt man zunächst, der Teilpunkt liege bei c', so würde der Wasserstand am Ende von z bei d', also auf 0,37 m a. P. liegen. Dann wäre

$$A_m = (5400 + 12\,000)\tfrac{1}{2} = 8700 \text{ cbm}$$

und

$$\varDelta J = 30\,000 - 8700 = 21\,300 \text{ cbm.}$$

Tatsächlich ist aber

$$\Delta J = ac' = 72\,000 - 54\,000 = 18\,000 \text{ cbm}$$

angenommen. Der Teilpunkt c muß also weiter rechts angenommen werden. Für den Punkt c ist nun

$$A_m = (5400 + 13\,000)\tfrac{1}{2} = 9200 \text{ cbm}$$

und

$$\Delta J = 30\,000 - 9200 = 20\,800 \text{ cbm}.$$

Ferner ist

$$ac = 75\,000 - 54\,000 = 21\,000 \text{ cbm},$$

stimmt also genügend genau. Die Ermittelung hat also ergeben, daß am Ende der Zeit z das Wasser bis $d = 0{,}39$ m a. P. steigt und der mittlere Abfluß in der Zeit $\dfrac{A_m}{z} = \dfrac{9200}{18\,000} = 0{,}51$ cbm beträgt; denn z war zu 5 Stunden oder $5 \cdot 60 \cdot 60 = 18\,000$ Sekunden angenommen.

Ganz ebenso verfährt man mit dem nächsten Zeitabschnitte, indem man von der Grundlinie ed ausgeht und findet, daß für

$$Q = qz = 3{,}0 \cdot 18\,000 = 54\,000 \text{ cbm},$$

$$A_m = 19\,000 \text{ cbm}$$

und

$$a_m = \frac{19\,000}{18\,000} = 1{,}06 \text{ cbm}$$

beträgt und der Seespiegel bis 0,65 m steigt. Zur Erzielung genauer Ergebnisse ist es natürlich ratsam, einen größeren Maßstab anzuwenden.

Trägt man die so erhaltenen a_m über der Mitte der z in der Hochwasserwelle (Abb. 64a) als Ordinaten auf, so ergibt die Verbindungslinie dieser Ordinatenendpunkte den Verlauf der Abflußmenge aus dem Seebecken bzw. den ausgleichenden Einfluß des letzteren. Das Verfahren gibt aber auch den Verlauf der Seewasserstände.

Um die Ungenauigkeiten zu vermeiden, die damit verbunden sind, daß der folgende Zeitabschnitt immer auf den Schlußlinien des vorigen (ed, fg usw.) aufbaut, kann man auch mehrere Zeitabschnitte zusammenfassen und z. B. fg aus dem Zeitabschnitte $z_1 + z_2$ herleiten. Natürlich können diese Verfahren auch auf alle beliebigen Überschwemmungsflächen angewandt werden, um den Einfluß zu ermitteln, der ihre völlige oder teilweise Beseitigung auf den Verlauf der Hochwasserwelle in dem geregelten Flusse ausübt.

Wenn die Vorflut für den tiefsten Teil des Seebeckens knapp ist, so empfiehlt es sich nicht, das Wasser aus dem ganzen Sammelgebiete durch das Seebecken zu führen, vielmehr, soweit möglich, durch Randgräben abzufangen und gesondert abzuleiten. Diese Umleitung bietet dann Gelegenheit, den trocken gelegten Rand des Seebodens erforderlichenfalls zu bewässern.

4. Grundwassersenkung bei den An- und Oberliegern.

Fraglos hat die Seesenkung eine Senkung des Grundwassers in den an- und oberhalb liegenden Grundstücken im Gefolge und zwar reicht diese Wirkung um so weiter, je durchlassender der Boden ist. Da nun das Land um den See allermeist vom Seerande aus ansteigt, so sind in ihm Teile vorhanden, die an zu hohem Grundwasser leiden, andere, bei denen der Grundwasserstand angemessen ist. Wird nun der Seespiegel gesenkt, so verschieben sich die Gürtel mit gleicher Entwässerung nach unten. Da, wo vordem mangelhafte Vorflut herrschte, wird jetzt ausreichende vorhanden sein; aber Grundstücke, die so lange angemessenen Grundwasserstand hatten, können durch die Seesenkung leicht zu stark entwässert werden und Schaden leiden, der von dem Unternehmer der Seesenkung getragen werden muß. Man soll daher bei der Planbearbeitung auch sorgfältig erwägen, ob durch Grundwassersenkung Schäden verursacht werden können. Diese Aufgabe ist sehr schwierig zu lösen. Man kann nur durch Bohrungen den Verlauf der Bodenschichten und des Grundwassers in ihnen feststellen und daraus Schlüsse auf das Verhalten des Grundwassers gegenüber der Seesenkung ziehen. Ohne Zweifel ist in allen den Fällen auf eine erhebliche Mitleidenschaft des Grundwassers zu rechnen, wenn der Untergrund stark durchlassend ist. Dagegen wird die Seesenkung nur geringen Einfluß ausüben, wenn in dem anliegenden Gelände, höher als der Seewasserspiegel, eine undurchlassende Bodenschicht vorhanden ist, auf der Grundwasser steht oder zum See fließt.

5. Einfluß auf das Klima.

Durch Beseitigung der Seefläche wird meistens auch die Verdunstungsmenge vermindert, was im allgemeinen auf Verminderung der Niederschläge wirken muß und in der nächsten Umgebung auch auf die Verminderung der Pflanzentränkung durch Tau. Zwar verdunstet eine mit Kulturpflanzen bestandene Fläche, und zu einer solchen soll die Seefläche umgewandelt werden, mehr Wasser als eine freie Wasserfläche, doch nur dann, wenn die Pflanzen stets vollauf mit Bodenwasser versorgt sind. Ohne weiteres trifft diese Voraussetzung nicht zu; doch man kann sie durch Einrichtung einer Bewässerung (aus Randgräben, s. oben) herstellen.

Auf der andern Seite muß man anerkennen, daß mit der Seesenkung gesundheitliche Vorteile geschaffen werden, indem Nebel und stechendes Ungeziefer vermindert werden und damit die durch diese veranlaßten oder übertragenen Krankheiten.

Als Folgeeinrichtung für jede Seesenkung ist die kulturfähige Entwässerung des Seebodens durch Gräben oder Dräns im Anschlusse an den Hauptvorfluter zu betrachten.

2. Künstliche Wasserhebung.

Ist eine Niederung zu entwässern, für die auf die Wasserstände des sie entwässernden Hauptvorfluters mit natürlichem Gefälle genügende Vorflut nicht geschaffen werden kann, so bleibt weiter nichts übrig, als das Binnenwasser nach künstlicher Hebung aus der Niederung zu entfernen. Solche Fälle sind in der Nähe der Meeresküste, in den niedrigen Marschen häufig, besonders dann, wenn, wie an der Nordsee, durch Ebbe und Flut zweimal am Tage Hochwasser eintritt, das die natürliche Entwässerungsmöglichkeit unterbricht.

a) Nebenanlagen.

Da die Schöpfarbeit verhältnismäßig hohe Kosten verursacht, gehören verschiedene Nebenanlagen zu dem Schöpfwerke, die den Zweck verfolgen, die zu hebende Wassermenge tunlichst zu verringern. Dahin gehören:

1. Bedeichung der Niederung als unerläßliche Vorbedingung, um die HW des Hauptvorfluters abzuhalten. Oft sind auch noch Binnendeiche im Polder anzulegen, z. B. dann, wenn es sich darum handelt, Wasserzüge, die hinter dem Polder liegendes höheres Land entwässern, aber die Niederung durchqueren. Solche Binnengräben legt man zwischen Deiche, die das fremde

Wasser von den niedrigen Polderteilen abhalten und es offen oder vermittels eines Sieles im Hauptdeiche dem Hauptvorfluter (Fluß) zuleiten.

2. **Randgräben**, die das von höherem Seitengelände kommende Wasser um die künstlich zu entwässernde Niederung herum und frei in den Fluß leiten (IV. F 1 e, S. 99). Zwar werden die Anlagekosten dadurch nicht unwesentlich erhöht, andererseits aber die Betriebskosten durch Verminderung der Schöpfarbeit ermäßigt.

3. **Auslaßschleusen** legt man neben dem Schöpfwerke an, um bei niedrigen Flußwasserständen ohne Schöpfarbeit in dem Fluß entwässern zu können. Sie werden meistens mit nach außen aufschlagenden, selbsttätig wirkenden Stemmtoren verschlossen. Nur wenn zeitweise das zu starke Sinken des Binnenwassers verhütet werden soll, müssen sie Schützenverschluß erhalten, auch dann, wenn eine (Grünlands-)Niederung zur Winterzeit aus dem Flusse düngend überflutet werden soll. .

4. **Die Binnenentwässerung** besteht aus dem Haupt- und den Nebengräben, welche die ganze zu entwässernde Niederung netzartig durchziehen und jede Oberflächenmulde aufschließen. Nur so kann der Vorteil der künstlichen Wasserhebung der ganzen Niederung zuteil werden. Dies Grabennetz muß geeignet sein, das an jedem Punkte der Niederung entstehende Wasser möglichst schnell und auf möglichst kurzem Wege zum Schöpfwerke zu leiten. Findet nun eine gleichmäßige Wasserzuleitung nicht statt, so hat das Schöpfwerk zeitweise nicht genügende Arbeit, pumpt den Hauptgraben in seiner Nähe leer und muß den Betrieb solange unterbrechen, bis das Wasser von oben wieder zugeflossen ist. Solche Betriebsstockungen erhöhen natürlich die Kosten der Schöpfarbeit. Derartige Unregelmäßigkeiten im Betriebe können wesentlich dadurch eingeschränkt werden, daß binnen vor dem Schöpfwerke (am besten unter Benutzung eines vorhandenen Wassertümpels) ein größeres Sammelbecken geschaffen wird, in das der Hauptbinnengraben mündet.

Das Gefäll der Binnengräben in den meistens nur sehr gefällarmen, künstlich entwässernden Niederungen kann gewöhnlich nur sehr schwach sein und geht auf $0{,}05\,^0/_{00}$ herab. Ihr Querschnitt muß genügend groß bemessen werden, um während unvermeidlicher Betriebspausen das ihnen zukommende Wasser ansammeln zu können, ohne daß dadurch eine wesentliche Spiegelerhöhung entsteht. Sohlenlage und Querschnittsgröße der Binnengräben muß aus dem verfügbaren Gefäll, der Größe ihres Sammelgebietes und der daraus sich ergebenden Abflußmenge berechnet werden. Dazu kommt das bei *HW* im Flusse unterirdisch eindringende Druck- oder Qualmwasser.

b) Lage des Schöpfwerkes.

Das Schöpfwerk selbst ist an der Stelle anzulegen, wo der Hauptgraben den Deich durchschneidet, also an der tiefsten Stelle der Niederung neben der Auslaßschleuse. Es ist vorteilhaft, Auslaßschleuse und Schöpfwerk möglichst nahe am Flusse anzuordnen, damit der Außendeichsgraben zwischen ihnen und dem Flusse recht kurz wird. Der Außengraben ist unter der Einwirkung der Flußhochwasser der Versandung und sonstiger Beschädigungen in hohem Maße ausgesetzt; seine Verkürzung ist also gleichbedeutend mit der Verminderung seiner Unterhaltung. Außerdem ist es vorteilhaft, den Außengraben an einer Hohlkrümmung des Flusses münden zu lassen, weil hier die Gefahr der Versandung seiner Mündung am geringsten ist.

Es können auch Fälle eintreten, wo die Anlage mehrerer Schöpfwerke der eines einzigen vorzuziehen ist, nämlich dann, wenn wegen mangelnden Gefälls die Zuleitung des Binnenwassers nach einem Schöpfwerk schwierig und teuer ist, oder wenn der ganze Polder in Teile von ausgesprochen verschiedener Höhenlage zerfällt. Der höhere Polderteil erfordert geringere Zeit und Arbeit zum Schöpfen. Indes kommt solche Trennung nur dann in Frage, wenn die Gesamtarbeit des Schöpfens erheblich ist. Da nämlich die Schöpfarbeit für die Wassereinheit um so billiger wird, je stärker das Schöpfwerk ist, so sind auch mit deren Vereinigung an einer Stelle bedeutende Vorteile geboten. Die für jeden Fall vorteilhafteste Anlage kann nur durch vergleichende Berechnung der Kosten für Anlage und Betrieb gefunden werden.

Nicht selten kommt es vor, daß neben Flüssen mit erheblicher Sinkstofführung der dem Flusse zunächst liegende Teil der Niederung in großer Breite höher liegt als der weiter landeinwärts belegene.

Man bezeichnet die letzteren Landabschnitte in den Marschen der Provinz Hannover mit Hochland und Sietland. Der Hauptableiter würde dann in der Nähe des Flusses, wenn die so entstandenen Höhenunterschiede bedeutend sind, so tief eingeschnitten werden müssen, um Vorflut für das niedrige Hinterland zu gewinnen, daß der gewöhnliche Wasserstand für den Pflanzenwuchs zu tief steht. In solchen Fällen kann es vorteilhafter sein, das Sohlengefäll des Hauptgrabens zu brechen, zwei Schöpfwerke s_1 und s_2 (Abb. 66) hintereinander anzulegen und die ganze Förderhöhe durch zweimalige Hebung desselben Wassers zu teilen.

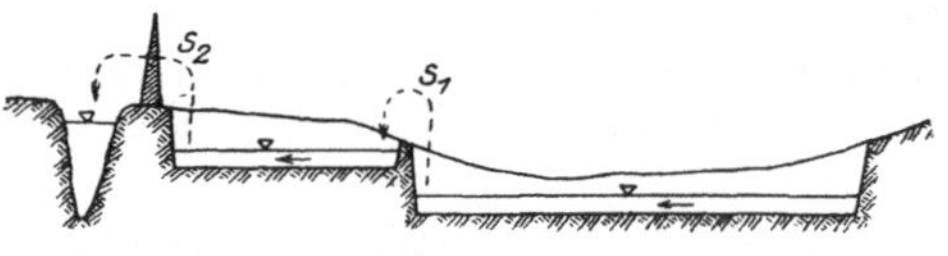

Abb. 66.   Zwei Schöpfwerke hintereinander.

Das Schöpfwerk besteht aus der Förder- und der Kraftmaschine.

c) Die Kraftmaschine.

Zum Antriebe verdienen die Dampfmaschinen vor allen andern den Vorzug. Mit großer Betriebssicherheit verbinden sie den Vorteil, daß sie eine Kraftsteigerung über die Normalleistung (bis zu $50\,^0/_0$) ohne wesentliche Einbuße an Nutzleistung gestatten, im Gegensatze zu Explosions- und Elektromotoren. Der Hauptvorteil der Explosionsmotoren, der schnellen Ingangsetzung, kommt hier nicht in Betracht, da die Notwendigkeit der Schöpfarbeit nach den Witterungsverhältnissen lange genug vorausgesehen werden kann, um auch eine Dampfmaschine rechtzeitig in Betrieb zu bringen. Der elektrische Antrieb ist dann vorteilhaft, wenn verschiedene Schöpfwerke von einer Stelle aus betrieben werden können. Die Erzeugung der Kraft an einer Stelle kann so große Verbilligung mit sich bringen, daß dadurch die Kosten für Übertragung und Verteilung der Energie mit Hilfe der Elektrizität aufgewogen werden kann (Memeldelta).

Windmotoren können wegen ihrer immerhin nur geringen Kraftleistung nur für ganz kleine Schöpfanlagen verwendet werden, leisten dort aber wegen des billigen Betriebes gute Dienste. Da aber die Betriebsfähigkeit von der jeweiligen Windstärke abhängt, so ist damit immer eine gewisse Unsicherheit verbunden.

Neuerdings hat auch der Wasserkraftmotor in der Gestalt des Hydropulsors von Abraham Anwendung gefunden, und zwar im Ebbe- und Flutgebiete (s. Abschnitt 2 d 6, S. 110).

Da es unzweckmäßig ist, mit einer starken Maschine eine weit unter ihrer gewöhnlichen Leistung liegende Arbeit zu verrichten, so ist bei solchen Schöpfwerken, bei denen die Leistung nach Fördermenge oder Förderhöhe stark wechselt, die Gesamtleistung auf mehrere Maschinen zu verteilen, die nach Bedarf einzeln oder zugleich in Betrieb genommen werden. Auf diese

Weise ist man auch in der Lage, nötige Ausbesserungen an den Maschinen ohne Betriebsstockungen vorzunehmen.

In Holland rechnet man den Kraftbedarf für 1000 ha und 1 m Hubhöhe zu 12 bis 14 PS i. (indizierte Pferdestärken). Doch muß der Kraftbedarf für jeden Sonderfall nach möglichst genauer Ermittelung der zu hebenden Wassermenge und der Hubhöhe berechnet werden.

d) Die Fördermaschine.

Die Fördermaschinen müssen so geartet sein, daß sie auch unreines Wasser (mit Treibseln) ohne Betriebsstörung zu fördern vermögen. Daher sind alle Fördermaschinen mit Ventilen bedenklich, die durch Einklemmen von Treibseln leicht außer Wirksamkeit gesetzt werden. Am meisten verbreitet ist

1. Die Zentrifugalpumpe. Sie wird neuerdings meistens als Heberpumpe gebaut. Bei dieser reicht das Druckrohr bis unter den niedrigsten Außenwasserstand, wirkt also in Verbindung mit dem Saugerohre als Heber, so daß immer nur der jeweilige Unterschied zwischen Außen- und Binnenwasser als Förderhöhe überwunden zu werden braucht. Ein Nachteil der Zentrifugalpumpe liegt darin, daß ihr Wirkungsgrad bei schwankender Belastung stark abnimmt. Sie ist also da besonders am Platze, wo die Hubhöhe ziemlich gleichbleibend ist. Da die Zentrifugalpumpe ganz über Wasser liegt, ist ihr Einbau und ihre Überwachung einfach.

2. Die Kreiselpumpe läuft in einem gemauerten Schachte um eine senkrechte Achse. Sie wird in sehr großen Abmessungen und für sehr hohe Leistungen gebaut und ist daher bei großen Entwässerungsanlagen vielfach in Gebrauch. Im Gegensatze zu der Zentrifugalpumpe liegt die Kreiselpumpe ganz unter Wasser, erfordert daher schwierige Gründung und ist schwer zu überwachen.

3. Die Kolbenpumpen zeichnen sich durch hohen Wirkungsgrad vor den vorhin gedachten Umdrehungspumpen aus, leiden aber an dem Übelstande, daß sie durch schmutziges Förderwasser leicht in Unordnung geraten, oder im Wirkungsgrade beeinträchtigt werden.

4. Die Wurf- und Pumpräder werden aus Holz oder Eisen erbaut und erhalten bis zu 2 m Breite und 8 m Durchmesser. Die Wurfräder bewältigen nur geringe Hubhöhen (1—2 m) und arbeiten nur bei bestimmtem Wasserstande außen und binnen zweckmäßig. Als ein großer Vorteil der Räder ist anzusehen, daß sie bei langsamem Gange jegliche überflüssige Hubhöhe vermeiden. Ein Nachteil liegt in dem Umstande, daß zwischen der schnell laufenden Kraftmaschine und dem langsam laufenden Rade eine hohe, Kraft zehrende Übersetzung eingeschaltet werden muß.

5. Die Wasserschnecken sollten nicht steiler als 30^0 gegen die Wagerechte gelagert werden, haben daher selbst bei großer Länge nur geringe Hubhöhe. Die Länge ist dadurch beschränkt, daß lange Achsen sich leicht durchbiegen und dadurch der genaue Schluß und die Wirksamkeit der Schraube beeinträchtigt wird. Sonst haben die Schnecken den hohen Wirkungsgrad von 0,8 bis 0,84. Nach Kröhnke (9. 71) soll $u \leq 135$ m/min sein und daher $n = \dfrac{21}{R}$. Dann ist $Q = 0{,}7\,R^2$. Darin bedeuten

$u =$ Umfangsgeschwindigkeit,
$n =$ Umlaufszahl,
$R =$ Schneckenhalbmesser,
$Q =$ geförderte Wassermenge.

Danach ergibt sich folgende Tafel:

d m	n min	Q l/s	PS für $h = 1{,}0$ m
0,2	210	7	0,11
0,5	84	44	0,70
1,0	42	175	2,8
1,5	28	395	6,3
2,0	21	702	11,2

6. Abrahams Hydropulsor. Der Hydropulsor benutzt den Stoß fließenden Wassers als Antrieb (54. 1913. 392). Er kann mit großer Betriebswassermenge (20 cbm/s und mehr) arbeiten. Ein Teil des Betriebswassers wird gehoben. In Hüll a. d. Oste dient ein derartiger Hydropulsor zur Entwässerung einer 540 ha großen Niederung im Ebbe- und Flutgebiete. Die Schöpfarbeit findet während des *HW* statt. Das Betriebswasser wird in einem bedeichten Sammelbecken binnendeichs gesammelt und bei dem folgenden *NW* durch ein Siel nach außen abgelassen. Betriebsdauer innerhalb einer Tide $4^1/_2$ Stunden. In dieser Zeit wurde mit 10 000 cbm Betriebswasser dieselbe Wassermenge aus dem Polder gehoben.

e) Die Schöpfarbeit.

Die Größe der Schöpfarbeit richtet sich nach der zu überwindenden Hubhöhe und der zu fördernden Wassermenge.

Die Hubhöhe ist abhängig von dem normalen Binnen- und Außenwasserständen. Der erstere ist nach den Höhenverhältnissen des zu entwässernden Polders und nach seiner Bodenbeschaffenheit derart festzusetzen, daß für schweren, bindigen Boden der gewöhnliche Wasserstand tiefer gehalten werden muß als für leichteren. Im allgemeinen soll der Grundwasserstand unter dem Gelände stehen bei

> Wiesen 0,3—0,5 m
> Weiden 0,6—0,8 „
> Acker   0,9—1,2 „

Oft werden für Winter und Sommer verschiedene Binnenwasserstände festgesetzt. Diese sind in der Nähe des Schöpfwerkes durch Marken zu bezeichnen; doch muß dabei beachtet werden, daß die Binnengräben um so mehr Gefälle verbrauchen, je größer die in ihnen zufließende Wassermenge ist. Wenn man also in ebenem Gebiete einen bestimmten Wasserstand halten will, so muß man bei großer Abfluß- und Fördermenge tiefer abpumpen als bei kleiner.

Die Außenwasserstände müssen aus längeren Pegelbeobachtungen genügend genau bekannt sein, um die zu verschiedenen Jahreszeiten nötigen Hubhöhen zu ermitteln. (S. 61.)

Die Schöpfarbeit des ganzen Jahres zerfällt in zwei Hauptteile:

1. Leerpumpen des Polders in der Zeit von der Schneeschmelze bis zum Beginne des Wachstums und

2. laufende Pumparbeit während der Sommerhochwasser im Vorfluter, welche die natürliche Abwässerung des Polders verhindern.

Zwar ist es für Kulturgewächse von großem Vorteile, wenn während der Wachstumsruhe (Winter) der Grundwasserstand recht tief gehalten wird, damit die Luft in den Boden eindringt und durch Oxydation die im Boden vorhandenen, schwer löslichen Nährstoffe in eine für die Pflanzen aufnehmbare Form überführt; doch die dadurch entstehenden Kosten übertreffen oft den Vorteil.

Deshalb stellt man während der Wachstumsruhe meistens nicht so hohe Anforderungen an die Vorflut; man läßt das Wasser höher ansteigen, muß dann aber im Frühlinge auch eine um so größere Arbeit leisten. Diese muß um so schneller bewältigt werden, je mehr das Ackerland in dem Polder vorherrscht und je schneller der Übergang von Winterruhe zum Erwachen des Wachstums sich vollzieht. Diese Zeitspanne ist bei der Verschiedenheit der Jahre natürlich erheblichen Schwankungen unterworfen. Man muß also recht lange Beobachtungsreihen über die meteorologischen Vorgänge (Niederschlag, Beginn der Schneeschmelze usw.) zu Rate ziehen, um bei der Vorerhebung sicher zu gehen. Im norddeutschen Klima kann man rechnen, daß das erste Leerpumpen im Frühlinge binnen 15—30 Tagen erledigt sein muß. Bei außergewöhnlich· hohen Außenwasserständen verzichtet man meistens auf Förderung der vollen Durchschnittswassermenge und nimmt zeitweilige Erhebung des Binnenwasserstandes in Kauf, um nicht zu starke und zu teure Schöpfmaschinen zu erhalten.

Das erste Leerpumpen im Frühlinge erfordert meistens so hohe Maschinenleistung, daß damit der Sommerbedarf an Kraft überreichlich gedeckt wird.

Die zu hebende Wassermenge setzt sich aus folgenden Teilen zusammen:

1. Der Wasserinhalt des Polders bei beginnender Schneeschmelze. Diese Menge kann aus den Binnenwasserständen und den Flächennivellements des Polders ziemlich genau ermittelt werden; doch ist dabei zu beachten, daß nicht nur die über der Bodenoberfläche, sondern auch ein Teil des in dem überschwemmten Boden enthaltenen Wassers abgepumpt werden muß, um den Boden für den Beginn des Pflanzenwachstums geeignet zu machen. Diesen letzteren Anteil kann man auf $^1/_5$ bis $^1/_4$ des oberhalb der angemessenen Wassertiefe unter Wasser stehenden Bodenraums schätzen.

2. Die in der Schöpfzeit fallende Niederschlagsmenge, deren Menge aus den Aufzeichnungen der Wetterwarten zu ermitteln ist.

3. Die vom hohen Außenwasserstand entstehende Druck- oder Qualmwassermenge. Dieser Anteil ist abhängig von der Höhe und der Dauer der Außenwasserstände, von der Durchlässigkeit der Deiche ·und des Bodens in deren Nähe und von der Länge der Deiche. Bei der Vielseitigkeit dieser Einflüsse entzieht sich die Bestimmung dieses Anteils der genauen Berechnung. Man kann einen Anhalt dafür aus längeren Beobachtungen und Berechnungen über den Wasserinhalt des Polders bei gewissen Außenwasserstandsverhältnissen gewinnen, indem man davon den aus den Niederschlägen stammenden Anteil abzieht. Indes darf man dabei nicht vergessen, daß die Menge des Qualmwassers gegen den ursprünglichen Zustand vermehrt wird, wenn man durch Schöpfarbeit den Binnenwasserstand senkt. Da das Qualmwasser nur durch Kapillare zwischen den Bodenkörnern in den Polder gelangen kann, so darf man annehmen, daß das Zuflußgesetz dem für kapillare Röhren folgt (S. 32), also die Menge des eindringenden Wassers der Druckhöhe verhältnisgleich ist.

Bei der langsamen Bewegung des Qualmwassers im Boden gelangt es, wie alle Beobachtungen bestätigen, erst wesentlich später in den Polder, als die erzeugende Hochwasserwelle außen neben diesem erscheint. Die größte Qualmwassermenge trifft also zeitlich nicht mit dem höchsten Außenwasserstande zusammen, vermehrt also nicht die Höchstleistung des Schöpfwerkes, sondern nur die Dauer der Schöpfzeit. Der Unterstützung der Schöpfarbeit durch die Verdunstung ist wegen ihrer Geringfügigkeit nur wenig Gewicht beizumessen. Wegen der Unsicherheit bezüglich der Qualmwassermenge bleibt in der Regel weiter nichts übrig, als sie nach den Mengen abzuschätzen, die bei solchen aus der Erfahrung ermittelt wurden, welche unter ähnlichen Verhältnissen stehen.

Für die Leistungen von Schöpfwerken finden sich folgende Annahmen. Woltmann (88. 1894. 249) nahm an, daß in Norddeutschland der größte Niederschlag der Monate Januar bis April mit 280 mm, wovon $^1/_3$ durch Verdunstung entführt werden, in 30 Tagen abgepumpt werden müßten. Das macht täglich $h = 6$ mm oder in 1 Sekunde $q = 0,7$ l/ha. Post will die Schöpfarbeit vom 15. März bis 15. April leisten, und zwar die Niederschlagsmenge vom 1. Januar bis 15. April. Er rechnet davon ab $25^0/_0$ Verlust durch Verdunstung, so daß sich ergeben $h = 7,2$ mm täglich und $q = 0,81$ l/ha je Sekunde.

Für das Schöpfwerk des St. Jürgensfeldes (88. 1887. 349) von 4100 ha Größe wurde der Plan auf Grund folgender Annahmen ausgeführt. Schöpfmenge im Frühling 43000000 cbm soll in 45 Tagen gefördert werden mit 7000000 cbm Regen, der in dieser Zeit fällt, so daß im ganzen 50000000 cbm Wasser auszupumpen sind oder $h = 2,7$ mm. Für das Sommerschöpfen wird angenommen, daß ein größter Tagesniederschlag von 45 mm, der zur Hälfte verdunstet, aber durch 5 mm Qualmwasser vermehrt wird, in 4 Tagen abgepumpt wird.

Bezüglich der Kostenberechnung kann man annehmen, daß man bei zweckmäßiger Einrichtung des Schöpfwerkes mit 1 kg Steinkohlen 80 cbm Wasser 1 Meter hoch oder 45 cbm Wasser 2 m hoch fördern kann, einschließlich des Steinkohlenbedarfs zum Anheizen.

Das Schöpfwerk Neuland-Engelschoff, das eine 1000 ha große Niederung im Ebbe- und Flutgebiet der Oste zu entwässern hat, hat in allem 80000 Mark Anlagekosten verursacht, während die Jahreskosten, einschließlich Verzinsung und Tilgung sich auf 5 Mark/ha beliefen.

f) Die Einzelentwässerung.

Die allgemeinen Entwässerungsanlagen sollen nur die Entwässerungsmöglichkeit sicher stellen. Ihr Einflußgebiet geht in der Regel über die Grenzen des einzelnen Grundbesitzes hinaus; sie müssen daher für einen größeren Verband (Genossenschaft) auf gemeinsame Kosten angelegt und unterhalten werden.

Da die Wirkungsweite eines Grabens auf die Beeinflussung des Grundwasserstandes nur beschränkt ist (S. 30, 82) und zwar um so mehr, je weniger durchlassend der Boden ist, so können diese allgemeinen Anlagen niemals eine in dem ganzen Meliorationsgebiete gleichmäßige und ausreichende Entwässerung bewirken. Indes müssen die allgemeinen Entwässerungsanstalten in der Regel so weit verzweigt sein, daß sie jedem Teilnehmer an der gemeinsamen Anlage die Entwässerungsmöglichkeit bieten, d. h. sie müssen alle Grundstücke berühren. Im Anschlusse daran muß Entwässerung geschaffen werden, welche allen Teilen der Grundstücke die erforderliche Entwässerung gewährt. Diese ergänzenden Anstalten faßt man zusammen unter der Bezeichnung Einzel- oder Binnenentwässerung. Sie besteht aus einem Netze von Entwässerungszügen, die das Land in angemessener Lage und Entfernung in Rücksicht auf Höhenlage, Gefäll, Wirtschaftlichkeit und Bodenbeschaffenheit (Durchlässigkeit) durchziehen.

Bei genossenschaftlichen Meliorationen rechnet man zu den Binnenanlagen heute meistens auch die Folgeeinrichtungen, d. h. Bodenbearbeitung, die erste Düngung, Ansaat usw., die meistens als gemeinsame Anlagen mit zu veranschlagen und auszuführen sind (s. S. 3).

Bezüglich der Lage der Anstalten für Einzelentwässerung ist nicht immer das Oberflächengefäll maßgebend, man muß vielmehr danach trachten, das überschüssige Bodenwasser recht frühzeitig mit der Entwässerung zu fassen, weil in dieser der Abfluß sich schneller vollzieht als im Boden. Man muß die Entwässerungszüge daher mit Rücksicht auf die Bewegungsrichtung des Grundwassers anlegen, d. h. tunlichst senkrecht zu dieser. Zwar bewegt sich das Grundwasser allermeist in der Richtung des Oberflächengefälls, doch sind Ausnahmen von dieser Regel nicht allzu selten. Vorgängige Grundwasserbeobachtungen erhöhen daher die Sicherheit für die richtige Lage der Entwässerungszüge.

Die Einzelentwässerung besteht in der Anlage offener Gräben oder unterirdischer Ableitungen, d. i. Dränungen. Letztere sollen wegen ihrer besonderen Bedeutung in einem eigenen Kapitel V, S. 115, behandelt werden.

Im Vergleiche zu Dräns haben offene Gräben folgende Vorzüge:

1. Vermöge ihres größeren Querschnittes verbrauchen sie zur Ableitung derselben Wassermenge weniger Gefäll als Dräns.

2. Sie nehmen das Tageswasser schneller auf und führen es schneller ab.

3. Sie sind stets übersichlich und zugänglich, gestatten daher leichter die Wahrnehmung und Beseitigung von Abflußstockungen.

4. Bei eintretendem Bedarfe kann ein Graben vertieft oder verflacht werden, letzteres durch Vernachlässigung der Räumung oder durch Einbau von Sohlschwellen.

Indes stehen diesen Vorzügen schwerwiegende Nachteile entgegen, nämlich:

1. Die Gräben entziehen eine große Landfläche der Benutzung, nicht allein durch die Grabenbreite selbst, sondern auch in dem Landstreifen (Stellwanne), der beiderseits des Grabens ungenutzt liegen bleiben muß, weil die Bestellungsarbeiten nicht bis unmittelbar an den Grabenrand vorgetrieben werden können. Das fällt um so mehr ins Gewicht, je enger die Einzelentwässerung angenommen werden muß. So beträgt dieser Landverlust in den Nordseemarschen $15-25\%$.

2. Die offenen Gräben bringen erhebliche Wirtschaftserschwernis mit sich.

3. erfordern sie erheblich höhere Aufwendungen für Anlage und Unterhaltung als Dräns. Besonders in Viehweiden sind offene Gräben unhaltbar, weil sie durch den Viehtritt zu schnell zerstört werden.

4. Sie bilden eine Brutstätte für Unkraut und Ungeziefer aller Art.

5. Entgegen der älteren Anschauung ist die entwässernde Wirkung der offenen Gräben gegenüber den Dräns minderwertig. Die Gräben entwässern den zwischen ihnen liegenden Boden ungleichmäßiger als Dräns, weil in ihrer Nähe die Verdunstung aus den Böschungen hinzukommt. Vor allen Dingen aber ist die Entwässerung durch Gräben während der Frostzeit, wo der gefrorene Grabenumfang sich mit einer undurchlässigen gefrorenen Schicht bedeckt, geringer als durch Dräns, die, in frostfreier Tiefe liegend, das ganze Jahr hindurch gleichmäßig entwässern, weshalb dräniertes Land im Frühlinge eher trocken wird als das durch Gräben entwässerte.

6. Wie Untersuchungen der Moorversuchsstation in Bremen ergeben haben, wirkt eine Dränung auf Erneuerung der Bodenluft mindestens ebenso gut wie offene Gräben. So fand Tacke (56. 1897. 9) bei Untersuchung der Bodenluft in 40 cm Tiefe auf den besandeten Moordämmen des Klosterguts Burgsittensen in Hannover folgendes bei

	Kohlensäure	Sauerstoff
Grabenentwässerung	$2,4\,^0/_0$	$15,8\,^0/_0$
Dränung	$2,7\,^0/_0$	$16,4\,^0/_0$.

Da der hohe Gehalt an Sauerstoff einen Maßstab für die Güte der Durchlüftung liefert, so folgt daraus, daß die Dränung sich der Grabenentwässerung noch etwas überlegen erwies.

Die überwiegenden Vorteile der Dräns haben diesen die erste Stelle bei der Einzelentwässerung erobert. Indes gibt es Fälle, in denen die offenen Gräben nicht zu entbehren sind, und zwar dann:

1. Wenn das Gefäll für Dräns nicht ausreicht, deren kleiner Querschnitt größeres Gefäll verlangt.

2. Wenn große Tageswassermengen abzuleiten sind. Die Abführung großer Niederschlagsmengen allein durch Dräns würde zu lange dauern, weil das Wasser erst nach Versickerung zu den Dräns gelangt.

3. Wenn es sich darum handelt, rings von einem höheren Rande umgebene geschlossene Mulden zu entwässern, wie sie in der Diluviallandschaft vielfach vorkommen. Die hier zusammenlaufenden Wasseransammlungen sind zu groß, als daß sie durch eine Dränung rechtzeitig abgeleitet werden könnten.

4. Wenn der zu entwässernde Boden zu weich ist. Hier liegen die Dräns nicht sicher genug, um vor Verschiebungen und Versackungen bewahrt zu werden, die eine Verstopfung im Gefolge haben würden.

5. Wenn den Dräns die unbedingt erforderliche, frostfreie Tiefe nicht mehr gegeben werden kann.

Die der Einzel- oder Binnenentwässerung dienenden Gräben werden meistens „Beetgräben" genannt und die zwischen ihnen liegenden Landstreifen „Beete". Die Beetgräben werden immer zueinander parallel angelegt, um eine wirtschaftliche Form der Beete zu erhalten. Um die durch offene Gräben stets erzeugte Wirtschaftserschwernis zu mäßigen, sind die Beetgräben mit 5—8 m langen Durchlässen d (Abb. 67) durch das neben dem Zuggraben z liegende Vorgewende $v \cdot v$ zu leiten. Sind die Beetgräben sehr lang, so legt man, ebenfalls im Interesse der leichteren Bewirtschaftung, noch eine zweite Reihe von Durchlässen d' an.

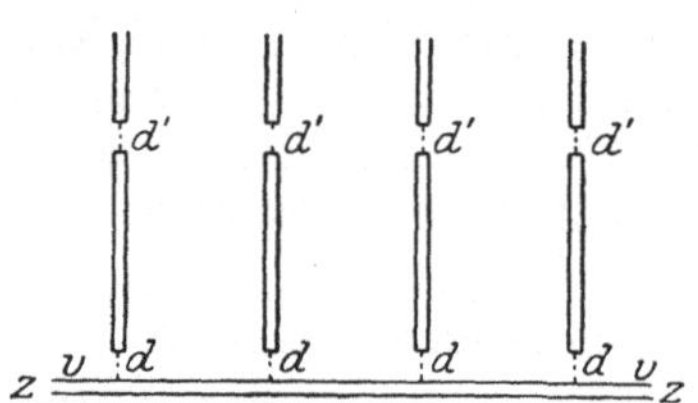

Abb. 67. Einzelentwässerung durch Beetgräben.

Die Entfernung der Beetgräben richtet sich allein nach der Beschaffenheit des Bodens und dessen Nutzungsart, d. h. Ackerland muß stärker entwässert werden als Wiesen, auch erfordert schwerer Boden eine engere Lage der Beetgräben als leichter.

Man kann daher folgende Verhältnisse annehmen:

	Tiefe	Breite
Acker	1,0 — 1,3 m	20 — 40 m
Wiese	0,5 — 0,7 „	50 — 100 „

Weiden kommen nicht in Frage, weil diese niemals mit offenen Gräben entwässert werden sollten.

Der Querschnitt der Beetgräben kann stets in kleinsten Abmessungen angelegt werden, also mit 0,3 m Sohlenbreite, da sie immer nur die kleine Wassermenge, die der Fläche eines Beetes entstammt, abzuführen haben.

V. Dränung.

A. Geschichtliche Entwickelung.

Dränung nennt man jede Entwässerung mit unterirdischen Abzügen, einerlei, welcher Art diese sind. Die einzelnen Abzüge nennt man Dräns und drückt den Baustoff, aus dem sie bestehen, durch ein Beiwort aus. So unterscheidet man Röhren-, Stein-, Holz-, Torfdräns.

Es ist wohl anzunehmen, daß die ersten Entwässerungen durch offene Gräben bewirkt wurden, weil deren Wirkungsweise sinnfälliger und ihre Anlage einfacher ist als die der Dräns. Indes sind auch die Nachteile der offenen Gräben und die Vorteile der Dräns, die im Kapitel IV. G, S. 113 näher bezeichnet wurden, so augenfällig, daß schon im frühen Altertum die Dräns bekannt waren (95). Die ältesten Dräns sind aus Babylonien bekannt; sie entstanden um das Jahr 1900 v. Chr. und dienten zur Entwässerung von Grabstätten. Wir finden hier bereits den Drän in der Form durchlochter Röhren aus gebranntem Ton. Bei den Römern kennen wir Dränungen der Pontinischen Sümpfe, die um 300 v. Chr. entstanden. Um 100 v. Chr. erschien in dem Buche des Columella „De re rustica" die erste uns bekannte Abhandlung über Stein- und Faschinendränung. Nach England, das heute als die Geburtsstätte der neuzeitlichen Dränung gilt, soll diese Kunst von den Römern überkommen sein; doch ging sie im Mittelalter wieder verloren. Die ältesten Nachrichten über die Ausführung einer größeren, systematischen Dränung in England stammen aus dem Jahre 1764. Dies Vorbild regte zu lebhafter Nachfolge an, die sich noch weiter steigerte, als 1843 Parkes eine Dränrohrpresse erfand, mit der es gelang, gute Dränröhren, die bisher nur durch Handformung gefertigt waren, für einan verhältnismäßig niedrigen Preis herzustellen. Die Erfolge der nun in großem Umfange ausgeführten Dränungen waren glänzend, und die darüber geschriebenen begeisterten Berichte trugen dazu bei, daß nun auch in Deutschland die Dränung Eingang fand, wo 1846 die erste Anlage entstand. Danach erlebte die Melioration durch Dränung auch in Preußen einen so gewaltigen Aufschwung, wie im Kapitel I (S. 3) mit Zahlen belegt wurde.

B. Die Wirkungsweise der Dränungen.

Die Aufgabe der Dränung besteht in folgendem:

a) den Grundwasserstand auf angemessene Tiefe zu senken,
b) für gehörigen Umlauf von Wasser und Luft im Boden zu sorgen,
c) die Wasserkapazität angemessen zu gestalten.

das heißt, die Dränung soll den Wasser- und Lufthaushalt im Boden auf einen Bestwert bringen. Ihre Wirkungsweise ist in der Beziehung nicht wesentlich verschieden von der durch offene Gräben (s. Kap. IV. D, S. 82).

Über die Frage, wie das Bodenwasser in die Dränröhren gelangt, bestehen seltsamerweise immer noch verschiedene Anschschauungen. Man findet vielfach die Ansicht vertreten, daß das Wasser in der Hauptsache durch die porösen Wandungen der gebrannten Tonröhren eindringe und daher poröse Röhren den Vorzug verdienten. Diese Ansicht wird auf die Erscheinung gestützt, daß ein unten wasserdicht verkittetes Rohr, in Wasser gestellt, sich verhältnismäßig schnell füllt. Dabei vergißt man aber, daß die Röhren im Boden nicht in Reinwasser liegen, sondern das umgebende Wasser durch allerlei gelöste und schwebende Stoffe verunreinigt ist. Die anfänglich wohl vorhandene Durchlässigkeit der Röhren wird durch Eintritt dieser Stoffe in die Poren gar bald gemindert und aufgehoben. Dazu kommen noch die Ausscheidungen und Ablagerungen aus Eisenverbindungen, die im Boden enthalten sind, sowie Algenwucherungen, welche die Durchlässigkeit der Röhren völlig vernichten. Es bleiben also nur die Fugen zwischen den Röhren übrig, durch die das Wasser in sie eintreten kann. Mag man sie auch so eng herstellen, wie es nur möglich und auch geboten ist, um das Einschlämmen von Bodenteilchen zu verhüten, so bieten sie immer noch hinlänglich Raum für den Eintritt des Wassers in solchen Mengen, wie sie hier in Frage kommen, wie folgende Überlegung zeigt:

Angenommen, es gelänge, die Stoßfugen durchschnittlich 0,5 mm eng anzulegen, so bietet die ringförmige Stoßfuge eines 40 mm weiten Dränrohres immer noch $\frac{40\,\pi}{2} = 60$ qmm Eintrittsöffnung. Bei beispielsweise 16 m Entfernung der Röhren enthält 1 ha $= 680$ m Röhrenstränge, worin $680 \cdot 3{,}2 = 2176$ Stück Röhren oder Stoßfugen liegen. Auf 1 ha gewähren die Stöße also $2176 \cdot 0{,}6 = 1305{,}6 =$ rund 1300 qcm Eintrittsöffnung. Zusammengelegt entspricht das einer quadratischen Öffnung von 36 cm Seite. Wenn man nun bedenkt, daß die Abflußmenge von 1 ha höchstens 1 l/s beträgt, so übersieht man ohne weiteres, daß die Öffnung überaus reichlich ist, um dieser den Eintritt in die Röhren zwanglos zu gestatten.

Die Wasserkapazität des Bodens ist, wie wir wissen, nur von der Feinheit des Bodenkornes und dessen Lagerung, auch von den kolloidalen Beimengungen abhängig; sie kann also durch die Dränung nicht unmittelbar beeinflußt werden, vielmehr kann in dem Sinne nur die durch die Dränung verursachte Umformung des Bodengefüges wirken. Die im unentwässerten Zustande zusammenhängende Bodenmasse wird rissig und krümelig (siehe IV. D 3, S. 85). Das hat Verminderung der Wasserkapazität und Vermehrung der Durchlässigkeit im Gefolge.

Letztere verbessert die Durchlüftung dadurch, daß das Regenwasser schneller durch den Boden sickert und eine Luftsäule nach sich saugt, auch kann die Luft durch Diffusion besser in den Boden eindringen und den Luftbestand erneuern. Schließlich bilden die Dräns Kanäle, von denen aus die Luft in den Boden von unten her eindringen kann. Dadurch angeregt, wird gegenwärtig die Frage lebhaft erwogen, ob es angezeigt ist, die Durchlüftung durch besondere Vorkehrungen an der Dränung zu verstärken (siehe V. Q, S. 149).

Die Wasserkapazität einer gleichartigen Bodensäule ist aber der Höhe nach in allen Punkten durchaus nicht gleich (II. F, S. 34). Sie ist am größten unmittelbar über dem Grundwasser, nimmt von hier bis zur kapillaren Steighöhe allmählich ab und bleibt über dieser unverändert. Daraus folgt, daß durch Dränung eine gleichmäßige Wasser- bzw. Luftkapazität nicht hergestellt werden kann. Wir müssen uns also auch in dieser Beziehung, ähnlich wie bei der Absenkung des Grundwassers, mit der Erreichung von Mittelwerten begnügen.

Zu diesen Ungleichheiten rein physikalischer Art kommen noch die aus den klimatischen Schwankungen sich ergebenden. In Deutschland bringt ein regenreiches Jahr etwa $2\,^1/_2$ mal so viel Niederschläge wie ein regenarmes, und es ist klar, daß beiden Fällen durch dieselbe Dränung nicht gleich gut gedient werden kann. Ferner wird in manchen Jahreszeiten der Regenfall durch Verdunstung von Boden und Pflanzen übertroffen, umgekehrt in anderen. Auch diesen Verschiedenheiten vermag die übliche Dränung nicht Rechnung zu tragen. Zwar hat man versucht, das durch die Handhabung der in die Dränung einzubauenden Stauventile auszugleichen (s. V. P, S. 148), doch selten mit durchschlagendem Erfolge. Nach allem muß wohl zugegeben werden, daß die gewöhnliche Dränung, die stets so viel Wasser ableitet, wie abfließen will, eine noch recht rohe Meliorationsform darstellt.

Und doch hat Dränung in ihrer Gesamtwirkung noch überall großen Vorteil ergeben, abgesehen von solchen Fällen, wo in übertriebener Begeisterung über anderswo erzielte Erfolge sie auf so leichten Böden angewandt wurde, die überhaupt keiner Dränung bedurften. Man hat auf schweren Böden auch in solchen Fällen deutliche Vorteile wahrgenommen, in denen die Dräns niemals Wasser lieferten. Das muß hauptsächlich der durch die Dränung bewirkten besseren und tieferen Erwärmung des Bodens zugeschrieben werden, die als Folge des vermehrten Umlaufs der Luft eintritt.

Aus der vorstehend beschriebenen Wirkung der Dräns auf die Veränderung des Grundwasserstandes und die Wasserkapazität des Bodens folgt, daß die Entfernung und Tiefe der Dräns von hohem Einflusse auf die Gesamtwirkung sein muß.

Von mancher Seite wird behauptet, daß die Wirkung der Dränung insofern über das Dränungsgebiet hinaus sich erstreckte, als dadurch der Wasserabfluß zu Lasten der Unterlieger beschleunigt werde. Überlegung und Erfahrung sprechen gegen die Richtigkeit dieser Anschauung. Es ist natürlich, daß ein unentwässerter Boden, wenn er ganz voll Wasser steckt, nur sehr langsam abtrocknet, da der Wasservorrat in ihm nur infolge von Verdunstung abnimmt. Fällt nun ein neuer Regen, so kann dieser von dem Boden nicht mehr festgehalten werden, muß vielmehr ganz und zwar oberirdisch zum Abflusse gelangen. Ganz anders muß sich ein entwässerter Boden verhalten. Auf seine Entwässerung wirkt nicht allein die Verdunstung, sondern in noch stärkerem Maße die Versickerung. Es entsteht daher ein freier Porenraum in ihm, der den Regen einstweilen festhält und erst allmählich abfließen läßt, nachdem das Wasser bis zur Dräntiefe durchgesickert ist. Dieser Unterschied muß darin zum Ausdruck kommen, daß bei einem gedränten Felde die Niederschläge mehr ausgeglichen abfließen, als bei einem ungedränten. Die aus einem Regengusse entstehende Abflußwelle wird durch die Entwässerung verlängert, aber in der Höhe ermäßigt. Zwar wird die gesamte Abflußmenge durch die Entwässerung vergrößert, weil die Verdunstung vermindert wird; das kommt aber im wesentlichen in der Verstärkung der Mittelwassermenge zum Ausdruck. Diese Schlußfolgerungen werden auch durch Beobachtungen in der Wirklichkeit bestätigt. In Oberschlesien fand man, daß von einem gedränten Felde das Wasser nicht ungleichmäßiger abfloß, als von einem ganz gleichartigen und nachbarlich belegenen ungedränten (46. Jahrgang I, S. 1). Es wäre sehr verdienstvoll, solche Untersuchungen an recht verschiedenen Orten anzustellen. Sie haben aber nur dann Wert, wenn sie in einwandfrei genauer Weise angestellt werden. Um die Abflußmenge hinlänglich genau zu ermitteln, sollte man einen freien Zipolettiüberfall anwenden, dessen maßgebender Wasserstand durch einen selbstschreibenden Pegel vermerkt werden muß. Billigere Anordnungen sind meistens von Erfolg nicht begleitet. Auch der oben gedachte, in Oberschlesien ausgeführte Versuch leidet an dem Mangel, daß die Abflußmengen nicht mit genügender Genauigkeit bestimmt wurden.

C. Bestandteile einer Dränung.

Nur in Ausnahmefällen kann es angezeigt sein, kleinere, nasse Bodenstellen durch einzelne Dränstränge zu entwässern; in der Regel dagegen handelt es sich darum, ein größeres, zusammenhängendes Gebiet durch Dränung trocken zu legen, und in diesem Falle durchzieht man es mit einem Netz von

Dränrohrsträngen. In ersterem Falle spricht man von Einzel-, in letzterem von systematischer Dränung.

Jedem Drän fällt in dem ganzen Systeme die Erfüllung einer bestimmten Aufgabe zu. Die Dräns, die das Bodenwasser unmittelbar aufzunehmen haben, nennt man die Saugedräns oder kurz die Sauger s (Abb. 68).

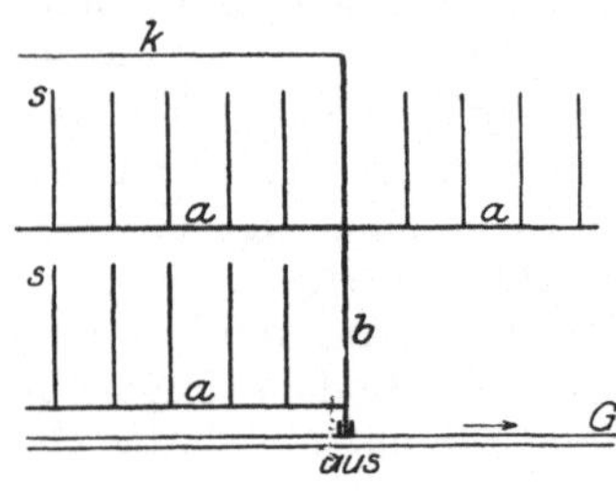

Abb. 68. Dränsystem.

In sie gelangt der Wasserüberfluß des Bodens einfach nach dem Gesetze der Schwere durch die Stoßfugen; eine saugende Wirkung findet dabei nicht statt, wie man nach der Bezeichnung fälschlich annehmen könnte. Allerdings wird dies von mancher Seite behauptet. Man stellt sich dabei vor, daß der Spiegel des im Drän fließenden Wassers die sie berührende Luft mitreißt und damit eine Druckminderung im Drän erzeugt, durch die Luft durch den Boden über den Dräns angesaugt und also eine Bodendurchlüftung herbeigeführt werden soll. Solche Wirkung ist wegen der Geringfügigkeit der dabei beteiligten Kräfte offenbar nur überaus gering und daher praktisch wohl belanglos.

Die Sauger münden in einen gemeinsamen Drän, den man Sammler (a) nennt. Er hat das von den Saugern erhaltene Wasser weiter zu leiten.

Hauptsammler (b) nennt man die Stränge, die unmittelbar in einen offenen Graben G münden, während die Nebensammler von einem andern Sammler aufgenommen werden. Die Stelle, wo dieser das Wasser an den offenen Graben abgibt, nennt man Ausmündung (*aus* in Abb. 68). Die Ausmündungen sind die einzigen Stellen, an denen die Dränung an die Oberfläche tritt. Sie bilden die wunden Punkte, sind daher der Zahl nach tunlichst einzuschränken und dauerhaft herzustellen, um sie vor äußeren Beschädigungen zu bewahren.

Alle nach einer Ausmündung entwässernden Dräns faßt man unter der Bezeichnung Dränsystem zusammen. Die Gräben, in welche die Hauptsammler münden, nennt man die Vorfluter. Sie dienen nicht eigentlich selbst zur Aufnahme von Bodenwasser, vielmehr nur zur Ableitung des aus den Dräns zugeführten und nur beiläufig des bei Regengüssen oberflächlich abfließenden Wassers. Sie verfolgen daher am zweckmäßigsten die tiefsten Linien im Gelände.

In manchen Fällen ist es geboten, die offenen Vorfluter durch Vorflutdräns zu ersetzen, nämlich dann, wenn es sich verbietet, die unterhalb belegenen Grundstücke mit offenen Gräben zu durchschneiden. Müssen diese Vorflutdräns größeren Querschnitt erhalten, in Rücksicht auf die Menge des abzuleitenden Wassers, etwa mehr als 0,2 m Lichtweite, so nennt man sie Röhrenleitungen, bei deren Anlage die unter Kap. III, F. f, S. 90, 101, gegebenen Grundsätze zu beachten sind.

Kopfdräns (k der Abb. 68) werden vor den Köpfen einer Saugerreihe angelegt, wenn es sich darum handelt, einen reichlichen Grundwasserstrom abzufangen und umzuleiten. Auf. diese Weise geschieht die Ableitung des Grundwasserstroms weit einfacher und gründlicher, als wenn ihm erst Gelegenheit geboten wird, zwischen die Sauger einzutreten und sich dort im Boden zu verzetteln.

Brunnenstuben sind an solchen Stellen einer Dränung anzulegen, wo eine größere Zahl von Sammlern zusammentrifft und zu einem gemeinsamen Hauptsammler vereinigt werden soll. So ein Vereinigungspunkt ist deshalb von besonderer Bedeutung, weil von seiner tadellosen Wirksamkeit die Entwässerung eines erheblichen Gebietsteiles der Dränung abzuhängen pflegt.

Aber auch dort ist die Anlage einer Brunnenstube als Schlammfang wünschenswert, wo ein Hauptdrän, von dessen Reinhaltung viel abhängt, von starkem zu schwachem Gefäll übergeht. Mit dem starken Gefälle kommen Sinkstoffe herab, welche die Strecke mit schwachem Gefäll leicht verstopfen, weshalb sie in der Brunnenstube abgefangen werden müssen, um aus dieser in angemessenen Zeitabschnitten entfernt zu werden.

Man stellt die Brunnenstuben in kreisrunder Grundrißform aus Mauerwerk oder aus aufeinander geschichteten Betonröhren von besteigbarer Größe her, so daß die Ein- und Ausmündungen bequem überwacht werden können (Abb. 69). Für die aus- und einmündenden Sammler werden Löcher in die Zementröhren gestemmt, in welche die Röhren mit Zementmörtel eingedichtet werden. Die Oberkante des auslaufenden Sammlers muß tiefer liegen als die Unterkante des einmündenden, damit diese völlig frei ausgießen können, dabei mindestens 0,2 m über der Sohle der Brunnenstube, um Raum für die schadlose Ablagerung etwa mitgeführter Sinkstoffe zu gewinnen. Die Sohle ist auszubetonieren. Um Verunreinigungen von außen der Brunnenstube fernzuhalten, muß die Oberkante 10 bis 20 cm aus dem Boden hervorragen, auch muß die obere Öffnung durch einen verschließbaren Deckel von Holz abgeschlossen werden.

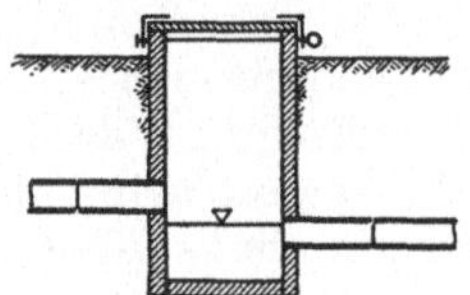

Abb. 69. Brunnenstube.

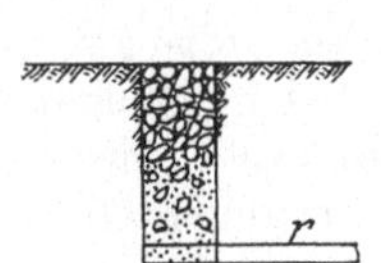

Abb. 70. Schlucker.

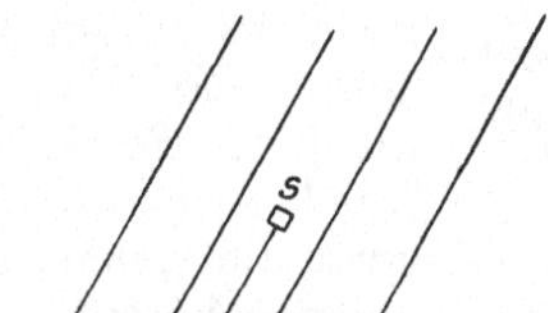

Abb. 71. Lage eines Schluckers im Nebenstrang.

Schlucker sind da vorzusehen, wo Oberflächenwasser in die Dränleitung aufgenommen werden muß. Zwar sind solche Anlagen nach Möglichkeit zu vermeiden, weil sie immerhin die Gefahr mit sich bringen, daß durch sie Sinkstoffe in die Dräns gelangen, die eine Verstopfung herbeiführen können. Indes sind solche Schlucker doch nicht immer zu umgehen, z. B. in einer abflußlosen Mulde, Bei stärkeren Niederschlägen, besonders bei der Schneeschmelze, laufen große Wassermengen in den tiefsten Teil der Mulde zusammen. Dräns nehmen dies Wasser nicht schnell genug auf, um die unter Wasser stehenden Feldfrüchte vor dem Verderben zu bewahren, zumal da der Oberboden in der unteren Mulde durch die von dem Höhenrande zusammengespülten, feinsten Bodenteile sehr undurchlassend zu sein pflegt. Da hilft nur die Anlage eines Schluckers, der so gestaltet sein muß, daß durch ihn nicht Bodenteile von der Oberfläche in die Dränung gelangen können. Man stellt daher die Schlucker meistens in der Weise her, daß man bis zur Tiefe des Dräns ein Bodenloch von etwa 50/50 cm Seite aushebt und mit Sammelsteinen wie einen Filter derart füllt, daß die Stärke der Steine von unten nach oben abnimmt (Abb. 70). Das Dränrohr r liegt quer unter der Steinpackung. Soweit diese durch die Pflugarbeit unvermeidlich zerstört oder verunreinigt wird, muß sie oft nachgesehen und erneuert werden, um ihre Durchlässigkeit zu erhalten. Ratsam ist es, die Schlucker niemals über einem Hauptstrange, sondern über einem eigens zu dem Zwecke anzulegenden kurzen Nebenstrange zu errichten (Abb. 71). Schließlich kommt als Zubehör zu einer Dränung noch die Wasserversenkung in den durchlassenden Untergrund in Frage, wenn oberirdisch keine Vorflut beschafft werden kann (IV, F d, S. 98).

D. Verschiedene Formen der Dräns.

Heute zwar ist die Dränung mit Röhren aus gebranntem Ton, wo die Bodenverhältnisse ihre Anwendung gestatten, allgemein als die zweckmäßigste Form anerkannt, doch hat die Dränung eine jahrhundertelange Entwickelung durchmachen müssen, bevor man zu dieser Art der Ausführung der Dräns gelangte. Wenn die anderen Formen auch heute noch nicht nur geschichtliche Bedeutung haben, vielmehr in gegebenen Fällen angewendet werden, wenn die Bodenverhältnisse, das Vorhandensein gewisser Baustoffe usw. sie als geeignet erscheinen lassen, so sollen sie hier doch nicht weiter behandelt werden, weil sie für Dränung auf tragfähigem Mineralboden von nur untergeordneter Bedeutung sind (Kap. VIII, B 1, S. 255).

Die Dränröhren entstanden nicht gleich in der heute uns bekannten, kreisrunden Form, deren Herstellung mit Handarbeit sich große Schwierigkeiten entgegenstellten. Einen Vorläufer davon bildeten die Sohlplatten mit darauf gestellten Hohlziegeln (Abb. 72). Zur Verwendung von Röhren mit kreisförmigem Querschnitte konnte man in größerem Umfange erst dann übergehen, nachdem die Ziegelrohrpresse erfunden und damit die Herstellungskosten angemessen ermäßigt waren. Die kreisrunde Form bietet allen andern gegenüber den nicht zu unterschätzenden Vorteil, daß sie den Querschnitt mit geringstem Umfange, also mit geringstem Reibungswiderstande für das fließende Wasser bei gegebener Querschnittsgröße darstellt.

Abb. 72. Hohlziegel mit Sohlplatte.

Der Kreisquerschnitt ergibt also die größte Wassergeschwindigkeit, bietet also auch die sicherste Gewähr gegen Ablagerung von Sinkstoffen und damit verbundenen Verstopfungen der Dräns.

Neuerdings ist eine besondere Form der Dränröhren mit Wellenkuppelung in den Handel gebracht. Ihr Wesen besteht darin, daß die Stirnflächen nicht nach einer Ebene, senkrecht zur Rohrachse abgeschnitten werden, sondern der Rand nach einer Wellenlinie. Bei zwei benachbarten Röhren greifen die Wellenberge des einen in die Wellentäler des anderen. Damit soll erreicht werden, daß die Stirnflächen unverschieblich voreinander gekuppelt und gegenseitige Verschiebungen so ausgeschlossen werden. Die Anwendung wird daher sehr für weichen, unsichern Boden empfohlen. Ein Übelstand liegt indes darin, daß die Wellen der beim Brennen schwindenden Röhren meistens nicht dicht ineinander passen, was mangelhaften Fugenschluß zur Folge hat.

Über andere, besonders bei weichem Boden vorkommende Formen der Dräns s. Kap. VIII, B 1.

E. Die Lage der Dräns.

Während ein offener Graben stets in der tiefsten Linie des Geländes liegen sollte, damit er auch Oberflächenwasser über die Ränder aufnehmen kann, ist ein Drän in seiner Lage bis zu gewissem Grade unabhängig von dieser Rücksichtnahme; denn er hat nur Sickerwasser aufzunehmen. Nur insofern ist die Lage von der Oberflächengestaltung abhängig, als man vermeiden muß, mit den Dräns größere Erhebungen zu durchschneiden, weil die Anlagekosten dadurch vermehrt und die Unterhaltung erschwert werden.

Bei der Einzeldränung, wo es sich nur darum handelt, einzelne nasse Punkte oder Linien (Quellen) im Felde trocken zu legen, folgt die Lage der Dräns ganz diesen, ist also regellos. Anders bei der systematischen Dränung, die bezweckt, ein ganzes, gleichmäßig unter Nässe leidendes Feld zu entwässern. Aus der gleichen Entwässerungsbedürftigkeit folgt die Notwendigkeit, die Dräns gleichmäßig über das Feld zu verteilen. Man legt also die

Sauger in gleichen Abständen und zueinander parallel, um die Absteckung, Ausführung und Unterhaltung der Dräns zu vereinfachen. Die parallele Lage erleichtert nämlich das Auffinden und Aufgraben der Dräns wesentlich, was bei Nachbesserungen nötig wird. Aus demselben Grunde vermeidet man auch gern Sauger mit Richtungswechsel herzustellen, was man durch Teilung der Sauger nach der Länge und Einschaltung eines Sammlers stets vermeiden kann.

Aber auch das Oberflächengefäll ist bei der Wahl der Richtung für die Sauger gebührend zu berücksichtigen, derart, daß die Sauger der Oberfläche gleichlaufend gelegt werden können. Sie erhalten dann überall die gleiche, als zweckmäßig ermittelte Tiefe, und überflüssige Erdarbeiten werden vermieden. Das Oberflächengefäll soll daher dem erforderlichen Kleinstgefäll der Sauger mindestens gleich sein. Ausnahmen davon kommen nur da vor, wo bei gefällarmer Oberfläche den Dräns „künstliches Gefäll" gegeben werden muß, um das für sie erforderliche Kleinstgefälle zu erreichen. In diesem Falle nimmt die Tiefe der Dräns nach oben ab.

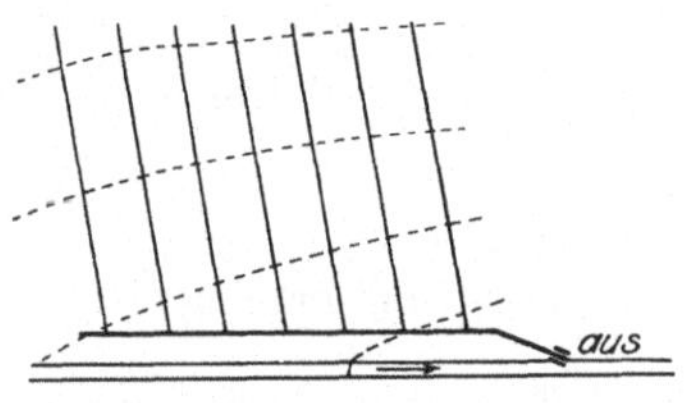

Abb. 73. Längsdränung.

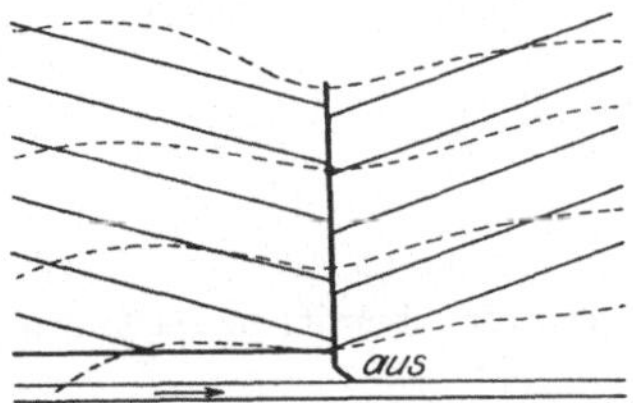

Abb. 74. Querdränung.

Bezüglich der Dränrichtung zu dem Oberflächengefäll bestehen zwei verschiedene Möglichkeiten. Bei der Längsdränung (Abb. 73) legt man die Sauger längs dem stärksten Gefälle, also senkrecht zu den Schichtlinien, die das Oberflächengefälle darstellen, und die Sammler in schwächeres Gefäll. Umgekehrt bei der Querdränung (Abb. 74), bei der man die Sauger angenähert gleichlaufend mit den Schichtlinien verlegt, doch so, daß die Dräns noch ausreichendes Gefäll behalten, und die Sammler ins stärkste Gefälle. Der Kampf um die Frage, welche dieser Bauweisen den Vorzug verdiene, ist schon alt. Bereits 1799 schreibt Johnstone, daß die Römer die Dräns schräg zum Gefäll des Abhanges angeordnet, d. h. Querdränung ausgeführt hätten und fügt hinzu, daß um seine Zeit viele Wirte den Fehler begingen, die Stränge in der Richtung des stärksten Gefälls anzulegen (95. 32). Diese Anschauung mag dem Umstande zuzuschreiben sein, daß man früher, vor Einführung der Dränröhren Steindohlen verlegte, die der Wasserbewegung großen Widerstand entgegensetzten, was man durch möglichste Gefällvermehrung auszugleichen bemüht war (43. 47).

Seit einigen Jahrzehnten ist man allgemein zur Querdränung zurückgekehrt, und zwar auf Grund so klarer, durch Erfahrung bestätigter Erwägungen, daß eine Umkehr zur Längsdränung wohl kaum jemals eintreten kann (21. 50.). Die Vorteile der Quer- gegenüber der Längsdränung bestehen hauptsächlich in folgendem:

1. Wenn die Sauger nahezu in den Schichtlinien angelegt werden, so bleibt für die Sammler die Lage im stärksten Gefäll. Damit tritt in ihnen große Wassergeschwindigkeit ein; man kann um so kleinere Rohrweiten anwenden und spart damit. Der Sauger mit dem üblichen Lichtmaß von 4 cm ist auch in dem zulässigen Mindestgefäll imstande, die ihm zukommende Wassermenge sicher abzuleiten. Noch wichtiger ist bei dieser Anordnung

der Umstand, daß die Wassergeschwindigkeit von den Saugern nach den Sammlern zunimmt, wodurch die beste Gewähr für regelmäßige Abfuhr der Sinkstoffe und Vermeidung von Verstopfungen geboten wird.

2. Das meistens in Richtung des stärksten Oberflächengefälls zu Tal fließende Bodenwasser wird von Querdräns vollkommener abgefangen als von Längsdräns; denn es gelangt in erstere mit seinem natürlichen Gefäll, während es nach Eintritt in die Zwischenräume zwischen den Längsdräns erst nach Ausbildung eines Seitengefälls in diese gelangt.

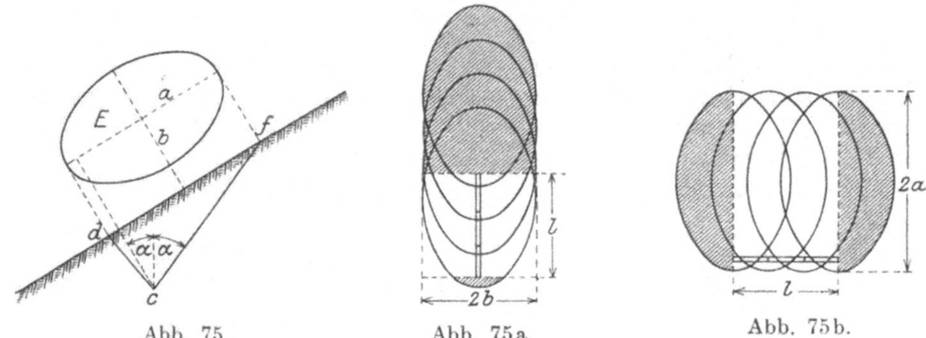

Abb. 75.   Abb. 75a.   Abb. 75b.

Abb. 75. Wirkungsbereich einer Dränfuge bei Längsdränung (75a) und Querdränung (75b).

3. Ein entwässernder Punkt im Boden, d. h. eine Dränfuge erstreckt seine Wirkung nach oben, wenn man den Grundwasserspiegel als gradlinig ansieht, in der Gestalt eines Kegels def mit senkrechter Achse (Abb. 75). Die Bodenoberfläche oder eine ihr parallele Ebene schneidet diesen Kegel in einer Ellipse, der entwässerten Fläche, deren große Ache in der Richtung des stärksten Gefälles liegt. Da jede Dränfuge in derselben Weise wirkt, so

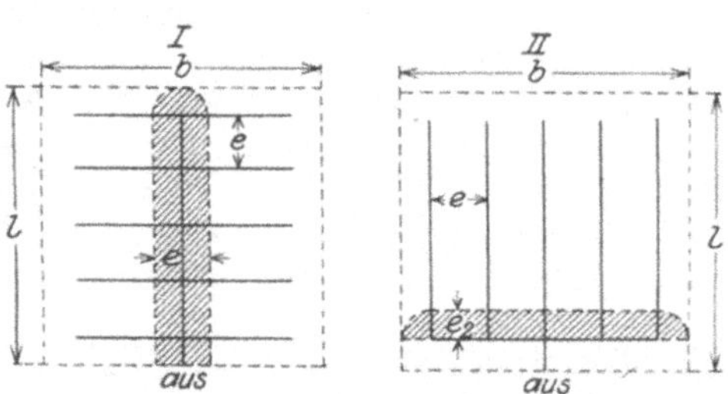

Abb. 76.   Doppelt gedränte Flächen.

überdecken sich diese Ellipsen zum Teil, und zwar ist diese Überdeckung dann größer, wenn die Fugen in der Richtung des Oberflächengefälls aufeinander folgen (Abb. 75a). Wenn E den Inhalt der Ellipse bedeutet und l die Länge des betrachteten Dränstranges, so ist die entwässerte Fläche bei Längsdränung

$$F_l = E + 2bl$$

und bei Querdränung

$$F_q = E + 2al.$$

Da nun $a > b$, so ist auch $F_q > F_l$ d. h. bei Querdränung wird durch dieselbe Stranglänge eine größere Fläche entwässert als bei Längsdränung; man kann also unter sonst gleichen Verhältnissen bei unveränderter Entwässerungswirkung bei ersterer eine größere Strangentfernung anwenden als bei letzterer. Gewöhnlich betrachtet man das Oberflächengefäll von $0,4\,{}^0/_0$ als die Grenze zwischen Längs- und Querdränung.

Allgemein muß bei der Wahl der Lage für die Dräns noch darauf Rücksicht genommen werden, daß die gesamte Stranglänge möglichst gering wird, d. h. die Stränge müssen solche Lage erhalten, daß nur möglichst wenig Punkte des Feldes unter der Einwirkung mehrerer Dränstränge stehen (Abb. 76). So ist z. B. bei I die Fläche $F_I = le$, dagegen bei II nur die Fläche $F_{II} = \dfrac{b \cdot e}{2}$ doppelt gedränt, nämlich durch die Sauger und den Sammler.

Es ist $F_I > F_{II}$. Man spart also an doppelt gedränter Fläche und damit an Stranglänge, wenn man die Sauger so lang macht wie nur immer zulässig.

Es kommt vor, daß Sammler streckenweise eine sehr tiefe Lage erhalten müssen, um eine Bodenerhebung zu durchschneiden. Man kann trotzdem die Sauger in normaler Tiefe bis dicht an den Sammler heranführen und dann auf kurze Entfernung den Höhenunterschied mit starkem Gefäll überwinden. Es ist aber nicht rätlich, an einen tief liegenden Sammler, zumal wenn er von großem Querschnitte ist, viele Sauger unmittelbar anzuschließen, weil sein

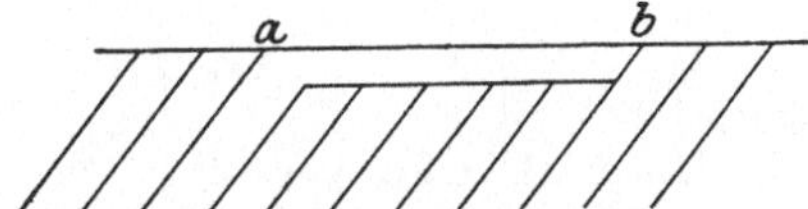

Abb. 77. Anschluß der Sauger an einen in der Strecke $a\,b$ tief liegenden großen Sammler.

dauernd guter Zustand um so mehr gefährdet ist, je mehr Anschlüsse er hat. In solchen Fällen empfiehlt sich vielmehr, einen Nebensammler in normaler Tiefe anzulegen, der die Sauger aufnimmt, und diesen erst mit dem Hauptsammler zu verbinden (Abb. 77).

F. Das Gefäll der Dräns.

Das Mindestgefäll der Dräns bzw. die davon abhängende Wassergeschwindigkeit in ihnen soll überall so groß sein, daß die in die Dräns unvermeidlich gelangenden Sinkstoffe sich nicht ablagern, sondern fortgespült werden. Um diese Sinkstoffbeförderung sicherzustellen, ist es erwünscht, daß die Geschwindigkeit von oben nach unten zunimmt, weil hier mehr Sinkstoffe zusammenkommen (Querdränung). Bei demselben Gefäll ist die Geschwindigkeit um so größer, je glatter die Rohrwandungen sind und je regelmäßiger die Röhren verlegt wurden. Die Wassergeschwindigkeit in einem Drän schwankt indes in ziemlich weiten Grenzen; sie nimmt ab mit der abfließenden Wassermenge. Daher hört bei Mindestgefäll die Sinkstoffbewegung zu Zeiten geringer Wasserführung ganz auf, und die abgelagerten Stoffe werden erst bei dem nächsten Hochwasser fortgespült.

Unter gewöhnlichen Verhältnissen hält man die mittlere Wassergeschwindigkeit von 0,16 bis 0,20 m/s für ausreichend zur Sinkstoffbewegung, hält es aber für rätlich, unter schwierigen Verhältnissen, wenn erhebliches, Eindringen von Sinkstoffen in die Dräns zu erwarten steht (Triebsand) sie auf 0,30 m zu steigern.

Um diese Geschwindigkeiten zu erreichen, sollen die 4-cm-Sauger mindestens $0,25\,{}^0/_0$, die Sammler $0,20\,{}^0/_0$ Gefäll erhalten (1. 10). Doch wird man oft genug genötigt, unter diese Maße herabzugehen, wenn das geringe Oberflächengefäll die Innehaltung dieser Mindestwerte nicht gestattet, wie z. B. in den meisten Mooren und Marschen. Man darf dabei aber nicht vergessen, daß die Herstellung der Dräns um so sorgfältiger geschehen muß und also um so kostspieliger ist, je schwächer das Gefäll ist. Unter günstigen Verhältnissen, d. h. bei festem Boden, in dem sich eine saubere Grabensohle sicher herstellen läßt, darf man wohl bis $0,15\,^0/_0$, ausnahmsweise bis $0,10\,^0/_0$ herabgehen. Wenn dagegen der Boden Eisenverbindungen enthält, die einen flockigen Niederschlag in den Röhren verursachen, oder wenn der Boden zur Bildung von Algen neigt, so ist es ratsam, mit dem Mindestgefäll nicht auf die oben angegebenen Werte herabzugehen. In Amerika betrachtet man $0,17\,^0/_0$ als das Mindestgefäll (**37**. 298).

Eine obere Grenze für das Gefäll gibt es nicht, weil die Röhren gegen alle Geschwindigkeiten des fließenden Wassers genug Widerstandskraft besitzen. Für Steilgefälle besteht nur die Gefahr, daß bei starkem, oberirdischem Wasserabfluß die Überschüttung der Dräns ausgespült wird, zumal in den ersten Jahren nach Anlage der Dränung, wenn der Füllboden noch nicht wieder volle Festigkeit gewonnen hat.

G. Die Tiefe der Dräns.

Unter Tiefe versteht man den Abstand der äußeren Dränoberkante unter dem Gelände. Die sehr bedeutungsvolle Frage nach der zweckmäßigsten Tiefe ist seit Entstehung der modernen Dränung viel umstritten und bis auf den heutigen Tag noch nicht endgültig entschieden worden. Das ursprünglich in England angewandte Maß von 3′ fand bald namhafte Gegner. Schon um die Mitte des vorigen Jahrhunderts empfahl Parkes 4′ bis 5′. In Deutschland trat Vincent als eifriger Verfechter der Tiefdränung auf und erwarb durch die damit erzielten Erfolge eine bedeutende Anhängerschaft. Stephens empfahl in durchlassendem Boden 3′, in Lehmboden 4′ und im Tonboden 5′ tief zu dränen. In Böhmen, Württemberg und der Schweiz werden schwerste Böden 1,5 m tief gedränt, wenn Rübenbau betrieben wird, sonst 1,3 m tief. King (**37**. 293) hält 2,5 bis 3′ Tiefe für am besten, da es nur darauf ankomme, den Acker für die Frühjahrsbestellung rechtzeitig trocken zu legen. Größere Tiefe hält er für verschwenderisch und schädlich, weil die Pflanzen weniger Vorteil von dem tief stehenden Untergrundwasser haben. Durch die amtlichen Vorschriften in Preußen ist die Normaltiefe zu 1,25 m festgelegt, doch sind geringere Tiefen zugelassen, wenn sie durch mangelhafte Vorflut oder durch die „Eigenart" des Bodens bedingt sind, oder zur schnellen Abführung des Oberflächenwassers angezeigt erscheinen (**1**. 1911. 10).

Besitzer schwerer Böden halten aber auch die derart ermäßigten Tiefen noch für zu groß mit der Begründung, daß dabei das Oberflächenwasser nicht schnell genug abziehe.

Bei Beurteilung der zweckmäßigsten Tiefe sind aus praktischen Erwägungen folgende Umstände zu berücksichtigen:

1. Die Röhren müssen mindestens so tief liegen, daß sie weder bei der Beackerung des Feldes von den Pflügen, noch vom Froste erreicht und beschädigt werden. Sobald das in den Röhren vorhandene Wasser gefriert, müssen sie zersprengt werden. Selbst in den rauhesten für Dränung in Frage kommenden Gegenden Deutschlands dringt der Frost nicht tiefer als 1,25 m in den Boden.

2. Die Tiefe muß so groß sein, daß die Wurzeln der Feldfrüchte nicht in die Röhren einwachsen und sie verstopfen. Tiefwurzelnde Feldfrüchte sind Zucker- und Futterrübe, Luzerne, Klee, Esparsette, Erbse, besonders Hopfen. Von den Unkräutern sind als Tiefwurzler bekannt: Schachtelhalm, Binsen, Sauerampfer u. a. Noch bei 1,25 m tiefen Dräns sind Verstopfung durch eingewachsene Wurzeln nicht allzu selten beobachtet worden.

Bei Fang- und Kopfdräns muß man die Dräns mindestens so tief legen, daß der andringende Grundwasserstrom, der abgefangen werden soll, mit den Dräns angeschnitten wird.

3. Die seitliche Wirkungsweise der Dräns ist um so größer, je tiefer sie liegen und umgekehrt (s. B, S. 117). Also müssen unter sonst gleichen Verhältnissen flache Dräns enger angeordnet werden als tiefe.

4. Bei flacher Dränung ist die Gefahr größer, daß wertvolle Pflanzennährstoffe, besonders der leicht bewegliche Salpeterstickstoff, nutzlos ausgewaschen wird als bei tiefer. Die berühmten Lysimeterversuche von Rothamstead haben das untrüglich bestätigt. Man fand dort in 23 Jahren den Verlust zu $11,5\,^0/_0$—$6,0\,^0/_0$—$5,3\,^0/_0$ des Gesamtstickstoffes im Boden bei 0,5 m—1,0 m—1,5 m Dräntiefe.

5. Man kann dieselbe mittlere oder Mindest-Entwässerungstiefe entweder durch tiefe Dräns in großer oder durch flachere Dräns in geringerer Entfernung herstellen. Dabei ist aber zu beachten, daß die Herstellung tieferer Dräns kostspieliger ist, und zwar kann man die Vertiefung um 1 dm über die gewöhnliche Lage hinaus zu 3 bis 5 Pfennig (vor dem Kriege) für 1 m Stranglänge veranschlagen. Auf dieser Grundlage kann man berechnen, um wieviel man bei Tieferlegung der Dräns deren Entfernung vergrößern darf, damit die Gesamtkosten in beiden Fällen, d. h. für Flach- und Tiefdränung, unverändert bleiben (33. 1910. 120).

Es läßt sich nicht immer vermeiden, die Dräns streckenweise flacher zu verlegen, als man im allgemeinen für richtig erkannt hat. Solche Fälle treten ein, wenn kleinere, flache Mulden mit den Dräns zu durchschneiden sind; denn es wäre fehlerhaft, um an dem tiefsten Punkte der Mulde noch die übliche Tiefe herstellen zu können, das ganze System um große Mehrkosten dementsprechend zu senken. Ferner muß man dann die unteren Dräns eines Systems flacher legen, wenn die Vorflut knapp ist bzw. deren Vertiefung zu hohe Kosten verursachen würde. Man soll indes auch in solchen Fällen das Tiefenmaß von 0,9 m nicht unterschreiten. Bei so flacher Lage ist es rätlich, Schutzmittel gegen das Verwachsen der Dräns durch Pflanzenwurzeln anzuwenden. Als solche gelten: Umhüllung der Dräns mit Steinkohlenschlacke und Eintauchen der Rohrenden in Karbolineum.

Noch flachere Lage darf zugelassen werden bei Vorflutdräns, die keine Sauger mehr aufzunehmen haben. Man stellt solche Dräns gern aus glasierten Tonmuffenröhren her, deren Stöße man mit Zementverstrich dichtet. Gegen die Frostwirkung ist so ein Drän dadurch zu sichern, daß durch Überschüttung mit Boden eine größere, frostfreie Tiefe geschaffen wird.

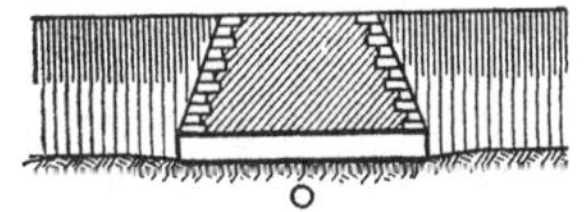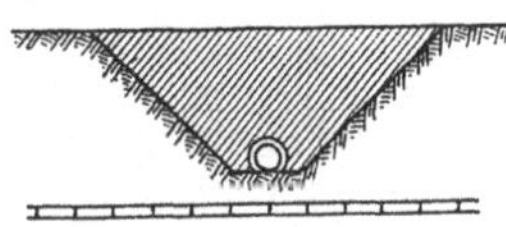

Abb. 78. Durchlaß als Schutz für einen flachen Drän.

Ganz flache Lagen unter der Grabensohle sind dann unvermeidlich, wenn ein Drän einen offenen Graben kreuzen muß. Den nötigen Schutz gegen das Verwachsen schafft man wieder durch Anwendung glasierter Tonröhren. Zur Erreichung des Frostschutzes wendet man den Kunstgriff an, daß man über der Kreuzungsstelle einen Röhrendurchlaß anlegt (Abb. 78), der gleichzeitig die Gefahr des Einwachsens mindert.

Besondere Erörterung verdient die Frage, ob man schwere Böden tief oder flach dränieren soll. Wir wissen, daß gewisse Tonböden für Wasser ganz undurchlässig sind. Selbst eine dünne Schicht davon vermag jegliches Durchsickern zu unterbinden. Wenn der Boden als dauernd undurchlassend erkannt wird, so hat es keinen Zweck, die Dräns in ihn zu versenken, auch wenn man sie mit durchlassendem Boden überdeckt; denn die Oberkante der undurchlassenden Schicht wird stets maßgebend für die entwässernde

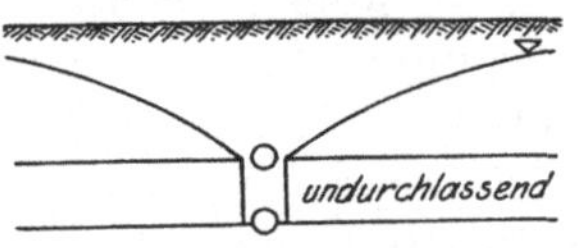

Abb. 79. Dräntiefe bei gänzlich undurchlassendem Untergrunde.

Wirkung bleiben (Abb. 79). Richtiger ist vielmehr, die Dräns auf die undurchlassende Schicht zu verlegen. Indes soll man bedenken und berücksichtigen, daß ein Boden, der im unentwässerten Zustande völlig undurchlassend ist, durch die im Abschnitte B, S. 85, beschriebenen Vorgänge, durch die Folgeerscheinungen der Entwässerung sehr wohl durchlassend werden und dauernd bleiben kann.

Wie die Tiefdränung selbst bei schwerem Tonboden fördernd auf den Ernteertrag einwirkt, zeigt folgende, in einem sehr trockenen Sommer erzielte Ernte an Kohlrüben.

Undräniert 94 dz/ha

1,05 m tief dräniert 134 „

1,20 „ „ „ 170 „

1,50 „ „ „ 176 „ (43. 52)

Die wichtige Frage nach der zweckmäßigsten Tiefe und Entfernung der Dräns verdient durch Versuche endgültig geklärt zu werden. Diesem Ziele dienende Versuchsfelder wurden bei Ellwangen (46. 1910. 310) und in Josephsdorf (55. V. 173) 1911 eingerichtet, deren Ergebnisse indes noch abgewartet werden müssen.

In Moorboden, der infolge der Entwässerung zusammensackt, muß die anfängliche Tiefe der Dräns um das voraussichtliche Sackmaß größer gemacht werden, so daß nach vollendeter Sackung die angemessene Tiefe entsteht.

Nach allem kann man sagen, daß bei Ackerdränung die normale Tiefe von 1,25 m sich bewährt hat, wenn nicht die tiefere Bewurzelung gewisser Feldfrüchte eine tiefere Lage erfordert. Für Zuckerrüben betrachtet man 1,4 bis 1,5 m, für Hopfen 1,8 m als diejenige Tiefe, welche Schutz gegen das Verwachsen der Dräns gewähren.

Wiesen und Weiden dränt man nicht tiefer als 1,0 m, geht aber oft auf 0,6 m herab.

H. Die Entfernung der Sauger.

Die Bestimmung der angemessenen Entfernung der Sauger, die man kurz Strangentfernung nennt, bei gegebener Tiefe ist für das Gelingen der Dränung in technischer und wirtschaftlicher Beziehung von großer Bedeutung. Die Entfernung darf nicht zu groß sein, weil dann die Entwässerung nicht genügt, aber auch nicht zu klein, weil sonst die Kosten unnötig gesteigert werden.

In Gegenden mit reichlichen Niederschlägen muß enger gedränt werden, auch Nordhänge enger als Südhänge, weil dort die Verdunstung geringer ist; dasselbe gilt für solche Felder, die zeitweise Überschwemmungen ausgesetzt sind.

Je flacher ein Gelände geneigt ist, um so geringer ist die Menge des oberflächlich abfließenden, um so größer die des versickernden Wassers, um so enger müssen also die Dräns liegen.

Ein wissenschaftlich begründetes Gesetz über die Abhängigkeit zwischen Entfernung und Tiefe der Dräns besitzen wir noch nicht. Wir wissen nur, daß in bindigem Boden das Wasser zum Abflusse mehr Gefäll verbraucht

als in durchlassendem und folgern daraus, daß in letzterem eine größere
Strangentfernung zulässig ist als in ersterem. Aber auch diese Kenntnis
machen wir uns heute meistens noch nicht in dem Maße nutzbar, wie es
der Fall sein sollte. Allermeist wird die Strangentfernung immer noch nach
dem allgemeinen Eindrucke des Bodens bestimmt, den man bei Aufgrabungen
oder Bohrungen gewinnt.

Die Durchlässigkeit des Bodens ist von seiner Korngröße abhängig
(Kap. II F, S. 29) und besonders von dem Anteil der in ihm enthaltenen
feinsten, abschlemmbaren Teile, in höchstem Maße von den quellbaren Kol-
loidstoffen. Den zuverlässigsten Maßstab für die Beurteilung der Boden-
durchlässigkeit liefert die mechanische Bodenanalyse. Zuerst hat Kopecky
(40. 9) die Bodenanalyse auf Grund von Erfahrungen, die in Böhmen gesammelt wurden, zur Bestimmung der Dränentfernung nutzbar gemacht. Kopecky
nennt diejenigen Bodenteilchen abschlämmbar, deren Durchmesser kleiner
als 0,01 mm ist und sieht hauptsächlich deren Anteil am Boden als maß-
gebend für die Strangentfernung an. Für das Verhältnis $x = \dfrac{\text{Strangentfernung}}{\text{Strangtiefe}}$
gibt Kopecky die in folgender Tafel mitgeteilten Werte an. Diese wurden
von Canz und Fauser für die klimatischen Verhältnisse in Württemberg
umgerechnet.

Nr.	Bodenart	Abschlämm-bare Teile $^0/_0$	$x = \dfrac{e}{t}$		e für $t = 1,25$ m	
			Kopecky	Canz	Kopecky	Canz
1	Schwerer Ton und Letten	> 70	7	7—8	8,5	8,5—9
2	Feinsandiger Ton	70—55	7,5	8—9	9,5	9—11
3	Sandig-lehmiger Ton	55—40	7,5—9	9—10,5	9,5—11	11—13
4	Fester Lehm	40—30	9—10,5	10,5—12	11—13	13—15
5	Sandiger Lehm	30—20	10,5—12	12—14	13—15	15—17,5
6	Lehmiger Sand	20—10	12—14	14—16,5	15—17,5	17,5—21
7	Schwachlehmiger Sand	< 10	14—15,5	16,5—19	17,5—19	21—24

Zur genaueren Ermittelung der abschlämmbaren Teile bedient man sich
des Kühnschen Zylinders oder besser des Schlämmapparates von Kopecky.
Schon sehr gute Dienste
leistet die Schlämmflasche
von Bennigsen, die zwar
weniger genau arbeitet als
die anderen Vorrichtungen,
dafür aber auch so hand-
lich und schnell, daß sie
auf dem Felde benutzt
werden kann.

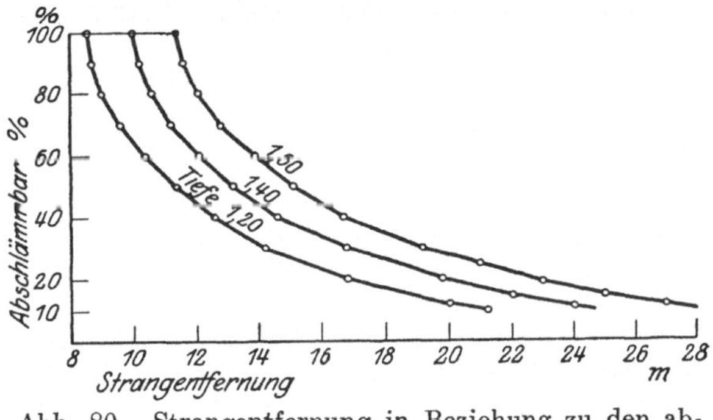

Noch bessere Dienste
als vorstehende Tafel leistet
eine zeichnerische Darstellung dieser Zahlenreihe, wie
sie von Fauser (16. I. 83)
gegeben ist (Abb. 80). Für

Abb. 80. Strangentfernung in Beziehung zu den abschlämmbaren Teilen des Bodens.

Grünland sind die Entfernungen bis $50^0/_0$ weiter zu wählen, als sie sich
nach der Tafel ergeben.

Noch zweckmäßiger ist es nach Kopecky, außer der Korngröße I
($< 0,01$ mm) auch den Anteil der Größe II (0,01—0,05 mm) zu berück-

sichtigen, weil er die Durchlässigkeit des Bodens nicht unerheblich erhöht und daher Vergrößerung der Strangentfernung gestattet. Nach Erfahrungen von **Fauser** (**16.** I. 85) rechtfertigt der Unterschied zwischen den Korngrößen II—I die Erweiterung der nach folgender Tafel ermittelten Strangentfernung um folgende Maße:

II—I %/0	Zulässige Erweiterung der Strangentfernung in m bei der Dräntiefe von m				
	1,2	1,3	1,4	1,5	1,6
+ 15	4,6	5,0	5,4	5,8	6,2
10	3,7	4,0	4,3	4,6	4,9
5	2,8	3,0	3,2	3,5	3,7
0	1,8	2,0	2,1	2,3	2,5
— 5	0,9	1,0	1,1	1,2	1,2

Ein hoher Gehalt an **kohlensaurem Kalk** macht den Boden durchlassend (**47.** 1909. 715) und gestattet die Vergrößerung der Strangentfernung um folgende Maße:

$$15\,\%\ CaCO_3\ \text{um}\ 0,5\ \text{m}$$
$$30\,\%\ \text{''}\quad\text{''}\ 1,0\ \text{''}$$
$$50\,\%\ \text{''}\quad\text{''}\ 2,0\ \text{''}$$
$$70\,\%\ \text{''}\quad\text{''}\ 2,5\ \text{''}$$

Dagegen erfordert hoher **Eisengehalt** im Boden eine Einschränkung der Strangentfernung um 1—2 m gegen das sonst nötige Maß. Auch **Humusgehalt** macht eine kleinere Strangentfernung ratsam.

Setzt sich der zu dränende Boden aus Schichten von ausgesprochen verschiedener Durchlässigkeit zusammen und liegen die Dräns unter der oberen Schicht, so bestimmt man die Strangentfernungen für die verschiedenen Schichten de und ea zu den Tiefen T und t (Abb. 81) nach dem vorstehenden Verfahren und erhält die angemessene Entfernung: $e = dg$, indem man $ag \parallel bc$ zieht.

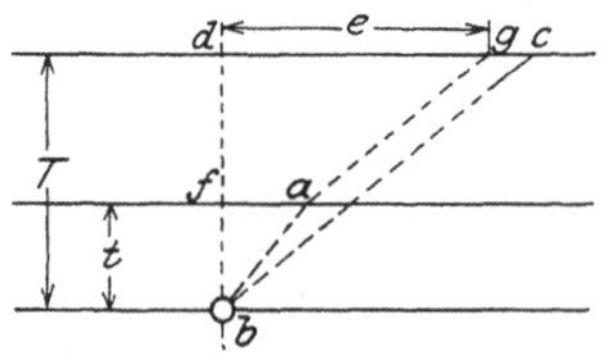

Abb. 81. Strangentfernung für wechselnde Bodenschichtung.

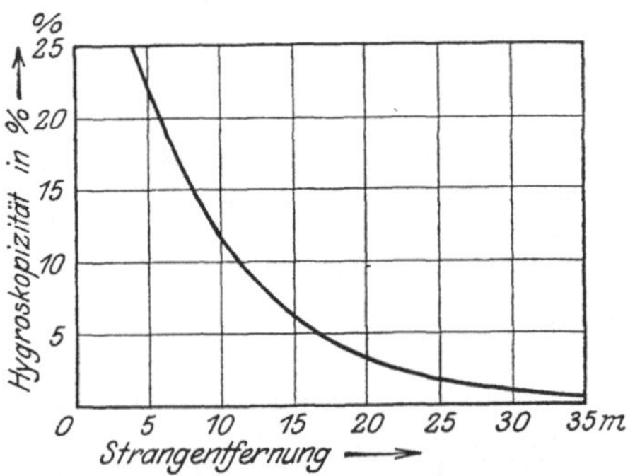

Abb. 82. Beziehung zwischen Hygroskopizität und Strangentfernung.

Breitenbach (**32.** I. 178. 376. II. 283) versuchte die Hygroskopizität des Bodens als Maßstab für die Strangentfernung zu benutzen. Er geht davon aus, daß nach **Mitscherlich** (**53.** 66) die Hygroskopizität des Bodens der Gesamtoberfläche verhältnisgleich ist und die Widerstände für die Bewegung des Bodenwassers mit dieser zunehme.

Breitenbach verfuhr so, daß er die Hygroskopizität der Böden von einer großen Zahl von Dränungen, die sich bewährt hatten, ermittelte und eine Beziehung zwischen diesen und der bewährten Strangentfernung herleitete. Er fand das Gesetz:

$$e = \frac{1{,}62 - \lg H}{0{,}055},$$

das in der Abbildung 82 für 1,25 m Dräntiefe zeichnerisch dargestellt ist. H bedeutet die Hygroskopizität in $\%$ des Bodengewichts.

Gerhardt (83. I. 411) bringt bei der Strangentfernung den Unterschied zwischen Quer- und Längsdränung zum Ausdruck und gibt für sie bei 1,25 m Tiefe folgende Werte.

| Nr. | Bodenart | Abschlämm-bar % | Strangentfernung bei | | General-Kommission für Schlesien m |
			Längsdränung m	Querdränung m	
1	Strenger Ton	75	8—10	8—12	10—12
2	Gewöhnlicher Ton	75—50	10—12	10—15	—
3	Schwerer Lehm	50—40	12—14	12—18	12—14
4	Gewöhnl. Lehm	40—30	14—16	14—21	14—16
5	Sandiger Lehm	30—20	16—20	17—25	16—20
6	Lehmiger Sand	20—10	20—24	21—30	20—24
7	Milder Sand	10—5	24—30	25—35	24—30

Dabei ist angenommen, daß die Längsdränung nur bei ebenem Gelände mit weniger als $0{,}4\%$ Gefäll angewandt wird.

Die in der letzten Spalte gegebenen Werte sollen nach der „Schlesischen Anweisung" bei Anordnung der Querdränung um 20% vergrößert werden.

Die Kopfenden einer Saugerreihe führt man bis auf die halbe Strangentfernung bis an die benachbarten Sammler bzw. an die Grenze des Dränungsgebietes heran.

J. Die Weite der Dränröhren.

Die Lichtweite der Röhren muß aus der Menge des abzuleitenden Wassers bestimmt werden. Aber außerdem sind ihr noch gewisse Grenzen nach oben und unten gesteckt. Der Röhrenpreis steigt sehr schnell mit der Lichtweite. Je kleiner der Rohrdurchmesser, um so größer ist der der Wasserbewegung entgegenstehende Widerstand, die Geschwindigkeit des in den Röhren fließenden Wassers also um so geringer. Man darf also zu enge Röhren nicht verwenden, weil dann ihre Selbstreinigung wegen zu geringer Wassergeschwindigkeit aufhört und sie verstopft werden, besonders wenn durch Ausscheidungen von Eisen oder Kalk haltendem Wasser noch weitere Verengung des an sich schon engen Querschnittes erwartet werden muß. Bei einem weiteren Rohre sind solche Ablagerungen nicht so gefährlich. Bei Hochwasser gestattet es trotz der vorher eingetretenen Verengung immer noch die Ausbildung einer größeren Wassergeschwindigkeit, welche imstande ist, die Ablagerungen fortzuspülen.

Aus diesen Erwägungen hat sich ein gewisser Mindestdurchmesser entwickelt, unter den man nicht herabgeht, ohne Rücksicht auf die abzuleitende Wassermenge. In Norddeutschland betrachtet man 4 cm als dies Mindestmaß für die Sauger, nachdem die älteren Dränungen mit nur 3 cm weiten Röhren als mangelhaft erkannt waren. In solchen Lagen, wo besonders viel Wasser abzuführen ist, wie bei Rieselfeldern für Schmutzwasser, oder wo viel Eisenausscheidungen erwartet werden müssen, oder bei Lagen im Triebsande macht man die Sauger 5 cm weit. In der Schweiz ist es sogar üblich, 6 cm weite Sauger zu verwenden (43. 48).

Bei Bestimmung der von den Dräns aufzunehmenden Abflußeinheit ist wohl zu unterscheiden, ob nur Niederschlagswasser oder außerdem noch von außen in das Dränungsgebiet eintretendes Grundwasser abzuleiten ist. Die Abflußeinheit q wird in der Regel in l für 1 ha in 1 Sekunde angegeben. Sie muß natürlich schwanken mit den klimatischen und geologischen Verhältnissen des Gebietes. Auch die Himmelsrichtung ist von Einfluß, weil ein Südhang mehr Wasser verdunstet als ein Nordhang, so liefert dieser mehr Dränwasser als jener (46. 1912. 88). Aber soviel Fachleute sich mit der Herleitung von Zahlen für die Abflußeinheit befaßt haben, soviel verschiedene Werte sind dabei herausgekommen, auch wenn sie von denselben klimatischen und Bodenverhältnissen ausgingen. Das liegt daran, daß der eine einen Abzug für Verdunstung machte, der andere nicht; der eine wollte eine gegebene Regenmenge in 10, der andere in 20 Tagen durch die Dräns ableiten, ohne die Frage gebührend zu untersuchen, ob dies der Boden überhaupt zuläßt. Die auf diese Weise entstandenen Werte für q schwanken zwischen 0,3 und 2 l/ha. Die in der Schlesischen Anweisung (1911, S. 10) angegebene Abflußeinheit von 0,65 l/ha hat sich im norddeutschen Flachlande bewährt; doch wird sie in den Trockengebieten Deutschlands wahrscheinlich noch weiter ermäßigt werden dürfen. Die Frage nach der Dränwassermenge ist von Lüdecke eingehend behandelt (46. 1914. 327). Auf Grund von Versuchen, die in Deutschland und England angestellt wurden und mehrere Hundert von Monaten umfassen, berechnet Lüdecke, daß auf Brache monatliche Sickerwassermengen S durchschnittlich mit folgender Häufigkeit H in der ganzen Beobachtungszeit eintraten.

$S =$	> 90	$90/80$	$80/70$	$70/60$	$60/50$	$50/40$	> 50	> 40 mm
$H =$	1,8	2,0	1,1	2,2	4,0	6,4	11,1	17,5 %

Da Brache mehr Sickerwasser ergibt als mit lebenden Pflanzen bestandener Boden, da ferner in den zu den Versuchen verwendeten Gefäßen kein oberirdischer Abfluß stattfand, im Gegensatze zu dem freien Felde, so hält Lüdecke wohl mit Recht für zutreffend, wenn man bei der natürlichen Dränwassermenge auf eine größere monatliche Sickerwassermenge als 50 mm nicht zu rechnen braucht. Soll diese (nach Vincent) in 15 Tagen abgeleitet werden, so ergibt das eine Abflußmenge von 0,38 l/ha in der Sekunde. Man wird gut tun, diesen Wert nicht unter allen Umständen gleichbleibend durchzuführen, vielmehr etwa in folgender Weise zu verändern:

Jahresniederschlag	< 600	$600—900$	> 900 mm
Boden sehr schwer	0,3	0,4	0,5 l/ha
„ mittelschwer	0,4	0,5	0,6 „
„ leicht	0,5	0,6	0,7 „

Diese Zahlenwerte sind aber nur eingeschätzt, und diese wichtige Frage verdient daher endlich auf sichere Grundlage gestellt zu werden. Diese kann aus planmäßigen Messungen an dem Ausfluß aus vorhandenen Dränungen unschwer gewonnen worden.

Die Berechnung der Rohrweiten erfolgt stets unter der Annahme, daß das Rohr voll läuft. Aus bekannten Gründen (geringere Umfangsreibung) liefert ein kreisrundes Rohr aber schon bei Füllung bis 0,95 des lichten Durchmessers die größte Wassermenge, während bei Füllung bis 0,81 d die größte Wassergeschwindigkeit v entsteht.

Die Berechnung der Wassergeschwindigkeit im Drän geschieht nach der Formel:

$$v = k \sqrt{dJ} \quad . \quad . \quad . \quad . \quad . \quad . \quad . \quad . \quad . \quad . \quad . \quad (1)$$

Darin bedeuten

$v =$ Wassergeschwindigkeit in m/s,
$d =$ Rohrlichtweite,

$$J = \text{relatives Gefäll des Rohres,}$$
$$k = \text{Beiwert für } d,$$

wenn:

$$d = 4 \quad 5 \quad 8 \quad 10 \quad 13 \quad 16 \text{ cm,}$$

so ist

$$k = 12{,}5 \quad 13{,}6 \quad 16{,}0 \quad 17{,}3 \quad 18{,}8 \quad 20{,}0.$$

m = 0,3

Wenn man ferner mit

$$Q = \text{Abflußmenge}$$

und

$$F = \text{Entwässerungsgebietsgröße}$$

bezeichnet, so ist

$$Q = f v = \frac{d^2 \pi}{4} k \sqrt{d J}$$

und

$$F = \frac{Q}{q} = \frac{0{,}8 \, d^2 \, k \sqrt{d J}}{q} \quad \dots \dots \dots \dots \quad (2)$$

und man erhält so eine Beziehung zwischen den Größen d, F, J und q, aus der man bei gegebenem J und q und einer der Größen d oder F die andere dieser beiden unmittelbar berechnen kann. Derartige Rechnungen sind indes heute nicht mehr nötig, seit man sich der zeichnerischen Darstellung bedient, welche die Beziehung wiedergibt (83. I. 2. 424, 1.).

Aus Formel 1 folgt:

$$J = \frac{v^2}{k^2 d} \quad \text{und damit ist die Möglichkeit gegeben, für verschiedene}$$

Rohrweiten und der zulässigen Kleinstgeschwindigkeit (0,16—0,20 m) das zugehörige kleinste Gefäll J zu berechnen.

Dies ergibt sich für $\min v = 0{,}16$ m

$$\text{für } d = 4 \quad 5 \quad 8 \quad 10 \quad 13 \quad 16 \text{ cm}$$
$$\text{zu } J = 4{,}1 \quad 2{,}8 \quad 1{,}2 \quad 0{,}8 \quad 0{,}6 \quad 0{,}4 \, {}^0/_{00}.$$

Mit Hilfe der zeichnerischen Darstellungen werden die Punkte bestimmt, an denen ein Röhrenwechsel eintreten, d. h. eine größere Lichtweite angewandt werden muß.

Man verfährt dabei am sichersten und einfachsten in folgender Weise: Auf dem Lageplane (Abb. 83) ermittelt man für die Sammler an solchen Punkten die Sammelgebietsgröße, an denen ein bemerkenswerter Zuwachs (Nebensammler) eintritt, oder wo ein Gefällwechsel vorhanden ist. Letztere Punkte entnimmt man aus dem Höhenplane der Sammler (Abb. 83). Die so am einfachsten mit dem Polarplanimeter bestimmten Sammelgebietsgrößen trägt man unter dem Höhenplane in angemessenem Maßstabe auf, verbindet sie durch einen Linienzug (Flächenlinie) besonderer Farbe. Sodann bestimmt man nach der Tafel für die Dränrohrweiten auf Grund der im Höhenplane angegebenen Gefälle diejenige Flächengröße, die von verschiedenen Rohrweiten ausreichend entwässert werden kann. Trägt man diese Flächengrößen unter der vorhin bestimmten Flächenlinie auf und zieht Wagerechte durch sie, so gibt der Schnittpunkt mit der Flächenlinie den Punkt, an dem ein Röhrenwechsel angeordnet werden muß.

Das sehr einfache Verfahren möge an dem Beispiele der Abb. 83 erläutert werden. Die Sammelgebietsgrenzen sind im Lageplane mit gestrichelter Linie angegeben, wonach die Größen der Sammelgebiete für den Sammler *a* ermittelt und im Höhenplane unter der Wagerechten mit voller Linie dargestellt wurden. Danach wächst das Sammelgebiet von 0 bis 6,8 ha. Nun bestimmt man zunächst für den obersten 156 m langen Abschnitt mit $0,7\,^0/_0$ Gefälle aus der Tafel die Fläche, die von verschiedenen Dränrohrweiten (bei 0,65 l/ha Abflußeinheit) entwässert werden kann. Man findet für 5 cm Lichtweite 0,8 ha und für 6,5 cm Lichtweite 1,0 ha. Diese Größen sind im Höhenplane unter der Wagerechten aufzutragen. Man findet, daß die 5 cm-Linie die Sammelgebietslinie beim Punkt I schneidet, daß 5 cm Lichtweite also bis zu diesem Punkte genügt. Hier liegt demnach der Röhrenwechsel, dessen Lage in den Lageplan übertragen wird. Unterhalb muß ein 6,5 cm weiter Sammler angewandt werden, der bis zur Einmündung des Sammlers d reicht. Auf der anschließenden Strecke genügt der 6,5 cm weite Sammler für 2,3 ha, reicht also bis zum Gefällwechsel von 1,3 auf $0,5\,^0/_0$. Unterhalb kann dieser Sammler bei $0,5\,^0/_0$ nur noch 1,4 ha entwässern,

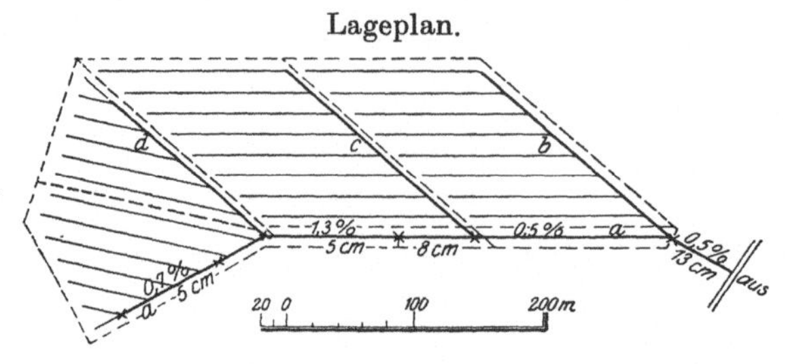

Lageplan.

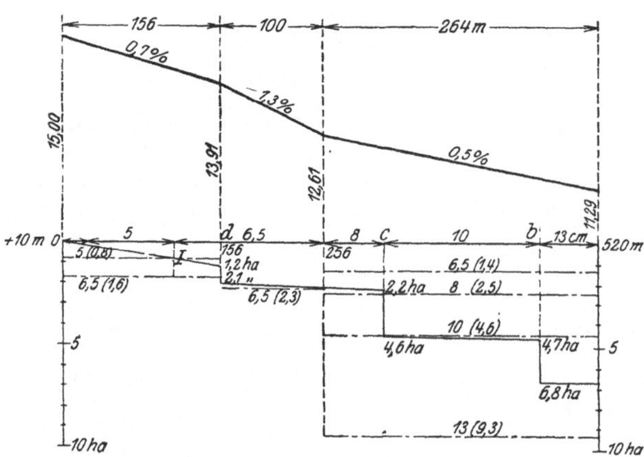

Höhenplan des Sammlers a.

Abb. 83. Bestimmung der Röhrenweite.

genügt also nicht für das 2,1 ha große Gebiet. Hier muß vielmehr der Sammler 8 cm Lichtweite erhalten mit 2,5 ha Leistung. So schreitet man nach unten weiter vor und findet in derselben Weise die Wechselpunkte für 10 und 13 cm weite Sammler.

Das Verfahren führt überaus schnell zum Ziele, wenn man den Höhenplan auf Millimeterpapier zeichnet, was auch aus anderen Erwägungen rätlich ist.

Es ist zu empfehlen, die Berechnung der Sammler-Lichtweiten nach der in Anlage E der Schlesischen Anweisung (1) gegebenen Form aufzustellen.

K. Die zulässige Länge der Dräns.

Eine Dränung wird um so einfacher, je größere Länge die einzelnen Stränge erhalten; sie wird aber auch um so billiger, denn um so weniger doppelt durch Sauger und Sammler gedränte Flächen entstehen, wie oben gezeigt wurde (E, S. 122). Aus großer Länge der Sauger entspringt noch der weitere Vorteil, daß wenig Sammler dabei nötig sind, wodurch die Anlagekosten ermäßigt werden. Indes sind mit großer Stranglänge doch auch verschiedene Nachteile verbunden. Je länger ein Strang ist, um so größer ist die durch seine Verstopfung in Mitleidenschaft gezogene Fläche. Weiter: ein Sammler darf bei dem Bau der Dränung erst dann zugeschüttet werden, nachdem alle Sauger vollendet und mit ihm verbunden wurden. Nun muß aber der Sammler bei langen Saugern, deren Herstellung längere Zeit erfordert, länger offen bleiben als bei kurzen Saugern, ist also auch der Gefahr des Einstürzens der Drängräben mehr ausgesetzt als bei kurzen Saugern. Übrigens ist die Länge der Sauger auch durch die aus Lichtweite und Gefäll sich ergebende Leistung Q in seiner Länge beschränkt. Wenn x seine Länge, e die Strangentfernung bedeuten und q die Abflußeinheit in l/ha, so ist

$$x \leq \frac{10\,000\,Q}{e \cdot q}.$$

Nach der Schlesischen Anweisung sollen Sauger niemals die Länge von 200 m überschreiten, in der Regel aber nicht länger als 150 m sein, während für die Sammler 1000 m als größte Länge zugelassen sind.

L. Die Vorfluter.

Die Vorfluter müssen groß genug sein, um das ihnen bei Hochwasser zukommende Wasser (Drän- und Oberflächenwasser) bordvoll abzuleiten. Eine weitere Forderung geht dahin, daß die Sohle tief genug liegen muß, damit die Ausgüsse noch über dem Mittelwasserspiegel liegen. Wenn der Vorfluter meistens trocken ist, so soll die Ausmündung mindestens 0,20 m über der Sohle liegen. Nach der Schlesischen Anweisung soll man bei der Berechnung der Gräben folgende Annahmen für die Abflußeinheit $q = 1/\text{qkm}$ machen: für

	Flachland	Hügelland
MW	6—10 l/qkm	8— 15 l/qkm
SHW	25—40 „	≤ 200 „
hHW	65—250 „	250—600 „

Der Rauhigkeitsbeiwert in der Geschwindigkeitsformel von Ganguillet und Kutter ist zu $n = 0{,}03$ anzunehmen, die Sohlenbreite $\geq 0{,}4$ m.

Das Sohlengefäll der Vorflutgräben ist auf möglichst lange Strecken gleichbleibend durchzuführen, um eine gleichmäßige Bewegung der Sinkstoffe zu erzielen. Liegt ein einzelner Ausguß bei niedriger Geländestelle so tief, daß er auf die gleichmäßige Höhe der für die übrigen Ausgüsse genügenden Sohlenhöhe nicht hinreichende Vorflut findet, so verschafft man sie ihm dadurch, daß man die Sohle bricht, und zwar oberhalb des Ausgusses mit einem Absturz und unterhalb durch Einschaltung einer kurzen, gefällarmen Strecke (Abb. 84). Man umgeht damit die Schwierigkeit, den ganzen Graben in einer für den tiefsten Ausguß genügenden Tiefe

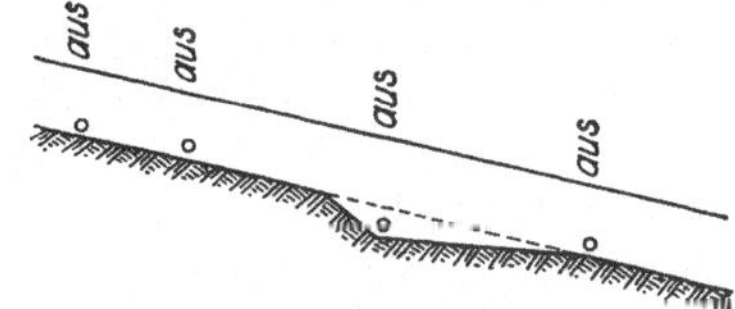

Abb. 84. Grabensohle bei tief gelegenem „aus".

herzustellen und die dadurch bedingten Mehrkosten, muß dafür aber in Kauf nehmen, daß unterhalb des Absturzes sehr leicht Versandungen eintreten, die häufige Räumung erfordern. Die steilere Sohlenstrecke (Absturz) kann man bis $3\,\%$ Neigung noch mit Rasen befestigen. Bei steilerer Neigung muß Befestigung mit Steinpflaster eintreten, wenn man nicht vorzieht, den Sohlabfall ganz senkrecht in Mauerwerk oder Beton herzustellen. Man schafft die Vorflut durch einen Vorflutdrän, wenn das Gelände (oft auf fremden Grundstücken) mit einem offenen Graben nicht durchschnitten werden darf. Für die Rohrleitung ist aber ein stärkeres Gefäll nötig als für einen offenen Graben. Dann aber hat sie den Vorteil, daß sie nicht durch Schneeverwehungen (oder Sandverwehungen) verstopft wird, wodurch bei offenen Gräben die Vorflut um die Zeit der Schneeschmelze in Frage gestellt wird, also gerade dann, wenn die pünktliche Entwässerung am wichtigsten ist. Indes sollte man der heute vorhandenen Strömung, gelegentlich der Dränung alle offenen Gräben zu vermeiden oder zu beseitigen, widerstehen. Die Gräben dienen zur Ableitung des Oberflächenwassers, das um die Frühlingszeit (Schneeschmelze) in großer Menge entsteht und durch Dränung allein nicht schnell genug abgeleitet werden kann, um Schaden für die Feldfrüchte zu verhüten.

Ist natürliche Vorflut nicht zu beschaffen, so ist zu untersuchen, ob Versenkung des Wassers möglich ist (s. Kap. IV, F 1 d, S. 98) oder man muß das Wasser nach einem Punkte in einen Brunnen zusammenleiten und von hier aus mit Maschinen (Windmotor ist hier oft geeignet) auf den Vorfluter heben (Kap. IV, F 2, S. 106).

M. Technische Vorarbeiten.

Die technischen Vorarbeiten zerfallen in folgende Unterabteilungen:

1. **Beschaffung von Karten**, meistens als Durchzeichnungen aus dem Kataster. Dazu gehören die Flurbuchauszüge, die Aufschluß über Besitzstand und Größe der zu dränenden Grundstücke geben. Neben der Katasterkarte (im Maßstabe 1:2000 bis 1:5000) soll immer noch das Meßtischblatt als Übersichtskarte (1:25000) beigegeben werden.

2. **Ermittelung der Niederschlagsverhältnisse** aus den Veröffentlichungen des meteorologischen Institutes.

3. **Nivellements**. Diese müssen das Flächennivellement des eigentlichen Meliorationsgebietes und das Nivellement der Vorflutlinien enthalten. Das Flächennivellement wird meistens als Netznivellement aufgenommen. Maschenweite 20—40 m. Dabei darf man sich aber nicht streng auf das Nivellieren der Netzpunkte beschränken, muß vielmehr nach Bedarf noch außerhalb dieser Nivellementspunkte einschalten, wenn bemerkenswerte Höhenwechsel zwischen den Netzpunkten liegen. Dem Netznivellement soll stets ein kontrolliertes Festpunktsnivellement voraufgehen, das doppelt auszuführen und auszugleichen ist. Aus dem Netznivellement sind die Schichtlinien herzuleiten und in den Lageplan einzuzeichnen. Je flacher die Neigung des Geländes ist, um so geringer macht man den Höhenunterschied zwischen zwei benachbarten Schichtlinien. Man zeichnet von ihnen so viele — alle in denselben Abständen — ein, wie nötig sind, um die Gefällverhältnisse klarzustellen, ohne die Zeichnung zu verwirren. So schwankt der Abstand der Schichtlinien zwischen 0,1 und 1 m. Wenn ohne zu erhebliche Mehrarbeiten möglich, sollen die Nivellements auf NN bezogen werden.

4. **Die hydrotechnischen Vorarbeiten** erstrecken sich auf die Untersuchung, ob die vorhandenen Entwässerungsanstalten für die Vorflut genügen, oder was zu ihrer Instandsetzung nötig ist. Dahin gehört auch die Untersuchung über die Frage, ob rechtliche Bedenken gegen die Ableitung in dem gewollten Sinne bestehen oder ob und wie hoch die Entschädigung für die Wasserzuleitung gezahlt werden muß. Diese rechtlich-wirtschaftlichen Fragen müssen rechtzeitig beantwortet werden, da in hohem Maße die Einträglichkeit der Melioration davon abhängt.

5. **Die bodenkundlichen Vorarbeiten** haben den Boden auf seine Entwässerungsbedürftigkeit zu untersuchen, insbesondere Tiefe und Strangent-

fernung der Dränung festzusetzen (40); doch bildet die Bodenuntersuchung auch eine wichtige Unterlage für die Veranschlagung der Dränungsarbeiten. Zur richtigen Beurteilung des Bodens ist es von Bedeutung, daß dessen Untersuchung zu einer Zeit mittleren Feuchtigkeitsgehalts stattfindet. Zu große Nässe oder Trockenheit erschweren die Beurteilung nach dem Augenschein. Zur trockenen Zeit findet man oft kein Grundwasser, auch wenn es sonst regelmäßig vorhanden sein mag. Bei der Untersuchung ist die Folge und Stärke der Bodenschichten (Triebsand) zu ermitteln und anzuschreiben. Die Untersuchung sollte immer bis mindestens 20 cm unter die gewollte Dräntiefe reichen. Der Aufschluß des Bodens durch Aufgraben ist gründlicher als mit dem Bohrer, weil der Boden dabei in natürlicher Schichtung vor Augen geführt wird. Allerdings ist die Aufgrabung viel mehr zeitraubend. Man kann auch beide Verfahren vorteilhaft vereinen, indem man erst gräbt und dann bohrt. Der Befund ist in einer Skizze, welche die Schichten im senkrechten Schnitte wiedergibt, darzustellen. Die Dichtigkeit, in der Bodenproben genommen werden müssen, richtet sich nach der Häufigkeit, mit der die Bodenschichtung wechselt. Abgesehen von Grenzfällen wird auf je 5 bis 20 ha je eine Bodenuntersuchung nötig sein. Die Bodenproben, die im Laboratorium untersucht werden sollen, dürfen nicht gemischt werden, sind vielmehr einzeln in numerierten Erdbeuteln unterzubringen. Die Fundstelle auf der Fläche und nach der Tiefe ist genau aufzuschreiben. Kehrt ausgesprochen dieselbe Schicht an verschiedenen Stellen des Meliorationsgebietes wieder, so kann man die dieser entstammenden Einzelproben allenfalls zu einer Mischprobe vereinigen. Aber man verschiebt das besser bis nach Einlieferung der Bodenproben ins Laboratorium. Hier sind die Proben der mechanischen Analyse zu unterwerfen.

Bei den Bodenaufgrabungen muß auch die Tiefe des jeweiligen Grundwassers angeschrieben werden. Doch ist dafür nicht der unmittelbar beim Graben erscheinende Wasserstand maßgebend, vielmehr muß der erst einige Zeit nachher sich einstellende, beharrliche Grundwasserstand genommen werden, nachdem man sich durch wiederholte Beobachtung überzeugte, daß der Wasserstand zur Beharrlichkeit tatsächlich gelangte. Aus der Bodenbeschaffenheit und den Grundwasserverhältnissen ist die Entfernung der Sauger zu bestimmen (Kap. V, H, S. 126).

6. Die Planbearbeitung. Um die Systeme zweckmäßig anzuordnen, werden zunächst die Wasserscheiden in die Schichtlinien eingezeichnet. Sodann entwirft man in jedem Systeme die Lage der Haupt- und Nebensammler, indem man tunlichst vorhandene Geländefalten für sie benutzt. Man legt sie jedoch etwas seitwärts von der tiefsten Faltenlinie, damit sie bei reichlichem Abflusse von Oberflächenwasser in der Falte nicht durch Ausspülung beschädigt werden. Weiter folgt das Eintragen der Sauger, die auf einem größeren Sammelgebiete, je nach dem Bodenbefunde, nur gruppenweise dieselbe Entfernung erhalten.

Früher war die Ansicht ziemlich allgemein, daß die Sauger unter spitzem Winkel stromab in die Sammler münden sollten, damit das Wasser aus den Saugern bereits in Richtung des Sammlers eintrete und weder Aufstau noch Ablagerungen verursache. Heute führt man sie anstandslos auch unter rechtem Winkel zusammen; denn die Bedenken sind hinfällig, seit man die Sauger in der Regel von oben in den Sammler einmünden läßt. Zu spitzwinkelige Einführung ($< 60^\circ$) der Sauger in die Sammler ist zu vermeiden, weil die Rohrverbindung unter solchem Winkel technische Schwierigkeiten verursacht. Aus demselben Grunde soll man vermeiden, die Sauger von beiden Seiten an denselben Punkt anzuschließen. Hat ein Sammler eine so

große Wassermenge aufzunehmen, daß sie von einem Rohrstrange nicht mehr
bewältigt werden kann, so ist das System in zwei getrennte zu spalten, wobei
die beiden Sammler in dem Abstande der Sauger voneinander zu verlegen
sind. Auf alle Fälle ist zu vermeiden, zwei Rohrstränge in demselben Graben
unterzubringen. Da das Wasser stets nur auf dem Wege mit dem geringsten
Widerstande abfließt, so würde es sich bald nur des einen Rohres hauptsächlich bedienen und das andere der Verstopfung bald anheimfallen. Übrigens
ist es billiger, eine gegebene Wassermenge in einem entsprechend stärkeren
Rohre abzuführen als in zwei schwächeren, weil die Wasserführung mit der
Lichtweite schneller zunimmt als die Kosten für die Röhren, wie folgende
Tafel zeigt, die für $J = 0.5\,{}^0/_0$ berechnet wurde und mittlere Röhrenpreise
aus der Zeit vor dem Kriege wiedergibt.

$d =$	$q =$		Kosten ${}^0/_{00}$		
4 cm	0,31 l/s =	1 :	21 Mark =	1 :	
5 „	0,56 „ =	1,8	28 „ =	1,3	
8 „	2,0 „ =	6,5	50 „ =	2,4	
10 „	3,7 „ =	12	75 „ =	3,5	
13 „	7,2 „ =	23	125 „ =	6,0	
16 „	12,4 „ =	40	175 „ =	8,3	
18 „	16,9 „ =	54	290 „ =	13,8	

Zur zweckmäßigsten Planung der Sammler ist es unerläßlich, Höhenpläne von diesen aufzutragen. Erst daraus kann man zutreffend beurteilen,
ob es vorteilhafter ist, auf kürzestem Wege eine
Erhebung zu durchschneiden oder diese auf Umwegen zu umgehen usw. Die Höhenpläne geben
auch erst die Möglichkeit, das verfügbare Gefäll
richtig zu verteilen und genau festzusetzen, um
darnach die Rohrweiten zu berechnen. Ist ein
kurzer Steilhang mit einem Sammler zu queren,
wobei das Wasser so große Geschwindigkeit annehmen würde, daß der Bestand des Rohrstranges
dadurch gefährdet werden könnte, so legt man
einen unterirdischen Absturz an, in dem das
Wasser sich „tot" fällt. Er besteht aus einem

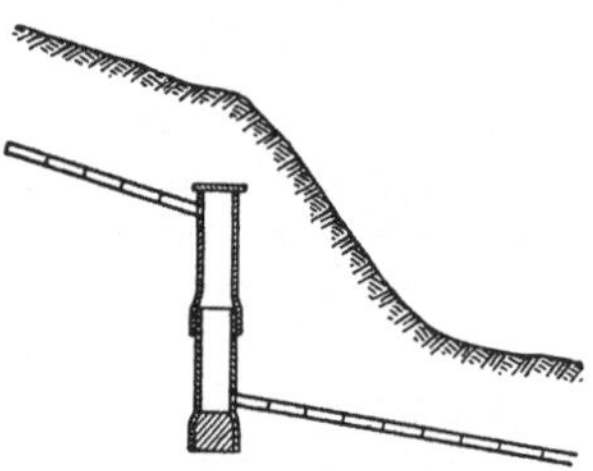

Abb. 85. Unterirdischer Absturz im Sammler.

oder mehreren senkrechten Tonröhren, mit den Muffen nach unten gerichtet,
in welchen der Strang oben ein- und unten ausmündet. Die Sohle ist durch
Stein oder Beton gegen den Wassersturz zu sichern (Abb. 85).

Bei der Tiefe der Sammler ist zu beachten, daß die Sauger allermeist
auf ihnen liegen. Hat der Sauger die Tiefe t und den Außendurchmesser d,
der Sammler aber den Außendurchmesser D, so liegt die Unterkante des
Sammlers um $T = t + d + D$ unter dem Gelände.

Die Ausgüsse münden meistens unmittelbar in die Vorfluter. Wenn
aber ihr Ufergelände zu flach liegt, um in ihm die Dräns mit hinreichendem
Gefäll noch genügend tief betten zu können, wird der Ausguß im höheren
Gelände angeordnet und durch Stichgraben mit dem Vorflutgraben verbunden. Die Ausmündungen sollen stets unter spitzem Winkel stromab mit
dem Vorfluter verbunden werden.

Die Nähe von Bäumen ist mit den Dräns zu vermeiden, da Baum
wurzeln auf große Entfernung in die Dräns einwachsen und sie verstopfen.
Besonders gefährlich sind die Feuchtigkeit liebenden Bäume wie Weiden und
Pappeln. Man soll ihnen nicht näher als 15 m mit den Dräns kommen. Ist
eine geringere Entfernung unvermeidlich und die Beseitigung (Rodung) der

Bäume nicht angängig, so kann man einzelne Bäume dadurch unschädlich machen, daß man die Dräns in deren Nähe aus Tonröhren herstellt und in den Fugen mit Zement dichtet. Dieselbe Vorsicht ist anzuwenden bei Querung von Gräben und Wegen, bei diesen auch, um den Drän gegen die schwere Belastung durch den Verkehr genügend widerstandsfähig zu machen. Muß ein Sammler einem mit Bäumen bepflanzten Wege parallel geführt werden, so legt man ihn in sicherer Entfernung von der Baumreihe (≥ 15 m) an und entwässert den Zwischenraum durch eine Reihe kurzer Sauger (Abb. 86). Denn die Verwachsung so eines kurzen Saugers zieht keine größere Fläche in Mitleidenschaft und ist leicht zu beseitigen.

Oft finden sich in einem Felde besonders quellige Stellen, die durch tiefe Lage und schwer durchlassenden Boden ausgezeichnet sind. Man trägt

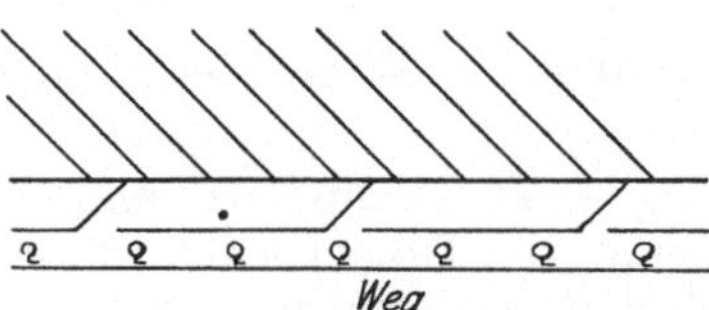

Abb. 86. Dränung neben einer Baumreihe.

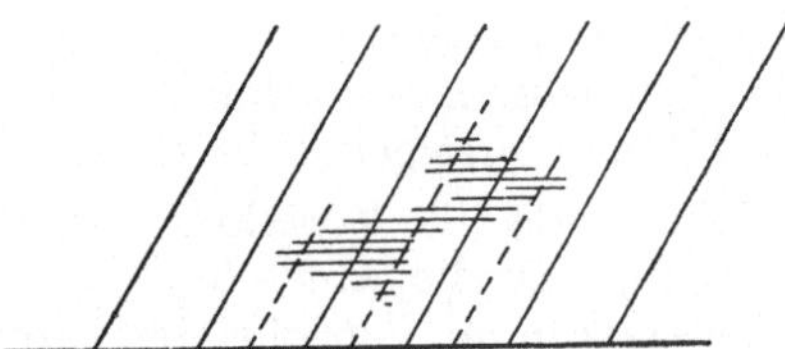

Abb. 87. Dränung von Quellstellen.

dem dadurch Rechnung, daß man Zwischenstränge zwischen die Sauger einschaltet (Abb. 87). Die Wirkung dieser Zwischendräns ist noch damit zu verstärken, daß man im Gebiete der Quellen Steinkessel aus Sammelsteinen anlegt, aus denen die Dräns ihren Ursprung nehmen.

Man unterscheidet allgemeine und eingehende Dränpläne.

a) Allgemeine Dränpläne. In die Dränkarte werden nur Vorflutanlagen und die Sammler auf Grund der Schichtlinien eingezeichnet, die Richtung der Sauger aber nur durch Pfeile angedeutet. Zur Aufstellung eines Kostenüberschlages bedient man sich der Zahlen für den auf Grund von zahlreichen eingehenden Dränplänen ermittelten Röhrenbedarfs. Darnach sind bei verschiedenen Strangweiten e folgende Stranglängen l für 1 ha erforderlich:

$e =$	10	11	12	13	14	15	16	17 m
$l =$	1100	1000	915	840	785	730	680	635 „
$e =$	18	19	20	21	22	23	24	25 m
$l =$	600	575	550	524	500	478	456	425 „

Für jedes Meter Stranglänge sind 3,3 Röhren zu veranschlagen, einschließlich Verlust durch Bruch. Erfordert die Röhrenanfuhr Umladung, so ist der Verlustanteil erheblich größer. Von dem so ermittelten Röhrenbedarf entfallen auf:

4	5	6,5	8	10	13	16 cm Lichtweite
80,6	8,5	3,7	2,6	2,2	1,7	0,7 $^0/_0$.

In den meisten Fällen ist es rätlich, zunächst einen allgemeinen Plan zu bearbeiten und auf dessen Grundlage die Einträglichkeit des Unternehmens zu untersuchen. Ist das Zustandekommen des Unternehmens gesichert, so ist

b) der eingehende Plan zu bearbeiten, in dem jeder einzelne Strang zu planen und zu veranschlagen ist, und der als Grundlage für die Ausführung dient. Es ist nicht ratsam, auf Grund eines allgemeinen Planes zur Ausführung zu schreiten. Der eingehende Plan umfaßt folgende einzelne Teile:

1. Übersichtskarte 1 : 25000 (Meßtischblatt). Sie enthält alle Vorflutanlagen mit Wasserscheiden und eingeschriebener Sammelgebietsgröße, die Sammler und Ausmündungen.

2. Die Dränkarte 1 : 2000 bis 1 : 3000 mit sämtlichen Strängen und Ausmündungen;

3. Höhenpläne und Querschnitte der Vorfluter.

4. Höhenpläne der Sammler.

5. Erläuterungsbericht mit Einträglichkeitsberechnung.

6. Festpunktsverzeichnis.

7. Zusammenstellung und Berechnung der Vorflutanlagen.

8. Berechnung der Sammler.

9. Nachweisung des Röhrenbedarfs mit Gewichtsberechnung.

10. Massenberechnungen.

11. Kostenanschlag.

12. Teilnehmerverzeichnis, falls die Dränung im Wege der Genossenschaftsbildung erfolgen soll.

Sehr wertvolle Vorbilder für Bearbeitung eines Dränplanes sind in der „Anweisung für die Aufstellung und Ausführung von Dränageentwürfen" von der Generalkommission für die Provinz Schlesien (1) gegeben.

c) Da bei der Ausführung allermeist Abweichungen vom Plane vorkommen, so sollte nie versäumt werden, nach vollendeter Dränung einen Ausführungsplan zu zeichnen, der in allen Einzelheiten mit der Ausführung übereinstimmen muß. Die vorkommenden Änderungen müssen schon während der Bauausführung genau aufgemessen werden. Wenn schon dieser Plan unentbehrlich für die Aufstellung der Abrechnung ist, so liegt doch seine Hauptbedeutung darin, daß er eine sichere Grundlage für die Unterhaltung der Melioration bietet. Nur auf seiner Grundlage kann man einzelne Stränge wiederfinden, zwecks Ausbesserung aufgraben, die Vorflut planmäßig unterhalten usw. Auch eine Übersichtskarte ist nach diesem Ausführungsplane zu berichtigen, um bei dem Schauen als handliche Unterlage im Felde zu dienen.

N. Die Ausführung der Dränung.

a) Absteckung.

Die Absteckung bezweckt die Übertragung des Planes ins Feld derart, daß darnach die Ausführung mit Sicherheit planmäßig erfolgen kann. Man steckt zuerst die Sammler ab, indem man ihre Lage durch Pfähle bezeichnet, und zwar mindestens am Anfang, Ende und an jedem Punkte des Richtungswechsels. Bei größeren Längen sind noch Pfähle einzuschalten. Als feste Merkmale für die Absteckung dienen im Gelände und auf der Karte vorhandene Wege, Gräben, Grundstücksgrenzen, Gebäude usw. In derselben Weise ist ein Sauger einer Gruppe auf das Feld zu übertragen. Auf diesen werden zwei Lote errichtet, auf denen man dann nur noch die Strangentfernung abzutragen braucht, um die Richtung aller Sauger dieser Gruppe zu erhalten. Dann ist nur noch nötig, in dieser Richtung Anfang und Ende jeden Saugers durch Pfähle zu bezeichnen. An die Absteckpfähle jeden Dränstranges ist dessen Bezeichnung in dem Plane anzuschreiben.

b) Prüfung der Dränröhren.

Als Kennzeichen für gute Dränröhren sind zu beachten: gleichmäßig durchgearbeiteter Ton, ohne Steine und Kalkknollen. Steine erzeugen stets Risse in der benachbarten Tonmasse, weil sie beim Brennen nicht schwinden wie der Ton. Kalkknollen vergrößern beim Löschen, das bei zukommender Feuchtigkeit eintritt, ihren Raum und zersprengen das Gefüge des Rohres. Die Röhren sollen einen gleichmäßigen, muscheligen Bruch zeigen, hart gebrannt sein und beim Anschlagen mit dem Hammer hell klingen. Die Ziegelmasse soll recht wenig Poren enthalten und tunlichst undurchlassend sein. Als Maß dafür dient die Wasseraufnahme, die nach 24 stündigem Liegen in Wasser nicht mehr als 15 Gewichtsprozente betragen soll. Röhren mit größerer Wasseraufnahme sind verdächtig, nicht wetterbeständig zu sein. Kopecky (46. 1908. 22) prüft die Wetterbeständigkeit, indem er eine Rohrscherbe eine Stunde lang in 10 proz. Salzsäure kocht, und betrachtet die Röhren als brauchbar, die darnach mit einem Messer sich höchstens 1 mm tief ritzen lassen.

Je besser die Ziegelmasse ist, aus der die Röhren gebrannt werden, um so dünnwandiger werden sie schon im eigensten Interesse des Erzeugers hergestellt. Dünnwandigkeit ist also vielfach ein gutes Zeichen für ihre Beschaffenheit. Dazu verursachen dünnwandige Röhren noch geringere Beförderungskosten als starkwandige. Die maßgebenden Größen für Ziegelröhren sind für mittlere Verhältnisse nachstehend zusammengestellt.

$d =$	4	5	8	10	13	16	18	cm
Wandstärke	12	13	16	18	21	24	26	mm
Gewicht $^0/_{00}$	0,95	1,25	2,35	3,20	4,80	7,00	8,50	t
Kosten $^0/_{00}$	21	28	50	75	125	175	290	Mark.

Die Innenfläche der Röhren soll glatt sein, um der Wasserbewegung geringen Widerstand zu bieten. Auch ermäßigt die glatte Wandung die Gefahr von Verstopfungen aller Art. Der Querschnitt der Röhren soll kreisrund, auch sollen die Enden senkrecht zur Rohrachse abgeschnitten sein, damit man sie in geraden Linien, mit dem vollen Querschnitte voreinander passend und mit engen Fugen verlegen kann. Aus demselben Grunde soll die Rohrachse gerade sein. Doch sind einfach schwach gekrümmte Röhren in geringerer Zahl zulässig, da auch mit ihnen allenfalls ein dichter Strang hergestellt werden kann (Abb. 88).

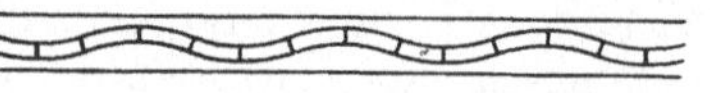

Abb. 88. Verwendung einfach gekrümmter Röhren.

An den Enden müssen die Röhren scharf und ohne inneren Rand (Brahmkante) abgeschnitten sein.

Beim Abschluß einer Röhrenlieferung müssen Proberöhren eingeliefert werden, die als solche kenntlich zu machen und aufzubewahren sind. Alle Lieferungen sind mit diesen Mustern zu vergleichen. Die ihnen nicht entsprechenden Röhren müssen nicht nur zurückgewiesen, sondern gleich wieder vom Felde entfernt werden, da sie sonst leicht aus Versehen oder Übelwollen mit verbaut werden. Der Unternehmer, dem die Ausführung übertragen wird, sollte an der Röhrenlieferung unbeteiligt sein. Die Zurückweisung mangelhafter Röhren ist dann um so eher zu erwarten.

Die Verwendung von Dränröhren aus Zementbeton (Mischungsverhältnis 1 : 5 bis 1 : 7) empfiehlt sich nur dann, wenn sie am Verwendungsorte hergestellt werden können, d. h. genug guter Kies in der Nähe des Dränungsfeldes gewonnen wird. Außerdem müssen aber auch mit der Mischung und Verarbeitung des Kiesbetons durchaus vertraute Arbeiter verfügbar sein. Treffen diese Voraussetzungen nicht zu, so muß vor den Zementröhren gewarnt werden; denn bei wenig niedrigerem Preise gegenüber Ziegelröhren läßt deren Haltbarkeit dann zu wünschen übrig. Wo saure Wasser (Humussäure) abzuleiten sind, oder Schwefelkies im Boden vorhanden ist, müssen selbst gute Zementröhren, weil nicht haltbar, verworfen werden.

Gute Zementröhren haben den Ziegelröhren gegenüber den Vorteil, daß sie die gesamten Querschnitte genau bewahren, auch ihre Achse durchaus geradlinig bleibt. Auch kann man alle benötigten Formstücke aus ihnen herstellen.

c) Herstellen der Drängräben.

Die Sauger erfordern ein besonderes Nivellement nach der Absteckung nicht; es sei denn, daß sie mit Kleinstgefälle angelegt werden müssen. Dagegen ist es rätlich, alle abgesteckten Linien der Sammler zu nivellieren, um auf Grund davon den Plan nochmals nachprüfen bzw. berichtigen zu können. Alle Nivellementspunkte werden durch zwei Pfählchen festgelegt. Der Grundpfahl wird mit dem Kopfe bündig in den Boden eingeschlagen und gibt die nivellierte Höhenlage an, der Beipfahl steht daneben, ragt aus dem Boden hervor und trägt durch Aufschrift die Bezeichnung des Punktes. Die Pfähle stehen nicht in der Mittellinie des Dräns, sondern um ein bestimmtes Maß (0,5 m) daneben. Über der Dränlinie wird die Oberkante des Grabens längs zwei straff gespannten Schnüren mit dem Spaten vorgerissen.

Die Grabentiefe wird in vier Stichen hergestellt. Man hebt zunächst mit dem ersten Stich einen flachen Graben in der Richtung des Dräns aus und schlägt in dessen Sohle dicht neben die Nivellementspfähle Beipfähle unter Benutzung einer Wasserwage mit Setzlatte so tief ein, daß deren Kopfhöhe um ein bestimmtes Maß (Stichmaß) über der Sohle des Drängrabens liegt. Dazwischen wird mit Setztafeln eine Anzahl weiterer Pfähle eingetrieben, die alle in einer Parallelen zur Grabensohle, um das Stichmaß über dieser liegen. Diese Höhen überträgt man seitwärts auf eine der Grabenwandungen, indem man in Höhe der Bei- und Zwischenpfähle Holzpflöcke wagerecht in den Grabenrand derart eintreibt, daß sie noch etwas (3—4 cm) vorstehen, um eine Schnur um sie wickeln zu können. Von der gespannten Schnur aus kann man die richtige Grabensohle an jeder beliebigen Stelle abmessen. Um das zu erleichtern, gibt man dem Stichmaße eine Größe, die der Dränarbeiter immer zur Hand hat, also etwa gleich der Länge des Dränspatens. Nach Einschlagen der Pflöcke dürfen die Bei- und Zwischenpfähle zur weiteren Verwendung ausgezogen werden.

Die Drängräben werden allermeist noch als Handarbeit mit Dränspaten verschiedener Form ausgeführt (15. II. 701, 83. I. 2. 435, 43. 99). Bei hartem Boden, zumal wenn er mit Steingeröll vermischt oder mit Eisen verkittet ist, erfordert die Arbeit auch die Anwendung der Breit- oder Spitzhacke.

An demselben Graben arbeiten meistens mehrere Arbeiter derart staffelförmig hintereinander, daß jeder einen Stich tiefer gräbt als der Hintermann. Wenn (bei Sammlern) der Drän nicht parallel zur Oberfläche liegen kann, so muß die mit dem dritten Stiche hergestellte Grabensohle der Dränlage schon ungefähr parallel abgeglichen werden. Beim vierten, letzten oder Sohlenstich darf keinenfalls zu tief gegraben werden, weil die dann nötige Wiederauffüllung den Röhren kein sicheres Lager bieten würde. Die letzte Abgleichung der Sohle erfolgt mit der Baggerschaufel von oben her (ähnlich wie Abb. 52, S. 95).

Von allen Maschinen, die für diese Arbeiten gebaut wurden und die im wesentlichen in einem großen, um eine wagerechte Achse umlaufenden Baggerrade bestehen, hat sich noch keine erfolgreich behauptet. Sie arbeiten einigermaßen befriedigend in völlig steinfreiem Boden, versagen aber, sobald Steine im Untergrunde vorkommen. Eine amerikanische Drängrabenmaschine ist in der Deutschen landwirtschaftlichen Presse 1905, S. 842, näher beschrieben (Abb. 88 a). In der amerikanischen Quelle (76. 1904) sind auch Angaben über deren Leistung enthalten. Mit dem Legen der 10—20 cm weiten Röhren betrugen die täglichen Kosten 52,2 Mark ohne Abschreibung, und die durchschnittliche Tagesleistung 220 m bei 1,09 m mittlerer Tiefe. Die Kosten für 1 m Stranglänge betrugen also 0,24 Mark, wogegen die Kosten für Handarbeit auf 0,31 Mark geschätzt werden. Rechnet man die bei dem Maschinenbetriebe nötigen Arbeitslöhne usw. auf deutsche Verhältnisse um, so würde 1 m Maschinenarbeit 0,14 Mark gekostet haben. Die Ersparnis gegenüber der Handarbeit ist also selbst unter günstigen Bodenverhältnissen jedenfalls nur gering, und zuversichtlich sind Mehrkosten zu erwarten, wenn schwieriger (steiniger) Boden vorliegt, der Beschädigungen der Maschine häufig verursachen wird.

Die Grabenarbeit vollzieht sich am besten bei mittelfeuchtem Boden. Wenn dieser noch zuviel Wasser enthält, so zieht das aus den Grabenwandungen austretende Wasser viel Grabeneinsturz nach sich, auch erschwert das Wasser im Graben die Arbeit. Ist dagegen der Boden zu sehr ausgedörrt, so setzt er seiner Bearbeitung mit Spaten und Hacke großen Widerstand entgegen. Die beste Zeit für das Dränen liegt daher im Herbste nach Aberntung der Felder, auch deshalb, weil dann kein Flurschaden dabei verursacht wird. Bei quelligem Untergrunde, zumal bei Triebsand, muß man die trockenste Zeit auswählen.

Um die Erdarbeiten zu verringern, werden die Gräben nicht breiter hergestellt, als es wegen der Bewegungsfreiheit des Arbeiters im Graben notwendig ist; auch macht man die Böschungen so steil, wie es der Boden nur verträgt. Demnach beträgt die Oberbreite bei 1,25 m tiefen Gräben für Sauger bei

Tonboden . . . 0,3—0,4 m
Lehmboden . . 0,4—0,5 „
sandigem Lehm 0,5—0,6 „

Für Sammler muß die Breite deren größerem Durchmesser entsprechend größer gemacht werden.

Bei Hackarbeit werden die Breiten größer, um unten im Graben noch genügend Arbeitsraum zu behalten.

Die Unterbreite wird zweckmäßig nicht größer gemacht, als der Außendurchmesser des Rohres erfordert. Dann ist das Rohr am besten gegen seitliche Verschiebungen geschützt. Nur geübte Dränarbeiter sind imstande, solchen Bedingungen entsprechende Gräben herzustellen. Ungeübte Arbeiter heben einen großen Querschnitt aus und leisten so teure und doch minderwertige Arbeit.

Der Aushubboden ist zur Verminderung der Einsturzgefahr und damit kein Boden in den Graben zurückfällt, in mindestens 0,3 m Abstand von der Grabenkante abzulagern, und zwar die Ackerkrume auf die eine (ansteigende), der Unterboden auf die andere (abfallende) Seite.

Diese Trennung ist nötig, um bei dem Zufüllen der Gräben die gute Erde wieder obenauf bringen zu können. Weil von der oberen Seite mehr Wasserandrang zu erwarten ist, soll diese durch den Aus-

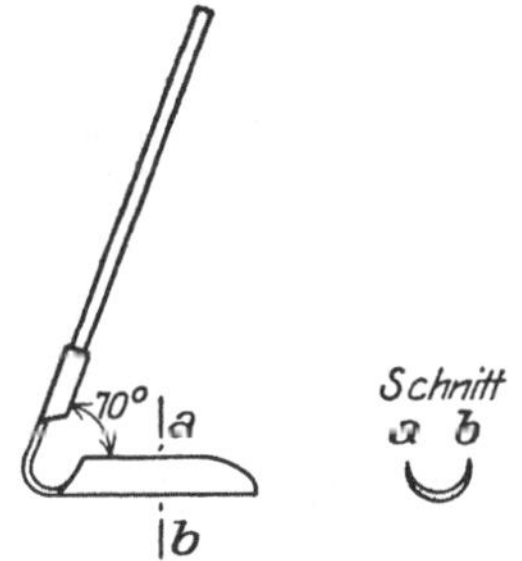

Abb. 89. Sohlkelle
(Schwanenhals).

hubboden möglichst wenig belastet werden (Einsturzgefahr). Deshalb lagert man dort die geringere Menge (Mutterboden) ab. Größere Steine, die im Grabenzuge gefunden und zu schwer sind, um gehoben zu werden, sind mit dem Drän in schlankem Bogen zu umgehen. Die endgültige Sohle des Grabens ist nach dem Stichmaße genau abzugleichen. In sie wird sodann mit der Sohlkelle (Abb. 89) (auch Schwanenhals genannt) eine halbkreisförmige Rille gezogen, in die das Rohr gebettet wird.

Die Drängräben werden stets von unten nach oben fortschreitend hergestellt, um dem Bodenwasser freien Abfluß zu gestatten und im Trockenen graben zu können. Bei starkem Grabeneinsturz muß diese Vorflut oft durch vorübergehend eingelegte Röhren erhalten werden. Um den Einsturz, der bei wenig widerstandsfähigem, nassen Boden sehr lästigen Umfang annehmen kann, tunlichst einzuschränken, sind die Arbeiten so zu betreiben, daß die Gräben nur kurze Zeit offen zu bleiben brauchen.

Die Leistung eines geübten Dränarbeiters in zehn Arbeitsstunden schätzt Gerhardt (83. I. 2. 437)

bei	1	1,25	1,5	1,75	2 m Tiefe
im Stichboden	40	32	20	14	11 „
und bei Hackarbeit	25	20	13	9	7 „

d) Das Verlegen der Röhren muß bald nach Vollendung des Grabens geschehen, um Grabeneinsturz möglichst zu vermeiden. Es beginnt immer am obersten Ende des Stranges. Damit das Verlegen möglichst rasch vonstatten geht, sind vorher die Dränrohren längst des Grabens zu verteilen und zwar in etwas größerer Zahl, als der Stranglänge entspricht, damit schadhafte Röhren ausgeschlossen werden können, ohne daß Röhrenmangel eintritt. Das Anfangsrohr muß oben durch eine Dachsteinscherbe, einen Lesestein oder einen Pfropfen von Ton oder Beton verstopft werden, damit nicht Boden eingespült wird. Sicheren Schluß erzielt man durch Anfangsröhren, die gleich beim Formen an einem Ende geschlossen hergestellt werden. Man beginnt also mit dem obersten Sauger, verbindet ihn mit dem Sammler, stellt dann diesen bis zum nächsten Sauger her, verlegt den zweiten Sauger usw. Vor dem Verlegen ist die Sohle von etwa eingestürztem Boden nochmals gründlich zu reinigen und mit der Sohlkelle eine dem äußeren Rohrdurchmesser entsprechende Rille von der Form eines Kreissegments in die Grabensohle zu ziehen. Man muß mit verschiedenen Sohlkellen (Schwanenhals) arbeiten, je nach der Größe des Außendurchmessers der Röhren. Das Hauptaugenmerk ist darauf zu richten, daß die Röhren mit engen Fugen dicht an dicht liegen.

Das Rohrlegen geschieht entweder mit der Hand durch einen im Drängraben stehenden Arbeiter oder mit dem Legehaken vom Grabenrande aus. Dieser bietet den Vorteil, daß die Grabensohle nicht dabei betreten zu werden braucht. Das ist bei weichem Boden (Moor) von Vorteil, weil sonst die sorgfältig hergestellte Sohle durch Fußtritte wieder beschädigt wird. Dagegen bietet die Handarbeit den Vorteil, daß dabei der dichte Fugenschluß noch sorgfältiger hergestellt werden kann. Man ist dabei in der Lage, durch Drehen der Röhren selbst dann noch dichten Fugenschluß zu erreichen, wenn die Rohrenden nicht genau senkrecht zur Rohrachse abgeschnitten sein sollten. Das Legen der größeren, schweren Röhren von 13 cm aufwärts soll immer mit der Hand erfolgen. Die Leistung mit dem Legehaken übertrifft die der Handverlegung. Zum Rohrlegen soll man nur durchaus geübte und zuverlässige Arbeiter nehmen. Deren Arbeit in Tagelohn ist empfehlenswert, wogegen die Gräben ohne Bedenken gegen Einheitssätze hergestellt werden dürfen. Ein geübter Rohrleger leistet in 10 Arbeitsstunden bei stärkerem Gefäll 300—400 m, bei schwachem Gefäll 250—300 m.

Dem Rohrleger liegt es ob, die Verbindungen zwischen den Rohrsträngen herzustellen, insbesondere die der Sauger mit den Sammlern. Diese wird noch heute leider fast immer durch Verhauen gewöhnlicher Dränröhren hergestellt, während die dafür gefertigten besonderen Formstücke besseren Schluß gewährleisten und die Arbeit vereinfachen, beschleunigen und verbilligen. Wenn man alle durch Verhau herzustellenden Verbindungen und

Übergänge durch Formstücke ersetzt, so bringt das eine Mehrausgabe von etwa 6 Mark/ha, die gegenüber der besseren Arbeit gar keine Rolle spielt.

An Formstücken aus gebranntem Ziegelton werden am meisten gebraucht die bereits oben erwähnten Anfangs- oder Schlußröhren, die Loch- und Hakenröhren (Abb. 90) zur Einmündung von oben, die Aströhren (Abb. 91)

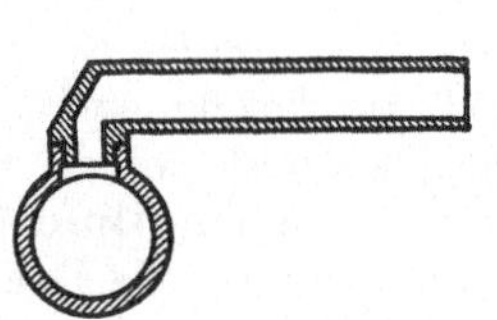

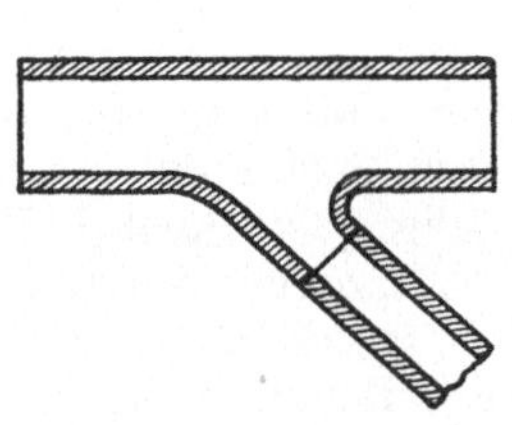
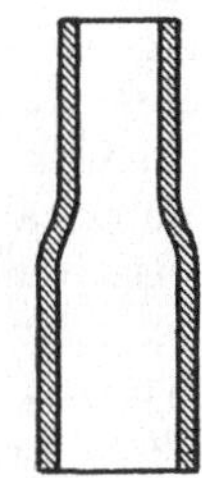

Abb. 90. Haken- und Lochrohr. Abb. 91. Astrohr. Abb. 92. Übergangsrohr.

zur Einmündung von der Seite und die Übergangsröhren (Abb. 92) beim Wechsel der Lichtweite. Alle diese Formstücke verfolgen den Hauptzweck, weite Fugen und damit die Gefahr des Bodeneinbruchs, aber auch die Arbeit zu vermindern.

Bei Verwendung nur gewöhnlicher Dränröhren müssen die Verbindungen durch Einhauen von Löchern mit dem Dränhammer hergestellt werden, wobei sehr viel Bruch und Arbeitsaufwand entsteht. Da die Löcher niemals völlig dicht aufeinander passen und schließen, so muß die Verbindung stets mit Tonwulsten nachgedichtet werden. Das überstehende Ende des oben liegenden, angeschlossenen Stranges wird mit einem glatten Steine geschlossen, der mit Erdhinterfüllung in Verspannung mit der Grabenwand zu bringen ist. Mit derart zugehauenen Röhren sollte man aber nur die Verbindung von oberher anwenden. Das ist aber nur dann zulässig, wenn genügendes Gefäll vorhanden ist und die Sammler um ihren Außendurchmesser tiefer gelegt werden dürfen, ohne die genügende Vorflut zu beeinträchtigen. Ist das nötige Gefäll nicht vorhanden, so muß man von der Seite her einmünden. Dann aber ragt der Sauger gar leicht innen in den Lichtquerschnitt des Sammlers und stört den Abfluß. Dagegen ist mit den oben beschriebenen Aströhren die seitliche Verbindung ebenso sicher wie die von oberher.

Wenn die zu verbindenden Stränge unter zu spitzem Winkel aufeinander stoßen, wodurch eine sichere Verbindung in Frage gestellt wird, so wird der Winkel durch Führung des Anschlußstranges in Bogenform angemessen vergrößert (Abb. 93). Bei Verwendung von Hakenröhren kann dagegen die Verbindung unter jedem beliebigen Winkel erfolgen.

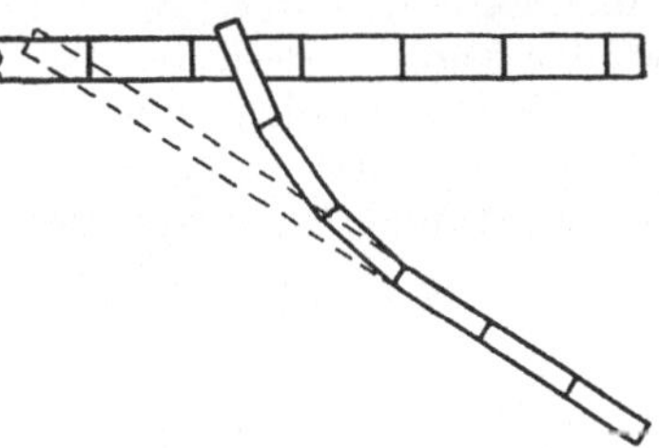

Abb. 93. Vergrößerung des Einmündungswinkels.

e) Das Zufüllen der Gräben. Die verlegten Dräns sollen nicht lange offen liegen bleiben, weil sie sonst durch irgendwelche Zufälligkeiten leicht wieder aus der dichten Lage verschoben werden können. Würde ein starker Regen mit reichlichem, oberirdischem Abflusse auf die noch offenen Gräben niedergehen, so würden die Röhren durch den Wasserstrom leicht verschlämmt oder gar aus ihrer Lage gespült. Andereits sollen die Dräns nicht eher zugeschüttet werden, als sie von der Bauleitung geprüft und als tüchtig verlegt anerkannt wurden. Läßt nun ein Graben baldigen Einsturz befürchten so müssen die Dräns gleich nach der Verlegung 20—30 cm hoch mit Boden bedeckt werden, um ihre Lage vorläufig festzuhalten. Diese dünne Bodenschicht kann von dem Abnahmebeamten leicht von den Dräns entfernt werden, um die Lage der Röhren zu prüfen.

Ist der neben den Gräben liegende Boden schwer und zu festen Schollen und Klumpen zusammengetrocknet, so darf er nicht unmittelbar auf die Röhren geworfen werden, weil diese dabei zerbrochen werden könnten. Daher „versticht" man die Röhren, d. h. gewinnt die vorhin gedachte 20—30 cm starke Bedeckung dadurch, daß man sie von den erdfeuchten Wänden des Drängrabens absticht. Dies Verfahren hat aber noch eine andere Bedeutung. Wenn man den grobschollig getrockneten Boden auf die Dräns wirft, so ergießt sich der nächste Sturzregen durch diese sehr lose und poröse Bodenmasse wie ein Wasserfall in die Röhren. Bei dem schnellen Durchfließen des Bodens werden Bodenteilchen in großer Menge ab- und in die Dränrohrleitung gespült, lagern sich hier ab und bilden Verstopfungen. Dieser Vorgang wird um so verhängnisvoller, je feinkörniger und ärmer an Bindemitteln der Boden ist, ganz besonders beim sogenannten Schliefsande.

Nach angestellten Versuchen scheint ein wirkungsvolles Mittel gegen diese Versandung darin gegeben zu sein, daß man zunächst über die Dräns eine feinkrümelige Schicht breitet und diese festigt. Man hat zu diesem Zwecke bereits eine Dränungswalze gebaut (46. 1912. 153), die geeignet ist, im tiefen Drängraben zu arbeiten. Durch solche Festigung wird der Wassereinfall und damit auch der Bodeneinbruch bekämpft. Im übrigen ist der Boden wieder so einzubringen, daß der Oberboden obenauf zu liegen kommt. Wenn der Dränstrang in schwerem, undurchlassendem Letten liegt, so soll man nicht diesen, sondern Boden aus einer durchlassenden Schicht zunächst auf die Dräns bringen. Die oft für solche Fälle empfehlenswerte Überschüttung mit Kies ist zwar ein vorzügliches Mittel, doch wegen der damit verbundenen hohen Kosten kaum bedeutungsvoll für die Praxis.

Wegen der Auflockerung des aus dem Graben gewonnenen Bodens kann er bei der Zufüllung nicht wieder ganz in dem Graben untergebracht werden. Man stellt daher über der Grabenbreite eine Anwölbung mit dem überflüssigen Boden her, die mit dem Zusammensacken des Füllbodens allmählich wieder verschwindet.

Beim Zufüllen der Gräben beträgt die Leistung eines Arbeiters in 10 Stunden 200 m in leichtem, 100—150 m in schwerem Boden. Die Arbeit ist leicht und kann von weiblichen Arbeitern oder Burschen geleistet werden.

f) Die Ausmündungen. Der Sammler wird so weit an den Vorfluter herangeführt, daß er noch mindestens 0,9 m unter dem Gelände liegt. Kann er unter dieser Bedingung den Vorfluter nicht unmittelbar erreichen, so ist die Ausmündung durch einen Stichgraben mit dem Vorfluter zu verbinden.

Da die Ausmündungen allerlei Beschädigungen durch Witterungseinflüsse und Böswilligkeit ausgesetzt sind, so soll man ihre Zahl tunlichst einschränken. An einen guten Ausguß sind folgende Forderungen zu stellen:

1. Er muß immer freie Vorflut gewähren. Man legt ihn daher mit der Unterkante über Mittelwasser oder, wenn der Vorfluter nicht regelmäßig Wasser führt, mindestens 0,2 m über die Grabensohle.

2. Er muß so eingerichtet werden, daß nicht Frösche durch ihn in die Dränleitung gelangen und diese verstopfen können.

3. Er muß widerstandsfähig gegen alle Angriffe sein.

4. Er muß schräg stromab in den Vorfluter münden, um nicht schädlichen Stauungen unterworfen zu sein. Die Ausgüsse werden aus Holz, Stein, Beton und Eisen errichtet.

Hölzerne Ausmündungen werden 1,0—1,3 m lang aus vier kastenförmig zusammengenagelten Bohlen (am besten aus Eichenholz) gebildet, die gründlich mit Karbolineum zu streichen sind. Die Sohlbohle ragt am oberen Ende unten 5—10 cm vor, um in einer Aushöhlung dem Dränrohr sicheres Auflager zu bieten (Abb. 94). Seitwärts wird der Anschluß des Rohres durch angenagelte Leisten l gedichtet. Da, wo das austretende Wasser die Böschung oder Sohle des Vorfluters trifft, sind diese durch Steinpflaster gegen Ausspülung zu sichern. Zur unverrückbaren Lagerung des Ausgusses dient ein untergelegter größerer Stein. Unter das obere Ende nagelt man eine beiderseits überstehende Querlatte q, die das unbefugte Herausreißen des Kastens unmöglich macht. Der Kasten ragt angemessen aus der Böschung hervor, um den Fröschen das Einsteigen zu verwehren. Damit sie auch nicht von oben her einklettern können, schneidet man das Ende senkrecht zur Böschung ab. Will man noch weitergehende Sicherung gegen einkriechende Frösche treffen, so muß man ein Gitter, das aus senkrechten, dünnen Eisenstäben, besser Kupferstäben besteht, in dem Kasten anordnen. Sie dürfen nicht fest eingebaut werden, weil sie dann zu Verstopfungen Anlaß geben können. Frösche, die bei Hochwasser noch klein durchschlüpfen, können nicht wieder

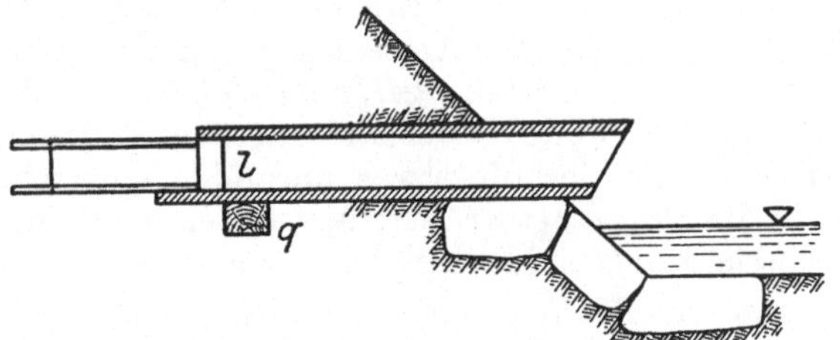

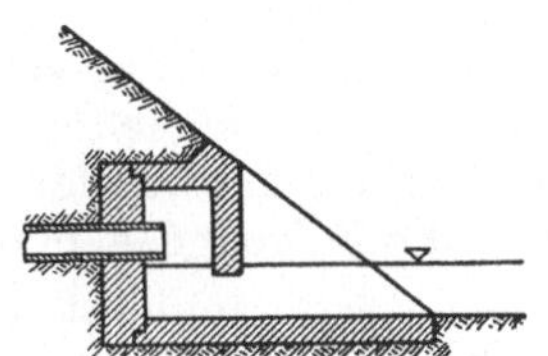

Abb. 94. Hölzerne Ausmündung.　　　　Abb. 95. Ausmündung
aus Betonplatten.

nach außen gelangen, nachdem sie in der Dränleitung ausgewachsen sind. Auch durch mitgeführte Algen und Ausscheidungen von Eisen und Kalk werden solche Gitter verstopft; man sollte daher, wenn überhaupt, nur solche anwenden, die um ein oberes Gelenk drehbar nach außen aufschlagen, sobald infolge einer Verstopfung innen höherer Wasserdruck entsteht (83. I. 2. 450). Neuerdings ist man immer mehr von dem Schutze durch Gitter zurückgekommen, hat vielmehr die oben beschriebenen Sicherungen gegen einkriechende Frösche als ausreichend befunden.

Sollen kürzere Hochwasserwellen vom Eintritt in die Dräns abgehalten werden, so wird ein äußerer Klappenverschluß angebracht, der indes sehr sorgfältige Dichtung mit Ringen von Filz oder Gummi erhalten muß, auch sehr sorgfältige Unterhaltung erfordert, wenn er wirksam sein soll.

In ähnlicher Weise werden Ausmündungen aus Röhren von Beton, Eisenbeton oder Eisen gebildet. Sie sind oben mit einer Muff ausgestattet, zum Anschlusse der Dränleitung.

Ausgüsse mit massiven Häuptern aus Mauerwerk oder Beton werden wegen ihrer hohen Kosten nur da angewandt, wo sie wegen ihrer Lage ganz besonders Angriffen ausgesetzt sind. Betonhäupter stampft man entweder an Ort und Stelle aus einem Stücke, oder man baut sie aus Platten zusammen, die fertig zur Baustelle geschafft werden. Man formt sie mit Vorliebe so, daß das ausmündende Rohr verdeckt wird, um es den Eingriffen Unbefugter mehr zu entziehen (Abb. 95).

0. Überwindung besonderer Schwierigkeiten.

a) Dränen in Schliefsand. Unter Schliefsand versteht man einen sehr feinkörnigen Sand ohne wesentliche Bindemittel. Im durchtränkten Zustande ähnelt er beim Zerreiben zwischen den Fingern sehr aufgeschwemmtem Tone, im trockenen Zustande zerrieben fühlt er sich an wie Kartoffelmehl. Während er trocken zu ziemlich harten Brocken zusammenklebt, ist er durchweicht völlig ohne Zusammenhang und dringt selbst durch sehr feine Fugen. Dieselben Gefahren bringt der Triebsand mit sich. Will man diesem begegnen, so muß besondere Fugendichtung angewandt werden. Diese bewirkt man in folgender Weise:

1. Umhüllung der Fugen mit Tonwulsten. Die Herstellung ist schwierig und zeitraubend. Gelingt es nicht, den ganzen Fugenumfang zu dichten, so wird die Gefahr der Verstopfung allerdings gemildert, doch nicht beseitigt; bei voller Umhüllung der Fuge wird aber auch deren Wasseraufnahme in Frage gestellt oder doch beeinträchtigt.

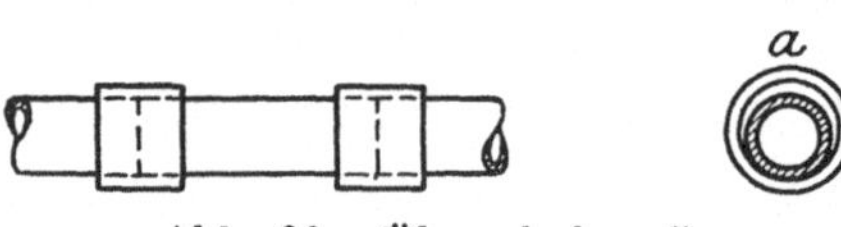

Abb. 96. Überschuhmuffen.

2. Früher glaubte man, ein Mittel in der Anwendung von Überschubmuffen gefunden zu haben (Abb. 96). Sie wirken aber nur dann zuverlässig, wenn sie scharf auf den Rohrumfang passen. Das ist selten der Fall wegen des oft etwas unrunden Querschnitts der Röhren und Muffen. Auch die Durchmesser stimmen selten überein; das sind die Folgen des beim Brennen unvermeidlichen Schwindens (s. Abb. 96a).

3. Man umhüllt die Fugen mit Muffen aus biegsamem Stoffe. Als solche dienen Dachpappe und geteerte Jute. Man wickelt einen gegen 10 cm breiten Streifen um die Fuge und umschnürt ihn über den beiden Rohrenden mit einer fest zu würgenden Drahtschlinge. Die Arbeit ist umständlich und kann unten im Drängraben nicht ausgeführt werden, weshalb man in folgender Weise verfährt: Auf zwei leichte Böcke oben am Grabenrande wird ein 3,5 m langes Gasrohr gelegt, über das man zehn Dränröhren streift. Nun verbindet man die Fugen in der gedachten Weise und senkt dann die Röhren auf dem Gasrohre gemeinsam in den Graben. Dabei wird das eine Rohrende, das den bereits liegenden Röhren benachbart ist, durch eine an einer Holzstange befestigte Öse gehalten, die aus 1 mm starkem Eisenblech gefertigt wurde. Das andere Ende des Gasrohres trägt eine Öse, durch die ein Haltestrick gezogen ist. Die Reihe der zehn Röhren wird nun fest gegen die bereits verlegten Dräns gedrückt, dann zieht man das Gasrohr an dem Strick aus den Röhren zur wiederholten Verwendung heraus. Dadurch wird die eiserne Öse am andern Ende frei und kann nun ebenfalls gehoben werden, eine nur 1 mm breite Fuge hinterlassend, die nun durch einen Arbeiter im Graben gedichtet werden muß.

Auf ähnlicher Grundlage beruht der Pappschuh (56. 1914. 231).

4. Filterstoffe. Einfachere Anwendung gestattet die Umhüllung der Stoßfugen mit Filterstoffen. Als solcher hat sich die Torfstreu ausgezeichnet bewährt, die bei den Dränungen auf den Rieselfeldern der Stadt Berlin jetzt allgemein eingeführt ist. Aber auch andere Stoffe, wie Stroh, minderwertiges Heu, Heidekraut, noch besser aber Waldmoos, Kiefernnadeln, Lohe und Spreu tun ihre Schuldigkeit in dem Sinne. Man verwendet sie in der Weise, daß man unter die Röhren eine 3—5 cm starke Schicht dieser Stoffe ausbreitet und die verlegten Röhren ebenso bedeckt. Zwar wird in den meisten Lehrbüchern die Verwendung derartiger vergänglicher Stoffe in der Nähe der

Röhren verworfen, weil die bei Verwesung stattfindende Humusbildung die Pflanzenwurzeln zum Einwachsen anlocken soll, indes ist diese Wirkung nicht erwiesen, und sie würde jedenfalls nur das kleinere Übel bedeuten.

b) **Mangelhafte Vorflut.** Solange ein Drän freie Vorflut hat, kann Wasser nur in der einen Richtung, nämlich von außen nach innen, durch die Fugen treten. Dabei spannen sich die Bodenkörner gewölbartig über die Fuge und werden durch diese Spannung daran verhindert, durch die Fugen einzutreten. Anders, wenn ein Drän bei mangelnder Vorflut unter Rückstau steht. Dann ist der Außendruck des Wassers aufgehoben oder wenigstens vermindert, die Spannung zwischen den Bodenkörnern läßt nach, und sie gelangen leicht in den Drän. Das ist der Grund, weshalb Dränungen mit Stauvorrichtungen leichter verschlammen als solche mit immer freier Vorflut, weshalb man auch peinlich darauf hält, daß die gewöhnlichen Dränungen stets freie Vorflut haben.

Ist dies nicht zu erreichen, so läßt man den Ausguß in einen Brunnen münden und muß aus diesem das Wasser in einen höheren Vorfluter künstlich so hoch heben, daß es mit natürlichem Gefäll abfließen kann. Für solche Anlagen, die nur geringe Wassermengen auf geringe Höhe zu heben brauchen, empfiehlt sich oft die Verwendung eines Windmotors. Man muß nur den Aufspeicherungsraum am Brunnen recht groß gestalten, damit der ungleiche Gang des Windmotors tunlichst ausgeglichen wird.

Ist aber die künstliche Wasserhebung nicht angebracht, so bleibt weiter nichts übrig, als die zeitweilig unter Rückstau liegenden Dräns mit Filterstoffen in der vorhin gedachten Art zu umhüllen, um dadurch das Einschlämmen von Boden zu verhüten.

c) **Arbeiten im Triebsande.** Triebsand entsteht da, wo ein feinkörniger Sand ohne Bindemittel von Wasser völlig durchzogen ist. Durch den Auftrieb wird das Gewicht des Sandkornes vermindert, so daß die Festigkeit der Lagerung abnimmt. Noch günstiger sind die Verhältnisse für Triebsandbildung, wenn infolge hydraulischen Überdrucks ein Wasserstrom von unten nach oben durch den Sand dringt. Der letztere Fall tritt allemal dann ein, wenn eine Baugrube unter starkem Wasserandrange leergepumpt wird. Man kann also einen an sich lagerhaften Sand durch ungeschickte Behandlung zu Triebsand umformen, umgekehrt aber auch diesen lagerfest machen, wenn man sein Wasser nach unten abzieht.

Für Dränungsarbeiten ist das Vorkommen von Triebsand außerordentlich störend; denn in ihm stürzen die Drängräben ein und die Röhren erhalten kein sicheres Lager; sie versacken leicht, öffnen dabei die Fugen, und der leicht bewegliche Sand dringt in die Röhren, sie verstopfend. Man verfährt beim Dränen in Triebsand in folgender Weise:

Manchmal verdankt das den Triebsand bildende Wasser seinen Ursprung einer Wasserader, die von obenher in das Dränungsfeld eintritt, und es gelingt, sie durch einen tiefen **Kopfdrän** abzufangen. Man würde dann bei diesem Kopfdrän zwar alle mit Triebsand verbundenen Schwierigkeiten zu überwinden haben, sie für alle übrigen Stränge aber mildern, wenn nicht ganz von ihnen abhalten.

Muß man im Triebsande arbeiten, so müssen die Schwierigkeiten durch schnelle Arbeit tunlichst vermindert werden, d. h. man muß mit recht vielen Arbeitern auf kleinem Raum dränen. Aber auch dann gelingt es nicht immer, den Graben ohne weiteres bis zur erforderlichen Tiefe auf einmal herabzubringen; man muß vielmehr zur Auszimmerung des Grabens seine Zuflucht nehmen. In schwierigen Fällen stellt man die Grabentiefe in verschiedenen Abschnitten her. Nach Herstellung des oberen Grabenteils verlegt man zunächst Röhren vorübergehend und läßt sie so lange wirken, bis zu deren Tiefe das Wasser aus dem Boden abgezogen ist. Dann werden die Röhren wieder herausgenommen, der Graben wird weiter vertieft und die Röhren wieder verlegt. So arbeitet man weiter in die Tiefe, bis die endgültige Grabensohle erreicht ist.

Aber auch das Verlegen der Röhren muß im Triebsande mit besonderen Vorsichtsmaßregeln erfolgen, weil sie in ihm unsicher liegen und versacken und leicht mit dem Sande gefüllt werden. Man muß ihnen also eine sichere Unterlage schaffen und die Fugen gegen Einschlämmen schützen. Die beste Sicherung der Lage erreicht man dadurch, daß man auf der Grabensohle eine 10—15 cm starke Schüttung aus Kies herstellt und darauf die Röhren verlegt. Will man noch sicherer gehen, so legt man die Röhren auf zwei Latten, die durch quer unternagelte Lattstücke in angemessener Entfernung gehalten werden. Für die Fugendichtung kommen alle die Mittel in Frage, die weiter oben unter Abschnitt a besprochen wurden.

Trotz all dieser Vorkehrungen sollte man aber die weitere Vorsichtsmaßregel nie außer acht lassen, im Triebsande nur kleine Systeme und kurze Stränge anzuwenden, um die doch etwa eintretenden Unregelmäßigkeiten und Schäden auf ein recht kleines Gebiet zu beschränken, ferner aber im Triebsande ein weit stärkeres Gefäll zu geben als sonst nötig ist, um die Spülkraft in den Röhren zu verstärken. Das ist um so eher zu erreichen, je kürzer man die Stränge macht, denn dann ist es möglich, künstliches Gefäll zu geben.

d) Dränung im Moor s. Kap. VIII, B 1, S. 255.

P. Staudränungen.

Um mehr Gewalt über die Wirkung der Dränung zu bekommen, d. h. zu dürren Zeiten ihre entwässernde Wirkung auszuschalten und umgekehrt, ist vielfach vorgeschlagen, die Dräns mit Stauvorrichtungen (Ventilen) auszustatten. Das klingt sehr einfach, und doch liegen auch schwerwiegende Bedenken dagegen vor. Zunächst entsteht die Frage, wann man stauen soll. Im Winter soll der Boden möglichst frei von Wasser sein, um ihn gehörig zu durchlüften. Der Boden darf dann wasserarm sein, weil die Pflanzen nur sehr wenig Wasser gebrauchen. Aber auch noch nach Beginn des Wachstums soll der Wassergehalt gering sein, damit der Boden sich erwärmt. Um diese Zeiten entsteht am meisten Sickerwasser aus dem Boden, doch man darf es aus diesen Gründen nicht auf Vorrat ansammeln. Beginnt aber erst das Schossen der Pflanzen, dann wird alles Bodenwasser von ihnen verbraucht und er gibt kaum noch einen Tropfen Dränwasser, so daß das Schließen der Stauventile wirkungslos bleiben würde. Es kann also nur ausnahmsweise dann Nutzwasser durch die Stauventile im Boden zurückgehalten werden, wenn während der Wachstumszeit so ergiebige Niederschlage fallen, daß noch ein größerer Teil davon versickert. Da alle Dräns im Gefäll liegen, so ist die Stauwirkung nur beschränkt, und ihre Reichweite ist um so geringer, je stärker das Gefäll ist. Die große Zahl der darnach nötigen Stauventile ermäßigt man nach Möglichkeit dadurch, daß man sie in den Sammlern anordnet, um mit einem Ventile mehrere Sauger zu beherrschen. Aber unter allen Umständen bleibt die Stauwirkung wegen des vorhandenen Oberflächengefälls ungleichmäßig. Sie kann aber überhaupt nur dann eintreten, wenn der Boden, in dem die Dräns liegen, einigermaßen schwer durchlassend ist. Dort aber ist ein Aufstau am wenigsten nötig. Trifft diese Voraussetzung nicht zu, liegen die Dräns vielmehr in leicht durchlassendem Boden, so genügt der meistens nur geringe Wasserzufluß nicht, um überhaupt einen nennenswerten Aufstau zu erzielen. Schon ein geringer, durch den beginnenden Aufstau entstehender Überdruck im Innern der Dräns reicht hin, um das Wasser durch die Stoßfugen nach außen zu drücken und durch den durchlassenden Untergrund entweichen zu lassen.

Daher kann ein wirksames Aufstauen des Dränwassers nur in den Fällen erwartet werden, wenn:

1. Das dränierte Feld sehr gefällarm ist.

2. Der Untergrund nicht zu große Durchlässigkeit besitzt.

3. Fließendes Wasser in den Dräns vorhanden ist oder von oben in sie eingelassen werden kann.

Die Staueinrichtung bringt aber unbedingt folgende Übelstände mit sich:

1. Die in großer Zahl nötigen Stauventile verteuern die Anlage sehr; sie bringen die Dränung mit der Oberfläche in Verbindung, bieten dadurch Anlaß zu Störungen in der Dränung und erhöhen die Unterhaltungskosten.

2. Sie erfordern viel Bedienung, wobei Flurschäden unerläßlich sind.

3. Sie erschweren die Ackerbestellung.

4. Durch die Anstauung werden Bodeneinspülungen begünstigt (s. oben Abschnitt O b). Dadurch entstehen Verstopfungen der Dränung, so daß ihre Hauptaufgabe, die Entwässerung, in Frage gestellt wird.

Manchmal hat man Stauventile in die Sammler eingebaut, um Ablagerungen von Eisen- und Kalkverbindungen durch zeitweiliges Anstauen und Ablassen auszuspülen. Aber auch das hat sich als sicher wirkend nicht erwiesen. Ein starker Spülstrom entsteht nur unterhalb des Ventils und dicht oberhalb, während er nach oben schnell abnimmt.

Q. Durchlüftungsdränung.

Mit Recht schreibt man einen großen Teil der Entwässerungserfolge der mit jeder Entwässerung verbundenen Durchlüftung zu (s. Kap. IV, D u. V, B). Wir haben gesehen (Abschnitt B), in welcher Weise die Dränung den Boden durchlüftet. Indes wird die unterirdische Durchlüftung durch die Dränröhren dadurch sehr beeinträchtigt, daß alle Dräns in Sackgassen endigen, also kein Durchzug stattfindet, vielmehr kann nur vermittels Diffusion Erneuerung der Bodenluft eintreten.

Daher sind neuerdings Bestrebungen hervorgetreten (**10.** 1912. Nr. 41/42), die bezwecken, einen wirklichen Luftdurchzug durch die Dräns herzustellen. Man erreicht das, indem man die Kopfenden der Sauger durch einen Dränstrang verbindet und diesen in offene Verbindung mit der Luft bringt. Das

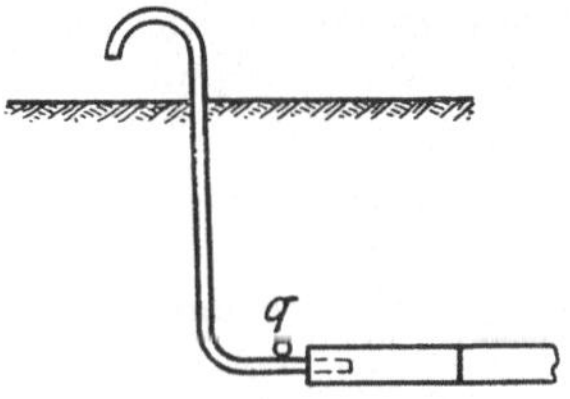

Abb. 97.   Luftschacht.

geschieht durch Einbau eines Steinfilters in die Dränleitung, oder besser, indem man das Dränrohr durch einen senkrechten Luftschacht mit der Außenluft unmittelbar verbindet. Sie müssen an dem höchsten Punkte des durch sie gelüfteten Systems liegen, um eine bis in alle Winkel desselben reichenden Luftwechsel zu erreichen. Ferner muß der Luftschacht so geartet sein, daß er nicht mutwillig beschädigt werden kann. Dieser Bedingung genügt der in Abb. 97 dargestellte sehr gut. Das gekrümmte Schachtrohr besteht aus Gasrohr. Da, wo es den Dränstrang verläßt, ist ein mindestens 1 m langes Rohrstück q querüber gelegt und gehörig fest überstampft, wodurch einem böswilligen Herausreißen wirksam vorgebeugt wird. Durch die halbkreisförmige Umbiegung des Luftrohres am oberen Ende wird das mutwillige oder unwillkürliche Hineinwerfen von Boden verhütet. Die Lufröhren werden möglichst an Wegrändern oder in Gräben angelegt. Liegen aber triftige Gründe dagegen vor und müssen sie mitten im Felde angelegt werden, so bilden ihre oberirdischen Teile ein erhebliches Wirtschaftshindernis, und es ist dringend zu empfehlen, hier dem Luftschachte solche Bauweise zu geben, daß der oberirdische Teil während der Ackerbestellungsarbeiten abgenommen werden kann. Dann aber muß die Lage der Luftschächte sorgfältig eingemessen sein, damit sie nach der Bestellung wieder aufgefunden und hergestellt werden können.

Von den Förderern der Luftdränung wird noch der Umstand angeführt, daß unterirdische Niederschläge dadurch erzeugt werden. Indem die warme Außenluft durch die in kühlerer Lage befindlichen Dräns streicht, wird der in ihr enthaltene Wasserdampf kondensiert. Was von diesen unterirdischen Niederschlägen zu halten ist, wurde in Kapitel II g, S. 38, besprochen. Wenn auch der Vorteil einer guten Bodendurchlüftung keineswegs bestritten werden darf, so ist doch immerhin noch fraglich, ob auf die oben beschriebene Weise eine Durchlüftung überhaupt erzielt wird. Zur Untersuchung dieser Frage dient das 1911 angelegte Versuchsfeld zu Josephsdorf (**46**. 1913. 228). Hier wurde ganz schwerer Tonboden mit und ohne Lüftung bei verschiedener Dräntiefe und verschiedener Strangentfernung gedränt. Die Versuchsergebnisse müssen erst abgewartet werden.

Lüdecke hat darauf aufmerksam gemacht (**46**. 1913. 296), daß die Luftdränung durchaus nichts Neues, vielmehr schon seit 1850 bekannt sei. Die damals mit ihr gesammelten Erfahrungen seien so ergebnislos ausgefallen, daß das Verfahren der Vergessenheit anheimfiel.

R. Überwachung der Ausführung und Unterhaltung.

Die Unterhaltung der Dränung erfordert weniger Arbeit als die offener Gräben, allerdings unter der Voraussetzung, daß sie nach allen Regeln der Kunst sorgfältig angelegt wurde. Da die Schäden der Dränung (Verstopfungen) immer erst spät bemerkt werden und ihre Beseitigung einige Zeit in Anspruch nimmt, so ist außer den Kosten für die Ausbesserung immer noch ein empfindlicher Schaden an der in Mitleidenschaft gezogenen Fläche oder den darauf stehenden Feldfrüchten zu beklagen. Das ist ein Grund mehr, weshalb die Ausführung einer Dränung nur durch sachverständige Leute und unter dauernder Überwachung mit der größten Sorgfalt geschehen sollte. Die auf die Aufsicht entfallenden Kosten sind für die Flächeneinheit gering, wenn ein großes Gebiet zu dränen ist. Es ist aber ständige Überwachung auf der Baustelle notwendig, weil die Güte der Arbeiten dem Auge entzogen wird, sobald die Drängräben zugeschüttet wurden. Andererseits ist es nicht zulässig, die mit Röhren belegten Gräben so lange offen stehen zu lassen, bis eine nur zeitweise verfügbare Aufsicht zur Abnahme kommt, sofern dann die Dränung durch Grabeneinsturz usw. geschädigt würde. Bei der Ausführung unbemerkte Fehler pflegen erst dann in die Erscheinung zu treten, wenn der Unternehmer zur ordnungsmäßigen Herstellung vertraglich nicht mehr angehalten werden kann, d. h. wenn es zu spät ist. Insbesondere ist bei der Ausführung auf folgende Punkte acht zu geben:

1. Die Dräns müssen vorgeschriebene Tiefe und Gefäll erhalten. Wenn die Drängräben bereits vor der Abnahme zugeschüttet werden mußten, so stellt man die Tiefe der Röhren mit einem Sondiereisen fest.

2. Es dürfen nur durchaus gute Dränröhren verwendet werden. Der Unternehmer für die Dränarbeiten hat nur geringes persönliches Interesse, darüber zu wachen.

3. Verlegen der Röhren mit dichten Fugen und Verbindungen, muß unbedingt vor dem Zuschütten der Gräben geprüft werden.

4. Anwendung besonderer Fugendichtung in verdächtigem Boden.

5. Verwendung der richtigen, im Plane angegebenen Rohrweiten.

6. Man muß sogar darauf achten, ob überhaupt Röhren in die Drängräben verlegt wurden. Nach Stücklohn bezahlte, gewissenlose Arbeiter heben wohl einen flachen Graben aus und füllen ihn gleich wieder zu. Sie sparen dabei die Arbeit für Herstellung eines Grabens von planmäßiger Tiefe und für das Rohrlegen. Gegen solche Hintergehung kann man sich nur schützen, indem man streng daran festhält, daß die Gräben nicht eher zugeschüttet werden dürfen, bevor die darin verlegten Röhren abgenommen wurden.

7. Richtiges Zufüllen der Gräben.

8. Baldige Beseitigung und Einebnung des aus den Vorflutern ausgeschachteten und seitwärts aufgeworfenen Bodens.

Die Wirkung der Dränung [tritt bei milderem Boden gleich nach der Vollendung ein; bei schwerem Boden muß sie erst mehrere Jahre wirken und der Boden in Krümelform sich umbilden, bevor die volle Ertragssteigerung eintritt. Durch Tiefpflügen mit Untergrundlockerung wird die Umformung beschleunigt.

Den Anbau von Tiefwurzlern muß man im ersten Jahre, oder besser in den ersten Jahren, vermeiden, weil die Wurzeln, angelockt durch den lockeren Füllboden über den Dräns, sehr leicht Verwachsungen herbeiführen. Kann es nicht umgangen werden, das frisch gedränte Feld mit Zuckerrüben zu bestellen, so ist zu empfehlen, daß man die über den dann noch erkennbaren Dräns und die dicht daneben stehenden Pflanzen durch Abhacken beseitigt.

Die Maßregeln zur Unterhaltung der Dränanlage müssen sich auf folgende Punkte erstrecken:

a) Die Vorflutgräben müssen frei von Krautwuchs, ihre Sohle in richtiger Tiefe und in richtigem Gefäll erhalten werden. Bei Erhaltung der Sohle leisten die früher (Kap. IV, F 1a, S. 91) besprochenen Sohlschwellen gute Dienste, so daß die dafür entstehenden einmaligen Ausgaben gar nicht ins Gewicht fallen. Bei der Krautung und Räumung sind die oben (Kap. IV, F 1b, S. 91 ff.) gegebenen Gesichtspunkte zu beachten.

b) Die Ausmündungen und ihre freie Vorflut müssen peinlich unterhalten werden. Vernachlässigungen an dieser Stelle pflanzen sich stets nach oben fort. Drum sollte dafür gesorgt werden, daß die Ausmündungen stets sicher wieder aufgefunden werden können. Man tut daher gut, sie durch Nummersteine, die in die Böschung oder oben am Grabenrande eingelassen werden, zu bezeichnen. Der Stein (aus Beton) trägt mit vertiefter Zahl die Nummer, die der Ausmündung nach dem Plane zukommt. Dieselbe Nummer muß auch die Übersichtskarte (s. M, S. 138) enthalten, die bei der Schau als Unterlage dient. Die Nummersteine sind wie Höhenfestpunkte zu behandeln und durch Nivellement zu verbinden und können dann bei allen Nachbesserungen zum Anschlusse für Teilnivellements benutzt werden.

c) Verstopfungen in den Dräns erkennt man am besten im Frühlinge. Die in ihrem Bereiche liegenden Flächen leiden an stauendem Wasser und sind dunkel gefärbt, während die Umgebung schon oberflächlich abgetrocknet ist und heller erscheint. Werden solche Stellen gefunden, so muß gleich nachgegraben werden, aber nur durch einen sachverständigen Dräntechniker, um

Stelle und Ursache der Störung zu finden und durch Nachbesserung zu beseitigen. Verschleppung zieht meistens Vergrößerung des Schadens nach sich, da die unter Rückstau stehenden Dräns, wie oben (O b, S. 147) gezeigt wurde, leicht ebenfalls durch Verschlämmung verstopft werden.

Ob die Dränung in irgendeiner Beziehung nachgebessert werden muß, wird am besten durch die Schau festgestellt, die mindestens im Herbste, besser noch im Herbste und Frühling abgehalten wird.

S. Kosten, Erfolge, Einträglichkeit.

Die Kosten der ganzen Dränung werden in hohem Maße durch die für die Vorflut beherrscht. Es ist zu empfehlen, diese gesondert zu veranschlagen. Zerfällt das (genossenschaftliche) Dränungsgebiet in Abschnitte, die wesentlich verschieden hohe Vorflutskosten verursachen, so sind diese für jeden Abschnitt besonders zu berechnen und zu tragen. Erst danach kann man erkennen, ob für alle Teile oder nur für einzelne die Dränung einträglich ist.

Ferner sind die Kosten abhängig von der Strangentfernung. Unterschiede in der Beziehung werden dadurch ausgeglichen, daß die Genossen zu den Lasten nach Maßgabe der auf ihren Grundstücken verlegten Stranglängen zu den Kosten herangezogen werden. Die Röhrenpreise sind in den verschiedenen Landesteilen mehr ausgeglichen als die Kosten für die Dränarbeiten selbst. Diese sind meistens da am billigstens, wo viel gedränt wird und daher ein großer Stamm sachverständiger Unternehmer und geübter Dränarbeiter vorhanden ist. So schwanken in Deutschland (vor dem Kriege) die Kosten für 1 m Sauger zwischen 0,13 Mark und 0,30 Mark bei 1,25 m Tiefe einschließlich aller Nebenarbeiten, also für das Herstellen und Wiederzufüllen der Gräben, Röhrenlegen usw., doch ohne die Röhrenlieferung. Für die Sammler, die um ihren Durchmesser tiefer zu verlegen sind, werden 0,02 bis 0,05 Mark mehr gezahlt. Bietet der betreffende Boden besondere Schwierigkeiten bei der Arbeit (steinig, Triebsand usw.), so sind die gewöhnlichen Preise entsprechend zu erhöhen.

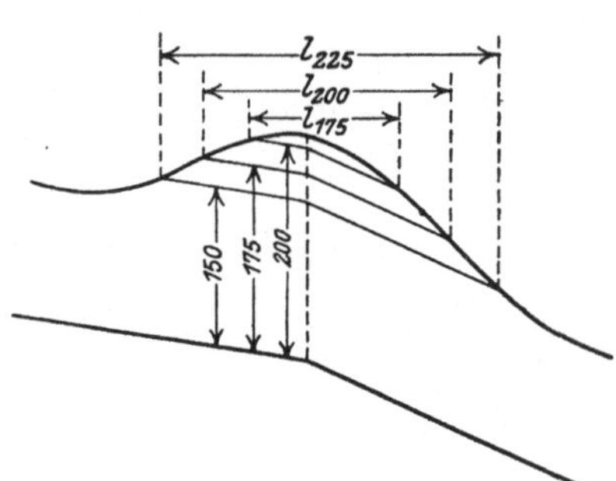

Abb. 98. Berechnung der Übertiefen.

Die unvermeidlichen Übertiefen in den Sammlern sind durch besondere Zulagen zu vergüten. Die Länge der Übertiefen wird aus den Höhenplänen der Sammler zeichnerisch ermittelt. Man zieht in den maßgebenden Tiefenstufen Parallelen zu dem Drän und mißt die Entfernung zwischen deren Schnittpunkt mit dem Gelände (Abb. 98). Der Grundpreis gilt gewöhnlich bis zu Tiefen von 1,5 m. In der Provinz Posen wurden für Übertiefen folgende Zulagen gezahlt.

151	bis	175	cm	= 0,10	bis	0,20	Mark
176	„	200	„	= 0,20	„	0,50	„
201	„	225	„	= 0,40	„	0,90	„
226	„	250	„	= 0,70	„	1,00	„
251	„	275	„	= 1,00	„	1,50	„
276	„	300	„	= 2,50	Mark		
301	„	350	„	= 4,00	„		
351	„	400	„	= 6,00	„		

Auch für das Verlegen der größeren Röhren sind meistens Zulagen zu zahlen. Sie beginnen bei der Lichtweite von 13 oder 16 cm und betragen 0,10 bis 0,20 Mark/m. Das Verlegen von Tonmuffen oder Zementröhren erfordert wesentlich höhere Einheitssätze, weil die Dichtung der Fugen mehr Arbeit und eine weitere Baugrube erfordert.

Auf die Zahl von 30 Dränarbeitern sind zwei Vorarbeiter und ein Schachtmeister zu rechnen. Der tägliche Arbeitsverdienst, auch bei Stücklohn, ist wie folgt anzunehmen:

> für ein Dränarbeiter zu 3—4 Mark
> die Vorarbeiter   4—5 „
> und der Schachtmeister 5—6 „

1 Rohrleger leistet bei gutem Boden soviel wie 7—8 Grabenarbeiter und zwei Arbeiter beim Zufüllen der Dräns. Leistet nun ein Grabenarbeiter täglich 40 m, so beträgt die Leistung von 8 Grabenarbeitern 320 m. Dadurch entstehen folgende Kosten:

> 7 Grabenarbeiter zu 3,50 Mark . . . . . 24,50 Mark
> 1 Vorarbeiter . . . . 4,50 „
> 2 Rohrleger zu 4,00 Mark . . . . 8,00 „
> 2 Arbeiterinnen beim Zufüllen der Gräben 5,00 „
> Anteil des Schachtmeisters . . . . 2,00 „
> 44,00 Mark

1 m Dränarbeiten kostet also im ganzen 0,14 Mark. Dazu kommt noch der Unternehmergewinn.

Bei solchen Preisen für Röhren und Arbeitslöhne muß die Vorflutbeschaffung schon sehr einfach sein, wenn man 1 ha Dränung für 200 Mark herstellen will. Nicht selten steigen die Kosten auf 300 Mark/ha und gehen bei ungünstiger Vorflutbeschaffung und stark gewelltem Gelände, das kleine System und daher viele Sammler erfordert, bis 450 Mark/ha und höher.

Um mit Dränung eine vollkommene Wirkung zu erzielen, ist neben ihr eine gute Düngung und Bestellung unerläßlich. Da aber diese Maßregeln vor der Dränung nicht von Erfolg begleitet sein würden, so bildet die Dränung die Grundlage für Ertragssteigerungen.

Dazu kommt noch der Vorteil, daß die Bestellung durch die Dränung erleichtert und verbilligt, also an Erzeugungskosten gespart wird.

In Böhmen, wo sehr umfangreiche Dränungen durch das Landes-Kulturamt ausgeführt werden, sind dankenswerte Erhebungen über die Erträge derselben Felder vor und nach der Dränung angestellt (46. 1908. 18). Von mehreren dieser Ermittelungen sei nur eine hier wiedergegeben. In Libochowitz wurden geerntet in dz/ha

Frucht	Vor der Dränung	nach der Dränung	Steigerung		
	188²/₃	189⁷/₈	dz/ha	%	Mark/ha
Zuckerrübe	133,0	315,0	182,0	137	182
Weizen	12,9	23,4	10,5	81	200
Gerste	15,1	22,2	7,1	47	140
Klee	16,0	32,3	16,3	102	96

Diese Ertragssteigerungen sind so gewaltig, daß man sie nicht verallgemeinern darf, vielmehr wohl annehmen muß, daß sie auf bisher versumpftem Lande, das durch die Dränung überhaupt erst bestellungsfähig gemacht wurde, entstanden sind. Sie sind so hoch, daß damit die Dränungskosten in einem oder einigen Jahren hätten gänzlich abgeschrieben werden können, während man die Dauer einer guten Dränung zu 30—40 Jahren annimmt.

Heimerle (47. 1915. 238) ermittelte aus einer längeren Reihe von Jahren für ausgedehnte Dränungen im Rheinlande folgende mittleren Ertragssteigerungen bei:

Roggen	5,1	dz/ha =	82	Mark
Hafer	7,5	„ =	120	„
Weizen	6,0	„ =	120	„
Kartoffeln	40	„ =	120	„

Rechnet man dann $10^0/_0$ Mehrertrag an Stroh, so kommt man im ganzen auf gut 110 Mark/ha Ertragssteigerung.

Es sind aber auch nicht angenähert so hohe Ertragssteigerungen nötig, um Dränung einträglich zu machen. Rechnet man nämlich bei 300 Mark/ha Anlagekosten die Verzinsung zu $4^0/_0$, Tilgung und Unterhaltung zu je $2^0/_0$ der Anlagekosten, so erfordert das einen Jahresaufwand von 24 Mark/ha. Zur Deckung dieses Betrages genügt schon ein Mehrertrag von 1,5 dz/ha Korn. Tatsächlich werden diese Kosten aber schon durch die Nebenvorteile gedeckt, die bestehen im Fortfall der Gräben, leichterer Bestellung, leichterer Bekämpfung des Unkrauts usw. Danach muß man Dränung trotz der hohen Anlagekosten zu den einträglichsten Meliorationen rechnen.

Viel deutlicher aber als durch Berechnungen kommt die hohe Einträglichkeit der Dränung noch durch die große Ausdehnung zum Ausdruck, welche die Dränung bereits erlangt hat und noch fortgesetzt nimmt.

VI. Die Regelung der Wasserläufe.

Die Wasserläufe bilden das Rückgrat der Wasserwirtschaft in ihrem Sammelgebiete. In kulturtechnischer Beziehung sollen sie folgenden Ansprüchen genügen:

1. Das Hochwasser ohne Schaden für die anliegenden Grundstücke ableiten.

2. Bei gewöhnlichen Wasserständen hinreichende Vorflut für die auf den Wasserlauf angewiesenen Grundstücke gewähren, ohne daß das Niedrigwasser einen verderblich tiefen Stand annimmt.

3. Den Abfluß bei allen Wasserständen so gestalten, daß weder Abbrüche noch Anlandungen im Flußbette eintreten und die Unterhaltungslast also tunlichst eingeschränkt wird.

Vielfach treten noch die Interessen der Schiffahrt hinzu.

Nimmt man dazu noch die Aufgabe, daß der Fluß oft Wasser zu Bewässerungszwecken hergeben muß, so hat er so mannigfachen Ansprüchen zu genügen, daß der in der Natur vorhandene Wasserlauf meistens dazu erst durch Regelung instand gesetzt werden muß. Dieser müssen stets eingehende Vorarbeiten vorangehen, da nur auf Grund solcher die vorhandenen Verhältnisse und die zu ergreifenden Verbesserungsmaßregeln zutreffend beurteilt werden können.

A. Die Vorarbeiten.

Sachlich zerfallen die Vorarbeiten in:

1. Hydrotechnische,
2. Geodätische,
   a) Kartierung,
   b) Flußaufnahmen,
   c) Geländeaufnahmen.

1. Die hydrotechnischen Vorarbeiten

sind im wesentlichen bereits im III. Kapitel behandelt. Sie umfassen die Ermittelung der Niederschlags- und Abflußverhältnisse im Meliorationsgebiete. Dazu gehören Wasserstandsbeobachtungen und Geschwindigkeitsmessungen bzw. Ermittelung der Abflußmenge. Die Wasserstandsbeobachtungen müssen recht frühzeitig eingeleitet werden, um bis zur Planbearbeitung schon eine gewisse Beweiskraft zu erlangen. Das wird wegen der Kürze der verfügbaren Zeit zwischen den Vorarbeiten und der Ausführung nur selten gelingen; drum muß man danach trachten, Wasserstandsbeziehungen aus benachbarten, unter ähnlichen Verhältnissen stehenden Pegeln herzuleiten (s. Kapitel III, S. 63). Dabei müssen die Niederschlagsverhältnisse der zu vergleichenden Gebiete unbedingt gebührend berücksichtigt werden.

Von besonderer Bedeutung sind folgende Hauptwasserstände:

NW muß im Flusse bestimmte Kleinsttiefe t haben (etwa $t \geq 0{,}25$ m), um Verwilderungen vorzubeugen; es darf ferner nicht zu tief unter Gelände sinken, um den Pflanzenwuchs vor Schaden zu bewahren. SMW soll für das Pflanzenwachstum angemessene Tiefe unter Gelände haben. (Wiese $0{,}4$—$0{,}6$ m, Acker $1{,}0$—$1{,}5$ m.) Je schwerer der durchschnittene Boden ist, um so tiefer darf MW stehen.

$mSHW$ muß bei Wiesen bordvoll bleiben,
$mWHW$ „ „ Acker „ „

hHW ist maßgebend für die Berechnung von Deichweiten und Lichtöffnung solcher Brücken, die in hochwasserfreiem Damme liegen. Bei anderen Brücken, deren Um- oder Überströmung möglich bleibt, genügt es, die Lichtöffnung für ein entsprechend kleineres HW zu bestimmen.

Für die Bedeutung der einzelnen Wasserstände ist deren Häufigkeit maßgebend (s. Kap. III, S. 62).

Es ist sehr zu empfehlen, die Pegelbeobachtungen auch nach erfolgter Regelung des Flusses fortzusetzen, um die durch die Regelung tatsächlich erreichte Veränderung der Wasserstände mit den vorausberechneten zu vergleichen. Dadurch werden wertvolle Unterlagen für die richtige Beurteilung derartiger Regelungen gewonnen, die heute noch sehr fehlen. Diese fortgesetzten Wasserstandsbeobachtungen dienen auch im Vergleiche mit den älteren vor Ausführung der Regelung gewonnenen zur sachlichen Prüfung von allerhand behaupteten Schädigungen, die stets im Gefolge von Meliorationen auftreten. Natürlich muß die Höhenlage der Pegelnullpunkte vor und nach der Regelung unverändert bleiben, oder deren Beziehung zueinander muß bekannt sein.

Der Wert der Wasserstandsbeobachtungen gewinnt außerordentlich, wenn es gelingt, durch Messung der Geschwindigkeit v und Berechnung der Abflußmenge Q ein Abflußgesetz vor und nach der Melioration herzuleiten. Meistens ist die Vorarbeitszeit dafür zu kurz; denn v und Q müssen bei recht verschiedenen Pegelständen, auch bei verschiedenem Flußzustande (Winter rein — Sommer verkrautet) ermittelt werden, wenn sie ein zuverlässiges Gesetz liefern sollen. Fehlen solche Unterlagen, so muß man die Abflußverhältnisse aus einem ähnlichen Sammelgebiete herleiten, sie aber durch einige unmittelbare Messungen in dem fraglichen Flußgebiete prüfen.

Wenn zur unmittelbaren Messung von v und Q für hHW sich wegen der beschränkten Zeit keine Gelegenheit findet, so müssen diese Größen aus Hochwassermarken, nach denen Größe der Hochwasserquerschnitte und des Hochwassergefälls in ihnen zu bestimmen sind, errechnet werden. Die Berechnung des Q erfolgt nach einer der bekannten hydraulischen Formeln (Ganguillet und Kutter). Dabei ist zu empfehlen, den für das Vorland errechneten Teil $= Q$ nicht zum vollen Werte, sondern geringer (etwa $^2/_3$) anzunehmen, weil auf dem Vorlande sehr viele Hindernisse vorhanden sind (Graswuchs, Gebüsch usw.), die den Wasserabfluß erheblich beeinträchtigen, ohne daß das in den Querschnitten oder den hydraulischen Formeln sonst zum Ausdrucke käme.

Bei der Verarbeitung des Abflußgesetzes ist stets darauf zu achten, daß die Abflußeinheit q (l/qkm) bei HW vor der Regelung in allen den Fällen kleiner sein muß als nachher, wo Ausuferungen mit der Regelung zu beseitigen sind. Denn durch diese wird der Abfluß verzögert, was nach der Regelung fortfällt.

Durch die v-Messungen in regelmäßigen, gut erhaltenen Flußstrecken ermittelt man auch das bei der Regelung als zulässig anzunehmende v.

2. Geodätische Vorarbeiten.

a) Kartierung.

Karten müssen als Grundlage für die geodätischen Arbeiten beschafft werden. Meistens erübrigt die Neuvermessung, weil in den Meßtischblättern und Katasterkarten brauchbare Unterlagen vorhanden sind. Von den letzteren müssen Pausen in dem Umfange gefertigt werden, wie das Gebiet durch die fragliche Regelung berührt wird, d. h. soweit der Einfluß der Flußwasserstände reicht, also über die Überschwemmungsgrenze hinaus. Denn von der Regelung haben nicht allein die Flächen Vorteil, die von Überschwemmungen befreit werden, vielmehr auch die, für welche die gewöhnliche Vorflut bei MW verbessert wird. Der Umfang des ganzen Vorteilgebietes muß auf den Karten dargestellt und durch Nivellements begründet werden. Dieser Umfang ist durch Begehung, am besten bei Hochwasser, und eigene Anschauung sowie durch Nachfrage bei Ortseingesessenen über Ausdehnung der HW festzustellen. Sollten dabei Irrtümer vorkommen, so werden sie später bei Gelegenheit der Feldarbeiten (Nivellements) bemerkt und können ausgemerzt werden.

Die Katasterpausen müssen Kulturart, Parzellennummern, Kartenblatt, Gemarkung usw. enthalten. Alle Ortschaften und Ansiedelungen, Deiche, Bauwerke usw., die auf die fraglichen Wasserverhältnisse von Einfluß sein können, müssen in der Karte dargestellt sein. Außerdem sind im Umfange der Kartenpausen Auszüge aus den Flurbüchern zu fertigen, woraus die Größe des Meliorationsgebietes ermittelt wird. Aus den Katasterkarten im Maßstabe 1:2000 bis 1:5000 ist eine Übersichtskarte in einheitlichem Maßstabe (etwa 1:10000) zu zeichnen. In vielen Fällen genügen auch die Meßtischblätter (1:25000) als Übersichtskarte, ja für überschlägliche Pläne können sie allein als Kartenunterlage dienen.

b) Flußaufnahmen.

Die Lage des Flusses in der Wirklichkeit stimmt mit den Katasterkarten meistens nicht mehr überein. Seit der Aufnahme der Karten ist der Lauf durch die Tätigkeit des Flusses selbst oder durch vorgängige Regelungen vielfach verändert. Die Karte muß daher gelegentlich der Feldarbeiten durch Ergänzungsmessungen berichtigt werden. Der Fluß ist alle 100 m zu stationieren. Aus der Übereinstimmung der Stationsstellen in bezug auf unverrückbare Punkte in Karte und Wirklichkeit kann man bald merken, ob infolge von Laufänderungen seit der Kartenaufnahme Mißstimmung vorliegt. Alle vorhandenen Uferbefestigungen, Abbruchstellen und sonstige Veränderungen sind aufzunehmen und in die Karten nachzutragen.

Zur Herstellung des Höhenplanes vom Flusse ist ein Grundnivellement längs der Stationierungslinie (am linken Flußufer in der Regel) doppelt auszuführen und auszugleichen. Die Stationierung hat stets mit Doppelpfählen zu geschehen: Grundpfahl (= Nivellementspfahl, ganz eingeschlagen), daneben der Beipfahl mit Stationsnummer.

Zu nivellieren sind Sohle, Wasserspiegel, beide Ufer, Bauwerke und Spiegelgefäll. Letzteres nur im Beharrungszustande, und zwar tunlichst bei MW und HW.

Bei längeren Flußstrecken, bei denen das Spiegelnivellement mehrere Tage beansprucht, muß die Spiegellage vorher festgelegt werden. Das geschieht meistens durch Schlagen von Spiegelpfählen bei beharrlichem Wasserstande. Um diesen tunlichst auszunutzen, schreitet man damit in Richtung des Wasserlaufes vor und beginnt bei großer Länge desselben damit gleichzeitig an mehreren Punkten. Die bei dem letzten Pfahle am nächsten Tage etwa beobachtete Wasserstandsänderung ist anzuschreiben, um mit Hilfe dieser Unterschiede durch Ausgleich den wirklich beharrlichen Wasserspiegel herleiten zu können.

Von den Bauwerken sind Lichtmaße, Schwellenhöhe, Unterkante der Lichtöffnung, Stauziele aufzunehmen; sie sind auch zu skizzieren, und es sind Angaben zu sammeln über Bauzustand, Unterhaltungspflicht, Berechtigungen. Der Bauzustand spielt insofern eine wichtige Rolle, weil darnach zu beurteilen ist, ob bei nicht genügender Lichtweite Um- oder Neubau in Frage kommt. Von den Wassertriebwerken sind die Betriebseinrichtungen und die wirtschaftlichen Betriebsverhältnisse (Umsatz) zu ermitteln, auch Inhalt und Zeit der Genehmigungsurkunde, weil diese Angaben für Entschädigungsansprüche von Belang sind. Aufzunehmen sind ferner Furten, Hochwassermarken, Pegel, Festpunkte, kurz alles, was für den Wasserabfluß von Bedeutung ist oder auch nur bedeutungsvoll zu sein scheint.

Querschnitte des Wasserlaufs müssen aufgenommen werden zur Berechnung seiner Leistung, zur Bestimmung angemessener Böschungen und zum Veranschlagen von Erdarbeiten. Die Aufnahme muß sich daher immer noch so weit hinter die Uferkanten erstrecken, wie die Erdarbeiten reichen. Die Lage der Querschnitte ist stets senkrecht zur Flußrichtung zu nehmen. Für allgemeine Pläne genügt für sie ein Abstand von 200—300 m, für ausführliche Pläne 100 m. Kommen dazwischen noch erhebliche Unregelmäßigkeiten vor, so sind sie durch Zwischenquerschnitte — nach Bedarf — zum Ausdruck zu bringen. Die Querschnittsaufnahme, auch unter Wasser, erfolgt entweder mit dem Nivellierinstrument oder durch Peilung von dem einnivellierten Wasserspiegel aus. Diese geschieht mit der Peilstange (im Schlamm unten mit aufgenageltem Brettstück zu verbreitern) längs der Peilleine. Wenn das Flußbett weder betretbar noch mit Kahn zu befahren ist, so kann man mit dem Lot peilen, das man gleich einer Angel an einem Angelstock handhabt.

Dies Verfahren liefert indes nur bei mäßiger Wassergeschwindigkeit brauchbare Werte, weil der Strom die Leine mit Lot abwärts treibt. Recht gut bewährt sich ein Peilscheit, d. i. ein nur wenige Millimeter starkes, 6 bis 8 cm breites, mit Einteilung versehenes Holzscheit, das unten Bleibeschwerung erhält. Oben ist es an einer schwachen Führungsleine befestigt, und zwar derart an einer Kante, daß es, in fließendes Wasser getaucht, sich mit den scharfen Kanten in die Stromrichtung einstellt. An der Führungsleine wird es über den Fluß gezogen und an den Punkten der über den aufzunehmenden Querschnitt gespannten Peillinie auf die Sohle gesenkt, wo man die Tiefe messen will.

c) Die Geländeaufnahme

ist der schwierigste Teil der Feldarbeiten und erfordert viel Umsicht und Erfahrung. Dahin gehört zunächst das Flächennivellement. Die Lage der Nivellementspunkte wird entweder nach einem Quadratnetze oder in Beziehung zu festen, im Felde und auf der Karte vorhandenen Linien (Grundstücksgrenzen) festgelegt. Man bedient sich dabei mit Vorteil eines Entfernungsmessers im Nivellierinstrument, um auch die Lage der nivellierten Punkte zu den Seiten der stationierten Linie ohne besondere Längenmessung feststellen zu können.

Die Flächennivellements sind an das Grundnivellement längs der Stationierung anzuschließen und ab und an durch Kontrollschleifen mit ihm zu verbinden. Außer diesen Nivellements sind noch folgende Feldarbeiten zu erledigen:

Die Karte ist auf Veränderungen zu prüfen bzw. zu ergänzen, auch bezüglich der Kulturart, Gräben, Bauwerke. Es sind Bodenuntersuchungen vorzunehmen, um die angemessene Entwässerungstiefe bestimmen zu können. Bei Mooren ist dessen Tiefe bis auf den mineralischen Untergrund durch Peilung zu messen, zur Beurteilung der zu ergreifenden Kulturmaßnahmen und der voraussichtlichen Sackung. Grundwasserbeobachtungen sind einzurichten zur Feststellung der Beziehungen zwischen Grund- und Flußwasser. (Über deren Einrichtung s. Kap. II G, S. 39.) Bei den Eingesessenen im Meliorationsgebiete sind Nachrichten zu sammeln über HW und NW, kritisch zu prüfen und durch Nivellement festzulegen. Auch sind die Eingesessenen über die zu beklagenden Übelstände zu hören. Die Ausdehnung der Überschwemmungen mit Angabe des Datums ist zu ermitteln; denn diese Angaben in Verbindung mit den Wasserstandsbeobachtungen bieten die Möglichkeit, die Höhe der Schäden und die von der Melioration zu erwartende Einträglichkeit nachzuweisen.

Dazu gehört auch die Schätzung der Hochwasserschäden nach Benehmen mit den Anwohnern. Schließlich ist es von Wert, die Ansicht der Eingesessenen über die zu ergreifenden Maßregeln zu hören und zwecks Gewinnberechnung aus der Melioration die Höhe der jetzigen Erträge kennen zu lernen.

Das Ergebnis der Feldarbeiten ist in den Karten und Plänen zeichnerisch darzustellen und in einem Berichte, der besonders die mündlich erhaltenen Auskünfte enthalten soll, festzulegen.

Im Lageplan sind die aufgenommenen Veränderungen in schwarz einzutragen, Geländehöhen braun, Wasserhöhen blau, Moortiefen — auf Dezimeter abgerundet — grün. Überschwemmungsgrenzen bezeichnet man mit getuschten blauen Farbstreifen und schreibt das Datum daneben. Stationierung des alten Flußbettes schwarz. Die Eintragung von Pegelstellen und Festpunkten ist nicht zu vergessen; von letzteren ist ein mit Skizzen zu erläuterndes Verzeichnis dem Plane als besondere Anlage beizufügen.

Der Höhenplan muß enthalten: beide Ufer, Wasserspiegel, Sohle (diese stets durch Mittelung aus den Querschnitten herzuleiten), ferner alle Bauwerke mit den für den Abfluß maßgebenden Zahlen (Höhen und Lichtweiten) und die Pegel. Es ist immer zweckmäßig, einen unverkürzten Höhenplan (ohne Berücksichtigung der Durchstiche) aufzutragen, weil man erst darnach die Wirkung von Durchstichen beurteilen kann, außerdem aber auch einen durch die Durchstiche verkürzten. Wenn nur wenige Durchstiche zu machen sind, so kann man den verkürzten Höhenplan durch Zeichnung der Durchstichstrecken über dem unverkürzten herstellen und die ausfallenden Strecken aus letzterem durchkreuzen.

Bei längeren Höhenplänen mit schwachem Gefäll wird die Übersicht über die vorhandenen Gefälle und deren Veränderung durch die Regelung, durch Anfertigung eines stark überhöhten Höhenplanes mit kleinem Längenmaßstab (Höhen 1:50 bis 1:20, Länge 1:50000 bis 1:100000) auf Millimeterpapier sehr gefördert.

Ferner ist zu empfehlen, die für die Regelung (Spiegellage) maßgebenden Geländehöhen nach den Flächennivellements aus dem Lageplane in den Höhenplan zu übertragen und hier durch kleine grüne Kreise zu bezeichnen. Als maßgebende Höhen sind nicht etwa die dicht neben dem Flusse befindlichen zu betrachten, sondern die, welche nach der betreffenden Flußstelle schon entwässern oder dorthin durch Seitengräben usw. entwässert werden sollen.

Die Querschnitte sind unverzerrt auf Millimeterpapier in Buchform aufzutragen. Das linke Ufer muß in den Querschnittszeichnungen ebenfalls links liegen. Hier sind auch die Skizzen der aufgenommenen Bauwerke, nach Maß gezeichnet, darzustellen.

B. Die Mittel zur Verbesserung der Vorflut.

Auf Grund der Vorarbeiten ist zunächst zu untersuchen, ob und in welchem Umfange die beklagten Übelstände (Überschwemmungen, mangelhafte Vorflut) tatsächlich vorhanden sind. Dazu bietet die Berechnung der bordvollen Leistung des Flusses in seinem jetzigen Zustande eine wichtige Grundlage. Zu dem Ende trägt man eine ausgleichende bordvolle Linie in den Höhenplan ein, in größeren Abschnitten parallel zur Sohle. Die Spiegelhöhen werden in die Querschnitte übertragen, um sodann daraus die bordvolle Leistung zu berechnen. Die Benutzung der Tafeln von Schüngel (65) oder Schewior (62) bieten dabei wesentliche Erleichterung. Die Ergebnisse dieser Berechnung werden in folgender Form zusammengetragen:

Station	F qm	p m	R m	J $^0/_{00}$	v m	Q cbm	Sg qkm	q l/qkm

Für eigenartige Abschnitte des Flußlaufes (Wechsel im Gefäll, in der Sammelgebietsgröße) sind die Mittelwerte zu bilden. Ergibt sich dabei, daß q kleiner ist als nach den hydrotechnischen Vorarbeiten verlangt werden muß, so ist der Fluß zu regeln.

Für die Regelung bzw. Verbesserung der Vorflut stehen folgende Mittel zur Verfügung:

1. Verstärkung des Gefälls durch Veränderung des Laufes:

   a) Beseitigung von Stauwerken,
   b) Abgrabung scharfer Krümmungen,
   c) Durchstechung von Krümmungen,
   d) Flußverlegungen,
   e) Beseitigung von Spaltungen.

2. Erweiterung bzw. Vertiefung des Flusses d. i. Veränderung der Querschnitte.

1. Verstärkung des Gefälls.

a) Beseitigung von Stauwerken.

Recht häufig stehen Stauwerke von Wassertriebwerken den Meliorationen hinderlich im Wege, deren etwaige Nutzungsentschädigung für Beseitigung oder Stauminderung vorweg festgestellt werden muß. (Daher Ermittelung der Betriebsverhältnisse s. A 2 b, S. 157.) Um nach Bildung einer Meliorationsgenossenschaft hervortretenden übertriebenen Schadenersatzansprüchen vorzubeugen, ist es ratsam, schon durch Vorverhandlung mit dem Besitzer ein Übereinkommen über die Höhe der Entschädigungssumme für Beseitigung des Stauwerkes oder Einschränkung von dessen Stauhöhe bedingungsweise für den Fall zu treffen, daß die Melioration zustande kommt.

Die Beseitigung bzw. Ermäßigung des Stauzieles allein genügt meistens nicht, vielmehr muß auch die oberhalb des Stauwerkes aufgehöhte Sohle vertieft werden.

b) Abgraben von Krümmungen.

Krümmungen wirken verwildernd und den Abfluß hemmend wegen der durch sie verursachten schroffen Richtungswechsel im Wasserabfluß. Man gewinnt durch deren Abgrabung an relativem Gefäll, weil die Lauflänge verkürzt wird. Die den abgeschnittenen ausbuchtenden Ufern gegenüberliegenden Einbuchtungen sind mit dem gewonnenen Boden zu verbauen und zu befestigen.

c) Durchstiche (Begradigungen)

dienen zur Beseitigung ganz scharfer Krümmungen, die durch bloße Abgrabung sich nicht mehr verbessern lassen. Sie verstärken das Gefälle außerordentlich, doch nur örtlich, erzeugen daher leicht Unregelmäßigkeiten. Man soll sie daher tunlichst nur an Stellen mit geringem Gefäll und mäßiger Vorflut anlegen. Um die Unregelmäßigkeiten zu mildern, ist die Sohle nach der ausgleichenden Linie $a\,b$ anzulegen (Abb. 99). v darf nicht zu groß werden, sonst werden besondere Befestigungen im Durchstiche nötig.

Mit der Anlage von Durchstichen sind folgende Nachteile verbunden:

1. Spiegelsenkung oberhalb, Steigerung unterhalb.

2. Durchschneidung von Grundstücken und als Folge davon Brückenbauten. Man soll Durchstiche daher tunlichst an Besitzgrenzen legen oder so, daß Flächenausgleich zwischen den verschiedenen Besitzständen stattfindet, z. B.

$$F_1 + F_2 = F_3$$

(Abb. 100).

Die Ausführung der Durchstiche ist für jeden einzelnen und in der Gruppe immer von unten zu beginnen, weil man dann bessere Vorflut für die Erdarbeiten gewinnt (Reihenfolge I—II—III in Abb. 100). Man läßt oben und unten an jedem Durchstiche einen Damm stehen, um tunlichst im Trocknen oder mit künstlicher Wasserhaltung arbeiten zu können. Die Dämme werden zuletzt fortgebaggert.

Der aus den Durchstichen gewonnene Boden ist in erster Reihe zur Zuschüttung der verlassenen Altarme zu verwenden. Bei etwa vorhandenem Überschusse wird der Boden zur Aufhöhung benachbarter Vertiefungen im Meliorationsgebiete verwendet. Fehlt Boden zur Zuschüttung der Altarme, so müssen diese durch Sperrdämme geschlossen werden. Diese sind aus Dammerde oder Faschinenpackwerk herzustellen. Werden diese Dämme von

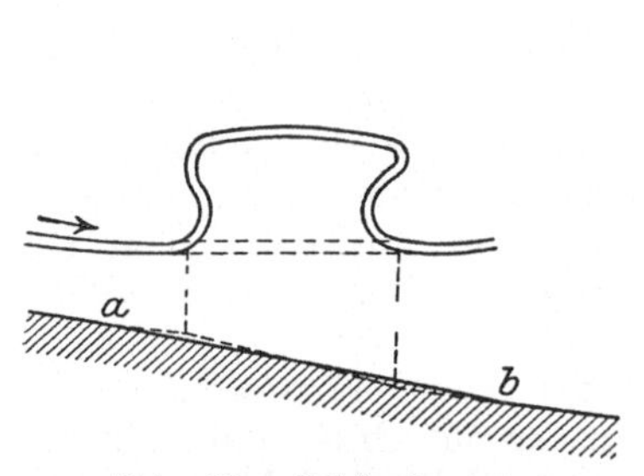

Abb. 99. Sohlenlage im Durchstich.

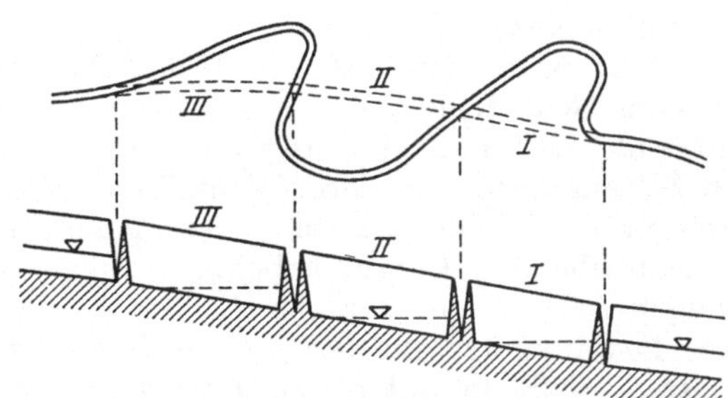

Abb. 100. Lage der Durchstiche und deren Ausführung.

HW überflutet, so ordnet man den Grundriß stromauf einbuchtend gekrümmt an, um das überstürzende Wasser von den Ufern nach der Mitte des Flusses abzulenken.

Man soll mit Begradigungen recht sparsam sein und sie niemals anlegen, nur um gerade Grenzen zu schaffen. Zumal bei Grünland hat die Gestalt der Grenze fast gar keine wirtschaftliche Bedeutung. Es dürfen immer nur wasserbautechnische Erwägungen zur Anlage von Begradigungen leiten. Jeder Fluß hat das Bestreben, seine alte Lauflänge wieder herzustellen; sie entspricht seiner Eigenart bezüglich der Boden- und Abflußverhältnisse. Darum ziehen Begradigungen oft kostspielige Befestigungen des neuen Laufes notwendig nach sich.

d) Flußverlegungen

sind ab und an bei solchen Flüssen notwendig, die viele Sinkstoffe führen. Diese werden bei Ausuferungen in der Nähe der Ufer abgelagert und erhöhen das Gelände daselbst so sehr — und mit ihm erhöht sich der Flußlauf, besonders, wenn Stauwerke in ihm vorhanden sind —, daß die ursprüngliche Geländehöhe keine Vorflut mehr findet. Ist dieser Zustand eingetreten, so muß der Fluß in das tiefe Gelände seitwärts verlegt werden, oder dies muß durch einen besonderen Vorfluter (Umflutkanal) entwässert werden, der, oben mit einer Sperrschleuse abgeschlossen, zur Entlastung des alten Flusses bei HW dient (s. S. 96).

e) Beseitigungen von Flußspaltungen.

Flußspaltungen führen meistens zu Verwilderungen, indem der schwächere Arm der Verlandung anheimfällt. Sie vermehren auch die Unterhaltungslast, und darum ist es vorteilhaft, den schwächeren Arm zu sperren und nur den anderen auszubauen.

2. Erweiterung bzw. Vertiefung des Flusses.

Wenn die Vorflut nach Vorberechnung nicht genügt und Verstärkung des Gefälls untunlich ist, so ist das Leistungsvermögen des Flusses durch Ausbau, d. h. unter Beibehaltung seiner ursprünglichen Richtung durch Herstellung genügend großer und gleichmäßiger Querschnitte und Ausgleich und Vertiefung der Sohle zu stärken.

C. Die Planbearbeitung.

Nachdem gemäß den im vorigen Abschnitte besprochenen Grundsätzen die Linienführung für die Regelung festgestellt wurde folgt die Ermittelung der angemessenen Sohlenlage. Sie soll der vorhandenen sich tunlichst anschließen, um die Erdarbeiten zu ermäßigen, aber auch Unregelmäßigkeiten im Gefäll ausgleichen.

Man sucht zunächst im Höhenplan mit Hilfe der grünen Kreise (maßgebende Geländehöhe s. A 2 c, S. 159) eine Spiegellinie für das bordvoll abzuführende HW und eine angemessene MW-Linie. Dabei ist die Geländehöhe an Seitengräben bei deren Einmündungsstelle gebührend zu berücksichtigen. Spiegel und Sohle müssen parallel sein und auf recht große Strecken ein gleichbleibendes Gefäll haben. Häufiger Gefällwechsel führt zu Verwilderungen.

Sodann folgt die Berechnung der Querschnitte, die so bemessen werden müssen, daß sie unter den festgelegten Spiegeln die für MW und HW ermittelten Wassermengen abzuführen vermögen. Natürlich ist dabei die Verlegung der anfänglich festgelegten Sohlenlinien nicht immer zu umgehen, vielmehr wird es die Regel bilden, daß man erst nach mehrfachen Versuchsrechnungen zu einer zweckmäßigen Lage für Sohle und Spiegel gelangt. Vorher ist aus den aufgenommenen Querschnitten und unter Berücksichtigung der auftretenden Wassergeschwindigkeiten ein angemessenes Böschungsverhältnis zu bestimmen. Je flacher die Böschung, um so:

1. größer ist der benetzte Umfang p und um so kleiner die mittlere Wassergeschwindigkeit v. Daher wird das Böschungsverhältnis oft nur einseitig in den Hohlkrümmungen ermäßigt, da diese dem Wasserangriff besonders ausgesetzt sind. Die Rücksicht auf Vermehrung der Erdarbeiten setzt der Abflachung der Böschungen indessen Grenzen;

2. um so widerstandsfähiger wird der Querschnitt;

3. um so leichter die Grasnutzung auf den Flußböschungen.

Aus der Spiegellinie und der Gestalt des Querschnittes F ergibt sich die endgültige Sohlenlage. Die Sohlenbreite (b) schätzt man zunächst aus den aufgenommenen Querschnitten in regelmäßigen Strecken und verbessert sie durch Versuchsrechnungen derart, daß auch die Spiegel für MW und NW eine dem anliegendem Gebiete angemessene Lage erhalten. Dabei muß darauf geachtet werden, daß v bei

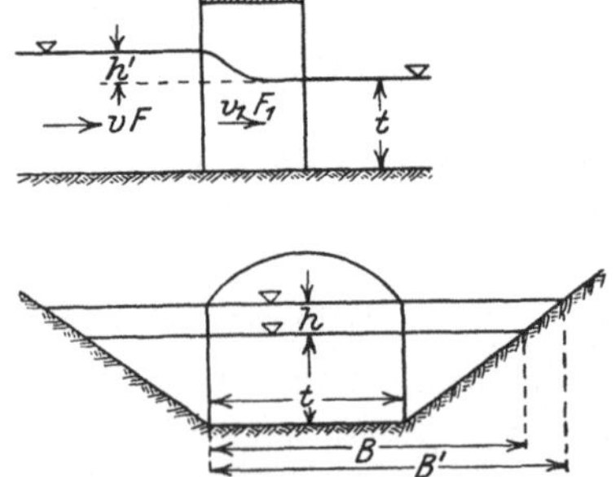

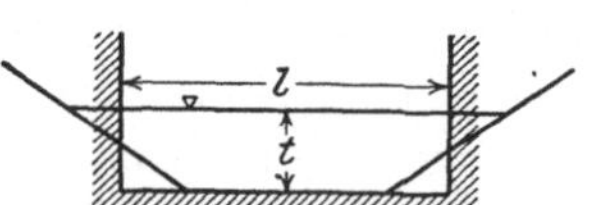

Abb. 101. Lichtweite der Brücken ohne Aufstau.

Abb. 102. Lichtweite der Brücken mit Aufstau.

verschiedenen Wasserständen sich möglichst wenig ändert, um eine gute Sinkstoffführung zu erreichen. Im allgemeinen darf es im Unterlaufe abnehmen.

An besonders tiefen Geländestellen sind Uferverwallungen herzustellen, wenn anders die Sohlenlage zu tief werden würde. Schließlich folgt die Berechnung der erforderlichen Lichtweite für Brücken, Stauschleusen usw.

Dabei muß hHW zugrunde gelegt werden, wenn alles Wasser durch das Bauwerk gehen muß. Ist das nicht der Fall, so kann man sich mit kleinerem Q begnügen. Es ist immer die Abflußmenge Q zu berücksichtigen, welche der Höhe des Dammes, in dem das Bauwerk liegt, entspricht. Der Aufstau vor dem Bauwerke darf weder den Oberliegern Schaden durch Rückstau verursachen, noch in dem Bauwerke eine so große Geschwindigkeit erzeugen, daß dabei Ausspülungen im Flußbette ober- und unterhalb zu erwarten wären.

Soll die Brücke keinen Aufstau erzeugen, so muß sie die Lichtweite $l = \dfrac{F}{\mu t}$ erhalten, wenn F den Hochwasserquerschnitt, t die Tiefe des HW und μ den Zusammenziehungsbeiwert bedeuten (Abb. 101).

Man setzt:
$$\mu = 0,95 \text{ bei Schrägflügeln,}$$
$$\mu = 0,90 \text{ „ Normalflügeln.}$$

Wenn die Öffnung im Bauwerke kleiner ist als die des Flusses, so muß Aufstau stattfinden, und zwar ist mit Bezugnahme auf Abb. 102

$$h' = \frac{1}{2g}\,(v_1{}^2 - v^2).$$

Wenn nun die Lichtweite l der Brücke gegeben ist, so ist $v_1 = \dfrac{Q}{\mu l t}$, und da ferner $v = \dfrac{Q}{Bt}$ (worin B die Oberbreite bedeutet), so kann man h' berechnen.

Ist dagegen das zulässige v_1 gegeben, so findet man $l = \dfrac{Q}{\mu t v_1}$.

Ergibt sich für h' ein erheblicher Wert, so ist der Zuwachs von B auf B' und von t auf $t + h'$ durch Wiederholung der Rechnung zu berücksichtigen. Dann nimmt v auf v_2 ab und es ist

$$F' = B'\,(t + h') \qquad \text{und} \qquad v_2 = \frac{Q}{B'\,(t + h')}$$

und der verbesserte Aufstau wird

$$h'' = \frac{1}{2g}\,(v_1{}^2 - v_2{}^2).$$

Ist das Bauwerk an einer Stelle zu errichten, wo der Fluß bei HW ausufert, so ist wohl zu überlegen, ob es mit Rücksicht auf die Größen h' und v_1 zulässig ist, das Überschwemmungsgebiet mit einem Anschlußdamm zu sperren und die gesamte Hochwassermenge durch die Flußbrücke zu leiten, oder ob man besser tut, auf dem Vorlande besondere Flutbrücken anzulegen.

D. Der Ausbau der Querschnitte.

1. Form der Querschnitte.

Man unterscheidet einfache und zusammengesetzte Querschnitte.

a) **Der einfache Querschnitt.** Die vorteilhafteste Form, die bei gegebenen Erdarbeiten die größte Abflußleistung ergibt, ist das halbe regelmäßige Sechseck, dessen Mittelpunkt im Wasserspiegel liegt. Diese Form verbietet sich meistens, weil sie zu steile Böschungen bedingt. Wenn NW

im Verhältnis zu MW sehr klein ist, so entsteht auf der verhältnismäßig
breiten Sohle eine sehr kleine NW-Tiefe und eine dementsprechende geringe
Wassergeschwindigkeit, die zu Verwilderungen Anlaß gibt. Man kann diesen
Übelstand dadurch mildern, daß man den Querschnitt mit gebrochener Sohle
herstellt, derart, daß sie in der Mitte tiefer liegt als an den Böschungsfüßen.
Zwar wird dann NW besser zusammengehalten, doch ist diese Sohlenform
sehr schwer zu unterhalten, eigentlich nur mit Baggern, also nur bei größeren
Flüssen.

Wenn der Unterschied zwischen der Abflußmenge bei NW und MW und
des bordvoll abzuführenden SHW sehr groß ist, so würden NW und MW
im einfachen Querschnitte zu tief gesenkt werden, und man wendet daher
in solchen Fällen den

b) zusammengesetzten Querschnitt an. Er besteht aus dem Strom-
schlauch I und den seitwärts von diesem liegenden Flutquerschnitten II
und III (Abb. 103). Die Wasserstandsunterschiede bei NW, MW und HW

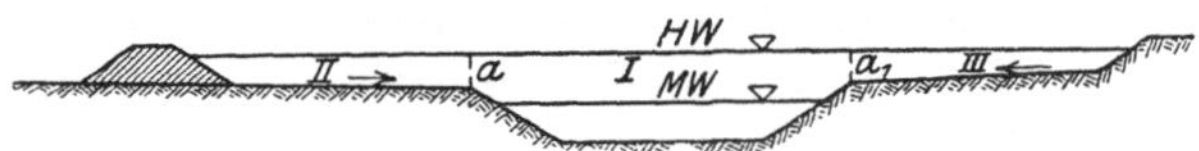

Abb. 103. Zusammengesetzter Querschnitt, links durch
Bedeichung, rechts durch Einschnitt.

werden hierbei gegen-
über dem einfachen Quer-
schnitte aus naheliegen-
den Gründen bedeutend
gemildert. Bei gleicher
Größe ist die mittlere

Wassergeschwindigkeit v in dem zusammengesetzten Querschnitt natürlich geringer als im einfachen, weil demselben F ein kleineres $R = \dfrac{F}{p}$ entspricht. Daher
bietet der zusammengesetzte Querschnitt bei großem Gefäll Vorteil. Damit
ist aber auch die Folge verbunden, daß die Leistung dieses Querschnittes
hinter der des gleich großen einfachen zurückbleibt, d. h. für die Abflußeinheit
mehr Erdarbeiten erforderlich sind. Die dadurch verursachten großen Aus-
hubmassen sind, abgesehen von den Kosten, an sich unbedenklich, wenn angemessene Verwendung für sie vorhanden ist (Ausfüllung verlassener Flußstrecken, Aufhöhung tiefen Landes usw.). Ist das nicht der Fall, so kann
man den zusammengesetzten Querschnitt auch durch Anlage kleiner Deiche
neben dem für MW zu regelnden Vorfluter herstellen (Abb. 103 links). Den
Vorländern (II und III, Abb. 103), die über MW liegen sollen, damit sie als
Grünland nutzbar sind, gibt man ganz schwaches Quergefäll nach dem Flusse
hin, um das ausgeuferte Hochwasser von ihnen schnell abzuführen. Da die
Vorländer bei jedem HW unter Wasser kommen, so werden sie durch Sinkstoffablagerung ziemlich schnell aufgehöht und müssen von Zeit zu Zeit abge-
graben werden. Darin ist ein Nachteil des zusammengesetzten Querschnittes
zu erblicken.

Bei der Leistungsberechnung dieses Querschnittes müssen der Flußschlauch
und die Vorländer für sich behandelt werden, weil die für v maßgebenden
Größen zu verschieden sind, als daß man einfach deren Mittelwert nehmen
dürfte. Ja, die Vorländer müssen jedes für sich behandelt werden, wenn die
Wassertiefe auf ihnen wesentlich verschieden sein sollte. Da die Vorländer
mit Grünland später vielleicht auch noch mit einzelnen Büschen bestanden
sind, muß der v-Berechnung ein größerer Rauhigkeitsgrad zugrunde gelegt
werden als für den Flußschlauch, oder man verbessert die mit demselben
Rauhigkeitsgrade berechnete Wassermenge durch Multiplikation mit einem
Erfahrungswerte ($^2/_3$). Bei Berechnung der Abflußmenge für den Flußschlauch
ist als benetzter Umfang nur der in der Erde liegende „feste" Flußumfang
zu rechnen, nicht aber dazu die Größe a, a_1 (Abb. 103), da diese durch
fließendes Wasser begrenzt wird.

2. Befestigung der Querschnitte.

a) Befestigung der Böschungen.

Die durch Anschnitt wund gemachten Böschungen müssen fast ausnahmslos befestigt werden, wenn sie in der Regel von lebhaft fließendem Wasser oder von Wellenschlag bespült werden. Sonst entstehen Abbrüche und als Folge davon die Bildung und Ablagerung von Sinkstoffen; d. i. Verwilderung. Je seltener ein Querschnitt von Wasser durchströmt wird, um so geringer dringlich ist seine Befestigung, denn der auf den Böschungen sich ansiedelnde Pflanzenwuchs gewinnt gehörig Zeit, sich kräftig zu entwickeln. In Moor eingeschnittene Gräben brauchen fast nie befestigt zu werden, weil sie meistens im schwachen Gefäll liegen, Grünlandsmoor überaus graswüchsig ist und daher selbst bald eine Schutzdecke erzeugt und Hochmoor vermöge seines Fasergefüges genügende Widerstandskraft gegen fließendes Wasser besitzt, auch wenn sich Pflanzenwuchs auf Hochmoorböschungen fast gar nicht ansiedelt.

Die Art der Uferbefestigung ist abhängig von der Lage zum Wasserspiegel; denn lebende Befestigungsmittel dürfen nicht unter MW liegen, tote Holzteile nicht über NW, weil sie unter dem Einflusse wechselnder Nässe bald verfaulen. Solche Mittel können also nur zu vorübergehender Befestigung dienen. Ferner ist die Art derselben abhängig von der Stärke des Angriffs infolge der Wassergeschwindigkeit, Laufkrümmung, Eisgang, Wellenschlag und von der Bodenbeschaffenheit.

Als Baustoffe kommen in Betracht: Rasen, Holz, Stein (Beton). Weidenpflanzungen sind nur ausnahmsweise zulässig. Sie versperren gar leicht den Abfluß und erzeugen Ablagerungen. Oft muß man sich mit der Herstellung einer billigen, wenn auch leicht vergänglichen Befestigung begnügen und die Herstellung einer dauerhafteren Befestigung auf eine spätere Zeit verschieben, wenn erst infolge der durch die Melioration erhöhten Erträge die dazu nötigen Mittel flüssig gemacht werden können. Unter gewöhnlichen Verhältnissen kommen folgende Befestigungsarten hauptsächlich in Betracht.

1. Ansaat mit Kleegrasgemisch. Sie gedeiht am sichersten, wenn der mit der Böschung angeschnittene tote Boden zuvor mit einer Mutterbodenschicht bedeckt wird. Sollte das wegen zu hoher Kosten nicht möglich sein, so sollte eine Düngung der Ansaat voraufgehen. Die Böschungen sind mit Harken in wagerechten Furchen aufzurauhen, dann muß der Samen (70 kg/ha) gesät und darauf fest angeklatscht oder angewalzt werden. In dem Samengemisch sind genügsame, tief wurzelnde Pflanzen zu bevorzugen. Die Arbeit erfordert große Sorgfalt und Gewissenhaftigkeit und wird daher besser vom Bauherrn selbst als vom Unternehmer besorgt. Es ist nicht ratsam, noch nach Mitte August Grassaat zu säen, weil sie sich vor Winter nicht mehr genügend entwickelt. Kann die Saat nicht früher gemacht werden, so sät man besser Winterroggen (mindestens 150 kg/ha), und unter diesen als Deckfrucht die Grassaat im nächsten Frühling. Nach Entwickelung dieser muß der Roggen grün abgemäht werden.

2. Flachrasenbelag. Dazu muß der Rasen in der Oberbreite des zu behandelnden Wasserzuges rechtzeitig gewonnen und zurückgestellt werden. Der gewachsene Rasen wird mit dem durch Menschen- oder Pferdekraft zu betätigenden Rasenmesser in Streifen oder Platten (Plaggen) geschnitten, mit dem Spaten abgehoben und aufgerollt, oder die Platten werden in Haufen aufgesetzt. Der Rasen wird dann auf die Böschung im Verbande gelegt und mit der Klatsche oder der Handramme festgeschlagen. Das schnelle Verwachsen der Fugen wird dadurch gefördert, daß ein wenig gute Erde aufgebracht und in die Fugen verharkt wird. Bei starkem Flußangriffe wird

jeder Plaggen ein- bis zweimal mit einem Holzstecken auf die Böschung genagelt. Wenn der Rasen knapp, so daß man nicht die Böschung in ganzer Fläche damit bekleiden kann, begnügt man sich damit, einzelne Streifen der Böschung mit Rasen zu belegen und die dazwischen liegenbleibenden Felder mit Grassamen zu besäen. Am Böschungsfuße wird die Flachrasendeckung durch Kopfrasen (*k*), Fußfaschinen (*f*) oder beides gegen Abrutschen gesichert. Oberhalb des Flachrasens erfolgt die Ansaat (Abb. 104). Bei kleinen Wasserzügen ist die Einengung durch Rasenbelag verhältnismäßig so bedeutend, daß man den Erdaushub entsprechend größer herstellen muß. (Zuschlag zur Sohlenbreite bei der Massenberechnung 0,2 bis 0,3 m.)

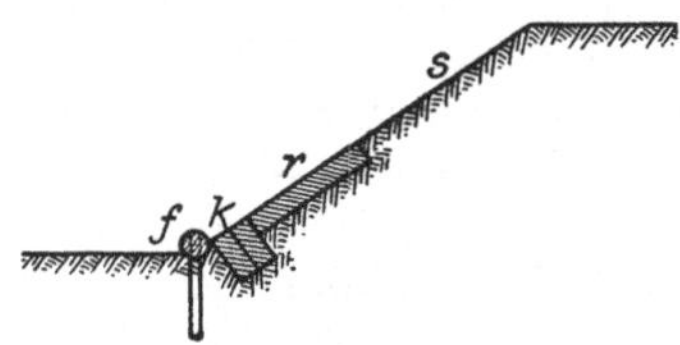

Abb. 104. Flachrasendeckung.

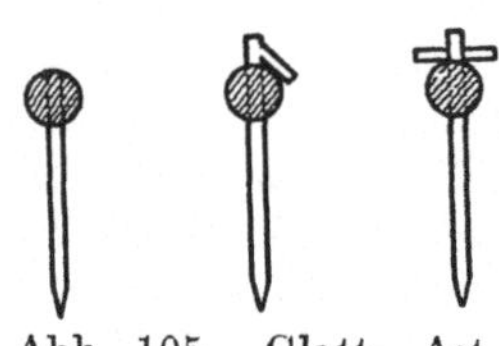

Abb. 105. Glatt-, Ast-
und Kreuzholzpfahl.

3. Kopfrasendeckung dient zur Sicherung ganz steiler Böschungen $(1:\frac{1}{2}$ bis $1:\frac{1}{5})$, wie z. B. an den Stirnen bei Röhrendurchlässen vorkommen. Der Kopfrasen wird im Ziegelsteinverbande aufgebaut.

4. Fußfaschinen zur Sicherung des Böschungsfußes in Triebsand und anderen unsicheren Böden werden am besten aus (totem) Weidenstrauch, aber auch aus anderem geschmeidigen Laub- und Nadelreisig, 20 cm stark, zweimal auf 1 m Länge mit geglühtem Eisendraht auf der „Wurstbank" gebunden und auf jedes Längenmeter mit zwei Pfählen von 1 m Länge und

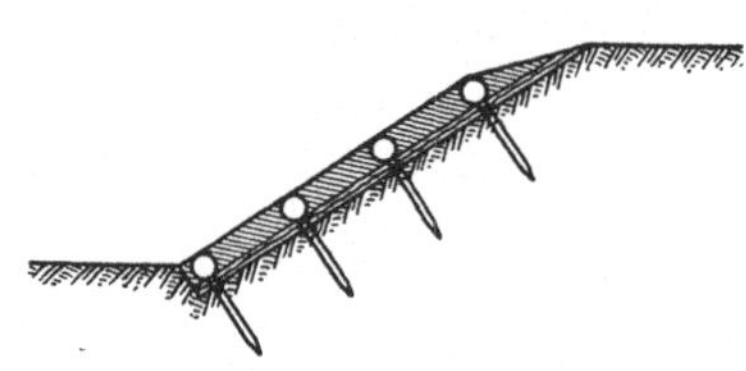

Abb. 106. Spritlage.

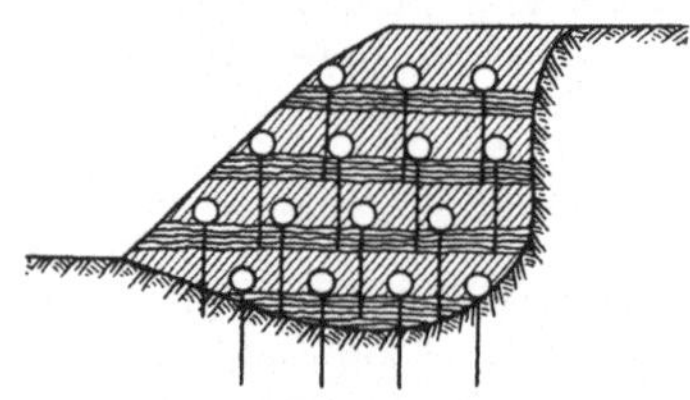

Abb. 107. Packwerk zur Verbauung eines Uferkolkes.

5—6 cm Stärke auf die Sohle genagelt. Die Verwendung lebender Weidenruten ist nicht ratsam, weil sie anwachsen und den Wasserfluß hemmen. Die Pfähle (Glatt-, Ast- oder Kreuzholzpfähle, Abb. 105) werden mit hölzernen Schlägeln eingeschlagen. Glattpfähle halten durch Reibung genügend und sind insofern vorzuziehen, als sie über die Faschinen nicht hervorragen und dabei Treibsel auffangen.

5. Würste werden ebenso hergestellt wie Fußfaschinen, nur in geringerem Durchmesser von etwa 12 cm. Sie dienen zum Zusammenhalten von Strauchwerk als Decklage oder Packwerk. Eine Kette (20 m) Wurst erfordert 5—6 Stück Faschinen (zu 0,08 cbm) und 12 Binderuten oder 54 m Bindedraht von 1 mm Stärke (25. III. 6. 257).

6. Flechtzäune bestehen aus einer Reihe von 1—1,2 m langen, 6—8 cm starken Pfählen, die in Abständen von 30—60 cm geschlagen und 20—30 cm tief unter dem Kopfe mit starken Ruten ausgeflochten werden. Sie dienen ebenfalls als Fußdeckung und müssen dauernd unter Wasser liegen.

7. **Spreitlage** (Abb. 106) dient als Flächendeckung bei starkem Angriffe. Sie besteht aus lebenden Weidenruten, die, Stammende nach unten, in eine Rille am Böschungsfuße, senkrecht zur Flußrichtung stehend, auf die Böschung gebreitet werden. Alle 60 cm werden sie durch quer genagelte Würste festgehalten. Zwischen das Strauchwerk wird Boden geschüttet. Die ausgrünenden Weiden müssen unbedingt alle Jahre geschnitten werden, um den Wasserabfluß nicht zu hemmen. Auf 1 qm Spreitlage rechnet man (**25.** III. 6. 257) 0,31 Stück Faschinen, 2,1 m Wurst, 14 Stück Binderuten, 3,9 Stück Spreitlagenpfähle 0,6—0,9 m lang, und 0,2 cbm Erdarbeiten.

8. **Rauhwehr.** Die Ruten liegen parallel zum Flusse, die Wipfel stromab, die Stammenden der nächstunteren Lage überdeckend. Senkrecht darüber werden Würste genagelt.

9. **Faschinen** bestehen aus Bündeln von Strauchwerk beliebiger Art; nur darf es nicht zu sperrig und brüchig und das Stammende soll nicht stärker als 4 cm sein. Ihre zweimal zu bindende Länge beträgt 2,5—3 m, ihre Stärke etwa 0,3 m.

10. **Packwerk** (Abb. 107) dient zur Herstellung ganz steiler Ufer an Kanälen mit Schiffahrt, um das Anlegen und Laden zu erleichtern, auch zum Verbauen von Abbrüchen in tiefem Wasser. Es besteht aus 0,5—0,7 m starken Schichten von Faschinen, Würsten, die durch Pfähle miteinander

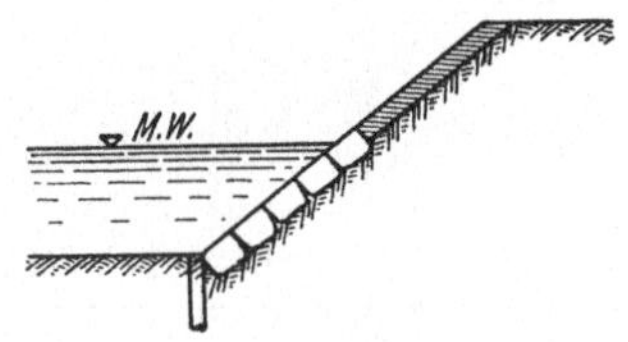

Abb. 108. Plasterfuß aus Pfahlreihe.

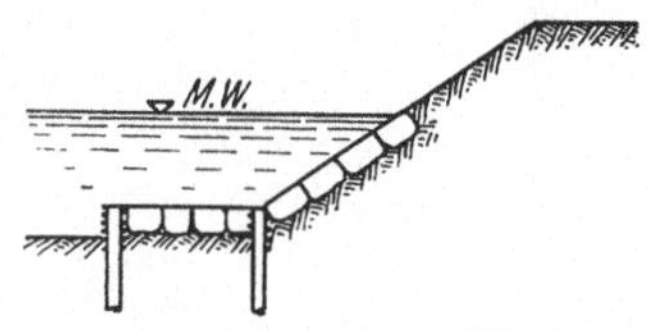

Abb. 109. Plasterfuß aus Flechtzäunen.

verbunden werden. Zwischen die Würste schüttet man Beschwerungserde, die gehörig zu rammen ist, damit sie in die Faschinen eindringt. Darauf wird die nächste Schicht aufgebaut. Man kann das Packwerk auch schwimmend, also ohne Wasserhaltung, vorbauen. Auf 1 cbm rechnet man 10 Stück = 0,8 cbm Faschine, 0,4 cbm Beschwerungserde, 3 m Würste, 5 Stück Pfähle (**25.** III. 6. 257).

11. **Senkfaschinen** dienen zur Ausfüllung einzelner Kolke. Sie sind 4—5 m lang, 0,5—0,7 m stark und bestehen aus einer Hülle von Faschinen mit Steinfüllung, die auf der Faschinenbank am Ufer zusammengewürgt und mit starkem, geglühtem Eisendraht gebunden werden. Nach der Herstellung werden sie auf Leitbäumen vom Ufer in den zu deckenden Kolk gerollt, um hier als Fußsicherung für die Flächendeckung auf der Unterwasserböschung zu dienen. Stellt man sie in „endlosen" größeren Längen her, so nennt man sie „Sinkwalzen".

12. **Sinkstücke** bestehen aus einem unteren und einem oberen Rost aus gekreuzten Würsten. Zwischen diesen werden lagenweise Faschinen und Beschwerungsmaterial eingebaut. Die Dicke beträgt 1 m und mehr. Die beiden Roste werden an den Kreuzungsstellen der Würste durch „Luntleinen", die durch die ganze Füllung reichen, fest miteinander verschnürt. Die Sinkstücke dienen zur Deckung ausgedehnter Sohlkolke. Sie werden in deren Größe zwischen zwei Prähmen hängend oder auf einer Hellige am Ufer gebaut, dann schwimmend zur Verwendungsstelle gebracht und durch Aufbringen von Steinbewurf zwischen vorübergehend und nur lose eingeschlagenen Leitpfählen an die richtige Stelle versenkt.

13. **Pflaster als Uferdeckung** darf in den Fugen nur gründlich verzwickt, nicht vergossen werden, falls Bewegungen der zu deckenden Böschung zu erwarten sind. Es muß diesen folgen können und immer grundschlüssig bleiben. Allermeist wird das Pflaster nicht aus regelmäßig behauenen, vielmehr aus regellosen Bruchsteinen hergestellt. Der Fuß wird gegen eine Reihe von dicht an dicht zu schlagenden Pfählen (Abb. 108) von 1—1,5 m Länge und 6—10 cm Stärke oder gegen Flechtzäune (Abb. 109) gestützt. Stärke des Pflasters gegen 15—25 cm.

14. **Steinpackung und Steinschüttung** aus regellosen Steinen wird zur Fußdeckung da angewandt, wo Wasserhaltung, also auch regelrechte Pflasterung, nicht möglich ist.

15. **Senkrechte Ufereinfassungen** (Bohlwerke und Ufermauern) dienen gleichzeitig zur Uferdeckung und zur Vermittelung des Schiffsverkehrs.

16. **Buhnen und Parallelwerke** fördern insofern ebenfalls den Schutz der Ufer, als sie den Wasserangriff von ihnen abhalten, finden indes nur bei breiteren Flüssen Anwendung ($b \geq 50$ m etwa). Buhnen sind quer, Parallelwerke gleichlaufend dem Stromstrich zu bauen. Nach der Richtung der Buhnen zum Stromstrich unterscheidet man deklinante a, normale b und inklinante c (Abb. 110). Da das Wasser immer senkrecht zu der Buhnen-

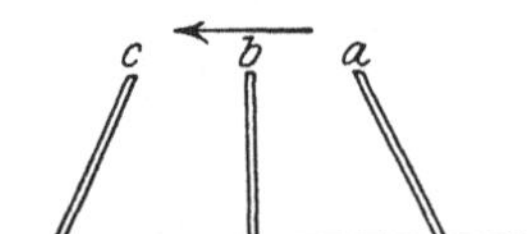

Abb. 110. Richtung der Buhnen zum Stromstrich.

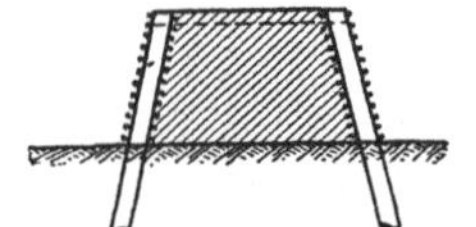

Abb. 111. Buhne aus Flechtzäunen mit Kiesfüllung.

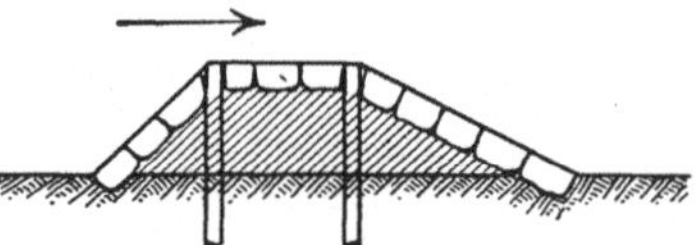

Abb. 112. Buhne aus Pfahlreihen mit Steinfüllung und Pflaster.

richtung überfällt, ist die deklinante Richtung die Ufer gefährdend und daher zu verwerfen. Die inklinante Richtung gewährt den besten Uferschutz.

Den Buhnenkopf legt man in die Höhe des MW, von hier steigt der Buhnenkörper mit 1—2$^0/_0$ zur Buhnenwurzel, die gehörig in das Ufer einzubinden ist, um Hinterspülungen zu verhüten. Da vor dem Buhnenkopfe stets Sohlenauskolkungen eintreten, so muß dessen Grundlage besonders gesichert werden (Sinkstück).

Die **Parallelwerke**, sofern sie nicht unmittelbar am Ufer liegen, werden durch Querbauten mit diesem verbunden, um Hinterströmungen zu vermeiden und den Zwischenraum durch Ablagerung von Sinkstoffen zu füllen.

Die Bauweise dieser Werke ist um so einfacher und leichter, je geringer der Stromangriff ist. Die einfachste Art besteht aus zwei Flechtzäunen, deren Zwischenraum mit Kies oder Schüttsteinen auszufüllen ist (Abb. 111). Die Flechtzaunpfähle sind oben mit Koppeldraht gegenseitig zu verankern, um sie gegen den Innendruck der Kiesfüllung widerstandsfähig zu machen. Schwerere Werke werden aus Packwerk oder aus Pfahlreihen mit Kiesfüllung und Abpflasterung hergestellt (Abb. 112). Wasserdichtigkeit für den Körper ist nicht erforderlich. Die Böschung stromab ist flacher anzulegen, um der Gewalt des überfallenden Wassers gerecht zu werden.

b) Befestigung der Sohle.

Die Sohle bildet das Fundament für die Ufer; sie muß also festgelegt werden, um diese zu sichern. Die Sohlenhöhe muß aber auch deshalb planmäßig erhalten werden, weil sonst die Leistung des Querschnittes verändert wird und die Wirkung der Regelung dem Zwecke des Planes nicht entsprechen kann. Daher ist es ratsam, die planmäßige Sohle etwa alle 200 m durch Sohlpfähle oder Schwellen, die gegen Festpunkte einzunivellieren sind, festzulegen. Sie bieten die Richtschnur, wonach die Räumung und Unterhaltung stattzufinden hat.

Die Sohlensicherung geschieht in der Weise, daß man entweder:

α) die Sohle durchgehend befestigt oder

β) das Gefäll J und damit v durch den Einbau von Abstürzen auf das zulässige Maß herabsetzt.

α) Durchgehende Befestigung.

Bei Gebirgsbächen mit grober Sinkstofführung wirkt die Sohlpflasterung am sichersten (Abb. 113). Man gestaltet dabei die Sohle muldenförmig, um

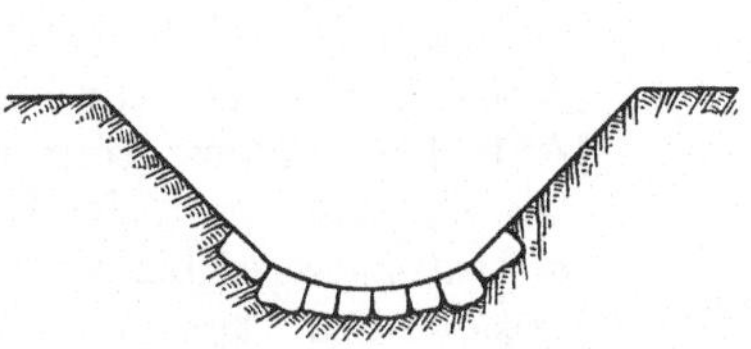

Abb. 113. Sohlenpflasterung.

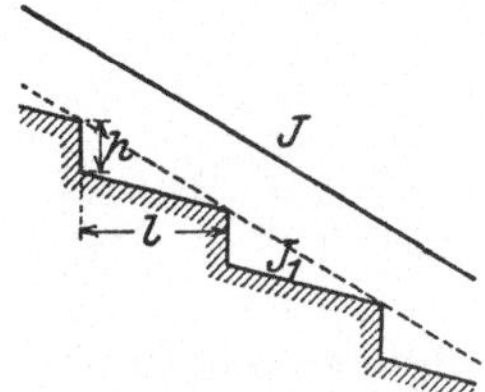

Abb. 114. Abstand der Abstürze.

den Wasserangriff von den Böschungen möglichst nach der Mitte des Wasserlaufes abzulenken. In einfacheren Fällen genügt eine Sohldeckung mit Strauch. Dies wird, Wipfelende stromab, die Stammenden der nächsten Lage überdeckend, auf die Sohle gebreitet und durch Querstangen, die an den Ufern durch übergepfählte Fußfaschinen oder durch Hakenpfähle festgehalten und niedergedrückt werden. Wacholderstrauch ist wegen seiner dichten Belaubung besonders dafür geeignet. Zwischen dem Strauche werden Sinkstoffe abgelagert und erhöhen die Sicherung.

β) Anlage von Abstürzen.

Ist J das vorhandene, zu starke Gefäll und J_1 das zulässige, ferner h die Absturzhöhe und l die Entfernung der Abstürze, so ist

$$h = l(J - J_1)$$

und

$$l = h\,\frac{h}{J - J_1}\quad\text{(Abb. 114).}$$

Da bei den Abstürzen eine besonders lebhafte Wasserbewegung stattfindet, erfordern sie gründliche und kostspielige Befestigungen, und zwar um so mehr, je größer h und Q sind. Mit zunehmendem h nimmt aber auch die Entfernung l zu und die erforderliche Anzahl der Abstürze ab. Mit h wächst auch die mittlere Tiefe des Wasserlaufes, wobei auch die Erdarbeiten zunehmen. Daher muß man durch Vergleichsrechnungen h und l so abstimmen, daß die Gesamtkosten möglichst klein werden.

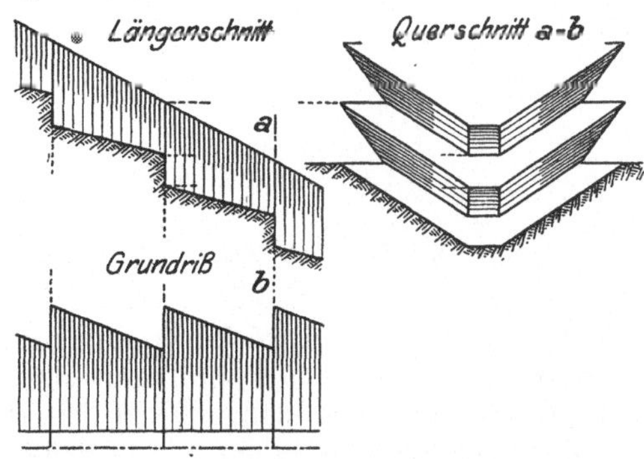

Abb. 115. Abstürze bei gleichbleibender Sohlenbreite.

Die Durchführung der Böschungen bei der Anwendung von Abstürzen gestattet zwei Lösungen:

1. Die Sohle wird bei gleichbleibendem Böschungsverhältnisse in unveränderlicher Breite durchgeführt (Abb. 115). Dann muß die ganze Böschung neben dem Absturze den Abfall mitmachen, d. h. der senkrechte Absturz muß auf die ganze Oberbreite des Wasserlaufes durchgeführt werden und erfordert eine der Breite nach sehr ausgedehnte Sicherung des Sturzbettes. Der obere Böschungsrand bildet eine sägezahnförmig gezackte Linie.

2. Die oberen Böschungsränder werden bei gleichbleibendem Böschungsverhältnisse geradlinig durchgeführt (Abb. 116). Daraus ergibt sich, daß die Sohle von der Breite b im Unterwasser bis zum Oberwasser des zunächst unterhalb liegenden Absturzes auf

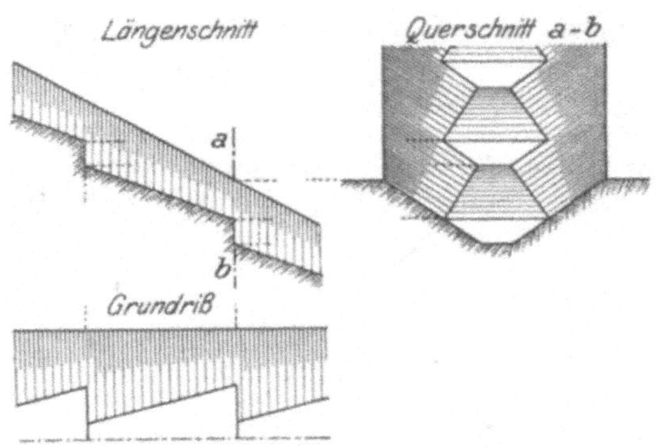

Abb. 116. Abstürze bei gleichbleibender Oberbreite.

$b + 2\,hm$ zunehmen muß, wenn m das Böschungsverhältnis angibt. Hierbei wird die senkrechte Sturzwand und deren Sturzbettsicherung wesentlich kürzer, also auch billiger als im Falle 1. Abstürze werden hergestellt aus Holz oder Stein oder aus beiden zusammen.

Abb. 117 zeigt eine einfache Ausführung, bestehend aus einer Pfahlreihe, die eine Brettwand stützt. Sturzbett und Vorboden sind durch Steinpflaster

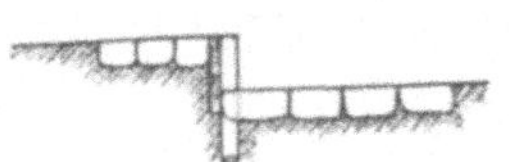

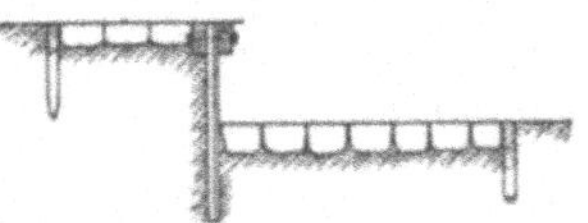

Abb. 117. Absturz aus Pfählen mit Bohlenhinterkleidung.　　　　Abb. 118. Absturz aus Spundwand.

gesichert. Es ist nämlich auch die Sicherung des Vorbodens nötig, weil dort bereits eine beschleunigte Geschwindigkeit sich ausbildet. Eine schon festere Bauweise zeigt Abb. 118, wobei die Sturzwand durch eine Spundwand gebildet ist. Die Sicherungen oben und unten sind durch Pfahlreihen begrenzt.

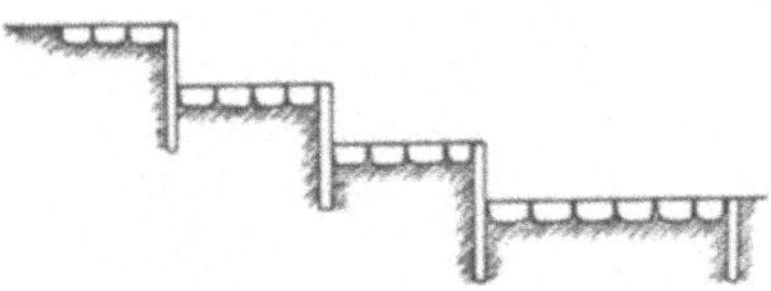

Abb. 119. Massiver Absturz.　　　　Abb. 120. Geteilter Absturz.

Sofern die Sturzwand nicht immer unter Wasser liegt, ist Steinbau vorzuziehen (Abb. 119). Bei größerer Breite gibt man dem Absturze eine im Grundrisse nach dem Oberwasser hin ausbuchtende Form. Das gibt der Mauer vermehrte Festigkeit (Gewölbebogen) und lenkt den Wasserstoß von den Ufern ab nach der Mitte des Wasserlaufes. Manchmal ist es vorzuziehen, einen hohen Absturz durch eine Reihe kleinerer, unmittelbar hintereinander liegenden zu ersetzen (Abb. 120). Der Wasserstoß auf das Sturzbett wächst mit Q, h und v. Wird dieser zu groß, so gewährt die Anordnung eines Sturzbeckens (Wasserpolster) vorzüglichen Schutz für das Sturzbett (Abb. 121). Zwar werden die Baukosten dadurch nicht unwesentlich ver-mehrt, die Unterhaltung dafür aber auch ver-billigt. Abstürze in einfachster Form finden häufig Anwendung in Vorflutgräben zu Drä-nungen, wenn es sich darum handelt, besonders tiefen Ausmündungen Vorflut zu verschaffen, ohne deshalb den ganzen Graben vertiefen zu müssen (s. Abb. 84, S. 133).

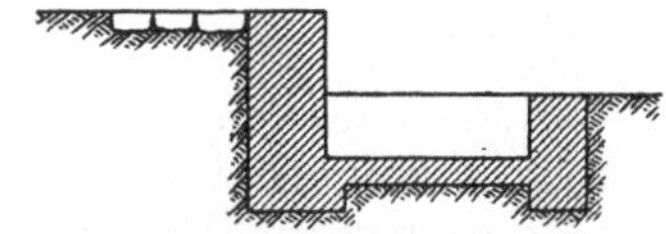

Abb. 121. Absturz mit Sturz-becken (Wasserpolster).

E. Bedeichungen.

1. Allgemeines.

Auch Bedeichung dient zur Verbesserung der Vorflut, indem sie die be-deichte Niederung gegen Überschwemmungen schützt. Man wendet sie daher überall da an, wo der Unterschied zwischen der Abflußmenge bei NW und HW zu groß ist, als daß sie in demselben Flußbette abgeführt werden könnte, ohne NW und MW in unzuträglicher Weise zu senken.

Bedeichung dient entweder landwirtschaftlichen Interessen oder soll die Bewohnbarkeit einer Niederung ermöglichen.

Man unterscheidet See- und Flußdeiche. Hier sollen nur die letzteren behandelt werden, weil sie im kulturtechnischen Wasserbau die größte Rolle spielen. Sie werden immer aus Erddämmen, nötigenfalls mit angemessener Befestigung, hergestellt. Das Land zwischen dem Deiche und dem Flusse nennt man den Außendeich oder das Vorland, das im Schutze des Deiches liegende Land den Binnen-deich oder das Binnenland, auch den Polder. Neben den Vorteilen bringt jede Bedeichung noch gewisse Nachteile mit sich:

1. Erhöhung des HW und damit Erschwerung der Binnenentwässerung. Das ursprünglich über der ganzen über-schwemmten Niederung von der Breite b in der Tiefe t abfließende Wasser (Abb. 122)

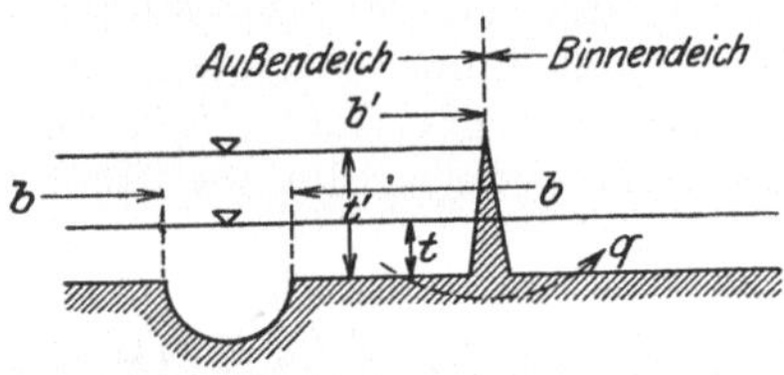

Abb. 122. Wasserstandsänderung durch Bedeichung.

wird nach der Bedeichung auf den kleineren Querschnitt zwischen den Deichen auf die Breite b_1 zusammengedrängt und muß daher in größerer Tiefe t_1 abfließen.

2. Entziehung der fruchtbaren Überschwemmungen vom Polder.

3. Schädigung des Polders durch Qualm-, Kuver- oder Druckwasser (q), das bei dem nach der Bedeichung entstehenden großen Druckunterschiede zwischen innen und außen, den Boden von unten nach oben durchdringend und ihn seiner Nährstoffe beraubend, den Polder füllt und nach Fallen des Wassers im Flusse, mit Nährstoffen beladen, wieder abgeleitet wird. Das Qualmwasser wirkt also verarmend auf den Boden binnendeichs.

4. Erhöhung des Vorlandes durch Sinkstoffablagerung und Erschwerung der Entwässerung für den niedrig bleibenden Polder.

5. Gefahr des Deichbruches und Vernichtung der in dessen Schutz ent-standenen wertvollen Anlagen, die vor der Bedeichung sich von selbst verboten.

Um diese Nachteile tunlichst zu mildern, soll man nicht zu früh, d. h. nicht zu niedriges Land eindeichen, vielmehr dessen natürliche Erhöhung durch Sinkstoffablagerung abwarten.

Man unterscheidet Winter- und Sommerdeiche, je nachdem das WHW oder SHW von der Niederung abgehalten werden soll.

Bezüglich der Linienführung unterscheidet man folgende Deichformen:

α) Geschlossene Deiche erhalten oben und unten hochwasserfreien Anschluß an das natürliche Gelände. Der geschlossene Polder geht als Sammelbecken für das vor der Bedeichung ausufernde HW verloren, wirkt also auf Steigerung des HW nicht nur nach oben durch den Rückstau der Spiegelsteigerung, sondern auch nach unten infolge des vermehrten Wasserabflusses in der Zeiteinheit. Das ist bei der Planbearbeitung für die Deichanlage zu berücksichtigen.

β) Unten offene Deiche erhalten nur oben hochwasserfreien Anschluß. Sie verhindern die Durchströmung des Polders und die damit verbundenen

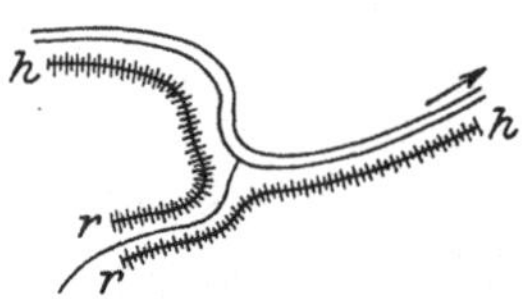

Nachteile (Versandung) gewähren aber auch nicht so vollkommenen Schutz wie geschlossene. Dabei bleibt das Sammelbecken für HW teilweise (bis zur Rückstauhöhe von unten) erhalten, das nach wie vor, wenn auch in beschränktem Umfange, überflutet wird.

Abb. 123. Rückstaudeiche.

γ) Rückstaudeiche (Abb. 123) sind im Anschlusse an die Hauptdeiche h neben Nebengewässern von so erheblicher Wasserführung anzulegen, daß deren offene Einmündung erhalten bleiben muß. Sie müssen so weit nach oben reichen, wie der Rückstau aus dem Hauptflusse.

δ) Sand-Leitdeiche bestehen aus niedrigen Dämmen, die von jedem ausufernden Wasser überflutet werden und verfolgen nur den Zweck, die tiefen, viel Sand führenden unteren Schichten des Überschwemmungswassers von der zu schützenden Niederung abzuhalten. Sie sind daher neben solchen Flüssen angezeigt, die bei Hochwasser viel Sand führen.

2. Vorarbeiten und Planbearbeitung.

Die der Bedeichung voraufgehenden Vorarbeiten betreffen in erster Reihe den Deichabstand und die Linienführung.

Der Deichabstand muß groß genug bemessen werden, um nicht das HW und dessen v übermäßig zu steigern. Ersteres verursacht schädlichen Rückstau für die Oberlieger, letzteres gibt Veranlassung zu Sohlaustiefungen, die eine bedenkliche Senkung des NW zur Folge haben. Um angemessenere Verhältnisse zu finden, muß man Proberechnungen anstellen. Dabei bleiben Q und J durch die Bedeichung unverändert und sind durch die Vorarbeiten bekannt. Die zulässige Höhe des HW zwischen den Deichen ist mit Rücksicht auf die Oberlieger festzustellen. Daraus und aus den Talquerschnitten

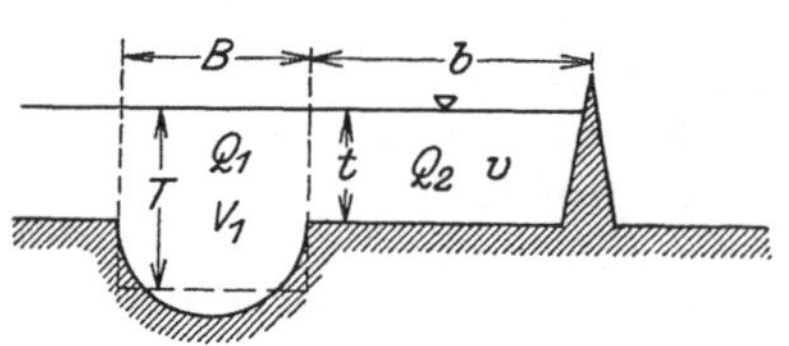

Abb. 124. Berechnung der Deichweite.

erhält man t (s. Abb. 124). Man berechnet nun zunächst $Q_1 = BTV$, d. h. die Leistung des Flusses selbst. Ergibt sich dabei V unzulässig groß, so muß die Tiefe T ermäßigt werden. Auf dem Vorlande müssen dann $Q_2 = Q - Q_1$

abfließen. Man berechnet zunächst die Leistung von 1 m Breite des Vorlandes $= q$ und erhält dann die nötige Gesamtbreite des Vorlandes $b = \dfrac{Q_2}{q}$

Bezüglich der Linienführung ist folgendes zu beachten:

1. Die Deiche sollen dem Hochwasserstrich tunlichst gleich verlaufen. Schroffe Krümmungen sind durch schlanke Deichlinien auszugleichen; denn dadurch wird der Wasserangriff auf die Deiche ermäßigt.

2. Die Deiche sollen tunlichst gleichbleibenden Abstand haben, sonst wird v zu verschieden, was zu Verwilderungen Anlaß gibt.

3. Die Deiche müssen über festem Boden liegen.

4. Tiefe Kolke müssen umgangen werden und zwar so, daß sie außendeichs liegen, sonst vermehren sie das Qualmen ungebührlich.

5. Schar- oder Gefahrdeiche, das sind solche, die unmittelbar am Flußufer liegen, sind zu vermeiden, vielmehr muß genügend breites Vorland verbleiben, um den Deichfuß dem unmittelbaren Stromangriffe zu entrücken und Deicherde (zu Ausbesserungen) aus dem Vorlande entnehmen zu können. Entnahme von Deicherde binnendeichs muß vermieden werden, weil das Qualmen dadurch vermehrt wird. Aus demselben Grunde müssen auch Entwässerungsgräben binnen angemessenen Abstand (10—15 m) von dem Deichfuße haben; bei leichtem Boden im Untergrunde mehr als bei schwerem.

3. Die Ausführung.

Im Deichquerschnitte (Abb. 125) unterscheidet man den Fuß f, die Böschungen n, die Krone k und die Berme b. In der Unterbreite des Deichs ist der Rasen zu schälen, sind Bäume und Büsche zu roden und ist der Boden tief umzugraben oder zu pflügen, um eine innige Bindung zwischen der Schüttung und dem gewachsenen Boden zu erzielen. Sonst ist verstärktes Qualmen zu erwarten.

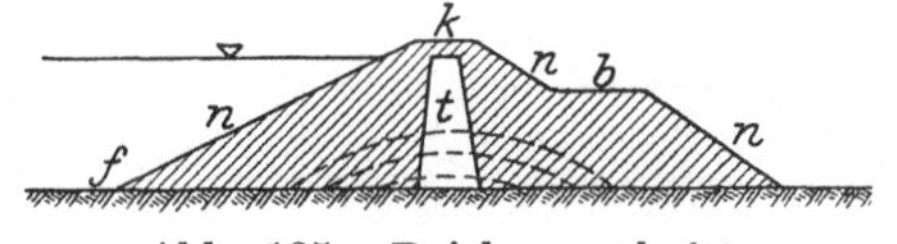

Abb. 125. Deichquerschnitt.

Die Deichschüttung geschieht in 30—40 cm starken, am besten gewölbten Lagen, die gehörig festzustampfen sind. Man rechnet $^1/_{10}$ bis $^1/_{12}$ der Schüttungshöhe als Sackmaß. Schüttung mit Eisenbahnzügen (auf dem Deichkörper) verursacht festes Zusammenrütteln der Deicherde.

Die beste Bauzeit liegt im Frühling, damit die Schüttung bis zum Eintritt gefährlicher Hochwasser gehörig festsackt und die Böschungen gut begrünen. Um die Begrünung zu fördern, ist Aufbringen von Mutterboden über die ganze Oberfläche erforderlich und deren Düngung vor der Ansaat zu empfehlen. Zur Begrünung ist es ratsam, die Außenböschung mit Rasenboden zu belegen, während für die Binnenböschung Ansaat mit Kleegrasgemisch genügen kann. Wird die Schüttung erst spät im Herbste fertig, so ist eine Ansaat mit dem schnell wachsenden Winterroggen zu empfehlen (s. a. S. 165). Das Beweiden der frischen Grassaat mit Schafen ist zu empfehlen, weil diese die Oberfläche gehörig feststampfen.

Beste Deicherde besteht aus sandigem Lehm oder auch aus lehmigem Sande. Fetter Ton ist nicht zu empfehlen, weil die einmal hart getrockneten Brocken sich nur schwer miteinander wasserdicht verbinden. Pflanzliche Stoffe, auch Moor, sind von der Schüttungserde auszuschließen. Sie vergehen unter der fortschreitenden Oxydation und hinterlassen gefährliche Hohlräume.

Wo die Verwendung von Moor zu (kleinen) Verwallungen unvermeidlich ist, sollte die ganze Deichoberfläche mit einer Sandschicht überdeckt werden, um die Begrünung zu fördern. Diese Sanddecke schützt die Moordeiche gegen Verwehen und gegen Fortschwimmen, mit dem man bei dem geringen Gewichte des ausgetrockneten Moores immerhin rechnen muß.

Steht nur reiner Sand für die Deichschüttung zur Verfügung, so muß durch einen Kern (s. t in Abb. 125) oder einer Decke aus Lehm die Durchlässigkeit des Deiches bekämpft werden. Sanddeiche werden auch durch eine Binnenberme (s. Abb. 125) verstärkt. Diese wirkt um so besser, wenn ein Fahrweg auf ihr liegt, weil sie durch Fuhrwerksverkehr gehörig gefestigt wird.

Die Kronenhöhe liegt bei:

$$\text{Sommerdeichen auf } 0{,}3 \text{ m} + gSHW$$
$$\text{Winterdeichen auf } 0{,}5\text{—}0{,}7 \text{ m} + hWHW \text{ (eisfreies).}$$

Auf die durch Eisversetzungen entstehenden unberechenbaren Hochwasserstände kann man keine Rücksicht nehmen. Die Krone erhält Neigung 1:10 nach außen zur besseren Abwässerung. Sommerdeiche werden außerdem noch mit Überlaufstellen ausgestattet, an denen die Krone niedriger hergestellt wird. Die Binnenböschung ist hier ganz flach (1:8 bis 1:10) anzulegen, damit das Wasser sich nach binnen ergießen kann, ohne den Deich zu beschädigen. Durch diese Überlaufstellen wird der Polder gefüllt, bevor der Deich in seiner ganzen Länge überflutet wird. Das dadurch

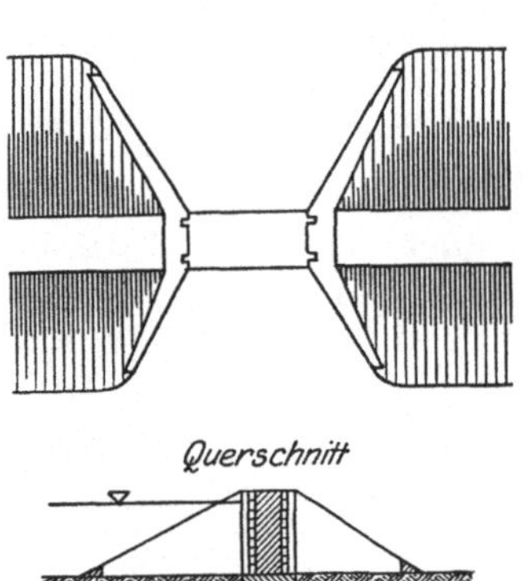

Abb. 126.　Deichschart mit Dammbalkenverschluß.

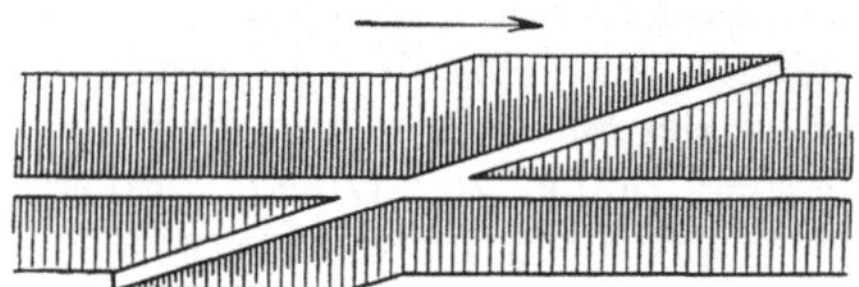

Abb. 127.　Deichrampe.

binnen gebildete Wasserpolster schützt den Deich vor Beschädigungen bei überstürzendem Wasser.

Kronenbreite bei:

Sommerdeichen 1—2 m.

Winterdeichen 2—3 m, breiter, wenn ein Fahrweg auf dem Deiche liegt.

Böschungsverhältnis bei:

Sommerdeichen

außen 1:2 bis 1:3, binnen 1:5 bis 1:10.

Winterdeichen

außen 1:2 bis 1:3, binnen $1:1\frac{1}{2}$ bis 1:2.

Je besser der zur Deichschüttung verwandte Boden, um so steilere Böschungen sind zulässig.

Zur Vermittelung des Verkehrs über die Deichlinie dienen Deichrampen, Deichlücken oder Deichscharte (Abb. 126). Die Deichrampen (Abb. 127) erhalten 1:12 bis 1:20 Steigung und müssen außendeichs stromab gerichtet sein, um dem Stromangriffe weniger ausgesetzt zu sein.

4. Deichgefahren.

Die Deiche werden in folgender Beziehung durch das HW gefährdet:

a) durch **Wellenschlag und Strömung**. Wellenschlag ist besonders dann gefährlich, wenn der Deich mit breitem Vorlande quer zur herrschenden Windrichtung liegt. Endgültigen Schutz dagegen gewährt Pflasterung, vorübergehenden bei Deichverteidigung Strauch, Strohmatten oder Gewebestoffe. Diese werden die Außenböschung abwärts gerollt und unten mit Pfählen angenagelt oder mit Sandsäcken beschwert.

b) **Aufweichen und Leckwerden**. Der Ursprung des Lecks muß außendeichs gesucht und mit Sandsäcken oder Erde gedeckt werden. Sandsäcke sind nur schlaff zu füllen, damit sie sich allen Unebenheiten besser anschmiegen und auch untereinander dichten Fugenschluß liefern. Erdschüttung ist mit Bretterwand zu halten (Abb. 128). Wenn die Leckstelle außen nicht gefunden werden kann, so ist binnen ein Kurverdeich k herzustellen (Abb. 129). In dem kleinen Kurverpolder sammelt sich das Leckwasser und stopft durch seinen hydrostatischen Gegendruck das Leck.

c) **Überströmung** ist besonders oberhalb von Eisversetzungen zu befürchten. Sie ist den steilen Binnenböschungen der Winterdeiche

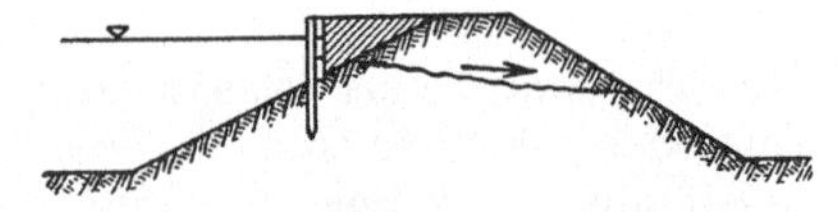

Abb. 128. Dichten eines Deichlecks durch Erdschüttung.

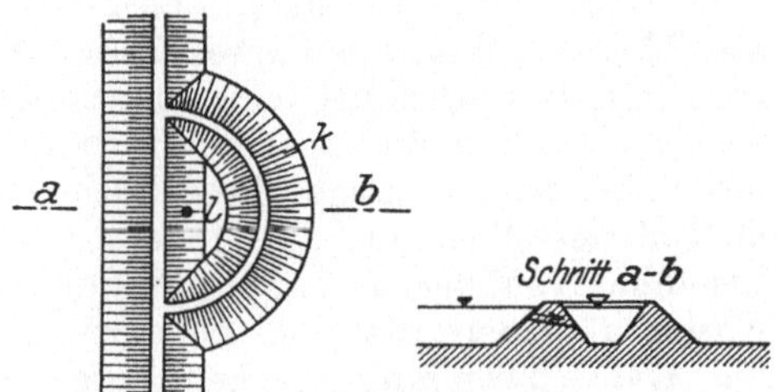

Abb. 129. Sackdichtung mit Kuverdeich.

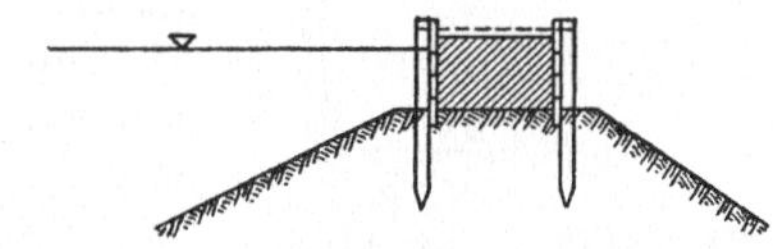

Abb. 130. Deichaufkadung.

meistens verhängnisvoll. Um sie zu verhüten, erhöht man die Krone mit Sandsäcken oder durch **Aufkadung**, d. h. Erdauffüllung zwischen Brettwänden (Abb. 130).

Nach Deichbrüchen kann die alte Linie nur selten wiederhergestellt werden, weil die durch Gewalt des bei den Bruchstellen einströmenden Wassers entstehenden Kolke meistens zu tief sind, um sie mit dem neuen Deichkörper durchschütten zu können. Man soll den Kolk mit der neuen Deichlinie möglichst so umgehen, daß er außendeichs zu liegen kommt (Qualmen). Muß er binnen bleiben, so ist seine völlige Ausfüllung mit Baggererde sehr ratsam.

5. Entwässerung.

Die Entwässerung bedeichter Polder wird durch Binnengräben besorgt, die an geeigneten Stellen den Deich durchqueren und durch einen das Vorland durchschneidenden Außengraben mit dem Hauptvorfluter in Verbindung gesetzt werden. Zur Durchleitung des Wassers durch die Deichlinie dienen die **Deichsiele** oder **Deichschleusen**. Handelt es sich nur um Entwässerung des Polders, so werden die Verschlüsse in der Regel selbsttätig hergestellt derart, daß sie sich öffnen, wenn das Wasser binnen höher steht als außen und sie sich im umgekehrten Falle wieder schließen. Soll dagegen unter Umständen das Binnenwasser zur Anfeuchtung des Polders in trockenen Zeiten zurückgehalten oder der Polder im Winter durch Einlassen von Flußwasser bewässert werden, so sind die Verschlüsse so einzurichten, daß sie bei jedem Wasserstandsunterschiede geschlossen oder geöffnet werden können. (Schützenverschluß). Über die zur natürlichen oder künstlichen Entwässerung des Polders nötigen Anlagen s. Kap. IV.

F. Die Wirkung der Flußregelung.

Die Regelung eines Wasserlaufes bezweckt entweder eine leichtere Unterhaltung oder meistens die Verbesserung der Vorflut, d. h. die Senkung der Wasserstände. Die Beeinflussung derselben beschränkt sich nicht allein auf den geregelten Lauf, sondern erstreckt sich auch auf die oben und unten anschließenden Abschnitte. Nach oben wirkt die Veränderung des Wasserstandes nach den Gesetzen der Senkungs- oder Rückstaukurven (**20**. 36, **61**. 446, **72**. 113). Für die Unterlieger erfahren die Abflußeinheiten und damit auch die Wasserstände eine gewisse Veränderung, weil mit der Regelung oder Bedeichung die Beseitigung oder Verringerung von Überschwemmungen verbunden ist. Solange diese noch stattfinden, tritt bei steigendem Wasser ein Teil desselben auf die Niederung, es muß also während der Dauer dieses Zustandes von dem Ausuferungspunkte in der Zeiteinheit nach unten weniger Wasser abfließen als von oben zukommt, d. h. ein Teil des HW wird auf den Überschwemmungsflächen aufgespeichert. Bei fallendem Wasser wird aus dieser Aufspeicherung Nachschußwasser geliefert und der Verlauf der Hochwasserwelle wird dadurch verlangsamt und verflacht. Diese Verzögerung muß aufhören, sobald die Überschwemmungen infolge der Regelung oder Bedeichung beseitigt sind, d. h. Abflußmenge und Wasserstand im Unterlauf müssen dadurch gesteigert werden. Da diese Verhältnisse oft den Anlaß zu (häufig übertriebenen) Schadenersatzansprüchen abgeben,

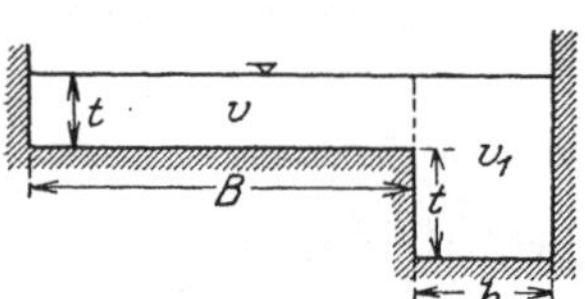

Abb. 131. Einfluß der Flußregelung auf die Unterlieger.

so tut man gut, sich über die Wirkung einer Wasserlauf-Regelung von vornherein Rechenschaft abzulegen. Dazu führt folgendes Verfahren:

Sobald in dem in Abb. 131 schematisch dargestellten Talquerschnitte die Uferhöhe von dem Wasser um t überschritten wird, gelangen zum Abflusse:

$$Q_1 = b\,(t_1 + t)\,v_1 \text{ im Flusse,}$$
$$Q_2 = B\,t\,v_2 \text{ auf dem Vorlande, also im ganzen}$$
$$Q = Q_1 + Q_2.$$

Während der Wasserstand von t_1 auf $t_1 + t$ stieg, ist nicht die ganze der Überschwemmungsstrecke zukommende Wassermenge nach unten abgeflossen, vielmehr wurde ein Teil des Wassers zur Füllung der Überschwemmungsflächen zurückbehalten, und zwar für die Längeneinheit des Tales

$$a = (B + b)\,t.$$

Kann man bei breit überschwemmten Vorländern b gegen B vernachlässigen, so wird $a = Bt$ und für die ganze Flußstrecke von der Länge l, für welche die Überschwemmung beseitigt werden soll, ist die aufgespeicherte Wassermenge $A = Btl$. Da Bl gleich der Überschwemmungsfläche F ist, so kann man auch schreiben $A = Ft$. Diese Wassermenge wird dem Abflusse während der Zeit Z entzogen, in der das Wasser von der Höhe t_1 auf $t_1 + t$

steigt. Die Abflußverminderung in der Zeiteinheit gegen die oberhalb der Überschwemmungsstrecke im Flusse zukommende Abflußeinheit beträgt also

$$\Delta q = \frac{F t}{Z}.$$

Vollzieht sich nach dem Vorübergehen des Hochwasserscheitels das Fallen des Wassers von $t_1 + t$ auf t_1 in der Zeit Z_1, so wird dadurch die Abflußeinheit um $\Delta q_1 = \dfrac{F t}{Z_1}$ vermehrt. Nach der Regelung wird Δq ebenfalls im Flusse ohne Überschwemmung abgeführt, wirkt also auf Spiegelsteigerung in der unten anschließenden, nicht geregelten Flußstrecke. Der Nachschuß Δq_1 fällt dann fort und die Hochwasserwelle unterhalb muß schneller verlaufen, aber auch höher ansteigen. Betrifft die Flußregelung eine längere Strecke mit ungleichen Talquerschnitten und verschiedenen Überschwemmungsgebieten, so sind die Wirkungen der einzelnen Gebiete zusammen in Rücksicht zu ziehen und es wird

$$\Delta q = \frac{F_1 t_1}{Z_1} + \frac{F_2 t_2}{Z_2} + \cdots$$

Sind die Größen F, t und Z bekannt, so kann man Δq berechnen und daraus wieder und aus den bekannten Flußquerschnitten der ungeregelten Strecke unterhalb und aus dem Gefäll daselbst die eintretende Spiegelsteigerung. Daraus kann auf Grund geeigneter Vorarbeiten (Flächennivellements) weiter die Größe der für die Unterlieger entstehenden vermehrten Überschwemmungsgefahr hergeleitet werden.

Die Anwendung gestaltet sich wie folgt: Aus den Flußnivellements im Meliorationsgebiete und Wasserstandsbeobachtungen ermittelt man für verschiedene Hochwasser die Größen $F t = A$ und z und berechnet daraus Δq. Diese Werte werden als Abszissen in Beziehung zu den Ordinaten t aufgetragen. (Abb. 132 $O D K$.) Für dieselben Wasserstände berechnet man für den ungeregelten Lauf $Q_1 + Q_2 = Q$, trägt sie ebenfalls in das Schaubild ein und verfährt schließlich ebenso für den geregelten Fluß, indem man dessen Leistung Q' für verschiedene t berechnet und einträgt.

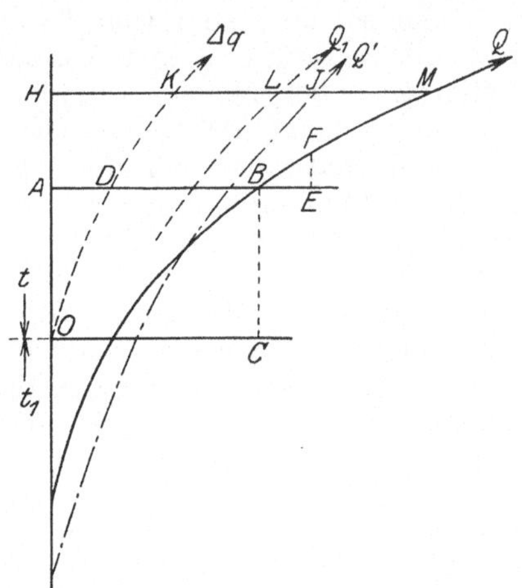

Abb. 132. Einfluß einer Flußregelung auf Spiegelsteigerung unterhalb.

Nun soll untersucht werden, welche Spiegelsteigerung s die Regelung verursacht, wenn der Fluß die Hochwassermenge $Q = AB$ führt (s. Abb. 132). Dann ist $t = BC$ und $\Delta q = AD$ und der Unterlauf hat nach der Regelung $Q = AB + AD = AE$ bei demselben Hochwasser abzuführen, das bisher nur $Q = AB$ brachte. Dem entspricht im ungeregelten Unterlaufe die Spiegelsteigerung $s = FE$.

Aus den hydrotechnischen Vorarbeiten kennt man die Häufigkeit, mit der diese Abflußmengen Q, also auch die zugehörige Spiegelsteigerung, bei den Unterliegern eintreten. Hat man nun deren Höhenlage des fraglichen Gebietes durch Flächennivellements ermittelt, so kann man auch die Ausdehnung der zugehörigen Überschwemmungen herleiten, die infolge der Regelung erwartet werden müssen, und erhält damit alle Unterlagen, die zur Berechnung der Schadenshöhe dienen[1]). Nehmen wir an, die Regelung sei mit der Anlage von Sommerdeichen verbunden, deren Krone auf der Höhe $t = OH$ (Abb. 132) liegt, so tritt Deichüberströmung ein, sobald $Q' > HJ$ wird. Dann ist das Vorland an der Wasserführung wieder ebenso beteiligt wie vor der Bedeichung, und in der geregelten Strecke findet dann erst ein weiteres Steigen des Wassers statt, wenn $Q > HJ + LM$ wird; denn LM ist die Leistung des Vorlandes bei $t = OH$. Für alle Q, die zwischen HJ und $KJ + LM$ liegen, ist dann $\varDelta q = HK$ gleichbleibend.

G. Die Einträglichkeitsberechnung.

Wenn auch die Steigerung des Rohertrages im volkswirtschaftlichen Sinne bereits als Gewinn zu betrachten ist, so kann im privatwirtschaftlichen Sinne, wenn die Meliorationskosten von den Grundbesitzern aufgebracht werden, nur die Steigerung des Reinertrages für die Durchführung einer Melioration bestimmend sein. Reinertrag ist gleich dem Rohertrage, vermindert um den Betrag der durch die Melioration entstehenden Jahreskosten. Diese setzen sich zusammen aus den Aufwendungen für Verzinsung und Tilgung der Anlagekosten sowie für den durch die Meliorationsanlagen gegen den ursprünglichen Zustand bedingten Mehraufwand an Unterhaltungskosten. Ein Betrag für Tilgung kann unter Umständen ganz entfallen, wenn es sich um eine solche Melioration handelt, die bei ordnungsmäßiger Unterhaltung von unbeschränkter Dauer ist, also zur bleibenden Verbesserung der von der Melioration betroffenen Grundstücke beiträgt. Bei vergänglichen Meliorationen, wie z. B. Dränungen, ist eine Tilgung der Anlagekosten unerläßlich.

Man muß also bei der Planbearbeitung für Meliorationsanlagen, also auch für Flußregelungen, stets im Auge behalten, daß ein Reingewinn durch sie herauskommen soll, und zwar ein möglichst hoher. Dieser Größtwert wird durchaus nicht immer durch die vollkommenste Form der Meliorationsanlage erreicht. Hierdurch wird zwar der Rohgewinn zur höchsten Stufe gebracht, indes können dabei durch die hohen Anlagekosten so hohe Jahresaufwendungen erzeugt werden, daß der höchste Reingewinn nicht damit zusammenfällt, vielmehr durch eine technisch minder vollkommene Anlage erreicht wird. Das führt in zweifelhaften Fällen bei größeren Meliorationen oft zu der Notwendigkeit, mehrere Vergleichspläne zu bearbeiten und zu veranschlagen, um denjenigen zu finden, der den höchsten Reinertrag ergibt.

Bei einer Flußregelung entsteht die Frage, bis zu welcher Abflußeinheit q (l/qkm) man die bordvolle Leistung treiben soll, um aus der Melioration einen möglichst großen Reingewinn zu erhalten, denn es kann nur ganz ausnahmsweise nötig sein, diese Leistung für das bekannte max q einzurichten. Je größer man q wählt, um so seltener werden Überschwemmungen, oder um so geringer ihre Ausdehnung, aber auch um so höher werden die einmaligen und die Jahreskosten. Bezeichnet man mit N den Rohertrag der Melioration, mit K die Jahreskosten und mit R den Reingewinn, so ist $R = N - K$, und der Meliorationsplan ist so zu gestalten, bzw. sind N und K so zu bestimmen, daß R den Größtwert erreicht.

N und K sind veränderliche Größen, deren Werte von dem Maße der Vorflutsverbesserung abhängen. Sie nehmen gleichzeitig ab und zu mit der Größe der bordvollen Abflußeinheit q. Den Größtwert für N kann man nun nach folgendem Verfahren finden.

---

[1]) S. auch über diesen Gegenstand Dankwerts: Wirkung von Ausgleichsbehältern. Ztschr. f. Architektur und Ingenieurwesen 1914, Heft 2.

Durch die hydrotechnischen Vorarbeiten (VII A) sei festgestellt, daß:

1. die Schadüberschwemmungen beim Pegelstande p beginnen und bis p_2 reichen (Abb. 133),

2. diesen Wasserständen die durch die Linie H dargestellte Häufigkeit oder Dauer in Tagen zukomme,

3. die den Wasserständen entsprechende Abflußeinheit durch die Linie q dargestellt sei,

4. nach den Flächennivellements und Aufmessungen die Ausdehnung der Überschwemmungen dem durch die Linie F dargestellten Gesetze folge, dann ist ein Maß für Überschwemmungsschaden bei bestimmtem Wasserstande durch das Produkt $f \cdot h = s$ gegeben. Bildet man diese Produkte für alle Wasserstände zwischen p_1 und p_2 und trägt sie als Abszisse neben den zugehörigen Wasserständen auf, so umgrenzen die s eine Fläche S, deren Inhalt den Gesamtschaden für den betrachteten Zeitabschnitt darstellt. Wird

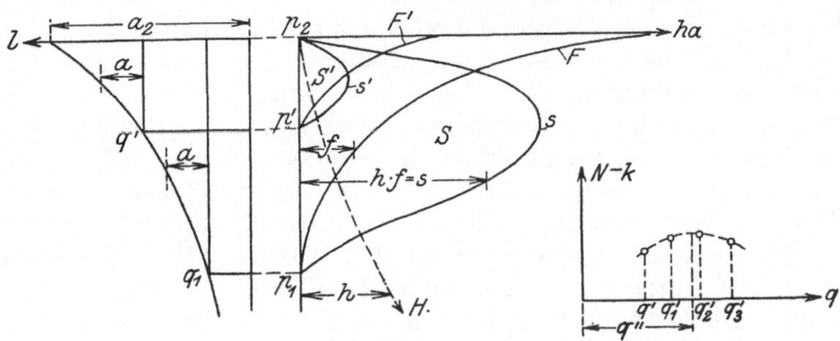

Abb. 133. Einträglichkeit einer Flußregelung.

nun der Fluß auf q' bordvolle Leistung geregelt, so ändert sich das Gesetz für die Ausdehnung der Überschwemmungen in folgender Weise: Die Überschwemmung beginnt nun erst bei p^1 und sie hat offenbar bei $q^1 + a$ dieselbe Ausdehnung wie bei $q_1 + a$, weil in beiden Fällen a die Abflußmenge ist, die als Überschuß über die bordvolle Leistung Überschwemmung verursacht. Man kann also das Überschwemmungsgesetz für den Zustand nach der Regelung aus der Abbildung dadurch herleiten, daß man die dem $q_1 + a$ entsprechenden f an der Stelle $q^1 + a$ über q^1 als Abszissen an p_1, p_2 anträgt, deren Endpunkte die Linie F' ergeben. Da die Häufigkeit der Abflußeinheiten durch die Regelung nicht berührt wird, so erhält man durch Multiplikation von hf' die Abszissen s' des Schadengesetzes S'. Der Inhalt der von S^1 umschlossenen Fläche gibt ein Maß für den nach der Regelung zu erwartenden Gesamtschaden und der durch sie geschaffene Nutzen ist dann:

$$N = S - S'.$$

Es ist also eine leicht und schnell zu lösende Aufgabe das zu verschiedenen q' gehörigen N herzuleiten. Ferner ist durch (überschlägliche) Berechnung zu ermitteln, welche Jahreskosten K den verschiedenen q' entsprechen. Trägt man die Werte für $N - K$ in Beziehung zu q' auf (Abb. 133), so erhält man durch zeichnerische Einschaltung ziemlich genau den Wert q'', für dessen bordvolle Leistung der Fluß geregelt werden muß, um den Größtwert für den Reingewinn $R = N - K$ zu erhalten.

VII. Die Bodenbewässerung.

A. Die Wirkung der Bewässerung.

Heute ist man zu der Erkenntnis gelangt, daß das Wasser den übrigen Hauptpflanzennährstoffen (Kalk, Kali, Phosphorsäure, Stickstoff) als mindestens gleichwertig erachtet werden muß. Die Düngerlehre zeigt uns, wie im wesentlichen die Höhe der Ernte nur von demjenigen Nährstoffe abhängig ist, der verhältnismäßig in geringster Menge im Boden vorhanden ist (Liebigs Gesetz). Die Versuche lehren aber auch, daß bei Wassermangel alle Düngstoffe versagen und die Bodenschätze bei angemessener Feuchtigkeit wesentlich höher in der Ernte ausgenutzt werden als unter dem Einflusse von Wassermangel.

Früher trat das nicht so sehr in die Erscheinung, als man bei mehr extensiver Landwirtschaft sich mit geringerer Ernte begnügte. Die geringere Ernte verlangte naturgemäß weniger Wasser. Seit wir aber wissen, daß im großen Durchschnitte die Erzeugung von 1 kg trockener Erntemasse 500 kg Wasser benötigt werden, erkennen wir, daß mit der gesteigerten Ernte auch der Wasserbedarf dementsprechend wachsen muß. Wenn auch in unserm Klima die Niederschläge des ganzen Jahres meistens hinreichen, den Bedarf zu decken, so treten doch auch häufig solche Jahre ein, wo das nicht der Fall ist. Fast regelmäßig aber kommen Jahreszeiten vor, in denen Regenarmut mit sehr großem Wasserbedarf zusammenfällt, und dieser Fehlbetrag muß verhängnisvoll auf die Höhe der Ernte zurückwirken. Denn wie Hellriegel gezeigt hat, wirken schon kurze Zeiten mit ungenügender Wasserversorgung dauernd hemmend auf die Entwicklung der Pflanzen. Man kann wohl sagen, daß die Erntemengen unter sonst gleichen Verhältnissen bis zu einer gewissen Grenze der verfügbaren Wassermenge verhältnisgleich sind. Diese Grenze liegt da, wo die Folgeerscheinungen mangelhafter Entwässerungen beginnen. (Kap. IV ABC S. 80—81.)

Soll also die heute bei intensiver Landwirtschaft gegebene große Düngermenge zur Pflanzenerzeugung voll ausgenutzt werden, so muß in dem entsprechendem Maße Wasser verfügbar gemacht, d. h. künstlich zugeführt werden, wenn es von Natur nicht vorhanden ist. Das Wasser hat aber nicht allein die Tränkung der Pflanzen zu besorgen, sondern noch in mannigfach anderer Hinsicht das Pflanzenwachstum zu fördern.

1. Das Wasser ist unentbehrlich für den Aufbau der Pflanzen, um die von den Pflanzen aufgenommene Kohlensäure in Pflanzen-Kohlenstoff umzuwandeln.

2. Es muß die im Boden ruhenden Pflanzennährstoffe bis zu angemessener Verdünnung auflösen, weil sie anders von den Pflanzen überhaupt nicht aufgenommen werden können (S. 20).

3. Das Wasser sorgt für Erneuerung der Bodenluft und ihrer Bereicherung mit Sauerstoff. Durch die im Boden fortwährend sich abspielenden Oxydationsvorgänge verarmt die Bodenluft an Sauerstoff und wird an Kohlensäure bereichert. Die Anwesenheit von Sauerstoff im Boden ist aber für die Atmung der Pflanzen und die Umsetzung und Aufschließung der im Boden ruhenden Pflanzennährstoffe unerläßlich. Auf diese Weise kann selbst ein armes Wasser düngend wirken, wenn es nur reich an Sauerstoff ist. Das an der Erdoberfläche fließende Wasser kommt in innige Berührung mit der Luft und nimmt durch Absorption davon in sich auf. So bereichert, dringt es in den Boden und verdrängt damit gleichzeitig die an Kohlensäure überreiche Luft aus diesem.

König (**60**. 136) fand:

	Kohlensäure	Schwefelsäure
im Bewässerungswasser	121,0 mg	58,5 mg
im Abfallwasser	272,9 mg	127,7 mg

4. Dem Wasser entsteht eine neue Aufgabe, wenn es reich an **Pflanzennährstoffen** ist. In diesem Falle wirkt es nicht nur mittelbar, anregend auf bessere Ausnutzung der Bodenschätze, sondern auch unmittelbar, indem es selbst Düngstoffe zuführt und den Pflanzen zugänglich macht.

Der **Reichtum des Wassers** hängt von seiner Herkunft ab. Flußwasser ist reich, wenn der Fluß fruchtbare Gebiete durchströmt. Quell- und Regenwasser ist arm. Zu den reichsten Wassern gehören die Abwässer aus Städten und Fabriken, sofern letztere nicht durch pflanzenschädliche Beimengungen verdorben sind. Vorzüglich dungreich sind die Abwässer von Zucker- und Stärkefabriken, Brennereien, Molkereien usw. In ihnen sind die Dungstoffe meistens in so starker Lösung enthalten, daß sie bei unmittelbarer Aufleitung das Pflanzenwachstum schädigen würden, sie vielmehr durch Zugabe von Reinwasser verdünnt werden müssen.

Hochwasser ist besonders reich an Schwebestoffen, während der Gehalt an gelösten Stoffen um so größer ist, je geringer die Wasserführung.

5. Die Bewässerung **erwärmt den Boden**, weil das Wasser im Frühling und Herbste wärmer zu sein pflegt als der Boden. Dadurch kann man Spät- und Frühfröste, auch Eisbildung auf den bewässerten Flächen mit ihren verderblichen Wirkungen bekämpfen, die Wachstumszeit verlängern und damit die Ernteergiebigkeit vermehren. Hohe Wärme ist besonders dem Wasser aus Quellen und Dräns eigen, wie man daran erkennt, daß vor ihnen das Gras auch im Winter frisch grünt. Bezüglich der Beeinflussung der Wärme durch das Wasser sind folgende von Wollny (**7**. 1876. II. 83) hergeleitete Regeln zu beachten. Während der warmen Jahreszeit ist der nasse Boden kälter als der feuchte und trockene, wegen der stärkeren Verdunstung des ersteren. Der nasse Boden hat geringere Temperaturschwankungen als der weniger nasse, weil er die Wärme besser leitet. Die gleichmäßigste Temperatur hält der Torf, während Sand die größten Schwankungen zeigt. Im wassergesättigten Zustande verdunstet Sand am meisten, Torf am wenigsten Wasser.

6. Die Bewässerung wirkt **bodenreinigend**, indem sie Ungeziefer wie Mäuse, Engerlinge, Reblaus usw. vernichtet. Auch das Moos wird bei richtiger Handhabung der Bewässerung zerstört und andere Unkräuter, indem das Wachstum der guten Pflanzen gefördert und dadurch das Unkraut unterdrückt wird. Schließlich dient die Bewässerung zur Beseitigung schädlicher Stoffe im Boden. Zu diesem Zwecke wird sie vielfach in den Vereinigten Staaten von Nordamerika betrieben, wo es sich darum handelt, die in großer Ausdehnung und Menge im Boden vorhandenen Salze, welche jedes Pflanzenwachstum ertöten, aus dem Boden auszuwaschen.

B. Verschiedene Arten der Bewässerung.

In Deutschland war seit Jahrhunderten allein die **Wiesenbewässerung** in Gebrauch. Das ist wohl darauf zurückzuführen, daß der hohe Wasserbedarf der Wiesen von jeher bekannt war und sie in der Regel an Gewässern liegen, so daß die Zuführung von Wasser mit verhältnismäßig geringen Schwierigkeiten verbunden ist.

Veranlaßt durch das Ringen nach höheren Ernten und angeregt durch die in anderen Ländern erzielten Erfolge, ist man erst neuerdings zur Bewässerung anderer Kulturen übergegangen. So haben denn auch die Ackerbewässerung und die Obstbewässerung bei uns Eingang gefunden. Die Erfahrung hat gelehrt, daß die Mehrerträge aus einer Bewässerung sich um so höher stellen, je höher der Marktpreis der mit Bewässerung erzeugten Ware ist. So versprechen denn die Bewässerung von Acker, Obst und Gemüse auch höhere Reinerträge trotz der höheren Kosten für die Bewässerung.

Bezüglich der Wirkung unterscheiden wir anfeuchtende und düngende Bewässerung. Bei ersterer handelt es sich nur um Zuführung der dem Pflanzenwachstum nötigen Feuchtigkeit, im letzteren auch um Ersatz der in der Ernte entführten Pflanzennährstoffe.

Wohl kann eine anfeuchtende Bewässerung für sich allein bestehen, wenn mit ihr Hand in Hand ausreichende Düngung geht. Sie bildet die Regel bei Acker- und Obstbewässerung. Niemals aber ist eine düngende Bewässerung für sich allein ratsam, weil ihre Wirkung in Dürrezeiten wieder in Frage gestellt werden kann. Viele Bewässerungen mit Fabrikabwässern leiden an diesem Übelstande, sofern die das Wasser liefernden Fabriken nur zeitweise arbeiten, wie Zucker- und Stärkefabriken. Eine Bewässerung ist also nur dann als eine sichere Melioration zu betrachten, wenn sie die nötige Wasserversorgung jederzeit sichert.

C. Die Beschaffenheit des Wassers.

1. **Für die anfeuchtende Bewässerung** ist jedes Wasser geeignet, das frei von schädlichen Stoffen ist. Unmittelbar schädlich sind alle Säuren und starken Salzlaugen, also die Abwässer von Papierfabriken, Verzinkereien, Kalifabriken, Bleichereien, Gerbereien, Gasanstalten, vielfach auch aus Bergwerken. Ablagerungen von Schwefelkies verbinden sich mit dem Luftsauerstoff zu Schwefelsäure, wodurch jegliches Pflanzenleben vernichtet wird. Ferner wirken alle an Humussäure reichen Gewässer aus Mooren und Waldgebieten schädlich. Nur auf armem Sandboden können sie von einigem Vorteil sein, insofern sie die in ihm enthaltenen sehr schwer löslichen Nährstoffe in aufnehmbare Form überführen.

Mittelbar schädlich ist ein Wasser, das die Bodeneigenschaften beeinträchtigt. Eisenhaltiges Wasser verschlämmt und verstopft die Bodenporen. Ähnlich wirkt Kochsalz und macht dazu noch den Boden arm durch Aufschließung und Ausspülung der Bodennährstoffe. Nach König wirkt Kochsalz entschieden die Pflanzen schädigend, wenn in 1 l Wasser mehr als 0,5 g Kochsalz enthalten sind.

Besondere Erwähnung verdienen die Abwässer von Schlachthäusern. Sie sind an sich in hohem Maße dungreich, doch insofern verdächtig, als sie Milzbrandsporen mit sich führen und auf der Wiese ablagern können. Diese Sporen sind von fast unbeschränkter Lebensdauer und können mit dem auf der Bewässerungswiese gewonnenen Heu die schlimme Krankheit übertragen und verbreiten.

2. **Für düngende Bewässerung** muß das Wasser genügenden Reichtum an den wichtigsten Pflanzennährstoffen enthalten: Kalk, Phosphorsäure, Kali, Stickstoff. Fehlt einer dieser Stoffe, so muß er unbedingt in Handelsdünger zugeführt werden, da andernfalls die Wirkung der düngenden Bewässerung ausbleiben muß. Vor allen Dingen muß auch das für düngende Bewässerung geeignete Wasser frei von schädlichen Beimengungen sein.

Das in Frage kommende Wasser kann folgende Herkunft haben:

a) Fluß- oder Seewasser,
b) Grund- oder Quellwasser,
c) Schmutz- oder Abwasser.

a) Fluß- oder Seewasser. Im allgemeinen kann man aus der Beschaffenheit des Sammelgebietes auf den Wert des Wassers schließen.

Die Nährstoffe sind in zwei verschiedenen Formen vorhanden; als Schwebestoffe und in Lösung, erstere sichtbar, letztere unsichtbar. Man darf daher ein klares, farbloses Wasser nicht ohne weiteres als arm bezeichnen, wenn auch das mit Schwebestoffen beladene in der Regel reicher ist. Allerdings hat diese Regel nicht immer Gültigkeit, z. B. ist das aus Mooren stammende, dunkelbraune Wasser allermeist wertlos, kann sogar schädlich sein, wenn es freie Humussäure enthält. Während die aus feinen Schlammteilen bestehenden Schwebestoffe erst durch Umformung, durch Oxydation, für die Pflanzen nutzbar gemacht werden, sind die in Lösung befindlichen Nährstoffe allermeist unmittelbar aufnahmefähig. Soweit die lebenden Pflanzen sie sich nicht unmittelbar einverleiben, werden sie bis zu gewissen Grenzen durch Bodenabsorption festgehalten. Die Absorptionskraft des Bodens ist in hohem Maße von seinem Gehalt an Kolloiden und Zeolithen abhängig. Kolloide sind in Ton und Humus enthalten. Zeolithe sind Doppelsilikate des Kalzium und Natrium, entstanden bei der chemischen Verwitterung der Böden. Da wir nun durch die Bewässerung in den Schwebeteilen Ton und Humus zuführen und außerdem durch den Wechsel zwischen Nässe und Trockenheit die Verwitterung begünstigen, so wird dadurch die Absorptionskraft des Bodens verbessert. Diese bewirkt, daß die im Wasser gelösten Nährstoffe im Boden aufgespeichert und bis zum Erwachen des Wachstums aufbewahrt werden.

Die mit der Bewässerung zugeführten Schwebestoffe dienen also hauptsächlich zur Verbesserung der physikalischen Eigenschaften des Sandbodens, indem sie dessen von Natur mäßige wasserhaltende und absorbierende Kraft verbessern.

Die im Wasser gelösten Stoffe lassen sich mit dem Wasser auf beliebige Entfernungen fortleiten und auf beliebige große Flächen gleichmäßig verteilen, was leider bei den Schwebestoffen nicht der Fall ist. Sie halten sich nur so lange schwebend, wie das Wasser genügende Geschwindigkeit hat, sonst aber bleiben sie als Sinkstoffe liegen. Das ist ein großer Nachteil der Schwebestoffe, denn sie lagern an den Grenzen der kritischen Geschwindigkeit oft so stark ab, daß dadurch der Pflanzenwuchs sogar geschädigt werden kann.

Der Gehalt an Nährstoffen im Flußwasser schwankt in weiten Grenzen mit der jeweiligen Wasserführung des Flusses derart, daß der Gehalt bei Hochwasser größer zu sein pflegt; denn dann vollzieht sich der oberirdische Zufluß stürmischer und verursacht Abspülungen vom Lande. So pflegt der Reichtum des Wassers im Frühling und besonders im Herbste, nach Beendigung der Winterbestellung am größten zu sein. Man muß von dieser Regel allerdings die Flüsse ausnehmen, die eine bestimmte Menge Abwässer aufzunehmen haben. Die darin enthaltenen Nährstoffe werden natürlich bei Hochwasser mehr verdünnt.

Die aus den Flüssen ausgeführten Schlammassen sind sehr groß und wurden im durchschnittlichen Jahresbetrage wie folgt ermittelt:

Ganges	42	Millionen	cbm
Po	40	„	„
Nil	30	„	„
Rhone	21	„	„
Durance	12	„	„

Mit diesem Schlamme wird eine sehr bedeutende Menge Nährstoffe für Pflanzen dem Festlande entrissen und dem Meere zugeführt. Im Schlamme der Durance wurden folgende Nährstoffmengen ermittelt:

	$^o/_{oo}$	im Jahre
Stickstoff	0,48	8 640 t
Phosphorsäure	0,95	17 100 t
Kali	1,88	33 840 t
Kohlensaurer Kalk	4,45	8 010 000 t

Das macht bei 12 000 000 cbm Schlammführung im Jahre die in der letzten Spalte angegebenen vom Flusse ausgeführten Nährstoffmengen, wenn man das Gewicht von 1 cbm-Schlamm zu 1500 kg rechnet.

Nach Ermittelungen von Harlacher (7. 1877. I. 3) flossen durch die Elbe bei Lobositz im Jahre 1866 = 4750 Millionen cbm ab. Diese enthielten:

$$\begin{array}{ll} 455\,000 \text{ t} & \text{Schwebestoffe} \\ \underline{519\,000 \text{ t}} & \text{gelöste Stoffe} \\ 974\,000 \text{ t} & \text{im ganzen.} \end{array}$$

Darin waren an wichtigen Pflanzennährstoffen enthalten in den

	Schwebe-	gelösten Stoffen	zusammen
Kalk	2480 t	114 500 t	116 980 t
Kali	20 280 t	25 150 t	45 430 t
Phosphorsäure	1250 t	—	1250 t
	24 010 t	139 650 t	163 660 t

Hier tritt klar in die Erscheinung, wie erheblich der Wert der gelösten Nährstoffe ($85\,^o/_0$) dem der schwebenden ($15\,^o/_0$) überlegen sein kann. Eine Analyse des Wassers der Netze bei Kreuz ergab in 1 l:

$$\begin{array}{rll} N &= 1{,}9 & \text{mg} \\ K_2O &= 2{,}1 & \text{,,} \\ CaO &= 158{,}0 & \text{,,} \\ P_2O_5 &= 0 & \text{,,} \end{array}$$

Unter den gelösten Stoffen fehlt Phosphorsäure fast regelmäßig, weshalb sie bei zweckmäßiger Wirtschaftsführung stets in Gestalt von Handelsdünger zugeführt werden sollte.

In zweifelhaften Fällen ist chemische Analyse des für Bewässerung in Aussicht genommenen Wassers entschieden rätlich, da es sich meistens um erhebliche Anlagekosten für die Bewässerung handelt. Unbedingt aber müssen die Analysen sich auf verschiedene Jahreszeiten und Wasserstände erstrecken. Will man bestimmen, wie weit bei gegebener Wassermenge die Bewässerung ausgedehnt werden darf, muß man nicht nur die Menge, sondern auch die Güte des Wassers kennen. Denn es liegt auf der Hand, daß man bei düngender Bewässerung von reichem Wasser geringere Mengen aufzuleiten braucht als von armem.

In der Ermangelung der chemischen Analyse kann man auch aus der in und neben dem Flußbette angesiedelten Pflanzenwelt Schlüsse auf die Brauchbarkeit des Wassers ziehen. Als Kennzeichen für ein fruchtbares Wasser gelten folgende Pflanzen: Algen, Wasserlinsen (Entengrütze), Ehrenpreis, Kresse, Wasserrispengras und Mannagras, während Binsen, Schierling,

Wasserminze, Seggen und Simsen ein armes Wasser anzeigen. Mit größter Sicherheit kann man immer auf den Wert des Wassers aus dessen Einwirkung auf das Pflanzenwachstum solcher Stellen schließen, die häufiger Überschwemmungen ausgesetzt sind.

Das Wasser aus Seen ist an Schwebestoffen und damit auch an Nährstoffen wesentlich ärmer als Flußwasser, weil die Schwebestoffe bei der im See verminderten Wassergeschwindigkeit sich niederschlagen.

b) Grund- und Quellwasser ist meistens ganz frei von Schwebestoffen und auch nur arm an gelösten Nährstoffen, ausgenommen Kalk, der oft reichlich in ihm gefunden wird. Dagegen ist das Quellwasser arm an Sauerstoff; man muß es also erst möglichst weit leiten, bevor es zur Bewässerung verwendet wird, um es durch Berührung mit der Luft mit Sauerstoff zu bereichern. Dränwasser dagegen ist reich an N und K_2O, auch an CaO, wenn es einem Boden entstammt, der sich in hoher Kultur befindet. Diese Nährstoffe gehören zu den leichtbeweglichen und werden in dem Sickerwasser dem Boden in großer Menge entführt. Nach Untersuchungen von Gerlach (55. III. 551) flossen im Durchschnitt der drei Jahre 1906/09 folgende Wasser- und mit ihm folgende Nährstoffmengen von gedüngten Landstücken ab:

Boden	von 1 Lysimeter = 4 qm				von 1 ha			
	H_2O l	N g	K_2O g	CaO g.	H_2O cbm	N kg	K_2O kg	CaO kg
I	210	10,3	10,2	128	525	25,8	25,5	320
II	350	21,7	9,8	114	875	54,3	24,5	285
III	594	21,4	22,2	126	1485	53,5	55,5	315
IV	163	8,1	7,9	29	408	20,3	19,8	73
V	207	18,5	5,5	131	518	46,3	13,8	328
Mittel	305	16,0	11,1	106	762	40,0	27,8	264

Es bestand der Boden Nummer:

I aus Grünlandsmoor,

II aus schwach humosem, lehmigem Sande mit Mergel,

III aus schwach humosem Sande,

IV Ackerschicht: heller, humusarmer, lehmiger Sand. Untergrund: lehmiger Sand,

V humusarmer, gelber Lehm, darunter gelber, sandiger Lehm.

c) Die Eignung der Schmutz- oder Abwässer kann nach ihrer Herkunft ohne weiteres beurteilt werden, denn diese entscheidet über die Zusammensetzung im allgemeinen. Wir kennen die Erzeugungsstätten, deren Abwässer für Bewässerung geeignet sind; wir wissen auch, daß städtische Abwässer in erster Reihe dazu gehören. Der Gehalt dieser Wasser an Nährstoffmenge schwankt allerdings in ziemlich weiten Grenzen. Je billiger Reinwasser für die betreffende Fabrik oder für die städtische Versorgung zu beschaffen war, um so mehr verdünnt sind die Abwässer und umgekehrt.

In der Regel sind die Nährstoffe im Abwasser nicht in dem Verhältnisse vorhanden, wie sie zum Aufbau der Pflanzen dienen; vorherrschend pflegt der Stickstoff zu sein. Will man ihn als Pflanzennahrung ausnutzen, so muß man die anderen Nährstoffe in Düngesalzen zufügen. Indes ist zu beachten, daß von dem in den Abwässern enthaltenen Stickstoffe ein erheblicher Teil als Ammoniak in die Luft nutzlos entweicht, und zwar um so mehr, je älter die Abwässer bis zur Berieselung werden. Man kann diesen Verlust durch Ammoniakbildung auf rund $50\,^0/_0$ schätzen.

Nach König (**39. II.** 6 ff.) haben die hauptsächlich in Frage kommenden Abwässer im Mittel folgenden Nährstoffgehalt:

1. **Städtisches Kanalwasser** (Schwemmkanalisation mit Anschluß der Aborte) enthält in 1 l

Schwebestoffe, unorganische . 271 mg
        "   organische . . 446 „
                        717 mg

Gelöste Stoffe:

im ganzen . . . . 1162 mg

Davon entfallen auf:

organische Stoffe (Glühverlust) 365 „
organischen N . . . .   24 „
Ammoniak-N . . . .   67 „
P_2O_5 . . . .   26 „
K_2O . . . .   90 „
CaO . . . . 122 „

Die Menge der Spüljauche schwankt in deutschen Städten zwischen 100 und 250 l täglich für den Einwohner.

2. **Zuckerfabriken** verbrauchen für 1 t Rübenverarbeitung bei Anwendung des Diffusionsverfahrens 150 cbm Wasser (**39. II.** 225). Die aus den Klärteichen abfließenden Abwässer, wie sie zur Rieselung geeignet sind, enthalten durchschnittlich folgende Nährstoffmengen in 1 l:

Organische Stoffe 530 mg
Darin N . . . . 102 „
P_2O_5 . . . . .   8 „
K_2O . . . . .   54 „
CaO . . . . . 270 „

In einem anderen Falle wurde von König (**38.** 85) folgender Nährstoffgehalt in 1 l ermittelt:

N   =   26,2 mg
P_2O_5 =   9,0 „
K_2O =   50,4 „
CaO = 176,1 „

3. **Kartoffelstärkefabriken**:

1 l Abwasser enthält:

1130 mg organische Stoffe mit 140 mg N,
 213 „ K_2O,
  57 „ P_2O_5.

Nach Märker (**39. II.** 218) enthält das bei der Verarbeitung von 1 dz Kartoffeln zu Stärke entstehende Abwasser 0,65 kg K_2O, 0,19 kg P_2O_5 und 0,19 kg N.

Nach einer Analyse der Moorversuchsstation (**10.** 1914. 362) enthält das Fruchtwasser aus einer Stärkefabrik in 1 cbm:

0,42 kg N,   0,14 kg P_2O_5,   0,99 kg K_2O und 0,04 kg CaO.

1 dz verarbeiteter Stärke gibt 0,8 cbm Fruchtwasser (**10**. 1914. 151), und es enthalten die Abwässer aus der Verarbeitung von 10 dz Kartoffeln:

$$6,5 \text{ kg } K_2O, \quad 1,9 \text{ kg } P_2O_5 \quad \text{und} \quad 1,9 \text{ kg } N.$$

4. Schlachthäuser (**39**. II. 182).

In 1 l Abwasser sind enthalten:

$$300 \text{ mg } N \text{ in Schwebestoffen,}$$
$$220 \text{ „ } N \text{ in gelösten Stoffen,}$$
$$100 \text{ „ } P_2O_5,$$
$$140 \text{ „ } K_2O,$$
$$230 \text{ „ } CaO.$$

Andere Forscher ermittelten nachstehenden Gehalt von Abwässern an Pflanzennährstoffen:

		Einheit:	N	K_2O	P_2O_5
1	1 Einwohner liefert jährlich im Kot und Harn	kg	5,2	1,1	1,3
2	Städtisches Kanalwasser enthält	g/cbm	90	70	25
3	„ „ „ (Breslau)	„	120	97	40
4	Abwasser von Zuckerfabriken	„	26	79	15
5	„ „ Stärkefabriken	„	330	900	190
6	„ „ Brennereien	„	36	37	17
7	„ „ Brauereien	„	50	110	40
8	„ „ Molkereien	„	60	70	40
9	„ „ Schlachthäusern	„	550	140	100

Natürlich schwankt der Gehalt der Abwässer innerhalb erheblich weiter Grenzen; je mehr Wasser dem Betriebe zur Verfügung steht, um so stärker pflegt die Verdünnung zu sein. Dennoch sind diese Wasser immer so reich an Pflanzennährstoffen, daß schon eine kleine Wassermenge zur ausreichenden Düngung genügt. Beträgt doch nach Gerlach der für eine gute Ernte erforderliche Bedarf an Pflanzennährstoffen je Hektar an:

	N	K_2O	P_2O_5
für Halmfrucht	56	70	30 kg
„ Leguminosen	110	58	25 „
„ Hackfrucht	101	204	44 „
„ Futterpflanzen	124	124	37 „

D. Die Beschaffung des Wassers.

Für die Einrichtung einer Bewässerung genügt es nicht nur, daß die genügende Wassermenge verfügbar ist, sondern sie muß auch in solcher Höhe vorhanden sein, daß sie auf das zu bewässernde Feld geleitet werden kann.

Bezüglich der Zuleitung ist zu unterscheiden, ob das Wasser mit natürlichem Gefäll auf die Bewässerungsfläche gelangen kann oder ob es zu dem Ende erst künstlich gehoben werden muß.

1. Die Entnahme aus oberirdischen Gewässern. In einem Lande mit alter Kultur pflegt jegliches oberirdische Gewässer bereits durch einen Rechtstitel in Anspruch genommen zu sein, sei es zur Erzeugung von Kraft oder zur Bewässerung oder daß das Gewässer zur Schiffahrt benutzt wird,

so daß der neuen Anlage gegenüber vielerlei Einsprüche zu erwarten sind, mehr noch von den Unter- als von den Oberliegern.

Sind die Unterlieger Triebwerksbesitzer, so pflegen sie mit der Begründung gegen Ableitung von Wasser Einspruch zu erheben, daß wegen der mit der neuen Bewässerung unvermeidlich verbundenen Verluste (s. H S. 196) die von ihnen genutzte Wassermenge und damit ihre Betriebskraft vermindert werde. Die daraus befürchteten Schäden werden von ihnen oft ungebührlich hoch eingeschätzt, weil die Einsprüche die zur Bewässerung abgeleitete Wassermenge als Verlust zu betrachten pflegen, ohne darauf Rücksicht zu nehmen, daß der größte Teil davon als Sickerwasser dem Flusse wieder zukommt. Allerdings ist in dem Falle, daß das Wasser im Flusse zur Entnahme angestaut werden muß, nach Schleusenschluß eine Verminderung des Unterwassers unleugbar. Der Beharrungszustand tritt aber dann wieder ein, sobald der Boden durch den in die Ufer eindringenden Aufstau des Flußwassers und das Bewässerungsgebiet mit Wasser gefüllt ist; also dann, wenn die Bewässerung sich in ununterbrochenem Betriebe befindet. Die Verzögerung der Wasserwelle beim Anstellen der Bewässerung kann durch deren allmähliche Einleitung, d. h. durch allmählichen Schleusenschluß wesentlich gemildert werden. Nach Beginn des gewöhnlichen Bewässerungsbetriebes kann eine Verminderung der Unterwassermenge nur insofern anerkannt werden, als ein Teil des aufgeleiteten Wassers von der vergrößerten Oberfläche und durch die Pflanzen verdunstet wird. Dieser Anteil ist nicht erheblich. So steigt in heißen, trockenen Sommern die tägliche Verdunstung von der freien Wasserfläche bei uns wohl bis 7 mm, ist aber im Mittel kaum höher als 3—4 mm einzuschätzen (46. 1914. 53). Der mittlere Wasserverbrauch während der Wachstumszeit betrug bei unbewässerten:

	nach Pitsch (46. 1914. 28)	v. Seelhorst (46. 1914. 33)
Weiden	0,23 ls/ha	0,23 ls/ha
Wiesen	0,35 ″	0,31 ″
der größte Tagesverbrauch	0,67 ″	0,66 ″

Nach Versuchen des Verfassers (55. IV. 123) im sehr trockenen Jahre 1911 wurden auf künstlich beregneten, trockenen Sandwiesen zur Erzeugung einer Ernte von 87,5 dz/ha Heu in der Wachstumszeit von 137 Tagen 7074 cbm/ha Wasser, einschließlich 1274 cbm/ha Regen, verbraucht. Das macht 0,6 ls/ha. Diese Verbrauchszahl muß als eine sehr hohe angesehen werden, weil sie in einem außergewöhnlich trockenen Sommer beobachtet wurde.

Will man den Verbrauch an Flußwasser erhalten, so muß man von diesen Zahlen noch die in der Zeit gefallene Regenmenge abziehen; denn diese wird von den Wiesen während der Wachstumszeit auch ohne Bewässerung allermeist verbraucht. Das bringt für den letzteren Fall 0,11 ls/ha, so daß der Bedarf an Bewässerungswasser 0,49 ls/ha betrug. Alles andere abgeleitete Wasser kommt, wenn auch etwas verspätet, zum Flusse zurück. Dabei muß allerdings vorausgesetzt werden, daß das Bewässerungsgebiet derart im Sammelgebiet des Flusses liegt, daß auch alles darauf entstehende Grundwasser ihm wieder zukommt.

Ist eine Einigung mit den Triebwerksbesitzern sonst nicht zu erreichen, so muß man sich mit der allerdings minderwertigen „Sonntagsbewässerung" begnügen, d. h. mit der Bewässerung von Sonnabend abend bis Montag früh, während der gewerblichen Betriebsruhe.

Wenn unterhalb der Wasserableitung eine andere, ältere Bewässerungsanlage liegt, so erhebt diese in der Regel Einspruch, indem sie nicht nur eine Verminderung der Wassermenge, sondern auch seiner Güte behauptet.

Viele Beobachtungen widersprechen dem. Zahlreiche Analysen haben ergeben, daß das Abfallwasser sogar noch reicher an Nährstoffen sein kann als das aufgeleitete. Die Erfahrung lehrt auch, daß das wiederholt benutzte Wasser keine minderwertige Wirkung zeigt, wenn es nur zwischen den verschiedenen Benutzungen recht lange fließt und dabei gehörig gelüftet wird.

Die Oberlieger können nur dann der Wasserentnahme widersprechen, wenn diese nur durch Anlage eines Stauwerks ermöglicht werden kann, das den Wasserstand in einem ihre Grundstücke schädigenden Maße hebt, was natürlich vermieden bzw. entschädigt werden muß.

Bei Flüssen mit starkem Gefäll erfolgt die Wasserableitung nicht selten aus dem ungestauten Flusse. Um trotzdem ein verhältnismäßig hochgelegenes Seitengelände mit dem Wasser zu beherrschen, ist nötig, den abzweigenden Zuleiter mit recht geringem Gefäll und dementsprechend großen Querschnitt anzulegen. In solchen Fällen muß man aber unbedingte Sicherheit haben, daß der Wasserstand an der Ableitungsstelle durch irgendwelche Veränderungen an dem Flusse nicht gesenkt wird. Die große Bewässerungsanlage zu Syke-Bruchhausen hatte aus diesem Anlasse unter Wassermangel zu leiden, und ihre Einträglichkeit wurde in Frage gestellt. Ihre Grundlagen sind erst sicher geworden, seit in der Weser unterhalb der Ableitungsstelle im Schiffahrtsinteresse ein Wehr errichtet wurde, aus dessen Stau bei jeder Wasserführung der Weser Wasser zugeleitet werden kann. Hat der Entnahmefluß nur schwaches Gefäll, so daß dem Zuleiter ein noch schwächeres nicht gegeben werden kann, so bleibt weiter nichts übrig, als den Wasserstand durch Einbau eines Stauwehrs zu heben. Der Aufstau darf natürlich nur soweit getrieben werden, wie es für die Vorflut der Grundstücke oberhalb zulässig ist. Wenn ein höherer Aufstau unvermeidlich ist, so muß das Gelände oberhalb durch Parallelgräben, die ins Unterwasser münden, entwässert werden, und wenn der Stau die Geländehöhe oberhalb übertrifft, so muß dies außerdem noch

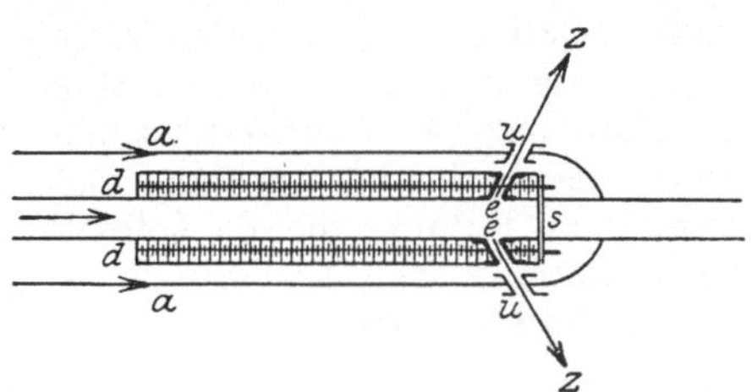

Abb. 134. Stauschleuse mit Rückstaudämmen, Zu- und Ableitern.

durch Seitenverwallung geschützt werden. Dieser letztere, schwierige, aber doch häufig vorkommende Fall ist in der Abb. 134 dargestellt. Darin bedeuten: S das Stauwerk im Wasserlaufe, dd die Seitendämme, zz die Bewässerungszuleiter mit den Einlaßschleusen ee. Die Entwässerungsgräben aa sind mit Unterleitungen uu den Zuleitern unterführt und münden ins Unterwasser der Stauschleuse S.

Zum Aufstau des Wassers dienen Wehre aller Art, entweder feste, meistens aber bewegliche Stauschleusen. Welche Form zu wählen ist, muß von Fall zu Fall nach den vorliegenden Verhältnissen entschieden werden. Dabei ist Rücksicht zu nehmen auf die sonstige Benutzung und die Eigenart des Flusses: Flößerei und Schiffahrt, Zug der Wanderfische, Geschiebeführung und Verlauf des Hochwassers.

Die Lage des beweglichen Stauwehrs ist so zu wählen, daß es jederzeit, auch bei Hochwasser, von der Bedienung zwecks Handhabung schnell erreicht werden kann, also nahe bei der Wohnung des Wehrwächters und mit hochwasserfreiem Zugange. Im Interesse der Kostenersparnis wird man stets bemüht sein, die Wasserentnahme möglichst aus dem Stau eines schon vorhandenen Wehres zu ermöglichen. Bei Flüssen im Gebirge mit sehr starkem Gefälle benutzt man wohl auch die lebendige Kraft des fließenden Wassers selbst, um einen, wenn auch nur mäßigen, Stau zu erzielen. Man baut zu dem Zwecke vor die Einlaßschleuse des Zuleiters (Abb. 135) eine kleine Buhne b, die schräg stromauf gerichtet ist. Durch das gegen sie anprallende Wasser wird der Aufstau bewirkt. (Bozen in der Talfer.)

Ist der Wasserschatz des speisenden Gewässers nur klein oder sehr schwankend, so muß es hinter Stauweihern oder Talsperren aufgespeichert werden, von wo es in Zeiten der Not nach Bedarf abgelassen wird. Derartige Sammler dienen meistens gleichzeitig auch als Hochwasserschutz der unterhalb belegenen Gebiete. Sind im Zuge des Wasserlaufes Seen vorhanden, so kann man diese als Sammelbecken benutzen und in ihnen mit schon geringem Aufstau (nötigenfalls Ringdeich) große Wassermengen aufspeichern.

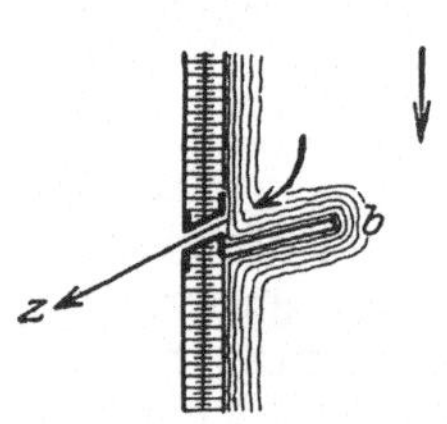

Abb. 135.　Zuleitung aus Schöpfbuhne.

Die Wasserabgabe aus Schiffahrtskanälen zu Bewässerungszwecken kann nur in den seltensten Fällen sich ermöglichen lassen. In der Regel bildet die Wasserknappheit in den Kanälen ein unüberwindliches Hindernis, und zwar besonders, weil zu den Zeiten, wo die Bewässerung am dringlichsten, sie am größten ist. Auch wirkt die durch die Wasserentnahme entstehende Geschwindigkeit in dem Schiffahrtskanale störend auf den Schiffahrtsbetrieb.

Die Beschaffung des Wassers aus Dräns und Quellen gestaltet sich einfach, weil nur kleine Wassermengen zu führen sind. Wenn deren Abflußmenge so gering ist, daß ihre Fortleitung und Verwendung nicht möglich ist, weil sie durch Versickerung verloren gehen würde, so muß sie ebenfalls in einem Sammelbecken zunächst aufgespeichert, um von diesem aus in größeren Mengen verwendet zu werden. Zur Entleerung solcher Sammelbecken nach jedesmaliger Füllung dienen selbsttätige Heberanlagen. Die Ergiebigkeit der Quellen kann man oft dadurch noch steigern, daß man durch Aufgrabung ihren Ausfluß aus dem Boden tiefer legt und dadurch ihre Druckhöhe vermehrt.

2. Grundwasser ist immer nur in den Fällen heranzuziehen, wo anderes Wasser nicht erreichbar ist; denn Wasser aus Flüssen und Seen ist schon seiner Beschaffenheit nach immer besser. Dazu kommt aber noch, daß die Beschaffung des Grundwassers deshalb kostspieliger ist als die des oberirdischen Wassers, weil es besonders gefaßt und meistens künstlich gehoben werden muß. Letzteres wird nun in dem Falle entbehrlich, wenn artesisches Wasser zur Verfügung steht, das nach seiner Erschließung durch natürlichen Druck bis über die Erdoberfläche steigt.

Die Fassung des Grundwassers erfolgt durch alle die Einrichtungen, die zur Beschaffung von Gebrauchswasser angewandt werden: Sickerschlitze, Brunnen usw. Bei der Benutzung des Grundwassers werden meistens die oben gedachten, rechtlichen Schwierigkeiten umgangen. In Preußen war der Grundbesitzer bisher unbeschränkter Herr über das unter seinen Grundstücken befindliche Wasser. Durch das neue Wassergesetz vom 7. 4. 13 ist darin allerdings insofern Wandel geschaffen, als der Benutzer des Grundwassers für allen durch dessen Entnahme in der Umgebung entstehenden erheblichen Schaden ersatzpflichtig ist. (§ 196 ff.)

3. Künstliche Wasserhebung muß in allen den Fällen eintreten, wenn das Wasser von Natur nicht hoch genug liegt oder durch Aufstau nicht hoch genug gebracht werden kann.

Für die Wasserhebung kommen dieselben Maschinen in Frage, die bei der künstlichen Schöpfarbeit für Entwässerung bereits besprochen wurden

(Kap. IV F 2, S. 106). Außerdem sind aber die heute noch vielfach angewandten Schöpfräder zu erwähnen. Sie bestehen aus einem unterschlägigen Wasserrade (bis zu 6 m Durchmesser), an dessen Umfang neben den Schaufeln Schöpfgefäße befestigt sind. Der Fluß selbst, aus dem geschöpft wird, treibt das Rad. In der tiefsten Stellung werden die Gefäße durch Untertauchen gefüllt und in der höchsten in ein Gerinne ausgegossen, welches das Wasser auf das zu bewässernde Land leitet. Da die Wirkung dieser Schöpfräder nur bei bestimmter Tauchtiefe günstig ist, so ist es ratsam, ihre Achse auf einem Schlitten zu lagern, der auf einer schiefen Ebene auf- bzw. abwärts bewegt werden kann, je nachdem das Wasser steigt oder fällt.

Der Betrieb dieser Räder ist billig, erfordert nur Unterhaltungskosten, die Leistung ist aber auch gering.

Ebenso liefern Windmotoren zwar eine billige Betriebskraft, doch ist auch ihre Leistung gering, so daß sie nur für kleinere Bewässerungsanlagen in Frage kommen, aber auch dann nur nach Einschaltung eines Sammelbeckens, aus dem das Wasser in größerer Menge zweckmäßig verwendet werden kann. Die Sammelbecken müssen ganz wasserdicht angelegt werden, da die kleinere Fördermenge größere Verluste nicht verträgt. Am besten, aber auch am teuersten erfüllen gemauerte Becken diesen Zweck. Auch Eisenbeton als Baustoff für Sammelbecken von kreisförmigem Grundriß ist geeignet. Billiger sind aus Erddämmen hergestellte Sammelbecken, die jedoch durch Tonschlag, Pflaster usw. gehörig gedichtet werden müssen. Die Entnahme des Wassers aus den Sammelbecken erfolgt durch Bodenventile, oder auch durch selbsttätige Entleerungsheber. Da wo das Wasser unter hohem Drucke und mit großer Geschwindigkeit aus dem Sammelbecken in die Zuleitungsgräben eintritt, sichert man die Grabensohle durch ein senkrecht eingelassenes und im Boden mit Beton ausgegossenes Zementrohr, das ein Wasserpolster bildet und die Gewalt des aus dem Becken stürzenden Wassers bricht. Bei größerem Wasserbedarf sind Zentrifugalpumpen am besten geeignet, weil sie auch ein unreines Wasser ohne Betriebsstörung zu fördern vermögen. Eine solche ist bei der Versuchsanlage in Dratzig (Provinz Posen) (55. IV. 83) in Gebrauch. Die Anlagekosten betrugen (1908)

Eine 12-PS-Heißdampflokomobile mit Zentrifugalpumpe nebst
    Saug- und Druckrohr mit allem Zubehör . . . . . . 7910 Mark
Maschinenschuppen aus verbrettertem Fachwerk mit Schlafraum
    für den Maschinisten und Kohlenraum für 100 dz . .   1680   „

                                    zusammen 9590 Mark

Die Anlage liefert bei normalem Betriebe 115 l/s bei 3,8 m Förderhöhe. Das macht 6 Nutzpferdekräfte. Nach den über ein ganzes Jahr ausgedehnten Beobachtungen wurden einschließlich Anheizen 3,55 kg Kohle für 1 Nutz-Pferdekraftstunde verbraucht. Das macht bei 10stündigem Betriebe $10 \cdot 6 \cdot 3{,}55 = 213$ kg Kohlen zu 2,5 Mark $^0/_0 = 5{,}33$ Mark. In dieser Zeit wurden $\dfrac{115 \cdot 60 \cdot 60 \cdot 10}{1000} = 4140$ cbm Wasser gehoben. Rechnet man für Verzinsung, Abschreibung und Unterhaltung: $0{,}15 \cdot 7910 + 0{,}10 \cdot 1680 = 1355$ Mark und verteilt diese Summe auf 100 Betriebstage, so entfallen

            auf 1 Tag . . . . . . 13,55 Mark
            dazu kommen für Kohlen 5,33 „
            Maschinist . . . . . . 4,00 „
            Schmiermittel . . . . . 1,12 „

                  zusammen 24,00 Mark

und 1 cbm um 3,8 m gehobenes Wasser kostete $\frac{24 \cdot 100}{4140} = 0{,}58$ Pf. Im Betriebe einer größeren Landwirtschaft würden die Kosten sich noch niedriger stellen, weil man dort die Lokomobile auch anderweit verwerten kann. Eine weitere Verbilligung tritt ein bei geringerer Hubhöhe und bei größerer Anlage, wo sowohl Anlage- wie Betriebskosten für die Einheit sich niedriger stellen.

Nun sahen wir vorhin, daß der Wasserverbrauch einer Wiese unter ungünstigen Verhältnissen zu 0,6 ls/ha = 5,3 mm = 53 cbm/ha täglich zu veranschlagen ist. Das würde in diesem Beispiele nur 53 · 0,58 = 31 Pf. machen. Für anfeuchtende Bewässerung, die weit geringere Wassermenge erfordert als düngende, kann also künstliche Wasserhebung auch sehr wohl wirtschaftlich sein.

E. Die erforderliche Wassermenge.

Während die Beschaffenheit des Wassers und deren Aufleitungsmöglichkeit über die Frage entscheidet, ob eine Bewässerung überhaupt möglich ist, richtet sich die Ausdehnung der Bewässerungsanlage nach der Menge des verfügbaren Wassers. Deren Ermittelung gehört also zu den wichtigsten Aufgaben der Vorarbeiten. Der Wasserbedarf zerfällt genau genommen in zwei Teile und besteht einmal aus der Menge, welche die Pflanzen zum Wachstume bedürfen, und ferner aus der Menge, die bei Verteilung des Wassers durch Versickerung und Bodenverdunstung verloren geht. Da diese Verluste zwar eingeschränkt werden können, aber unvermeidlich sind, so kommt es darauf an, nur den Gesamtbedarf zu ermitteln.

Für die Größe desselben sind folgende Verhältnisse maßgebend:

1. Das Klima. Je trockener und heißer dieses ist, um so größer ist der Wasserbedarf.

2. Die Bodenbeschaffenheit. Je bindiger ein Boden ist, um so größer ist seine wasserhaltende Kraft und der kapillare Aufstieg in ihm, um so weniger bedürfen die auf ihm stehenden Pflanzen also der künstlichen Wasserbeigabe. Ganz besonders aber erfordert der lockere Boden mehr Wasser, weil auf ihm bereits am Anfange des Bewässerungsabschnittes so große Versickerungsverluste entstehen, daß man mit großer Aufleitung bewässern muß, um noch genügend Wasser ans Ende des Abschnittes zu bringen.

3. Die Art zu bewässernder Kulturen. Wiesenpflanzen bedürfen dauernd einen höheren Wassergehalt im Boden als Ackerpflanzen. Dank ihrer nur flachen Bewurzelung muß besonders die Oberschicht immer hohen Feuchtigkeitsgehalt haben, womit starke Verdunstungsverluste verbunden sind. Weiden verbrauchen weniger Wasser als Wiesen, weil bei ihnen die verdunstende Blattoberfläche kleiner ist. Ackerpflanzen, besonders Halmfrüchte, haben nur während der Zeit des Schossens großes Wasserbedürfnis, Gräser die ganze Wachstumszeit hindurch (s. II E).

Wohltmann (3) drückt das „ideale Wasserbedürfnis" der verschiedenen Kulturarten in folgenden Zahlen aus:

Kulturart	Wasserbedarf in mm in den Monaten								
	XI—III	IV	V	VI	VII	VIII	IX	X	Jahr
Wintergetreide	220	40	70	60	70	40	40	60	600
Gerste	180	30	60	50	60	30	50	60	520
Hafer	220	40	70	70	80	40	50	60	630
Kartoffeln, Rüben	240	40	50	50	80	65	35	40	600
Wiese	240	60	75	60	75	60	40	60	670
Weide	250	60	70	70	90	90	70	70	770

4. Die Art der Bewässerung. Anfeuchtende Bewässerung braucht nur die von den Pflanzen benötigte und durch Bodenverdunstung verlorene Wassermenge zu geben, während düngende Bewässerung so viel Wasser zuleiten muß, daß der Anteil der darin enthaltenen Düngermengen, der den Pflanzen zugänglich ist, zu ihrer Ernährung ausreicht. Die Größe dieses Anteils richtet sich nach dem Düngergehalt im Wasser und nach der Absorptionskraft des Bodens. Denn da die düngende Bewässerung immer während der Wachstumsruhe gegeben wird, so können die Nährstoffe im Wasser nicht unmittelbar von den Pflanzen aufgenommen werden, sondern müssen vom Boden absorbiert und aus diesem den Pflanzen beim Erwachen des Wachstums zur Verfügung gestellt werden. Die zu einer düngenden Bewässerung nötige Wassermenge darf also um so kleiner sein, je reicher das Wasser. ist und um so höher die Absorptionskraft des Bodens. (Beimengungen von Ton und Humus.)

5. Die Bewässerungseinrichtung. Alle Einrichtungen, bei denen das Wasser sich in lebhafter Bewegung befindet, brauchen mehr Wasser als die, welche mit Ein- oder Überstau arbeiten. Je schwächer die Neigung einer Rieselfläche, um so größer muß die Wassermenge sein, um die erforderliche Beweglichkeit der überrieselnden Wasserschicht zu erhöhen. Von allen Einrichtungen arbeitet die Beregnung mit dem geringsten Wasserbedarf, weil dabei das Wasser ohne alle Verluste durch Versickerung oder Ablauf dem Boden einverleibt wird. Indes können theoretische Ermittelungen über den Wasserbedarf nicht zum Ziele führen, vielmehr sind alle brauchbaren Zahlen, die weiter unten bei Behandlung verschiedener Bewässerungseinrichtungen zu besprechen sind, aus Erfahrungen gesammelt. Als Maß für die Aufleitung wird entweder die Zahl der Liter benutzt, die in einer Sekunde der Flächeneinheit zugeleitet werden, oder übersichtlicher werden diese Angaben in mm Wasserhöhe gemacht, d. h. unabhängig von der Flächengröße, auf die das Wasser verteilt wird.

F. Wiederholte Wasserbenutzung und Wechselbewässerung.

Um mit einer gegebenen Wassermenge eine möglichst große Fläche zu bewässern, braucht man dasselbe Wasser wiederholt derart, daß man das bei der ersten Bewässerung überschüssig in den Ableitern (Entwässerungsgräben) gesammelte Wasser von neuem auf tiefer liegende Gebietsteile leitet. Dies Verfahren ist indes nur dann anwendbar, wenn die untere Abteilung tief genug liegt, um das Wasser ihr aufleiten zu können, ohne damit die Vorflut für die obere zu beeinträchtigen. Eine derartige Vorflutsbeschränkung ist allenfalls dann zulässig, wenn sie nur von kurzer Dauer ist und eine angemessene Zeit der freien Vorflut darauf folgt.

Solche Wiederbenutzung macht keine Schwierigkeiten, wenn die ganze Meliorationsfläche in starkem Gefälle liegt. Bei schwächerem Gefälle kann man schädlichen Rückstau dadurch vermeiden, daß man das Wasser der ersten Abteilung nicht auf der darunter liegenden zweiten, sondern erst auf der dritten oder vierten wieder benutzt (Abb. 136). Diese weitere Leitung des Wassers zwischen zwei Benutzungen ist sogar ratsam, wenn nicht notwendig, um das durch die erste Bewässerung an Sauerstoff verarmte Wasser auf dem

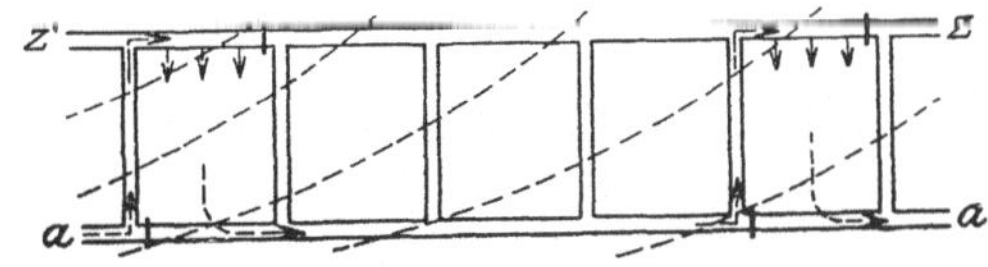
Abb. 136. Wiederbenutzung des Wassers.

weiteren Wege wieder mit Sauerstoff aus der Luft zu bereichern und so zur Bewässerung wieder geeignet zu machen.

Die Wiederbenutzung des Wassers kommt mehr bei der düngenden als bei der anfeuchtenden Bewässerung in Frage; denn bei dieser werden nur kleine Wassermengen gegeben, die bei der ersten Bewässerung ziemlich verbraucht werden. Nun ist im allgemeinen (nicht immer) das Wasser bei der ersten Bewässerung an Nährstoffen ärmer und daher minderwertig geworden. Das muß bei der Wiederbenutzung dadurch berücksichtigt werden, daß man für die Flächeneinheit mehr Abwasser gibt, als die Flächen bei der ersten Benutzung erhalten. Außerdem aber ist es ratsam, Einrichtungen zu treffen, vermittels derer die in der Hauptsache mit Abwasser versorgten Gebiete ab und an auch frisches Wasser erhalten.

Da Bewässerung nur dann in vollem Maße wirkt, wenn dem Boden nach erfolgter Durchfeuchtung auch wieder Gelegenheit zum Entwässern und Durchlüften gegeben wird, so ist niemals das ganze Meliorationsgebiet gleichzeitig unter Bewässerung zu setzen, sondern nur teilweise, während der andere Teil freie Entwässerung hat. Man nennt das den Wechsel der Bewässerung oder die Bewässerung im Umlauf. Man spricht von dreifachem Umlaufe, wenn gleichzeitig $^1/_3$ des ganzen Gebietes bewässert, $^2/_3$ dagegen entwässern. Je größer die Umlaufzahl ist, um so größer ist also die Fläche, die mit derselben Wassermenge versorgt werden kann. Man muß die Bewässerung im Umlauf auch dann anwenden, wenn die ganze Fläche so groß ist, daß die Verteilung der verhältnismäßig kleinen Wassermenge über sie Schwierigkeiten bereiten würde; denn durch den Umlauf wird die ganze Wassermenge auf eine kleinere Fläche vereinigt. Die Umlaufzahl, die Größe der zu bewässernden Fläche und die verfügbare Wassermenge stehen also in bestimmter Beziehung.

Da schwerer Boden langsamer austrocknet und durchlüftet als leichter, so pflegt man bei jenem die Umlaufzahl höher zu wählen. Für den Betrieb der Bewässerung ist es vorteilhaft, wenn die einzelnen Abteilungen möglichst dieselbe Größe erhalten.

Nach allem ist die Umlaufzahl von großer Bedeutung für die Gestaltung der Bewässerungsanlagen, die Größe der Abteilungen, die Größe und Lage der Zu- und Ableiter und der Stauschleusen in ihnen und muß auf die zur Verfügung stehende Normalwassermenge von vornherein zugeschnitten werden. Allerdings werden Änderungen der Umlaufzahl nötig, sobald die Wassermenge von der gewöhnlichen abweicht; denn sie muß bei HW verkleinert und bei NW vergrößert werden. Wird die Bewässerung durch Frost unterbrochen, so wird nach dessen Beendigung der Umlauf da fortgesetzt, wo er vorher aufhörte.

Bei leichtem Boden geht man selten über 3fachen, bei schweren selten über 6fachen Umlauf für düngende Bewässerung, während die Umlaufzahl für Anfeuchtung auf 10—15 steigt. Die jedesmalige Bewässerung dauert 1—4 Tage, während auf die Entwässerung $n - 1$- bis $n - 4$-mal solange Zeit entfällt, wenn n die Umlaufzahl angibt.

G. Wassermessung.

Innerhalb einer Bewässerungsgemeinschaft mit bestimmtem Bezugsrecht am Wasser geschieht die Wasserverteilung meistens ohne unmittelbare Messung nach der Zeit, d. h. die Aufleitungszeit wird der Größe der betreffenden Abteilung entsprechend bemessen. Dabei wird, wie bereits oben erwähnt wurde, den Flächen, die Abwasser erhalten, eine längere Zeit gewährt, um etwaige Minderwertigkeit des Wassers auszugleichen, ebenso den weit unterhalb liegenden Abteilungen mit langer Zuleitung, um den vermehrten Versickerungsverlusten, die bis an die Verwendungsstelle entstehen, Rechnung zu tragen.

Muß eine genauere Teilung des Wassers nach bestimmtem Verhältnisse eintreten, so schaltet man an der Gabelung zwischen dem Haupt- und dem Teilzuleiter eine Teilvorrichtung ein. Liegt ihre Schwelle in gleicher Höhe mit der Grabensohle, so entsprechen die Durchflußbreiten angenähert dem gewollten Teilungsverhältnisse.

Eine wirkliche Messung des abgeleiteten Wassers nach Menge kann nur dann geschehen, wenn genügende Höhe vorhanden ist, um es über einen Überfall zu leiten. Solche Fälle kommen vor, wenn das abgezogene Wasser nach Menge bezahlt werden muß, wie vielfach bei den oberitalienischen Bewässerungen. Da die Abflußmenge sich mit der Druckhöhe ändert, so müssen Wasserstandsbeobachtungen mit der Anlage verbunden werden. Es genügt die Beobabhtung nur oberhalb, wenn der Auslauf stets höher liegt als das Unterwasser (vollkommener Überfall), sonst müssen noch die Wasserstandsbeobachtungen unterhalb hinzukommen; denn das Wasser fließt dann über einen unvollkommenen Überfall.

Die Öffnungen in solchen Meßvorrichtungen in Form eines Kreises oder Rechtecks sind allseitig mit scharfer, eisenbeschlagener Kante zu versehen, damit das Wasser stets mit vollständiger Zusammenziehung ausfließt; denn für diese liefern die bekannten Formeln die genauesten Werte.

Für den **vollkommenen Überfall** von der Breite b ist bei der Druckhöhe h über b die Ausflußmenge

$$Q = \tfrac{2}{3} \mu\, b\, h \sqrt{2\, g\, h} \qquad \text{oder} \qquad Q = k\, b\, h^{3/2}.$$

Der Zusammenziehungsbeiwert μ ist veränderlich mit h. Nach vielen Versuchen schaltet Cipoletti diese Veränderlichkeit dadurch aus, daß er die Seiten der Überfallöffnung nicht senkrecht herstellte, sondern unter $1 : \tfrac{1}{4}$ geneigt (**46**. 1904. 239) (Abb. 137). Das μ bestimmte Cipoletti gleich 0,63 für $h \leq 0,60$ m. Die Formel geht damit über in

$$Q = 1{,}86\, b \cdot h \sqrt{h}.$$

Da Q in hohem Maße von h abhängt, so muß auf genaue Bestimmung des letzteren große Sorgfalt gelegt werden. Man muß daher h auf dem völlig beruhigten Wasser, nötigenfalls in einem Seitenschacht, messen, der mit dem Oberwasser[1]) in freier Verbindung steht.

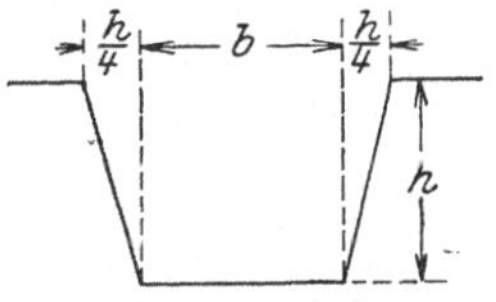

Will man aus einem Zuleiter, unabhängig von dessen Gefäll und jeweiliger Füllung, an verschiedenen Stellen bestimmte Wassermengen abziehen, so bedient man sich zweckmäßig der Cipoletti-Wehre mit beweglicher Überfallkante. Man stellt zu dem Behufe die ganze Öffnung aus einer Eisenblechtafel her und verbindet diese in senkrechtem Sinne verschieblich mit dem festen Wehrkörper. Nun hat man nur nötig, der Überfallkante eine solche Tiefenstellung unter dem Wasserspiegel zu geben, daß nach berechneter Tafel die gewollte Wassermenge abfließt (**55**. IV. 90).

Abb. 137. Cipoletti-Überfall.

Alle diese besprochenen Vorrichtungen sind bezüglich ihrer Leistung abhängig von der immerhin veränderlichen Druckhöhe, oder sie erfordern eine gewisse Wartung, wenn sie eine bestimmte Wassermenge liefern sollen.

---

[1]) Über eine Anwendung dieses Cipoletti-Überfalls s. Deutsch. Obstbauzeitung 1914, S. 54.

Eine Vorrichtung, die in hohem Maße unabhängig von dem Wasserstande ist, besteht in folgendem (Abb. 138). In den Zubringer wird eine Stauschleuse S eingebaut, die mit dem Schütz s_1 ganz oder teilweise geschlossen werden kann. Aus dem Stau gelangt Wasser durch Schütz s_2 in den Seitenkasten k, fällt zum Teil über den breiten Überfall w in den Graben z zurück und fließt zum andern Teil über den Cipoletti-Überfall s_3 durch das Gerinne r nach seiner Verwendungsstelle. Hat der Überfall w eine genügend große Breite, so ist die vor s_3 sich ausbildende Druckhöhe und damit die über s_3 abfließende Wassermenge in nur geringem Maße durch die Druckhöhe von s_2 abhängig[1]).

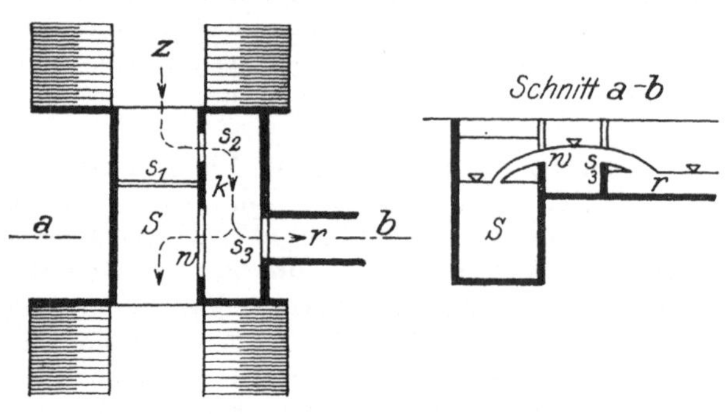

Abb. 138. Meßwehr.

H. Wasserverluste.

Wasserverluste entstehen:

1. auf dem Wege von der Entnahme zur Verwendungsstelle,

2. auf dem Bewässerungsfelde selbst.

Beide Verluste entstehen durch Versickerung und Verdunstung. Die Versickerung ist abhängig von der Bodenbeschaffenheit und der Tiefe des Grundwasserstandes. Sie wächst für die Flächeneinheit mit abnehmender Größe des Bewässerungsgebietes, weil das versickerte Wasser den nicht bewässerten Nachbargebieten ausgleichend zuströmt. Je kleiner die aufgeleitete Wassermenge, um so größer ist der anteilige Versickerungsverlust. Daher verdient er bei Sommeranfeuchtung besonders berücksichtigt zu werden. Immerhin ist aber nicht zu vergessen, daß ein großer Teil des Sickerwassers als Grundwasser den Wasserläufen wieder zukommt, denen es entnommen wurde. Die Verdunstung ist abhängig von dem Pflanzenbestande auf dem Bewässerungsgebiete und den meteorologischen und klimatischen Verhältnissen (Wärme, Wind, Sonnenschein).

1. Verluste in den Zuleitern.

Die Verlustmenge ist abhängig von der Länge und Breite des Grabens, von der Durchlässigkeit des angeschnittenen Bodens und der Höhe der Wasserfüllung (Druckhöhe). Maßgebend ist die Versickerungsgeschwindigkeit.

Sie folgt dem Gesetze $v = k \cdot \dfrac{l+h}{l}$, wenn l die Stärke der durchfeuchteten,

mit Wasser bereits durchtränkten Bodenschicht und h die darüber ruhende Wassersäule angibt, k einen von der Bodenbeschaffenheit abhängigen Beiwert. Daraus folgt, daß die Versickerung bei Beginn der Grabenfüllung am stärksten ist, dann aber mit zunehmendem l abnimmt. Die Versickerungsgeschwindigkeit wurde an frisch eingeschnittenen Gräben

---

[1]) Diese Vorrichtung wurde zuerst von Landmesser Sander in Posen angegeben und bei einer Versuchsanlage angewandt.

für Sandboden zu 2,0 mm in der Minute,
„ Lehmboden „ 0,3 „ „ „ „

ermittelt (**55.** I. 320). Befindet sich der Graben längere Zeit in Gebrauch, so bildet sich auf dessen Sohle aus verwester organischer Masse eine Schlammschicht, welche die Versickerung wesentlich beschränkt. Auf dem Versuchsfelde zu Dratzig wurden genaue Ermittelungen über die Verlustziffer angestellt (**55.** IV. 94). Danach verlor der in Sand eingeschnittene, aber mit Ton gedichtete und auf Böschungen wie Sohle gut mit Gras bewachsene Zuleiter von 0,5 m Sohlenbreite bei 0,5 m Füllhöhe und tiefem Grundwasserstande 0,09 l/s und der Nebenzuleiter 0,18 l/s für 1 m Grabenlänge. Bei derselben Anlage gingen in den Zuleitern $40^0/_0$ der zugeleiteten Wassermenge bis zu den Rieselfeldern auf etwa 500 m Länge verloren. Umfangreiche Versuche über die Höhe des Wasserverlustes in Zuleitern wurden in den Vereinigten Staaten von Nordamerika angestellt (**76.** 33). Hier fand man den durchschnittlichen Verlust für 1 mile (1,6 km) Grabenlänge bei einer Wasserführung von:

$$> 2{,}7 \text{ cbm} = 1^0/_0,$$
$$1{,}4{-}2{,}7 \quad „ \quad = 2{,}6^0/_0,$$
$$0{,}7{-}1{,}4 \quad „ \quad = 4{,}2^0/_0,$$
$$< 0{,}7 \quad „ \quad = 11{,}3^0/_0.$$

Unter besonders ungünstigen Verhältnissen stieg der Verlust bis $64^0/_0$. Man versuchte die Dichtung mit Betonauskleidung (1,6—3,2 M./qm), Ton (1,6 M./qm) und schwerem Öl, das man auf die Grabenböschungen spritzte (0,4—0,8 M./qm), und erreichte damit eine Verminderung des Verlustes bei

$$\text{Beton um } 63{-}87^0/_0,$$
$$\text{Ton } \quad „ \quad 48^0/_0,$$
$$\text{Öl } \quad „ \quad 27{-}50^0/_0.$$

Da Betondichtung leicht unter Frost leidet und der Ton von den Böschungen durch das fließende Wasser auf die Sohle herabgespült wird, ist die beste und dauerhafteste Dichtung immer noch in einer gründlichen Berasung des Grabenumfangs zu suchen.

Friedrich (**19.** I. 458) versucht, schwer zu verallgemeinernde Versickerungsverluste auf dem Wege der Theorie herzuleiten.

Die Verdunstungsverluste von der freien Wasserfläche der Gräben sind gegenüber den Versickerungsverlusten in den meisten Fällen jedenfalls so gering, daß sie vernachlässigt werden können.

2. Verluste auf dem Bewässerungsgebiete.

Unter diesen Verlusten ist nur die Wassermenge zu verstehen, die dem Flusse, aus dem das Wasser entnommen wurde, dauernd entzogen wird. Die in dieser Richtung angestellten Ermittelungen betrachten meistens den Unterschied zwischen der aufgeleiteten und der in den Ableitern oberirdisch abfließenden Wassermenge als den Verlust. Das ist nicht richtig, denn das nach der Bewässerung im Boden verbleibende Wasser gelangt als Grundwasser wieder zu dem Flusse zurück, wenn nur das geologische (Grundwasser-) Sammelgebiet (s. S. 47) der Bewässerung zu dem Flusse gehört. Dieser Zufluß beginnt sofort, sofern der Boden bei der Bewässerung über seine Wasserkapazität hinaus durchtränkt wurde. Aber auch wenn das nicht der Fall ist, so muß doch das im Boden verbleibende Wasser sich gegen den Fluß in Bewegung setzen, sobald durch folgende Niederschläge die Wasserkapazität überschritten wird. Diese sehr erhebliche Grundwassermenge wird aber bei Messung des oberirdischen Abflusses nicht berücksichtigt. Demnach tritt Wasserverlust durch Bewässerung eigentlich nur dadurch ein, daß Wasser durch die Pflanzen und durch die infolge der Bodendurchtränkung gesteigerte Verdunstung (S. 18, 20).

Da die Grundwasserbewegung zum Flusse sich nur langsam vollzieht, so kommt wohl eine Verschiebung in der Wasserführung des Flusses vor, die den sonst am Wasser Berechtigten empfindlich berühren mag, aber eine Verminderung nur infolge der vorhin gedachten beiden Faktoren. Diese Verschiebung ist dann am größten, wenn bei Beginn der Bewässerung im Herbste der in hohem Maße ausgetrocknete Boden erstmalig wieder mit Wasser gefüllt werden muß. Aus diesen Betrachtungen geht hervor, daß die Abschätzung des Wasserverlustes durch die Bewässerung selbst von sehr vielen und zeitlich schwankenden Umständen abhängig ist, welche sich der zutreffenden Berücksichtigung entziehen.

Keelhof fand die Verluste zu $17\text{---}20\,^0/_0$ der aufgeleiteten Wassermenge, Heß zu $7\text{---}22\,^0/_0$. Auf Grund anderer Untersuchungen wurde der Verlust im Herbste zu $1\text{---}4\,^0/_0$, im Frühling zu $0-5\,^0/_0$ und im Sommer zu $7\text{---}9\,^0/_0$ ermittelt. Doch bleibt dabei zu beachten, daß die anteiligen Verluste naturgemäß um so größer sein müssen, je kleiner die Menge des aufgeleiteten Wassers ist. Es ist daher gewagt, den Verlust nach Verhältnis zur aufgeleiteten Wassermenge abschätzen zu wollen. So ist z. B. bei der Spritzbewässerung der Wasserverlust gleich $100\,^0/_0$, weil nur soviel Wasser gegeben wird, wie die Pflanzen verbrauchen.

J. Die Zu- und Ableiter.

Die Zuleiter haben den Zweck, das Wasser von der Entnahmestelle nach dem Bewässerungsfelde zu leiten (Hauptzuleiter) und auf die verschiedenen Bewässerungsabteilungen zu verteilen (Neben- oder Zweigzuleiter). Wie jede Bewässerung nur dann in vollem Maße das Pflanzenwachstum fördernd wirken kann, wenn die Zeiten der Durchfeuchtung mit Zeiten der Durchlüftung und Austrocknung angemessen abwechseln, so müssen neben den Zuleitern auch Ableiter vorhanden sein, und zwar Neben- und Hauptableiter, die das überflüssige Wasser aus den einzelnen Abteilungen sammeln und nach dem Hauptvorfluter abführen. Alle Gräben sollen nach Möglichkeit auf Besitzstandsgrenzen angelegt werden, um unwirtschaftliche Durchschneidungen der Grundstücke zu vermeiden. Es ist aber immer zu prüfen, ob die bewässerungstechnischen Interessen damit vereinbar sind, widrigenfalls diese für die Lage der Gräben unbedingt maßgebend sein müssen.

1. Die Zuleiter.

Die Hauptzuleiter sollen einerseits viel Wasser zuführen, andererseits in schwachem Gefälle liegen, um ein recht großes Gebiet aus ihnen versorgen zu können. Indes darf die Wassergeschwindigkeit in dem Zuleiter nicht zu gering werden, damit nicht die Schwebestoffe in ihm abgelagert werden. Als untere Grenze der mittleren Geschwindigkeit rechnet man $v \geq 0,2$ m/sec, wenn noch die feineren Schwebestoffe mit dem Wasser fortbewegt werden sollen. Daraus folgt, daß das Gefäll um so geringer sein darf, je größer die Wasserführung ist, weil ja unter sonst gleichen Verhältnissen v mit der Wassermenge Q zunimmt. So geht das Gefäll der Hauptzuleiter bis $0,1\,^0/_{00}$

herab und ist nach oben fast unbegrenzt (im Berglande); es darf nur die zugehörige Geschwindigkeit die Grenze nicht überschreiten, bei der Beschädigung durch Abbruch im Graben eintreten würde. Andernfalls muß der Graben besonders befestigt werden. Da der Sand für die Bewässerung keine Bedeutung hat, vielmehr nur als schädlicher Ballast empfunden wird, so gibt man dem Zuleiter am Anfange eine beckenartige Erweiterung, in der der Sand bei vermindertem v abgelagert wird. Er kann hier leichter ausgeräumt und beseitigt werden, als wenn die Ablagerungen eine lange Grabenstrecke betreffen.

Um ein recht großes Gebiet versorgen zu können, beginnt der Hauptzuleiter vielfach schon weit oberhalb des eigentlichen Bewässerungsgebietes und verfolgt den Hang zwischen Hochland und Niederung. Seine Lage ist nach Möglichkeit so zu wählen, daß er ganz im Einschnitte liegt, weil dann sein Bestand mehr gesichert ist und die Versickerungsverluste geringer zu sein pflegen als bei einem aufgedämmten Zuleiter.

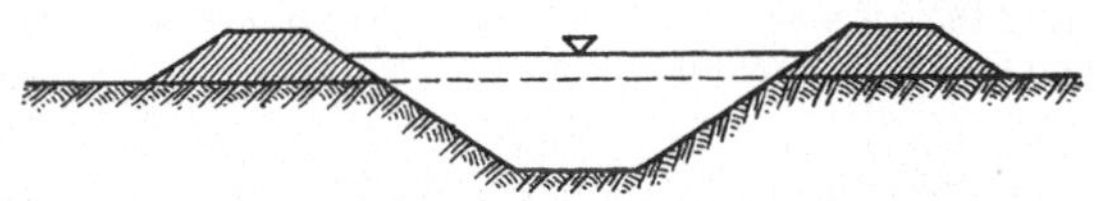

Abb. 139. Halb aufgedämmter Zuleiter.

Aufdämmung wird überall da nötig, wo der Wasserspiegel höher gehalten werden muß als die Uferhöhe des eingeschnittenen Grabens liegt. Am billigsten wird die Anlage dann, wenn man den Querschnitt des Zuleiters teils durch Einschnitt, teils durch Aufdämmung derart herstellt, daß der aus dem Einschnitte gewonnene Boden zur Herstellung der Dämme gerade ausreicht (Abb. 139). Die Krone der Seitendämme sollte mindestens 0,20 m, bei größeren Zuleitern bis 0,50 m über dem normalen Wasserstande liegen, damit sie auch bei gefülltem Graben betreten werden können, ohne daß eine Beschädigung der (aufgeweichten) Dammkrone befürchtet zu werden braucht. Deren Breite soll deshalb auch 0,5—1,5 m betragen, je nach der Bedeutung des Zuleiters und der für die Dämme verfügbaren Bodenart.

Bei der Randlage des Hauptzuleiters wird die bestehende Vorflut vom Hochlande zur Niederung vielfach unterbrochen. Ist das Fremdwasser für Bewässerung geeignet, ist auch nicht zu befürchten, daß es bei

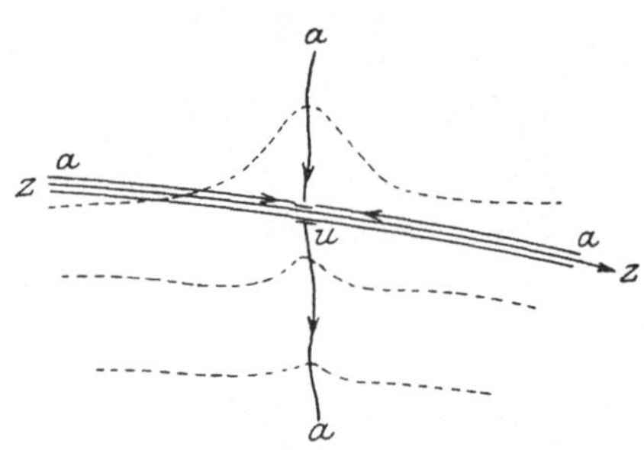

Abb. 140. Ableitung von Fremdwasser.

Hochwasser den Zuleiter überlasten oder mit Sinkstoffen füllen könnte, so kann es in den Zuleiter aufgenommen werden, wenn dessen Wasserstand genügende Vorflut gewährt. Ist dies nicht der Fall, ist vielmehr der Stand des Normalwassers im Zuleiter geeignet, die Ländereien außerhalb durch Rückstau zu schädigen, so muß an der Bergseite neben dem Zuleiter z ein Seitengraben a angelegt werden, der an geeigneten Stellen (u) dem Hauptzuleiter unterführt und durch das Bewässerungsgebiet abgeleitet wird (Abb. 140). Ist der zu kreuzende Vorfluter bedeutender als der Zuleiter, d. h. führt er wenigstens zeitweise größere Wassermengen, so kann es für beide Teile vorteilhafter sein, den Zuleiter mit Über- oder Unterleitung die Kreuzung überwinden zu lassen. Muß mit dem aufgedämmten Zuleiter eine breite Niederung gekreuzt werden, die bei Überschwemmungen Wasser abzuführen hat, so muß die Kreuzung mit einer Rohrleitung bewirkt werden, die den Zuleiter aufnimmt, da sonst der Hochwasserabfluß in unzulässiger Weise gehemmt würde (Abb. 141)

Bei der Entnahmestelle ist der Hauptzuleiter mit einer Einlaßschleuse zu versehen, um den Bewässerungsbetrieb ganz unabhängig von den Flußwasserständen zu machen. Unterhalb der Stellen, wo Nebenzuleiter abzweigen, muß in den Hauptzuleiter eine Stauschleuse (Abteilungsschleuse) eingebaut werden, die den Wasserbezug unter ausreichender Höhe unabhängig von der jeweiligen Wasserführung im Hauptgraben sicherstellt. Außerdem sind nach Bedarf Brücken im Zuge gekreuzter Wege oder für neue Abfuhrwege herzustellen, deren Neuanlage im Ausblicke auf die infolge der Bewässerung zu erwartenden Steigerung des Wirtschaftsbetriebes vielfach nötig wird.

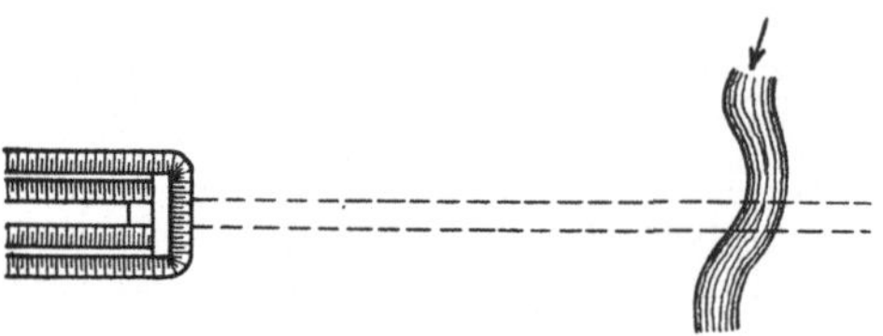

Abb. 141. Kreuzung eines Überschwemmungsgebiets mit aufgedämmtem Zuleiter mit Rohrleitung.

Die Nebenzuleiter haben den Zweck, das vom Hauptzuleiter herbeigeschaffte Wasser über das ganze Gebiet zu verteilen, und zwar in einer gewissen Höhe über dem mit Wasser zu versorgenden Gelände. Daraus folgt die Notwendigkeit, daß die Nebenzuleiter sich ganz den Geländeverhältnissen anpassen müssen. Ihre Lage ist durch die höchsten Geländelinien ziemlich fest vorgezeichnet, wodurch eine Unterteilung in Nebenzuleiter zweiter, dritter usw. Ordnung sehr oft erforderlich wird. Ihr Gefälle ist ebenfalls durch das des Geländes gegeben. Der Wasserstand muß überall mindestens 5—10 cm über dem zu bewässernden Gelände liegen, um das Wasser unter genügendem Drucke auslassen zu können. Daraus folgt, daß die Nebenzuleiter meistens mit aufgedämmtem Querschnitte angelegt werden müssen. Die Dammkrone sollte mindestens 0,3 m, besser 0,5 m breit sein und $\geq$ 0,2 m über dem Normalwasserstande liegen.

Man macht den Querschnitt der Zuleiter gern flach, um das zufließende Wasser in recht breiter Schicht mit der Luft in Berührung zu bringen.

Kleine Stauschleusen sind da einzubauen, wo eine Bewässerungsabteilung endet und unterhalb der Abzweigungen von Nebenzuleitern niederer Ordnung. Reicht der Stau einer solchen Schleuse über mehrere derartige Abzweigungen aufwärts, so kann unter Umständen auch eine Schleuse gespart werden. Demnach ist die Zahl der nötigen Schleusen um so geringer, um so weniger Gefäll das Gelände und die Zuleiter haben.

In kleineren Zuleitern wendet man anstatt der festen Stauschleusen mit Vorteil die verlegbaren Schürzenwehre an, die nach Bedarf eingebaut und entfernt werden (Abb. 142).

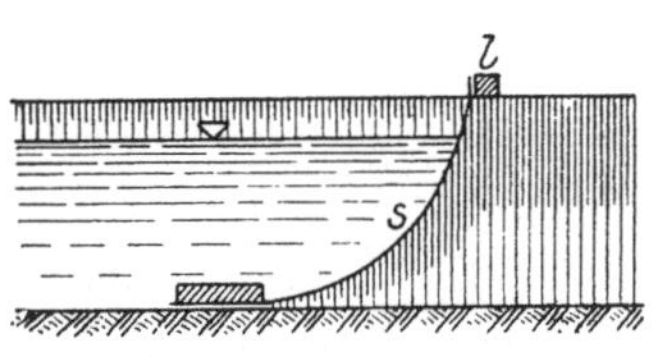

Abb. 142. Schürzenwehr.

Das Wehr besteht aus einer Latte l mit einem daran einseitig genagelten Stück Segeltuch s. Die Latte muß etwa 0,6 m länger sein als die Grabenoberbreite. Das Segeltuch ist so breit wie der Graben und erhält die eineinhalb- bis zweifache Grabentiefe zur Länge. Man legt die Latte quer über den Graben und breitet das Segeltuch auf den Grabenumfang und beschwert es an den Rändern mit einigen Steinen oder mit einigen Schaufeln voll Erde. Der bei Stauung entstehende Wasserdruck bewirkt ziemlich vollkommene Wasserdichtigkeit am Umfange des Grabens. Die Schürze selbst wird durch die im Wasser enthaltenen Schwebestoffe gedichtet, oder man stellt die Dichtigkeit durch Tränkung mit Leinölfirnis her.

Eine gewollte Stauhöhe kann man dadurch sicher herstellen, daß man in der betreffenden Höhe einen Schlitz in die Schürze schneidet.

Durch die Dämme der Nebenzuleiter wird das Wasser vermittels kleiner Kastenschleusen oder Röhren aus Ton oder Holz in die Rieselrinnen geleitet und von diesen über das Feld verteilt.

Bei aufgedämmten Zuleitern in durchlassendem Boden ist Dichtung des benetzten Grabenumfangs ratsam, um übermäßige Versickerungsverluste zu verhüten. Am sichersten wirkt immer die Auskleidung mit einer 5—8 cm starken Betonschicht. Man muß nur die Auskleidung etwa alle 6—10 m mit durchgehender Querfuge in einzelne Abschnitte zerlegen, da sie sonst unter dem Einflusse der Temperaturveränderungen zerreißt und undicht wird. Tonauskleidung (5—15 cm stark) muß fest eingestampft werden und darf nicht in der Böschungsoberfläche liegen, muß vielmehr 10—15 cm stark mit Boden bedeckt werden, weil sie sonst nach Leerlauf des Zuleiters rissig wird. Aber auch eine richtig angelegte Tondichtung ist nicht zuverlässig, weil sie von den die Seitendämme mit Vorliebe bewohnenden Wühltieren sehr bald undicht gemacht wird (55. IV. 94). Das Einschlämmen von Ton in die Wasserfüllung ist meistens wirkungslos. Die auf den Grabenumfang gelagerte dünne Tonschicht wird bei dem nächsten Leerlauf des Zuleiters unter dem Einflusse von Wind und Sonne abgeblättert und fällt von der Böschung herab.

Bei Berechnung der Querschnitte für die Zu- und Ableiter ist an der Hand des Betriebsplanes zunächst sorgfältig zu ermitteln, welche Wassermengen von den Gräben in ihren verschiedenen Abschnitten bei größter Belastung geführt werden müssen. In der Regel nimmt die Wassermenge bei den Zuleitern von oben nach unten ab, umgekehrt bei den Ableitern. Das kommt in den Querschnitten durch Einschränkung der Sohlenbreite und Verminderung der Wassertiefe zum Ausdrucke. Zur Berechnung dienen die bekannten hydraulischen Formeln. Da Zu- wie Ableiter leicht gut unterhalten werden können, so genügt es, in der Formel von Ganguillet und Kutter die Rauhigkeitszahl $n = 0,025$ anzunehmen. Ist der Gräbenquerschnitt mit Rasen zu belegen, so muß bei Veranschlagung der Erdarbeiten das durch Zuschlag von 0,10—0,20 m zur erforderlichen Sohlenbreite gebührend berücksichtigt werden.

2. Die Ableiter.

Ableiter können allenfalls nur dann entbehrt werden, wenn eine nur kleine, durchlassende, sandige Fläche bewässert wird, weil dann die Versickerung allein für Entwässerung genügt. Sonst aber sind sie nicht zu entbehren und haben sie den Zweck, das Abwasser aus allen Teilen des Bewässerungsgebietes schnell und gründlich abzuführen, müssen also ein weitverzweigtes Grabennetz von Nebenableitern bilden, die sich schließlich zu einem Hauptableiter vereinigen. Ihre Lage ist durch die tiefsten Geländelinien vorgezeichnet, und ihr Gefäll ist so stark wie möglich und zulässig zu gestalten. Die Ableiter sind so groß und tief einzuschneiden, daß während der Bewässerungspausen die Wiesen überall 60—70 cm tief entwässert sind; während des Bewässerungsbetriebes dürfen sie voll laufen. Schleusen werden nur dann in die Ableiter eingebaut, wenn zu trockenen Zeiten auch durch Anstauen angefeuchtet werden muß.

Bei Kreuzungen von Zu- mit Ableiter, die recht häufig vorkommen, sind folgende Lösungen möglich:

α) Der Ableiter wird dem Zuleiter mit Dücker unterführt.

β) Der Zuleiter wird mit einem Gerinne dem Ableiter überführt.

γ) Der Zuleiter wird dem Ableiter mit Dücker unterführt.

Fall α) ist insofern der natürlichste, da es gegeben erscheint, den tiefer liegenden Wasserlauf zu unterführen. Man muß aber prüfen, ob der Ableiter den mit der Unterdückerung verbundenen Aufstau vertragen kann. Ist der Zuleiter wesentlich kleiner als der Ableiter, so tritt Fall β) ein, wenn das Überleitungsgerinne nicht in den Spiegel des Ableiters eintaucht und Aufstau erzeugt, sonst muß die Kreuzung nach Fall γ) angeordnet werden.

K. Die Wiesenbewässerung.

1. Die Bewässerungsverfahren.

Während die vorhin besprochenen Zuleiternetze dazu dienen, das Wasser nach allen Punkten des Bewässerungsfeldes zu schaffen, ist es die Aufgabe des „inneren Ausbaus“, das Wasser nach Möglichkeit gleichmäßig über das Bewässerungsfeld zu verteilen. Zu diesem Ende haben sich im Laufe der Zeit recht verschiedene Verfahren herausgebildet, die man Bewässerungssysteme nennt. Die Wahl des richtigen Verfahrens für den gegebenen Fall ist für den Erfolg von großer Bedeutung. Maßgebend dabei sind folgende Erwägungen:

α) Die verfügbare Wassermenge. Manche Systeme bedürfen mehr Wasser, um eine gleichmäßige Wasserverteilung zu erreichen als andere.

β) Die Kosten für Anlage und Betrieb sind sehr verschieden. Auf entlegene Wiesen mit mäßiger Bodenbeschaffenheit und ebensolchen Wasserverhältnissen darf man nicht so hohe Kosten wenden wie auf solche mit günstigeren Bedingungen.

γ) Die Gefällverhältnisse. Einige Systeme erfordern viel Gefäll, andere können auf fast gefällosem Gelände angelegt werden.

Alle Einzelsysteme lassen sich in zwei Hauptgruppen zusammenfassen: in Überstauung und Rieselung. Die erste benutzt ganz oder fast ganz ruhendes Wasser in starker Schicht bei sehr gefällarmem Gelände, die zweite Wasser, das in dünner Schicht bei lebhaftem Flusse über hängiges Gelände geleitet wird. Alle Rieselsysteme erfordern viel mehr Einzeleinrichtungen als die Stauanlagen (Gräben, Stauwerke), bringen also auch erhebliche Wirtschaftserschwernis und Unterhaltungslast mit sich und werden durch Weidetiere ausgiebig beschädigt.

a) Rückstaubewässerung.

In dem das Bewässerungsgebiet durchziehenden Gewässer werden Stauschleusen errichtet, durch deren Handhabung zur Wachstumszeit ein angemessener Wasserstand gehalten wird. Dadurch erhöht sich das Grundwasser im Gelände, weil dessen Abfluß zum Wasserlaufe unterbunden wird und dazu noch Wasser von diesem in das Seitengelände eindringt. Dies System erreicht also nur eine Grundwasserhebung, keine oberirdische Wasserzufuhr, wirkt also nur mäßig auf Durchlüftung; dafür ist aber der Wasserbedarf sehr gering. Da die Wirkung nur so weit nach oben reicht wie der Stau, so ist dies Verfahren nur bei sehr flachem Gelände anwendbar; denn je stärker das Gefälle, um so enger müssen die Stauschleusen beieinandsr liegen. Das System ist nur bei durchlassendem Boden angezeigt, weil das aufgestaute Wasser schwer durchlassenden Boden zu langsam durchdringt.

Wenn die Flußufer aus durchlassendem Boden bestehen, so ist die Wirkung des Stauwerkes oft zweifelhaft. Zwar wird der gewollte Aufstau hergestellt, doch ist das Wasser bestrebt, anstatt in das entfernte Wiesengelände einzudringen, auf kürzestem Wege in Gestalt eines Grundwasserstromes das Wehr zu umfließen und nach dem Unterwasser abzusickern. Durch Färbung des Oberwassers mit Fluorescein oder Salzung (Untersuchung mit Silberlösung) kann man sich Gewißheit darüber verschaffen, ob das Wasser auf diesem Wege verloren geht. Um dies zu erschweren, müssen im Anschluß an die Stauschleuse undurchlassende, unterirdische Stauwände (Spundwände, Gräben mit Tonfüllung) angelegt werden, die sich senkrecht zur Flußrichtung in das Gelände erstrecken.

b) Einstaubewässerung.

Aus dem Stauspiegel der Stauschleuse abzweigend werden Gräben angelegt, die das Bewässerungsgelände durchziehen (Abb. 143, I). Dadurch wird der gehobene Wasserspiegel dem Bewässerungsgebiete in großer Ausdehnung mitgeteilt, und die Hebung des Grundwassers wird weit schneller und vollkommener erreicht als bei a). Auch wird dadurch die Bedeutung der Umströmung der Stauschleuse (s. a) sehr vermindert. Führt man Verteilgräben auch parallel mit dem Flusse abwärts (Abb. 143, II), so kann man aus einer Stauschleuse trotz erheblicherem Geländegefäll eine große Fläche speisen, die Schleusen können also in größeren

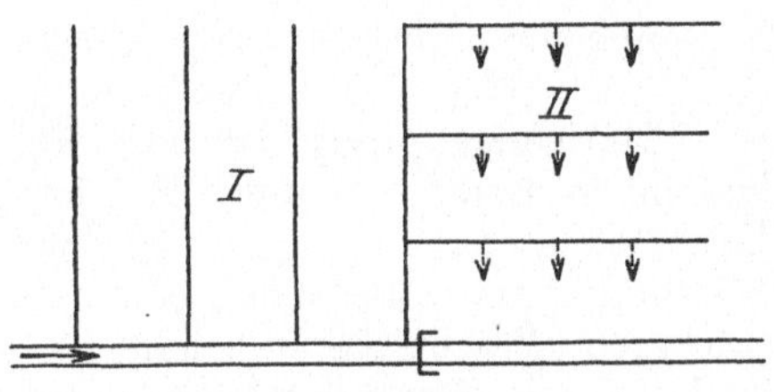

Abb. 143.   Einstaubewässerung.

Abständen stehen. Daher ist die Einstaubewässerung in der Anlage billiger als die Bewässerung mit Rückstau und in der Wirkung vollkommener.

Ein weiterer großer Vorteil der Einstau- gegenüber der Rückstaubewässerung liegt darin, daß während des Schleusenzuges die Zuleiter die Entwässerung bewirken und so für schnelle und gründliche Durchlüftung des Bodens sorgen. Bei der Anordnung II findet eine vorteilhafte und kräftige Bewegung des Grundwassers nach dem Unterwasser der Schleuse statt.

Die seitliche Verteilung des Wassers aus den Einstaugräben darf man nicht zu hoch anschlagen. Das Wasser versickert aus ihnen ziemlich senkrecht in den Boden und führt nur dann zur Hebung des Grundwassers bis zu einer für die Pflanzen nutzbaren Höhe, wenn das ursprüngliche Grundwasser nicht allzu tief steht. Andernfalls müßten sehr große Wassermengen zum Grundwasser gehäuft werden, um eine nutzbare Wasserhebung zu erzielen (**55.** I. 315). Geschieht das nicht, so erstreckt sich die Wirkung der Bewässerung nur auf schmale Streifen längs der Gräben. Beide Systeme a) und b) liefern nur anfeuchtende Bewässerung.

c) Die Überstauung

bewirkt düngende Bewässerung, kann aber nur zur Zeit der Wachstumsruhe angewandt werden, da das lebende Gras durch Überstauung geschädigt oder durch Überzug mit Schwebestoffen (Schlammteilen) verdorben würde. Um den Überstau zu ermöglichen, muß das Gebiet mit (niedrigen) Dämmen umgeben werden. Nur an der Bergseite kann der Damm fehlen, wenn der Ausbreitung des Wassers durch vorhandene Höhen hier eine natürliche Grenze gesetzt wird (Abb. 144). Aus dem Oberwasser der Stauschleuse (S) wird das Wasser durch die den Damm durchsetzende Einlaßschleuse e auf die Wiese geleitet. Im Anschlusse an e sorgt ein Verteilgraben v_1 für recht schnelle und gleichmäßige Verteilung des Wassers. Den nötigenfalls noch mit Zweiggräben auszustattende Ableiter a_1 im Anschlusse an die nach beendeter Bewässerung zu öffnende Auslaßschleuse s_1 sorgt für gründliche Entwässerung. Wenn die Gefällverhältnisse es gestatten, so können mit dem Abwasser aus Abteilung I noch weitere flußab belegene Abteilungen bewässert werden, ohne daß dafür eine besondere Stauschleuse angelegt zu werden brauchte. Die Dammschleuse u mit dem Verteilgraben v_2 sorgen für Zuleitung und der Graben a_2 mit der Auslaßschleuse s_2 für Entwässerung. Dieser unmittelbaren Wiederbenutzung des Wassers steht nur der Umstand entgegen, daß es im allgemeinen nicht ratsam ist, daß das in I gebrauchte und an Sauerstoff verarmte Wasser unmittelbar auf II zu verwenden, bevor es längere Zeit geflossen ist und dabei gelüftet und wieder mit Sauerstoff bereichert wurde.

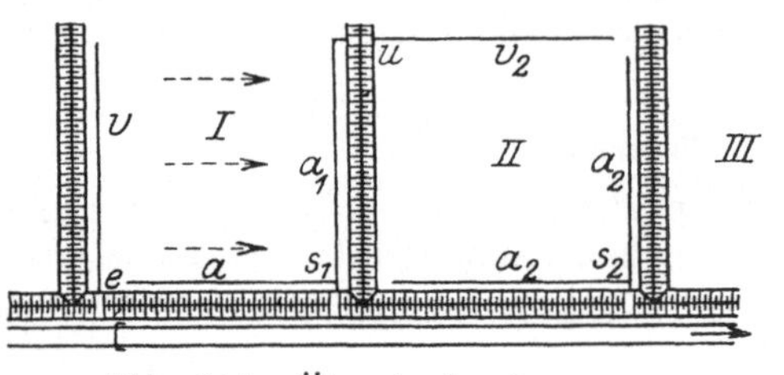

Abb. 144. Überstaubewässerung.

Die Überstauung ist nur auf flachen und ebenen Lagen mit durchlassendem Boden ratsam. Bei hängiger und unebener Oberfläche würde die Überstauung zu ungleich stark und die zum Überstau der gegebenen Fläche erforderliche Wassermenge sehr groß sein. Schwerer Boden gerät unter der ruhenden Wasserschicht leicht in Versumpfung, weil die Füllung des Staubeckens und dessen Entleerung ziemlich lange Zeit in Anspruch nimmt. Der Anhäufung und dem Ablassen großer Wassermengen, wie zur Überstauung nötig sind, stehen auch wasserpolizeiliche Bedenken entgegen, indem die Wasserführung des speisenden Wasserlaufes dadurch erheblich verschoben wird.

Als Überstauungshöhe rechnet man 0,2—0,3 m im Mittel. Zur Füllung und Entleerung sollten nicht mehr als 8 Tage beansprucht werden. Aus diesen Zahlen ist bei gegebenem Wasservorrate die zulässige Größe der Überstauungsabteilungen zu berechnen. Indes muß man für die bis zur vollen Stauhöhe entstehenden Versickerungsverluste entsprechende, oft sehr erhebliche Zuschläge machen. Bei äußerst durchlassendem Sandboden betrug der Versickerungsverlust 0,7 mm in der Minute (55. IV. 97), und es gelang nicht, eine 1 ha große Abteilung mit 3000—5000 cbm Wasser in 10 Stunden ganz zu überstauen.

Auf großen, überstauten Flächen kann sich erheblicher Wellenschlag ausbilden, weshalb die Umfassungsdämme mit besonderer Sorgfalt angelegt werden müssen. Kronenbreite 60—100 cm, Kronenhöhe 40—50 cm über dem Stauspiegel, Böschungen 1 : 2 bis 1 : 3.

d) Die Stauberieselung

vermeidet den mit der Überstauung verbundenen Nachteil dadurch, daß sie nicht mit stillstehendem, sondern mit, wenn auch nur langsam, bewegtem Wasser bewässert. Das Gebiet wird durch Dämme in Abteilungen (Polder) geteilt. Innerhalb eines Polders soll das Gelände möglichst gleich hoch liegen und eben sein. Die Stauschleuse im Flusse steht neben dem höchsten Polder und füllt diesen. Durch Verteilgräben ist dafür gesorgt, daß das Wasser zunächst den höchsten Stellen im Polder zukommt und dann von diesen in möglichst dünner Schicht nach den tieferen herabrieselt. So wird das Wasser in innige Berührung mit der Luft gebracht, um den dabei aufgenommenen Sauerstoff an Pflanzen und Boden abzugeben. Vor dem nächsten Unterdamm sammelt sich das Wasser und gelangt durch zahlreiche Dammsiele, die immer wieder über den höchsten Geländestellen angelegt werden, oder über breite Überläufe in den Dämmen in die nächst untere Abteilung, und die Leitung des Wassers über die folgenden Abteilungen vollzieht sich in derselben Weise, bis das letzte Abwasser in den Fluß zurückgeleitet wird. Die Erfahrung hat gelehrt, daß diese Bewässerung bei Anlage zu großer Polder versagte, doch überall da von gutem Erfolge begleitet war, wo bei kleineren Poldern (nicht über 10—15 ha) für eine lebhaft fließende Bewegung des Wassers in allen Teilen gesorgt werden konnte. Durch Verbauung flacher Mulden mit niedrigen und flachgeböschten Dämmen kann die gleichmäßige Überrieselung aller Flächenteile noch wirksam gefördert werden. Bei lang gestreckten Gebieten ist auch hier dafür zu sorgen, daß den unteren Abteilungen frisches Wasser zugeleitet werden kann.

Dies System ist da angezeigt, wo man mit kleiner Wassermenge ein großes Gebiet versorgen will. Baurat Heß, der es zuerst in großem Umfange in der Provinz Hannover (**19**. 600, **63**. III. 133) anwandte, rechnete den Wasserbedarf zu 15 bis 20 l/s für 1 ha. Neuerdings ist nach demselben Systeme die etwa 10000.ha große Bewässerung an der Netze entstanden.

Die gedachten Anlagen haben teils Marsch-, teils stark moorigen (Bruch-) Boden. Beide Bodenarten sind ziemlich undurchlassend. Bei durchlassendem Boden ist ein höherer Wasserbedarf zu erwarten. Wenn dieser auch wiederum von der Höhe des natürlichen Grundwasserstandes in hohem Maße abhängen wird, so ist es doch nicht möglich, allgemein gültige Zahlen dafür anzugeben. Da aber die richtige Abschätzung des Wasserbedarfs für die Ausgestaltung der ganzen Anlage von hoher Bedeutung ist (Größe der Polder, Zahl der Durchlässe in den Polderdämmen usw.), so sollte man bei bedeutenderen Anlagen wenigstens Versuche zu seiner Ermittelung anstellen, entweder ganz im kleinen (**41**. 42) oder besser in größerem Maßstabe, indem man ein Probebecken durch Pumpen füllt. Eine große Anlage verbraucht unter sonst gleichen Verhältnissen jedenfalls weniger Wasser als bei solchen Versuchen ermittelt wird, da sie einen verhältnismäßig geringeren Umfang hat und das versickerte Bewässerungswasser über den Umfang hinaus in das Außenland eindringt.

Die Stauberieselung ist billig in Anlage und Betrieb und verursacht nicht sehr erhebliche Wirtschaftserschwernis, weil die Abteilungen große Ausdehnung haben.

e) Der Hangbau. (Rieselsystem.)

Das Wesen der Hangbewässerung besteht darin, daß einer einseitig geneigten Wiesentafel an der höchsten Linie Wasser zugeleitet wird, das von dort über den „Hang" nach der Ableitungsrinne hin rieselt.

α) Der natürliche Hangbau ist überall da am Platze, wo ein Wiesengelände mit $\geq 2\,^0/_0$ natürlichem Gefälle vorliegt. Dies Mindestgefäll hat sich als notwendig erwiesen,

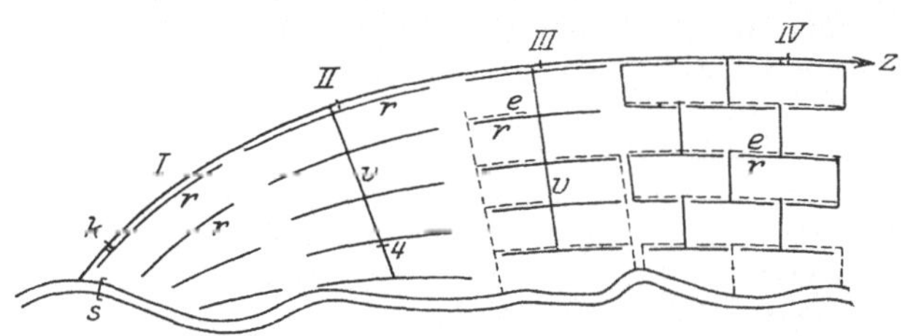

Abb. 145. Natürlicher Hangbau.

um noch ein, durch die Grasnarbe erschwertes, lebhaftes Überrieseln ohne zu große Versickerungsverluste zu erreichen. Die Gefällgrenze liegt bei sehr durchlassendem Boden höher und kann bei schwer durchlassendem noch etwas ermäßigt werden. Der Beiname „natürlich" kommt daher, daß das gewachsene Gelände ohne Umformung bewässert wird.

Aus der Stauschleuse *s* (Abb. 145) wird der Zuleiter *z* mit recht geringem Gefäll abgeleitet, um eine möglichst breite Fläche mit dem Wasser zu beherrschen. Durch seinen untern Seitendamm wird bei k das Wasser durch verschließbare Einlässe auf die Bewässerungsfläche abgezogen. Es gelangt zunächst in die höhere Geländelinien verfolgenden Verteilgräben v und von diesen in die fast gefällos, also fast gleichlaufend mit den Gelände-Schichtlinien anzulegenden Rieselrinnen r. Die oberste Rieselrinne liegt dicht neben dem Zuleiter z. Über die untere Kante der mit rechteckigem Querschnitte (etwa 15/20 cm groß) einzuschneidenden Rieselrinne schlägt das Wasser über und rieselt über den darunter liegenden Hang. Nach den Enden hin nimmt der Querschnitt der Rieselrinne entsprechend der verminderten Wasserführung ab, um ein recht gleichmäßiges Überschlagen über die Rieselkante zu erreichen.

Man unterscheidet vier Unterarten:

I mit unbeschränkter Wiederbenutzung des Wassers. Das über den ersten Hang gerieselte Wasser wird von der zweiten Rinne aufgefangen und über den zweiten Hang gerieselt usw. Hier fehlt die Verteilrinne.

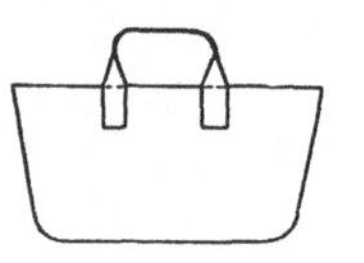

Abb. 146. Stechschutz.

II mit beliebiger Wiederbenutzung. Will man das Abwasser stets wieder benutzen, so schließt man die Verteilrinne unterhalb der Rieselrinnen mit einem Stechschieber (Abb. 146), auch mit eingelegten Steinen oder Rasenstücken, und die Rieselung vollzieht sich wie bei I. Will man aber z. B. Hang 4 und 5 mit Frischwasser versorgen, so baut man nur den Stechschieber 4 ein.

III mit Entwässerung. Erfordert die Schwere des Bodens besondere Entwässerung, so werden unmittelbar oberhalb der Rieselrinne r Abzugsrinnen e angelegt, die das über einen Hang abgerieselte Wasser unmittelbar zum Bache leiten. Man kann so eine Entwässerungsrinne über jeder Rieselrinne anlegen, wobei dann das Wasser immer nur auf einem Hange benutzt wird (Abb. 145. III. links), oder man legt die e bei jedem n-ten r an, womit eine n-fache Benutzung des Wassers verbunden ist. (Abb. 145. III rechts.)

IV endlich zeigt eine Verbindung von I und III mit wechselweise wiederholter Benutzung des Wassers über die ganze Hangreihe.

Die Hangtafeln erhalten eine Länge von 20—30 m an jeder Seite der Verteilrinne und 5—15 m Breite. Länge und Breite dürfen um so größer angelegt werden, je stärker das Gefäll, je ebener das Gelände in sich, je weniger durchlassend der Boden, je mehr und je besseres Wasser zur Verfügung steht. Sind auf den Hängen merkliche Unebenheiten vorhanden, oder wurden die Hänge zu breit angelegt, so daß das Wasser nicht in gleichmäßiger Schicht über sie fließt, so stellt man auf ihnen gefällose Sammelrinnen her, ohne Zusammenhang mit den Verteilrinnen, in denen sich das Rieselwasser sammelt, um von neuem in gleichmäßiger Schicht aufgeleitet zu werden.

Der unterste Hang darf sein Abwasser nicht breit über die Bachböschung zurückfließen lassen, weil dadurch die Böschung erweicht und beschädigt werden würde. Man muß vielmehr das Wasser an einzelnen, besonders zu sichernden Stellen zurückleiten.

Aus allem entnimmt man, daß der natürliche Hangbau, da die Grundrißform der Hänge krummlinig begrenzt sein darf, überaus anpassungsfähig an die gegebenen Geländeverhältnisse ist, wenn nur das allgemeine Gefäll ausreicht.

β) Der künstliche Hangbau kommt da in Frage, wo das zu bewässernde Wiesengelände entweder zu arm an Gefäll ist ($< 2\,^0/_0$) oder so uneben, daß die Oberfläche umgeformt werden muß. Ein Gewinn an Gefälle kann nur dadurch erreicht werden, daß man die Hangtafeln sägezahnartig übereinander anordnet (Abb. 147). In der Regel wählt man die Höhenverhältnisse so, daß die Abzugsrinne des n-ten Hanges dieselbe Höhe wie die Rieselrinne des $n + 2$-ten Hanges erhält. Dann kann das Abwasser nach dem unter 1. IV gedachten Systeme (Abb. 145) wiederholt benutzt werden. Das Gefäll der künstlichen Hänge macht man $\geq 4\,^0/_0$ mit Rücksicht darauf, daß der Boden durch den Umbau aufgelockert und der Pflanzendecke

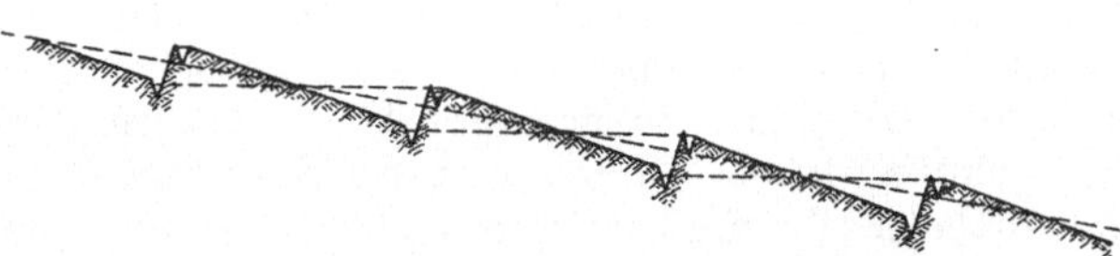

Abb. 147. Schnit durch künstlichen Hangbau.

beraubt und seine Versickerung vermehrt wurde. Um die Bodenbewegung einzuschränken, muß man zu erreichen suchen, daß Auf- und Abtrag tunlichst auch örtlich einander ausgleichen. Der Mutterboden muß unbedingt wieder auf die Oberfläche gebracht werden; denn es hält ohnehin schon schwer, auf dem umgebauten Boden wieder eine dichte Grasnarbe zu erzeugen.

Bezüglich der unter a besprochenen Einzelheiten ist der künstliche Hangbau von dem natürlichen nicht unterschieden.

f) Der Rückenbau

ist dadurch gekennzeichnet, daß zwei entgegengesetzte Wiesentafeln von einem auf der gemeinsamen Rückenlinie liegenden Rinne aus berieselt werden. Er ist da anzuwenden, wo eine Wiese durch Rieselung bewässert werden soll, das Gefäll ($< 2\,^0/_0$) aber nicht ausreicht, um natürlichen Hangbau anzulegen. Indes folgt schon aus der Form der Rücken, daß in der Natur nur ausnahmsweise solche Gebilde vorkommen, in der Regel also der Rückenbau durch Ab- und Auftrag künstlich hergestellt werden muß. Ein Rücken besteht also aus zwei Tafeln t (Abb. 148), die auf den Langseiten von je einer Rieselrinne r und einer Abzugsrinne e begrenzt werden, auf den Schmalseiten aber durch zwei dreieckige Zwickel, deren Neigung senkrecht zu denjenigen der Tafeln verläuft. Die Rieselrinnen werden durch den Zuleiter z gespeist, und die Abzugsrinnen münden in den Ableiter A.

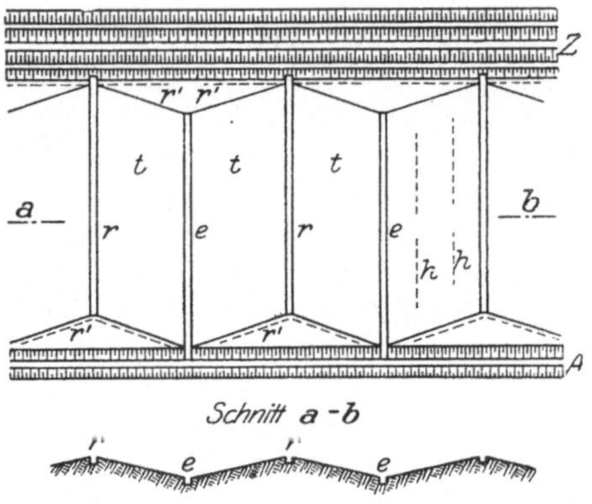

Abb. 148. Künstlicher Rückenbau.

Die Rieselrinne liegt entweder in sehr schwachem Gefäll ($2—3\,^0/_{00}$) oder oft ganz ohne solches, ebenso die First der Rückentafeln, die man in Richtung des natürlichen Geländegefälls anzulegen pflegt. Die Abzugsrinne und mit ihr die Entwässerungskante werden mit Gefäll ($5—10\,^0/_{00}$) angelegt. Da nun die Rückentafeln im Grundrisse die Form eines Parallelogramms haben, so folgt daraus, daß deren Oberfläche eine windschiefe Fläche bildet, deren Gefäll nach dem untern Ende hin zunimmt. Während der Querschnitt der senkrecht einzuschneidenden Rieselrinne von oben nach unten abnimmt, ändert sich der Querschnitt der Abzugsrinne in umgekehrtem Sinne. Die Abmessungen liegen zwischen 10—25 cm Breite und 10—15 cm Tiefe.

Die Länge der Rücken treibt man nicht gern über 50 m, weil bei größerer Länge das nötige, gleichmäßige Überschlagen des Wassers über die Rieselkante nicht mehr erreicht werden kann. Darauf muß aber großer Wert gelegt werden, da anders ein gleichmäßiger Graswuchs, also volle Ausnutzung der Anlage, nicht erreicht wird. Der richtigen Abmessung des Querschnittes der Rieselrinne muß daher große Sorgfalt gewidmet werden. Findet in ihrem Oberlaufe zu geringes Überschlagen des Wassers statt, so muß ihr Querschnitt durch Einbau von Rasenstücken oder Steinen verengt, im umgekehrten Falle muß er durch Nachgrabung erweitert werden.

Beschränkt wird ferner die Rückenlänge durch das Geländegefälle. Sie muß um so kleiner werden, je stärker das Gefäll ist, weil sonst die Erdarbeiten für Auf- und Abtrag zu groß und teuer würden. Schließlich ist auch noch die Bodenbeschaffenheit von Einfluß, insofern bei langen Rieselrinnen in stark durchlassendem Boden zu große Versickerungsverluste entstehen.

Als Rückenbreite bezeichnet man die Entfernung zwischen zwei benachbarten Rieselrinnen. Diese verteilt sich auf die zwei Rückentafeln, deren

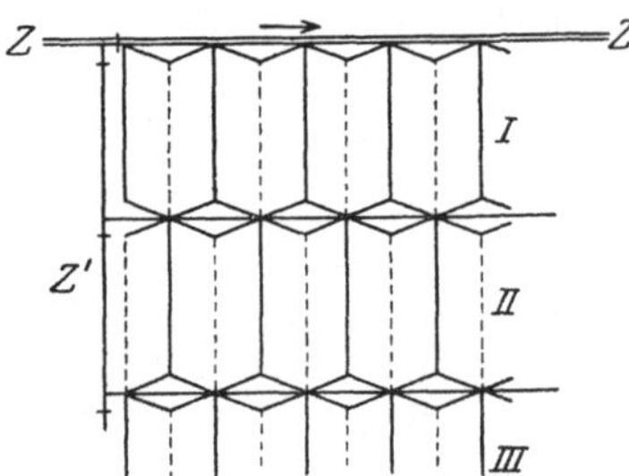

Abb. 149. Staffel-Rückenbau.

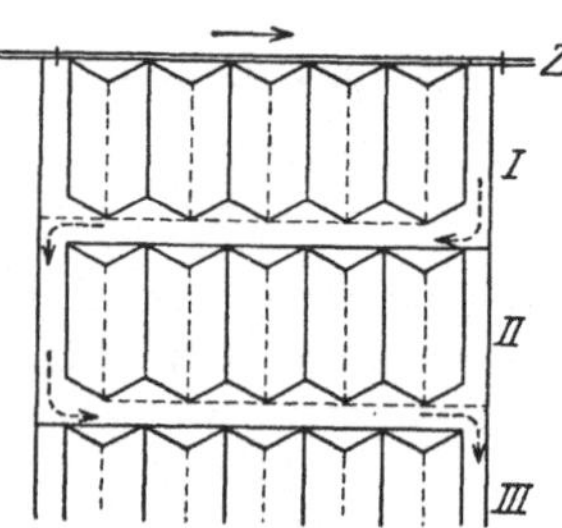

Abb. 150. Staffel-Rückenbau
in schwachem Gefälle.

Breite wieder man als ein Vielfaches aus der Schwadenbreite bestimmt, um die Arbeit der Mäher voll auszunutzen. So wechselt die Rückenbreite zwischen 6—30 m. Mit abnehmender Breite und Länge steigt mit der Dichtigkeit der Rinnen natürlich die Wirtschaftserschwernis, der Landverlust und die Unterhaltungslast. Andererseits steigen die Erdarbeiten mit der Rückenbreite. Mit dem Gefäll der Tafeln soll man nicht unter $4—8\,^{0}/_{0}$ herabgehen, weil sonst das Wasser nicht lebhaft genug rieselt und eine gleichmäßige Wasserverteilung über die ganze Rückenbreite nicht möglich ist, indem bei durchlassendem Boden schon in der Nähe der Rieselrinne zu viel Wasser versickert. Unbedingt muß der Rücken in seiner ganzen Breite oberirdisch überrieselt werden. Demnach muß die Breite des Rückens um so geringer, aber sein Gefäll um so stärker sein, je durchlassender der Boden, oder je geringer die verfügbare Wassermenge ist. Bei jeder Planbearbeitung für Rückenbau ist es wichtig, Länge, Breite und Gefäll der Rücken so zu bestimmen, daß die Erdarbeiten tunlichst gering werden.

Auf breiten Rücken fördert man die gleichmäßige Rieselung, ähnlich wie beim Hangbau (Abschn. K, S. 206) dadurch, daß man auf der Rückentafel zwischen Riesel- und Abzugsrinne noch besondere Fangrinnen (h in Abb. 148) gleichlaufend dem Rückenfirst einschneidet. Die beiden dreieckigen Zwickel des Rückens werden aus besonderen Seitenrinnen r' (Abb. 148) berieselt. Ist

das zu bewässernde Gelände breiter als die zulässige Rückenlänge, so werden
mehrere Rückenreihen hinter bzw. untereinander angeordnet. Ist das ursprüngliche Geländegefäll so stark, daß die Rieselrinnen der Staffel II dieselbe
Höhe erhalten wie die Abzugsrinne der Staffel I, so kann das Abwasser der
letzteren unmittelbar von den Rieselrinnen II aufgenommen werden (Abb. 149).
Es ist aber durch einen Zuleiter z' dafür zu sorgen, daß den unteren Staffeln
auch frisches Zuschußwasser gegeben werden kann. Wenn dagegen das Gefäll
so schwach ist, daß bei diesem Verfahren die Vorflut für die obere Staffel
leiden müßte, so erfolgt die Wiederbenutzung des Wassers erst in der dritten
oder vierten Staffel (Abb. 150). Zwischen diesen Staffeln pflegt man die Heu-
abfuhrwege anzulegen.

Eine für die Bewirtschaftung sehr bequeme Form bildet der Stockwerksrückenbau. Bei ihm liegen die Rücken in der Richtung des Geländegefälls, teils im Einschnitt, teils im Auftrage in großer Länge durch
das ganze Bewässerungsgebiet rei-
chend. Jeder Rücken ist für sich
derart gestaffelt, daß der Übergang zur anderen Höhe mit einem
sanft geneigten Hange vermittelt
wird (Abb. 151). Auf der First
liegt ein durchgehender Verteilgraben v, aus dem zwei Rieselrinnen r unmittelbar neben diesem
gespeist werden, die nur über je
eine Staffel reichen. Die zwischen
den Rücken vorhandene Abzugsrinne a endet bei der oberen

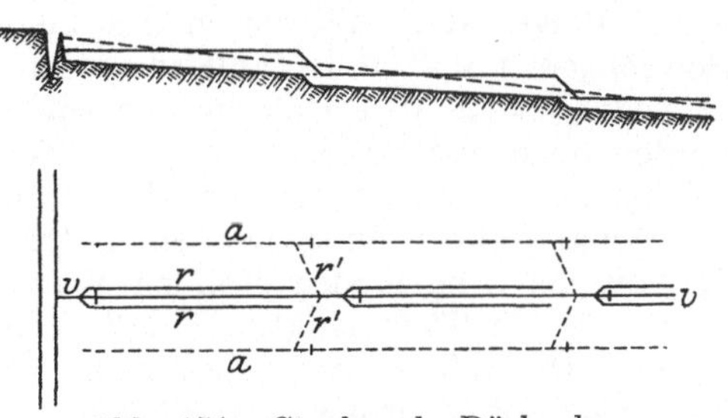

Abb. 151.   Stockwerks-Rückenbau.

Staffel in der Höhe der Rieselrinne der nächst unteren. Sie ist mit dieser
durch eine auf dem Übergangshange wagerecht eingeschnittene Rinne
verbunden, so daß das Abwasser der oberen Staffel in der zunächst unteren
wieder benutzt werden kann (**83**. I. 2. 588, **19**. I. 544).

Manchmal sind die Staffeln auch so angelegt, daß in der Verlängerung
einer First in der nächsten Staffel eine Abzugsrinne folgt und umgekehrt.
Dann unterscheidet sich der Stockwerksrückenbau nicht mehr von dem vorhin
besprochenen Kunstrückenbau (Abb. 149).

Der natürliche Rückenbau wird meistens nicht als Endziel, sondern
als Vorbereitungsform zu dem eigentlichen Rückenbau angelegt. An der
Stelle, wo die Abzugsrinnen liegen sollen, schält man den Rasen in größerer
Breite (1—2 m) und baut aus den Rasenstücken in der Mitte zwischen zwei
Abzugsrinnen eine Rieselrinne auf. Dieser Aufbau wird verstärkt mit dem
Aushube aus einem sanft geböschten flachen Graben, der unter dem abge-
stochenen Rasen ausgehoben wird. Die Verstärkung wird ebenfalls flach
geböscht, die Rückentafeln vorbereitend. Von Zeit zu Zeit wird der Ausbau
mit der Räumungserde aus den Gräben oder mit besonders angefahrener Erde
bis zur Vollendung fortgesetzt. Der sehr langsame Baufortschritt erfährt dann
einige Beschleunigung, wenn das Rieselwasser viele Sinkstoffe mit sich führt,
wie das bei Rieselung mit Schmutzwassar der Fall ist.

g) Dränbewässerung.

Bewässerung und Dränung je für sich allein stellen eine einseitige Meliorationsform dar. Eine bezüglich des Wasserhaushalts im Boden vollkommene
Melioration erreicht man erst dann, wenn man mit der Dränung eine Bewässerung verbindet, derart, daß man in der Lage ist, je nach Bedarf Ent-

und Bewässerung wechseln zu lassen, und das erreicht man am vollkommensten mit der Dränbewässerung.

Sie ist nicht dadurch gekennzeichnet, daß neben der Bewässerung irgendwelcher Art eine Dränung besteht, sondern dadurch, daß die Dränung selbst Anteil an der Bewässerung nimmt. Das wird dadurch erreicht, daß man sie mit Stauventilen ausstattet, die nach Bedarf geschlossen oder geöffnet werden. Die Dräns sind nahezu wagerecht anzulegen, um die Stauwirkung eines Ventils recht weit zu erstrecken. Das aufgestaute Wasser tritt aus den Stoßfugen der Dräns in den Untergrund. Je durchlassender der Boden ist, um so näher liegt die Gefahr, daß das Stauwasser oberhalb des Ventils dieses im Boden auf kürzestem Wege umfließt und dem Rohrstrange unterhalb wieder zuströmt, also ohne wesentlich zur Durchfeuchtung des Bodens beigetragen zu haben. Das verhütet man nach Möglichkeit dadurch, daß man 5—10 m oberhalb des Ventils den Röhrenstrang mit dichten Stoßfugen anlegt, indem man diese Länge aus Tonmuffenröhren herstellt, oder die Stoßfugen der Dränröhren mit Zement dichtet. Eine Umhüllung dieser Rohrlängen mit Ton ist außerdem empfehlenswert. Zur Bewässerung dient entweder das in den Röhren sich sammelnde Grundwasser, oder die Röhren werden oben aus einer Wasserstelle (Teich, Fluß usw.) gespeist. Solche unterirdische Bewässerung verspricht aber nur dann vollen Erfolg, wenn der Untergrund unter den Röhren einigermaßen undurchlassend ist, weil sonst der Hauptteil des aus den Fugen austretenden Wassers, dem Gesetze der Schwere folgend, leichter in die Tiefe sinkt, als daß es in anderer Richtung den Boden durchdringt. Deshalb ist es auch üblich und in der Wirkung sicherer, wenn man über der mit Ventilen ausgestatteten Querdränung eine oberirdische Hangrieselung einrichtet.

Die Dränbewässerung wurde zuerst von Petersen in Wittkiel angegeben und seit den 1860er Jahren vielfach da angewendet, wo ganz hohe Wiesenkultur eingeführt werden sollte. Die Saugedräns und Rieselrinnen liegen gleichlaufend zueinander und nahezu wagerecht. Man gibt ihnen nur 2—$3\,^0/_{00}$ Gefäll bei 1—1,2 m Tiefe. Ihre Entfernung ist nach der Beschaffenheit des Bodens und seinem Oberflächengefäll zu bemessen, d, h. nach den beim Hangbau besprochenen Regeln. Die Saugedräns münden in Sammler, die, in Geländefalten liegend, dem stärksten Gefäll folgen. In diese werden die Stauventile eingebaut und zwar in solchen Entfernungen, daß der Stau bis zum nächst oberen Ventile noch genügend hoch reicht, um die Pflanzenwurzeln ausreichend mit Wasser zu versorgen. Die Entfernung der Ventile kann also um so größer sein, je sanfter der zu bewässernde Hang geneigt ist.

Über dem Ventile sind senkrechte Rohrstutzen aus Tonröhren eingebaut, in denen der jeweilige Grundwasserstand erkannt werden kann. Man treibt auch den Aufstau soweit, daß das Grundwasser oben aus diesen Standröhren austritt, um den Rieselrinnen zugeleitet zu werden.

Abb. 152 stellt eine unterirdische Bewässerung mit Speisung aus einem Teiche oder einer Quelle T dar. Der Sammler wird bei E aus dem Teiche gespeist. Der Einlaß E ist gehörig zu sichern, damit keine Unreinigkeiten in den Sammler gelangen, die ihn verstopfen könnten. Der Sammler mündet bei A aus in einen Vorfluter A und enthält die Stauventile V.

Das System Wichulla bezweckt ebenfalls nur eine Anfeuchtung des Untergrundes, ist aber von den anderen wesentlich dadurch unterschieden, daß es für Be- und Entwässerung zwei getrennte Scharen von Dräns anwendet (Abb. 153). Das Bewässerungsnetz (volle Linien) besteht aus dem Sammler EA, der bei E aus einer Wasserstelle gespeist wird und bei A in

den Vorfluter mündet; an ihn schließen die Verteildräns. Diese sollen in
8—15 m Abstand liegen, und zwar um so enger, je durchlassender der Boden
ist. Über die Länge des Sammlers sind die Stauventile V, dem Oberflächen-
gefäll angemessen, verteilt. Zwischen den Bewässerungsdräns liegen die
Sauger (punktierte Linien), die in zwei nach dem Vorfluter entwässernde
Sammler münden. Auch diese sind mit Stauventilen ausgestattet. Sämtliche
Stränge haben an ihren Enden senkrechte, bis an die Oberfläche reichende
Rohrstutzen, welche zur Erkennung des Grundwasserstandes dienen, auch die
Durchlüftung des Bodens fördern sollen. Verteilstränge wie Sauger liegen
im Kleinstgefälle nach den Sammlern, die dem Oberflächengefäll gleich-
laufend verlegt werden. Die Tiefe der Verteilstränge beträgt 0,8—1,0 m, die
der Sauger 0,3—0,4 m mehr.

Soll gewässert werden, so ist v_1 zu schließen und c zu öffnen. Strang 1
und 2 werden mit Wasser gefüllt, was von diesen nach 1′ und 2′ durch
den Boden sickert. Erkennt man an den Rohrstutzen, daß die Bewässerung
genügend gefördert wurde, so werden v_2 und $v_2′$ geschlossen und v_1 und $v_1′$
geöffnet usw., bis das ganze Gebiet durchfeuchtet wurde, wonach sämtliche

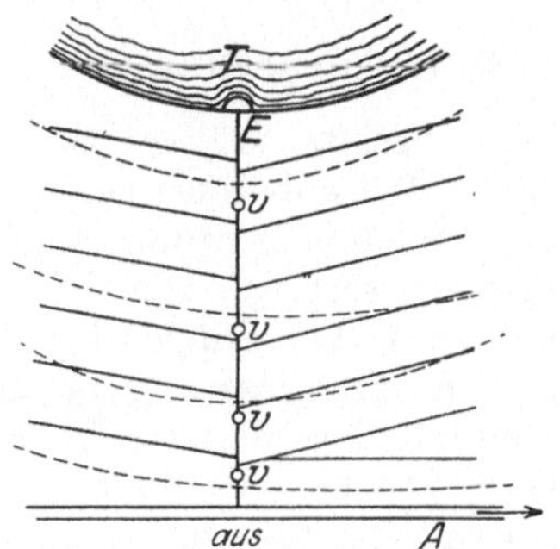

Abb. 152. Dränbewässerung.

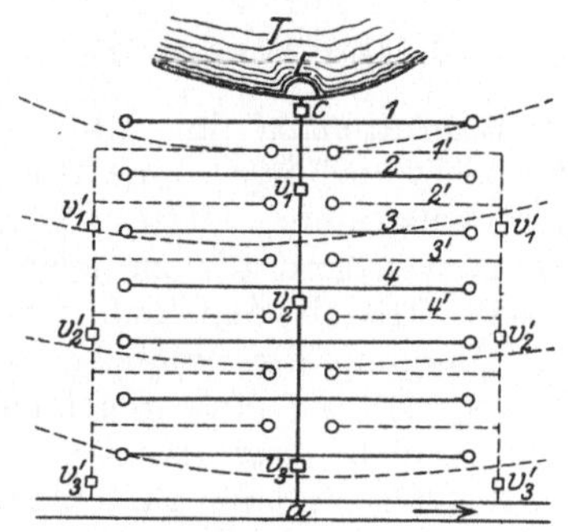

Abb. 153. Dränbewässerung nach
Wichulla.

Ventile zwecks gründlicher Entwässerung und Durchlüftung des Bodens zu
öffnen sind. Bei Zufuhr von Jauche oder Düngersalzlösung in den Schacht C
ist man in der Lage, eine Untergrundsdüngung mit der Bewässerung zu
verbinden.

Alle Untergrunds- (Dränungs-) Bewässerungen haben bei schwer durchlassendem Boden den Vorteil der sparsamen Wasserausnutzung, d. h. man
kann mit kleiner Wassermenge eine verhältnismäßig große Fläche versorgen;
sie arbeiten dagegen auf leicht durchlassendem Boden mit Wasserverschwendung oder bleiben gar wirkungslos. Außerdem verbinden sie eine vorzüg-
liche Entwässerung und Durchlüftung mit der Bewässerung, so daß auch
ganz schwere Böden ohne Gefahr der Versumpfung· nach diesem Verfahren
bewässert werden dürfen. Ein Bedenken gegen sie besteht aber darin, daß
in die mit Stauwasser gefüllten Dräns durch die Stoßfugen leicht Boden
eindringt und die Röhren verstopft. Zwar hat man durch Handhabung der
Stauventile ein Mittel, einen kräftigen Spülstrom zu erzeugen und damit
den Bodenablagerungen in den Röhren entgegenzuwirken, doch versagt
dies Mittel oft in feinsandigen Böden, die zum Treiben neigen. Zu allem
kommt noch, daß die Pflanzenwurzel, angelockt durch das zugeleitete
Wasser, leicht in die Dräns wachsen und diese verstopfen oder gar (Baumwurzeln) zersprengen.

h) Die Spritzbewässerung (Beregnung).

Es liegt der Gedanke nicht fern, auch die Wiesenbewässerung durch Bespritzung zu besorgen. Das regenartig fein verteilte, durch die Luft fallende Wasser wird stark mit Sauerstoff angereichert, ist also sehr wirkungsvoll, die Wiesen erfordern keinerlei Umbau oder Vorbereitung, das Wasser wird nur in solcher Menge gegeben, wie es jeweilig zur Anfeuchtung nötig ist, es sickert sofort in den Boden ein, wird also durchaus gleichmäßig verteilt und daher verlustlos ausgenutzt. Das Verfahren bietet also mancherlei Vorteile besonders da, wo Wasser sehr knapp ist. Diesen Vorteilen steht nur der Nachteil gegenüber, daß das Wasser nur unter hohem Drucke verspritzt bzw. verregnet werden kann, und die Erzeugung des Drucks macht das Wasser teuer.

Deshalb ist dies Verfahren über Versuche noch nicht hinausgekommen (**55**. IV. 123). Diese ergaben trotz der ungeheuren Ertragssteigerung, die bis zu 60,2 dz/ha Heu ging, nur 5,2 Pf. Nutzen für 1 cbm Wasser, während die Selbstkosten selbst im Großbetriebe zu etwa 7 Pf./cbm zu veranschlagen sind. Indes sind die Versuche noch nicht abschließend und verdienen fortgesetzt zu werden.

2. Der Wasserbedarf für Wiesenbewässerung.

Der Wasserbedarf im allgemeinen wurde bereits früher (S. 20, 192) besprochen; es erübrigt nur noch ihn für Wiesenbewässerung im besondern zu behandeln. Man hat zu unterscheiden die erforderliche Wassermenge im ganzen und die zu jeder einzelnen Bewässerung. Die erstere muß so groß sein, daß sie den Bedarf zum Tränken und (bei düngender Bewässerung) zur Düngung der Pflanzen deckt. Die Einzelbewässerung ist so stark zu bemessen, daß sie eine gleichmäßige Verteilung des Wassers über die zu bewässernde Fläche gestattet trotz der unvermeidlichen Verluste. Eine zu starke Aufleitung in der Zeiteinheit würde den Nachteil mit sich bringen, daß die Zuleiter und Ableiter in sehr großen Abmessungen hergestellt werden müßten, womit eine unnötige Steigerung der Anlagekosten verbunden sein würde.

Es liegt auf der Hand, daß diese vielseitigen Erwägungen nicht auf theoretischem Wege beantwortet werden können; man hat aber gewisse Zahlen auf Grund praktischer Erfahrungen gewonnen. Maßgebend sind folgende Verhältnisse:

a) Art der Bewässerung, ob nur anfeuchtend oder auch düngend bewässert werden soll. Auch das System der Bewässerung ist entscheidend. Für anfeuchtende Bewässerung genügt eine geringere Wassermenge als für düngende. Für erstere rechnet man in Deutschland und in Oberitalien 1 sl/ha durch die ganze Anfeuchtungszeit, und das sind 86,4 cbm für 1 ha oder 8,6 mm täglich.

b) Die Güte des Wassers, d. h. dessen Gehalt an Pflanzennährstoffen. In Deutschland rechnet man nach Dünkelberg (**12**. 72) bei gutem Wasser eine düngende Bewässerung von:

$$40\text{—}50 \text{ sl/ha als ausgezeichnet,}$$
$$35 \text{ \textquotedbl \quad \textquotedbl sehr gut,}$$
$$28 \text{ \textquotedbl \quad \textquotedbl gut,}$$
$$17 \text{ \textquotedbl \quad \textquotedbl genügend.}$$

c) Die Bodenbeschaffenheit ist insofern von großem Einflusse, als bei leicht durchlassendem Boden wegen der unvermeidlichen Versickerungsverluste zur Zeit weit größere Wassermengen aufgeleitet werden müssen, um eine gleichmäßige Verteilung zu erreichen, als bei schwerer durchlassendem Boden. Bei teilweise durch Auftrag hergestellten Rücken auf Sandboden von nur .7 m Tafelbreite bei 0,4 m Gefälle mußte auf dem Versuchsfelde zu Dratzig die Aufleitung bis 400 l/s gesteigert werden, damit das Wasser nicht versickerte, bevor es die Entwässerungsrinne erreichte (55. IV. 96). An derselben Stelle wurde bei Überstau eine Versickerungsgeschwindigkeit von 0,65 mm/min festgestellt, das sind 6500 l/ha oder 110 l/s für 1 ha. Diese Zahlen übertreffen die oben angegebenen von Dünkelberg bei weitem, dürfen aber auch wohl wegen des sehr durchlassenden Bodens auf dem Versuchsfelde als Größtwerte angesehen werden. Wenn auch im Laufe der Jahre eine wesentliche Abnahme der benötigten Wassermenge zu erwarten ist, weil der Boden allmählich. durch die im Wasser mitgeführten Schwebeteile und die humifizierten Pflanzenreste gedichtet wird, so mahnen diese hohen Verbrauchszahlen doch sehr zur Vorsicht, und es ist daher ratsam, die Einrichtung so zu treffen, daß die verfügbare Wassermenge auf kleine Flächenabschnitte vereinigt werden kann. Vincent nimmt an, daß die erforderliche Wassermenge mit der zunehmenden Breite der Rücken und Hänge abnimmt (60. 246). Das ist nur dadurch zu erklären, daß die Sickerverluste unter der Rieselrinne für breite und schmale Tafeln ziemlich gleich sind.

Auch die Fruchtbarkeit des Bodens übt großen Einfluß auf den Wasserbedarf; denn es ist eine bekannte Erscheinung, daß ein Boden in gutem Düngungszustande das Wasser besser ausnutzt als ein armer, also auch weniger Wasser braucht.

d) Je größer das Gefäll, um so geringer darf die Wassermenge sein, die noch eine gleichmäßige Verteilung gestattet.

e) Die Wasserverluste und damit die Aufleitung in der Zeiteinheit wachsen mit der Tiefe des Grundwasserstandes. Heß rechnete für die in der Provinz Hannover nach dem System der Stauberieselung angelegten Wiesenmeliorationen den Wasserbedarf zu 15—20 l/ha. Für anfeuchtende Bewässerung ermittelte Heuschmidt unter bayerischen Verhältnissen den Wasserbedarf:

bei schwerem Lehmboden zu . . . . 2 Gaben von 140 mm.
bei mittelschwerem Boden zu 3   „   „   160 „
bei sandigem Lehm oder lehmigem Sande zu 4—5   „   „   160 „

In Frankreich rechnet man die Jahreszeit für anfeuchtende Bewässerung vom April bis September gleich 183 Tage (60. 286). In dieser Zeit gibt man bei 1 l/ha Zulauf 15—23 Bewässerungen von je 6 Stunden und zu je 650 cbm/ha, so daß im ganzen Jahre gegen 15000 cbm/ha gegeben werden.

Gasparin hält in Rücksicht auf die verschiedene Bodenbeschaffenheit folgende Bewässerung für nötig:

Boden mit Sand %	Bewässerung von 80—100 mm nach Tagen	Wasserbedarf in 183 Tagen mm
20	15	1200
40	11	1600
60	6	3000
80	3	6000

In noch wesentlich weiteren Grenzen schwanken die Zahlen für den Wasserverbrauch zur düngenden Wiesenbewässerung. So gibt man in der berühmten Bewässerungsanlage Belgische Campine in zwölf Sommer- und sechs Winterbewässerungen nahezu 10 m Wasserhöhe im Jahre. Für deutsche Verhältnisse kann die Aufleitung von 10 m im Jahr schon als recht gute düngende Bewässerung angesehen werden. Bei Wassermangel muß man künstliche Düngung anwenden und kann damit die Meliorationsfläche wesentlich ausdehnen; denn zur Anfeuchtung genügen 1—1,5 m.

Bei den vorstehend gedachten mannigfachen Einflüssen, welche die Höhe des Wasserbedarfs bestimmen, ist es überaus schwierig (wenn überhaupt möglich), aus den in so sehr weiten Grenzen schwankenden Zahlen für einen gegebenen Fall den Bedarf zutreffend zu bestimmen. Von hohem Einflusse darauf ist auch noch der Betrieb der Bewässerung: ob das Wasser und wie oft wieder benutzt wird, in wie vielfachem Umlaufe man bewässert usw., und diese Angaben fehlen meistens in den Quellen. Daher muß dringend empfohlen werden, vor Einrichtung einer Bewässerungsanlage auf Grund einer gegebenen Wassermenge unter ähnlichen Verhältnissen betriebene Anlagen gebührend zu Rate zu ziehen. Friedrich (19. I. 440) versucht für gegebene Boden- und Gefällverhältnisse den Wasserbedarf allein durch Rechnung zu bestimmen.

3. Der Bewässerungsbetrieb.

Man unterscheidet eine düngende Bewässerung, die im Frühling, Herbst und Winter gegeben wird, und die anfeuchtende Sommerbewässerung.

Die wichtigste düngende Bewässerung fällt in den Herbst, also in die Zeit nach Eintritt der Wachtumsruhe und vor Beginn des Frostes, im wesentlichen also in die Monate Oktober und November. Um diese Zeit ist Flußwasser am reichsten an Pflanzennährstoffen; denn der Acker ist zur Winterung frisch gedüngt und aufgelockert, jeder Regenguß bringt daher Nährstoffe vom Acker in die Gewässer; deshalb sollte die Herbstwässerung so ausgedehnt wie nur möglich ausgeübt werden. Rechtzeitig vor Beginn des Frostes muß man die Bewässerung abstellen, weil die Wiesenpflanzen darunter leiden, wenn sie mit Eis bedeckt werden. Sofern man bei der Bewässerung vom Frost überrascht wurde, kann man eine kurze Frostzeit durch Fortsetzung der Bewässerung unschädlich machen, weil dadurch die Eisbildung bekämpft wird. Indes kann man auch das Übel damit verschlimmern, wenn nämlich die Frostzeit länger und härter ausfällt, als zu erwarten war. Die Bewässerung vermehrt dann die Eismenge auf der Wiese, und die bei Frostwetter immer mehr abnehmende Wasserführung in den Flüssen macht es schließlich unmöglich, sie aufzutauen.

Von der Winterbewässerung kann nur in Landstrichen mit mildem Klima Gebrauch gemacht werden. Sonst besteht die Gefahr des Einfrierens. Wo das Wasser knapp, muß man sie indes nach Möglichkeit ausnutzen.

Die Frühlingswässerung beginnt nach Aufhören der zusammenhängenden Frostzeit, in Deutschland also im März, und reicht bis in den Mai. Sie hat nicht den Zweck der Düngung, sondern dient in erster Reihe dazu, die im Winter gesammelten Nährstoffe aufzuschließen. Man beginnt mit der Bewässerung, sobald das Wasser wärmer ist als die Luft; denn im Frühling ist Wärme eine besonders wichtige Wachstumsbedingung. Im Frühling soll nicht lange hintereinander bewässert werden, vielmehr empfiehlt es sich, nach einem Tage der Bewässerung diese mehrere (5—8) Tage lang abzustellen, und zwar ist die Bewässerung um so kürzer und seltener zu geben, je wärmer die Luft und je schwerer der Boden ist. Um die Bodenerwärmung durch die warme Luft zu fördern, gibt man die nötige Bewässerung gern während der Nacht und bekämpft damit, gleichzeitig die so gefährlichen Spätfröste, die besonders in hellen Nächten aufzutreten pflegen. Die Frühlingsbewässerung muß aufhören, sobald das Gras schoßt.

Die Sommerwässerung besteht meistens in Grundanfeuchtung durch Vollhalten der Gräben. Dabei ist wohl zu beachten, daß das Grundwasser zwischen den Gräben durchaus nicht in derselben Höhe liegt, wie der freie Wasserspiegel in ihnen. Während der Wachstumsruhe steht das Grundwasser zwischen den Gräben meistens höher als in diesen. Während der Wachstumszeit ist die Spiegelform des Grundwassers nicht selten umgekehrt, wenn nämlich die Pflanzen mehr Wasser gebrauchen, als von den Gräben aus durch den Boden nachdringen kann. Es ist immer bedenklich, das demnächst zu schneidende Gras zu überrieseln, weil es durch anhaftende Schmutzteile minderwertig werden kann. Aber man gibt gern eine Anfeuchtung unmittelbar vor dem Mähen; denn danach werden die Gräser strotzend und erleichtern den Schnitt. Gründliche Anfeuchtung unmittelbar nach der ersten Aberntung ist ratsam. Sie verhindert zu starke Ausdörrung des nackten Bodens durch die Sonnenstrahlen. Selbst nach der Grummeternte ist in trockenem Herbste Anfeuchtung ratsam. Die in den meisten Lehrbüchern vertretene Ansicht, man solle nicht gleich nach dem Schnitte bewässern, weil das Gras leicht ausfaule, kann ich auf Grund meiner Beobachtungen nicht teilen. Die Tatsache müßte in regenreichen Jahren geradezu verhängnisvoll für den Wiesenbestand werden.

Es ist unerläßlich, daß die Bewässerung, d. h. die Umstellung des Wassers von einem unparteiischen Wiesenwärter besorgt wird, der die Wasserverteilung nach einer bestimmten Wässerordnung auszuführen hat. Eingriffe der beteiligten Grundbesitzer in den Bewässerungsbetrieb sind unter Strafe zu stellen.

4. Die Bedeutung der verschiedenen Bodenarten.

Am besten ist lehmiger Sand und Sand für Bewässerung geeignet; nur darf dieser nicht zu durchlassend sein, um nicht die gleichmäßige Verteilung des Wassers zu sehr zu erschweren; er muß auch eine gewisse wasserhaltende Kraft haben, um die Anfeuchtung nachhaltend zu machen. Sand mit etwas Gehalt an Lehm oder Humus sind daher dem reinen Sande vorzuziehen. Ein großer Vorteil dieser leichteren Böden liegt darin, daß sie unter allen Umständen eine sichere Entwässerung gestatten und nach Untersuchungen von König (38. 68) die im Wasser zugeleiteten Pflanzennährstoffe in hohem Maße ausnutzen. Aus diesen Ursachen stehen die Erträge von bewässerten Sandwiesen denen von reichen Böden kaum nach, während sie im ursprünglichen Zustande diesen weit unterlegen sind. Die Bewässerung von Moorboden verdient Mißtrauen und Vorsicht; denn sie hat schon viele Mißerfolge gezeitigt. Die hohe wasserhaltende Kraft des Moores macht dessen Anfeuchtung allermeist entbehrlich und das aufgeleitete Wasser wird so schwer von dem Moore wieder abgegeben, daß vielfach die Schäden einer Versumpfung als Folge der Bewässerung in die Erscheinung treten. Man sollte daher an eine Bewässerung des Moores nur dann herangehen, wenn es verhältnismäßig durchlassend ist, seine gründliche Entwässerung unter allen Umständen sichergestellt ist und ein sehr dungreiches Wasser zur Verfügung steht, und zwar besonders reich an Kali oder Phosphorsäure; denn Stickstoff steht im Moore so reichlich zur Verfügung, daß er nicht zugeführt zu werden braucht. Aus diesem Grunde verzichtet man meistens besser auf eine regelrechte Bewässerung und kommt mit Beidüngung und nötigenfalls gleichzeitiger Grundanfeuchtung durch Grabeneinstau weiter. Ähnliche Vorsicht verdienen die schweren Lehm- und Tonböden.

L. Die Bewässerung mit Schmutzwasser (Abwasser).

Alle aus Städten und Fabriken entstehenden Abwässer sind stark verunreinigt und müssen aus gesundheitlichen Gründen gereinigt werden, bevor sie in die öffentlichen Wasserläufe gelangen[1]). Man nimmt diese Reinigung teils auf mechanischem, teils auf chemischem Wege vor, verbindet auch wohl beide Verfahren miteinander. Die Reinigung bildet dabei den Hauptzweck; sie verursacht nur Kosten, keine Einnahmen. Von allen Verfahren zur Reinigung der Abwässer mit organischen Beimengungen hat sich nach allen Erfahrungen die Verwendung des Schmutzwassers zu landwirtschaftlicher Bewässerung am besten bewährt. Damit wurde nicht nur die gründlichste Reinigung erzielt, sondern auch gewisse Einnahmen, welche die mit der notwendigen Reinigung verbundenen Kosten, zum Teil wenigstens, decken. Ihre Wirkung besteht in der Zurückhaltung der in dem Wasser vorhandenen Schmutzstoffe durch Filtration und Absorption im Boden, sowie durch biologischen Umbau dieser Stoffe in Pflanzennahrung.

Für derartige Reinigung durch Rieselung kommen alle die Abwässer in Betracht, die Pflanzennährstoffe ohne den Pflanzen schädliche Beimengungen enthalten (s. C, S. 182) und sie kann oder sollte überall da angewandt werden, wo in erreichbarer Nähe der Entstehungsstellen von Schmutzwasser für die Bewässerung geeignete Flächen vorhanden sind. Die Eignung des Bewässerungsfeldes richtet sich nach dessen Oberflächengestaltung und Bodenbeschaffenheit. Die Oberfläche muß so geartet sein, daß der Leitung und Verteilung des Wassers möglichst geringe Schwierigkeiten entgegenstehen. Erheblicher Umbau der Bodenfläche würde die Kosten zu sehr vermehren und die Einträglichkeit herabdrücken. Mit Einebnungsarbeiten ist meistens auch Verschlechterung des Bodens verbunden, weil es nie gelingt, die gute Mutterbodenschaft wieder so gleichmäßig obenauf auszubreiten, wie sie ehemals lag. Der Boden muß neben angemessener Filtrierfähigkeit gute Durchlüftung besitzen; denn die den Umbau der Schmutzstoffe besorgenden Bodenbakterien sind sauerstoffliebend, sie bedürfen ihn notwendig, um sich genügend üppig zu entwickeln und zu vermehren. Grober Sand ist wenig geeignet, weil er zu geringe Wassermengen festhält und zu schnell filtriert, um den Bakterien hinreichend Zeit für die Umformung der Schmutzstoffe zu gewähren; dazu hat der Sand ein sehr beschränktes Absorptionsvermögen für die im Wasser gelösten Mineralsalze. Schwerer, undurchlassender Boden hat wieder zu geringe Filtrierfähigkeit und zu geringe Luftkapazität, um den Bakterien freudige Entwickelung zu gewähren. Die günstigsten Eigenschaften in beiden Beziehungen hat ein lehmiger Sand oder stark sandiger Lehm.

Wie die Filtration die Reinigung allein nicht besorgen kann, erkennt man daran, daß bei Aufleitung zu großer Wassermenge auf die Flächeneinheit sich auf der Oberfläche eine schlickartige, speckige Schicht ablagert, die den Pflanzenwuchs schädigt. Diese Schicht hindert die Durchlüftung und damit die Entwicklung der nützlichen Bakterien. Man nennt daher das zu starke Rieseln, als dessen Folge diese Schicht entsteht, bezeichnenderweise „Totrieseln". Diese Schichtbildung wird vermieden, wenn man mit

---

[1]) Über den Gehalt der Abwasser an Schmutz- bzw. Pflanzennährstoffen s. Abschnitt C, S. 182 ff.

dem Wasser nur soviel Schmutzstoffe zuführt, wie die Bodenbakterien verarbeiten und die Pflanzen aufnehmen können. Sie wird ferner dadurch vermindert, daß man das Schmutzwasser von den gröbsten Schwebestoffen befreit, bevor es zur Rieselung aufgeleitet wird. Das geschieht dadurch, daß man das Wasser nötigt, zunächst Rechen zu durchfließen, durch welche die allergröbsten Schwebestoffe zurückgehalten werden. Eine weitere Vorklärung erfolgt auf dem Felde in Absetzbecken, in denen infolge verminderter Wassergeschwindigkeit auch feinere Schwebestoffe zu Boden sinken. Die vor den Rechen und in den Absetzbecken gesammelten Sinkstoffe werden kompostiert und als Dünger verwendet. Abbildung 154 zeigt ein Absetzbecken, wie es auf den Rieselfeldern der Stadt Berlin in Gebrauch ist. Ein aufgedämmtes oder eingeschnittenes Erdbecken ist durch 4 durchlassende Wände, die teils aus Stangenfaschinen zwischen Doppelpfahlreihen bestehen, teils aus einfachen Pfahlreihen, in 4 Kammern geteilt, die von dem Schmutzwasser, das durch den Zuleiter z zuströmt, nacheinander durchlaufen werden müssen.

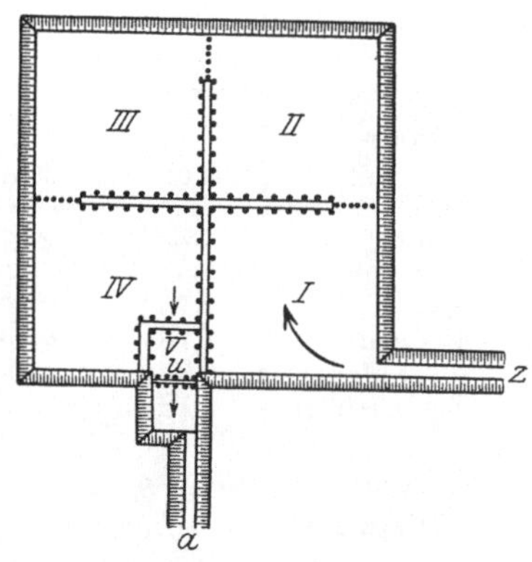

Abb. 154. Klärbecken für Schmutzwasser.

Aus der Schlußkammer V gelangt das Wasser über den Überfall u in den Graben a, durch den es zur Verrieselung geleitet wird.

Bezüglich des Flächenbedarfs für das Bewässerungsfeld sind die Ziele zu unterscheiden, die man mit der Bewässerung erreichen will. Steht die Reinigung des Wassers im Vordergrunde, so schränkt man die Fläche tunlichst ein, weil die Kosten für Anlage und Betrieb mit der Flächengröße des Rieselfeldes wachsen. Will man dagegen die im Schmutzwasser enthaltenen Pflanzennährstoffe nach Möglichkeit landwirtschaftlich ausnutzen, so kann man das Bewässerungsgebiet weit größer bemessen. So entfallen auf 1 ha der Rieselfelder für städtische Abwasser (**39. II. 52**):

270	Einwohner	in	Berlin
250	„	„	Danzig
450	„	„	Breslau
1400	„	„	Birmingham.

Die Berliner Rieselfelder sind 9500 ha groß, erhalten jährlich 111 000 000 cbm Wasser, das sind rund 1,2 m Wasserhöhe. Die Winterung wird einmal vor der Bestellung bewässert, die Sommerung zweimal. Jede Bewässerung bringt 30—50 cm Wasserhöhe. Den Rest des Wassers bekommen die Wiesen, die im Sommer möglichst jede Woche einmal bewässert werden. Sie liefern 6—7 Schnitte im Jahre. Nach König wird bei 1 ha Rieselfeld für 100 Einwohner eine vollkommene, bei 1 ha für 200 Einwohner eine hinlängliche Reinigung der städtischen Abwässer erreicht. Zur Bemessung der Größe eines Rieselfeldes für das Abwasser aus Zuckerfabriken gibt Bodenbender[1]) an, daß die Verarbeitung von 1000 dz Rüben täglich ebensoviel Abwasser liefert wie eine Stadt von 10000 Einwohnern, und daß dies an organischen Stoffen ebensoviel enthält wie das Abwasser einer Stadt von 25000 Einwohnern. Heß schätzt den Flächenbedarf für 1000 dz täglich verarbeiteter

---

¹) Heß, Fortschritte im Meliorationswesen, S. 38.

Rüben auf 6—8 ha, wenn es sich allein darum handelt, das Schmutzwasser unschädlich zu machen, während die 5—10 fache Fläche auskömmlich damit gedüngt werden kann.

Mangels anderer Unterlagen muß man bei der Größenbeme'ssuug eines Rieselfeldes von der Menge der im Abwasser enthaltenen Pflanzennährstoffe und dem Bedarf der Pflanzen davon ausgehen. Nach den Wolfschen Tafeln sind in den Feldfrüchten folgende Nährstoffmengen enthalten:

Bestellung mit	$N\,\%$		$K_2O\,\%$		$P_2O_5\,\%$	
	Korn	Stroh	Korn	Stroh	Korn	Stroh
Rieselgras	—	2,87	—	3,5	—	0,93
Wiesenheu	—	1,55	—	1,6	—	0,50
Hafer	1,76	0,56	0,48	1,63	0,68	0,28
Roggen	1,76	0,40	0,58	0,86	0,85	0,25
Kartoffeln	0,3	—	0,60	—	0,12	—
Zuckerrüben	0,18	—	0,23	—	0,08	—

Daraus berechnet sich der Bedarf einer mittleren Ernte von 1 ha an diesen Pflanzennährstoffen wie folgt:

Fruchtart und Erntemenge	Nährstoffmenge kg			Nährstoffverhältnis		
	N	K_2O	P_2O_5	N	K_2O	P_2O_5
Rieselheu 120 dz	344	420	112	1	1,2	0,3
Hafer 30 dz Korn, 40 dz Stroh	75	80	32	1	1,1	0,4
Roggen 25 „ „ 50 „ „	64	54	34	1	0,9	0,5
Kartoffeln 300 dz . . . . ·	90	180	36	1	2,0	0,4
Zuckerrüben 400 dz	72	92	32	1	1,3	0,4
Im Kanalwasser von 100 Menschen (nach König)	520	108	126	1	0,2	0,2

Bei dem Rieselgras besteht noch die beste Übereinstimmung zwischen dem Bedarfe und dem Angebote an Nährstoffen. Unstimmigkeiten in dem Nährstoffverhältnisse (K_2O und P_2O_5) müssen durch Beidüngung der fehlenden Nährstoffe ausgeglichen werden. Übrigens wird der in der Kanaljauche enthaltene N nicht voll für die Pflanzen nutzbar. Nach Untersuchungen von Gerlach bei den Kanalwässern der Stadt Posen nur zu $47\,\%$ (85).

Für den Anbau auf den mit Abwasser gerieselten Feldern ist Grasbau am meisten angezeigt, weil das Gras die gebotenen Nährstoffe am vorteilhaftesten ausnutzt (s. vorstehende Zahlentafel), auch weil die Wiesen im Winter große Wassermassen aufnehmen und verarbeiten. Acker- und Gemüsebau wird auf Rieselfeldern mit städtischem Kanalwasser in großem Umfange betrieben. Die Abwasser von Stärke- und Zuckerfabriken enthalten in dem Waschwasser so bedeutende Mengen an keimfähigem Unkrautsamen, daß die Berieselung von Acker große Bedenken hat, weil die Bekämpfung des Unkrautes zu schwierig ist. Bei diesen Fabriken werden daher fast ausschließlich Grasflächen berieselt. Diese stehen aber insofern unter schwierigen Verhältnissen, weil die Stärke- und Zuckerfabriken nur im Herbste arbeiten und Abwasser liefern, weshalb der Grasbestand im Sommer oft schwer unter Dürre zu leiden hat, so daß die Zuführung der Dungstoffe durch die Herbstrieselung u. U. gar nicht zur Geltung kommt, vielmehr das Ausbrennen der Wiesennarbe noch verschärft. Vollkommen wird eine derartige Bewässerung erst durch Einführung einer anfeuchtenden Sommerbewässerung.

Englisches Raygras und Timothee gedeihen am besten bei Schmutzwasserrieselung. Sie sind indes nicht ausdauernd und müssen durch Nachsaat oft (auf den Berliner Rieselfeldern jährlich) erneuert bzw. ergänzt werden. Die auf den Rieselflächen sich bildende Schlickschicht wurde früher rückhaltlos als willkommen angesehen, indem sie durch Vermischung mit dem sandigen Unterboden beim Pflügen dessen wasserhaltende Kraft vorteilhaft erhöhte. Indes ist der der städtischen Kanaljauche entstammende Schlick mit Vorsicht aufzunehmen. Er enthält viel säurebildende Fette, die nach dem Unterpflügen den Boden so stark versauern, daß das Pflanzenwachstum darunter leidet. Aus diesen Erfahrungen wird auf den Berliner Rieselfeldern dieser Schlick nicht mehr mit dem Boden vermischt, sondern abgefahren und erst nach Kompostierung verwendet. Das Abwasser wird zur Bewässerung durch Rieselung, Ein- oder Überstau oder Spritzung nutzbar gemacht.

1. Rieselung, Ein- und Überstau erfordern eine sorgfältige Vorbereitung des Feldes (Aptierung). Man teilt das ganze Feld in Schläge und diese wieder in Rieselabteilungen. Die Einteilung geschieht mit Rücksicht auf das natürliche Oberflächengefäll, um dies für die Leitung des Wassers und dessen Verrieselung nach Möglichkeit auszunutzen und die Erdarbeiten (Einebnung) in mäßigen Grenzen zu halten. Jede Abteilung ist mit Dämmen zu umgeben, die den geplanten Stau halten und muß von einem aufgedämmten Zuleiter berührt werden (Abb. 155). Diese liegen im stärksten Gefäll, um die Schwebestoffe recht vollständig mitzuführen. Die Grundrißform der Abteilungen muß möglichst rechtwinklig sein, um die Bewirtschaftung zu erleichtern.

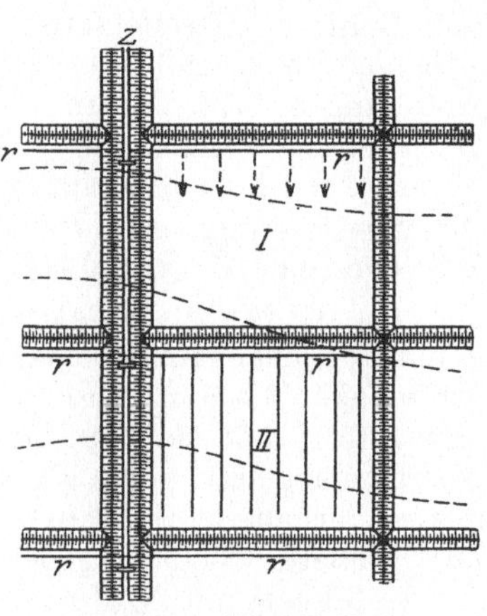

Abb. 155.   Rieselfeld für Schmutzwasser.

Der Zuleiter ist neben jeder Abteilung mit einfachen hölzernen Stauschützen ausgestattet. An Stelle dieser können auch die Schürzenwehre (S. 200) mit Vorteil angewandt werden. Oberhalb der Stauwerke liegen in dem Seitendamme des Zuleiters verschließbare Einlässe von Holzdrummen oder Steingutröhren, durch die das gestaute Wasser auf die Abteilungen gelangt.

Liegt die Abteilung in genügendem Gefäll, so daß gerieselt werden kann, so tritt das Wasser aus dem Einlasse in die in der höchsten Linie liegenden Rieselrinnen r (Abb. 155 I) und rieselt von hier aus über den Hang. Bei großer Breite und Länge der Abteilung, die man aus wirtschaftlichen Gründen durch Rieselrinnen nicht unterbrochen mag, ist dabei eine gleichmäßige Verteilung des Wassers nicht zu erreichen. Bei geringem natürlichem Hange zieht man daher neuerdings vor, durch ausgleichende Erdarbeiten die Abteilung in eine wagerechte Ebene umzugestalten, die dann gleichmäßig überstaut wird. Die Einebnung muß sehr sorgfältig geschehen, weil überall da, wo das Wasser auch nach dem Rieseln in stärkerer Schicht stehen bleibt, das Gras geschädigt wird.

Wagerechte Abteilungen, in denen Gemüsebau betrieben werden soll, werden in Beeten gerieselt. In den Abständen einer Beetbreite (1,0—1,2 m) werden mit dem Pfluge Furchen gezogen, die gleichzeitig als Fußwege für die Wartung der Gemüsekultur dienen (Abb. 155 II). Diese Furchen werden von der Rieselrinne r aus mit Wasser gefüllt, das sich, von hier aus versickernd, den Beeten mitteilt. Diese selbst bleiben staufrei, d. h. das Gemüse kommt mit dem Schmutzwasser nicht unmittelbar in Berührung.

Die Wasserverteilung mit Furchenrieselung vollzieht sich am schnellsten und daher am gleichmäßigsten über die Abteilung, weil das Wasser in den Furchen geführt wird. Bei der Flächenrieselung im Hange oder noch mehr auf der wagerechten Ebene entstehen wegen der langsamen Wasserbewegung in der Nähe der Verteilungsrinne .r erhebliche Versickerungsverluste, die ungleichmäßige Wasserverteilung zur Folge haben. Man kann dem nach Möglichkeit dadurch begegnen, daß man für die Zeiteinheit eine möglichst große Wassermenge aufleitet, um die Füllung schnell zu vollenden.

Daraus folgt, daß die Größe der Abteilungen außer von der Durchlässigkeit des Bodens von der verfügbaren Wassereinheit abhängig ist. Auf den Berliner Rieselfeldern hat die Größe von 30—40 a für die Abteilung sich als zweckmäßig erwiesen. Natürlich geschieht die Verkleinerung der Abteilungen auf Kosten der Wirtschaftlichkeit wegen der Wirtschaftserschwernis, welche die Abteilungsdämme mit sich bringen. Der Wasserbedarf für diese Überstauung ist jedenfalls geringer zu veranschlagen als für Bewässerung mit Reinwasser, da die im Schmutzwasser enthaltenen Schwebestoffe die Durchlässigkeit des Bodens bald erheblich vermindern.

Die Einzelentwässerung geschieht ausnahmslos durch Dränung. Die den städtischen Rieselfeldern aufgeleitete große Wassermenge erfordert enge Stranglage (6—8 m) und große Rohrweite für die Sauger (5 cm). Die Tiefe von 1,25 m hat sich gut und als ausreichend bewährt. Bei Abteilungen mit Oberflächengefäll empfiehlt sich die Querdränung. Auf den Berliner Rieselfeldern erhalten die Sauger $0,36\,^0/_0$ und die Sammler $0,20\,^0/_0$ Mindestgefäll. Zur größeren Sicherung der Dräns gegen einspülende Bodenmassen werden die Stoßfugen mit Torfmull umhüllt. Die Dränung, welche im Eigenbetrieb hergestellt wird, kostet durchschnittlich 600 Mark/ha. Bei kleineren Anlagen auf durchlassendem Boden, die mit geringer Wassermenge betrieben werden müssen, kann die Einzelentwässerung auch ganz entbehrt werden.

2. Bespritzung. Die Bespritzung bringt das Schmutzwasser regenartig fein verteilt auf die Rieselfläche. Es wird jeweilig nur so viel Wasser gegeben, wie einsickert, weshalb das Bewässerungsfeld in jeglicher Oberflächengestalt ohne Vorbereitung (Aptierung), auch ohne besondere Entwässerungsanstalten, für Bespritzung verwendbar ist. Nach diesem Verfahren kann man das Wasser am genauesten und feinsten verteilen, also am günstigsten ausnutzen; es ist also da angezeigt, wo es sich darum handelt, das Schmutzwasser in weitestgehendem Maße landwirtschaftlich auszunutzen. Die Verspritzung erfordert Wasser unter hohem Drucke, das mit Pumpe in einer Rohrleitung (Stammleitung) auf das Feld gedrückt wird. Die Stammleitung a (Abb. 156) wird dauernd, d. h. unterirdisch, verlegt und erhält in angemessenen Entfernungen (100 m) Zapfstellen h, an die nach Bedarf verlegbare Feldleitungen b angeschlossen werden. An diese wieder kuppelt man Schläuche s, aus denen das Wasser von Hand verspritzt wird. An dem äußersten Ende der Feldleitung beginnt das Verspritzen. In dem Maße, wie dieses nach h hin fortschreitet, wird die überflüssige Feldleitung abgebaut und im Anschlusse an h_1 wieder vorgestreckt, so daß der Betrieb ohne Unterbrechung fortschreitet. Die Leistung von einem Handschlauche von 50 mm Durchmesser kann bis zu 5 l/s getrieben werden. Mit einer derartigen Anlage wird Fäkalwasser der Stadt Posen mit bestem

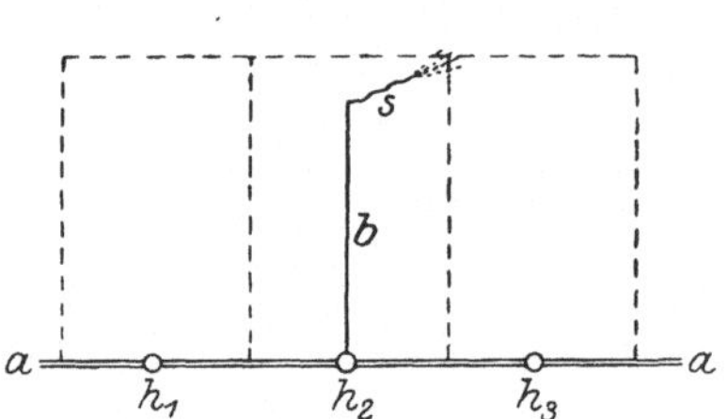

Abb. 156. Verspritzung des Schmutzwassers.

Erfolge auf dem Rittergute Eduardsfelde verwendet (85). Neuerdings ist
man zur maschinellen Verspritzung von Schmutzwasser übergegangen, wie
bei der Stärkefabrik zu Kyritz, welche Beregnungswagen nach der Bauweise
Hartmann gebraucht (s. M 9, S. 237).

In ähnlicher Weise werden die Güter Wüstendorf und Steine unweit
Breslau mit Abwässern dieser Stadt versorgt. Hier ist außer der Besspritzung
noch die Rieselung in Furchen und nach amerikanischem Vorbilde die wilde
Flächenrieselung in Anwendung[1]).

M. Die Ackerbewässerung.

1. Entwickelung.

In heißen und trockenen Ländern bildet die Ackerbewässerung eine
schon längst bekannte Meliorationsform, die stellenweise bereits im frühen
Altertum zu großer Berühmheit gelangte. So finden wir ausgedehnte Bewässerungsanlagen dieser Art in Indien, den russischen Steppen, Ägypten,
Italien, Syrien, Portugal, Südfrankreich, und besondere Bewunderung verdient
die schnelle Entwickelung, welche diese Meliorationen in den letzten Jahrzehnten in den Vereinigten Staaten von Nordamerika genommen hat, nachdem sie in einfachster Form auch hier schon von den Ureinwohnern geübt
worden war.

Die neuere Entwickelung der Ackerbewässerung begann hier erst 1870,
indem in Greely, Kolorado, die ersten Anlagen der Art entstanden. Um diese
Zeit befanden sich gegen 8000 ha unter Bewässerung[2]). Weitere Verbreitung
erlangte diese Melioration besonders durch die verdienstvollen Bemühungen
des Major Powell. Die Erfolge befriedigten derart, daß die bewässerte Fläche
um 1880 bereits 400000 ha umfaßte, 1890 = 1500000 ha, 1900 = 3000000 ha.
In der Erkenntnis der großen volkswirtschaftlichen Bedeutung dieser Melioration schuf die Zentralregierung 1902 das Reclamation law, welches bezweckte,
Staatsland im großen zu meliorieren und damit der bis dahin geübten Wasser-
vergeudung vorzubeugen. Das fertig eingerichtete Bewässerungsland wird
nicht an größere Landunternehmer, sondern nur unmittelbar an Farmer verkauft mit der Einschränkung, daß niemand mehr als 32 ha erwerben darf.
Der Erlös fließt wieder in den Meliorationsfonds. Unter dem Einflusse dieses
Gesetzes entwickelte sich die Bewässerungswirtschaft derart, daß deren Umfang im Jahre 1910 bereits zu 7800000 ha angegeben wurde, während man
den Umfang des überhaupt bewässerbaren Landes auf 30000000 ha schätzt.
200000 km Zuleiter und 6800 Staubecken mit zusammen 15,5 Milliarden cbm
Fassungsraum versorgen das riesenhafte Gebiet mit Wasser. Der durchschnittliche Wasserbedarf wird zu 1,46 m angegeben.

Nur ein kleiner Teil dieser Bewässerungsflächen liegt außerhalb der elf
trockenen Weststaaten. Der 100. Grad westlicher Länge bildet die Scheide
zwischen Regen- und Trockengebiet. Westlich davon beginnt das Gebiet mit
weniger als 500 mm Jahresniederschlag. In Kolorado und Utah erreicht der
Niederschlag nur gegen 300 mm, mit leidlichem Anteil der Sommermonate.
In Arizona sank die Jahresmenge schon auf 90 mm und verteilte sich auf
15 Regentage. Günstiger erscheint schon die Regenmenge in Kalifornien,
aber hier ist wieder die Verteilung über die Jahreszeiten überaus ungünstig.

---

[1]) Veröffentlichungen der Ökonomischen Gesellschaft zu Dresden 1913.
[2]) Krüger, Beiträge zur Kenntnis der Wasserwirtschaft in den U. S. A., S. 50.

So hat San Franzisko zwar 530 mm Niederschlag im Mittel; indes entfallen davon auf die Sommermonate Mai bis September nur 37 mm oder $7^0/_0$ der Jahresmenge. Im Monat Juni fallen durchschnittlich 4 mm Regen und im Juli und August kein Tropfen.

Deutschland hat wesentlich größere Regenmengen und, was die Hauptsache ist, sie sind über das Jahr viel günstiger verteilt, indem in den Monaten der warmen Jahreszeit, wenn der Wasserbedarf der Pflanzen am größten ist, die ergiebigsten Niederschläge einzutreten pflegen.

Und doch treten auch bei uns Zeiten des Regenmangels ein, auch wir haben Zeiten, wo es einen ganzen Monat hindurch nicht regnet (s. Kap. II B, S. 15) und der Wassermangel in der kümmerlichen Entwickelung der Pflanzen und schmalen Ernten deutlich in die Erscheinung tritt. Schon Hellriegel (28. 754) wies darauf hin, wie selbst eine kurze Dürrezeit imstande sei, die Entwickelung der Pflanzen und damit die Höhe der Ernte erheblich zu beeinträchtigen. Diese Verhältnisse verschärften sich um so mehr, je größer die Ansprüche wurden, die man an die Höhe der Ernten stellte und bei der Steigerung des Wirtschaftsbetriebes stellen mußte. Denn naturgemäß steigt der Wasserbedarf in gleichem Maße wie die Höhe der Ernte (Kap. II E). So entstanden denn auch bei uns Erwägungen, ob unter unsern klimatischen Verhältnissen Ackerbewässerung nützlich, möglich und einträglich sein könne (3, 33. 1906. 405). Die folgenden Untersuchungen ergaben, daß auch in großen Gebietsteilen Deutschlands die Regenmengen zur Ernährung einer Größternte sehr oft nicht ausreichen. Das führte zunächst zu Versuchen, die bestätigten, wie die Erträge durch Bewässerung in erheblichem Maße gesteigert werden könnten. Heute befinden sich bereits gegen 2500 ha Ackerland in Deutschland unter künstlicher Beregnung. Bei all diesen Bewässerungsanlagen handelt es sich nur um die Versorgung mit Reinwasser, also lediglich um Tränkung der Felder, nicht um Düngung.

2. Der Wasserbedarf.

Nach Liebigs Gesetz ist die Pflanzenerzeugung von dem Nährstoffe abhängig, der im Boden unter allen Nährstoffen relativ in geringster Menge vorhanden ist. Zu den für den Pflanzenwuchs unentbehrlichen Nährstoffen gehört auch das Wasser; denn es wird zwar nur in kleinerer Menge zum Aufbau der Pflanzen benötigt, in erheblicher Menge aber zur Lösung der übrigen Nährstoffe im Boden; denn die Pflanzen können diese nur in gelöster Form aufnehmen. Eine starke Haferernte von 40 dz Korn und 60 dz Stroh von 1 ha entzieht nach den Wolfschen Tafeln[1] dem Boden 292 kg an Stickstoff (N), Kali (K_2O), Phosphorsäure (P_2O_5) und Kalk (CaO). Man weiß aus Lysimeterversuchen, daß zur Erzeugung von 1 kg Erntemenge an Hafer während der Monate April bis Juli gegen 500 kg Wasser, einschließlich der unvermeidlichen Bodenverdunstung zwischen den Halmen, nötig sind. Das macht 5000 cbm/ha oder 500 mm Wasserhöhe für 100 dz Erntemasse. Das ist 17000 mal mehr als das Gewicht der festen Nährstoffe. Ist diese Wassermenge nicht verfügbar, so leidet darunter die Höhe der Ernte, wie ebenfalls durch Versuche festgestellt wurde. Nur beschränkte Gebiete liefern solche Wassermengen in Form von Niederschlägen[2]. Ganz besonders sind folgende Landstriche in Deutschland durch Regenarmut ausgezeichnet[3]:

---

[1]) Landwirtsch. Kalender von Mentzel und v. Lengecke.
[2]) Über den Umfang der Trockengebiete in Deutschland s. S. 12.
[3]) Hellmann, Regenkarte von Westfalen.

	Provinz	< 500 mm des Gebietes		500—600 mm des Gebietes	
		%	ha	%	ha
1	Poseń	42,2	1 229 000	57,1	1 655 000
2	Westpreußen	25,0	639 000	61,8	1 579 000
3	Sachsen	8,3	210 000	59,2	1 495 000
4	Brandenburg	4,3	171 000	84,9	3 383 000
			2 249 000		8 112 000

Also reicht für große Gebiete nicht einmal der Niederschlag des Jahres zur Deckung des Bedarfs aus, der in wenigen Monaten entsteht, und dabei geht noch ein großer Teil davon durch Versickerung und Verdunstung verloren; denn der Boden ist nicht fähig, allen Überfluß für Zeiten der Not aufzuspeichern. Noch deutlicher tritt das Mißverhältnis vor Augen, wenn man den Wasserbedarf der Regenhöhe in den Wachstumsmonaten gegenüberstellt. So wurde der Wasserverbrauch ohne Versickerung von Hafer im Lysimeter wie folgt festgestellt:

$$\begin{aligned}
\text{April} \quad &16,8 \text{ mm} \\
\text{Mai} \quad &72,6 \text{ „} \\
\text{Juni} \quad &205,8 \text{ „} \\
\text{Juli} \quad &161,9 \text{ „} \\
\hline
&457,1 \text{ mm.}
\end{aligned}$$

Nur ausnahmsweise wird dieser Bedarf durch Niederschläge in derselben Zeit gedeckt und nur in seltenen Fällen reicht der im Bodenwasser vorhandene Vorrat zur Deckung so hoher Fehlbeträge aus. Es treten also auch in unserem Klima Durstzeiten ein, die sowohl gemäß allgemeiner Beobachtung und der Versuche von Hellriegel verhängnisvoll auf die Erntehöhe zurückwirken müssen. Künstliche Wasserzufuhr muß also Wandel schaffen können. Es fragt sich nur, wieviel Wasser zugeführt werden muß, um den höchsten Reinertrag zu erzielen. Eine große Rolle bei Beantwortung dieser Frage spielt das Klima und der von Natur vorhandene Wasserreichtum. Die Witterung ist schwankend; regenreiche Zeiten wechseln mit regenarmen, also schwankt auch der Wasserbedarf, wenn man darunter die Wassermenge versteht, die künstlich zugeleitet werden muß, um den vom Regen nicht gelieferten Betrag an dem Wasserverbrauch der Pflanzen zu decken.

Ein eingehendes Studium der Niederschlagsverhältnisse über dem fraglichen Orte muß der Ermittelung des Wasserbedarfs stets voraufgehen. Man soll aber auch nicht ein einzelnes selten trockenes Jahr, sondern ein Jahr von mittlerer Regenarmut zugrunde legen; denn die Erfahrung hat gelehrt, daß schon dadurch ein erheblicher Gewinn erzielt wird, wenn man nur in besonderen Dürrezeiten Wasser zugibt. Je nach den bei der Vorberechnung angewandten Grundsätzen wird der Wasserbedarf sehr verschieden angegeben. In den Vereinigten Staaten von Nordamerika steigt der Wasserverbrauch bis zu 24 000 cbm/ha; doch die Regierung ist bemüht, durch Belehrung und Gesetzgebung den Gebrauch auf gewöhnlich 7500 cbm/ha einzuschränken und damit größeren Gebieten die Wohltaten einer Bewässerung zu ermöglichen. Ellwood Mead[1]) gibt den durchschnittlichen Wasserbedarf zur Erzeugung von 1 kg Trockenmasse im halbtrockenen Klima der U. S. A. zu 325—500 kg an, beklagt dagegen, daß man in Utah 4000 kg Wasser verbraucht, um 1 kg Weizen zu erzeugen.

---

[1]) The relation of irrigation to dry farming. Yearbook 1905.

Zu starke Bewässerung kann auch vermindernd auf den Ertrag wirken. So wurden 1903 in Montana (**77**) bei verschieden starker Bewässerung folgende Weizenernten erzielt:

Wassergabe mit Regen:	Ertrag dz/ha:
180 mm	21,1
333 „	27,6
485 „	29,2
638 „	29,4
790 „	29,9
943 „	26,7

Die großen, in Amerika aufgeleiteten Wassermengen haben sich nicht nur als überflüssig, sondern sogar vielfach auch insofern als schädlich erwiesen, als die tieferliegenden Ländereien durch bei übermäßiger Bewässerung entstehendes Sickerwasser versumpft wurden.

In einem Lande mit alter, dichter Besiedelung (wie Deutschland) verbieten sich derartige Wassergaben von selbst, weil nur noch sehr wenig Wasser vorhanden ist, dessen Verwendung nicht bereits durch ein älteres Recht festgelegt wäre. In einem Lande, das Niederschläge wie Deutschland hat, bedarf es aber auch selbst in den trockensten Gebietsteilen nicht angenähert so starker Wasserzufuhr. Es ist vielmehr zu erwarten, daß bei ähnlich starker Bewässerung die Ernten durch Abschwemmung, Auslaugung und Versumpfen des Bodens Schaden nehmen würden. Nach Untersuchungen von Hellriegel (**54.** 1906. Nr. 40) wurden zur Erzeugung von 1 kg Trockenmasse in Deutschland folgende Wassermenge benötigt: bei Hafer 338 kg, Gerste 310 kg, Sommerroggen 353 kg, Sommerweizen 338 kg, und zwar bei reichlicher Düngung. Das macht bei einer Haferernte von 30 dz Korn und 36 dz Stroh auf 1 ha eine Wassermenge von 2184 cbm.

Whitsoe (**78.** 184) ermittelte folgenden Wasserbedarf für die Erzeugung von 1 kg Trockenmasse bei Sojabohnen 527 kg, Mais 271 kg, Hafer 504 kg, Klee 577 kg. (Weiteres über diese Zahlen s. Kap. III E. S. a. Stieger, Arbeit 104 der Deutschen Landwirtschafts-Gesellschaft S. 61.)

Auf Grund der bis heute vorliegenden, immerhin noch ergänzungsbedürftigen Erfahrungen bei Feldversuchen erachtet man bei der am sparsamsten arbeitenden Beregnung für die Gegenden Deutschlands, die überhaupt eine Bewässerung der Äcker heischen, in Jahren mit geringen Niederschlägen folgende Wassermenge für erforderlich:

Roggen	80	mm
Hafer	120	„
Kartoffeln	150	„
Gemüse	240	„

so daß für eine größere Bewässerungsanlage im Durchschnitt 100—120 mm für intensive Beregnung gerechnet werden können. Im allgemeinen genügt es die Anlage so einzurichten, daß 1,5 mm Wasser am Tage gegeben werden kann. Doch ist es ratsam, die Anlage so einzurichten, daß es möglich ist zu Zeiten außerordentlicher Dürre die tägliche Leistung auf 3 mm zu steigern. Durch Verlängerung der Betriebszeit, nötigenfalls auch in die Nacht, ist die Steigerung erreichbar. Der Bedarf von Grünland auf leichtem Boden mit tiefem Grundwasserstande ist weit größer, und man muß sich auf 6 mm tägliche Wasserzufuhr einrichten, wenn man den Bestand auch unter den ungünstigsten Verhältnissen sicherstellen will.

Auf Grund von Erfahrungen gelangte man neuerdings immer mehr zu der Überzeugung, daß der Gesamtnutzen einer Beregnung größer wird, wenn man mit einer gegebenen Wassermenge eine größere Fläche schwach anstatt eine kleinere stark bewässert. Schon oft ist es gelungen, durch eine einmalige Beregnung von 20—30 mm die Saaten über schwierige Dürrezeiten hinwegzuhelfen und sehr lohnende Ertragssteigerung zu erzielen (54. 1913. 228. 298, 31. 1913. 379).

3. Bewässerungsverfahren.

In den Vereinigten Staaten von Nordamerika wendet man bei der Ackerbewässerung folgende Verfahren an:

a) **Das Check-(Becken-) System.** Durch niedrige, in der Hauptsache mit einem eigens dafür gebauten Häufelpfluge herzustellende Erddämme, welche der Richtung der Schichtlinien folgen, wird das Feld in Staubecken geteilt, deren Größe von dem Geländegefäll und der zu ihrer Füllung verfügbaren Wassermenge abhängt (Abb. 157). Je steiler das Gefäll des Geländes, um so enger müssen die Dämme beieinander liegen, weil sie sonst zu hoch sein müßten; denn um den Stau zu halten, muß die Krone des Unterdammes noch etwas höher liegen als der Fuß des Oberdammes, um das ganze Becken unter Wasser setzen zu können. Je höher aber die Füllung an einer Seite des Beckens wird, um so ungleichmäßiger wird die Wasserverteilung und um

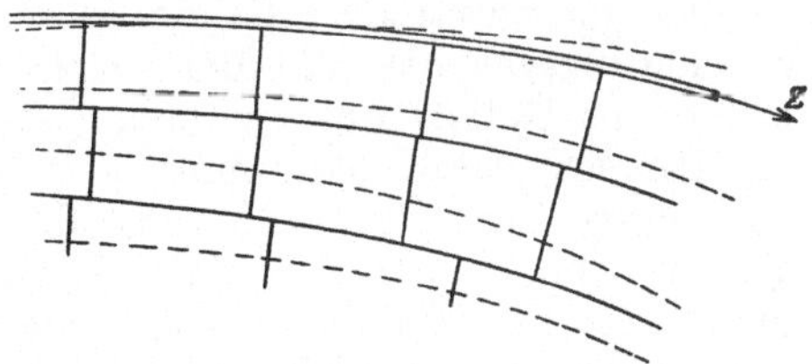

Abb. 157. Das Beckensystem.

so größer die zur Füllung erforderliche Wassermenge. Man legte früher sehr große Becken an, bis zu 12 ha, ging damit aber immer weiter zurück (bis auf wenige Ar) im Interesse einer sparsameren Wasserwirtschaft. In Steine, wo Breslauer Kanalwasser verrieselt wird, stellt man neuerdings mit einem Pfluge Becken von nur 1 a Größe her und füllt diese mit dem Wasser. Oberflächeneinebnung in den Becken muß vermieden werden, weil die dadurch bedingten Kosten zu hoch sind, auch die Güte der Ackerkrume dadurch beeinträchtigt wird. Die Dämme werden vielfach mit ganz flachen Böschungen (1 : 5) angelegt, um sie mit Ackergeräten überfahren zu können, auch wohl mit zu bestellen und so die durch sie verursachte Wirtschaftserschwernis tunlichst zu mildern.

An dem oberen Rande der höchsten Beckenreihe liegt der Zuleiter z, aus dem sie gefüllt wird. Danach wird das Wasser in die nächst unterhalb liegende Reihe abgelassen usw. Doch sind die Zuleiter manchmal derart verzweigt, daß jedem Becken frisches Wasser zugeleitet werden kann.

Zur Überleitung der Füllung von dem oberen ins untere Becken dienen Öffnungen in den Scheidedämmen, die durch einige Bretter nach Bedarf verschlossen werden. Zur Herstellung des nötigen Staues im Zuleiter unterhalb der Ableitungsstelle bedient man sich gern eines verlegbaren Schürzenwehres (Abb. 142, S. 200).

Das Beckensystem wird meistens zur Bewässerung von Luzerne und Obst angewandt. Es erfordert wenig Bedienung, aber große Wassermengen. Für eine einmalige Bewässerung rechnet man 150 mm Stauhöhe. Ein großer Übelstand liegt darin, daß der unter der Überstauung durchweichte Boden beim Trocknen stark verkrustet, wodurch die Luft vom Untergrunde abgesperrt wird.

b) Die Furchenrieselung wird hauptsächlich bei Hackfrüchten, Gemüse und Obstgärten angewandt, aber auch bei Halmfrüchten. Bei diesen werden nach der Saatbestellung mit einem Pfluge, in 60—120 cm Abstand, um so enger, je durchlassender der Boden ist, 10—15 cm breite, flache Furchen in solcher Gefällrichtung gezogen, daß das in sie geleitete Wasser sich flott bewegt, ohne Ausspülungen zu verursachen.

Nach angestellten Versuchen scheint es auch aussichtsvoll zu sein, die Rieselfurchen durch eine schwere Walze einzuwalzen, die in dem Abstande der Furchen diesen entsprechend gestaltete Ringe von keilförmigem Querschnitte trägt. Die damit hergestellten Rieselfurchen zeichnen sich durch glatte Wandungen und verringerten Versickerungsverlust gegenüber den gepflügten aus.

Das übliche Gefäll der Furchen beträgt 3—5$^0/_{00}$, steigt aber auch bis 20$^0/_{00}$. Die Rieselfurchen liegen bei Halmfrüchten zweckmäßig quer zu den Drillreihen, weil so am wenigsten Pflanzen bei ihrer Herstellung vernichtet werden. Sie werden aus Hauptfurchen gespeist, welche die höchsten Geländelinien verfolgen, und diese wieder aus Zuleitern.

Die Länge der Rieselfurchen steigt auf bindigem Boden bis 200 m, muß aber bei durchlassendem Sande wesentlich kürzer sein, weil hier wegen der Versickerungsverluste die Leitungsfähigkeit des Wassers nur gering ist. Je stärker das Gefäll, um so länger dürfen die Furchen unter sonst gleichen Verhältnissen sein. Man muß bei Bemessung der Furchenlänge die Zweckbestimmung im Auge behalten: die Furche soll das ihr zugeleitete Wasser tunlichst schnell über ihre ganze Länge verteilen und dann restlos versickern. Unten aus der Furche austretendes Wasser ist verloren. Will man bei knappem bzw. teurem Wasser eine Furchenrieselung anlegen, so sollte man stets vorgängig feststellen, wie lang man die Furchen unter den gegebenen Verhältnissen (Gefäll, Bodenart, Menge des Speisewassers) machen darf (11. 1914. 54).

In dem trockenen und heißen Westen Nordamerikas, wo die Verdunstungsverluste eine große Rolle spielen, hat man gefunden, daß schmale und tiefe Furchen den breiten und flachen gegenüber erhebliche Wassermengen sparen. Die Furchenrieselung hat im Vergleiche zum Beckensystem den Vorteil, daß auch kleine Wassermengen anwendbar sind und sich gleichmäßig verteilen lassen und daß eine Bodenverkrustung des Feldes auf den Beeten zwischen den Furchen nicht eintritt. Andernfalls erfordert sie mehr und umständlichere Wartung, die in ausgewachsenen Halmfrüchten, ohne diese zu schädigen, kaum möglich ist. Vorzüglich die gleichmäßige Verteilung des Wassers auf die einzelnen Rieselfurchen bereitet große Schwierigkeiten. Auf dem Versuchsfelde in Koppenhof (55. II. 202) wird sie in folgender Weise erreicht (Abb. 158).

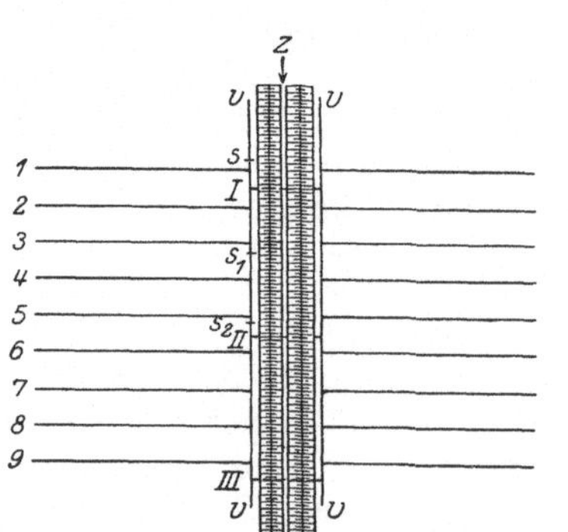

Abb. 158.   Furchenrieselung.

Die Haupt- und Verteilfurche v wird aus dem Zuleiter durch Tonröhren I, II, III gespeist, die den Seitendamm neben Z durchsetzen und mit Holzstöpseln, die mit Sackleinwand benagelt sind, verschlossen werden können. Sollen z. B. die Furchen 1—5 rieseln, so wird bei c ein Schürzenwehr eingesetzt und Einlaß I geöffnet. Reicht die Wassermenge nicht aus, um alle fünf Furchen gleichmäßig zu speisen, so verschließt man bei $s s_1$ die Verteilfurche mit einem Stechschütz (Abb. 146, S. 206) aus Eisenblech und beschränkt die Rieselung znnächst auf Furche 1—3, um dann nach Umsetzung von s nach s_2 die Furchen 4—5 zu rieseln.

Voraussetzung für Furchenrieselung ist ein ziemlich ebenes Feld in gleichmäßigem Gefälle, das ohne Umbau die Anlage langer Furchen gestattet, wie es in den amerikanischen Bewässerungsebenen die Regel bildet. Das System wird umständlich in Anlage und Betrieb und daher unwirtschaftlich, sobald die Oberflächengestalt die Anlage nur kurzer, unregelmäßig liegender Furchen gestattet.

c) Die wilde Rieselung. Das Wasser wird mit Gräben oder in Röhren auf die höchsten Punkte des Feldes geleitet. Von hier aus verfolgen Rieselfurchen die höchsten Geländelinien. Indem man mit Stechschützen oder durch Erde Hindernisse (kleine Stauwerke) in die Rieselrinne baut, wird das Wasser genötigt, die Furchenkanten überschlagend, in breiter Bahn über das Feld zu rieseln. Die zweckmäßige Führung der Rieselfurchen, die nach jeder Bestellung neu angelegt werden müssen, sowie die gleichmäßige Verteilung des Wassers aus ihnen erfordert die Arbeit eines sehr geschickten Rieselmeisters.

d) Die unterirdische Bewässerung ist ganz ähnlich der Dränbewässerung der Wiesen (K 1 g, S. 209) und leidet auch an denselben Übelständen. Unter heißem Klima bietet sie den Vorteil, daß die Verluste durch Bodenverdunstung bei ihr nicht eintreten. Um so bedeutender sind dafür die Versickerungsverluste, besonders bei durchlassendem Untergrunde.

e) Die Schlauchbewässerung. Das Wasser wird entweder mit natürlichem Drucke oder mit Pumpe in eine Rohrleitung und mit dieser auf das Feld geleitet, wo sie mit Zapfstellen an hoch gelegenen Punkten in ausreichender Zahl ausgestattet ist (s. L, S. 220). An diese werden Schläuche gekuppelt, durch welche das Wasser über das Feld verteilt wird. Entweder beschränkt man sich darauf, das Wasser aus den Schläuchen nach den unter a bis c vorstehend beschriebenen Verfahren zu verwenden, und in diesem Falle dient der Schlauch nur als Verteiler, oder man verspritzt das Wasser aus dem Schlauchmundstück, wozu ein Druck von 1—1,5 Atm. vor diesem nötig ist, um noch genügende Strahlweite zu erhalten. Diese hat man durch Versuche wie folgt ermittelt[1]):

$h =$		5	10	15	20	30	40	50	60	70	d mm
S	a	3,7	7,3	11,0	14	16	22	24	24	25	19
„	a	4,0	7,9	11,6	15	18	25	28	30	31	35
„	b	4,3	8,8	13,1	18	25	31	36	39	41	19
„	b	4,6	9,5	14,0	18	28	36	43	48	50	35
W	a	4,3	7,0	9,5	11	14	16	18	20	21	19
„	a	5,5	9,5	13,1	16	20	23	25	27	29	35
„	b	7,8	15,5	23,2	29	36	41	45	49	51	19
„	b	8,8	17,4	26,6	34	47	55	62	67	72	35

Darin bedeuten:

$h =$ Druckhöhe dicht vor dem Mundstücke in m Wassersäule,
$d =$ Durchmesser des Mundstücks,
$S =$ Sprunghöhe des Wasserstrahls in m,
$W =$ Sprungweite bei günstigstem Steigungswinkel in m,
$a =$ zusammenhaltender Strahl bei frischem Winde,
$b =$ äußerste Tropfen bei Windstille.

---

[1]) Taschenbuch der Hütte, 21. Aufl., I, S. 317.

Die Berieselung aus Schläuchen, die meistens aus Leder in großer Lichtweite zusammengenäht werden, findet man in den Weststaaten von Nordamerika für Grünland oder Gartenkultur in solchen Fällen, wo mit dem Wasser sparsam gewirtschaftet werden muß. Sie hat den Vorteil, daß das Wasser in den Schläuchen über kleinere Geländewellen hinweggeleitet werden und ohne besondere Einrichtungen auf dem Felde verwendet werden kann.

In noch weit höherem Grade ist dieser Vorteil mit dem Spritz- oder Beregnungsverfahren verbunden. Nach diesem, das weiter unten zu behandeln sein wird, werden in Deutschland fast ohne Ausnahme alle Ackerbewässerungsanlagen betrieben.

Die Verfahren a bis c erfordern sehr große Wassermengen, besonders a und c. Bei ihnen gelangt nur solches Wasser an das untere Ende des Feldes, was den oberen Teil bereits überrieselt hat. Es liegt also auf der Hand, daß am oberen Ende durch Versickerung eine Übersättigung eintreten muß, wenn nach unten gerade die genügende Wassermenge gelangen soll. Sie arbeiten also mit Wasserverschwendung. Die Beregnung dagegen führt jedem Feldteil die gleiche, gewollte Wassermenge zu; sie arbeitet daher viel sparsamer und ist in allen den Ländern angezeigt, wo die Mengen noch verfügbaren Wassers gering sind wie auch in Deutschland. Bei der Beregnung wird also die Gesamtwassermenge, weil an keiner Stelle Verschwendung eintritt, auch am vorteilhaftesten ausgenutzt. Dazu kommt noch der Vorteil, daß jedes Gelände, auch ein hügeliges, ohne irgendwelche Umformung beregnet werden kann.

Irgendwelche, die Bewirtschaftung erschwerende Einrichtungen fallen dabei also fort. Schließlich wirkt das Beregnungswasser wegen seines Reichtums an Sauerstoff (aus der Luft aufgenommen) besonders fördernd auf das Pflanzenwachstum.

Demgegenüber steht der Nachteil, daß die Erzeugung des zur Beregnung nötigen hohen Drucks, für Anlage der erforderlichen Einrichtungen und deren Betrieb, hohe Kosten verursacht. Daher kann unter Umständen (günstige Boden- und Geländeverhältnisse) die Furchenrieselung auch dann noch vorteilhaft sein, wenn das Wasser bis zum höchsten Punkte des Feldes gehoben werden muß. Denn es ist immer noch wesentlich billiger, Wasser zu heben, als es unter hohen Druck, der für Beregnung genügt, zu bringen. Dadurch kann der für Berieselung erforderliche größere Wasserbedarf wieder ausgeglichen werden[1]).

Die folgenden Erörterungen sollen sich allein auf die Beregnung der Äcker beschränken, die nach den bisherigen Erfahrungen in Deutschland fast allein in Frage kommen kann.

4. Die Wassergewinnung.

Die Wasserversorgung einer Ackerberegnung ist insofern leichter als für eine Wiesenbewässerung, weil sie nicht so große Wassermengen erfordert wie diese. Die Wasserentnahme aus Flüssen und Bächen ist am zuverlässigsten, weil man deren Vorrat am sichersten feststellen kann. Schon kleine Bäche oder ein quelliges Gelände durchziehende Abzugsgräben vermögen ein großes Gebiet zu versorgen. Allerdings muß man bei der Wasserentnahme aus Wasserläufen bestehende ältere Rechte an der Wasserbenutzung berücksichtigen (s. D 1, S. 187).

---

[1]) Das für Furchenrieselung angelegte Versuchsfeld zu Koppenhof und die damit erzielten Erfolge sind beschrieben in d. Mittlg. d. Kaiser Wilhelm-Institutes für Landwirtschaft zu Bromberg II, S. 202, III S. 175, IV S. 134, V S. 186, VI S. 192.

Seen sind nur dann sicher zur Wasserentnahme, wenn sie Zufluß haben. Indes ist zu bedenken, daß durch die eintretende Spiegelsenkung infolge der Wasserentnahme die den See speisenden Quellen zu gesteigerter Ergiebigkeit angeregt werden.

Auch starke Quellen bieten oft Gelegenheit zur Bewässerung.

Schließlich verdient die Wasserbeschaffung aus Brunnen in vielen Fällen in Erwägung gezogen zu werden. Sie machen bis zu gewissem Grade unabhängig von sonst entgegenstehenden Wasserrechten; sie gestatten oft auf dem Beregnungsfelde Wasserstellen anzulegen und vermindern dadurch die Länge der Zuleitungsröhren und die Beschaffungskosten dafür, aber auch die reinen Betriebskosten, indem die Pumparbeit durch die kürzere Rohrleitung weniger Kraft erfordert. So sind denn Brunnen als Wasserlieferanten für die Ackerberegnung in der Praxis auch schon mehrfach angewandt. Der Brunnen auf dem Versuchsfelde in Koppenhof ist 13 m tief und besteht aus 50 cm weiten verzinkten Röhren, die in ein 100 cm weites Bohrrohr eingesetzt und mit 25 cm starkem Kiesring umschüttet wurden. Er lieferte selbst zu trockenen Zeiten 20 cbm stündlich. Die Anlagekosten betrugen 1900 Mark. Für die Beregnung auf der Domäne Ulrikenhof sind zwei gekuppelte Röhrenbrunnen 250 mm weit, 13 m tief für 2100 Mark angelegt und liefern stündlich 130 cbm. Auch zu Zwecken der Ackerberegnung werden auf dem Rittergute Babin stündlich 165 cbm einem Brunnen entnommen. Auch in Kalifornien werden umfangreiche Gebiete mit künstlich gehobenem Wasser versorgt. Die Kosten für die Wasserförderung sind zwar nicht unbedeutend, indes nicht so hoch, daß dadurch der Reingewinn der Bewässerungsanlage in Frage gestellt würde, wie durch umfangreiche Kostenermittelungen unter den verschiedensten Betriebsverhältnissen festgestellt wurde (79).

5. Die Stärke und Häufigkeit der Einzelberegnung.

Das Beregnungswasser kommt den Pflanzen nicht ungeschmälert zugute. Verluste treten vielmehr in folgender Beziehung ein:

a) Während das Wasser nach der Verspritzung aus den Düsen zu Boden fällt, entweicht ein Teil als Wasserdampf in die Luft. Messungen über diesen Verlustanteil sind noch nicht bekannt geworden. Während der kurzen Zeit zwischen dem Austritt des Wassers aus der Düse und seiner Berührung mit dem Boden kann aber dieser Verlust nicht allzu hoch angeschlagen werden. Da dieser mit Temperatur und Bewegung der Luft zunimmt, so kann man ihn durch Nachtarbeit vermindern. Ferner wächst dieser Verlust natürlich mit der Feinheit der aus den Düsen austretenden Wassertropfen. Man darf daher das Wasser nicht zu fein verstäuben, aber auch nicht zu grob verregnen, weil dadurch der Boden zusammengeschlämmt würde.

b) Ein anderer Teil des Beregnungswassers bleibt auf den Blättern hängen (Blattwasser) und verdunstet nutzlos. Da Pflanzen durch die Blätter kein Wasser aufnehmen können, so ist dies Wasser ihnen nur insofern dienlich, als während seiner Verdunstung das Sättigungsdefizit der umgebenden Luft ermäßigt und dadurch die Pflanzenverdunstung herabgesetzt wird.

c) Der Rest gelangt auf den Boden und fällt, soweit er an dessen Oberfläche bleibt, ebenso der nutzlosen Verdunstung anheim, die mit der wasserhaltenden Kraft und der Kapillarität des Bodens zunimmt.

d) Nur der tiefer bis in den Wurzelbereich dringende Regenanteil kann von den Pflanzen aufgenommen und weiter verarbeitet werden.

Die Verluste a bis c sind unabhängig von der Größe der auf einmal gegebenen Wassermenge (Einzelgabe), die Nutzwassermenge (d) wird also um so größer, je stärker man die Einzelgabe bemißt, weshalb es vorteilhaft ist, recht große Einzelgaben zu verabfolgen. Aber auch darin muß man Maß halten, weil:

α) nicht soviel Wasser auf einmal gegeben werden darf, daß es bis unterhalb des Wurzelbereichs versickert und dort nutzlos verloren geht;

β) nicht mehr Wasser zugeleitet werden darf, als der Boden während der Beregnung an der Stelle aufzunehmen vermag, an der es niederfällt. Andernfalls würde das Wasser oberirdisch nach tieferen Stellen zusammenfließen und den Boden hier aufweichen, um beim Abtrocknen eine verderbliche Verkrustung zu hinterlassen. Indes ist es in mehrfacher Hinsicht vorteilhaft, mit der Stärke der Einzelgabe bis an die zulässige obere Grenze zu gehen, nicht nur weil dann der Nutzwasseranteil verhältnismäßig am größten ist, wie oben nachgewiesen wurde, sondern auch deshalb, weil dann die Regenwagen um so seltener umgestellt zu werden brauchen, womit natürlich Vereinfachung des Betriebes und Ermäßigung seiner Kosten verbunden ist. Bei Sand, humosem und lehmigem Sande hat die Einzelgabe von 30—40 mm sich als zweckmäßig erwiesen, so daß man bei starker Bewässerung mit 4—3 maliger Beregnung im Jahre durchschnittlich auskommt.

Nicht nur die Stärke der Einzelgabe ist bedeutungsvoll, sondern auch, aus den unter β angedeuteten Gründen, die Zeit, in welcher sie gegeben wird, oder die Regendichte, d. h. die in einer Minute fallende Regenhöhe. Die Technik des Betriebes würde natürlich um so einfacher, je stärker man die Regendichte wählt. Erfahrungsmäßig soll aber selbst bei Sandboden die Regendichte nicht stärker als 1,5 mm sein, während bindige Böden nicht mehr als 0,5 mm vertragen. An sich wäre es vorteilhaft, mit ganz geringer Regendichte, die einem Landregen gleichkommt, zu arbeiten. Dem setzen aber die damit verbundenen höheren Kosten — die Wagen müssen dann längere Zeit in derselben Stellung regnen, können also nur mäßig ausgenutzt werden — ein Ziel.

6. Die Jahreszeit der Bewässerung.

Halmfrüchte haben zur Zeit des Schossens den größten Wasserbedarf (s. M 2, S. 223), müssen also um diese Zeit hauptsächlich beregnet werden, d. h. Roggen von Anfang bis Ende Mai, Sommerung im Juni. Die Bewässerung kann danach abnehmen, ist aber noch bis zur Mehlbildung im Korn fortzusetzen. Bei Kartoffeln wurden die besten Erfolge mit Bewässerung von Juli bis Ende August erzielt. Die Wirkung trat nicht allein in einer bedeutenden Steigerung des Knollengewichtes, sondern auch durch Zunahme des Stärkegehaltes in die Erscheinung. Mit der Bewässerung von Zuckerrüben wurde ebenfalls eine gute Steigerung der Erntemasse erzielt, womit aber Abnahme des Zuckergehaltes Hand in Hand ging. Die vorteilhafteste Bewässerungszeit für sie ist noch nicht eindeutig ermittelt. Es ist zu vermuten, daß die Rüben nicht zu früh bewässert werden dürfen, weil dann leicht Pflanzennährstoffe aus dem Bereiche der nur flachen Wurzel entführt werden. Andererseits kann man gegen eine ganz späte Bewässerung anführen, daß die Zuckerbildung hauptsächlich in den heißen Herbsttagen stattfindet, weshalb die mit Bewässerung verbundene, wenn auch nur geringe Abkühlung vielleicht den Zuckergehalt zu drücken vermag. Doch diese Frage ist durch Versuche noch nicht entschieden.

Ob bei bedecktem Himmel oder unter grellem Sonnenschein beregnet wird, bei warmer oder kalter Witterung, scheint auf Grund der bisherigen Erfahrungen belanglos zu sein. Nach Versuchen von Gerlach (**55**. I. 333) blieb es ohne Einfluß, ob mit künstlich durch Eis gekühltem oder mit solchem Wasser bewässert wurde, das an der Sonne abgestanden war. Die immerhin geringe Wassermenge einer Einzelgabe vermag offenbar die im Boden enthaltene große Wärmemenge nicht auf ein schädliches Maß herabzudrücken. So werden denn auch in Bozen und Meran die berühmten Obstanlagen unter heißem Klima anstandslos mit dem Wasser von Gebirgsflüssen berieselt, und zwar mit Einzelgaben von 100 mm und mehr, die nicht allzu weit oberhalb von dem Schmelzwasser der Gletscher gespeist werden.

7. Die zu bewässernden Bodenarten.

Sandböden, besonders humoser und lehmiger Sand, scheinen nach den vorliegenden Erfahrungen Beregnung am besten zu lohnen[1]). Schwere Böden versprechen weniger Erfolg, weil sie dank ihrer größeren wasserhaltenden und kapillaren Kraft weniger Wasserzufuhr bedürfen; dann aber auch, weil sie unter künstlichem Regen, der in seiner Stärke trotz aller möglichen Vorsicht immer einem Platzregen gleicht, zur Verschlämmung und Verkrustung neigen, deren schädlicher Einfluß nur durch fleißige, oft wiederholte Bodenbearbeitung (Lockerung) bekämpft werden kann. In der Provinz Posen werden indes auch schon schwere Böden beregnet. Zwar kann man die Verkrustung durch geringe Regendichte vermindern, aber die Betriebskosten wachsen dabei sehr schnell.

8. Die Erfolge der Beregnung.

In Montana (80. 267) wurden 1900, einem sehr regenarmen Jahre, vergleichende Feldversuche mit verschiedener Wassermenge ausgeführt, und zwar mit wilder Rieselung. Die im ganzen Jahre gegebene Wassermenge schwankte

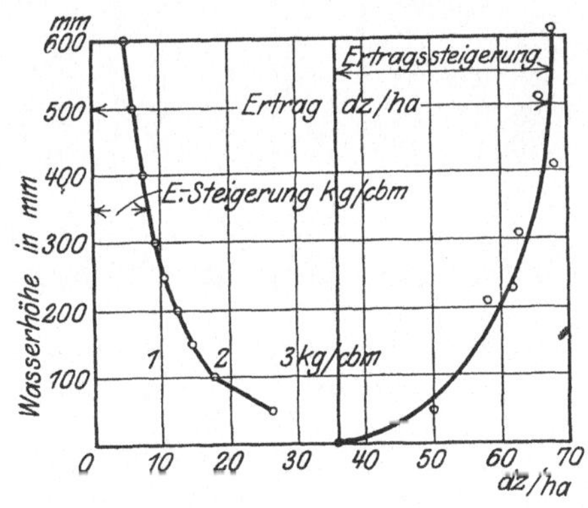

a) Erträge und deren Steigerung.

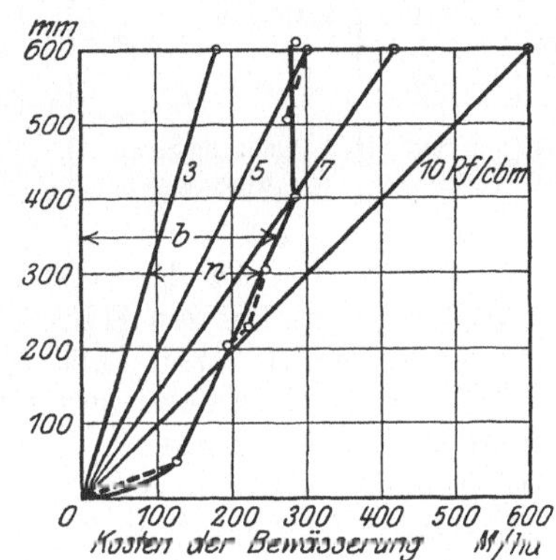

b) Wertsteigerung brutto (b) und netto (n).

Abb. 159. Ergebnis von Bewässerungsversuchen in Montana.

zwischen 60 und 600 mm. Man fand, daß man bis 100 mm Wasser auf einmal geben konnte, ohne daß Versickerungsverluste eintraten. Versuchsfrucht war Hafer. Die Ergebnisse, auf deutsches Maß umgerechnet, sind in den Abb. 159a und b wiedergegeben. Abb. 159a zeigt rechts die Steigerung der Erntemenge (Korn und Stroh) in dz/ha, links in kg für 1 cbm Wasser. Man

---

[1]) Zu diesem Ergebnisse gelangt auch Gerlach auf Grund umfangreicher Beregnungsversuche (54. 1917. 352 und 1918. 271).

sieht deutlich, wie die absolute Ertragssteigerung zwar mit der Wassermenge zunimmt, die Steigerung für die gegebene Wassereinheit dagegen in umgekehrtem Sinne verläuft. Abb. 159 b stellt die Wertsteigerung der Ernte im Vergleich zu den Kosten der Bewässerung dar bei vergleichsweise 3, 5, 7 und 10 Pf. Kosten für 1 cbm Wasser. Der Wert für Korn und Stroh wurde nach deutschen Marktpreisen berechnet. Der wagerechte Abstand zwischen den Linien der Wertsteigerung und der Kosten gibt den Reinertrag. Daraus folgt, daß der größte Reinertrag R eintrat bei

k	h	R
3 Pf.	380 mm	160 M./ha
5 „	100 „	100 „
7 „	50 „	85 „
10 „	40 „	85 „

Je niedriger die Wasserkosten, um so mehr waren also starke Wassergaben vorteilhaft. Die auf dem Versuchsfelde zu Bromberg in den sechs Jahren 1907—1912 auf Sand und lehmigem Sande mit Beregnung erzielten Erfolge sind in folgender Tafel zusammengestellt:

Jahr	Regen IV—VII mm	Frucht	Ertrag von 1 ha			Ertragssteigerung von 1 ha		1 cbm Wasser brachte Pf.
			unbe-wässert	bewässert mit mm	dz	dz/Korn	M.	
1907	298	Hafer	16	115	24	8	176	15,3
1908	237	„	12	140	24	12	277	19,8
1909	163	„	15	140	31	16	300	21,4
1912	·276	„	30	20	35	5	99	49,5
1912	276	„	30	100	36	6	123	12,3
1909	163	Kartoffeln . . .	171	110	324	153	381	34,6
1909	163	„ Stärke	28	110	60	32	—	—
1911	105	„ . . .	78	280	263	185	925	41,2
1911	105	„ Stärke	14	280	55	41	—	—
1910	294	Winterroggen .	20	80	24	4	90	11,2
1910	294	Sommerroggen .	12	70	16	4	76	10,5

Der Geldwert der Ertragssteigerung wurde nach den jeweiligen Marktpreisen berechnet; bei den Halmfrüchten unter angemessener Berücksichtigung des Mehrwertes für Stroh (s. a. 44. 7).

Die Kosten für 1 cbm fertig verregnetes Wasser betrugen unter mittleren Verhältnissen an allgemeinen und besonderen Betriebskosten 8 Pf. bei den in Deutschland jetzt üblichen Berechnungsverfahren. Zu den allgemeinen Betriebskosten rechnet man die Aufwendungen für Unterhaltung, Verzinsung und Tilgung der Anlage, zu den besonderen die Kosten für Kohlen, Schmiermittel und Bedienungsmannschaft. Die allgemeinen Betriebskosten bilden für eine gegebene Anlage eine feste Summe, belasten also 1 cbm Wasser um so geringer, je mehr Wasser verregnet wird und umgekehrt. Veraussetzung für den Erfolg einer Anlage ist, daß der Boden ausreichend gedüngt wird, um die gesteigerte Ernte zu erzeugen, da durch die Zuführung von Reinwasser mit der Beregnung nur die Ausnützung der Düngemittel durch die Pflanzen sichergestellt wird, die Düngung aber nicht ersetzt werden kann (55. I. 321). Indes ist zu beachten, daß bei Beregnung die gegebene Düngermenge weit höher ausgenutzt wird als ohne diese (55. IV. 119).

Wenn man beachtet, daß die Monate April bis Juli in Bromberg im Durchschnitt einer mehr als 50 jährigen Jahresreihe 205 mm Regen brachten, so zeigt die obige Zahlentafel, daß selbst in den übernassen Jahren bemerkenswerte, noch lohnende Mehrerträge durch Beregnung erzeugt wurden. Besonders dankbar erwiesen sich Hafer und Kartoffeln, während die Beregnung von Roggen, allerdings in einem sehr nassen Jahre, kaum noch lohnte. Je höher der Marktwert einer beregneten Frucht, um so höher ist auch der Roh- und Reingewinn, besonders also bei Gemüse.

Nun liegt auf der Hand, daß eine Beregnung in der großen Praxis nicht so peinlich bedient werden kann wie ein Versuchsfeld, daß also auch die Ertragssteigerung die Höhe des letzteren nicht erreichen kann. Nach den bisher vorliegenden Untersuchungen wurden aber auch in der großen Praxis durchaus befriedigende Ergebnisse mit der Beregnung erzielt (**10**. 1912. Nr. 3/4).

9. Die Bestandteile einer Beregnungsanlage.

Beregnung setzt Wasser unter hohem Drucke voraus, weshalb eine Beregnungsanlage sich aus folgenden Bestandteilen zusammensetzt:

a) Kraftmaschine;
b) Druckpumpe;
c) Druckrohrleitung mit Anschlußstellen für Zweigleitungen und Beregnungswagen;
d) Beregnungsgeräte.

a) Als Kraftmaschine ist jede beliebige Form verwendbar: Dampfmaschine, Explosionsmotor, Elektromotor. Entscheidend bei der Auswahl ist die Wirtschaftlichkeit und Sicherheit des Betriebes. Dazu muß die Maschine befähigt sein, sich dem oft wechselnden Kraftbedarf ohne zu große Einbuße an Wirtschaftlichkeit anzupassen. Der Kraftbedarf wechselt nämlich in ziemlich weiten Grenzen, je nachdem in der Nähe der Pumpe oder weit ab von dieser beregnet wird. Ist nur eine Wasserstelle vorhanden, so kann eine ortsfeste Maschine angewandt werden, bei wechselnden Wasserstellen muß man eine fahrbare Maschine benutzen oder eine Reihe von Elektromotoren, die von einer Stelle aus betätigt werden.

Dem wechselnden Kraftbedarfe paßt sich die Dampfmaschine am besten an; sie ist in Gestalt einer Lokomobile auf jedem größeren Gute vorhanden und während der Beregnungszeit von anderer Arbeit ohnehin frei. Elektrische Überlandzentralen verdienen Beachtung, weil in der Zeit der Bewässerung der sonstige Kraftbedarf für ländliche Arbeiten nur gering ist, also die Kraft zu einem niedrigen Satze geliefert werden kann, zumal wenn in der Nacht beregnet wird.

Windmotoren liefern weder genügend große, noch stetige Kraft, die unbedingt nötig ist, um Wasser von genügend hohem und vor allen Dingen gleichmäßigem Drucke zu erzeugen.

Unter gewöhnlichen Verhältnissen kann man den Kraftbedarf für größere Anlagen auf 0,2 PS für 1 ha schätzen.

b) Die Druckpumpe.

Die Zentrifugalpumpe hat hier allen andern Pumpen gegenüber den Vorteil, daß sie bei großer Betriebssicherheit, auch bei unreinem Wasser, kein Sicherheitsventil erfordert. Die Druckrohrleitung wird nämlich durch sie auch dann nicht überlastet, wenn die Pumpe in sie fördert, ohne daß Wasser entnommen wird. Gewöhnliche Zentrifugalpumpen reichen nur für 20 bis höchstens 30 m Druck, Da bei Ackerbewässerung der Druck an der Pumpe 50—80 m zu betragen pflegt, so muß eine mehrstufige Zentrifugalpumpe benutzt werden, die bei guter Bauweise gegen $70\,^0/_0$ Nutzarbeit liefert.

c) Die Druckrohrleitung setzt sich aus der Stamm- und den Verteilleitungen zusammen. Die Stammleitung hat das Wasser von der Pumpe bis an das Beregnungsfeld zu leiten. Ihre Lage ist ein für allemal gegeben; man verlegt sie daher meistens unterirdisch, um sie vor Beschädigungen zu behüten und damit sie kein Verkehrshindernis bildet. Sie besteht meistens aus dem schweren, aber auch dauerhaften gußeisernen Muffenrohre. Auch bejutete und asphaltierte Mannesmann-Muffenrohre sind dazu geeignet. An den tiefsten Stellen (Wassersäcken) sind Entleerungshähne einzubauen, um vor Winter das Wasser abzulassen und die Rohrleitung vor Frostschaden zu bewahren. Dann aber genügt es, die Leitung nur 50—60 cm tief in die Erde zu verlegen. In angemessenen Entfernungen werden die Stammleitungen mit Rohrstutzen an die Oberfläche geführt, um hier die Verteilleitungen anschließen zu können.

Diese sollen das Druckwasser derart über das Feld verteilen, daß mit den an sie anschließenden Beregnungswagen jeder Feldteil erreicht und beherrscht werden kann. Sie werden entweder in dauernder Lage und dann ebenfalls unterirdisch verlegt oder sie sind als fliegende Leitungen je nach Bedarf verlegbar. In ersterem Falle werden sie ebenfalls wie die Stammleitung aus Muffenrohren hergestellt, als fliegende Leitungen aber stets aus leichten Mannesmannröhren mit Flanschverbindung. Da die Verlegbarkeit und die Beförderung der fliegenden Leitungen von der Anzahl der Stöße und dem Gewichte der einzelnen Rohrschüsse abhängt, so bieten die dünnwandigen Mannesmannröhren dafür große Vorteile; allerdings muß eine etwas geringere Haltbarkeit damit in Kauf genommen werden. Dazu kommt noch der Vorteil, daß sie im verbundenen Zustande biegsam genug bleiben, um schlanke Krümmungen mit ihnen zu überwinden. Immerhin ist es aber zweckmäßig, einige etwa 1 m lange Schauchstücke vom Durchmesser der Röhren, die an jedem Ende mit einem eisernen Flansche verbunden sind, bereitzuhalten. Sie dienen zur Vermittelung scharfer Richtungswechsel und zum Ausgleiche von Längen.

Die fliegenden Leitungen gestatten eine Einschränkung des Röhrenbedarfs gegenüber festen Leitungen. Sie bringen also Ermäßigung der Anlagekosten mit sich, wogegen sie die Betriebskosten wegen der mit der Verlegung verbundenen Arbeit erhöhen, die sich aber durch Verwendung schnell wirkender Stoßverbindungen (Hartmanns Keilklammern oder Eiseners Schraubzwingen) (2.) doch in mäßigen Grenzen halten lassen. Stoßverbindungen mit gewöhnlichen Bolzenschrauben erfordern für häufiges Umlegen fliegender Leitungen viel Zeit.

Im allgemeinen können feste Verteilleitungen bei starker, fliegende bei schwacher Beregnung den Vorzug verdienen. Feste Regeln darüber lassen sich nicht aufstellen, vielmehr muß von Fall zu Fall die vorteilhafteste Anordnung errechnet werden. Für die Rohrleitungen stehen heute nur Eisenrohre zur Verfügung. Alle anderen Röhren, wie die aus Eisenbeton und Ton, haben nicht genügende Festigkeit für den hohen Innendruck besonders nicht an den Stößen. Die Kosten für Beschaffung der Rohrleitungen bilden immer den Hauptanteil an den Gesamtkosten für eine Bewässerungsanlage. Es kommt also sehr viel darauf an, die Lichtweite wirtschaftlich richtig zu bemessen. Je größer man für eine gegebene, durch die Leitung zu drückende Wassermenge die Lichtweite wählt, um so höher werden die Anlagekosten, um so geringer aber die Betriebskosten. Umgekehrt ermäßigen enge Röhren die Anlagekosten, bedingen aber größere Betriebskosten. Die Lichtweite muß also rechnerisch so festgestellt werden, daß die Summe der jährlichen Aufwendungen für allgemeine und besondere Betriebskosten den Kleinstwert erreicht (46. 1909. 198).

Je länger der Betrieb dauert, um so mehr fallen die besonderen Kosten ins Gewicht, bei kürzerer Betriebsdauer dagegen wirken die allgemeinen Betriebskosten bestimmend.

Für die Berechnung des Druckhöhenverlustes liefert die Formel von Weißbach:

$$h = \frac{\lambda\, l\, v^2}{2\, g\, d},$$

wie heute allgemein anerkannt wird, zu günstige (geringe) Werte.

Die vereinfachte Formel von Dupuit:

$$h = \frac{0,03\, l\, v^2}{2\, g\, d}$$

für Eisenrohre, worin alle Widerstände für Krümmungen, Verengungen durch Schieber usw. einbegriffen werden, liefert für erstmalige Näherungsrechnung brauchbare Werte, wie durch verschiedene Prüfungsmessungen an ausgeführten Anlagen festgestellt wurde.

Recht befriedigende Übereinstimmung mit der Wirklichkeit gaben die von Smrecker (25. III. 3. fünfte Aufl. 204) empfohlenen Formeln von Dupuit und Ganguillet und Kutter. Nach Dupuit rechnet Smrecker

$$v = \frac{4}{\pi}\sqrt{\frac{h}{l}\cdot\frac{d}{k}},$$

worin h die Druckhöhe, d die Röhrenlichtweite, l die Länge der Leitung und k einen Beiwert bedeuten. Er empfiehlt $k = 0,0038$ für $d = 0,04 - 0,10$ m, $k = 0,0030$ für $d = 0,125$ m und $k = 0,0025$ für $k = 0,15$ m.

Für Röhren mit größerer Lichtweite soll die Formel von Ganguillet und Kutter angewandt werden:

$$v = \frac{50\, d}{2\, b + \sqrt{d}}\sqrt{\frac{h}{l}}$$

oder

$$h = \frac{16\cdot l}{2}\left(\frac{2\, b + \sqrt{d}}{50}\right)\frac{Q^2}{d^6},$$

worin Q die zu bewegende Wassermenge und b einen Beiwert bedeuten, dessen Größe für Eisenröhren mit $d > 0,15$ m zu $b = 0,25$ anzunehmen ist.

Schläuche, besonders solche von Hanfgewebe, verbrauchen bedeutend mehr Druckhöhe als Eisenrohre, worüber Sander[1] umfangreiche Versuche angestellt hat, auf deren Grundlage er zu folgenden Formeln gelangt:

$$h = \frac{0,4\, v^2}{d}\left(0,45 - \frac{0,13}{v}\right)\,{}^0/_0$$

für gummierte Hanfschläuche, und

$$h = \frac{0,4\, v^2}{d}\left(0,71 - \frac{0,034}{v}\right)\,{}^0/_0$$

für ungummierte Hanfschläuche.

Bei diesen Berechnungen bleibt zu beachten, daß gute Hanfschläuche Innendruck bis zu 100 m Wassersäule aushalten.

----

[1] Sander, Untersuchungen über den Druckhöhenverlust in Hanfschläuchen.

Die nach solchen Grundsätzen ermittelte wirtschaftliche Wassergeschwindigkeit liegt meistens um 1 m/s; daraus ergibt sich die erforderliche Lichtweite. In den beweglichen Teilen der fliegenden Leitungen und Regenwagen muß man weit größere Geschwindigkeit zulassen, um nicht mit der sonst sich ergebenden großen Rohrweite deren gute Beweglichkeit zu beeinträchtigen. Auch darf man den Durchmesser der unvermeidlichen Schläuche nicht übermäßig wachsen lassen, weil damit die Haltbarkeit abnimmt, die Kosten aber wachsen. Zu den Druckrohrleitungen gehören noch Anschlußstellen und Absperrschieber.

Die Anschlußstellen werden durch T-Stücke gebildet, die in die Leitung in Entfernungen von 20 bis 50 m eingebaut werden. An den aus der Erde hervorragenden senkrechten Stutzen des T-Stückes wird der Anschlußschlauch gekuppelt, der die Regenwagen mit der Druckrohrleitung verbindet. Außer Gebrauch werden die Stutzen mit ·einem Blindflansch geschlossen.

Absperrschieber sind in Entfernungen von 100—200 m in die Rohrleitungen einzubauen. Sie dienen dazu, während der An- und Umschaltung des Anschlußschlauches den Leitungsdruck von der Anschlußstelle abzuhalten, ohne daß die Pumpe deshalb stille gelegt werden müßte.

Am sparsamsten verfährt man bezüglich der Röhrenbeschaffung in folgender Weise: Wenn das Feld $ABCD$ (Abb. 160) aus der Wasserstelle P beregnet werden soll, so ist es allermeist am billigsten, die Stammleitung Pa

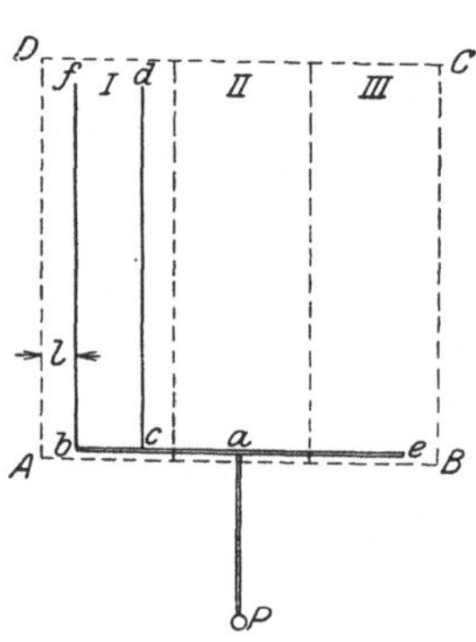

Abb. 160. Anordnung einer Beregnungsanlage.

fest zu verlegen. Das Feld $ABCD$ teilt man in drei Schläge I, II, III, die derart bestellt werden (Winterung-Sommerung-Hackfrucht), daß sie Bewässerung nacheinander haben müssen. Man braucht dann also nur so viel Verteilleitungen zu beschaffen, wie zur Beregnung eines einzigen Schlages nötig sind. Nachdem dieser bis zur Ernte fertig beregnet wurde, legt man die Rohrleitung auf den demnächst zu beregnenden Schlag um. Die Anzahl der nötigen Verteilleitungen cd und bf hängt ab von der Länge l, die von den Beregnungsgeräten beherrscht werden kann. Da die Geräte auf der einen Seite der Verteilleitung hin und auf der andern zurückarbeiten, so darf die Entfernung der Verteilleitungen $cb = 2l$ betragen. Je länger die von den Geräten beherrschte Front, um so größer darf also die Entfernung der Verteilleitungen sein, d. h. mit um so weniger Röhren kommt man aus.

Auch die Stammleitung eab kann als fliegende Leitung beschafft werden, und man braucht sie nur in der Länge $ae = ab = \dfrac{AB}{2} - l$ zu beschaffen.

d) Beregnungsgeräte.

α) Die Handschlauchberegnung. In Eduardsfelde[1]) bei Posen wurden Handschläuche mit Mundstücken an die Druckleitung gekuppelt und mit diesen das unter hohem Drucke zugepumpte Fäkalwasser aus der Stadt Posen über das Feld verspritzt. Zu dieser Verteilung ist eine große Zahl von Arbeitern nötig, da mit einem Schlauche allerhöchstens 18 cbm stündlich verspritzt werden können. Doch dieser Umstand fiel hier weniger ins Gewicht, weil ein sehr reiches Wasser zur Düngung verregnet wurde, von dem nur kleine

---

[1]) Diese vorbildliche Anlage ist eingehend beschrieben in Wulsch, Die landwirtschaftliche Verwertung städtischer Kanalwasser.

Mengen gegeben zu werden brauchen. Zu diesem Übelstande kommt noch der Umstand, daß gleichmäßige Wasserverteilung mit dem Handschlauche nicht erreicht werden kann, auch wenn man sehr eingeübte und zuverlässige Arbeiter verwendet (**55. V. 220**). Diese Beobachtungen führten dazu, die Beregnung maschinenmäßig zu gestalten, und heute kommen nur noch diese Formen ernstlich in Frage.

β) **Die maschinenmäßige Beregnung** bedient sich einer Reihe von Beregnungswagen n, die mit Schläuchen v (Abb. 161) hintereinander geschaltet und durch einen Anschlußschlauch a mit der Druckrohrleitung d verbunden werden. Man kennt heute drei solcher Systeme: Mögelin, Hartmann, Eisener, während ein viertes (Borek) mit Einzelwagen arbeitet[1]). Das Druckwasser tritt aus Streudüsen (**45, 93**. 1919. 49) aus, die teils fest, teils umlaufend das Wasser fein verteilt verregnen (**2**. 10. 1912. Nr. 3/4). Die Düsen, deren Zahl an jedem Wagen zwischen 2 und 12 schwankt, sind so angeordnet, daß ihre Sprengkreise sich genügend decken.

Nachdem die Wagen in erster Stellung die gewollte Beregnung gegeben haben, werden sie von Hand, mit einem Zugtiere oder mit Seilwinden nacheinander vorgezogen, und zwar ohne Unterbrechung des Betriebes, der nur während des Anschlußwechsels nötig wird. Dieser muß vollzogen werden, sobald die Länge des Anschlußschlauches a, die halb so groß sein muß wie die Entfernung der Anschlußstellen in der Druckrohrleitung, erschöpft ist. Da mit dem Anschlußwechsel immer eine gewisse Zeit vom Betriebe verloren geht, so muß man recht lange Schläuche anwenden, wobei der Anschluß seltener gewechselt zu werden braucht. Dem ist aber eine Grenze dadurch gesetzt, daß das Mitschleppen eines langen Anschlußschlauches für ihn selbst und für die darunter stehenden Saaten Verderben bringen kann. Daher macht man den Anschlußschlauch heute nicht mehr länger als 30 m, meistens aber kürzer. Früher bestand die Befürchtung, daß durch das Vorziehen der Wagen, insbesondere durch die Radspuren, bedeutender Flurschaden verursacht würde, und manche Ingenieure waren bemüht, deshalb die Zahl der Räder zu vermindern, weshalb z. B. der Wagen von Hartmann nur alle 20 m ein Rad trägt. Neuerdings hat man aber erkannt, daß Flurschaden überhaupt nur in sehr geringem Maße entsteht, weil die überfahrenen und niedergedrückten Pflanzen durch die Beregnung so angeregt werden, daß ihre Beschädigung bald wieder völlig ausheilt.

Das Vorrücken der Wagen wird dadurch erschwert, daß die Räder den von der gerade gegebenen Beregnung durchweichten Boden durchfahren müssen. Es würde manche Vorteile bieten, wenn es gelänge, Wagen zu bauen, die nur nach rückwärts regnen, das Land vor den Rädern aber trocken lassen. Nach-

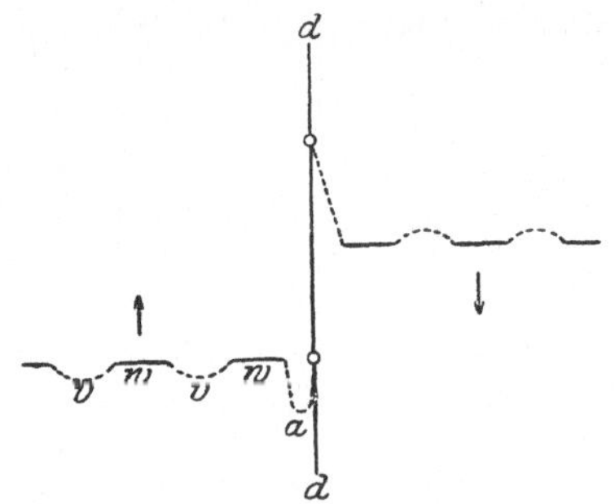

Abb. 161. Anordnung des Beregnungs-Wagezuges.

dem die Beregnung auf der einen Seite der Rohrleitung bis zum Feldende vollendet wurde, fährt der Wagenzug auf die andere Seite und arbeitet hier in entgegengesetzter Richtung zurück (Abb. 161), so daß jede Rohrleitung einen Feldstreifen beherrscht, welcher der doppelten Länge des Wagenzuges

---

[1]) In jüngster Zeit sind noch verschiedene andere Bauweisen erfunden und in (2. u. 44.) sowie in den Mitteilungen Nr. 28 und 29 der Kartoffelbaugesellschaft m. b. H., Berlin SW 11, Bernburgerstr. 15/16, unter Beigabe von Abbildungen beschrieben.

gleichkommt. Die Länge der Beregnung rechnet man in der Richtung der Wagenreihe, also senkrecht zur Verteilleitung, als Tiefe die senkrechte zur Wagenlänge gemessene Ausdehnung der aus derselben Stellung beregneten Fläche. Je größer die Tiefe, um so größer ist die aus einer Wagenstellung beregnete Fläche, um so länger darf also bei gegebener Wassermenge aus einer Stellung beregnet werden, ohne die Fläche mit Wasser zu überlasten; aber was noch wichtiger ist, um so größer darf die in der Sekunde geförderte Wassermenge sein, ohne die zulässige Regendichte zu überschreiten.

Die große Länge eines Wagenzuges, sie beträgt bei Bauweise Mögelin bis 150 m, hat den Vorzug, daß die Verteilleitungen in großen Abständen verlegt werden dürfen und von einem und demselben Anschlusse aus eine große Fläche beregnet werden kann. Das bringt den Gewinn mit sich, daß verhältnismäßig nur geringe Betriebspausen entstehen. Ein Nachteil der langen Wagenreihen liegt darin, daß alles Wasser, das in der großen Reise verregnet werden soll, durch die ganze Wagenreihe und die Verbindungsschläuche zwischen den Wagen gedrückt werden muß. Dadurch entstehen in den ersten Wagen, wo noch die ganze Wassermenge gefördert werden muß, besonders große Wassergeschwindigkeiten und dementsprechende Druckhöhenverluste. Diese wieder steigern die erforderliche Arbeitsgröße und erschweren die gleichmäßige Verteilung des Beregnungswassers auf die einzelnen Wagen. Dem kann man nur dadurch begegnen, daß man die Lichtweite der Wagenröhren nach dem Anfange der Reihe erweitert und die Düsen dem abnehmendem Drucke gemäß einstellt.

N. Die Obst- und Gartenbewässerung.

1. Vorbilder.

Die Erkenntnis, daß eine Bewässerung um so einträglicher ist, je höheren Marktwert die bewässerte Frucht besitzt, hat schon von jeher die Aufmerksamkeit auf die Bewässerung der Obstgärten gelenkt. Sehr alte und bewährte Anlagen dieser Art befinden sich in Tirol (Bozen, Meran) und in den letzten Jahrzehnten hat die Obstbewässerung in den Vereinigten Staaten von Nordamerika, besonders in dessen trockenen Weststaaten, ungeheure Ausdehnung gewonnen. Schon nach dem Zensus von 1899 bedeckte der Obstbau in den 11 trockenen Weststaaten 312000 ha, wovon 141000 ha oder $45\,^0/_0$ unter Bewässerung lagen. Die bewässerten Obstfarmen in Kalifornien, dem eigentlichen Obstgarten des Landes, sind 4—6 ha groß und bieten eine reichliche Nahrungsstelle für den Farmer mit seiner Familie.

Diese Beispiele und die Erkenntnis, daß auch in unserm deutschen Klima recht oft Trockenzeiten eintreten, unter denen die Entwickelung des Kern- und Beerenobstes leidet, regten zur Nachfolge auch in Deutschland an. So sind erhebliche Obstbewässerungsanlagen am Rhein in Remagen, Geisenheim, in Gransee, Peine, Werder und vielen andern Orten entstanden. Die größte und jüngste dieser Anlagen befindet sich in Werder, der Obstkammer Berlins. Sie umfaßt 560 ha Obstland, das meistens auf Höhen liegt, die sich bis zu 50 m über den umgebenden Wasserspiegel der Havel erheben und zum großen Teile aus Sand, teils auch aus Lehm bestehen. Die Erscheinung, daß nach beendeter Blütezeit sehr oft Trockenheit eintritt, die den Fruchtansatz beeinträchtigt und starkes Abfallen des unentwickelten Obstes verursacht, hatte schon verschiedene Privatanlagen hervorgerufen, deren Erfolge zu der allgemeinen Wasserversorgung der Obstgärten führte, die mit der Versorgung der Gehöfte mit Gebrauchswasser verbunden wurde. Die

Kosten haben für die allgemeinen Anlagen im ganzen sich auf 875000 Mark belaufen, wofür das Wasser bis vor die einzelnen Obstgärten geleitet wird. So ist jedem Gartenbesitzer die Möglichkeit gegeben, die für die Wasserverteilung auf seinem Grundstücke nötigen Anlagen auf eigene Kosten billig herzustellen.

2. Der Wasserbedarf.

Über die Wassermenge, ·die zur auskömmlichen Tränkung eines Obstgartens nötig ist, wissen wir noch nichts Genaues. Darüber kann nur durch eingehende, vergleichende Versuche Klarheit geschaffen werden, die heute noch nicht eingerichtet sind. Wohl aber wissen wir, daß reichliche Wasserversorgung nicht nur den Fruchtansatz vermehrt und sichert und so die Erntemenge steigert, sondern auch die Früchte selbst größer, gesunder und ansehnlicher macht, kurz, daß bei Bewässerung mehr Früchte erster Klasse erzeugt werden. Aus den in dieser Beziehung angestellten, genauen Erhebungen (57. 1914. 33. 504), die bei einer Versuchsbewässerung in dem Provinzial-Obstgarten zu Diemitz bei Halle angestellt wurden, seien nur folgende Zahlen angeführt. Von der Birne Clairgeau wurden 1911 von der gleichen Baumzahl geerntet:

Fruchtart	Preis Mark/kg	Bewässert		Unbewässert	
		kg	Mark	kg	Mark
1. Wahl	0,56	106,5	59,6	14,0	7,8
2. „	0,40	30,0	12,0	52,5	21,0
3. „	0,30	5,0	1,50	24,0	7,2
4. „	0,20	25,0	5,0	9,0	1,8
		166,5	78,1	·99,5	37,8

Die Bewässerung hatte den Ertragswert also um $107^0/_0$ gesteigert.

Einigen Anhalt über den Wasserverbrauch der Bäume kann man aus Steglich, „Die Statik des Obstbaues", gewinnen. Danach erzeugt ein Baum von 20 cm Durchmesser jährlich an Trockenmasse bei:

Apfel   20 kg,
Kirsche 25 „

Rechnet man nun den Wasserbedarf für 1 kg Trockenmasse ähnlich wie bei Hafer zu 500 kg und den Bestand auf 1 ha zu 120 Bäumen, so ergibt sich der Wasserbedarf von 1 ha zu 1200 bzw. 1500 cbm, also wesentlich geringer als bei Halmfrüchten. Wenn nach Steglich die Baumblätter nur den vierfachen Betrag ihres Standraumes als Verdunstungsfläche haben, so leuchtet ohne weiteres ein, daß der Wasserverbrauch nicht so groß sein kann wie bei Halmfrüchten mit weit größerer Blattoberfläche (s. S. 21). Man wird also für den Obstbau allein mit geringeren Wassermengen auskommen als für andere Feldfrüchte.

Anders liegt die Sache, wenn Unterkulturen betrieben werden, sei es durch Anbau von Beerenobst, Gras, Feldfrüchten usw. unter und zwischen den Bäumen. Die in der Praxis aufgeleiteten Wassermengen sind so verschieden, daß man aus ihnen eine Regel für den gegebenen Fall nicht herleiten kann. In der Obstbauprovinz St. Clara in Kalifornien bewässert man im Jahre 4—7mal mit je 1000 cbm für 1 ha. In Riverside, dem berühmten Apfelsinenbaugebiete von Kalifornien, wird 5—8mal mit zusammen 750 mm bewässert. In diesen Gebieten fällt während der Entwickelungszeit gar kein Regen. In Bozen und Meran gibt man 1000—1200 mm, obwohl die natürlichen Niederschläge im Jahre 900—1000 mm erreichen. Man vertritt hier die Ansicht, daß man Obstbäume nur da bewässern soll, wo der Wasserbezug das ganze Jahr hindurch sichergestellt ist, da man durch einzelne Bewässerungen die Bäume gewissermaßen verwöhnt, so daß sie danach Dürrzeiten ohne Schaden nicht überstehen. Die Bewässerung dauert von April bis Oktober. In Meran erhalten die Obstbäume in denselben Monaten alle vier Wochen eine gründliche Bewässerung. In Lana werden im Jahre gegen 1800 mm auf Wiesen-Obstgärten geleitet. Jedem Teilnehmer steht alle 14 Tage Wasser zu.

In Werder und Grausee werden bei 300 mm mittlerem Niederschlage in der Entwickelungszeit 30—50 mm Kunstwasser zugegeben. Die neue Anlage von Werder ist so berechnet, daß täglich 1 mm (10 cbm/ha) Bewässerung gegeben werden kann. Die Verbrauchszahlen schwanken also in sehr weiten Grenzen. Nach allen bisherigen Erfahrungen ist in unserm Klima der jährliche Bedarf einer Obstanlage an Kunstwasser im Durchschnitte der trockenen Jahre auf 60 mm zu schätzen. Kommt Unterfrucht hinzu, so erhöht sich der Bedarf auf mindestens das Doppelte.

In Amerika betrachtet man den Bau von Unterkultur unter den Obstbäumen als eine „Anleihe bei der späteren Ertragsfähigkeit der Bäume"; es sei denn, daß man den vermehrten Entzug an Wasser und Nährstoffen durch Bewässerung und Düngung wieder ausgleicht. Aus finanziellen Gründen wird man die Unterkulturen indes nicht immer entbehren können. Jedoch sollten 1 m breite Streifen neben den Bäumen unbestellt bleiben, die jederzeit gründliche Bearbeitung der Baumscheiben gestatten.

Nach amerikanischen Quellen (81) wird ein Wassergehalt von 5—10 $^0/_0$ des Bodens im Wurzelbereiche für ausreichend gehalten. Je geringer die wasserhaltende Kraft des Bodens ist, um so häufiger muß bewässert werden. In Amerika geschieht dies 3—5 mal im Jahre, beginnend im April oder Mai, das letzte Mal Anfang September. Im berühmten Bewässerungsgebiete bei Riverside, Kalifornien, betrug im Durchschnitte der acht Jahre 1901—1908 die Menge an

	Kunstwasser	Regen	Zusammen
April bis September	458 mm	34 mm	492 mm
Jahr	688 „	305 „	993 „

Die Wassergewinnung ist von der oben behandelten für Ackerberegnung nicht verschieden.

3. Die Wasserzuleitung.

Bei der Wasserzuleitung ist von Bedeutung, ob Wasser mit natürlichem Gefäll zur Verfügung herangeleitet werden kann oder ob es künstlich gehoben werden muß. In letzterem Falle muß die Zuleitung mit besonderer Sorgfalt gegen Verluste durch Verdunstung und Versickerung gesichert werden. Zu dem Ende verwendet man in die Erde eingeschnittene oder aufgedämmte Zuleiter, die mit Tonschale oder Betonauskleidung gedichtet werden. Sind nur kleinere Wassermengen fortzuleiten, so verwendet man Tröge aus Zementbeton oder Holz. Die Zementbetontröge verlegt man auf dem Gelände, um mit natürlichem Drucke Wasser aus ihnen abziehen zu können. Für kleine, seitwärts abzuziehende Wassermengen baut man kurze Eisenrohrstücke von 20—40 mm Weite in die Trogwände ein (Abb. 162), die unmittelbar in eine Bewässerungsfurche ausgießen. Die Ausflußmenge kann durch einen Schieber innen vor dem Rohre geregelt werden. Sind größere Wassermengen seitwärts abzunehmen, so baut man kleine Schieberschützen in die Seitenwände ein (Abb. 163). Um den Seitenabzug sicher in der Hand zu haben, wird unterhalb desselben ein Querschieber eingelegt. Derartige Zementtröge sollten nicht in großer Länge zusammenhängend hergestellt werden, weil sie dann beim Temperaturwechsel leicht reißen. Besser setzt man sie aus einzelnen Abschnitten mit Stoß zusammen und deckt diesen durch Falze oder übergeklebte Streifen aus geteerter Jute. Auf alle Fälle sollte man solche Tröge stets mit Eiseneinlage herstellen. In Kalifornien baut man sie mit 20—60 cm Weite bei 20—40 cm Tiefe aus einer Betonmischung von 1 Zement zu 6 Kies.

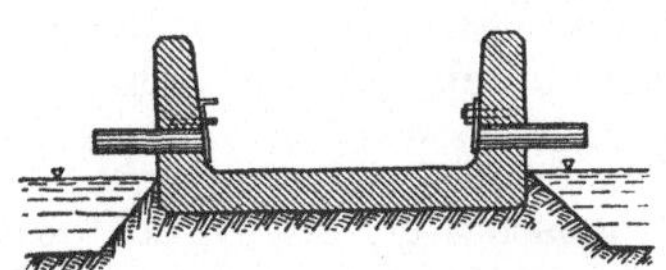

Abb. 162. Verteilrinne aus Beton mit Abzügen aus Eisenröhren.

Hölzerne Rinnen bestehen allermeist aus zwei unter rechtem Winkel zusammengenagelten Brettern, deren winkelrechte Form durch querüber genagelte Lattstücke gesichert wird. Die Nagelfuge wird durch einen in sie gelegten Streifen geteerter Pappe oder Filz gedichtet. Die Rinnen dienen als Zuleitungs- und Verteilrinnen auf durchlassendem Boden oder zur Führung über Strecken mit starkem Gefäll, wo das Wasser wegen zu großer Geschwindigkeit Ausspülungen verursachen würde. Wenn es gilt, eine kurze Geländefalte zu überschreiten, so macht man aus der Rinne einen kleinen Aquädukt, indem man sie auf kleine Gerüstböcke stellt, die in einfachster Weise aus einem Lattenkreuz bestehen (Abb. 164). Die auf der Erde liegenden Rinnen werden bis 0,6 oder 0,8 ihrer Tiefe in die Erde gebettet, und zwar in eine mit dem Pfluge vorgezogene Rille. Die Lagerung in die Erde gewährt den Vorteil, daß die Bretter besser vor dem verderblichen Einflusse der wechselnden Nässe und Trockenheit geschützt werden. Die Rinnen werden in handlich tragbaren Längen von 3—5 m gefertigt. Die eine Länge lagert immer auf einer überstehenden Leiste, die an den vorhergehenden Schuß genagelt ist. Die Fuge wird durch Umpackung mit Boden genügend gedichtet.

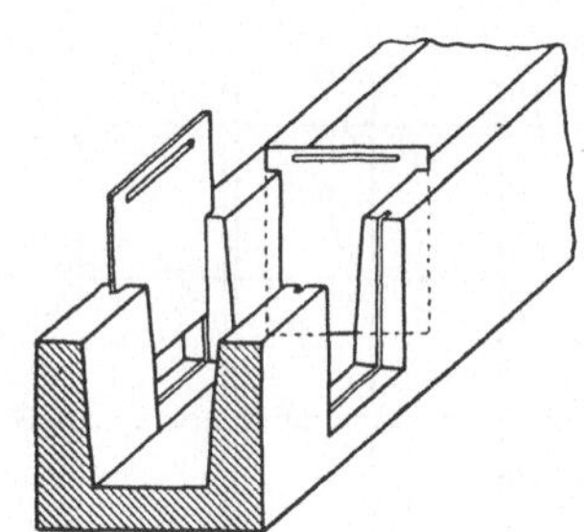

Abb. 163. Verteilrinne aus Beton mit Stau- und Seitenschiebern.

Bei Verteilrinnen werden die Bretter an den Punkten, wo sie Wasser abgeben sollen, mit einem Randeinschnitte von entsprechender Größe versehen, dessen Ergiebigkeit durch einen Blechschieber geregelt werden kann (57. 1914. 31). Durch Einlegen von Abflußhindernissen in Gestalt von Ziegelsteinen unterhalb der Abzüge kann die abgeleitete Wassermenge noch weiter geregelt werden. Vor der Beackerung des Bodens zwischen den Bäumen sind die Holzrinnen aufzunehmen und beiseite zu legen.

Schließlich sind noch Druckrohrleitungen zu nennen, die in dem Falle angewendet werden müssen, wenn das Wasser zur Bewässerung künstlich gehoben wird. Sie zerfallen in Haupt- und Nebenleitungen. Letztere sind mit Entnahmestellen auszustatten. Die Röhren werden entweder nach dem Verästelungs- oder nach dem Umlaufsystem angelegt. Bei dem ersteren

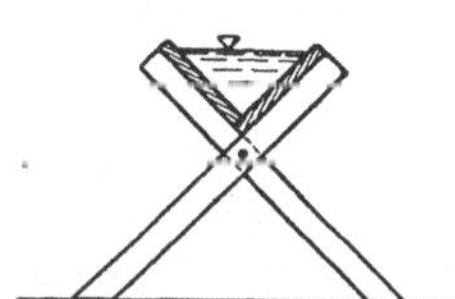

Abb. 164. Verteilrinne aus Holz über einer Geländefalte.

wird jeder Gebietsteil durch ein tot endendes Stammrohr versorgt. Bei dem Umlaufsysteme bilden die Röhren ein in sich geschlossenes Netz. Damit ist der Vorteil verbunden, daß bei Entnahme an einer Stelle auf verschiedenen Wegen Wasser nachströmen kann, wodurch die Leistungsfähigkeit des Rohrnetzes unterstützt wird.

Die Entnahme des Wassers geschieht entweder unmittelbar unter dem durch die Pumpe, die das Wasser in die Rohrleitung fördert, erzeugten Drucke. Dann muß die Leistung der Pumpe den jeweilig größten Bedarf decken können. Dagegen kann eine schwächere Pumpe ausreichen, wenn in die Rohrleitung ein hochgelegenes Sammelbecken eingeschaltet wird, das den Unterschied in der Pumpenleistung und dem Verbrauche ausgleicht. Ist t die Dauer der täglichen Bewässerung und q der größte Bedarf für die Zeiteinheit, so muß ohne Sammelbecken die Pumpe für die Leistung q eingerichtet werden. Wird nun aber ein Sammelbecken vom Fassungsraum Q eingeschaltet, so braucht die Pumpe nur $q - \dfrac{Q}{t}$ in der Zeiteinheit zu liefern.

Bei Vorhandensein eines Sammelbeckens darf also auch die Lichtweite der Hauptröhren ermäßigt werden. Allerdings muß das Sammelbecken hoch genug liegen, um in allen Lagen des Bewässerungsgebiets das Wasser in genügender Menge und mit genügendem Drucke entnehmen zu können, denn für die Entnahme ist dann nicht der von der Pumpe erzeugte, sondern der Druck des Sammelbeckens maßgebend. Sammelbecken sind dort meistens vorteilhaft. wo natürliche Höhen für ihre Anlagen vorhanden sind (Werder), während die Errichtung eines hinlänglich hohen und großen Wasserturmes sonst oft zu erhebliche Kosten verursacht.

Man kann den Hochbehälter auch durch Einschaltung von Druckkesseln umgehen, die dann mit einer Vorrichtung zu versehen sind, welche die Pumpe selbständig einschaltet, wenn die Kessel bis zu einem gewissen Grade entleert sind und neu aufgefüllt werden müssen. Bei größeren Anlagen kann es vorteilhaft sein, dem oft schwankenden Wasserverbrauche dadurch Rechnung zu tragen, daß man für die Wasserförderung zwei Pumpen vorsieht, eine kleinere und eine größere. Kleine Anlagen werden vorteilhaft aus vorhandenem Wasserversorgungsnetz gespeist, da die Aufstellung und der Betrieb eigener Maschinen oft höhere Kosten verursacht als der an das Wasserwerk zu zahlende Wasserzins bedingt.

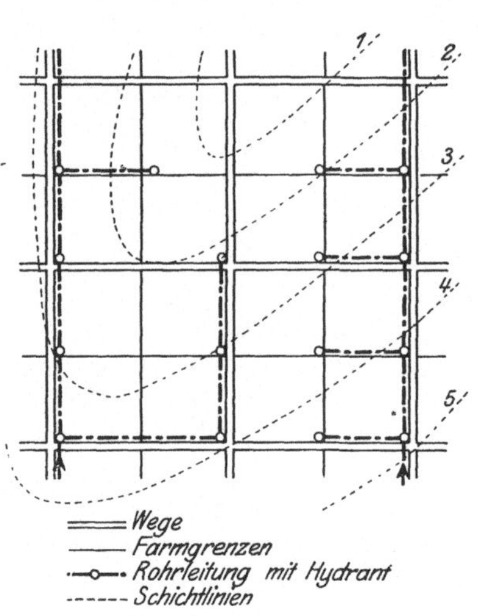

Abb. 165. Wasserverteilung in Druckrohrleitungen.

In Kalifornien findet die Wasserverteilung an die einzelnen Obstfarmen oft in der in Abb. 165 dargestellten Weise statt. Durch Wege ist das Obstland in Quadrate von 16 ha Inhalt geteilt, und jedes derselben umschließt 4 Obstfarmen, so daß jede Wegeanschluß hat. Das Rohrnetz der Wasserleitung ist so verlegt, daß jede Farm am höchsten Punkte eine Entnahmestelle erhält. Die weitere Verteilung und Verwendung des Wassers ist Sache des Farmers.

4. Die Bewässerungseinrichtungen.

a) Wasserzurückhaltung. Sehr oft werden Steilhänge mit Obstbäumen bepflanzt, die zur Ackerwirtschaft nicht mehr mit Vorteil nutzbar sind. Auf ihnen fließt das Regenwasser schnell zu Tal, ohne Zeit zum Einsickern zu haben. Diese Wasserverhältnisse kann man wesentlich dadurch verbessern, daß man zwischen den Bäumen kleine wagerechte Furchen anlegt, die das Wasser aufhalten, zur völligen Versickerung nötigen und zur Tränkung der Baumpflanzung nutzbar machen.

b) **Wilde Rieselung.** Aus dem Zuleiter zweigen in Abständen von 20—30 m wagerechte Rieselrinnen ab. Diese werden aus dem Zuleiter bis zum Überlaufen mit Wasser gespeist, das den Hang zwischen den zwei Rinnen wild überrieselt (Lana bei Meran). Dies Verfahren ist nur da anwendbar, wo starkes Gefäll und große Wassermengen zur Verfügung stehen, auch Grasbau unter den Bäumen betrieben wird, weil sonst gleichmäßige Überrieselung nicht erzielt werden kann, auch Ausspülungen des nackten Bodens zu befürchten sein würden.

c) **Das Beckensystem** ist in Kalifornien weit verbreitet. Mit dem Pfluge werden zwischen den Bäumen niedrige Erddämme hergestellt, die einen oder mehrere Bäume umgeben. Nun werden in der höchsten Lage beginnend die Becken aus dem Zuleiter mit Wasser derart gefüllt, daß das gefüllte seinen Überschuß an das nächst unterhalb liegende Becken durch einen Auslaß abgibt (Abb. 166). Wenn der Boden in erheblichem Maße

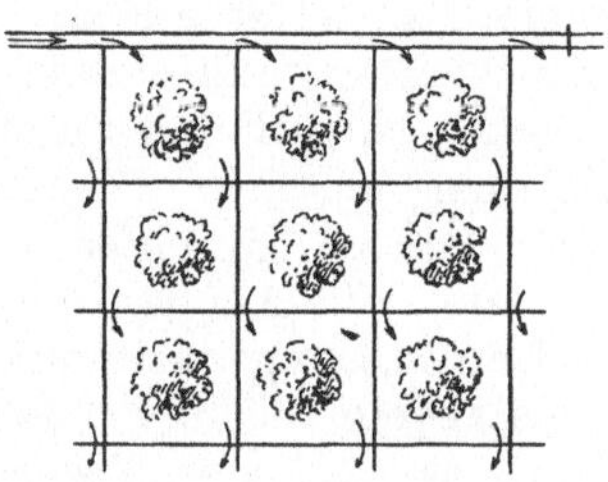

Abb. 166. Becken mit wiederholter Wasserbenutzung.

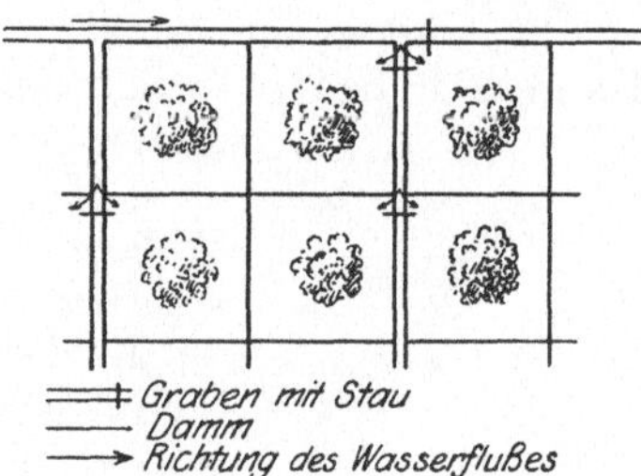

Abb. 167. Becken mit Frischwasser-Zuleitung.

durchlassend ist, so würde zuviel Wasser durch Versickerung verloren gehen, wenn die unteren Becken immer nur durch die oberen gefüllt werden sollten. In diesem Falle wird jede Beckenreihe durch einen besonderen Nebenzuleiter angeschlossen, der es ermöglicht, daß jedem Becken frisches Wasser zugeleitet werden kann (Abb. 167). Aber auch so bleibt der Wasserbedarf für eine Wässerung immer noch sehr groß. Dafür wird damit aber auch eine sehr gründliche Tränkung des Bodens erreicht. In dieser Erwägung bewässern viele Obstzüchter in Werder nach dem Beckensysteme.

Ein Übelstand dieses Verfahrens liegt darin, daß der völlig durchweichte Boden bei der folgenden Austrocknung stark verkrustet und damit die Verdunstung steigert und die Bodendurchlüftung stört. Dem kann man nur durch Bodenlockerung nach jeder Bewässerung begegnen. Becken können natürlich nur auf flach geneigtem Gelände angelegt werden, weil sonst die Höhe der Überstauung und die dazu nötige Wassermenge zu groß wird. Je flacher die Geländeneigung, um so mehr Bäume können in einem Becken vereinigt werden. Bei Unterkultur von Erdbeeren usw. verbietet sich die Überstauung, weil die Früchte dadurch verderben würden.

d) **Das Furchensystem** wird in Kalifornien am meisten angewandt und verdient auch in Deutschland volle Beachtung, weil es eine ziemlich gleichmäßige Wasserverteilung ohne große Verschwendung gestattet und geringe Bedienung erfordert. Zwischen zwei Baumreihen wird nahezu in der Wagerechten liegend mit dem Pfluge eine Anzahl paralleler, flacher Furchen gezogen. Diese werden aus einem quer zu ihnen gerichteten Zuleiter oder einer der oben besprochenen Rinnen (S. 240) mit solcher Wassermenge gespeist, daß es zwar das Ende der Furche erreicht, aber auch in der Furchenlänge völlig versickert. Um Wasserverlusten vorzubeugen, die dadurch entstehen können, daß nicht versickertes Wasser unten aus der Furche austritt, schaltet man wohl unten vor die Furchen eine Beckenbewässerung. Je bindiger der Boden ist, um so enger müssen die Furchen beieinander liegen, um eine genügende Wassermenge zum Versickern zu bringen. Ihre Entfernung beträgt 0,7 bis 1,5 m, je nachdem ob zu bewässernde Unterkulturen vorhanden sind. Bei zunehmendem Alter der Bäume legt man die Furchen dichter, um dem gesteigerten Wasserbedürfnis Rechnung zu tragen. Gestattet starke Entwickelung der Baumkronen nicht mehr, mit den Längsfurchen genügend dicht an den Stamm heranzugehen, so sorgt man durch Einschaltung von Querfurchen zwischen den Bäumen, welche die beiden nächsten Furchen miteinander verbinden, für ausreichende Durchfeuchtung des Wurzelbereichs.

Das Gefälle der Furchen muß einerseits stark genug sein, um das Wasser schnell über deren ganze Länge zu verteilen, andererseits nicht zu stark, um Ausspülungen zu vermeiden. In Kalifornien beträgt das übliche Gefäll 0,3 bis 0,5 % und steigt bis 2 %. Zwar hat man es selbst auf Steilhängen in der Hand, Furchen in beliebigem Gefälle herzustellen, je nach dem Winkel, unter dem sie die Geländeschichtlinien durchschneiden. Da aber die Furchen bei einer zweckmäßigen Anlage den Baumreihen gleich gerichtet verlaufen müssen, so ist es ratsam, die Anpflanzung gleich in Rücksicht auf die Bewässerung anzuordnen. Die Pflanzung in Form des regelmäßigen Sechsecks gestattet in der Beziehung weitgehende Freiheit, weil dabei die Furchen nach drei verschiedenen Richtungen sich gleichlaufend zu den Baumreihen herstellen lassen, man das beste Gefäll also in gewissen Grenzen aussuchen darf (Abb. 168). Es ist selbstverständlich, daß die Furchen durch Bearbeitung und Benutzung des Bodens unter den Bäumen wieder zerstört werden, also alle Jahre wieder neu mit dem Pfluge herzustellen sind. Diese Arbeit ist aber leicht und wenig zeitraubend. Ein Gespann mit geeignetem Pfluge leistet in Kalifornien 4 ha (81).

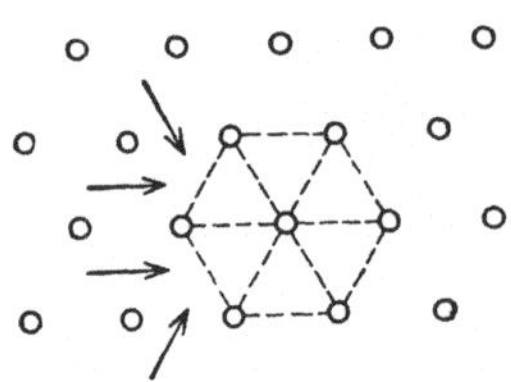

Abb. 168. Baumpflanzung im Sechseckverbande.

Es ist unvermeidlich, daß am oberen Ende der Furche mehr Wasser versickert als am unteren, weil jenes länger unter Wasser steht. In Riverside, Kalifornien, fand man, daß 200 m lange Furchen bei derselben Bewässerung am oberen Ende 6—8 m tief, am untern dagegen nur 1 m tief durchfeuchtet wurden. Um diese Ungleichheit wenigstens in mäßigen Grenzen zu halten, muß die Länge der Furchen abnehmen, je durchlassender der Boden und je schwächer das Gefäll ist. In Amerika geht man mit deren Länge nicht über 200 m, selbst unter günstigen Gefäll- und Bodenverhältnissen. Indes wird es bei knappem Wasser selten ratsam sein, die Länge über 100 m auszudehnen. Jede Furche verschlingt bei der ersten Füllung am meisten Wasser; doch wird durch Verschlämmung des Furchenumfanges die Versickerung bald ermäßigt. Auch zu Beginn jeder Füllung ist der Wasserverbrauch stärker als später, wenn der Untergrund erst mit Wasser durchtränkt ist. Daher wird die gleichmäßige Wasserverteilung über die ganze Furchenlänge dadurch gefördert, daß man zuerst eine größere Wassermenge auf eine Furche gibt und nach Füllung der ganzen Länge den Zufluß soweit abdrosselt, daß nur die Versickerung gedeckt wird. Bei dem Entwerfen einer Furchenbewässerung muß man daher sorgfältig ermitteln, welche Länge der Furchen man bei gegebenen Boden- und Gefällverhältnissen mit einer gegebenen Wassermenge ausreichend speisen kann[1]).

Der Beckenbewässerung gegenüber hat die Furchenrieselung folgende Vorteile:

α) Die erforderliche Wassermenge ist geringer und die Wasserverteilung gleichmäßiger.

β) Geringere Verkrustung und Verluste durch Verdunstung und Versickerung.

γ) Weniger Bedienung; denn die Auslässe aus den vorhin beschriebenen Trögen und Rinnen lassen sich so einstellen, daß ein Arbeiter eine große Zahl von Furchen gleichzeitig bedienen kann.

δ) Alle beliebigen Unterkulturen, Erdbeeren, Spargel, Gemüse sind durch Furchenrieselung außerordentlich gut bewässerbar.

e) Die unterirdische Bewässerung besteht darin, daß man zwischen den Bäumen unterirdisch ein System durchlochter Röhren verlegt und diesen Wasser zuleitet. Das Wasser tritt durch die Durchlochung in den Wurzelbereich der Bäume. Hierbei werden zwar Verdunstungsverluste und Bodenverkrustung ganz vermieden; das Verfahren scheint daher in heißem Klima und bei schwerem Boden seine Vorteile zu haben, hat aber in Kalifornien, wo es versucht wurde, doch nicht Bedeutung gewinnen können. Es stellte sich nämlich heraus, daß die Baumwurzeln durch das aus den Röhren austretende Wasser angelockt wurden und diese verstopften, indem sie in die Röhren hineinwuchsen. Bei durchlassendem Untergrunde ist das Verfahren gar nicht anwendbar, weil hier das Wasser senkrecht in die Tiefe sinkt, ohne sich in den Wurzelbereich zu verteilen. So sind denn auch die Systeme unterirdischer Bewässerung von Wichulla und Claus Mohr-Stuttgart ohne praktische Bedeutung geblieben.

f) Die Schlauchbewässerung setzt Wasser unter hohem Drucke voraus. Dies wird mit Rohrleitung über den zu bewässernden Garten verteilt. Die Rohrleitung ist in solchen Entfernungen mit Zapfstellen versehen, daß aus daran geschalteten Schläuchen jeder Punkt des Gartens mit Wasser versorgt werden kann.

Die Ergiebigkeit der Zapfstellen muß auf ein, besser auf zwei Sekundenliter bemessen werden, um in kurzer Zeit mit wenig Bedienung eine große Wassermenge geben zu können. Die Zapfstellen müssen so nahe beieinander stehen, daß man zur Beherrschung des ganzen Gartens mit Schläuchen von 10 bis höchstens 20 m Länge auskommt. Längere Schläuche sind zwischen einer Obstpflanzung schwierig so zu handhaben, daß weder sie selbst noch die Kulturen durch sie beschädigt werden.

Die Zapfstellen bestehen aus einem senkrecht etwa 80 cm hoch aus der Erde hervorragenden Rohrstutzen, der an seinem Ende einen Niederschraubhahn mit Schlauchverschraubung trägt.

Die Verwendung des so zugeleiteten Wassers geschieht entweder in der Weise, daß man mit dem Schlauche jeder Baumscheibe oder einem um den Baum gebildeten Becken die gewollte Wassermenge gibt oder Unterkulturen mit Bespritzung bewässert, nachdem man das Strahlrohr des Schlauches durch einen Verteiler ersetzte.

Darüber, ob es geraten ist, auch die Obstbäume mit Fruchtansatz zu bespritzen, sind die Ansichten sehr geteilt; indes soll das Spritzen zur Be-

---

[1]) Ein Verfahren dieser Art ist in der Deutschen Obstbauzeitung 1914, S. 54 beschrieben.

kämpfung von Schädlingen tierischer oder pflanzlicher Art hier und da vorteilhaft gewirkt haben. Lediglich als Bewässerungsform ist die Spritzung (Beregnung), so vorteilhaft sie für alle anderen Kulturen ist, zu verwerfen, weil die Baumkronen viel Wasser auffangen, das durch Verdunstung nutzlos verloren geht. Wohl aber kann die Wasserzuleitung mit Röhren und Schläuchen eine ausgezeichnete Grundlage zur Furchenrieselung abgeben. Gegenüber den offenen Zuleitern bietet sie den Vorteil, daß das Druckwasser über Berg und Tal fortgeleitet und an beliebiger Stelle an offene Furchen abgegeben werden kann. Man ist somit in der Lage, Furchenrieselung in kleineren Abschnitten auch da anzuwenden, wo sie wegen des wechselnden Gefälls im Großen nicht durchführbar ist.

Den Furchen muß das unter starkem Drucke austretende Wasser in einer Weise zugeleitet werden, daß es keine Ausspülungen in dem Erdreiche verursacht und daß möglichst viele Furchen von einem Schlauche auch gespeist werden, also mit recht wenig Bedienungsmannschaften. Die Milderung des Wasserstoßes erreicht man in einfachster Form dadurch, daß man 10—12 cm weite Dränröhren senkrecht in den Boden gräbt, unten mit einem Betonpfropfen versieht und in sie das Schlauchwasser einleitet, nachdem man das Strahlrohr vorher abgeschraubt hat. Die Stoßkraft des Wassers wird durch das in dem Rohre vorhandene Wasserpolster gebrochen, und es tritt völlig beruhigt oben über den Rand aus in die Furche.

Die Verteilung des Wassers auf eine größere Anzahl von Furchen erfolgt entweder durch offene Rinnen aus Beton oder Holz, wie oben beschrieben wurde, oder durch besondere Verteiler. Ein solcher recht zweckmäßiger Bauart ist nach den Angaben des Garteninspektors Stoffert bei der Bewässerung der Obstanlage der Simon-Stiftung in Peine in Gebrauch und in Möllers Deutscher Gärtnerzeitung an der Hand von Zeichnungen beschrieben (57. 1914. 502).

Mehlhorns Bauweise (51. 1914. 25) hat heute für Gartenbewässerung bereits erhebliche Verbreitung (Abb. 169). Auf dem längs einem Wege liegenden Hauptdruckrohr *a* erheben sich 2 bis 2,5 m lange Rohrpfosten, die mit einem Niederschraubhahn *h* an- und abgestellt werden können. Oben ist der Rohrpfosten durch ein Bogen- oder T-Stück in die Wagerechte übergeleitet. Daran schließt sich, mit dem Pfosten durch Stopfbüchse *s* drehbar verbunden, das 26 bis 30 mm starke und bis 50 m lange Regenrohr *r*, senkrecht zum Wege über den zu beregnenden Garten sich erstreckend. Sie sind durch Pfosten aus Holz oder Eisen alle 4—5 m unterstützt und

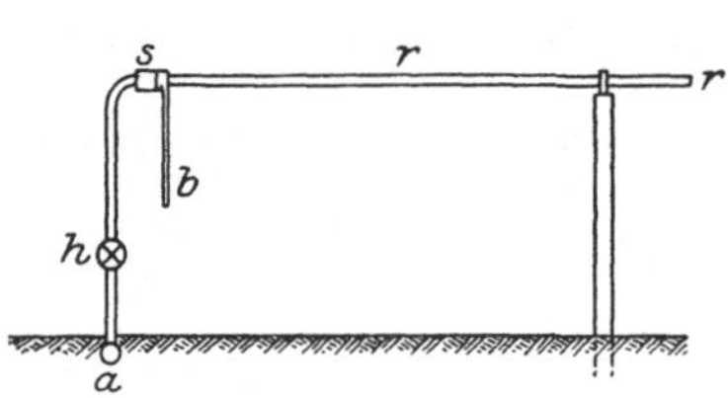

Abb. 169. Beregnung nach Mehlhorn.

auf dieser in einer Gabel um ihre wagerechte Achse drehbar gelagert. Der Abstand dieser Sprengrohre beträgt 12—15 m je nach dem vorhandenen Leitungsdruck. In 30 bis 50 cm Abstand sind die Sprengrohre in einer Reihe durchbohrt und in die Bohrlöcher Düsen aus Messing mit 1—2 mm weiter zylindrischer Bohrung eingesetzt. Um eine recht gleichmäßige Ergiebigkeit der Düsen zu erzielen, muß die Lichtweite vom Anfange nach dem Ende allmählich zunehmen. An einer Handhabe *b* sind die Sprengrohre um ihre wagerechte Achse drehbar, so daß nach beiden Seiten unter beliebigem Erhebungswinkel geregnet werden kann. Je mehr Druck in dem Stammrohr vorhanden ist, um so mehr Sprengrohre können zu gleicher Zeit betätigt werden. Da der Wärter nur nötig hat, die Hähne in den Rohrpfosten zu bedienen und den Erhebungswinkel umzustellen, so liegt auf der Hand, daß mit geringer Bedienung eine große Fläche beregnet werden kann.

Neben dieser Bewässerungsart steht noch die große Zahl der festen und drehbaren Sprengler, welche durch Schläuche das Druckwasser erhalten und im Garten nach Bedarf umgestellt werden können.

5. Kosten und Einträglichkeit.

Die Anlagekosten sind niedriger, wenn Wasser mit natürlichem Gefäll verfügbar ist, als wenn solches erst künstlich gehoben und mit Druckrohrleitungen'über die Gärten verteilt werden muß. In letzterem Falle sind die Gesamtkosten, mit der Größe des Gartens abnehmend, auf 1500 bis 1000 Mark für 1 ha zu schätzen. Dementsprechend hoch sind aber auch die Mehrerträge der bewässerten Obstgärten. So wurde im Jahre 1910 in einem solchen Obstgarten 1250 Mark Reingewinn von 1 ha erzielt. In Bozen werden gut bestandene und bewässerte Obstgärten mit 17000 Mark/ha bezahlt, während Weingärten bis 30000 Mark/ha kosten. Der Rohertrag einer bewässerten Obstwiese in Lana wurde von 1 ha im Jahre 1910 für Äpfel auf 6800 Mark und für die dreischnittige Wiese darunter zu 1440, der Ertrag zusammen also auf 8240 Mark geschätzt (**11**. 1911 Nr. 8).

VIII. Moorkultur.

A. Die Entstehung der Moore, ihre Arten und deren Eigenschaften.

Moore entstanden und entstehen überall da, wo ein hohes Maß von Feuchtigkeit vorhanden ist. Organische Masse unter dem Einflusse von Licht, Wärme und Feuchtigkeit unterliegt einer langsamen Verbrennung, die wir Verwesung nennen. Bei mangelndem Luftzutritt wird die Verwesung gehemmt. Die dann mit der organischen Substanz vor sich gehende Umwandlung nennt man Vermoderung. Dadurch sind die Moore entstanden und zwar aus wasserliebenden Pflanzen verschiedener Art, die nach dem Absterben unter Wasser tauchten und hier nicht verwesten, sondern vermoderten, weil die zur Verwesung nötige Sauerstoffmenge im Wasser nicht vorhanden ist. In ähnlicher Weise wirkt auch die sehr hohe wasserhaltende Kraft der das Moor bildenden abgestorbenen Pflanzenreste. So häufte sich Generation auf Generation zu mächtigen Schichten, die wir mit dem Namen Moor belegen. Ist das Moor als Brennstoff geeignet, so nennt man es Torf. Ein wesentlicher Unterschied zwischen Moor und Torf besteht sonst nicht. Die Moorböden befinden sich fast ausnahmslos an den Stellen, wo sie entstanden. Umlagerungen durch An- oder Abspülungen kommen nur selten und örtlich sehr beschränkt vor. Die Moorböden sind geologisch noch viel zu jung, um durch Naturgewalten wesentlich umgelagert sein zu können. Die Art der moorbildenden Pflanzen ist verschieden und einerseits abhängig von dem mineralischen Untergrunde, auf dem sie stehen, andererseits von der Beschaffenheit des Wassers, das die Pflanzen bewässert und ernährt. Die an einer Moorbildung hauptsächlich beteiligten Pflanzen bestimmen seine Eigenart in bezug auf seine physikalischen und chemischen Eigenschaften und sind maßgebend für seine Benennung.

Wir unterscheiden Hochmoor (Moosmoor), Grünlandsmoor (Nieder- oder Flachmoor) und Übergangsmoor.

Hochmoor entsteht dann, wenn Untergrund und Wasser bei der Moorbildung arm an Nährstoffen sind und unter diesen Umständen sich nur anspruchslose Pflanzen ansiedeln: Torfmoose, Wollgras, Heidekraut, Sauergräser usw. Die Torfmoose (Sphagnaceen) sind hervorragend an dieser Bildung beteiligt. Die jüngeren Schichten, der sogenannte „weiße Torf", haben im nassen Zustande mittelbraune, getrocknet hellbraune Farbe, sind von schwammiger Beschaffenheit und lassen bis zum Alter von einigen Jahrhunderten die Formen der schwer vergänglichen Moose noch deutlich erkennen. Die unteren, älteren Schichten haben dunkelbraune bis schwarze Farbe, die sie auch in getrocknetem Zustande behalten. Das Fasergefüge tritt hier mehr und mehr zurück und macht einem gleichförmigen Brei Platz.

In dem Diven-Moore, südlich vom Dümmersee, wurden römische Bohlwege 1,5 bis 2,5 m tief unter der heutigen Mooroberfläche gefunden, woraus man ungefähr auf die Wachstumsgeschwindigkeit des Hochmoores schließen kann. Indes darf man dabei nicht vergessen, daß die ursprünglich sehr sperrige obere Schicht weißen Torfes teils durch die Zusammendrückung des überwachsenden Moores, teils durch die mit der Zeit fortschreitende Zersetzung bei ihrer Umwandlung in schwarzen Torf an Stärke auf $^1/_{10}$ oder noch weniger der ursprünglichen Mächtigkeit ab-, dabei aber an Dichtigkeit entsprechend zunimmt.

Die Bezeichnung „Hochmoor" stammt daher, daß die so benannten Moore dank der großen Kapillarkraft der Moose, aus denen sie in der Hauptsache bestehen, weit über den Grundwasserspiegel emporwachsen. Weil in der Mitte einer Moorfläche die Entwässerung am schwächsten, die Feuchtigkeit am größten und damit die Wachstumsbedingungen für die Moose am günstigsten sind, wächst das Moor hier am freudigsten und erhält daher im ganzen eine gewölbte (hohe) Gestalt.

Grünlandsmoor baut sich aus den Resten anspruchsvollerer Pflanzen auf (Gräser, Scheingräser, Kräuter) und kann daher nur dort entstehen, wo nährstoffreicheres Wasser entweder dauernd oder zeitweise, infolge von Überschwemmungen vorhanden ist. Daher erscheint es meistens in Flußniederungen. Es kann sich nicht wesentlich über die Überschwemmungshöhe erheben, weil in größerer Höhe die Wachstumsbedingungen aufhören und Verwesung an Stelle von Vermoderung Platz greift. Das Grünlandsmoor erhält daher eine flache Oberfläche, weshalb es auch Niederungs- oder Flachmoor genannt wird. Es kommt meistens in der Begleitung gefällarmer Flüsse vor. Deren Sinkstoffe werden bei Überschwemmungen längs der Ufer abgelagert, bilden Uferwälle, unterbinden die Entwässerung, verursachen Versumpfung und schaffen somit die Vorbedingung für Moorbildung. Die das Grünlandsmoor bildenden Pflanzen vermodern leichter als die des Hochmoores, weshalb ersteres weit schneller zu einer gleichförmig erdigen Beschaffenheit gelangt als Hochmoor. Dieser Unterschied beider Moore wird auch durch den Einfluß der Humussäure bewirkt. Wo sie, wie im Hochmoore, in größerer Menge vorhanden ist, wirkt sie erhaltend auf die tote Pflanzenfaser.

Diese Wirkung fällt im Grünlandsmoore aus, weil dessen in der Regel erheblicher Kalkgehalt die Säurewirkung aufhebt. Wegen der schnelleren Vererdung und damit verbundenen Verdichtung der Grünlandsmoore wachsen diese langsamer auf als Hochmoore. Infolge der häufigen Überschwemmungen des Grünlandmoores mit nährstoffreichem Wasser sind sie im Gegensatze zu Hochmooren verhältnismäßig reich an Mineralstoffen und haben daher hohen Aschegehalt. Die unter Wasser sinkenden, vermodernden Pflanzenleichen werden in großer Menge von Wassertieren (Schnecken, Würmern) als Nahrung genommen und bilden nach Ausscheidung eine äußerst gleichmäßige, feine leberartige Mudde.

Übergangsmoore entstehen auf einem Hoch- oder Grünlandsmoore, wenn die bisherigen Wasser- und Nährstoffverhältnisse sich derart ändern, daß die Wachstumsbedingungen der bisherigen Moorform nicht mehr günstig sind. Hört der Zufluß von nährstoffreichem Wasser auf, so kann ein Grünlandsmoor in Hochmoor übergehen und umgekehrt. Daher findet man Schichten von Übergangsmoor oft in verschiedenen Tiefen eines Moores übereinander.

Unter feuchtem Klima liegen die Bedingungen für Moorbildung besonders günstig, weshalb sie hier große Ausdehnung hat. So sind in Preußen 2 242 000 ha Moor vorhanden, gleich $6,4\,^0/_0$ des Staatsgebietes (S. 4) (18). Daran sind am stärksten beteiligt die Provinzen Hannover 580 000 ha $(14,6\,^0/_0)$ und Brandenburg 358 000 ha $(8,7\,^0/_0)$. Bayern umfaßt 146 000 ha $(1,9\,^0/_0)$, Oldenburg 98 000 ha $(18,6\,^0/_0)$, Württemberg 20 000 ha $(1,0\,^0/_0)$.

Von den chemischen und physikalischen Eigenschaften der Moore sind die folgenden für ihre landwirtschaftliche Kultivierung von Bedeutung. Im Durchschnitte vieler Analysen ist der mittlere Gehalt der verschiedenen Moorarten an wichtigen Pflanzennährstoffen in 100 Teilen völlig trockener Moormasse nach Fleischer (56. 1904. 138) wie folgt anzunehmen:

	Hoch-	Übergangs-	Grünlandsmoor
Stickstoff N	$0,1\ {-}1,2\ ^0/_0$	$2,0\,^0/_0$	$2,5{-}4,0\,^0/_0$
Kalk CaO	$0,25{-}0,35\,^0/_0$	$1,0\,^0/_0$	$4,0\,^0/_0$
Phosphorsäure P_2O_5	$0,05{-}0,10\,^0/_0$	$0,2\,^0/_0$	$0,25\,^0/_0$
Kali K_2O	$0,03{-}0,05\,^0/_0$	$0,1\,^0/_0$	$0,15\,^0/_0$

Der Kalkgehalt wurde früher als Unterscheidungsmerkmal für die verschiedenen Moorarten benutzt, indem man die Moore mit weniger als $2\,^0/_0$ CaO zu den Hochmooren, die mit stärkerem Kalkgehalte zu den Grünlandsmooren rechnete. Mit dem Kalkmangel pflegt der Gehalt an der dem Pflanzenwuchs schädlichen Humussäure zu wachsen, der eine Kalkzufuhr vor der Kultivierung notwendig macht.

Für die Beurteilung der Kulturwürdigkeit eines Moores nützt es wenig, den Gehalt an Pflanzennährstoffen in der Trockenmasse zu kennen. Vielmehr kommt es darauf an, zu ermitteln, wieviel an Nährstoffen den Pflanzen im Wurzelbereiche zur Verfügung steht. Das hängt ganz von der Dichtigkeit des Bodens ab, die beim Moor gerade sehr verschieden ist. Man pflegt daher auf Grund der Analyse anzugeben, welche Nährstoffmenge in einer 20 cm starken Bodenschicht eines Hektars enthalten ist. Als Anhalt zu solchen Berechnungen dienen folgende von Tacke angegebene Zahlen

Moorart	1 cbm wiegt frisch	1 cbm wiegt trocken	1 cbm enthält in kg			
	kg	kg	N	CaO	P_2O_5	K_2O
Jüngerer Moostorf	952	83,2	0,56	0,30	0,04	0,08
Älterer „	986	114,5	1,52	0,61	0,06	0,03
Übergangstorf	889	134,6	1,99	2,41	0,07	0,07
Heidetorf	691	498,7	4,09	0,75	0,45	0,45

Heidetorf nennt man die meistens schwache, torfige Schicht, die im Wurzelbereich der Calunna sich zu bilden pflegt. Ein ebenfalls die Hoch- und Grünlandsmoore fast regelmäßig unterscheidendes Merkmal besteht darin, daß das Hochmoor selten mehr als $5\,{}^0/_0$ mineralische Beimengungen besitzt und daher überaus aschenarm ist, wogegen das Grünlandsmoor viele mineralische Bestandteile hat — sie sind meistens durch Überschwemmungen der Flüsse zugeführt worden — und daher beim Verbrennen viel Asche hinterläßt. Man pflegt Humusböden noch dann Moorböden zu nennen, wenn die mineralischen Beimengungen nicht mehr als 70 Gewichtsprozente ausmachen. Bei noch stärkerem Mineralgehalte spricht man von anmoorigen Böden.

Kali ist in allen Mooren in nur sehr geringen Mengen enthalten, Phosphorsäure im Hochmoore. Letztere findet sich dagegen im Grünlandsmoore oft in beträchtlichen Mengen. Sie ist hier in Eisenverbindungen als Blauerde oder Vivianit, auch als Roterde vorhanden. Zwar ist die darin enthaltene Phosphorsäure schwer löslich, aber dennoch bildet sie einen willkommenen Zuschuß zur Pflanzenernährung mit Phosphorsäure.

Vor allen Mineralböden ist das Moor durch seine außerordentlich hohe wasserhaltende Kraft ausgezeichnet. Jüngeres Moosmoor enthält im unentwässerten Zustande bis $95\,{}^0/_0$ Wasser. Ferner verhält sich Moor überaus schwer durchlassend gegen Luft und Wasser. Deshalb bewegt sich ein Grundwasserstrom im Moore sehr langsam. Sein Spiegel wird erst in nächster Nähe der Entwässerungsanstalt merklich durch diese beeinflußt (Abb. 170), und die Reichweite der Entwässerungsvorrichtungen ist daher nur gering. Indes nimmt die Durchlässigkeit mit voranschreitender Vererdung des Moores zu. Daher ist Grünlandsmoor durchlassender als Hochmoor.

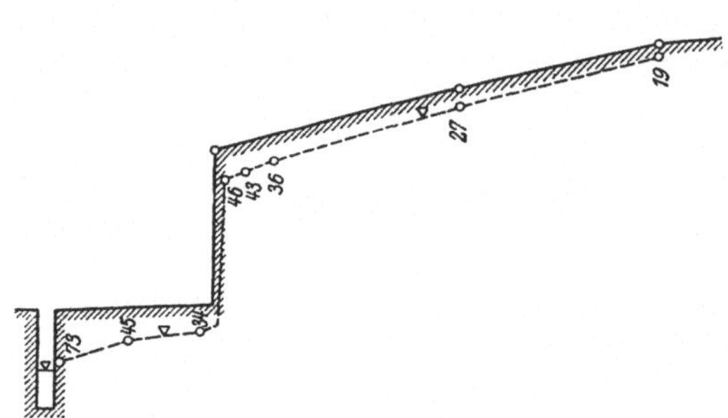

Abb. 170. Grundwasserspiegel im Hellweger Hochmoore.
Längen 1 : 10000, Höhen 1 : 100.

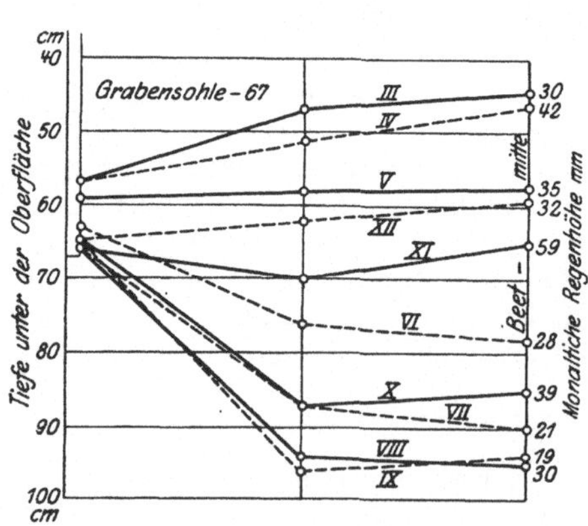

Abb. 171. Mittlere Monats-Grundwasserstände in einem Hochmoorbeet.

Die geringe Durchlässigkeit (**59.** 46. 206, 48. 239, 50. 108, 56. 17. 36, 60. 151) kommt auch durch den Verlauf des Grundwasserspiegels bei wechselndem Wasserstande in den Gräben zum Ausdrucke. So zeigen nebenstehende (Abb. 171) Grundwasserlinien, die von Tacke (56. 1906. 120) aufgenommen wurden, deutlich, wie schwer und langsam der Grundwasserstand dem Wasserstande im benachbarten Graben folgt. In der Mitte zwischen zwei Gräben pflegt der Grundwasserstand in den Wintermonaten höher zu liegen als im Graben, umgekehrt im Sommer, wenn von den angebauten Pflanzen viel Wasser verbraucht wird. Daher kann das Anstauen in den Gräben leicht erfolglos bleiben, wenn es nicht frühzeitig geschieht. Die monatlichen Niederschlagshöhen, die neben den Linien (in mm) vermerkt sind, finden nur mäßigen Ausdruck in der Spiegeländerung. Die hohe Kapillarität und Wasser-kapazität bedingt, daß Moorboden viel Wasser verdunstet. Das bewirkt im Verein mit der geringen Durchlässigkeit für Luft, daß Moorboden ohne gehörige Entwässerung naß und kalt ist. Da das Moor Wärme schlecht leitet, besonders trockenes, so entstehen leicht Schäden durch Frost, um so verheerender, je stärker das Moor entwässert ist. Wegen seines hohen Wassergehaltes vergrößert seine Oberfläche bei Frost ihren Raum. Es „friert auf". Dabei werden Pflanzenwurzeln zerrissen und geschwächt.

Wegen seiner hohen wasserhaltenden Kraft wird der jüngere Moostorf zu Torfstreu oder Torfmull verarbeitet, der zur Einstreu in Viehställen, aber auch, wegen seiner geringen Leitungsfähigkeit, als Wärmeschutzmittel gebraucht wird. Völlig trockene Torfstreu vermag das 15 bis 30 fache ihres Gewichtes an Feuchtigkeit aufzusaugen und festzuhalten (56. 1909. 177. 225. 237. 259).

Wenn also das Moor manche Eigenschaften besitzt, die der Pflanzen-kultur hinderlich sind, so hat es doch die neue Moorkultur verstanden, diese zu überwinden und seine Vorzüge, als welche die sichere Versorgung der Pflanzen mit Wasser und Stickstoff besonders hervorzuheben sind, derart auszunutzen, daß die richtig angelegten Moormeliorationen heute zu den ein-träglichsten gehören. Bei der großen Ausdehnung der Moore (s. Kap. I S. 4) ist deren Kultivierung von hervorragender volkswirtschaftlicher Bedeutung, weshalb dahinzielende Bestrebungen schon alt sind.

B. Die Entwässerung.

1. Allgemeines.

Bezüglich der Entwässerung mit der zugehörigen Vorflutbeschaffung gelten im wesentlichen dieselben Gesichtspunkte, die bei der Besprechung der Entwässerung des Bodens im allgemeinen (Kap. IV) bereits erörtert wurden. Es kann sich hier nur darum handeln, die besonderen Maßregeln zu besprechen, welche durch die Eigenart des Moorbodens bedingt werden. Als solche kommen in Betracht: die hohe wasserhaltende Kraft, seine große Empfindlichkeit gegen zu starke Entwässerung, die lose Beschaffenheit und die damit in Zusammenhang stehenden Sackungen infolge der Entwässerung und das meistens in Mooren nur geringe Oberflächengefäll.

Sofern das Moor noch unzersetzt ist und somit eine besonders hohe Wasserkapazität besitzt, muß eine Entwässerung jeder anderen Kulturmaß-regel noch notwendiger voraufgehen als bei irgendeiner anderen Bodenart. Erst nach der durch Entwässerung veranlaßten Durchlüftung wird die Moor-masse vererdet und durch Aufschließung der in ihr ruhenden Pflanzennähr-stoffe so umgestaltet, daß die Pflanzenwurzeln bis zu solcher Tiefe eindringen, um Pflanzennährstoffe und Wasser in genügender Menge aufnehmen zu können. Die Entfernung der Entwässerungszüge voneinander und ihre Tiefe muß auf die Durchlässigkeit des Bodens, die mit zunehmender Vererdung steigt, gebührend Rücksicht nehmen.

Zu starke Entwässerung ist für Moor verhängnisvoller als für Mineral-boden. Während bei diesem die Pflanzen erst Not zu leiden beginnen, wenn der Wassergehalt im Boden auf $3-2^0/_0$ abgenommen hat, welken auf Moosboden stehende Pflanzen bereits, wenn es bis auf $60^0/_0$ ausgetrocknet ist. Einmal gründlich ausgedörrtes Moor nimmt Regenwasser nur sehr schwer wieder auf. Unter dem Einflusse der anhaltenden Trockenheit geht der ursprünglich faserige oder erdige Zustand des Moores in Pulverform über, die, vom

Winde bewegt, den Pflanzen keinen sicheren Standort mehr bietet. Daher empfiehlt es sich, die Entwässerungsanstalten mit Stauwerken zu versehen, die ein Zurückhalten des Wassers ermöglichen.

Im allgemeinen haben sich folgende Entwässerungstiefen als am vorteilhaftesten erwiesen: Wiese 0,5 m, Weide 0,7 m, Acker 1,0 m. Diese Maße gelten für den endgültigen Zustand, nach beendeter Sackung des Moores. Indes ist die vorteilhafteste Entwässerungstiefe bei unbesandetem Hochmoor geringer. So erzielte Salfeld (56. 1896. 195) im Durchschnitte von nassen und trockenen Jahren Höchsterträge bei einer Tiefe der Entwässerungszüge von 50 bis 75 cm. An anderer Stelle wurden auf Hochmoor bei verschiedener Grabentiefe t folgende Erntemengen erzielt. Im trockenen Jahre 1893 (59. 31. Sitzung 11)

$t =$	50	75	100	125	150 cm
Kartoffeln	214	197	181	176	164 dz/ha
Roggen	24	21	18	14	15 „
Erbsen	10,3	10,6	8,7	8,0	7,0 „

Von einer Wiese (59. 46. Sitzung 14) an frischer Grasmasse:

$t =$	50	60	70 cm
1899	297	265	189 dz/ha
1900	184	200	134

Das Jahr 1899 war arm, 1900 reicher an Niederschlägen. Es liegt auf der Hand, daß solche Unterschiede die Größe der vorteilhaftesten Entwässerungstiefe beeinflussen. In der Regel wird die Grabentiefe als Entwässerungstiefe angesehen, obwohl dies dann nicht mehr zutrifft, wenn die

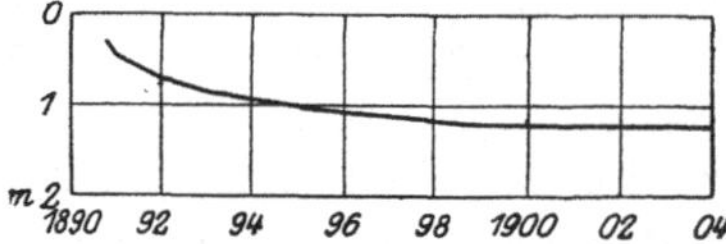

Abb. 172. Senkung eines Fachwerkhauses in Marcardsmoor auf 4 m tiefem Hochmoor.

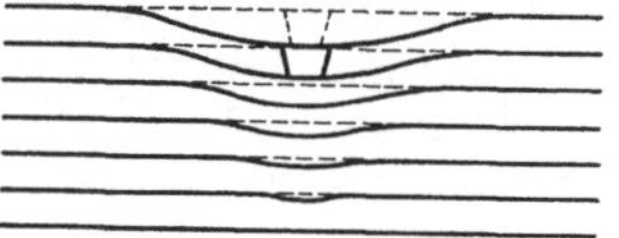

Abb. 173. Vermutliche Moorsackung in verschiedener Tiefe.

Gräben zeitweilig trocken laufen. Die vorteilhafte Wirkung einer schwachen Entwässerung ist zum Teil darin zu suchen, daß die Bodentemperatur in der Wachstumszeit bei schwacher Entwässerung höher liegt als bei starker (56. 1903. 173).

Sackung bzw. Erniedrigung der Oberfläche ist eine Eigenschaft des Moores, die andere Bodenarten nicht haben. Sie bewirkt ein Zusammendrängen der ursprünglich sehr lockeren Moormasse auf einen kleineren Raum. Dadurch wird das Moor genügend fest, um den Pflanzen einen sicheren Standort und ihnen im Wurzelraum größere Nährstoffmengen darzubieten. Sackung entsteht aus folgenden Ursachen:

α) Infolge von Entwässerung und feldmäßiger Bearbeitung wird die Oberschicht mehr in Berührung mit der Luft gebracht, wodurch die sperrige Moormasse vererdet wird und in diesem Zustande einen kleineren Raum einnimmt (83. I. 2. 511, 34a. 1912. 35, 6. 100). Dieser Vorgang spielt sich nur langsam ab, wird aber durch Kalkung wesentlich beschleunigt, besonders durch Zufuhr von Ätzkalk.

β) Durch Belastung wird die lose Moormasse mechanisch zusammengedrückt. Derartige Sackungen entstehen durch die Errichtungen von Bauwerken aller Art auf dem Moore. Sie sind unbedenklich, wenn sie allmählich und für das ganze Bauwerk gleichmäßig erfolgen, auch die nötige Vorflut nicht dadurch in Frage gestellt wird (Abbildung 172). Dagegen können Sackungen verhängnisvoll werden, wenn sie ungleichmäßig oder zu schnell erfolgen. Dann zerreißt die tragfähige, bereits entwässerte Oberschicht, bevor noch die Unterschicht durch fortschreitende Entwässerung genügend tragfähig wurde, und das Bauwerk wird zerstört oder versinkt wohl gar.

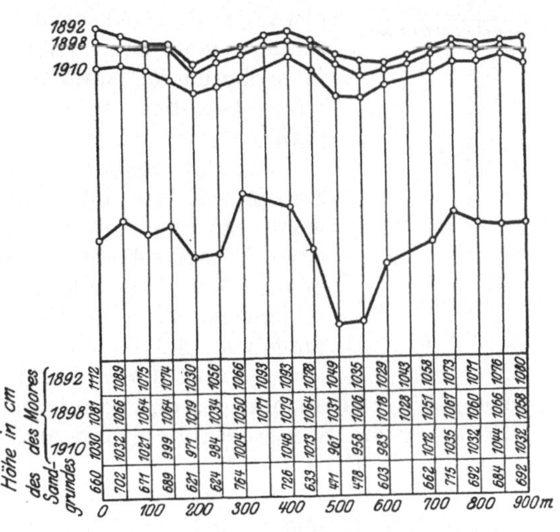

Abb. 174. Sackung im Kehdinger Moor.

γ) Ähnliche, wenn auch minder schwere Belastung des Moores wird auch durch Entwässerung erzeugt. Im unentwässerten Zustande schwimmt die Moormasse zum Teil, in dem es erfüllenden Wasser durch Auftrieb. Wenn der Oberschicht Wasser entzogen wird, so wird der schwimmende Gleichgewichtszustand gestört, d. h. die entwässerte Moorschicht wirkt als Auflast auf die darunter liegenden Schichten. Man kann daher wohl annehmen, daß alle Moorschichten, herab bis auf den mineralischen Untergrund an den Sackungen, wenn auch nach unten immer mehr abnehmend, beteiligt sind (Abbildung 173). Unmittelbare Beobachtungen darüber liegen noch nicht vor.

Die Sackungen können erheblich sein und zwar um so mehr, je weniger zersetzt (vererdet) das Moor ist. Hochmoor, besonders jüngerer Moostorf, sackt mehr als Grünlandsmoor. So zeigt Abb. 174 den sehr schnellen Verlauf der Sackung neben dem Graben eines bisher ganz unentwässerten, mit sehr starker Schicht von jungem Moostorf überdeckten 10 m tiefen Moores, während Abb. 175 die Sackung eines 4 m tiefen Moores wiedergibt, das schon jahrzehntelang durch einen tief eingeschnittenen Schifffahrtskanal in 800 m Abstand von der Beobachtungslinie entwässert war. Daraus folgt wie dieselbe Entwässerung unter sonst gleichen Verhältnissen eine um so tiefere Sackung verursacht, je tiefer der Moorstand ist (14. 178). Mit der Zeit läßt die Sackung erheblich nach und ebenso mit der Entfernung von der Entwässerungsanstalt (Abb. 176).

Abb. 175. Sackung in Marcardsmoor.

	1892	1898	1910	Sandgrundes
0	1112	1081	1030	660
	1089	1066	1032	702
	1075	1064	1021	611
	1074	1064	999	689
	1030	1019	971	621
	1056	1034	984	624
	1066	1050	1004	764
	1093	1071		
	1093	1079	1046	726
	1078	1064	1013	633
	1049	1031	961	471
	1035	1006	958	478
	1029	1018	983	603
	1043	1028		
	1058	1051	1012	662
	1073	1061	1035	715
	1071	1060	1032	692
	1076	1066	1044	684
	1080	1058	1032	692

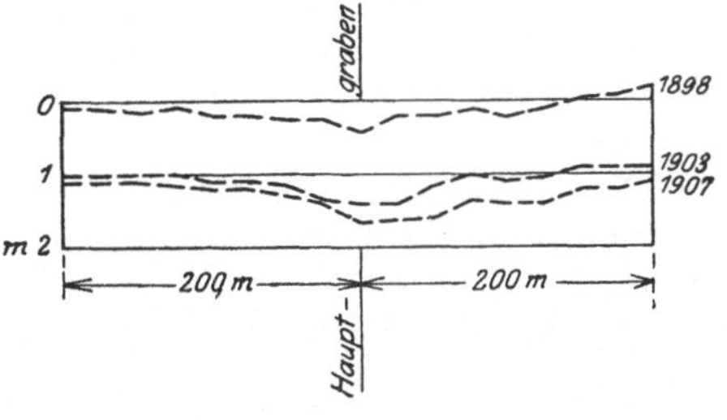

Abb. 176. Sackung seitlich vom Entwässerungsgraben der Abb. 174.

Im Burtanger Moore wurden nach Anlage eines Schiffahrtskanales innerhalb 10 Jahren folgende Sackungen der Mooroberfläche beobachtet:

$$0,55 \qquad 0,43 \qquad 0,00 \text{ m}$$
$$\text{in } 250 \qquad 500 \qquad 1000 \text{ m}$$

Abstand vom Kanale (**56**. 1896. 191).

Nach allen Beobachtungen mag die Sackung bei tiefen, unzersetzten
und bisher unentwässerten Mooren bis zu 25 % der ursprünglichen Tiefe
betragen.

Man erkennt daraus die Notwendigkeit, daß man bei dem Plane für eine
Moorentwässerung die voraussichtliche Sackung des Moores einschätzt und
gebührend berücksichtigt, um auch die endgültige Vorflut sicherzustellen.
Gewisse Grundregeln für die Einschätzung des Sackens werden von K r e y
und G e r h a r d t aufgestellt (**83**. I. 2. 511, **66**. 36).   Immerhin ist diese wichtige Frage nach der Größe der Sackung noch sehr der Klärung bedürftig,
und man sollte daher keine Gelegenheit verlieren, Beobachtungen in der

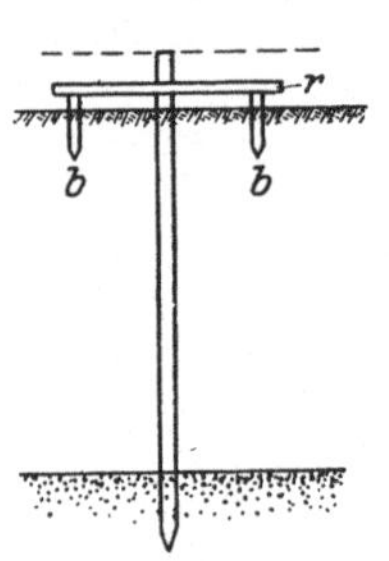

Abb. 177.
Das Messen der
Sackung.

Richtung anzustellen. Zu dem Zwecke sind Festpfähle bis
in den festen, mineralischen Untergrund einzuschlagen. In
etwa je 3 m Abstand davon, einander gegenüberliegend,
schlägt man zwei kleine Sackungspfähle bündig mit der
Mooroberfläche, welche die Sackungen mitmachen. Eine
quer über diese gelegte Setzlatte gibt dann an dem Fest-
pfahle die jeweilige Moorhöhe an (Abb. 177).

Unberechenbar sind die Sackungen schwimmender
Moore, wie sie uns oft in verlandenden Seen begegnen,
wenn sie noch nicht grundschlüssig sind, vielmehr auf
einer Wasserschicht im wahren Sinne des Wortes schwimmen. Die Feststellung der Mächtigkeit solcher Wasserschicht ist sehr schwierig, weil sie von Übergangsschichten
umgeben ist, die mit einem losen Moorschlamm erfüllt
sind, deren Raum nach genügender Entwässerung auch
nicht angenähert berechnet werden kann. Diese Schwierigkeit entsteht meistens
bei Senkung von Seen mit Moorgrund und ist bei deren Erörterung bereits
besprochen (IV F 1 f, S. 100).

Das in den Mooren verfügbare Gefäll ist in der Regel sehr gering, wie
aus ihrer Entstehungsgeschichte ohne weiteres folgt. Indes finden wir in
den Hochmooren meistens noch stärkeres Gefäll als in den Grünlandsmooren.
Diese Gefällarmut in Verbindung mit der Unsicherheit des Untergrundes
verbietet es, zur Vorflutbeschaffung die bei Mineralboden nicht seltenen Rohrleitungen anzulegen, vielmehr muß sie fast ausnahmslos mit offenen Gräben
beschafft werden. Diese verbrauchen bei derselben Leistung weit weniger
Gefäll und können durch Nachräumung leicht wieder in Stand gesetzt werden,
wenn ihre Wirksamkeit durch ungleichmäßige Sackungen in Frage gestellt wurde.

Die E i n z e l e n t w ä s s e r u n g der Moore wurde früher allgemein durch
offene Gräben bewirkt, erst neuerdings ist man immer mehr zur unterirdischen
Entwässerung, der Dränung, übergegangen. Bei der Beurteilung der Vor-
und Nachteile sind im wesentlichen dieselben Erwägungen maßgebend, die
bereits bei der Entwässerung im allgemeinen besprochen wurden (IV G, S. 112),
(**56**. 1897. 2). Dazu bedingt die Eigenart des Moores noch die Berücksichtigung folgender Verhältnisse:

1. Wenn schon die Unterhaltung offener Gräben immer viel Arbeit erfordert, so sind sie wegen der stets weichen Beschaffenheit der Grabenränder
im Moorboden bei Viehweiden unhaltbar.

2. Da das Moor, wie wir gesehen haben, sackt, so kann man dem bei offenen Gräben durch Nachräumung Rechnung tragen, nicht aber bei Dräns, deren nachträgliche Vertiefung einer Neuanlage gleichkommen würde. Ihre Tiefe unter der Oberfläche nimmt also mit fortschreitender Sackung und Zersetzung des Moores immer mehr ab.

3. Ein Röhrendrän wirkt nur dann tadellos, wenn der Strang unverrückbar, d. h. Rohr vor Rohr liegen bleibt. Bei dem Drängraben im weichen Moore ist das ohne weiteres mit Sicherheit nicht zu erreichen, es treten leicht Verschiebungen der Dränrohre ein. Man muß dem durch eigenartige Vorrichtungen bei der Moordränung vorbeugen. Ganz allgemein ist daran festzuhalten, daß das vererdete (Grünlands-) Moor wenige und nicht so tiefe Entwässerungszüge erfordert als das faserige (Hoch-) Moor, weil ersteres mehr durchlassend ist, also bezüglich der Entwässerung den leichteren Mineralböden gleichkommt. Die Erscheinung, daß die Durchlässigkeit des Moores mit der Vererdung und diese wieder mit der Entwässerung zunimmt, mahnt zur Vorsicht, mit der ersten Entwässerung nicht zu tief zu gehen. Daran liegt auch eine Schwierigkeit, mit Dränung von vornherein die richtige Entwässerung herzustellen.

Die Anlagekosten für Dränung mit Röhren belaufen sich nach Maske (56. 1903. 283) auf 110 bis 130 Mark/ha und sind nicht wesentlich höher als die Kosten für offene Gräben; in der Unterhaltung aber ist die Dränung wesentlich billiger.

2. Die Dränung.

Die Moordränung unterscheidet sich nicht von Dränungen in Mineralböden, wenn der Moorstand so flach ist, daß die Dräns auf den oder in den mineralischen Untergrund fest und sicher verlegt werden können.

Ist dagegen ein tieferer Moorstand vorhanden, so müssen besondere Vorkehrungen getroffen werden, um die unverrückbare Lage des unterirdischen Entwässerungszuges sicher zu erhalten. Wenn das zu entwässernde Moor von hohem Wassergehalt und sehr weich ist, so entstehen erhebliche Sackungen der Oberfläche durch die Entwässerung. Um die angemessene Tiefe der Dräns richtig zu bemessen, tut man daher gut, einstweilen eine Entwässerung durch Grippen (kleine Gräben mit senkrechten Wänden) einzurichten und erst nach der im wesentlichen vollendeten Sackung zur Dränung überzugehen, die in die angemessen zu vertiefenden Grippen verlegt wird. Allerdings bringt dies Verfahren den Übelstand mit sich, daß der Grippenaushub, wenn er bis zur Dränung neben den Grippen aufbewahrt werden soll, die Kulturen überaus stört; ebnet man ihn aber ein, so fehlt nachher der Füllboden zur Überdeckung der Dräns, der erst angefahren werden muß. Man wählt daher recht häufig den Ausweg, daß man die Dräns von vornherein herstellt und zwar mit so viel Übertiefe, wie die Sackung des Moores über den Dräns einzuschätzen ist.

Als Dränungsarten, die der Eigenart des Moores Rechnung tragen, sind folgende Formen zu erwähnen:

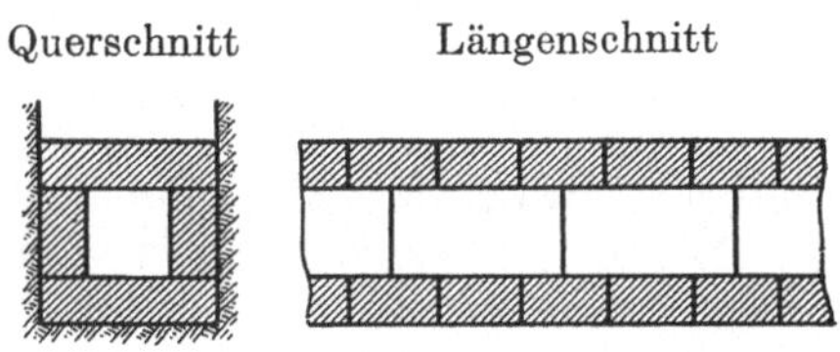

Abb. 178. Drän aus gewöhnlichen Torfsoden.

a) Torfdräns. Gewöhnliche Torfsoden (aus weißem Fasertorf) werden teils flach-, teils hochkantig in die Drängraben derart eingebaut, daß für den Wasserabfluß ein Kanal entsteht (Abb. 178). Um diesen mit gleichmäßigem

Querschnitte anzulegen, wird eine etwa 1 m lange Holzlehre vom Querschnitte des Kanals eingebaut und mit dem Baufortschritte vorgezogen. Man
hat auch mit Formeisen gestochene Torfsoden verwendet, die einen Kanal
von kreisrundem Querschnitte ergeben (Abb. 179). Ist das Moor fest und
faserig, so sticht man an der Sohle des Drängrabens einen Kanal aus und
deckt ihn mit Torfsoden ab (Abb. 180). Wühlmäuse und Wasserratten können
dieser Torfdränung gefährlich werden.

b) **Klappdräns.** Man stellt einen Drängraben nach Abb. 181 (volle
Linie) her, hintersticht die Seitenwände auf der ganzen Länge in einer Stärke
von 20—25 cm und klappt sie mit den abstechenden „Klappbrettern" nach
der Mitte zusammen. Durch den daraufgeworfe-
nen Füllboden werden sie in dieser Stellung
(punktiert), einen Kanal bildend, erhalten.

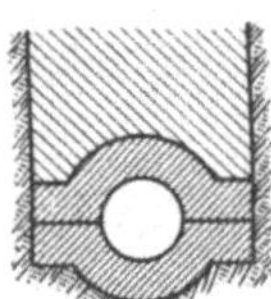
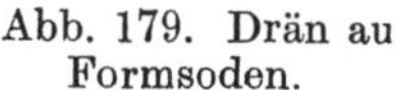
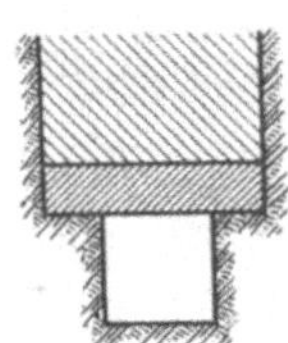
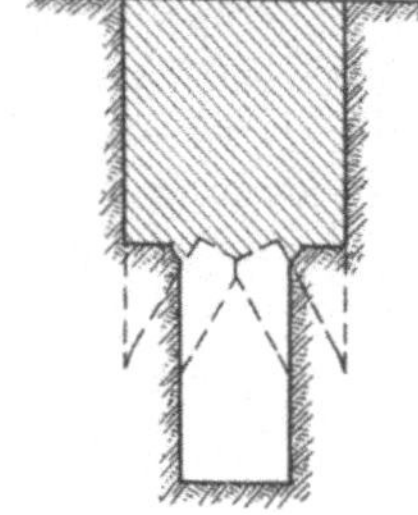

Abb. 179. Drän aus
Formsoden.

Abb. 180. Drän mit
Decksoden.

Abb. 181. Klappdrän.

c) **Faschinendräns** werden 25—30 cm stark aus laublosem Reisig
gebunden und in die Drängräben verlegt. Ist das die Faschine umgebende
Moor flüssig, so müssen sie unbedingt mit zähen Rasensoden umgeben werden,
um den Moorschlamm vom Eindringen ab- und die Dränung wirksam zu
erhalten.

d) **Stangendräns** bestehen aus 8—12 cm starken, schlanken Durch-
forstungshölzern. Sie werden zu drei oder mehr (Abb. 182) mit Draht zusammen-

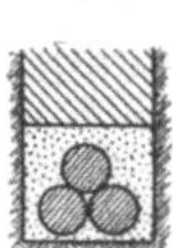
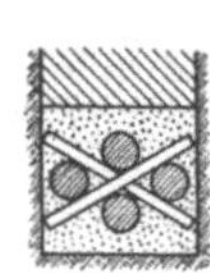
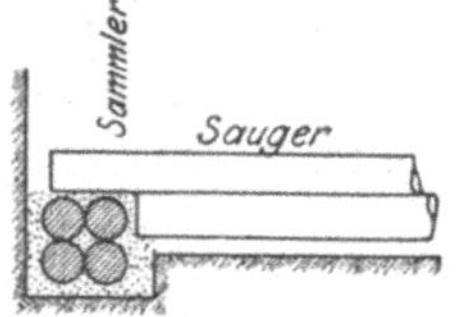

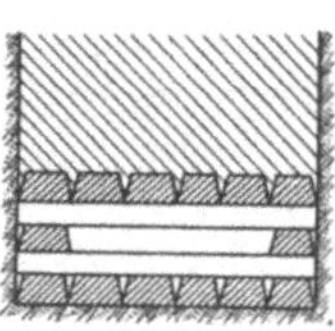

Abb. 182. Stangendräns.

Abb. 183. Saumlattendrän.

gebündelt und in den Drängraben verlegt. Man bindet sie zu Bündeln von
endloser Länge und läßt sie dann mit Stricken auf die Grabensohle hinab.
Wesentlich wird ihre Wirkung dadurch unterstützt, daß man sie mit sper-
riger Heide umbettet. Abb. 182 rechts zeigt die Verbindung der Sauger
mit den Sammlern.

e) **Schwartendräns.** Die beim Holzschneiden entstehenden Schwarten
werden zu dreiecksförmigem Querschnitt zusammengenagelt.

f) **Saumlattendränung** (Abb. 183). Die Saumlatten bilden die Abfälle
bei der Brettschneiderei. Man legt auf die Grabensohle längs eine geschlossene
Lage von Latten, darüber quer in Abständen von 1 m Lattstücke. Darauf
folgen zwei Längslatten an den Seiten, darüber wieder Querlatten, die eine
geschlossene Lage Längslatten tragen und mit dem Füllboden überdeckt

werden. Nach Angabe (**56.** 1901. 112 ff.) des Erfinders, Oberförster **Storp**, kann man aus einem Raummeter Saumlatten 25 bis 35 m Dräns herstellen und diese Dränung kostet in Ostpreußen 52 Mark/ha. Natürlich ist der Preis in hohem Maße davon abhängig, ob viele Saumlatten liefernde Brettschneidereien in der Nachbarschaft vorhanden sind.

g) **Butzens Kastendränung.** Vier Brettchen werden mit versetzten Stößen zu einer Röhre von quadratischem Querschnitte zusammengenagelt. Diese Röhren werden auf dem Grabenrande in beliebiger Länge (endlos) hergestellt und dann in den Graben versenkt. Dem Bodenwasser ist durch seitliche Kerben in den senkrechten Brettern der Eintritt gestattet. Als Hauptvorteil wird dieser Dränung nachgerühmt, daß sie, aus einer einheitlichen, biegsamen Röhre bestehend, Unebenheiten und verschiedener Sackung folgen kann, ohne daß dadurch ihre Wirksamkeit beeinträchtigt wird. Die Kosten beliefen sich für $^5/_5$ cm weite Röhren auf 0,50 Mark bei dem Holzpreise von 80 Mark/cbm (**66.** 1911. 375, **6.** 91).

h) **Röhrendränung** muß mit gewissen Vorsichtsmaßregeln hergestellt werden. Die weiche Grabensohle darf beim Rohrlegen nicht vertreten und die Röhren müssen vor ungleichmäßigen Versackungen geschützt werden. Man erreicht dies durch folgende Mittel:

α) Der Drängraben wird so breit ausgehoben, daß man neben dem Rohre dicht über der Sohle eine kleine Berme herstellen kann, die während des Rohrlegens von Hand mit einem Brett bedeckt wird (Abb. 184).

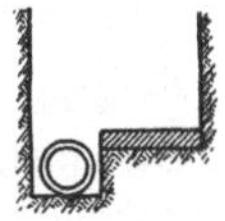

β) Man unterbettet die Dräns mit Abfallatten, Heide oder ähnlichem Abraum. Mit einem Rundholze an Handhabe wird eine Rille zur Aufnahme der Röhren in die Heideunterlage gestampft.

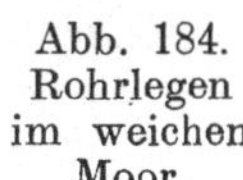

Abb. 184.
Rohrlegen
im weichen
Moor.

γ) Man verlegt die Röhren von oben, d. h. vom Grabenrande aus, ohne den Graben betreten zu müssen in der auf S. 146 näher beschriebenen Weise (**14.** 136. 172).

Da das **Gefäll** im Moore nur schwach ist, muß man sich mit geringem Gefäll der Dräns begnügen, das oft nur künstlich hergestellt werden kann, indem man den Röhren am oberen Ende geringere Tiefe gibt als am untern. Es genügen $1-2^0/_{00}$ Gefäll. In dem immerhin faserigen Gefüge des Moores ist die Gefahr der Dränverstopfung nur gering. Die etwa doch eindringenden Humusteilchen sind so leicht, daß sie selbst von schwacher Wasserbewegung hinausgespült werden.

Gefährlicher für Verstopfung wirkt das im Moore oft vorhandene Eisenoxydhydrat. Als einziges Mittel dagegen wirken Stauventile, mit deren Hilfe von Zeit zu Zeit eine kräftige Durchspülung der Dräns veranlaßt werden kann (S. 149).

Auch mit Rücksicht auf das schwache Gefäll im Moore verbietet sich die Bildung großer Dränsysteme von selbst. Meistens mündet jeder Sauger unmittelbar in den Vorflutgraben. Doch soll man, wenn das Gefäll es zuläßt, mehrere Dräns zu einem, wenn auch nur kleinen System vereinigen, um die Zahl der Ausmündungen, die immer einen schwachen Punkt der Dränung bilden, einzuschränken.

Die **Tiefe** der Dräns beträgt 0,6—0,8 m für Grünland und 1,0—1,2 m bei Acker.

Die **Strangentfernung** schwankt zwischen 20 und 40 m, je nach der Durchlässigkeit des Moores. Sie kann also mit der vorgeschrittenen Vererdung zunehmen. Über die Wirkung verschiedener Dräntiefen und Strang-

-entfernungen hat neben anderen Oehme (56. 1908. 328) eingehende Untersuchungen mitgeteilt. Es ist aber nicht gerechtfertigt, den verschiedenen Dränungsmitteln verschieden entwässernde Wirkung zuzuschreiben. Weiden muß man enger entwässern als Wiesen, schon aus dem Grunde, damit die Grasnarbe überall genügend fest wird, um dem Tritt des Weideviehes genügend widerstehen zu können.

Um mit der Dränung eine zeitweilige Anstauung zu ermöglichen, versieht man sie entweder mit Stauventilen (V P, S. 118), oder man verlegt die Stauvorrichtung in den Vorfluter.

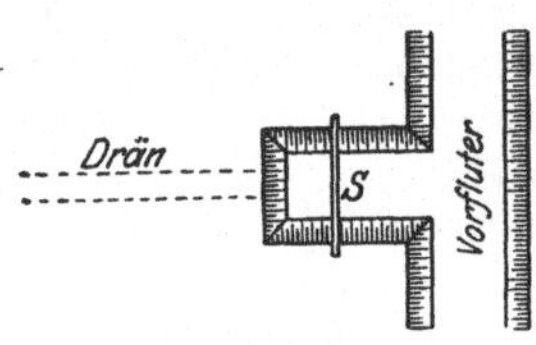

Abb. 185. Stauvorrichtung für Dräns.

Sehr billig wird so ein Stau, wenn man ihn unmittelbar vor der Ausmündung anlegt. Das geschieht, indem man vor der Ausmündung den Strang durch einen kurzen, schmalen Schlitz mit dem Vorflutgraben in Verbindung bringt. Bei der weichen und doch schwer durchlassenden Beschaffenheit des Moores kann man durch Eindrücken eines Staubrettes s in die Wandungen des Schlitzes den Stau nach Bedarf herstellen (Abb. 185).

Der zeitweise Rückstau in die Dräns wirkt bezüglich der Verstopfung in Moor nicht so gefährlich wie in Sandboden. Seine faserige Beschaffenheit erschwert das Eintreten durch die Fugen.

3. Offene Gräben.

Das unentwässerte Moor gleicht einer zähflüssigen Masse, die, den hydrostatischen Gesetzen folgend, sich nur bei wagerechter Oberfläche im Gleichgewichte befindet. Sobald man einen Graben einschneidet, wird dies Gleichgewicht gestört. Ist die Flüssigkeit des Moores größer als die seiner Bewegung entgegenstehende innere Reibung, so beginnt es nach dem Graben hinzufließen. Dabei wird die Moorfaser zerrissen und damit der Moormasse der letzte Widerstand gegen Bewegungen genommen. Das einmal zerrissene und in eine zusammenhanglose Masse verwandelte Moor ist nur sehr schwer wieder zur Ruhe zu bringen. Daher ist es von außerordentlicher Bedeutung, die Grabenanlage von vornherein so zu gestalten, daß ein Zerreißen des Moores unter allen Umständen vermieden wird. Die Zerstörung der in weiches Moor unvorsichtig eingeschnittenen Gräben vollzieht sich durch Zusammenklappen oder Sohlenaufbruch, oder beide wirken auch wohl zusammen. Sobald der Graben ausgehoben ist, treten nach ihm gerichtete Seitenkräfte auf, die bei nicht genügender Widerstandskraft im Moore beide

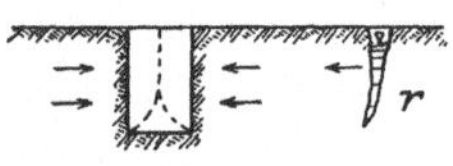

Abb. 186. Durch Seitendruck zerstörter Moorgraben.

Böschungen nach innen schieben, so daß der Graben „zusammenklappt" und wieder mit Moormasse ausgefüllt wird (Abb. 186). Dieser Vorgang vollzieht sich manchmal so plötzlich, daß schon Grabenarbeiter bei dem Zusammenklappen eingeklemmt wurden. Oft bilden sich auch infolge der Bewegung in der Moormasse seitwärts vom Graben Risse r im Moore, die sich aus Niederschlägen oder dem Grundwasser bis oben hin mit Wasser füllen und vermöge des durch sie ausgeübten hydrostatischen Druckes das Zusammenklappen begünstigen und beschleunigen. Derartige Risse sind meistens nur schmal und entziehen sich dem Auge, wenn das Moor mit Heide üppig bewachsen ist. Sie können aber dadurch leicht und müssen auch unschädlich gemacht werden, daß man sie durch eine schmale, aber genügend tiefe Grippe mit dem Graben in Verbindung bringt und abzapft.

Der Sohlenaufbruch entsteht durch hydrostatischen Druck von unten gegen die Sohle (Abb. 187). Dieser treibt die Sohle auf oder durchbricht sie wohl gar. Dabei klappen die Böschungen nach außen um. Der Sohlenaufbruch entsteht naturgemäß um so leichter, je breiter die Sohle angelegt wurde. Daher bietet eine anfänglich schmale Sohle das wirksamste Mittel gegen deren Aufbruch; denn je kleiner ihre Länge, um so widerstandsfähiger ist sie gegen die auftreibenden Kräfte.

Die bei dem widerstandsschwachem Mineralboden angewandten Befestigungen mit Pfählen und Faschinen versagen im weichen Moore, weil in ihm die Pfähle nicht fest werden. Das einzige sichere Mittel gegen die gedachten Zerstörungen besteht vielmehr darin, daß man vor dem Aushube des endgültigen Grabenquerschnittes das Moor in seiner Umgebung entwässert und damit seine Widerstandskraft gegen Gleichgewichtsstörungen vermehrt, d. h. seine innere Reibung vergrößert. Dies Ziel ist nur durch langsamen Baufortschritt erreichbar, wobei folgendes Verfahren sich überall bewährt hat. Im ersten Jahre muß man sich damit begnügen, in der Richtung des Grabens zunächst eine schmale und flache Grippe auszuheben und durch wiederholte Räumung für ständigen Abfluß des Wassers in ihr zu sorgen. Im sehr weichen Moore soll man diese Grippe nicht größer als $^{20}/_{20}$ cm anlegen. Infolge der dadurch bewirkten Entwässerung darf man diese Vorgrippe in

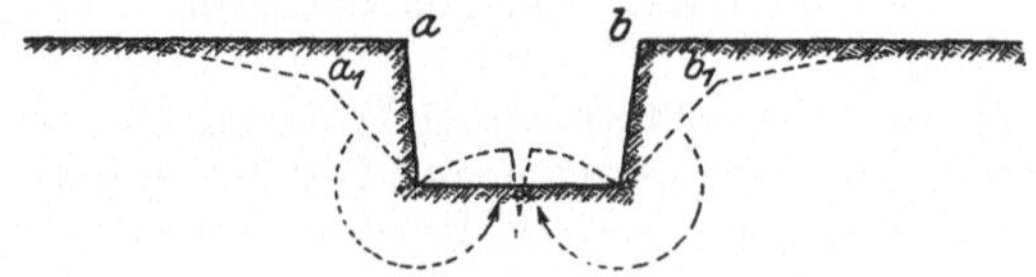

Abb. 187. Durch Sohlenaufbruch zerstörter Moorgraben.

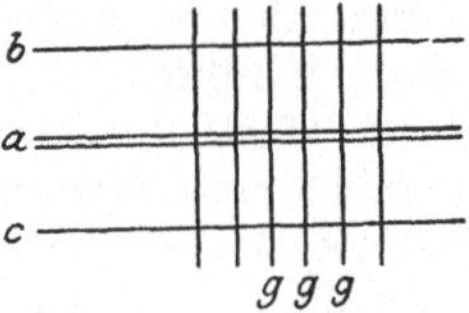

Abb. 188. Vorbereitung eines Grabens.

den folgenden Jahren immer mehr erweitern und vertiefen; jedoch soll man eher mit der Vertiefung als mit der Erbreiterung vorangehen, um den Sohlenaufbruch zu vermeiden.

Muß ein besonders großer und tiefer Graben a (Abb. 188) in schwimmendem Moore angelegt werden, so empfiehlt es sich, zu beiden Seiten parallele Fanggräben b und c herzustellen und das zwischen diesen liegende Land durch schmale Grippen g (etwa 10—20 m Abstand) zu entwässern. Alle die Gräben werden nach und nach vertieft. Sie unterhalten den Wasserabfluß dauernd, auch wenn einige Grabenstrecken durch treibendes Moor verstopft werden sollten, was sehr leicht eintritt. Dadurch wird der Moorkörper zwischen den Gräben $b\,c$ so gefestigt, daß der Graben a ohne Gefahr vollendet werden kann. Ein ähnliches Verfahren wurde bei Anlage von Schiffahrtskanälen in Oldenburg angewandt (88. 1885. 579).

Zu allem darf man bei Herstellung von Gräben in Moorboden den Aushub nicht neben den Grabenrändern ablagern, muß ihn vielmehr sofort, seitwärts von den Gräben, dünn einebnen. Die Ablagerung des Aushubes in stärkerer Schicht neben den Gräben würde den Druck auf den Grabenquerschnitt vermehren und die Gefahr des Einstürzens begünstigen.

Bei tiefem Moorstande ist es durchaus nicht immer richtig, die Gräben in den anfänglich tiefsten Linien anzulegen; man muß vielmehr immer auf die voraussichtlichen Sackungen bei Auswahl der Grabenanlage Rücksicht nehmen. Dabei ist zu beachten, daß Moor da am meisten sackt, wo es in größter Stärke steht und am wenigsten zersetzt ist (s. Abb. 174 u. 175). Da nun das Moor meistens an solchen Stellen am freudigsten und auch zu größter Höhe aufwächst, wo es am mächtigsten ist, in diesen Stellen auch am wenigsten zersetzt zu sein pflegt, so muß man nicht selten die Entwässerungsgräben in den anfänglich höchsten Linien des Moores anlegen. Die zweckmäßigste Lage entsteht dann erst nach eingetretener Sackung.

Durch diese Verhältnisse kommt es nicht selten vor, daß die Gefällrichtung eines Grabens sich umkehrt, sobald er zu wirken begonnen hat.

Das Gefäll der Moorgräben kann immer nur sehr gering sein, weil die Moore nur wenig Oberflächengehalt haben.

Die Gräben im Grünlandsmoor erfordern weit mehr Unterhaltung (Krautung und Räumung) als im Hochmoor, weil im Gegensatze zu letzteren die Böschungen bald mit üppigem Pflanzenwuchs bedeckt sind. Im Hochmoore bleiben sie wegen der größeren Armut des angeschnittenen Bodens fast ohne jeden Pflanzenwuchs. Gefälle von $0{,}2\,^0/_{00}$ gelten noch als ausreichend; ja man kann zur Not noch mit $0{,}1\,^0/_{00}$ auskommen. Bei der glatten, krautfreien Beschaffenheit des Grabenumfanges im Hochmoor setzen die Gräben dem fließenden Wasser nur geringen Widerstand entgegen und die entstehenden Treibsel sind so leicht, daß sie selbst bei geringem Wasserfluß fortbewegt werden.

Die Böschungen macht man um so steiler, je faseriger das Moor ist. So legt man sie in jüngeren Moostorf senkrecht oder nach $1:{}^1/_5$ bis $1:{}^1/_{10}$ geböscht an. Steile Böschungen haben den Vorteil, daß sie weniger von Frost und Regen angegriffen werden und daher weniger Schlamm erzeugen, der in die Gräben herabgespült wird.

Sind offene Gräben neben Viehweiden unvermeidlich, so sind hier ebenfalls steile Böschungen zu empfehlen, weil sie weniger vom Weidevieh betreten werden als flache. Ist der Hochmoorgraben sehr tief, so unterbricht man seine Böschungen gern durch 0,3 bis 0,5 m breite Bermen, die den Zweck haben, den durch Regen und Frost auf den Böschungen entstehenden Moorschlamm aufzufangen und vom Graben fernzuhalten. Dieser Schlamm braucht dann nur von den Bermen ausgeworfen zu werden, wodurch die Grabenräumung sehr vereinfacht wird. Die Bermen erhalten geringe Querneigung nach dem Graben zwecks gründlicher Entwässerung. In mehr zersetztem, krümelig-erdigem Moore (Grünlandsmoor) darf man die Böschungen selten steiler als 1:1 anlegen. Sie begrünen sehr bald und erlangen so hohe Festigkeit.

C. Grünlandsmoorkultur.

1. Vorbereitung und Düngung.

Auch hier bildet die angemessene Entwässerung die Grundlage zu jeglicher Kultur. Sie unterscheidet sich von der Entwässerung der Hochmoore nur dadurch, daß das mehr zersetzte und krümelige Grünlandsmoor mehr durchlassend ist als das faserige Hochmoor, also auch nicht so eingehend entwässert werden muß. Die Entwässerung geschieht auch hier durch Gräben oder Dräns. Die Dränung des Grünlandsmoores bietet geringere Schwierigkeiten als die des Hochmoores, sofern das Moor, wie vielfach, nur so flach ansteht, daß die Dräns in den mineralischen Untergrund verlegt werden können. Die zwischen den Gräben liegenden Feldabschnitte nennt man Dämme.

Der Entwässerung hat eine sorgfältige Einebnung zu folgen, denn alle Unebenheiten der Kulturoberfläche rächen sich später durch Mindererträge. So muß insbesondere der Grabenaushub noch in erdfeuchtem Zustande gleichmäßig zwischen den Gräben verschlichtet werden. Unterläßt man diese

Arbeit bis zu späterer Zeit, so trocknet das Moor zu festen Ballen zusammen, die nur schwer zu Erde werden und so lange die Kultur schädigen. Zu der Vorbereitung gehört auch noch die Besandung, die nachher in einem besonderen Abschnitte besprochen werden soll.

Der Einebnung muß also von vornherein eine hervorragende Sorgfalt zugewandt werden; denn nach Einrichtung der Kulturen sind sie nur schwer, besonders bei Grünland, nachzuholen.

Kommen in dem Moore niedrigere oder weichere Stellen vor, wie z. B. alte Torflöcher, so sind diese unter Berücksichtigung der voraussichtlichen Sackung zuzufüllen.

Bei der Düngung braucht Kalk (CaO) in der Regel nicht gegeben zu werden, weil die Grünlandsmoore dies Mineral meistens in genügender Menge enthalten.

Auch Phosphorsäure (P_2O_5) ist vielfach in so erheblichen Mengen, wenn auch in schwer löslicher Form vorhanden, daß deren künstliche Zufuhr wenigstens ermäßigt werden darf und nicht in der Menge zugeführt zu werden braucht, in der es dem Boden durch die Ernte entzogen wird. Doch kann nur der vergleichende Düngungsversuch mit verschieden starken Gaben an Phosphorsäure die vorteilhafteste Stärke ihrer Gabe erkennen lassen.

Stickstoff (N) ist im Grünlandsmoore in wesentlich größerer Menge vorhanden als im Hochmoore; also braucht auch an diesem Pflanzennährstoffe eine volle Ersatzdüngung nicht gegeben zu werden. Indes dient schon eine mäßige Stickstoffgabe in Form von Chilesalpeter oder schwefelsaurem Ammoniak dazu, die Pflanzen über kritische Zeiten hinwegzubringen. Besonders fördert der im Boden leicht bewegliche und von den Pflanzen am leichtesten aufnehmbare Salpeterstickstoff das Wurzelwachstum in die Tiefe und entzieht so die Pflanzen wirksam dem verhängnisvollen Einflusse von Dürrezeiten[1]).

Kali (K_2O) ist immer in nur geringen Mengen vorhanden und muß daher als volle Ersatzdüngung zugeführt werden.

Als Düngemittel kommen in Frage: Phosphorsäure in Form von Thomasmehl mit 16—18 $^0/_0$ wirksamer P_2O_5, Kali als Kainit mit 12,4 $^0/_0$ K_2O oder als hochprozentiges Kalisalz, meistens mit rund 40 $^0/_0$ K_2O. Letzteres hat manche Vorzüge gegenüber dem Kainit. Es enthält bei derselben Menge K_2O weniger nutzlose oder gar schädliche Beisalze, ist daher billiger, wenn es weit herbeigeschafft werden muß, und die schädliche Wirkung der Beisalze fällt fort. Stickstoff wird in Form von Chilesalpeter mit 15 $^0/_0$ N, als schwefelsaures Ammoniak mit 20 $^0/_0$ N, als Kalkstickstoff mit 19 $^0/_0$ N oder als Norge-Salpeter mit 13 $^0/_0$ N gegeben. Chilesalpeter darf nur in der Wachstumszeit als Kopfdünger zugeführt werden, weil er sehr leicht in den Untergrund ausgespült wird, wenn die Pflanzen ihn nicht sofort aufnehmen. Er wird obenauf gestreut, wogegen das schwefelsaure Ammoniak leicht untergeeggt und mit dem Boden vermengt werden muß, um ein Entweichen des gasförmigen Ammoniaks zu verhüten. Aus demselben Grunde darf Ammoniak auch nicht zu gleicher Zeit mit Kalk, der auch im Thomasmehl enthalten ist (etwa 50 $^0/_0$), gegeben werden. Kalk führt man in Form von Mergel, gemahlenem kohlensauren Kalk oder Ätzkalk zu, letzteren entweder gemahlen oder in Stücken. Der Stückkalk wird in kleinen Haufen über das Feld verteilt, mit einer Moorschicht bedeckt und löscht unter dieser

---

[1]) Auch zur Bekämpfung von Schädlingen dient die N-Gabe insofern, als sie das Wachstum der Pflanzen fördert und sie damit zur Überwindung der Angriffe widerstandsfähiger macht.

trocken, in feinen Staub zerfallend. Danach wird er gleichmäßig ausgebreitet. Die feine und gleichmäßige Verteilung des Kalks ist von hervorragender Bedeutung für seine Wirksamkeit, weshalb er nur in feinster Mahlung gegeben werden sollte. Da der Kalkbedarf immer in Ätzkalk (CaO) angegeben wird, ist bei Verwendung von kohlensaurem Kalk ($CaCO_3$) stets angenähert die doppelte Menge zu geben, da 1 kg $CaCO_3$ nur 0,56 kg CaO enthält.

Bezüglich der Menge unterscheidet man die Düngung in Ersatz- und Vorratsdüngung. Die Ersatzdüngung muß dem Boden die Menge an Pflanzennährstoffen wieder zuführen, die ihm in der Ernte entführt wurde. Ausgenommen davon ist der N, dessen Vorrat durch bakterielle Tätigkeit im Boden beeinflußt wird. Die Ersatzmenge berechnet man aus der Größe der zu erwartenden Ernte und deren Gehalt an Pflanzennährstoffen nach den in den landwirtschaftlichen Kalendern usw. mitgeteilten Wolffschen Tafeln. Den so berechneten Mengen schlägt man $5-10^0/_0$ zu für unvermeidliche Verluste. Die Vorratsdüngung geht weit über die Menge der Ersatzdüngung hinaus $(40-50^0/_0)$. Sie wird nur im ersten oder in den ersten Jahren nach Beginn der Kultur gegeben, um den Boden zunächst mit Nährstoffen gründlich anzureichern.

Zur Bestimmung der Stärke der Düngung gibt zwar die chemische Bodenanalyse einen gewissen Anhalt, aber keine sichere Richtschnur, weil nicht so sehr das Vorhandensein der Nährstoffe im Boden für die Kultur von Bedeutung ist als der Grad der Aufnahmefähigkeit für die Pflanzen. Dieser kann aber durch die Bodenanalyse nicht angegeben werden. Daher bleibt weiter nichts übrig, als den Düngerbedarf durch Feldversuche zu ermitteln. Es empfiehlt sich, dafür den von Wagner angegebenen 5 teiligen Düngungsversuch anzuwenden, d. h. je 5 Versuchsstücke in folgender Weise zu behandeln:

1. Ungedüngt,
2. Volldüngung,
3.　　　　　„　　　　　ohne Phosphorsäure,
4.　　　　　„　　　　　„　　Kali,
5.　　　　　„　　　　　„　　Stickstoff.

Beim Ausstreuen der Düngersalze ist noch darauf zu achten, daß nicht die keimende Saat mit den Salzen in Berührung kommt, weil dadurch die Keimfähigkeit vermindert wird. Daher soll die Düngung mindestens 14 Tage vor der Saat beendet sein. Dagegen ist es unbedenklich, der bereits entwickelten Saat eine Kopfdüngung zu verabfolgen, wenn man sie nur bei trockenem Wetter gibt. Bei feuchter Witterung haften Salzteile an den Blättern und schädigen diese durch Ätzen. Phosphorsäure wird vom Boden derart absorbiert, daß nichts davon mit dem Sickerwasser verloren geht. Man kann daher Phosphorsäure zu jeder beliebigen Jahreszeit geben. Nur soll man vermeiden, jeglichen Dünger auf Schnee zu streuen, weil er mit dem Schmelzwasser fortfließen würde. Vom Kali geht ein Teil, wenn auch kein erheblicher, durch Auswaschung verloren (**56**. 1911. 42), weshalb man diesen Dünger nicht allzuweit vor der Bestellung geben sollte. Man darf ihn aber auch als Kopfdüngung verabfolgen.

2. Die Ackerkultur.

Grünlandsmoor wird als Acker oder Grünland (Wiese oder Weide) genutzt. Die Ackerkultur geschieht entweder auf unbedeckten Dämmen (Schwarzkultur) oder auf besandeten Dämmen (Sanddeckkultur).

a) Die Schwarzkultur.

Infolge der Eigentümlichkeiten des Moorbodens leidet die Schwarzkultur unter manchen Nachteilen. Wegen des Raumwechsels des nassen Moores bei Frost „friert der Boden bei Frostwetter auf", d. h. die Oberschicht wird gehoben und damit reißen die Pflanzenwurzeln ab. Da das unbesandete Moor nach Aufhören des Frostes wegen seiner Leichtigkeit nicht wieder zusammensackt, muß der aufgefrorene Boden durch Walzen angedrückt werden, damit die zerrissenen Wurzeln wieder anwachsen. Wir wissen ferner, daß die auf unbedecktem Moor angebauten Früchte unter Schadenfrösten (Spätfrösten) sehr zu leiden haben, eine Erscheinung, die auf große Wärmeausstrahlung des dunkelfarbigen Moores und auf dessen geringe Leitungsfähigkeit für Wärme zurückzuführen ist. Tacke fand, daß die Früchte auf nassem Moore unter Spätfrösten weniger leiden als auf trockenem. Das liegt offenbar daran, daß trockenes Moor geringere spezifische Wärme hat als nasses, weshalb die in ihm am Tage aufgespeicherte, nur geringe Wärmemenge durch Strahlung in klaren Nächten gar bald erschöpft wird. Dazu kommt noch, daß trockenes Moor überaus geringes Wärmeleitungsvermögen besitzt, während bei nassem Moore sich ein schnellerer Wärmenachschub aus den tieferen Schichten vollzieht, sobald in den oberen eine Wärmeabnahme entstand. Eine sehr üble Eigenschaft des unbedeckten Moores ist noch sein Übergang zur Pulverform, die sich bei großer, schattenloser Dürre vollzieht. Derartige Pulvermoore nehmen ungemein schwer Feuchtigkeit an und werden schon bei leichten Winden in Bewegung gesetzt (Mullwehen). Das Getreide hat in solchem Moore natürlich nur unsicheren Standort und muß leicht Not unter Wassermangel leiden. Es neigt zum Lagern, wird leicht von Schädlingen und Krankheiten befallen, gibt zwar einen befriedigenden Strohertrag, wogegen die Ausbeute an Körnern sehr zu wünschen übrig läßt.

Man findet daher schwarze Ackerdämme nur noch selten.

b) Die Mischkultur.

Die üblen Eigenschaften des Moores werden durch Vermischung der Oberschicht mit Mineralboden wesentlich gemildert. Man vermindert damit die Verdunstung, mildert die Wärmeextreme (Farbe und Leitung), erhält einen Schutz gegen Auffrieren und gewährt den Pflanzen einen sicheren Standort.

c) Die Deckkultur.

Noch gründlicher kann man die gedachten schlechten Eigenschaften des Moores ausschalten, wenn man es mit einer Schicht von Mineralboden bedeckt. Diese Meliorationsform wurde bereits 1817 (69a. 72) vom Gutsbesitzer Pogge in Mecklenburg angewandt, kam dann aber wieder in Vergessenheit. Sie wurde neu belobt durch Rimpan-Cunrau und wird nach ihm die Rimpansche Deckkultur genannt. Sie besteht im wesentlichen darin, daß das entwässerte und eingeebnete Moor 10—12 cm stark mit Mineralboden bedeckt wird. Nur diese Deckschicht darf mit dem Pfluge umgebrochen werden, ohne sie mit dem darunter befindlichen Moore zu vermischen, damit ihre heilsame Wirkung dauernd erhalten bleibt. Die Pflanzenwurzeln dringen durch die Deckschicht in das Moor ein und entnehmen diesem Nahrung. Der Bedeckung des Moores muß eine gründliche Entwässerung voraufgehen, da durch die Bedeckung die Verdunstung bedeutend eingeschränkt wird. Der Grundwasserstand bei besandeten Ackerkulturen soll auf 1 m gesenkt werden, weshalb die Entwässerungsanlagen bei 20 bis 40 m Abstand voneinander 1,2 bis 1,3 m tief angelegt werden müssen. Als solche dienen entweder offene Gräben oder Dräns. Bei ersteren muß die dadurch bedingte Wirtschaftserschwernis durch zahlreiche Überfahrten tunlichst vermieden werden (IV G, S. 114).

Die Wirkung der Mineraldecke ist hervorragend mechanischer Art; sie äußert sich in ähnlicher Weise wie die vorhin gedachte Mischkultur, also durch Bekämpfung des Auffrierens, der Spätfröste und durch Gewährung eines sicheren Standortes für die Pflanzen. Als am meisten hervorragende Eigenschaft der Mineraldecke ist aber deren Einfluß auf den Wasserhaushalt im Boden zu nennen. Besteht sie, wie ratsam, aus grobem Sande, so ist sie ohne Kapillarität, läßt alles Regenwasser in das Moor eindringen und erhält es dort, denn die unkapillare Deckschicht verhütet, daß Bodenwasser sich bis an die Oberfläche erhebt und dort der Verdunstung anheimfällt. Dazu kommt noch, daß durch den Druck, den die Sanddecke auf das Moor ausübt, dessen Kapillarität gesteigert wird. Es kommt also als Folge der Besandung vermehrter kapillarer Aufstieg mit verminderter Verdunstung zusammen. Die Moorversuchsstation fand (**66.** 47, **6.** 198) die Verdunstung von verschieden behandeltem Moore in Prozenten der Niederschlagsmenge im Durchschnitt dreijähriger Beobachtungen wie folgt an:

	reinem Moore	Sandmischung	Sanddecke
Jahresdurchschnitt	$30\,^0/_0$	$24\,^0/_0$	$11\,^0/_0$
In den Monaten April-September	$40\,^0/_0$	$30\,^0/_0$	$12\,^0/_0$

Je feinkörniger der Deckboden ist, um so mehr Kapillarität besitzt er und um so weniger kann er auf Verdunstungsminderung wirken.

Die Deckkultur ist ein ausgezeichnetes Mittel zur Melioration solcher Ländereien, die an sich zu trocken sind, um befriedigende Erträge zu liefern. Andererseits aber soll man sie nur da anwenden, wo reichliche Vorflut vorhanden ist, d. h. mindestens 1,0, besser 1,2 m. Eine wichtige Vorbedingung für das Gelingen der Besandung ist aber auch noch die, daß die Oberschicht des Moores mindestens 30 cm tief gehörig zersetzt und vererdet ist. Alle Besandungen unzersetzter Moore, so ganz besonders die Hochmoore, haben zu entschiedenen Mißerfolgen geführt. Dagegen ist die Besandung anmooriger Böden ratsam. Ist ein zu besandendes Moor noch nicht genügend vererdet, so soll man es zunächst unbesandet so lange bestellen, bis die Vererdung genügend vorgeschritten ist. Besandung ohne genügende Vorflut oder eines nicht genügend zersetzten Moores ist ein schlimmer Kulturfehler, dessen Schäden nur durch kostspielige Arbeiten beseitigt oder doch gemildert werden können: Abfahren des Sandes oder Sandmischung mit der Oberflächenmoorschicht.

Als Deckschicht ist ein grober Sand, der luftdurchlassend, ist am besten geeignet. Feiner Sand wird zu leicht vom Wind verweht und kann den Luftwechsel im Boden in bedenklicher Weise beeinträchtigen. Neuerdings werden auch lehmige und mergelige Böden zur Bedeckung des Moores vielfach mit gutem Erfolge benutzt. Indes ist die Wasserverdunstung bei diesen Bedeckungsmitteln sehr verschieden, wie nachstehende vergleichende Versuche der Moorversuchsstation (**66.** 158) zeigen. In der Zeit vom 11. Mai bis 27. Juni, also in 47 Tagen, verdunsteten von der Deckung mit:

	grobem Sande	feinem Sande	Ton	Wiesenkalk
	9 mm	44 mm	32 mm	60 mm
oder	$8,2\,^0/_0$	$33,8\,^0/_0$	$23,2\,^0/_0$	$42,0\,^0/_0$

des ursprünglichen Wassergehaltes. Da wo es sich darum handelt, Bodenfeuchtigkeit zu sparen, sollte man also nur groben Sand zur Deckung anwenden.

Das Deckungsmittel wird entweder aus den Dammgräben gewonnen, oder wenn dieser Vorrat nicht ausreicht oder die Kultur durch Dränung entwässert wird, aus benachbarten Sandhöhen herbeigeschafft und in einer Stärke von 10 bis 12 cm gleichmäßig ausgebreitet.

Bezüglich seiner chemischen Eigenschaften darf das Deckmittel keine den Pflanzen schädliche Stoffe enthalten. Als solcher kommt am häufigsten der Schwefelkies vor. Der Schwefel verbindet sich mit dem Luftsauerstoffe zu Schwefelsäure, unter deren Einflusse jeglicher Pflanzenwuchs abgetötet wird. Erst nach längerer Zeit hört diese schädliche Wirkung auf, was durch Kalkung beschleunigt werden kann. In zweifelhaften Fällen ist daher chemische Analyse sehr anzuraten. Indes kommen die Schwefelkiese meistens in solchen Sanden vor, die unter dem Grundwasser entnommen wurden, sehr selten dagegen in Höhensanden. Die Gefahr ist also geringer, wenn man den Decksand nicht aus dem Untergrund entnimmt, sondern aus einer benachbarten Höhe.

Das Kulturverfahren „Moor auf Sand" verdient noch kurz erwähnt zu werden, das darin besteht, wie schon der Name sagt, daß man Moor auf Sandboden bringt und es mit dem Sande vermischt, oder diesen damit bedeckt. Man will damit zweierlei erreichen. Einmal den im Moore enthaltenen Stickstoff dem armen Sandboden einverleiben und ferner den Wassergehalt des Sandbodens verbessern. Bis heute ist die Frage der Bewährung dieser Kulturmethode noch nicht klar beantwortet; die Urteile lauten teils dafür, teils dawider (**70.** 1912. 191. 195). Der im Moore enthaltene Stickstoff befindet sich in so schwer löslicher Form, daß er von den Pflanzen nicht aufgenommen wird. Das Moor im Sande vermehrt fraglos den gesamten Wassergehalt im Boden; es hält aber das Wasser zu fest, als daß es von den Pflanzen genutzt werden könnte (S. 45) (**55.** V. 235, **56.** 1912. 402).

3. Grünlandkultur (Wiesen und Weiden).

Der Umstand, daß Grünlandsmoor aus den Resten von Gräsern entstand und im Urzustande mit grasartigen Pflanzen bestanden ist, weist schon daraufhin, daß es für Grasbau in hohem Maße geeignet sein muß. Die ursprünglich vorhandenen Wildgräser, meistens Sauergräser (Seggen), lieben große Nässe und haben geringen Futterwert, weil sie schwer verdaulich sind. Die Kultur bezweckt, durch Entwässerung, Bodenbearbeitung, Düngung und Ansaat einen dichten Bestand von wertvollen Süßgräsern und Kräutern (Klee) zu erzeugen.

Durch die Entwässerung einer im Urzustande versumpften Wiese werden dem vorhandenen wilden Pflanzenwuchse die Lebensbedingungen genommen. Sie sterben nach der Entwässerung ab. Gute Gräser können nicht ohne weiteres an ihrer Stelle entstehen, weil die ihnen nötigen Nährstoffe im Boden fehlen und sie im abgestorbenen, losen Polster des alten Pflanzenbestandse nicht festen Fuß fassen können. Überläßt man eine entwässerte Wildwiese sich selbst, so liefert sie keinen Ertrag; es müssen vielmehr die sogenannten Folgeeinrichtungen getroffen werden, um das Grünland in höhere Kultur überzuführen. Diese bestehen in Einzelentwässerung, Vorbereitung des Bodens, Düngung, Ansaat und Pflege.

Die Bodenbearbeitung bezweckt, dem Grassamen ein gutes Keimbett und einen sicheren Standort zu liefern, auch dafür zu sorgen, daß der ursprünglich vorhandene wilde Pflanzenbestand nicht wieder die Oberhand gewinnt und die junge Grassaat unterdrückt. Früher war man geneigt, den Umbruch der alten Narbe zu umgehen und einen guten Pflanzenbestand allein durch Düngung hervorzubringen. Man unterstützte diese Umwandlung

auch wohl dadurch, daß man die alte Narbe mit der Wiesen- und Scheiben-
egge schwarz bearbeitete und schwächte und nach entsprechender Düngung
Grassamen aussäte. Das Eggen geschieht am besten im frühen Frühlinge,
wenn die Wiese erst wenige Zentimeter tief aufgetaut, darunter aber noch
fest gefroren ist. Diese Mittel führten indes nur langsam zum Ziele, zumal
da die nicht gänzlich zerstörte alte Narbe wieder hoch wuchs und die jungen
Graspflänzchen erstickte. Heute wendet man bei Anlage von Kulturgrünland
fast nur noch den Umbruch an. Dies Verfahren besteht darin, daß man
die alte Narbe durch Umpflügen vollkommen zerstört und durch Bearbeitung des Umbruches mit Eggen die Schollen zerkleinert und zu einem feinkrümeligen Keimbette umwandelt. Mit dem Pflügen ist nur der Übelstand
verbunden, daß das Moor dadurch aufgelockert wird, während die guten Gräser
einen festen und geschlossenen Boden verlangen. Die schädlichen Folgen der
Lockerung können nur dadurch möglichst gemildert werden, daß man zum
Pflügen nur besondere Wiesenpflüge verwendet, welche die 20 cm tief abzu-
schälende alte Narbe glatt, mit dem Stoppelende nach unten nebeneinander
umlegen, im übrigen aber das Moor nur wenig auflockern. Nach Zerkleinerung der umgelegten Narbe wird die Fläche mit schweren Walzen bearbeitet,
um die Schollen mit dem Untergrunde fest zu verbinden. Das ist unbedingt
nötig, weil das sonst im Untergrunde vorhandene Wasser in den Bereich der
Pflanzenwurzeln nicht kapillar aufsteigen kann. Nur ganz schwere Walzen
vermögen genügenden Druck auszuüben; sie müssen mindestens 1000 kg für
1 m Arbeitsbreite wiegen. Das Walzen muß dann vorgenommen werden,
wenn das Moor mittelfeucht ist; denn im Zustande voller Wassersättigung ist
es nicht zusammendrückbar, und wenn es ganz trocken ist, kann man es unter
der Walze zwar zusammendrücken, infolge seiner Elastizität nimmt es aber
sofort danach wieder den anfänglichen Raum ein. Als Walzen benutzt man
entweder solche mit Eisenmantel, die auf der Arbeitsstelle mit Sand oder
Wasser bis zum Vollgewicht gefüllt, zum leichteren Transport auf den Wegen
zwischen den Arbeitsstellen aber entleert werden. Wasserfüllung erfordert
bei gleichem Gewichte geringere Zugkraft als Sandfüllung. Weit billiger
sind Betonwalzen, die man im Eigenbetriebe fertigen kann (**56.** 1911. 382).
Fertige Eisenformen dazu können von der Moorversuchswirtschaft in Neu-
hammerstein bezogen werden.

Das Pflügen sollte stets im Herbste besorgt werden, damit der Winter-
frost die umgekehrten Schollen gehörig zermürbt und die Zerkleinerungsarbeit
mit Geräten erleichtert.

Ist das Moor noch nicht genügend erdig zersetzt, so ist die Herstellung
eines hinreichend festen Wiesenlandes nicht erreichbar. Man tut in solchen
Fällen gut, die Grassat noch hinauszuschieben und einige Jahre lang Ackerkultur zu treiben (Hafer, Kartoffeln), unter deren Anbau eine beschleunigte
Vererdung eintritt.

Eine andere Art der Bodenbearbeitung besteht in der Besandung des
Moores in einer Stärke von 5 bis 6 cm. Es ist ratsam, daß das Moor vor
der Besandung umgebrochen wird, da sonst die Wildgräser die nur schwache
Sandschicht leicht durchwachsen. Zu dieser „Besandung" kann sehr gut
auch sandiger oder mergeliger Lehm dienen. Die Deckschicht bringt alle
die Vorteile mit sich, die bei der Ackerkultur bereits besprochen wurden.
Vorbedingung ist, daß das besandete Moor bereits gut zersetzt und mindestens
70 bis 80 cm tief entwässert ist, während für die Entwässerungstiefe der unbesandeten Wiesen sich das Maß von 50 cm am besten bewährt hat. Der
Grund für das stärkere Entwässerungsbedürfnis liegt in der oben begründeten
Eigenschaft der Mineraldecke, daß sie die Verdunstung vermindert. Obwohl
durch alle Erfahrungen erwiesen ist, daß die Besandung bei zu mäßiger Vorflut

unbedingt zu Mißerfolgen führt, wird von unsachverständiger Seite noch viel
gegen diese Erkenntnis gefehlt.

Je tiefer das Wasser steht, um so mehr ist eine Besandung am Platze,
weil dadurch eine bessere Ausnutzung des Bodenwassers gewährleistet wird.
Indes stehen den Vorteilen der Besandung wesentlich höhere Anlagekosten
und nicht dementsprechende Mehrerträge gegenüber, so daß der Reinertrag
für unbesandete Wiesen wesentlich höher ist, als für besandete. Nach
Fleischer (56. 1907. 82) betrugen bei Meliorationen in den Preußischen Staats-
forsten die Anlagekosten für

901 ha besandete Wiesen durchschnittlich   541 M./ha
4056 ha unbesandete   „   223 M./ha.

Diese Anlagekosten wurden durch die Erträge im Durchschnitt verzinst
bei den

besandeten Wiesen mit   9,6 %,
unbesandeten   „   „   19,1 %.

So ist denn in jüngerer Zeit ein entschiedener Umschwung zu Gunsten
der unbesandeten Moorwiesen zu verzeichnen.

Für die Ersatzdüngung der Wiesen ist zu beachten, daß in 1 dz
Wiesenheu dem Boden folgende Nährstoffmengen durchschnittlich entzogen
werden:

Kalk (CaO) . . . . 1,0 kg
Stickstoff (N) . . . . . . 1,5 kg
Kali (P_2O) . . . . 2,0 kg
Phosphorsäure (P_2O_5) . . 0,7 kg.

Wenn gute und gut gepflegte Moorwiesen auch Erträge von 100 dz/ha
und mehr Heu mit 15 H_2O liefern, so kann man den Durchschnittsertrag
in einer längeren Reihe von Jahren doch nicht höher als 60 bis 70 dz/ha
veranschlagen.

Den nötigen N und CaO liefert das Grünlandsmoor unentgeltlich; doch
ist es manchmal ratsam (in Dürrezeiten), durch eine Salpeterdüngung (1 dz/ha)
die noch schwachen Wurzeln der jungen Graspflanzen in die Tiefe zu leiten
und ihnen damit über die ersten Wachstumsschwierigkeiten hinwegzuhelfen.
Neben der Zufuhr von Düngersalzen sollte man ab und an (alle 4 bis 5
Jahre) eine Kompostdüngung geben. Sie belebt die bakterielle Flora
und regt die Graspflanzen zu verstärkter Bestockung an. Die Kompostdüngung
im frühen Frühlinge wirkt besser als im Herbste.

Viel umstritten ist die Frage, ob die Grassaat mit und ohne Deckfrucht bestellt werden soll. Diese hat den Zweck, die jungen Graspflanzen vor trockenen Winden und Stürmen zu schützen. Sie darf aber
nur dünn gesät werden, damit sie die Grassaat nicht unterdrückt. Man
bemißt sie daher auf 50 kg/ha Hafer oder Sommerroggen. Sollte die
Deckfrucht sich doch zu üppig entwickeln, so daß sie das Gras zu unter-
drücken beginnt, so muß sie, und das bildet die Regel, rücksichtslos grün
abgemäht und zu Heu gemacht werden. Dem Aufgehen der Grassaat
stehen die im Frühlinge häufig eintretenden Dürrezeiten feindlich entgegen.
Daher ist unter trockenem Klima folgendes Verfahren ratsam: Anfang
April ist die Deckfrucht zu drillen. Ende April wird diese Saat leicht
geeggt, dann der Grassamen eingesät und mit schwerer Walze bearbeitet.
Gelingt die Grassaat nicht im April, so überschlägt man den meist sehr

trockenen Mai und verschiebt die Saat bis in den Juni oder Juli, die reicher an Niederschlägen zu sein pflegen.

Das Samengemisch muß den Boden- und Entwässerungsverhältnissen angepaßt sein (**56.** 1914. 2). Die schweren und leichten Saatarten sind für sich besonders zu mischen und auszustreuen, da sonst ein gleichmäßiger Bestand nicht zu erzielen ist. Schwach bestandene Stellen, die nach dem ersten Schnitte in Erscheinung treten, sind nach leichtem Aufeggen sofort nachzusäen und anzuwalzen, da auf den Fehlstellen sich leicht Unkräuter ansiedeln.

Die Anlage der Weiden unterscheidet sich nur unwesentlich von der der Wiesen. Die Vorflut muß etwas reichlicher bemessen werden als bei Wiesen (0,7 m bei unbesandeten, 0,9 m bei besandeten Weiden), damit die Oberfläche mehr Widerstandsfähigkeit gegen den Tritt des Weideviehes gewinnt. Man darf die Weiden tiefer entwässern, weil ihr Wasserverbrauch geringer ist, als der der Wiesen (**46.** 1914. 28). Die Einzelentwässerung sollte stets durch Dränung besorgt werden, da offene Gräben in Viehweiden unhaltbar sind. Bei reichlicher Vorflut empfiehlt sich Besandung der Weide, wiederum um sie gegen das Zertretenwerden durch die Weidetiere widerstandsfähiger zu machen. Aus demselben Grunde werden in dem Samengemische die viele Ausläufer (Kriechtriebe) bildenden Untergräser bevorzugt. Die Weiden erfordern eine schwächere Düngung als die Wiesen, weil der von den Weidetieren gelieferte Dünger den Weiden verbleibt. Wenn man dafür sorgt, daß dieser Dünger gehörig gleichmäßig verteilt wird, so genügt $^2/_3$ der oben für Wiesen angegebenen Düngermenge.

Ernte und Pflege der Wiesen und Weiden.

Die Wiese muß unbedingt dann gemäht werden, wenn ihr Leitgras zu blühen beginnt. Schon wenige Tage später geschnittenes Gras liefert holziges Heu von vermindertem Futterwerte.

Die Pflege der Wiese besteht in folgendem:

1. Unterhaltung der Vorflut und Einzelentwässerung.

2. Eggen vermooster oder verunkrauteter Stellen, aber nur solcher, mit folgender Nachsaat. Man hat als schädlich erkannt, gut bestandene Wiesen zu eggen.

3. Bearbeiten mit schwerer Walze, mindestens im Frühling nach Aufhören des Frostes, um die aufgefrorenen Pflanzenwurzeln wieder anzudrücken, besser auch noch im Herbste. Durch wiederholtes Walzen wird nicht nur ein den Gräsern zusagender, dichter Wiesenboden erzeugt, sondern es werden auch die Wasserverhältnisse (kapillarer Aufstieg) verbessert.

4. Regelmäßige Düngung und Nachsaat mangelhaft entwickelter Stellen.

5. Verteilen der Maulwurfshaufen im Frühling.

6. Verteilen des auf Weiden gefallenen Düngers und Abmähen der Geilstellen.

Die hohe und sichere Einträglichkeit richtig angelegter Wiesen und Weiden auf Moor wird heute von keiner sachverständigen Seite mehr bezweifelt, wie aus folgender Gewinnberechnung für eine Wiesenanlage hervorgeht. Eine Moorwiese möge im Urzustande von 1 ha 20 dz minderwertiges Heu im Werte von 2,50 M./dz. liefern. Das gibt eine Einnahme von 50 M./ha. Die Kosten für Melioration und Folgeeinrichtungen sind für 1 ha wie folgt zu veranschlagen:

a) **Einmalige Ausgaben.**

1. Allgemeine (genossenschaftliche) Entwässerung
   für mittlere Verhältnisse . . . . 200 Mark
2. Einzelentwässerung (Dränung) . . . . 100 „
3. Umbruch und Bodenbearbeitung . . . . . . 80 „
4. Grunddüngung:
   160 kg K_2O zu 0,20 Mark $= 32,00$ Mark, . .
     80 „ P_2O_5 zu 0,30 „ $= 24,00$ „ . . 56 „
5. 50 kg Samengemisch zu 1,80 Mark . . . . . 90 „
                                   · 526 Mark.

b) **Jährliche Ausgaben.**

1. Verzinsung und Tilgung von a 1—3 $= 380 \cdot 0,07$ 26,60 Mark,
2. Desgl. von a 4 und 5 $= 146 \cdot 0,10$ . . . .   14,60 „
3. Ersatzdüngung:
   120 kg K_2O zu 0,20 Mark $= 24,00$ Mark,
     50 „ P_2O_5 zu 0,30 „ $= 15,00$ „ .   39,00 „
4. Nachsaat 10 kg zu 1,80 Mark . . . . .   18,00 „
5. Vermehrte Pflege durch Walzen usw. . .   11,80 „
                                   110,00 Mark.

c) **Ertrag.**

70 dz Heu zu 3,50 Mark $= 245$ Mark.

d) **Ertragssteigerung** gegen den Urzustand $245 - (110 + 50) = 85$ Mark, wodurch die Anlagekosten von 526 Mark mit rund $16\,^0/_0$ verzinst werden. Dabei ist noch unberücksichtigt geblieben, daß man bereits im ersten Jahre der Melioration einen Schnitt von 40 dz/ha zu ernten pflegt, der auf Verminderung der Kosten unter a angerechnet werden müßte.

D. Hochmoorkultur.

1. Brennkultur.

Die Brenn- oder Brandkultur ist die ursprünglichste Form der Hochmoorkultur; auf Grünlandsmoor wird sie nicht angewandt. Das Moor ist für diese Kulturform reif, sobald es mit Heide (calunna vulgaris) besiedelt ist. Dieser Zustand tritt ein, sobald das Moor bis zu genügender Höhe über den Grundwasserstand aufgewachsen ist. Das zu brennende Land wird dann durch 30—40 cm tiefe und ebenso breite Grippen in 10—15 m Abstand entwässert und mit der Heide durch schwere Hacken von dreieckiger Form im Herbst umgehackt. Nachdem es im Frühling oberflächlich abgetrocknet ist (im Monat Mai), wird es gebrannt.

Dies geschieht in der Weise, daß an der dem Winde abgekehrten Kante des Feldes Feuer gemacht und gegen Wind gebrannt wird, damit man Herr des Feuers bleibt und dies nicht „fortläuft". In einem Haufenfeuer aus Torfstücken werden glühende Kohlen gewonnen und mit einer langstieligen eisernen Pfanne auf die gedachte Linie verteilt. Das Feuer brennt von hier aus rückwärts (d. h. mit dem Winde); ihm werden neue Kohlen entnommen, die dann wieder mit der Pfanne eine Brandweite gegen Wind vorgebracht werden. Da das Moor meistens nur ganz oberflächlich abgetrocknet ist, so erfordert die Unterhaltung des Feuers fortwährende aufmerksame Wartung, die auch schon wegen des „Fortlaufens" nötig ist. Es brennt nur in ganz flacher

Schicht ab, gegen 1 cm durchschnittlich. Im trockenen Frühjahre ist die mit dem Brennen verbundene Gefahr eines Schadenfeuers groß. Solche kommen vor in Gestalt von Flächenbrand und Tiefenbrand. Erstere vernichten die benachbarten Felder in großer Ausdehnung, gefährden auch Gehöfte, und es ist schwer, ihrer Herr zu werden. Die Tiefenbrände sind noch schwerer zu bekämpfen. Man kann ihnen nur durch Umzingelung mit tiefen Gräben beikommen, die bis auf das Grundwasser herabreichen. Sie wüten oft monatelang, verlöschen erst dann, wenn der Vorrat an brennbarem Moor erschöpft ist und vernichten gleichzeitig das Moor als Brennstoff und Kulturland. Das Brennen bedeutet also einen Raubbau.

Unmittelbar nach glücklich beendetem Brennen erfolgt die Saat. Sie besteht meistens in Buchweizen, seltener in Hafer oder Kartoffeln. Eine Düngung wird nicht gegeben. Die Wirkung des Brennens besteht in einer gewissen Entsäuerung des Bodens und in der Aufschließung und Verdichtung der geringen Nährstoffmengen, die in der verbrannten Moormenge enthalten sind und in der Asche den Pflanzen verfügbar werden. Dazu kommt schließlich noch die physikalische Verbesserung des Moorbodens durch Beimengung der Asche. Jungfräuliches Moor kann etwa 6 bis 10 Jahre hintereinander gebrannt werden, doch lassen die Erträge von Jahr zu Jahr nach. Dann muß das Moor 20 bis 30 Jahre ruhen, bis es wieder mit Heide bewachsen ist und sich Heidehumus gebildet hat, um dann die Brandkultur wieder aufnehmen zu können, wenn auch mit geringerem Erfolge als das erstemal. Durch den Brandbau kann also nur $^1/_3$ bis $^1/_4$ der gesamten Moorfläche zum Pflanzenbau benutzt werden. Der Brandbau hatte eine gewisse Berechtigung zu einer Zeit, als noch in dünn bevölkerten Gebieten große Flächen wilden Moores vorhanden waren, da er nur geringen Aufwand an Arbeit und Kosten erfordert, ist aber mit folgenden Übelständen für die Moorbauern verbunden:

1. Abhängigkeit von der Witterung. In einem nassen Jahre gelingt das Brennen nur unvollkommen und die Saatzeit fällt ungebührlich spät. Mißernten sind die Folge.

2. Einseitigkeit der anzubauenden Früchte, in der Hauptsache nur Buchweizen. Mißlingt dieser, so entsteht Hungersnot.

3. Für die nächste Umgebung bringt der Brandbau die Gefahr des Schadenfeuers mit sich und für die weitere Umgebung die Belästigung durch Moorrauch, der sich bis nach Süddeutschland erstreckt („Höhenrauch") und die Sonnenscheindauer beeinträchtigt. Daher wird der Brandbau seit langer Zeit bekämpft und zwar mit Erfolg, seit nach Einführung der Düngersalze die neuere Hochmoorkultur möglich wurde.

Als vorbereitende Maßregel für die neuere Hochmoorkultur kann er dann noch von Vorteil sein, wenn das Moor mit dichtem Heidewuchs bestanden ist. Die harzigen starken Heidestengel brauchen lange Zeit, bevor sie nach Umbruch vererden und erhöhen solange noch die dem Pflanzenbau schädliche, ohnehin schon sehr lockere Beschaffenheit des Moorbodens. Daher ist es von Vorteil, wenn vor dem Umbruch die starken Heidestengel durch Feuer zerstört werden.

2. Die Fehnkultur.

Die Verfehnung wurde im 17. Jahrhundert von Holland nach den benachbarten Gebietsteilen Preußens übernommen. Bei ihr werden die Hauptentwässerungsgräben (Vorfluter) für kleine Schiffahrt eingerichtet und erhalten Anschluß an einen vorhandenen Schiffahrtsweg. Von dem Hauptkanale

oder der „Hauptwieke" zweigen Nebenkanäle oder „Neben- und In-
wieken" ab, die das zu verfehnende Land in dichtem Netze derart durch-
ziehen, daß jede Siedelung Anschluß an den Wasserweg erhält (66. 247 ff.).
Dieser dient zur Ausfuhr von Brenntorf und Ernteerzeugnissen, sowie zur
Einfuhr von Düngemitteln usw. Die zur Einzelentwässerung anzulegenden
Gräben münden in die Kanäle.

Der gewöhnliche Wasserstand in diesen soll 0,3 bis 0,5 m unter der
Oberfläche des Danduntergrundes liegen. Größere Höhenunterschiede in verschiedenen Teilen des Fehngebietes sind bezüglich des Wasserstandes mit
Stauchschleusen gebührend zu berücksichtigen, die als Kammerschleusen aus-
gebildet, zur Vermittlung des Schiffsverkehrs dienen. Wenn wegen des
meistens nur geringen Umfanges des Sammelgebietes dieser Kanäle es an
dem nötigen natürlichen Betriebswasser für die Aufrechterhaltung der Schiff-
fahrt mangelt, muß solches vom Unterwasser der Schleuse ins Oberwasser
künstlich aufgepumpt werden. Neben den Kanälen liegen Wege zur Vermittlung des Ortsverkehrs.

Von den Wieken ausgehend beginnt das Abtorfen, ein wesentlicher,
vorbereitender Bestandteil der Fehnkultur, nachdem das zunächst abzutorfende
Land durch Entwässerungsgräben einige Jahre zuvor gehörig trocken gelegt
wurde. Der Torf wird zum Zweck des Verkaufes gewonnen, weil er in
großen Mengen gestochen werden muß, um für die landwirtschaftliche Kultur
auf der abgetorften Fläche möglichst bald Raum zu schaffen. Aus dem Erlös für den verkauften Torf nimmt der Siedler seine ersten Einnahmen, die
ihm Lebensunterhalt bieten und die Mittel für die landwirtschaftliche Kultur
liefern. Die aus jüngerem Moostorf bestehende Oberschicht, die „Bunkerde",
wird nicht zu Torf verarbeitet. Sie hat nur geringen Brennwert, ist dagegen
wertvoll für die landwirtschaftliche Kultur, besonders wegen des in ihr enthaltenen, verhältnismäßig nährstoffreichen Heidehumus. Die Bunkerde wird
daher vor dem eigentlichen Abtorfen abgestochen und auf die davor bereits
abgetorfte Fläche, das „Leegmoor", gleichmäßig ausgebreitet. Vielfach wird
dieser weiße Torf der Oberschicht auch gewerblich zu Torfstreu verarbeitet.
Man sollte das aber nur in beschränktem Maße zulassen, wenn man die
Fläche nachdem noch landwirtschaftlich nutzen will, dann vielmehr vor-
schreiben, daß mindestens 40 cm der obersten Schicht von der Verarbeitung
zu Torfstreu ausgeschlossen und auf dem Moore zurückgelassen werden
müssen.

Die ausgebreitete Bunkerdeschicht wird mit dem aus dem Untergrunde gewonnenen Sande, der in einer Stärke von 10 bis 15 cm auf-
zubringen ist, gehörig vermischt, wodurch die physikalischen Eigenschaften
des Moorbodens überaus verbessert werden (siehe S. 249). Diese Mischung
bildet nach gehöriger Düngung einen dankbaren Boden für landwirtschaftliche Nutzung.

Der landwirtschaftliche Betrieb kann bei der Verfehnung erst dann
beginnen, nachdem eine genügend große Fläche mit Kanälen versehen
und abgetorft wurde. Er kann also erst ziemlich spät nach den ersten
vorbereitenden Arbeiten eingeleitet werden und nur langsam an Ausdehnung zunehmen, und zwar um so langsamer, je tiefer das Moor
steht, um so mehr Torf also gestochen, zubereitet und verkauft werden
muß. Die Abtorfung ist abhängig von der lohnenden Absatzmöglichkeit.
Ließ diese zu wünschen übrig, so stockte damit auch die Entwicklung
der Siedlung. Die Verfehnung kam daher trotz ihrer vielen unverkenn-
baren Vorzüge um so mehr ins Stocken, je mehr die Steinkohle als
Brennstoff, selbst in den Moorgebieten, mit dem Torf erfolgreich in Wettbewerb trat.

3. Die reine Hochmoorkultur.

Die reine Hochmoorkultur nutzt das Hochmoor selbst als Kulturland, ist also unabhängig vom Torfgeschäft und kann sich daher viel schneller ausbreiten als die Fehnkultur. Das ist im Interesse der schnelleren Besiedlung der in großer Ausdehnung vorhandenen Ödlandsfläche (siehe S. 4, 249) sehr erwünscht. Mit dem Torfgeschäft entfallen die großen Transportmassen und damit die Notwendigkeit für kostspielige Schiffahrtskanäle; denn zur Bewältigung des sonst noch verbleibenden Güterverkehrs genügen Wege, zrmal wenn sie mit Feldeisenbahnen versehen werden. Es ist daher zu empfehlen, vor Beginn einer Hochmoorbesiedlung unter Berücksichtigung der entstehenden Güterbewegung zu berechnen, ob die Anlage von Kanälen oder Verkehrsmittel für Landtransport wirtschaftlich vorteilhafter sind (**59**. 27. Sitzung. 134 ff.). Ist letzteres der Fall, so genügt für die Entwässerung ein einfaches Grabennetz. Solange man den Acker nur mit tierischem Dünger versorgte, war die Ausdehnung des Wirtschaftsbetriebes abhängig von der Entwicklung des Viehbestandes und ging dementsprechend langsam voran. Doch entstanden Siedelungen solcher Art im jetzigen Regierungsbezirk Stade bereits um die Mitte des 18. Jahrhunderts (z. B. Hellweger Moor) und gelangten zu hoher Blüte. Seit die verdienstvollen Arbeiten der Moorversuchsstation in Bremen lehrten, nur mit Kunstdünger lohnende Landwirtschaft auf Hochmoor zu betreiben, war der Fortschritt der Besiedelung von der Entwicklung des Viehstandes unabhängig gemacht.

Nach erfolgter Entwässerung ist das meistens mit hoher Heide bestandene Moor umzubrechen. Dies geschieht im Kleinbetrieb mit der Moorhandhacke. Gewöhnlich muß das wilde Moor dreimal gehackt werden, bevor es genügend zerkleinert ist. Die sperrigen Heidepflanzen erschweren die nötige Festigung des Bodens. Es ist daher empfehlenswert, sie vor der Bodenbearbeitung abzubrennen (siehe S. 269). In größerem Betriebe erfolgt die Bodenbearbeitung mit dem Pfluge. Ist das Moor sehr weich, so müssen die Zugtiere mit Moorschuhen (**56**. 1899. 295; 1907. 387; 1908. 159. 179) ausgerüstet sein. Im Großbetrieb wird zur Bodenbearbeitung heute mechanische Kraft angewandt (Dampf- oder elektrische Pflüge). (**56**. 1911. 240.)

Eine Kalkung muß der Ackerbestellung unbedingt voraufgehen, um die im Hochmoor stets vorhandene und dem Pflanzenwuchs schädliche freie Humussäure zu binden. Für 1 ha werden 80 bis 40 dz fein gemahlener Kalkmergel oder die halbe Menge in Ätzkalk gegeben. Gründliche Vermengung mit dem Boden ist unbedingt nötig (daher feine Mahlung). Diese Durchmengung ist besonders bei Grünland von Bedeutung, weil die einmal erzeugte Grasnarbe dauernd unberührt liegen bleibt, während bei Ackerland durch die jährliche Bodenbearbeitung wiederholte Mengung mit dem Boden bewirkt wird. Grasland erfordert eine stärkere Kalkung als Ackerland, doch liegt der Bestwert bereits bei 40 dz/ha CaO (**56**. 1910. 323). Bei Wechselwirtschaft zeigen die auf Grasland folgenden Ackerfrüchte im Ertrag nicht selten einen Rückschlag wegen der für sie zu starken Kalkung.

Dazu kommen als Grunddüngung für 1 ha:

$$3\text{—}4 \text{ dz } 40\,^0/_0 \text{ Kalisalz,}$$
$$8 \text{ „ Thomasmehl,}$$
$$2 \text{ „ Chilesalpeter.}$$

Letzterer ist unerläßlich, weil der im Boden zwar in großer Menge vorhandene Stickstoff (siehe S. 249) in Hochmoor besonders schwer löslich ist.

Zu den ursprünglich angebauten Früchten: Roggen, Hafer, Kartoffeln traten die Leguminosen, nachdem man lernte, durch Impfung des Bodens mit Stickstoff sammelnden Bakterien die Vorbedingungen für deren Gedeihen zu schaffen. Die Impfung erfolgt entweder durch Zufuhr von Boden, auf dem Leguminosen bereits mit Erfolg angebaut wurden, oder, wenn geeignete Impferde nicht zu beschaffen ist, mit Reinkulturen der betreffenden Bakterien. Zur Impfung mit Boden genügen 4000 kg/ha oder rund 3 cbm.

Die Anlage von Wiesen und Weiden auf Hochmoor ist dank den Arbeiten der Moorversuchsstation heute sichergestellt. Letztere haben den Wettbewerb mit Fettweiden auf Marschen mit Erfolg bestanden (56. 1905. 27; 1906. 102. 103. 108; 1909. 192; 1910. 450; 1911. 137. 400; 1912. 103).

Die Bedeckung oder Mischung des Hochmoores mit Sand hat sich nicht bewährt.

4. Die Vorarbeiten.

Beim Entwerfen eines Besiedelungsplanes für reine Hochmoorkultur tut man gut, den Übergang zur Verfehnung offenzuhalten. Dabei ist die Ausdehnung der Ackerwirtschaft in beliebigem Umfang möglich, unabhängig von der Abtorfung, ohne diese für die Zukunft auszuschließen. Die Vorarbeiten zu einem Besiedelungsplane müssen sich auf folgende Punkte erstrecken:

1. Nivellement der Mooroberfläche.

Dabei muß eine angemessene Anzahl von Festpunkten hergestellt werden, die spätere Anschlußnivellements unschwer gestatten.

2. Peilung der Moortiefe und damit ohne weiteres verbundenes Nivellement des mineralischen Untergrundes. Bei großen Moortiefen muß man eine Peilstange anwenden, die in etwa 2 m lange Stücke zerlegbar ist. (Gasröhren mit Schraubengewinde.)

3. Chemische Untersuchung des Moores und seines Untergrundes. Zur Entnahme von Proben aus bestimmter, größerer Tiefe, selbst aus flüssigem Moore, hat sich der Blyttsche Untergrundbohrer (56. 1908. 1; 1896. 49) sehr gut bewährt. Die damit genommenen Proben geben auch einen Anhalt, um die voraussichtliche Sackung des Moores abzuschätzen. Die Untersuchung des Untergrundes ist von Bedeutung, weil dieser unter manchen Mooren von solcher Beschaffenheit ist, daß er als wertvolles Meliorationsmittel auf dem Moore verwendet werden kann (Schlick, Kuhlerde). Für die Entnahme von Bodenproben zur chemischen Analyse sind von der Moor-Versuchsstation besondere Vorschriften erlassen (56. 1911. 487).

4. Ermittlung der zur Speisung von Kanälen verfügbaren Wassermenge.

5. Untersuchung der Leistungsfähigkeit der als Vorfluter für die Moorentwässerung zu benutzenden Entwässerungszüge unterhalb. Sehr häufig erheben sich nach Durchführung der Moorentwässerung bei den Unterliegern Klagen wegen Schädigung durch vermehrte oder zeitweise veränderte Wasserzuführung. Um derartige Schadenersatzansprüche richtig beurteilen zu können, empfiehlt es sich, Wasserstandsbeobachtungen in den Vorflutern schon vor Beginn der Entwässerungsarbeiten einzurichten und auch später fortzusetzen, um etwaige Veränderungen zu erkennen. Diese Unterlagen finden dadurch wertvolle Bereicherung, wenn man den aus dem entwässerten Moore entstehenden Abfluß an einem Überfall täglich mißt, besonders wenn sich Gelegenheit bietet, solche Messungen schon vor Ausführung der Melioration zu beginnen (56. 1911. 20).

Die Größe und Gestalt der Moorsiedelungen.

Die Urbarmachung der Hochmoore verfolgt meistens Zwecke der inneren Besiedelung, deren Träger der Staat ist, als Besitzer der größten, zusammenhängenden Hochmoore. Die Aufteilung der gegebenen Moorfläche muß zunächst nach dem Grundsatze erfolgen, daß tunlichst viele Siedelungen von angemessener Größe untergebracht werden und jede Anschluß an die gemeinsamen Anlagen für den Verkehr und die Entwässerung erhält.

Die Größe der Stellen muß so bemessen werden, daß sie dem Siedler und seiner Familie auskömmliche Nahrung bietet, aber auch von diesem allein, ohne fremde Hilfe, bewirtschaftet werden kann. Die Erfahrung hat gelehrt, daß bei reiner Hochmoorkultur die Größe von 10 ha für eine Stelle diesen Bedingungen genügt. Doch ist es zweckmäßig, an geeigneten Punkten (an Verkehrswegen) auch kleinere Siedelungen von 2 bis 4 ha auszuweisen, auf denen Handwerker angesiedelt werden. Aber auch die Anlage einzelner, größerer Stellen von etwa 50 bis 100 ha hat sich als vorteilhaft erwiesen, sofern sie mit tüchtigen Moorwirten besetzt werden, deren Wirtschaftsführung den kleineren Siedlern als Vorbild dient. Außerdem ist Land für Schule, Kirche, Gemeindehaus und andere gemeinsame Einrichtungen vorzusehen. Bei Verfehnung hält man die Stellengröße von 5 bis 8 ha für ausreichend. Die Brennkultur kann als selbständige Siedelungsform überhaupt nicht angesehen werden.

Die Form der Stelle muß einerseits so geartet sein, daß die allgemeinen Anlagen für Verkehr und Entwässerung von möglichst vielen Stellen ausgenutzt werden, so daß die dadurch entstehenden Kosten für Anlage und Unterhaltung die Nutzfläche recht wenig belasten. Andererseits muß aber die Form der Siedelung auf deren Wirtschaftlichkeit Rücksicht nehmen.

Unter sonst gleichen Verhältnissen ist diejenige Grundstücksgestalt und die Lage des Hofes auf ihm die wirtschaftlich vorteilhafteste, die den geringsten Aufwand an verlorenen Wegen bei der Bewirtschaftung erfordert. Diese Bedingung wird am vollkommensten dann erfüllt, wenn die Siedelung eine quadratische Gestalt erhält, in dessen Mitte der Hof liegt (47. 1905. 829). Daraus folgt die aufgelöste Bauweise, nicht die Anlage geschlossener Dörfer. Der Kreis als Grundrißform bietet zwar theoretisch noch größere Vorteile, kann aber, als praktisch undurchführbar, nicht weiter in Frage kommen.

Das Gesetz vom Quadrate gilt aber nur so lange genau, wie man die Kosten für Erschließung der Siedelung durch Wege, Kanäle und Entwässerungszüge nicht berücksichtigt. Sonst geht die zweckmäßigste Form in ein Rechteck über, dessen Seitenverhältnis in bestimmter Beziehung zu den Kosten für die gemeinsamen Anlagen steht und in dessen Schwerpunkt der Wirtschaftshof liegt. Man findet leicht, daß die durch verlorene Wege entstehenden Kosten mit dem Quadrate der Entfernung des Hofes vom Schwerpunkte der Siedelung wachsen (47. 1905. 829). Das Gesetz gilt natürlich so allgemein nur für einen gleichmäßigen Boden, wie er im Moore die Regel zu bilden pflegt. Bei wechselnder Bodenbeschaffenheit würde nicht der mathematische, sondern der wirtschaftliche Schwerpunkt maßgebend sein. Bei ungünstiger Siedelungsform kann der Umwegsverlust leicht so groß werden, daß jede Einträglichkeit aus der Siedelung ausgeschlossen wird.

Die Hoflage außerhalb des Siedelungsschwerpunktes kann nur dann Vorteile bieten, wenn dort der Bau billiger wird als im Schwerpunkte. Derartige verbilligende Umstände sind gegeben durch die Möglichkeit einer flacheren und sichereren Gründung und einer schwereren und festeren Bauweise, wodurch Kosten für Anlage bzw. Unterhaltung ermäßigt werden. Diese Kostenersparnis muß dem Umwegsverluste mindestens gleich sein, wenn der Bau außerhalb der Siedelung überhaupt in Frage kommen soll. In der Regel sollte daher der Wirtschaftshof auf der Siedelung liegen und nur ausnahmsweise, z. B. wenn sich ein Sandrücken in der Nähe der Siedelung befindet, kann es vorteilhafter sein, ihn außerhalb anzulegen.

E. Bauten auf Moor.

1. Wegebauten.

Mehr als bei Wegen auf Mineralboden ist die Entwässerung Vorbedingung für die Anlage von Wegen auf Moor; denn durch sie muß ihm erst die Festigkeit gegeben werden, die nötig ist, um die Wegbefestigung und seinen Verkehr sicher zu tragen. Die Entwässerung erfolgt im allgemeinen durch 2 Seitengräben von 1 bis 1,2 m Tiefe. Ist dadurch allein genügende Festigung nicht zu erreichen, so müssen quer durch den Wegkörper ganz schmale Grippen in Entfernungen von 5 bis 10 m in der Tiefe der Gräben angelegt werden. So muß der Wegkörper zum Austrocknen und Zusammensacken einige Jahre lang liegen bleiben. Sodann werden vor dem Aufbringen der Wegdecke die Quergrippen mit dränenden Stoffen (Faschinen, Heide, dem inzwischen getrockneten Aushub usw.) belegt. Auf den so vorbereiteten Wegkörper wird die Decke in Form von Sandschüttung gebracht und abgewölbt. Sie wird entweder unmittelbar befahren oder erhält eine besondere Befestigung. Pflaster hält sich schlecht auf Moorwegen, wegen der unvermeidlichen Bewegungen durch Sackung oder unter der Verkehrslast. Die Stärke der Sanddecke darf nicht zu groß bemessen werden, weil sonst unter deren Last der Wegkörper beschädigt und die Seitengräben zusammengedrückt werden.

Eine 30 bis 40 cm starke Sanddecke genügt für den in Moorsiedelungen immer nur leichten Wagenverkehr. Je gröber und schärfer der Sand ist, um so schwächer darf die Decke sein. Etwas Lehm in der Deckschicht schützt den Sand vor dem Verwehen. In demselben Sinne wirkt der über den Weg zu breitende, aus der Grabenräumung gewonnene Moorschlamm. Diese Mittel befördern auch einen bescheidenen Pflanzenwuchs, den man auf Moorwegen dulden sollte.

Ist das Moor sehr weich, oder darf man wegen Eilbedürftigkeit des Wegbaues dessen Absackung nicht abwarten, so muß die 15 bis 20 cm starke Sandschüttung mit Faschinen oder Knüppeln unterbettet werden. Deren Stammenden sind in die Wegmitte zu legen, um dem Huftritte der Zugtiere mit Erfolg Widerstand zu leisten.

Die Wegbreite muß größer sein als auf Mineralboden, weil wegen der Weichheit des Bodens die Wagenräder bei zu großer Annäherung an die Grabenränder in die Gefahr des Abrutschens kommen. Man rechnet für Hauptwege einschließlich der Baumpflanzung etwa 12 m Wegbreite zwischen den Grabenkanten.

Wirtschaftswege erhalten keine Seitengräben, wenn irgend angängig, um von jeder Stelle auf das Feld abbiegen zu können. Als Breite genügen 5 m. In der Regel wird ihre Besandung zu teuer, da Sand im Moore nicht vorhanden ist. Dann sind die Wege zu pflügen, nach der Mitte zu wölben, gründlich zu kalken, zu düngen und mit Grassamen anzusäen. In dem Saatgemische sind solche Gräser zu bevorzugen, die reichlich Ausläufer treiben, wodurch die Wegdecke Festigkeit genug erhält, um den auf Wirtschaftswegen nur geringen und leichten Verkehr ohne Schaden zu tragen.

Die Pflanzlöcher für die Wegbäume sind in Würfelform von 60 bis 80 cm Seite auszuheben und mit gutem Boden zu füllen. Hierfür hat sich

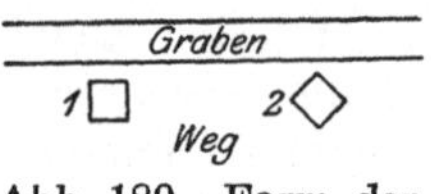

Abb. 189. Form der Baumlöcher auf Moorwegen.

ein Gemisch von Mineralboden mit etwas Moor und Kompost bewährt. Die Löcher sind tunlichst nahe an die Grabenkante zu rücken, um die Nutzbreite des Weges wenig einzuschränken. Es empfiehlt sich, sie nicht wie üblich (1. d. Abb. 189) anzuordnen, sondern über Eck (2. d. Abb. 189), weil dann der weiche Grabenrand der schweren Lochfüllung und dem Drucke des unter dem Winde bewegten Baumes besser widersteht.

2. Durchlässe.

Zementröhren dürfen zu Durchlässen in Hochmoor nicht verwendet werden, da sie durch die im Moorwasser enthaltene Säure bald zerstört werden. Man bewahrt sie davor einigermaßen durch einen schützenden Anstrich (Asphalt usw.). Glasierte Tonröhren sind unempfindlich gegen die Säure.

3. Hausbauten.

a) Allgemeines.

Bei der Auswahl der Baustelle kommen zunächst technische Erwägungen in Betracht. In dieser Beziehung sind folgende Forderungen zu stellen:

1. Gesicherte Entwässerung.
2. Genügende Tragfähigkeit des Baugrundes.
3. Geringe Gründungskosten.

Außerdem aber verdient die wirtschaftliche Lage des Gehöftes volle Würdigung, d. h. es soll eine solche Lage auf der Siedelung erhalten, daß die Wirtschaftswege bzw. die dadurch verursachten Kosten zum Minimum werden (47. 1905. 829, 59. 58. 191).

Man baut entweder auf fester oder auf schwimmender Gründung. In ersterem Falle ist die erforderliche Entwässerung leicht zu beurteilen, weil die den Häusern anfänglich gegebene, ausreichende Höhenlage zu der Vorflut unverrückbar erhalten bleibt. Bei letzterer muß man die voraussichtliche Sackung des Hauses, die bei großer Moortiefe recht erheblich ausfallen kann (Abb. 172, S. 252), nach Beispielen einschätzen. Durch die Auflast des Hauses entsteht um dasselbe eine vertiefte Mulde, von der das aus der Umgebung zuströmende Wasser durch eine das Haus ringförmig umgebende Entwässerung abgehalten werden muß. Diese wirkt am besten als offener Grabenzug, der aber im Notfalle (Wirtschaftserschwernis) auch mit Faschinen- oder anderen Dräns zugelegt werden kann. Er muß von der Hausflucht überall 5 bis 10 m entfernt sein, um Verdrückungen durch die Hauslast zu vermeiden.

Die feste Gründung überträgt die Baulast auf den festen, mineralischen Untergrund, so daß die Tragfähigkeit des Moores dabei nicht in Betracht kommt. Man erreicht sie entweder dadurch, daß man die Moorschicht unverändert läßt, Pfähle oder Pfeiler durch das Moor hindurch bis auf den Untergrund herabtreibt und auf ihnen das Bauwerk errichtet, oder daß man das Moor in der Fläche des Bauwerkes bis auf den Untergrund abgräbt und das Bauwerk auf dem Untergrunde errichtet. Bei diesem Verfahren erhält das Gebäude eine so tiefe Lage, daß seine Entwässerung schwierig und seine Lüftung in einem tiefen Loche mangelhaft wird.

Das Wesen der schwimmenden Gründung besteht darin, daß man das Haus oben auf dem Moore errichtet und es die Moorsackungen mitmachen läßt. Schon bei einem Moorstande von nur wenigen Metern Stärke ist die feste Gründung meistens teurer als die schwimmende.

Im allgemeinen besteht gegen die feste Gründung das Bedenken, daß das Moor ringsum mit Fortschreiten der Entwässerung zusammensackt, während das Haus unverrückbar stehen bleibt, also schließlich auf einem kleinen Hügel liegt, der bei allen Wirtschaftsfuhren überwunden werden muß. Dagegen bietet die feste Gründung unverkennbar den Vorteil, daß man das Haus fester und schwerer bauen darf, es daher eine längere Lebensdauer besitzt und geringere Abschreibungen erfordert. Indes können bei tiefem Moorstande die Kosten der festen Gründung soviel höher werden, daß die schwimmende doch vorteilhafter wird. Man soll daher in gegebenem Falle durch vergleichende Kostenüberschläge prüfen, welche Gründungsweise die größten Vorteile bietet.

Bei schwimmender Gründung eines Hauses muß auf gleichmäßige Belastung der ganzen Baufläche Sorgfalt verwandt werden. Den dennoch auftretenden ungleichmäßigen Sackungen ist durch besonders festes Gefüge des Hauses Rechnung zu tragen.

Bei Massivbauten wendet man zu dem Behufe Eisenanlagen (59. 52. 214) an und bei Fachwerksbauten muß die Verzimmerung besonders stark erfolgen. Unter ganz schwierigen Verhältnissen hat sich Eisenfachwerk gut bewährt.

Nicht ratsam ist, dasselbe Bauwerk teils fest, teils schwimmend zu gründen. Dabei sind Verschiebungen und Brüche unvermeidlich.

α) Verfahren bei fester Gründung.

1. Sandschüttung bis auf den mineralischen Untergrund.

Die Sandschüttung drückt das Moor zusammen oder durchbricht es, um mit dem Untergrunde schlüssig zu werden. Um den meistens doch unvermeidlichen Durchbruch des Moores zu beschleunigen und die Sandschüttung eher zur Ruhe kommen zu lassen, durchsticht man die zähe Oberschicht des Moores rings um sie. Noch besser ist es, die ganze Moormasse unter der Sandschüttung fortzubaggern. Die Sandschüttung muß 1 bis 2 m vor die Mauerflucht vorspringen, um spätere Abrutschungen unter der Baulast zu vermeiden. Bei gebotener Sparsamkeit unterschüttet man nicht die ganze zu bebauende Fläche, sondern nur die einzelnen Fundamentmauern. Bei Berechnung der erforderlichen Sandmasse muß man berücksichtigen, daß die Seitenwände des Schüttungskörpers weit in das weiche Moor auszubauchen pflegen.

2. Pfahlrost muß dauernd und ganz unter Wasser liegen, da er anderenfalls durch Fäulnis bald zerstört wird. Man muß also die Rostoberfläche von vornherein so tief anordnen, wie später nach vollendeter Sackung und Entwässerung des Moores der mittlere Grundwasserstand sinken wird. Die Beurteilung dieser Höhe ist oft sehr schwierig. Entweder unterrostet man die ganzen Mauerlängen, oder man bildet aus dem Pfahlrost einzelne Pfeiler, deren Zwischenraum mit Trägern von Eisen, oder Eisenbeton oder mit Mauerbögen überspannt werden. Der Pfahlrost unter den Fundamentmauern wird entweder aus 2 Pfahlreihen gebildet (Abb. 190 links) oder da, wo größte Sparsamkeit notwendig ist, kann man sich mit einer Pfahlreihe behelfen (Abb. 190 rechts). Dann aber muß der

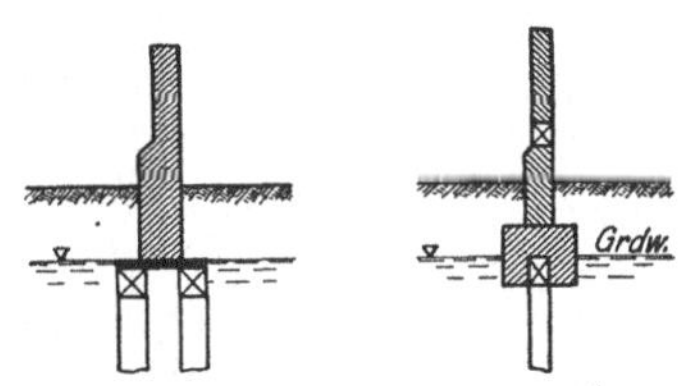

Abb. 190. Hausgründung auf Pfahlrost.

aus Beton herzustellende Mauersockel den Rostholm sattelartig umklammern, um die Kippgefahr der Mauer zu vermindern.

3. Unmittelbare Mauerung von Pfeilern, die von oben durch Träger oder Bögen mit einanderverbunden werden.

4. **Betonpfeiler** (Abb. 191). 50 cm weite genietete Blechröhren werden ins Moor bis auf den Sandgrund versenkt, während das Moor aus dem Innern ausgebohrt wird, um dann bei dem Betonieren wieder ausgezogen zu werden (**59**. 50. 109). Bei der sehr langsamen Bewegung des Grundwassers im Moore (**59**. 48. 240) ist schädliche Beeinflussung der Betonpfeiler durch das Moorwasser nicht zu befürchten, weil nur das frische, noch stark saure Wasser dem Beton gefährlich, bei längerer Berührung mit diesem aber durch den Kalkgehalt des Betons entsäuert wird.

B. Verfahren bei schwimmender Gründung.

Auf frostfreie Lage der Gründungssohle muß und darf verzichtet werden, denn die dadurch verursachten Bewegungen sind verschwindend gegenüber den sonst auftretenden. Anfängliche Überhöhung des Bauplatzes ist empfehlenswert,

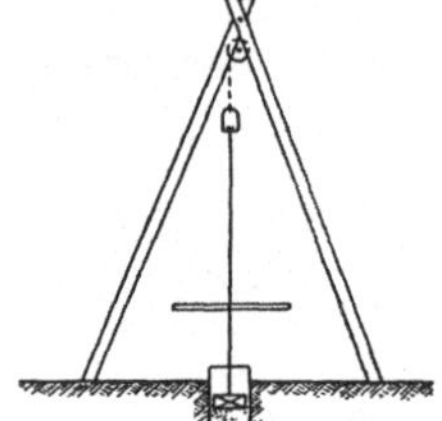

Abb. 191. Versenken von Betonpfeilern.

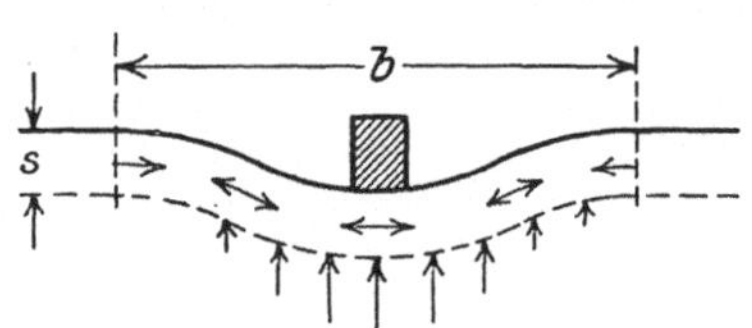

Abb. 192. Einfluß der zähen Oberschicht.

um nach Vollendung der Sackung eine angemessene Höhenlage des Hauses zu dem umgebenden Moore zu erhalten. Die zähe, auf der Baustelle vorhandene Heideschicht muß unversehrt erhalten bleiben, weil sie die Tragfähigkeit erhöht, indem sie vermöge ihrer Zähigkeit die Last auf eine große Fläche verteilt (Abb. 192).

1. **Sandschüttung** dient zur besseren Druckverteilung. Die Mitte der beschütteten Fläche wird auch bei gleichmäßig starker Schüttung mehr belastet als die Ränder, sackt daher auch mehr. Die Hauslast wirkt in demselben Sinne. Das Moor wird also zur Seite gequetscht (Abb. 193). Dem kann

Abb. 193. Verhalten des Moores unter Belastung.

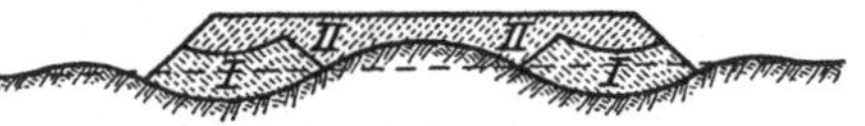

Abb. 194. Sandfundierung.

man dadurch entgegenarbeiten, daß man zuerst eine Ringschüttung I herstellt und dann die Flächenschüttuung II (Abb. 194 stark verzerrt gezeichnet).

2. **Betonplatten.** Man stellt entweder eine zusammenhängende Platte aus Beton mit Eisenbewehrung unter dem ganzen Gebäude her oder unterstützt die einzelnen Wände durch einzelne Betonplatten.

3. **Fundamente aus Torfsoden** (**59**. 52. 267). Die Soden werden in besonders großer Form aus dem zähen, weißen Torfe gestochen und im Verbande, wie Ziegelsteine, derat aufgeschichtet, daß die Fundamentbreite von oben nach unten, der zulässigen Belastung entsprechend, zunimmt.

4. **Unmittelbare Mauerung**, entweder auf dem Moore oder auf einer schwachen Sandschüttung darüber. Die Unterfläche der Mauern wird durch starke Abtreppung und je nach Belastung auf 50 bis 100 cm Breite vergrößert

5. **Hölzerner Schwellrost** auf oder in einer schwachen Sandschüttung. Die unter den Wänden anzulegenden Roste müssen durch einzelne, den ganzen Grundriß durchquerende Hölzer miteinander verbunden werden, damit sie auf dem nachgiebigem Moore bei Schiefsackungen nicht auseinander weichen. Man verwendet zur Kostenersparnis zu den Schwellhölzern meistens entrindetes Rundholz. Zwei Langschwellen werden mit darunterliegenden, etwa 2 m

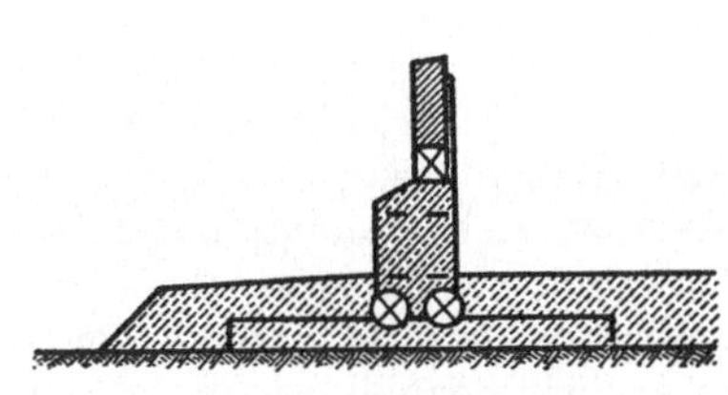

Abb. 195. Grundung auf Schwellrost.

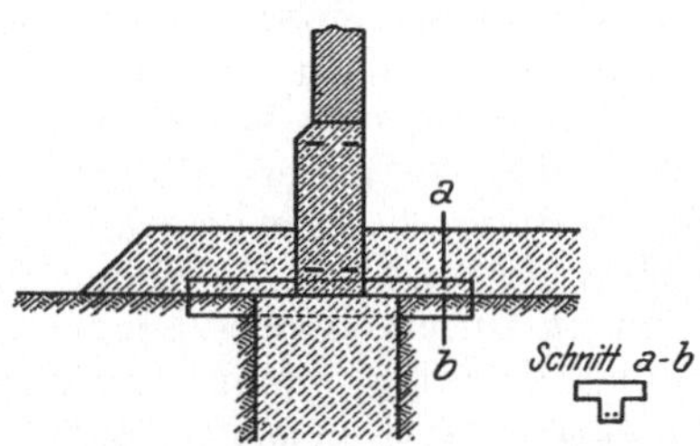

Abb. 196. Gründung auf Sandgräben.

langen Querschwellen verkämmt und unterstützen das Mauerfundament (Abb. 195). Es ist ratsam, die Lebensdauer der Rosthölzer durch erhaltende Tränkung zu verlängern.

6. **Schwellrost aus Eisenbetonbalken.** Die Balken erhalten T-förmigen Querschnitt und werden zwecks Druckverteilung quer unter die Gebäudemauern geschoben.

7. **Sandgräben.** Unter den Mauern werden 80 bis 110 cm breite Gräben bis auf das festere Moor ausgehoben und dann voll Sand geschlämmt. Darüber erhebt sich der Mauersockel aus Eisenbeton, der durch einzelne Platten oder Eisenbetonschwellen unterstützt wird (Abb. 196).

c. Die Bauweise.

Für die Bauweise der Häuser selbst kommen in Frage: Holz, Fachwerk und Massivbau.

Holzbau (in ostpreußischen Mooren in Form von Blockhäusern) kann nur in solchen Gegenden in Betracht kommen, wo Holz billig ist. Er hat den Vorteil, daß er das Moor nur ungemein wenig belastet und sich etwaigen Schiefsackungen am besten von allen Bauformen anzupassen vermag, ohne Schaden zu nehmen. Indes ist der Holzbau zu leicht vergänglich und feuergefährlich.

Der Fachwerksbau, abgesehen von der Gründung, ist nicht viel billiger als der Massivbau. Bei sehr schwierigem Baugrunde können dagegen die Gesamtkosten für Fachwerk erheblich niedriger werden als für Massivbau, weil die Gründung leichter und daher billiger sein darf. Das Fachwerk ist in hohem Maße geeignet, die infolge von Sackungen und Schiefsackungen entstandenen Spannungen ohne Schaden für den Bestand des Bauwerkes zu vertragen, besonders Eisenfachwerk. Sehr empfehlenswert ist, das Fachwerk mit einem massiven Sockel zu untermauern und so das Holzwerk aus der tieferen und feuchteren Lage herauszuheben (Abb. 196).

Die Ausfüllung der Fächer ist aus Steinen herzustellen. So nahe der Gedanke auch liegt, im Interesse der Gewichtsverminderung die Fächer mit Soden aus dem sehr leichten, weißen Torfe auszumauern, so hat sich dies doch nicht bewährt, auch wenn die Außenseite sehr sorgsam verputzt wurde. Es drang doch Regenschlagwasser in die Torfmauerung, weichte diese auf und bedrohte das hölzerne Fachwerk mit früher Fäulnis. Die Rheinischen Schwemmsteine haben sich zur Fachausfüllung gut bewährt, wenn sie außen verputzt wurden. Die untersten vom · Spritzwasser getroffenen Schichten werden zweckmäßig mit Ziegelsteinen aufgemauert. In dem nassen und stürmischen Küstenklima der Hochmoore hat sich Holzfachwerk nicht recht bewährt, da in die Fugen zwischen Holz und Putz stets Schlagregen eindringt und die frühzeitige Zerstörung des Holzes begünstigt. Mindestens sollte in den Außenwänden nur Eichenholz verwandt werden. Bei dem einfachen Unterbau einer schwimmenden Gründung wurden die kiefernen Schwellen bereits nach 10 bis 15 Jahren zerstört. Derartig beschädigte Häuser besserte man in der Weise aus, daß man sie unter den Fachwerksriegeln aufkeilte, die verfaulten Hölzer entfernte und den fortfallenden Wandteil durch massive, 1 Stein starke Untermauerung ersetzte (Abb. 197). Beim Massivbau fallen diese Bedenken fort, und es hat sich gezeigt, daß auch er, unter nicht ausnahmsweise ungünstigen Bodenverhältnissen, eine schwimmende Gründung verträgt, wenn nur durch Eiseneinlage für Aufnahme der Zugspannungen Sorge getragen wird. Besonders wirkungsvoll ist die Eiseneinlage in dem aus Beton zu stampfenden Mauersockel (Abb. 196).

Bei der Auswahl des Systems sind technische und wirtschaftliche Rücksichten maßgebend. Wenn man für die Baukosten $4\,^0/_0$ Zinsen rechnet und $3{,}5\,^0/_0$ für die Zinseszinsen der Tilgungsrücklagen und ferner

für	Massivbau	Fachwerk
Unterhaltung	$0{,}7\,^0/_0$	$1{,}5\,^0/_0$ ⎫ der An-
Feuerversicherung	$0{,}1\,^0/_0$	$0{,}12\,^0/_0$ ⎭ lagekosten
Lebensdauer	80 Jahre	40 Jahre

so erfordern 100 M. Baukosten an jährlichen Aufwendungen bei

Massivbau . . . . . . 5,03 M. .
Fachwerk . . . . . . 6,76 M. bei 40 Jahren
      „ . . . . . . 9,15 M. bei nur 20 Jahren

Lebensdauer. Man ersieht daraus, daß die Anlagekosten für Massivbau erheblich höher sein dürfen, als für Fachwerk, und dieser doch noch vorteilhafter sein kann (**59.** 52. 209). Folgende Zahlentafel (**59.** 52. 204, **14.** 208) gibt eine Übersicht über die Gesamtkosten von Häusern zur Moosbesiedlung, welche um das Jahr 1900 ausgeführt wurden.

Nummer	Standort	Größe		Kosten		Für 1 ha	
		der Stelle ha	des Hauses qm	im ganzen M.	für 1 qm M.	bebaute Grundfläche qm	Kosten M.
	a) Fachwerk auf Hochmoor.						
1	Markardsmoor	10,0	144	3800	26,4	14,4	380
2	„	12,0	216	5000	23,1	18,0	416
3	Oldenburg	6,6	182	3360	18,4	27,6	480
4	„	8,5	155	3203	20,1	18,2	377
					22,2		413
	b) Massivbauten auf Hochmoor.						
5	Markardsmoor	6,0	186	3400	18,3	31,0	567
6	„	12,0	236	4400	18,7	19,7	367
7	Gr. Sterneberg	11,6	250	4900	19,6	21,6	422
8	Bargstedtermoor	11,5	238	6400	26,9	20,7	557
9	Reitmoor	12,5	350	7800	22,3	35,0	624
10	Oldenburg	5,0	170	2800	16,5	34,0	560
11	„	6,6	153	2700	17,7	23,2	412
					20,0		501

Hier waren also im Durchschnitte die Anlagekosten für Massivbau nur sehr wenig höher als für Fachwerk. Die außerordentlich niedrigen Einheitspreise sind damit zu erklären, daß die meisten der hier aufgeführten Häuser durch Strafgefangene errichtet wurden.

Bemerkenswert ist, daß die Kosten für die Einrichtung einer Hochmoorbesiedelung von der ersten Urbarmachung bis zur ersten Bestellung einschließlich Hausbau etwa 1100 M. je ha betrugen, so daß die Gebäude 40 bis 45 $^0/_0$ der Gesamtkosten ausmachten.

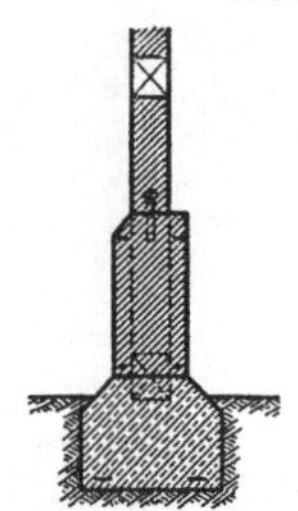

Abb. 197. Untermauerung einer Fachwerkswand.

Literaturverzeichnis.

1. Anweisung für die Aufstellung und Ausführung von Dränageentwürfen. Von der General-Kommission für die Provinz Schlesien. 4. Aufl. 1911.
2. Arbeiten der Deutschen Landwirtschaftsgesellschaft, Heft 276: Hauptprüfung von Beregnungsarbeiten. 1914.
3. Arbeiten der Deutschen Landwirtschaftsgesellschaft, Heft 97: Die Möglichkeit der Ackerbewässerung in Deutschland. 1904.
4. Arbeiten der Deutschen Landwirtschaftsgesellschaft, Heft 119: Beiträge zur Kenntnis der Wasserwirtschaft in den Vereinigten Staaten von Nordamerika. 1906.
5. Berichte über die Arbeiten der Bayerischen Moorkulturanstalt.
6. Bersch, Handbuch der Moorkultur.
7. Biedermanns Zentralblatt für Agrikulturchemie.
8. Breitenbach, Die Bestimmung der Dränentfernung auf Grund der Hygroskopizität. Dissertation.
9. Brennecke, Der Grundbau. 3. Aufl.
10. Deutsche landwirtschaftliche Presse.
11. Deutsche Obstbauzeitung.
12. Dünkelberg, Der Wiesenbau.
13. Ellwood Mead, The relation of irrigation to dry farming. Yearbook 1905.
14. Entwickelung der Moorkultur im Deutschen Reiche in den letzten 25 Jahren. 1908.
15. Eßelborn, Lehrbuch des Tiefbaus. 4. Aufl. 1910.
16. Fauser, Meliorationen. 1913.
17. Fleischer, Die Versorgung Deutschlands mit Fleisch und die Kultivierung unserer Moor- und Heideböden.
18. Fleischer, Die Anlage und Bewirtschaftung von Moorwiesen und Moorweiden. 2. Aufl.
19. Friedrich, Kulturtechnischer Wasserbau. 3. Aufl.
20. Gamann, Hydraulik.
21. Gerhardt, Umgestaltung der Dränagebauten von Längs- zur Querdränage.
22. Gesundheitsingenieur, Der.
23. Gravelius, Flußkunde.
24. Haas, Geologie. 1906.
25. Handbuch der Ingenieur-Wissenschaften.
26. Hann, Klimatologie.
27. Hellmann, Die Niederschläge in den Norddeutschen Stromgebieten.
28. Hellriegel, Die Grundlehren des Ackerbaus.
29. Höfer von Heimhalt, Grundwasser und Quellen.
30. Hoffmann, Die Beregnung von Gemüse- und Grasland. Mitteilungen der Deutschen Landwirtschaftsgesellschaft. 1918.
31. Illustrierte landwirtschaftliche Zeitung.
32. Internationale Mitteilungen für Bodenkunde.
33. Jahrbuch der Deutschen Landwirtschaftsgesellschaft.
34. Jahresberichte des Kaiser Wilhelm-Instituts für Landwirtschaft zu Bromberg.
34a. Jahrbuch für Moorkunde (s. a. 70).
35. Journal für Landwirtschaft.
36. Keller und Ruprecht, Die Wasserkräfte des Berg- und Hügellandes in Preußen und den benachbarten Staatsgebieten.
37. King, Physics of agriculture.
38. König, Die Pflege der Wiesen und Weiden. 2. Aufl.
39. König, Die Verunreinigung der Gewässer. 2. Aufl.
40. Kopecky, Die Bodenuntersuchung zum Zwecke der Dränagearbeiten.
41. Kopecky, Die physikalischen Eigenschaften des Bodens. 2. Aufl.
42. Kopecky, Neue Erfahrungen auf dem Gebiete der Bodenentwässerung mittels Dränage.
43. Kopp, Anleitung zur Dränage. 5. Aufl.
44. Krüger, E., Feldberegnung.
45. Krüger, E., Bericht über Versuche mit Streudüsen verschiedener Form für Feldberegnung. Zeitschr. d. V. d. I. 1919. 49.

46. Kulturtechniker, Der.
47. Landwirtschaftliche Jahrbücher.
48. Landwirtschaftliche Umschau.
49. Linke, Aeronautische Meteorologie.
50. Merl, Neue Theorie der Bodenentwässerung.
51. Meteorologische Zeitschrift.
52. Mierau, Die Entwickelung der Meliorationen in Preußen. Kühn, Archiv V
53. Mitscherlich, Bodenkunde für Land- und Forstwirte. 2. Aufl.
54. Mitteilungen der Deutschen Landwirtschaftsgesellschaft.
55. Mitteilungen des Kaiser Wilhelm-Instituts für Landwirtschaft zu Bromberg.
56. Mitteilungen des Vereins zur Förderung der Moorkultur im Deutschen Reiche.
57. Möllers deutsche Gärtnerzeitung.
58. Prometheus.
59. Protokolle der Zentral-Moorkommission.
60. Risler und Wery, Irrigations et drainages. 2. Aufl.
61. Rühlmann, Hydromechanik. 2. Aufl.
62. Schewior, Hilfstabellen zur Bearbeitung von Meliorationsentwürfen.
63. Schewior, Landesmeliorationen.
64. Schubert, Wald und Niederschlag in Westpreußen.
65. Schüngel, Wassergeschwindigkeitstafeln.
66. v. Seelhorst, Handbuch der Moorkultur. 2. Aufl.
67. Smrecker, Das Grundwasser.
68. Steglich, Die Statik des Obstbaus.
69. Stieger, Reisebericht. Arbeiten der Deutschen Landwirtschaftsgesellschaft, Heft 104.
69a. Strecker, Kultur der Wiesen. 3. Aufl.
70. Tacke und Bersch, Jahrbuch der Moorkunde (s. a. 34a).
71. Thiem, Hydrologische Methoden. Dissertation.
72. Tolkmitt, Grundlagen der Wasserbaukunst.
73. U. S. A. Department of agriculture. Bureau of plant industrie. Bulletins 284 und 285.
74. U. S. A. Department of interior. Irrigation papers No. 67.
75. U. S. A. Department of agriculture. Farmers bulletin.
76. U. S. A. Department of agriculture. Annual report of office of experiment stations. 1907.
77. U. S. A. Tenth annual report of the experiment stations of the agriculture college.
      Montana 1903.
78. U. S. A. Annual report of experiment stations. Wisconsin 1903.
79. U. S. A. Department of agriculture. Bulletin 181. Mechanical tests of pumping
      plants in California.
80. U. S. A. Department of agriculture. Experiment stations. Bulletin 104.
81. U. S. A. Department of agriculture. Farmers bulletin 404.
82. Violle, Lehrbuch der Physik.
83. Vogler, Grundlehren der Kulturtechnik. 4. Aufl.
84. Wollny, Forschungen auf dem Gebiete der Agrikulturphysik.
85. Wulsch, Die landwirtschaftliche Verwendung städtischer Kanalwasser.
86. Zeitschrift für analytische Chemie.
87. Zeitschrift für Architektur und Ingenieurwesen.
88. Zeitschrift des Architekten- und Ingenieur-Vereins zu Hannover.
89. Zeitschrift für Bauwesen.
90. Zeitschrift für Forst- und Jagdwesen.
91. Zeitschrift für Gewässerkunde.
92. Zeitschrift des Verbandes deutscher Architekten- und Ingenieur-Vereine.
93. Zeitschrift des Vereins deutscher Ingenieure.
94. Zink, Die Ermittelung der Wasserverluste bei Wiesenbewässerung.
95. Zink, Die Entwickelung der Entwässerungen.

Wo im Text auf dies Schrifttum besonders Bezug genommen wird, ist in Klammer die Nummer mit fettem Druck, daneben, durch Punkte getrennt, in gewöhnlichem Druck die Jahres-, Seitenzahl usw. angegeben.

Stichwörterverzeichnis.

Druckfehlerverzeichnis.

Seite 62, Zeile 4 v. u. lies „19,8" statt 29,8.

Seite 166, Abbildung 106 lies „Spreitlage" statt Spritlage.

Seite 206, Zeilen 20 und 23 lies „Stechschütz" statt Stechschieber.

Seite 211, Zeile 3 v. o. lies „v" statt V.

Seite 280, Zeile 31 v. o. lies „Moorbesiedelung" statt Moosbesiedelung.

Abbildung 24, Seite 63. Entsprechend der obigen Berichtigung zu Seite 62 müßte die
Linie $S.\,W.$ nicht bei 29,8, sondern bei 19,8 der Wagerechten beginnen.

Abbildung 40, Seite 83. Neben dem kleinen Kreise fehlt der Buchstabe „E"

Abbildung 63, Seite 101. Unter der gekrümmten Pfeilspitze und unter dem Wasserspiegel fehlt der Buchstabe „m".

Abbildung 144, Seite 204. Neben der Schleuse unten links fehlt der Buchstabe S
Das v am linken Rande der Abbildung muß v_1 heißen.

Abbildung 153, Seite 211 in der Mitte unten lies „A" statt a.